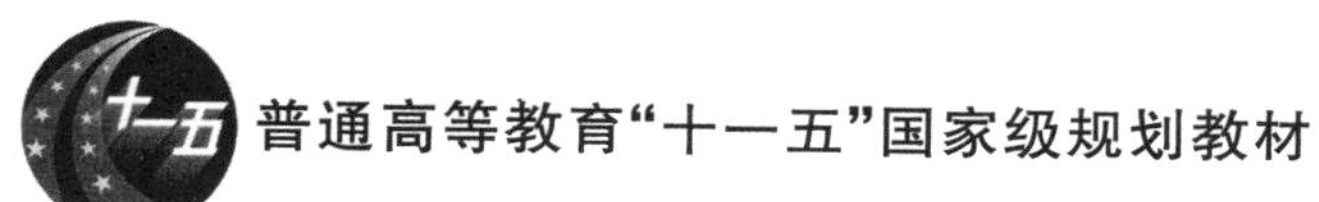

# 测试信号处理技术

## (第3版)

王　睿　周浩敏　编著

北京航空航天大学出版社

## 内容简介

本书是北京市精品课“信号分析与处理”的配套教材，是在《测试信号处理技术》第1版和第2版的基础上重写而成的。本书共分10章，包括：概论、连续时间信号和系统、连续信号傅里叶变换、连续信号拉普拉斯变换、离散信号与系统的时域分析、离散时间信号傅里叶分析、离散信号与系统的 $z$ 域分析、滤波器分析与设计、随机信号分析基础、现代信号处理技术。

本书可作为大学本科测控技术与仪器、信息工程、探测制导与控制、自动化、精密仪器、电器工程和机电工程等专业的教科书，也可作为相关专业工程硕士的教材，对于从事自动控制、仪表、机电工程等专业的工程技术人员和从事各种科学技术实验研究的人员也有重要的参考价值。

**图书在版编目(CIP)数据**

测试信号处理技术 / 王睿，周浩敏编著. --3版. -- 北京 ：北京航空航天大学出版社，2019.8

ISBN 978-7-5124-3046-4

Ⅰ. ①测… Ⅱ. ①王… ②周… Ⅲ. ①信号处理—高等学校—教材 Ⅳ. ①TN911.7

中国版本图书馆CIP数据核字(2019)第153168号



**测试信号处理技术(第3版)**

王 睿 周浩敏 编著

责任编辑 刘晓明

*

北京航空航天大学出版社出版发行

北京市海淀区学院路37号(邮编100191) http://www.buaapress.com.cn

发行部电话：(010)82317024 传真：(010)82328026

读者信箱：goodtextbook@126.com 邮购电话：(010)82316936

北京九州迅驰传媒文化有限公司印装 各地书店经销

*

开本：787×1 092 1/16 印张：30.25 字数：774千字

2019年9月第3版 2020年8月第2次印刷 印数：1 001～2 000册

ISBN 978-7-5124-3046-4 定价：79.00元

# 第3版前言

《测试信号处理技术》一书第1版于2004年9月出版，被评为“北京高等教育精品教材”；第2版在保持第1版的基础理论和原理框架不变的同时，对全书做了更新修订，于2009年5月出版，被遴选为教育部“普通高等教育‘十一五’国家级规划教材”。作为北京市精品课“信号分析与处理”的配套教材，本书拟在《测试信号处理技术》第1版和第2版的基础上进行重写，全面检查第2版教材，对当时修订及出版中的疏漏逐一进行了核实、修正、补充和完善。

从本书首版至今10多年来，尽管测试信号处理的理论和实践发展迅猛，分析方法和技术应用不断更新和扩展，但在教学中我们发现，就本科生的专业基础课而言，关于测试信号处理技术的教学要求和基本内容仍具有相对稳定的特点。针对这一情况，结合教学需求，在修编第3版时，保持了前2版将“信号与系统”及“数字信号处理”内容有机融合及各主要章节中有MATLAB信号编程实现的例子这一特色，不要求学生先修“信号与系统”课程，以确定性信号的分析与处理为主要研究对象；追求在相对稳定中寻求变革，从数学应用而非硬件技术实现的角度对测试信号处理技术进行系统的介绍，以如何使测试信号能够在数字化技术中得以分析、处理以及进行滤波应用为主线，对测试信号处理的相关概念进行定义，强调时域分析与频域分析并重，模拟信号处理与数字信号处理相结合；力图融合好经典理论的论述与现代技术的引入，以现代信息科学的观点，理解、组织和阐述经典理论的内容。

相对第2版，本书在内容编排上的主要不同在于：

① 在修编时采用了遵循四个顺序和兼顾两个并重的编排思想，即先连续信号后离散信号，先进行信号分析再进行系统分析，且不论连续还是离散都是先讲述时域分析再讲述变换域分析，变换域的分析都是先频域后复频域；内容上，信号与系统并重，信号、系统分析与信号处理并重。力图使本书作为教材能够架构清晰，知识体系简洁、完整、有逻辑，并兼顾到学习者的认知规律。

② 在全书内容的组织上体现了分析法与归纳综合法的结合，经典与现代、理论与应用的统一。删去了第2版的二维与分数傅里叶变换、分形变换、主成分分析及粒子滤波，加强了章节之间的联系及知识点的归纳和总结，书后增加了附录，附有书中常用的数学公式和原理公式。

第3版内容在保持第1版和第2版的基础理论和原理不变的同时做了较大的调整和修改，简述如下：

● 第1章中概念上增加了测试的定义，重新组织了信号分类、信号分析与处

理的叙述；

- 第2章是新增章，全面阐述了连续信号及系统时域分析的基本概念，对包含卷积和相关在内的信号运算的方法和规则进行了介绍。
- 第3章对第2版中的内容做了修改，重新组织了引言和傅里叶级数的叙述，改写了傅里叶变换、非周期能量谱和抽样信号的傅里叶变换的内容，增加了频率带宽一节。
- 第4章是新增章，对拉普拉斯变换进行了较为详细的叙述。
- 第5章和第7章分别将第2版第3章与第5章中的部分内容进行组合，重新组织了关于离散信号与系统的时域分析、离散信号与系统的$z$域分析的叙述。
- 第6章对第2版第4章内容进行了删改。
- 第8章是对第2版第5章与第6章部分内容的整合，并重新组织了关于滤波器设计中频率变换的内容。
- 第10章增加了压缩感知的内容，并将其与传统的奈奎斯特抽样定理做了比较。

此次再版，在编写上不但保持了原有内容中通过典型例子和MATLAB程序，循序渐进地介绍测试信号处理技术基本理论的方法，便于学生自己在计算机上验证所学的概念和算法，而且附加了教学PPT和习题解答的电子资料，便于教师教学和学生自学。全书仍将保持原教材求新求实的风格，力求反映测试信号处理领域的基本理论和新近进展，力求做到学科先进性和教学适用性的统一。

本书主要作为高等院校测控技术与仪器专业的教材，也可作为自动控制、电气工程、检测技术与自动化装置以及其他机电类专业的本科生教材或研究生参考书，亦可供上述领域的工程技术人员学习和参考。

本书在编写过程中参考了很多优秀教材和文献，编者向收录的参考文献的各位作者表示真诚的感谢。

本次修订由王睿统编完成，研究生周萌为本书的文字录入、绘图、排版等做了很多工作。

由于编者学识有限，书中错误与不妥之处在所难免，切望同行老师、相关专业的工程技术人员及广大读者不吝指教。

编　者

2019年7月

北航科技图书

本书的程序源代码可通过扫描本页的二维码→关注“北航科技图书”公众号→回复“3046”免费获得。授课教师可发送邮件至 goodtextbook@126.com 或拨打 010－82317738 联系图书策划编辑，索取教学PPT和习题答案的电子资料。

# 第2版前言

本书第1版自2004年出版以来，经过了5年5届学生的教学实践；同时，将它直接作为教材使用的本科专业学生，已从原来面向自动化专业自动测试与控制方向的本科生，扩展到测控技术与仪器、信息工程以及探测制导与控制3个专业的本科生。专业面向的进一步扩大，特别是学科建设的快速发展，对这一课程的内容提出了一些新的要求；另外，考虑到信号分析与处理的理论、原理、方法、技术及其应用领域的高速拓展和发展，有必要在保证课程基础理论、原理相对稳定的同时，融入体现时代气息的新内容，这也是创新人才培养的需要。本书第1版有幸被评为“北京高等教育精品教材”，在此基础上，我们又借其作为“普通高等教育‘十一五’国家级规划教材”推出的契机，在原书基本框架保持不变的前提下，对全书内容作了较大幅度的更新和修订，主要包括：

① 删掉了“实时信号处理及其系统概述”与“非平稳状态的系统分析”两节。

② 引入了二维傅里叶变换、分数傅里叶变换、希尔伯特变换(包括希尔伯特-黄变换)、沃尔什变换、分形变换、主成分分析法以及粒子滤波等基本概念，其中分数傅里叶变换、希尔伯特-黄变换、分形变换、主成分分析和粒子滤波这些新的内容，无论是理论本身还是其应用，都还在研究和发展中，将其反映到教材中，无疑是一种尝试。这些内容不一定都需要在课程中讲述(某些内容根据具体情况也是可以选用的)，但对于开拓学生视野、学习其他相关课程、帮助学生的课外科技实践以及继续深造或者毕业后从事相关的技术工作，这些内容是有益的和必需的。由于这些内容涉及的数学基础知识对于本科学生来说不一定都学习过，所以在编写教材时，作了相应的补充，力求本科生能够自学，看得懂，能正确理解，需要时可以用得上。

③ 增加了一些特色内容，例如“相关检测在硅谐振式微传感器动力学特性检测中的应用”一节，讲述的是相关检测技术在科研课题中的实际应用，根据我们的体会，对于从事测控系统和测试专业学习和工作的学生以及技术人员来说，深刻理解、掌握相关检测及类似的锁相技术是有必要的；同时通过这方面的深入实际的介绍，希望能对读者起到联想和启发的作用。

④ 改进了第1版中(包括习题)的错误和表述上的不当之处。例如奈奎斯特抽样定理，原来的表述为：“对于带限信号，抽样信号能无失真地恢复原信号的条件是抽样频率要大于或等于信号最高频率的2倍”。严格来说，“等于”两个字是不恰当的，应当去掉，因为对于某些正弦信号，若抽样频率等于信号最高频率的2倍，则抽样的结果是零，是不可能恢复原信号的。在奥本海默著的《信号与系统》

一书中对抽样定理的表述，也只有“大于”，而没有“等于”两字。

当然，信号抽样频率等于信号最高频率的2倍时，不产生频谱混叠的结论则仍然是正确的。

⑤ 根据内容的调整，增加了一些例题，书中所有应用MATLAB的例题，全部重新通过了调试，并对所得到的图形作了新的处理。

本书承蒙北京航空航天大学自动化学院李行善教授审阅，他对书稿字斟句酌，提出了许多宝贵的意见和建议，体现了李行善教授治学严谨的科学态度，据此我们作了相应的修改，在此向李行善教授表示衷心的感谢和敬意。

虽然我们认真地做了不少工作，但由于能力有限，书中仍然可能存在许多问题，有些内容的选择是否妥当，也没有充分的把握，希望读者批评指正。

编　者

2008年11月

# 第1版前言

为了适应信息技术的迅速发展和学科建设的需要，北京航空航天大学出版社于2001年正式出版了《信号处理技术基础》一书。由于这本教材针对自动化、测控技术与仪器、机电工程等专业的学生没有学过“信号与系统”课程的具体情况，取材合理，内容深入浅出，重点安排得当，受到了学生的欢迎。随着学科专业的调整、改革和发展的需要，以及新的教学大纲的实施，特别是对于仪器科学学科专业本科生来说，信息的获取和处理所需的有关信号处理技术显得愈来愈重要了，无论在内容的深度上还是广度上都需要对《信号处理技术基础》一书作较大调整。为此，除个别章节外，我们对《信号处理技术基础》重新进行了编写，增加了许多新的包括现代信号处理技术的内容，对“思考与练习题”的习题部分，给出了参考答案，增加并调整了部分例题，书名也相应改为《测试信号处理技术》。当然，本书仍保持了《信号处理技术基础》中既重视数学原理的系统性和逻辑性，又强调概念的物理意义，以利于读者自学的风格和特色。

这本新教材仍然不要求学生先修“信号与系统”课程，并仍以确定性信号的分析与处理为主要研究对象，但内容更为精炼，对深度和要求作了相应的调整，增加了“逆卷积”一节。另外，随机信号的分析、现代信号处理技术相比《信号处理技术基础》的分量明显增加，这对于学习或从事信息的获取、分析处理技术的人们来说，是有用的，也是需要的。由于MATLAB软件平台信号处理的功能强大，根据我们在教学中的体会，其普及程度比前几年有了明显提高，因此要求大部分学生应能使用MATLAB编程，解决学习和实践中有关信号分析和处理方面的问题。本书为此增加了对MATLAB符号运算工具箱中有关傅里叶变换、拉普拉斯变换和$z$变换计算的应用以及数字滤波器设计和分析工具FDATool的介绍。

在教材编写过程中，考虑了北京航空航天大学专业调整后的特点，又进一步参考了国内外许多新出版的相关教材与参考书，总结了近年来从事信号分析与处理课程的教学实践。从篇幅上来看，它比《信号处理技术基础》略有增加，全部内容，包括3次上机作业，大约需要60学时。选用本教材的教师应根据实际需要与可能，组织安排教学。

全书共分8章，内容安排如下：

第1章，概论，介绍了与信号、信号分析和处理、信号运算等相关的概念。

第2章，信号分析和处理基础，讲述连续时间信号的时域和频域分析，重点是频域分析，包括周期信号、非周期信号、抽样信号的傅里叶分析，信号的能量谱和功率谱等，以建立信号频谱分析的基本概念，为全书的学习奠定基础。

第3章,序列及其$z$变换,是进一步讨论离散时间信号的基础知识。

第4章,离散时间信号分析,实际上是数字信号分析的基本内容,是本书的重点之一,包括:序列傅里叶变换DTFT,离散傅里叶级数DFS,离散傅里叶变换DFT,信号的拉普拉斯变换、傅里叶变换和$z$变换之间的关系,快速傅里叶变换FFT及其应用,逆卷积的求解方法。

第5章,数字滤波基础,主要包括:离散时间系统的基础知识,模拟滤波器的设计方法及其实现。

第6章,数字滤波器,主要讨论数字滤波器的特性、数字滤波器的设计方法及其结构实现;讨论了无限冲激响应数字滤波器设计的冲激响应不变法和双线性变换法,有限冲激响应滤波器的窗口法和频率抽样法,适当介绍了等波纹优化设计的方法。

第7章,随机信号分析,介绍了连续和离散时间随机信号的基本概念,时、频域中的数字特征,平稳随机信号通过线性系统的分析,最小均方误差滤波技术,确定性信号的相关分析和检测。

第8章,现代信号处理技术,专门介绍了短时傅里叶变换及时-频域分析,小波变换及小波分析基础,实时信号处理系统及相关技术。

本书第5章和第6章由王睿副教授编写,其余各章由周浩敏教授编写,并负责统编定稿。

本书初稿承蒙北京航空航天大学电子信息工程学院的殷瑞教授审阅,并提出了许多宝贵的意见和建议,在此谨表示衷心的感谢。根据他的意见和建议,编者对本书初稿作了认真的修改。

由于编者水平有限,书中缺点和错误在所难免,恳请读者指正。

编　者

2004年3月

# 符号一览表

| 符号 | 含义 |
| --- | --- |
| $\mathbf{Z}$, $\mathbf{R}$, $\mathbf{C}$ | 整数集,实数集,复数集 |
| $\delta(t)$ | 单位冲激信号 |
| $\delta(n)$ | 单位脉冲信号 |
| $u(t)$,$u(n)$ | 连续/离散单位阶跃信号 |
| $f(t)$ | 连续时间信号 |
| $x(n)$ | 离散时间信号 |
| $T$,$\Omega_0$ | 连续时间信号的基本周期,基频 |
| $N$,$\omega_0$ | 离散时间信号的基本周期,基频 |
| $N$ | 某些场合表示信号长度 |
| $F(\Omega)$ | $f(t)$的傅里叶变换 |
| $F(n)$ | $f(t)$的傅里叶级数系数 |
| $X(\mathrm{e}^{\mathrm{j}\omega})$ | $x(n)$的离散时间傅里叶变换 |
| $F(s)$ | $f(t)$的拉普拉斯变换 |
| $X(z)$ | $x(n)$的 $z$ 变换 |
| $X(k)$ | $x(n)$的离散傅里叶变换 |
| $X_p(k)$ | $x_p(n)$的离散傅里叶级数 |
| $x(t)$,$x(n)$ | 系统输入 |
| $y(t)$,$y(n)$ | 系统输出 |
| $h(t)$ | 单位冲激响应 |
| $h(n)$ | 单位脉冲响应 |
| $y_{\mathrm{zi}}(t)$,$y_{\mathrm{zi}}(n)$ | 零输入响应 |
| $y_{\mathrm{zs}}(t)$,$y_{\mathrm{zs}}(n)$ | 零状态响应 |
| $H(\mathrm{j}\Omega)$ | 连续时间系统的频率响应 |
| $\lvert H(\mathrm{j}\Omega)\rvert$ | 连续时间系统的幅频响应(幅频特性) |
| $\phi(\Omega)$ | 连续时间系统的相频响应(相频特性) |
| $H(\mathrm{e}^{\mathrm{j}\omega})$ | 离散时间系统的频率响应 |
| $\lvert H(\mathrm{e}^{\mathrm{j}\omega})\rvert$ | 离散时间系统的幅频响应(幅频特性) |
| $\phi(\omega)$ | 离散时间系统的相频响应(相频特性) |
| DTFT | 离散时间傅里叶变换 |
| DFS | 离散时间傅里叶级数 |
| DFT | 离散傅里叶变换 |
| FFT | 快速傅里叶变换 |
| LTI | 线性时不变系统 |

# 目　　录

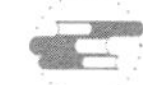

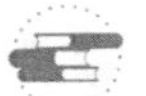

# 第1章　概　论

**基本内容：**

- 测试、信息、消息和信号
- 测试信号的分类
- 信号分析与信号处理
- 信号与测试系统

## 1.1　测试、信息、消息和信号

**1. 测　试**

测试是人们认识客观事物的方法，测试过程是从客观事物中获取有关信息的认识过程。随着人类文明时代的到来，科学技术和生产活动的大规模开展催生并发展了实验科学，而这一学科的研究工作绝对离不开较精密的测量。测试包括测量、检测与试验。在测试过程中，需要借助专门设备，通过合适的实验和必要的数据处理，求得与研究对象有关的信息量值。人类通过各种测试而得到的数据、曲线、序列等是认识世界的重要依据，因而测试技术的每一个进步都会带来人们对世界认识的进步。

虽然作为测试学科的任务都是以测量系统的输出去估价被测物理量，然而在静态与动态测量中所面对的物理量的性质却不相同。在静态测量中，测量系统的输入与输出仅是数值上的对应关系，因而静态测量中对数值误差上的分析很重视；而在动态测试中，因为动态测试是测量物理量随时间变化的过程，是输入与输出信号上的对应关系，因此动态测试需解决的是信号的获取、信号的加工、信号的处理与分析以及信号的记录等一系列必要的流程及其所依存的系统和环节，其重点研究的是测试系统的动态响应，以及信号的不失真传递、噪声的耦合和消除等与信号有关的一系列问题。

就目前的测试技术而言，直接测试所获得的参量，其很大一部分也往往由于仪器本身的缺陷、外界不可避免的干扰等原因，使客观的变化规律隐藏在看起来杂乱无序的数据和信号之中，需要通过科学的方法去提取。这些都说明，对测试数据和信号进行处理与分析是测试技术不可分割的重要内容。这被称为“二次探测技术”或“软测量技术”。

所谓二次探测是说在一次探测的基础上，通过对测试信号的处理和分析能探测到更多、更深入的数据和信息；所谓软测量是说与一次探测不同，不是依靠传感器、仪表等硬设备，而是主要依靠信号处理的理论、方法和软件等软设备对信号进行探测，从而挖掘出所需的数据和信息。

总体而言，测试技术已成为信息领域的支撑技术之一，测试科学属于信息科学范畴。

**2. 信息、消息和信号**

信息科学是研究信息现象及其规律的科学，包括两个方面的内容：一是信息本身的有关规律；二是有关利用信息方面的规律。

在信息技术领域,信息(information)、消息(message)和信号(signal)是三个密切相关但却不同的重要概念。

(1) 信　息

现代科学认为,物质、能量、信息是物质世界的三大支柱,物质提供各种各样有用的材料,物质运动的动力是能量,而信息是关于物质运动状态的特征,只要有运动的事物,就需要有能量,也就会存在信息。没有物质的世界是虚无的,没有能源的世界是死寂的,没有信息的世界是混乱的。

但相比于物质和能量,人们对信息的了解晚了许多,不同的领域、不同的人群和不同的组织从不同的角度对信息有着不同的认识,因而关于“信息(information)”,目前还没有一种被各方面都认可的权威性定义。中国科学院编写的《21世纪100个交叉科学难题》一书中已把“信息是什么”列入100个难题之中。应当说,信息的科学定义仍在不断深化和完善的过程中。《辞海》(1999年版)对信息的介绍是:“① 音讯:消息……。② 通信系统传输和处理的对象,泛指消息和信号的具体内容和意义,通常须通过处理和分析来提取。信息的量值与其随机性有关,如在接收端无法预估消息或信号中所蕴含的内容或意义,即预估的可能性越小,信息量就越大。”有人做过初步统计,如果用关键词 information definition 在 Google 中进行搜索,会有远超过100种信息定义的查询结果,但其实,在信息定义出现的近百年历史中,真正为人们所接受的经典的信息定义来自于以下几个代表性人物。

控制论创始人之一,美国科学家维纳(N. Wiener),在1947年10月的墨西哥国立心脏研究所完成了其划时代的著作《控制论》(*Cybernetics*),并于1948年由纽约的威利(Wiley)书店出版发行。该书的全称是《控制论——关于在动物和机器中控制和通信的科学》(*Cybernetics or Control and Communication in the Animal and the Machine*)。维纳认为,控制论是一门研究机器、生命社会中控制和通信的一般规律的科学,即研究动态系统在变化的环境条件下如何保持平衡状态或稳定状态的科学,特意创造了“Cybernetics”这个源于希腊文(意为“操舵术”)的英语新词来命名这门科学。书中指出:“信息是信息,不是物质,也不是能量”,明确提出信息是区别于物质和能量的第三种资源。后来,维纳在《人有人的用处》一书中,又提出:“信息是人们在适应外部世界并且使这种适应反作用于外部世界的过程中,同外部世界进行互相交换的内容的名称”。

据此可以认为:信息对于物质而言具有相对独立性,信息不遵循质量守恒定律,其性质和内容与物质载体的变换无关;另外,信息在传递和转换过程中也不服从能量守恒定律,信息可以共享,而能量不能共享,信息效用的大小并不由其消耗来决定。同时,信息与物质、能量又存在着密切的相互依存关系:物质、能量和信息这三者中,能量和信息皆源于物质,任何信息的产生、表述、存储和传递都要以物质为基础,也离不开能量;从另一方面来说,物质运动的状态和方式需要借助信息来表现和描述,能量的转换与驾驭也同样离不开信息。

同在1948年,信息论的奠基人,美国数学家香农(C. E. Shannon)发表了一篇题为《通信的数学原理》(*The Mathematical Theory of Communication*)的论文。论文以概率论为基础,深刻阐述了通信工程的一系列基本理论问题,给出了计算信源信息量和信道容量的方法及一般公式,提出了奠定信息论基础理论的著名编码三大定理:香农第一定理(可变长无失真信源编码定理);香农第二定理(有噪信道编码定理);香农第三定理(保真度准则下的有失真信源编码定理)。香农在进行信息定量计算的时候,明确地把信息量定义为随机不确定性程度的减

少，他从信息学的角度，把信息定义为“能够用来消除不定性的东西”。香农认为：信息是用来减少随机不确定性的东西，信息是事物运动状态或存在方式的不确定性的描述。显然，这个定义的出发点是假定事物状态都可以用一个概率模型来描述，然而在实际中这样的模型不一定任何情况下都存在。

上述两种经典定义虽都有某种局限，但有一个基本点是共同的，即信息就是信息，不是物质，不是能量。

“信息”到底是什么？现代许多学者仍在不懈地探索中。有人提出：用变异度、差异量来测度信息，认为“信息就是差异”。这种观点的典型代表是意大利学者朗格(G. Longe)。他在1975年出版的《信息论：新的趋势与未决问题》一书的序言中提出：信息是反映事物的形式、关系和差别的东西。信息包含在客体间的差别中而不是在客体本身中。

我国学者钟义胜教授在1996年出版的《信息科学原理》一书中从哲学的角度将信息诠释为：信息就是事物运动的状态和方式。这一定义所包含的观点，确已超出通信的范畴，在这里，“事物”泛指一切范畴，既包括一切形式的物质，也包括精神。而“运动”，也是广义的概念，即哲学意义下的运动，宇宙间一切事物都在运动，绝对静止的事物是没有的。“状态”和“方式”是事物运动的两个基本面，状态反映运动的相对稳定的一面，方式则反映运动的变化的一面。

以上分析表明，把信息定义为事物运动的状态和方式，在现阶段统一了维纳、香农、朗格的定义，是目前比较容易被大家接受的信息的定义，表达了信息是事物属性的标识，是抽象的意识或知识。事物运动的状态和方式一旦体现出来，就可以脱离原来的事物而相对独立地载负于别的事物上，而被提取、变换、传递、存储、加工和处理。这充分体现出了信息与信号及其分析和处理之间的基本关系，并为定量描述信息提供了可行的基础。

(2) 消　息

消息是一个与信息不同但又密切相关的概念。清华大学已故教授常迥在《信息理论基础》一书中明确指出：信息与消息是两个截然不同的概念，不可混淆。消息是运动或状态变化的直接反映，是待传输或处理的原始对象，一般由符号、文字、数字、图像或语音序列组成，一份电报、一句话、一段文字、一幅图像和报纸上登载的新闻都是消息。而信息具有消息不具备的特性，能消除某些知识的不确定性，使受信者知识状态改变，从不肯定到肯定，从无知到有知。消息中可能包含信息，也可能不包含信息，收到一则消息后所得到的信息量在数量上等于获得消息前后不确定性的消除量。比如，北京2008年奥林匹克夏季运动会，有关中国代表团获得金牌数的信息，在2008年8月8日前甚至在8月24日运动会结束前，充满了不确定性，包含有丰富的信息，可以说“什么事情都可能发生”；但一旦运动会闭幕之后，51块的金牌数目和获奖运动员都已产生，有关金牌数目的消息就一点信息都没有了，因为事情已经成为毫无悬念的确凿事实，因此同样的消息(运动会前后分布的各种相关消息)包含的信息可能很不一样，因此信息与消息既有区别，又有联系。消息是信息的载体，信息是消息的内涵，消息中不确定的内容构成信息。

(3) 信　号

虽然通信的目的在于传送信息，但常迥教授指出：按照信息论或控制论的观点，在通信和控制系统中传送的本质内容是信息，系统中实际传输的则是测量的信号，信息包含在信号之中，信号是信息的载体。信号到了接收端(信息论里称为信宿)经过处理变成文字、语音或图像，文字、语音或图像包含的内容是消息，人们再从消息中获得信息，信息、消息与信号间的区别和联系由此可见一斑。

所谓信号是指任何试图传送某种信息的时变物理现象,如声、光、温度、压力、速度、流量、心电图、脑电图、电压、电流等随时间(或空间)变化的某种物理量函数 $f(t)$,信号总是在系统中运行,按照信号变化的物理性质,信号可分为非电信号与电信号,非电信号与电信号可以相互转换。广义讲,一切运动或状态的变化理论上都可用数学抽象的方式描述成 $f(t)$。$f(t)$中的自变量 $t$ 通常指时间,但不限于时间,也就是说,信号是指一个实际的物理量(最常见的是电量),在数学上可以表示为一个函数(或其他数学形式),例如:

$$f(t)=A\cos(\Omega_1 t+\varphi) \tag{1.1}$$

式(1.1)表达的既是正弦信号(余弦信号也可统称为正弦信号),也是正弦函数。在信号理论中,信号和函数是通用的。

信号是一种传载信息的函数,人们要获取信息,首先要获取信号,再通过适当的信号分析与处理,才能取得需要的信息。同一信息可以用不同的信号表示,同一信号也可以表示不同的信息。信息本身不具备传输和交换的能力,必须载负于信号这一载体并通过对信号的分析处理来实现信息的获取或交换。例如:在飞行过程中,飞行员想要知道“飞行是否正常”的信息,必须先获得有关飞机飞行状态的参数,如高度 $H$、速度 $v$、航向 $\psi$ 等随时间变化的函数关系,以及表征发动机工作状态的参数,如温度 $T$、压力 $p$、转速 $n$、流量 $\Phi$ 等随时间变化的情况。在飞机上,上述物理参数的情况(包含了飞行是否正常的信息)通过相应的传感器,变换为电压或电流随时间变化的信号,信号携带着消息,同时携带着飞行是否正常的信息。当驾驶员和机务人员(或者自动驾驶系统)得到相应的信号后,依据相应的专业知识对这些信号进行分析和处理,得出飞行正常与否的信息,并做出相应的响应和处理。

通过上面的分析和举例,关于信息、消息和信号之间的联系和区别,概括起来可以认为:

① 信号是物理量或函数,是消息的一种物理表现形式;

② 信号中包含着信息,是信息的载体;

③ 信号携带着信息,但不是信息本身;消息和信号都是信息的载体,信息是消息和信号的内涵,必须对信号(包含的消息)进行分析和处理后,才能从信号中提取出信息,这是学习和应用信号分析与处理的根本目的。

**3. 信号的表示**

信号可以用数学解析式描述,也可以用图形或函数曲线来表示,并称之为信号波形。

客观存在的信号是实数,但为了便于进行数学上的处理和分析,还经常用复数或矢量形式来表示。

如正弦信号的实数形式为

$$f(t)=A\cos(\Omega_1 t+\varphi) \tag{1.2}$$

对应的复数形式为

$$s(t)=A\mathrm{e}^{\mathrm{j}(\Omega_1 t+\varphi)}=A\mathrm{e}^{\mathrm{j}\varphi}\mathrm{e}^{\mathrm{j}\Omega_1 t}=\dot{A}\mathrm{e}^{\mathrm{j}\Omega_1 t} \tag{1.3}$$

式中

$$\dot{A}=A\mathrm{e}^{\mathrm{j}\varphi} \tag{1.4}$$

为复振幅,则 $s(t)$的实部就是原来的实信号,即

$$f(t)=\mathrm{Re}\ s(t) \tag{1.5}$$

又如彩色电视信号是由红(r)、绿(g)、蓝(b)三个基色以不同比例合成的结果，可用矢量来描述，即

$$\boldsymbol{I}(x,y,t)=\begin{cases}I_r(x,y,t)\\I_g(x,y,t)\\I_b(x,y,t)\end{cases} \tag{1.6}$$

信号也可用图形表示。

常见的信号可通过 3 个参数描述：频率、幅度和相位，而频率和幅度是最重要的，直接影响信号的主要特性。例如声波信号，其频率 $f$ 可分为 3 类：

① $f<20$ Hz，次声波，一般人耳听不到，声强(和信号幅度相关)足够大，能够被人感觉到；

② 20 Hz$<f<$20 kHz，声波，能够被人耳听到；

③ $f>20$ kHz，超声波，听不见，但具有方向性，可以成束，在测量中有着重要的应用。

可见，频率不同，信号的特性会有显著的差别。最简单的信号是正弦信号，只有单一的频率，称为“单色”信号；具有许多不同频率正弦分量的信号，称为“复合”信号。大多数应用场合的信号是复合信号。复合信号的一个重要参数是频带宽度，简称带宽。例如高音质音响信号的带宽是 20 kHz，而一个视频信号带宽可能有 6 MHz。

## 1.2 测试信号的分类

为了深入了解信号的物理性质，对其进行分类研究是非常必要的。信号可以有多种分类方法，从信号描述上可分为确定性信号与非确定性信号，从信号是否连续上可分为连续时间信号与离散时间信号，按信号在所有时间上总能量是否为零又可分为能量信号与功率信号，按分析域的不同还可将信号分为时限信号与频限信号，按信号是否物理可实现可分为物理可实现信号与物理不可实现信号。

**1. 确定性信号与随机性信号**

若信号可以用明确数学关系式描述，且信号对于指定的某一时刻，有一确定的函数值对应，则这种信号称为确定性信号；若信号每一次在某时刻的观测值都不同，不能用确切的数学关系式描述，只可能用概率统计的方法来描述，则这种信号称为随机性信号(非确定性信号)。然而，需要指出的是，实际物理过程往往是很复杂的，既无理想的确定性，也无理想的非确定性，而是确定性与非确定性相互掺杂的。

(1) 确定性信号

确定性信号又可以进一步分为周期信号和非周期信号。

**周期信号** 周期信号是经过一定时间周而复始，而且是无始无终的信号，一个定义在$(-\infty,\infty)$区间的连续信号 $f(t)$，如果存在一个最小的正值 $T$，对全部 $t$，满足条件

$$f(t)=f(t+nT) \tag{1.7}$$

则称 $f(t)$为周期信号。式中，$T$ 为基波周期，$T=2\pi/\Omega_0$，$\Omega_0$ 为基频；$n=0,\pm1,\pm2,\cdots$。

例如在机械系统中，回转体不平衡引起的振动，往往是一种周期性运动。

周期信号又可分为简谐信号和复合周期信号：

- **简谐信号** 即简单周期信号或正弦信号,只有一个谐波。例如,单摆运动和单自由度无阻尼弹簧振子的运动;
- **复合周期信号** 由多个谐波构成的周期性复合函数,该信号傅里叶展开后其相邻谐波的频率比 $\Omega_{n+1}/\Omega_n$ 为整数。

周期信号线性组合后是否仍为周期信号呢?

一般情况,周期为 $T_1$ 和周期为 $T_2$ 的两个(或多个周期信号相加),可能是周期信号,也可能是非周期信号。这主要取决于在这两个周期 $T_1$、$T_2$ 之间是否有最小公倍数,即是否存在一个最小数 $T_0$ 能同时被 $T_1$ 和 $T_2$ 所整除。若存在最小公倍数,则有

$$T_0 = n_1 T_1 = n_2 T_2 \quad (n_1、n_2 \text{ 均为整数})$$

也就是,若 $T_1/T_2 = n_2/n_1 =$ 有理数,则信号相加后是周期信号,否则就不是周期信号。

**非周期信号** 能用确定的数学关系表达,但在时间上不具有周而复始特点的信号称为非周期信号。如指数信号、阶跃信号等都是非周期信号。非周期信号又可分为准周期信号和瞬变信号:

- **准周期信号** 由有限个周期信号合成的确定性信号,但周期分量之间没有公倍数关系,即没有公共周期,因而无法按某一确定的时间间隔周而复始重复地出现。这种信号往往出现于通信、振动等系统之中,其特点为各谐波的频率比为无理数。例如:$x(t)=4\sin\left(t+\frac{\pi}{3}\right)+\sqrt{2}\cos\left(t+\frac{\pi}{4}\right)+\sin\left(\sqrt{3}t-\frac{\pi}{4}\right)$ 就是准周期信号。工程实际中,由不同独立振动激励的系统的输出信号或一些调制信号,往往属于这一类。
- **瞬变信号** 在一定时间区域内存在,或随时间 $t$ 增大而衰减至零的信号。例如锤子的敲击力变化、机械脉冲信号、阶跃信号和指数衰减信号等。

(2) 随机性信号(非确定性信号)

随机性信号是一种不能用确切的数学关系来描述的信号,其幅值、相位变化是不可预知的,所描述的物理现象是一种随机过程。例如飞机在大气流中的浮动、树叶的随风飘荡、环境噪声等。随机性信号可分为平稳随机信号和非平稳随机信号。

**平稳随机信号** 所谓平稳随机信号是指其统计特征参数不随时间而变化的随机信号,其概率密度函数为正态分布。平稳随机信号又可分为各态历经信号和非各态历经信号。在平稳随机信号中,若任一单个样本函数的时间平均统计特征等于该随机过程的集合平均统计特征,则这样的平稳随机信号称为各态历经(遍历性)的随机信号;否则,即为非各态历经信号。

**非平稳随机信号** 所谓非平稳随机信号是指其统计特征参数随时间而变化的随机信号。在随机信号中,凡不属于平稳随机信号范围的,都可归为非平稳随机信号类型。

根据上述对信号特性的描述,信号分类归纳如图 1.1 所示。

**2. 连续信号和离散信号**

若信号的自变量 $t$(多表示时间,也可以是空间等参数,本书主要指时间)取值是连续的,称为连续(模拟)信号。若信号的自变量 $t$ 取值是离散的,则称为离散信号。

再进一步根据信号数学表达式中与自变量 $t$ 所对应的函数值 $f(t)$ 的取值是否连续,可分别称为模拟信号、量化信号、抽样信号和数字信号。它们的分类参见表 1.1 和图 1.2。

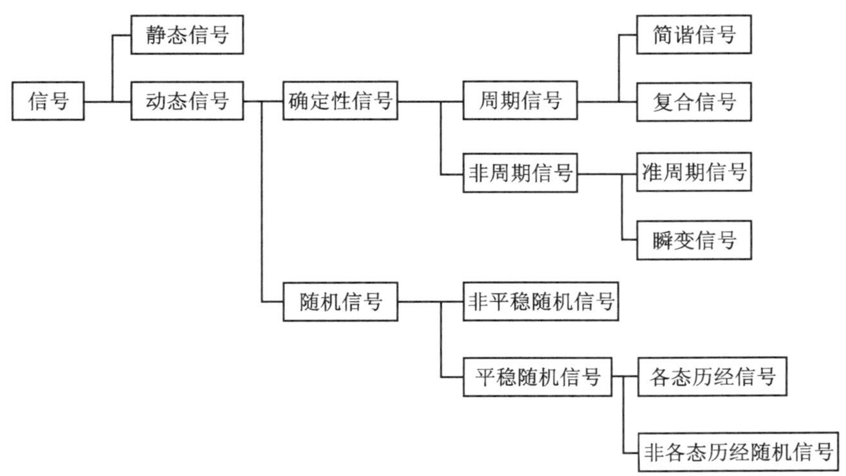


图 1.1 信号描述及分类

表 1.1 信号的分类

| 自变量 $t$(多为时间) | 函数值 $f(t)$ | 信号分类 |
|---|---|---|
| 连续(连续时间信号) | 连续 | 模拟信号 |
| | 离散 | 量化信号 |
| 离散(离散时间信号) | 连续 | 抽样(采样)信号 |
| | 离散 | 数字信号 |

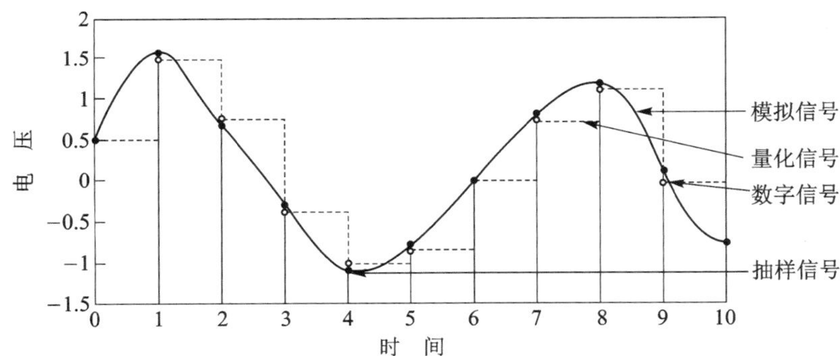


图 1.2 模拟信号、数字信号、抽样信号和量化信号

### 3. 能量信号与功率信号

(1) 能量信号

在非电量测量中,常把被测信号转换为电压和电流信号来处理。显然,电压信号 $x(t)$ 加到电阻 $R$ 上,其瞬时功率

$$P(t)=x^2(t)/R \tag{1.8}$$

当 $R=1$ 时,

$$P(T)=x^2(t) \tag{1.9}$$

瞬时功率对时间的积分就是信号在该积分时间内的能量。依此,不考虑信号的实际量纲,

而把信号 $x(t)$ 的平方 $x^2(t)$ 及其对时间的积分分别称为信号的功率和能量。

信号能量定义为在时间区间$(-\infty,\infty)$信号 $x(t)$ 的能量,用字母 $E$ 表示,即

$$E=\int_{-\infty}^{\infty}|x(t)|^2\mathrm{d}t<\infty \tag{1.10}$$

(2) 功率信号

信号功率定义为在时间区间$(-\infty,\infty)$信号 $x(t)$ 的平均功率,用字母 $P$ 表示,若信号在区间$(-\infty,\infty)$的能量是无限的,即

$$\int_{-\infty}^{\infty}x^2(t)\mathrm{d}t\rightarrow\infty \tag{1.11}$$

但在有限区间$(t_1,t_2)$的平均功率是有限的,即

$$P=\lim_{(t_2-t_1)\rightarrow\infty}\frac{1}{t_2-t_1}\int_{t_1}^{t_2}|x(t)|^2\mathrm{d}t \tag{1.12}$$

则这种信号称为功率有限信号或功率信号。

由于式(1.10)和式(1.12)中的被积函数是 $x(t)$ 的模方,所以信号能量和功率都是非负实数,即使 $x(t)$ 是复信号亦是如此。

若信号 $x(t)$ 的能量 $E$ 满足 $0<E<\infty$(且 $P=0$),则认为信号 $x(t)$ 是能量有限信号(简称为能量信号),如非周期有限连续信号、指数衰减信号等;若信号 $x(t)$ 的功率 $P$ 满足 $0<P<\infty$(且 $E=\infty$),则认为信号 $x(t)$ 是功率有限信号(简称为功率信号),如周期连续信号等。

**4. 时限信号与频限信号**

按信号在时域和频域中的定义范围,可把信号分为时限信号和频限信号两类。

(1) 时限信号

信号在有限区间$[t_1,t_2]$内为有限值,在区间之外恒等于零,称为时域有限信号,简称时限信号,如矩形脉冲、正弦脉冲等。而周期信号、指数信号和随机信号等,则为时域无限信号。

(2) 频限信号

信号在频率域内只占据有限的带宽$[f_1,f_2]$,在这一带宽之外,信号恒等于零,称为频域有限信号,简称频限信号,或称带限(bandlimited)信号,如正弦信号、带限白噪声等。而冲激函数、白噪声和理想抽样信号等,则为频域无限信号,即其信号带宽为无限宽。

顺便指出,在信号理论中,时、频域间普遍存在着对偶关系:一个时限信号在频域上,是频域无限信号,而频限信号则对应时域无限信号。这种关系表明:一个信号不可能在时域和频域上都是有限的。

**5. 物理可实现信号与物理不可实现信号**

所谓物理系统具有这样一种性质,当激发脉冲作用于系统之前,系统是不会有响应的;换句话说,在零时刻之前,没有输入脉冲,则输出为零,这种性质反映了物理上的因果关系。因此,一个信号要通过一个物理系统来实现,就必须满足 $x(t)=0(t<0)$,这就是把满足这一条件的信号称为物理可实现信号的原因。同理,对离散信号而言,满足 $x(n)=0(n<0)$条件的序列,即称为因果序列。

因此,物理可实现信号又称为单边信号,满足条件 $t<0$ 时,$x(t)=0$,即在时刻小于零的一侧全为零,信号完全由时刻大于零的一侧确定,如图 1.3 所示。

那么,在事件发生前$(t<0)$就预知的信号,就属于物理不可实现信号,如图 1.4 所示。

另外,按自变量的维数,还可分为一、二、三或多维信号等,由于一维确定性信号是进一步

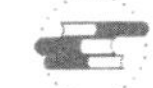

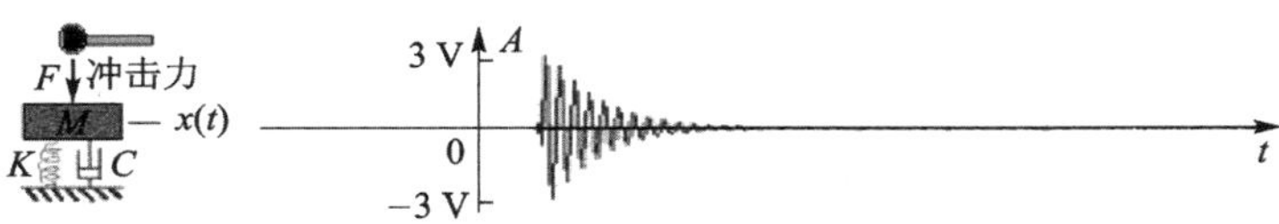


图 1.3　物理可实现信号

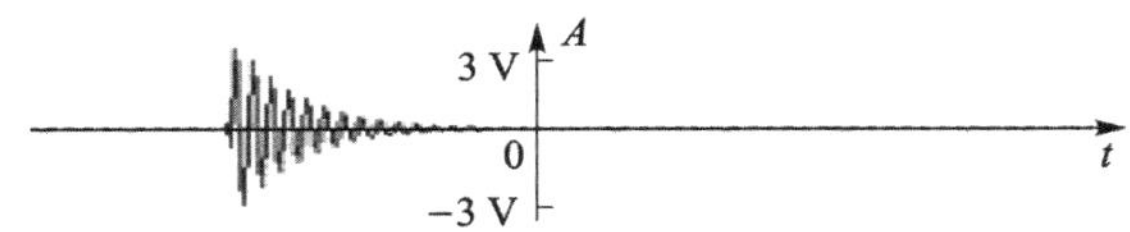


图 1.4　物理不可实现信号

研究其他信号的基础，本书将重点研究一维确定性信号的分析与处理，同时也适当涉及随机信号。

## 1.3　信号分析与信号处理

人们在科研、生产或是生活中进行测试的目的总是为了获取某些有用的信息，然而这些信息往往隐含在测试信号中，并不能直接获得，并且由于测试目的和测试对象的不同，人们感兴趣的信息也不同，常常只有根据感兴趣的信息与测试信号之间的关系选择不同的信号分析与信号处理的方法，才能从测试信号中提取有用信息，因此测试系统与信号分析、信号处理密切相关。那么，什么是信号分析？什么是信号处理？这是首先必须明确的问题。

**1. 信号分析**

信号分析是指将一复杂信号分解为若干简单信号分量的叠加，并以这些分量的组成情况去考察信号的特性。简单而言，信号分析就是研究信号本身的特性。

信号分析的经典方法有时域分析法和频域分析法。

时域分析又可称为波形分析，是用信号的幅值随时间变化的图形或表达式来进行分析，从而获得信号的特征值，如任意时刻的瞬时值或信号的最大值、最小值、均值、均方根值等；也可通过信号的时域分解，研究其稳态分量与波动分量；或通过对信号的相关分析，研究信号本身或相互之间的相似程度；通过研究信号在时域幅值取值的分布状态，可以了解信号幅值取值的概率及概率分布情况，或称为幅值域分析。示波器就是一种最通用的波形分析和测量仪器。

测试信号的频域分析是把频率作为信号的自变量，把信号的幅值、相位和能量变换为以频率坐标轴表示，并在频域里进行信号的频谱特性分析的一种方法，又称为频谱分析。例如：幅值谱、相位谱、能量谱密度、功率谱密度分析等，对信号进行频谱分析可以获得更多的有用信息。

在测量与控制工程领域，信号分析技术有广泛的应用。例如，在动态测试过程中，首先应解决传感器频率响应的正确选择问题，为此必须通过对被测信号的频谱分析，掌握其频谱特性，才能较好地做到这一点，而且传感器本身动态频率响应的标定，也需要用到频谱的分析和计算以及快速傅里叶变换(FFT)。再比如，自然界的声音信号都有“特征频谱”，称为“声纹”，声纹可以用于机器部件的故障诊断，当机器部件产生疲劳或裂缝时，其振动谱发生改变，与正常振动谱比较，即可实现故障的诊断，避免事故的发生；而人的“声纹”可用作身份识别，类似地,也可用于人体疾病的监测和诊断,甚至于根据特定人的声音可以做成安全方便的"语音锁"。下面是谱分析在工程测试中的一个应用实例。

硅谐振微传感器是当前最先进的传感技术之一,与传统的谐振传感器工作特性相同,即把被测参数的变化变换为传感器敏感元件谐振频率的变化,传感器的输出为频率量,但微传感器的敏感元件尺寸是微米量级的硅梁,出现了一系列所谓的"微尺度效应"。其中之一是:需要检测的信号微弱,输出电压的量级在微伏或微伏以下,而比输出信号至少大 $10^3$ 倍以上的同频强干扰直接耦合到传感器的输出端,就会出现所谓的"同频耦合干扰"。例如,在某硅谐振微传感器激励端加上有 33 kHz 带直流偏置的交流信号,使用锁相放大器检测传感器的输出端信号,就会出现如图 1.5 所示的测量结果。由图 1.5 可明显看出,有两个信号的峰值,一个是 65.66 kHz,另一个是 33.36 kHz,两者成倍频关系,且后者与激励信号同频。有用信号与激励信号同频,表明同频耦合干扰确实存在,与理论分析的结果一致,如果直接采用加直流偏置的 33.36 kHz 的信号对谐振传感器进行激励,则强同频干扰将使传感器无法进入闭环谐振工作状态,因此这一谱分析的结果对硅谐振微传感器的研究具有关键性的指导意义。

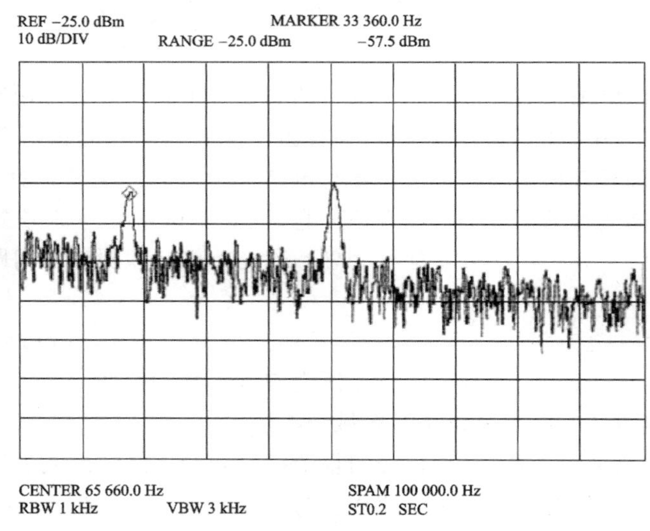


**图 1.5 微传感器中同频耦合干扰的实验结果**

**2. 信号处理**

所谓"信号处理(signal processing)"是指对各种类型的信号,按各种预期的目的及要求进行加工的过程。信号处理的目的在于:通过对信号进行某种加工变换或运算,削弱信号中的多余内容,滤除混杂的噪声和干扰;或者将信号变换成容易处理、传输、分析与识别的形式,以便后续的其他处理。信号处理最基本的内容有变换、滤波、调制、解调、相关、卷积、增强、压缩、识别和估计等。广义的信号处理可把信号分析也包括在内。

人们为了利用信号,就要对它进行处理,通过去干扰、分析、综合、变换和运算等处理,抽取出特征信号,从而得到反映事件变化本质或处理者感兴趣的信息。信号处理可在时域或频域中进行,分为模拟信号处理和数字信号处理。而把信号从时域变换到频域进行分析和处理,可以获得更多的信息,因而在频域中进行信号处理更受人们的关注。在测试领域中,信号的频域

处理主要指滤波，即把信号中感兴趣的部分（有效信号）提取出来，抑制（削弱或滤除）不感兴趣的部分（干扰或噪声）。

图 1.6 为一有源模拟低通滤波器对某传感器输出附加噪声的滤波处理情况。

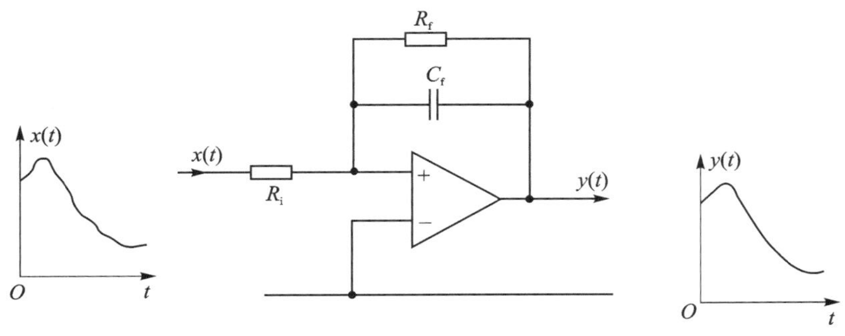


**图 1.6　模拟信号处理**

由图 1.6，某系统输入模拟电压信号 $x(t)$，来自于传感器，一般附加有高频噪声，通过一有源模拟低通滤波器滤波后，获得系统执行器所要求的电压信号 $y(t)$。下面来分析这一模拟滤波过程，根据电路基本定律，有

$$C_f \frac{dy(t)}{dt} + \frac{y(t)}{R_f} = x(t)\frac{1}{R_i} \tag{1.13}$$

式(1.13)的拉氏变换为

$$C_f sY(s) + Y(s)\frac{1}{R_f} = X(s)\frac{1}{R_i} \tag{1.14}$$

该滤波器的传递函数 $H(s)$ 为

$$H(s) = \frac{Y(s)}{X(s)} = \frac{R_f}{R_i}\frac{1}{1+sR_fC_f} \tag{1.15}$$

由式(1.15)可得滤波器的频率响应 $H(j\Omega)$ 为

$$H(j\Omega) = \frac{R_f}{R_i}\left(\frac{1}{1+j\Omega R_fC_f}\right) \tag{1.16}$$

由本书后面章节可进一步了解到：式(1.16)也可对式(1.13)直接进行傅里叶变换得出。滤波器的各种幅频特性如图 1.7 所示，其中由式(1.16)画出的滤波器幅频特性如图 1.7(b)所示，可明显看出低通滤波抑制高频噪声的作用，图中的角频率 $\Omega$ 改用频率 $f$ 表示，$f_c$ 通常称为截止频率。

显然，当图 1.6 中的 $x(t)$ 经过具有图 1.7(b)所示幅频特性的有源滤波器的处理，高频噪声被抑制，传感器的低频有效信号顺利通过，得到作用于系统执行器的较为干净的信号 $y(t)$，这就是模拟滤波的过程。

但模拟滤波器的电路器件参数容易因温度变化、器件老化、电源的波动以及器件精度等因素作

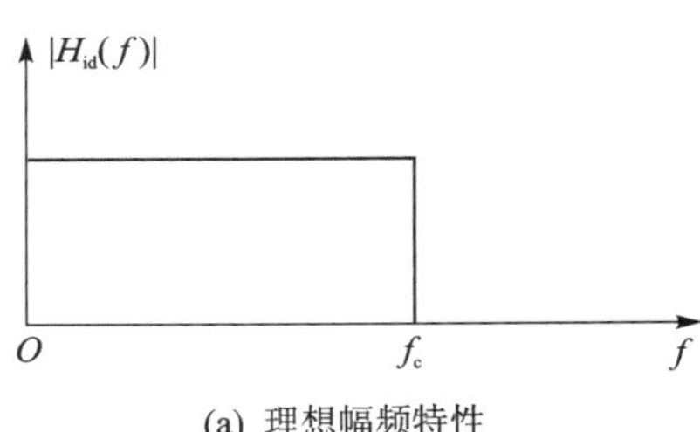


(a) 理想幅频特性

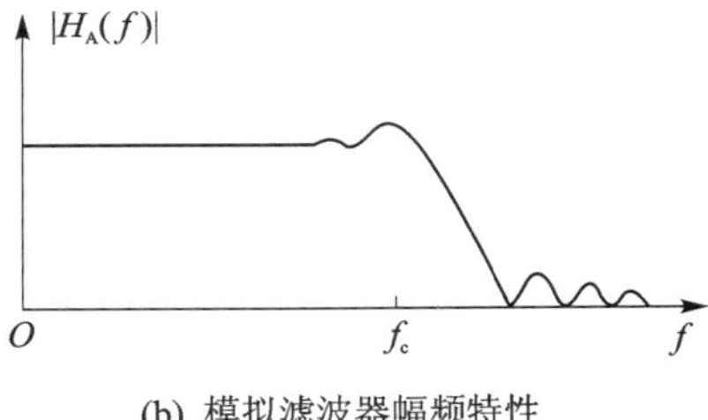


(b) 模拟滤波器幅频特性

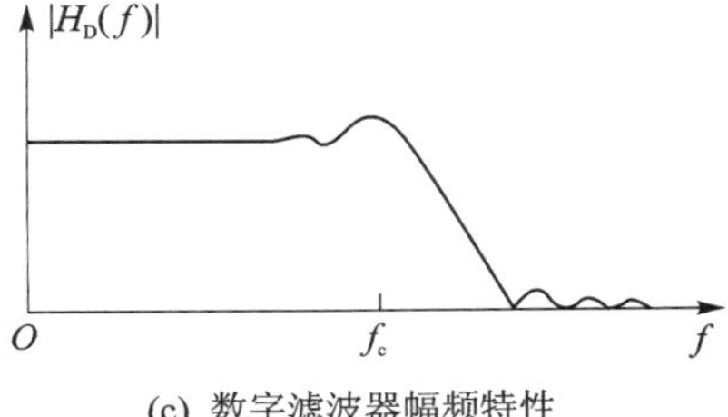


(c) 数字滤波器幅频特性

**图 1.7　滤波器的各种幅频特性**

用而影响滤波效果,并且如果想通过改变电路器件参数来调整、校正模拟滤波器特性也是件困难的事情。若应用计算机(典型的如数字信号处理器 DSP)进行数字滤波来实现与上述模拟滤波等效的结果,则调整滤波器特性参数要灵活方便许多,数字滤波器的幅频特性如图 1.7(c)所示,实际上,这是对模拟滤波器幅频特性的模仿。

如果系统的输入/输出均为模拟信号,则进行数字滤波的整个信号处理过程应包括 A/D、DSP、D/A 三个必不可少的部分。若输入为频带无限信号,则根据抽样定理,在 A/D 前还需要设置抗混叠滤波器,D/A 后重构低通滤波器。由 DSP 实现数字滤波的信号处理全过程原理框图如图 1.8 所示。

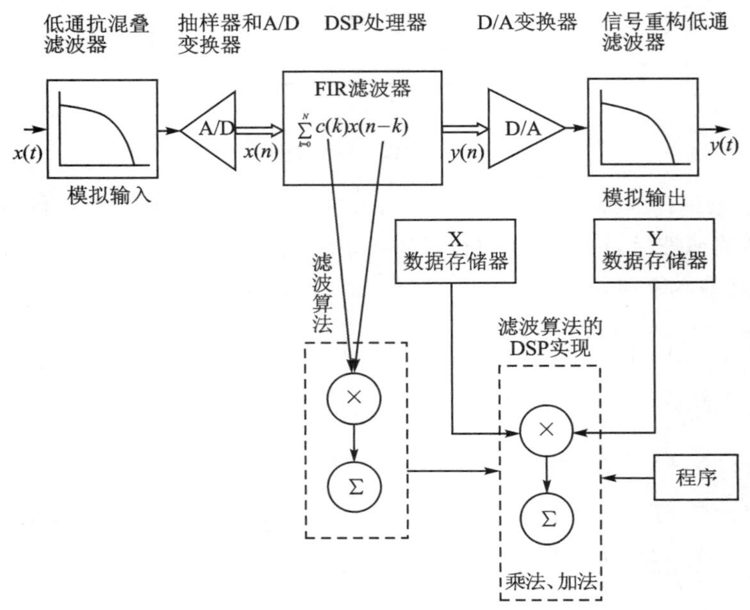


图 1.8 DSP 实现数字滤波的信号处理全过程原理框图

数字滤波本质上是算法的实现。如图 1.8 所示,输入的模拟信号通过 A/D 转换为数字信号,送入 DSP 进行数字滤波处理,这种滤波与上述模拟滤波不同,不需要复杂的硬件电路进行解算,而是通过计算来实现,这里是采用有限冲激响应(FIR)数字滤波,其算法表达式为

$$y(n)=\sum_{k=0}^{N-1} c(k)x(n-k) \tag{1.17}$$

式(1.17)中的 $c(k)$、$x(n-k)$ 为两个有限长序列,$n=0,1,2,\cdots,N-1$,涉及到大量的乘法和加法运算;DSP 的输出通过 D/A 转换为模拟滤波的幅频特性,实现模拟信号输入—数字滤波—模拟信号输出的全过程。图 1.8 的原理框图虽然是针对 DSP 的,但实际上该原理也适用于其他处理系统(如单片机、PC 等)。许多情况下,数字滤波能完成的处理,模拟技术也一样能实现,这就为工程技术人员根据不同的应用要求,在数字滤波器和模拟滤波器之间做出合理的选择提供了可能。

滤波从某种意义上可以看成是对不同信号频率分量进行加权处理,测试技术中所说的滤波,通常是指频率选择滤波,即信号和噪声在不同的频带内。一般情况下,噪声为高频,与多数有用信号频率不在相同的频带,利用滤波技术,可抑制噪声,输出有用信号。但工程实际中,噪

声或干扰与有用信号可能在相同的频带，例如图1.5提到的微传感器例子中，由于微传感器的有用信号是微弱信号，转换为电压仅为微伏或亚微伏量级，而噪声的量级相对较高，仅一个集成电路块的噪声就能达到毫伏量级，信噪比低于$10^{-3}$，因此有用信号分量常淹没在系统回路中的“同频耦合干扰”及其他噪声中。图1.9是一个未做信号处理的微传感器经频率特性测试仪实际测量后在某频段范围(30～40 kHz)的输出结果，很明显，有用信号淹没于噪声中。由于该微传感器的系统回路中存在含“同频耦合干扰”在内的系列噪声，无法通过简单滤波而提取有用信号，为了抑制噪声、提高信噪比，对图1.9测试的传感器信号采取了相关或锁相的信号处理技术，得到了如图1.10所示的结果，可以清楚地看出，传感器的谐振频率是38.65 Hz。图1.10中的图(b)是图(a)波形经软件平滑滤波处理后的输出。

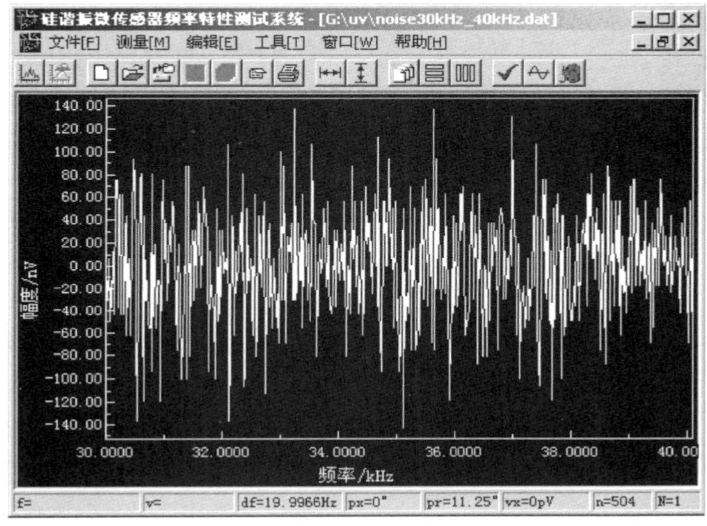


图1.9 未经处理的微传感器输出

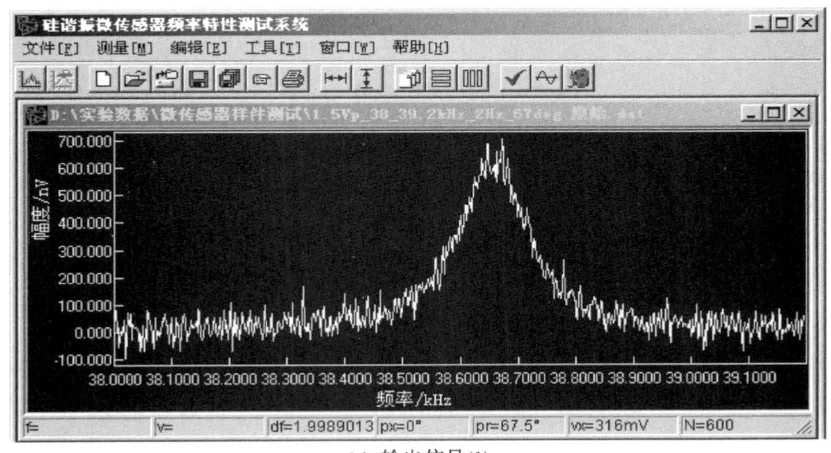


(a) 输出信号(1)

图1.10 经相关处理后的微传感器输出信号

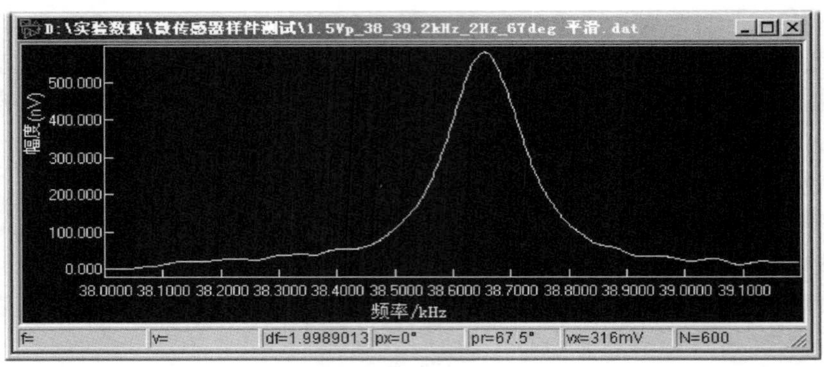


(b) 输出信号(2)

**图 1.10 经相关处理后的微传感器输出信号(续)**

# 1.4 信号与测试系统

信号的分析与处理及其相应的软件在现代测试系统中所起的作用越来越大,已成为仪表和测试系统中不可或缺的重要组成部分。从信号的角度,称系统的输入为“输入信号”,系统的输出为“输出信号”,统称“测试信号”。为了精确地测量出被测对象中人们所需要的某些特征性参数信号,测试系统一般由传感器、中间变换装置和显示记录装置三个基本功能环节所组成,如图 1.11 所示。可以认为:使用测试系统对参数进行测试的整个过程都是信号的流程。根据测试任务复杂程度的不同,测试系统中传感器、中间变换装置和显示记录装置等每个环节又可由多个模块组成。

**图 1.11 测试系统组成原理方框图**

传感部分是测试系统的信号获取部分,它将被测物理量转换成以电量为主要形式的信号。如可将机械位移量转换为电阻、电容或电感等电参数的变化,又可将仪器振动或声音转换成电压信号,或者将光辐射转换成电荷的变化信号。

中间变换装置是对传感部分所送出的信号进行加工。如将信号放大、调制与解调、阻抗变换、线性化以及转换成数字信号等。信号经过中间变换装置的加工,可以满足做进一步后续处理的需求,或者成为便于输送、显示或记录的信号。从广义上看,中间变换装置也是传感部分与信号处理之间的一种接口。

显示、记录部分是将所测信号变为人们所理解的形式,以供人们观测和分析。

上述所列测试系统各组成部分都是“功能块”的含义,在实际工作中,这些功能块所表达的具体装置或仪器的伸缩性是很大的。例如中间变换装置部分,有时可以是一个由很多仪器组合成的完成某种特定功能的复杂群体,有时却可能简单到仅有一个变换电路,甚至可能仅是一根导线。

由于信号分析和处理理论以及信号处理技术的迅速发展,特别是计算机技术、DSP、嵌入式系统在信号处理中的广泛应用,近年来将信号的后续处理部分引入到测试系统已成为测试

系统的主流，形成如图 1.12 所示的较为复杂的测试系统。这些信号处理部分，无论是运用模拟信号处理还是数字信号处理技术都是将所测信号做进一步变换、运算等，从原始的测试信号中提取表征被测对象某一方面本质信息的特征量，以利于人们对客观事物动态过程更深入的认识。

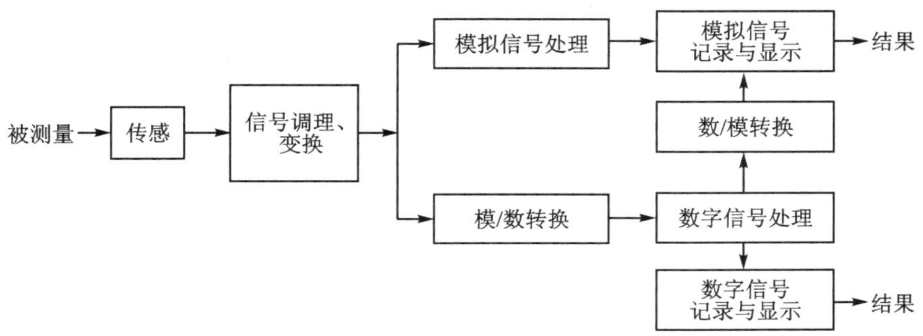


**图 1.12　包含信号分析与处理的测试系统**

测试系统在一定程度上是人类感官的某种延伸，而且一般它比人的感官能获得更客观、更准确的量值，具有更为宽广的量限，能做出更为迅速的反应，因此测试系统对参数进行测试时，不管中间经过多少环节的变换，都必须在这些环节中忠实地从信源点把所需信息通过其载体信号传输到输出端。这就要求系统本身既具有不失真传输信号的能力，还需具有在外界各种干扰情况下能够提取和辨识信号中所包含的有用信息的能力；而且，测试系统可以经过对所测结果的处理和分析，把最能反映研究对象本质的特征量提取出来并加以诊断，这种具有了选择、加工、处理以及判断能力的测试系统，就不仅仅是单纯的感官延伸了，而可以认为是一种智能的复制和延长。

测试技术学科发展极为迅速，新的传感技术、新的测试方法、新的信号分析与处理的理论及方法都不断出现，但不论测试系统进化到何种智能程度，使用测试系统进行某一参量测试的整个过程都是信号的流程，即信号的获取、加工、处理、显示、记录等。所以深入地了解信号的各种特性，才能明确对测试系统及其各环节的要求，检验测试系统及其各环节的性能，提高测试的质量。

## 本章小结

本章主要阐明了与本书内容相关的几个概念：测试、测试系统、信号、信息、消息以及这些概念之间的联系和区别，并从不同角度阐述了信号的分类方法，举例说明了信号分析与信号处理的概念及意义。

## 思考与练习题

**1.1**　结合具体实例，分析信息和信号的联系与区别。

**1.2**　说明模拟、数字、量化和抽样信号之间的联系与区别。

**1.3**　以自己目前的理解，举例说明信号分析和信号处理的应用。

**1.4** 以一具体的测试系统为例,按信号流程简要说明测试系统的主要组成部分并简述测试的重要性。

**1.5** 试判断下面每一种说法是否正确,若不正确,请证明或举例说明。

(1) 两个周期信号之和总是周期信号;

(2) 所有非周期信号都是能量信号;

(3) 若一个信号不是能量信号,那么它就一定是功率信号,反之亦然;

(4) 两个功率信号之积总是一个功率信号;

(5) 一个能量信号和一个功率信号之积总是一个能量信号。

**1.6** 判断下列表达式表示哪种类型的信号。

(1) $e^{-at}\sin\Omega t$　(2) $e^{-nT}$　(3) $\cos n\pi$　(4) $\sin n\Omega_0$($\Omega_0$ 为任意值)

(5) $\left(\frac{1}{2}\right)^n$　(6) $\delta(t)$

**1.7** 试判断下列信号是否为周期信号,若是,确定其周期。

(1) $f(t)=3\sin 2t+6\sin \pi t$　(2) $f(t)=(a\sin t)^2$

(3) $f(t)=\cos\left(2t+\frac{\pi}{4}\right)$　(4) $f(t)=\cos 2\pi t\quad (t\geqslant 0)$

**1.8** 已知信号 $v(t)$ 由三个周期信号相加而成,这三个信号分别是:$x_1(t)=\cos(0.5t)$,$x_2(t)=\sin(2t)$,$x_3(t)=2\cos[(7/6)t]$。

(1) 判断信号 $v(t)$ 的周期。

(2) 在信号 $v(t)$ 上再叠加上另外一个信号 $x_4(t)=3\sin(5\pi t)$ 构成了信号 $w(t)$,即 $w(t)=x_1(t)+x_2(t)+x_3(t)+x_4(t)$。判断信号 $w(t)$ 是否为周期信号。

# 第 2 章　连续时间信号和系统

**基本内容：**

- 基本的连续时间信号
- 连续信号的时域运算
- 连续时间系统及其分类
- 连续时间信号的卷积及相关

## 2.1　基本的连续信号

在工程测试中，某些信号可以用数学函数精确描述，但大量的测试信号一般只能用数学函数近似描述。如果一个函数 $f(t)$ 的自变量是时间 $t$，值域是实数，且函数 $f(t)$ 在每个时间点 $t$ 上都有定义，则该函数 $f(t)$ 可称为连续时间函数。下面介绍几种工程中常用的连续时间信号（函数），它们是构成其他很多信号的基本单元，故统称它们为基本连续信号（函数）。了解这类信号的时域描述和特性对于分析和处理测试信号来说是十分必要的。

**1. 正弦信号**

正弦信号在工程技术中应用十分广泛（余弦信号也可称为正弦信号），它是在信号分析处理中有着重要作用的最基本的周期信号。描述其波形的参数有：信号幅值 $A$、初相位 $\theta$、自变量 $t$（$t$ 通常指时间，以下同）、周期 $T$、角频率 $\Omega$（或频率 $f$）。正弦信号 $f(t)$ 可表示为

$$f(t)=A\sin(\Omega t+\theta) \tag{2.1}$$

波形参数之间存在以下关系：

$$T=1/f=2\pi/\Omega \tag{2.2}$$

**2. 指数信号**

指数信号可表示为

$$f(t)=A\mathrm{e}^{\alpha t} \tag{2.3}$$

式中，$A$ 为常数，表示 $t=0$ 点的初始值。$\alpha$ 可以是实常数，也可以是复常数。

当 $\alpha$ 为实常数时，$\alpha>0$，$f(t)$ 随 $t$ 单调增加；$\alpha<0$，则单调衰减。引入时间常数 $\tau$，$\tau=\dfrac{1}{|\alpha|}$，它反映出信号增长或衰减速率的大小。实际应用较多的是单边衰减指数信号，其表达式为

$$f(t)=\begin{cases}\mathrm{e}^{-t/\tau} & (t\geqslant 0)\\ 0 & (t<0)\end{cases} \tag{2.4}$$

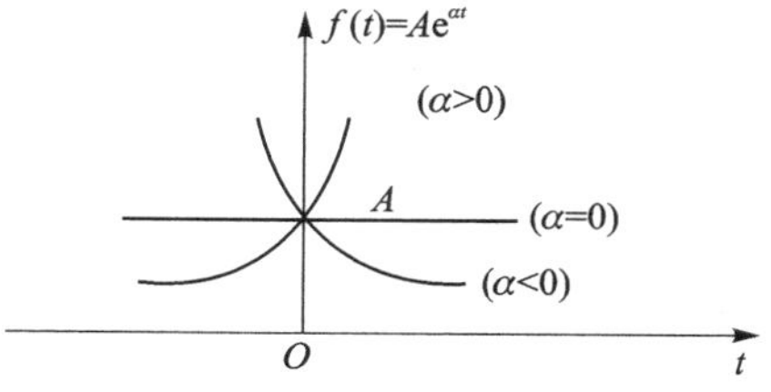

图 2.1　实指数信号波形

实指数信号的波形如图 2.1 所示。

当 $\alpha$ 为复常数时，$\alpha$ 改用 $s$ 表示，即 $s=\sigma+\mathrm{j}\Omega$，复指数信号 $f(t)$ 可表示为

$$f(t)=A\mathrm{e}^{st}=A\mathrm{e}^{(\sigma+\mathrm{j}\Omega)t} \tag{2.5}$$

由欧拉公式,有

$$
\begin{aligned}
e^{j\Omega t} &= \cos \Omega t + j\sin \Omega t \\
e^{-j\Omega t} &= \cos \Omega t - j\sin \Omega t
\end{aligned}
\tag{2.6}
$$

从而正弦信号也可用复指数信号表示:

$$
\begin{aligned}
\sin \Omega t &= \frac{1}{2j}(e^{j\Omega t} - e^{-j\Omega t}) = \mathrm{Im}[e^{j\Omega t}] \\
\cos \Omega t &= \frac{1}{2}(e^{j\Omega t} + e^{-j\Omega t}) = \mathrm{Re}[e^{j\Omega t}]
\end{aligned}
\tag{2.7}
$$

$$
e^{st} = e^{\sigma t}(\cos \Omega t + j\sin \Omega t) \tag{2.8}
$$

当 $\sigma < 0$ 时,上述复指数信号的实部与虚部分别表示衰减的余弦和正弦信号;当 $\sigma > 0$ 时,上述复指数信号的实部与虚部分别表示增长的余弦和正弦信号;由于复指数信号的数学运算比正弦信号简便,并且它可以表示直流、正弦信号、增长(或衰减)的正(余)弦信号,故在信号分析中是最为常用且非常重要的基本信号。

**3. 抽样信号 Sa($t$)**

抽样信号的表达式是

$$
\mathrm{Sa}(t) = \sin t / t \tag{2.9}
$$

其图形如图 2.2 所示,$\mathrm{Sa}(t) \propto 1/t$,在时间轴的正、负两个方向上衰减振荡,其振幅都逐渐衰减;并且 $\mathrm{Sa}(t)$ 是一个偶对称函数;当 $t=\pm\pi, \pm 2\pi, \cdots$ 时,$\sin t = 0$,从而 $\mathrm{Sa}(t)=0$,$t=\pm k\pi(k \in Z\backslash\{0\})$ 是其零点;当 $t \to 0$ 时,$\mathrm{Sa}(t) \to 1$,即 $\lim\limits_{t\to 0}\mathrm{Sa}(t)=1$;把原点两侧两个第一个零点之间的曲线部分称为"主瓣",其余的衰减部分称为"旁瓣"。$t \to 0$,$\mathrm{Sa}(t) \to 1$,并且有

$$
\int_0^{\infty} \mathrm{Sa}(t)\mathrm{d}t = \frac{\pi}{2} \quad \text{或} \quad \int_{-\infty}^{\infty} \mathrm{Sa}(t)\mathrm{d}t = \pi \tag{2.10}
$$

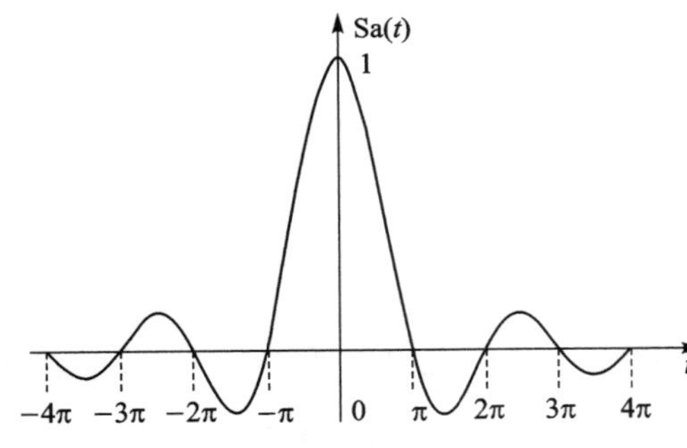


**图 2.2 抽样信号的时域波形**

还有一个与 $\mathrm{Sa}(t)$ 类似的信号称为 $\mathrm{sinc}(t)$ 函数,可表示为

$$
\mathrm{sinc}(t) = \frac{\sin(\pi t)}{\pi t} = \mathrm{Sa}(\pi t) \tag{2.11}
$$

下面考虑一类名为奇异函数的信号。奇异信号(函数)是指本身具有不连续点或者其导数、积分有不连续点的信号(函数)。常见的奇异信号包括:阶跃信号、冲激信号、符号信号、斜变信号等。在信号与系统分析中,利用奇异信号(函数)可以用数学方式描述那些不连续或者其导数不连续的信号,这些奇异信号(函数)之间可以通过积分或微分相互转化。通过奇异信号(函数),可以扩展、修改和推广一些基本的数学概念和运算,更有效地分析实际信号和系统。

**4. 单位阶跃信号 $u(t)$**

单位阶跃信号通常用 $u(t)$ 表示,表达式为

$$
u(t) = \begin{cases} 1 & (t > 0) \\ 0 & (t < 0) \end{cases} \tag{2.12}
$$

图形如图 2.3 所示。

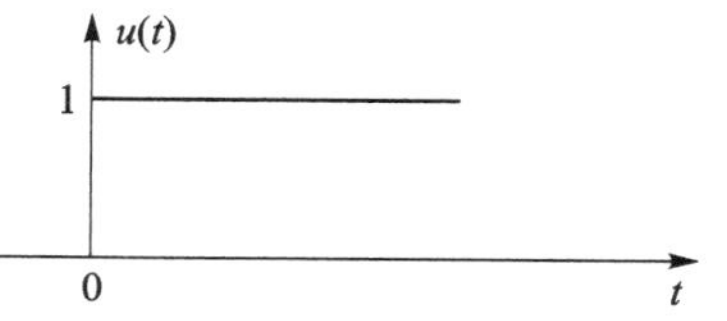


图 2.3　单位阶跃信号波形

常利用两个阶跃函数之差，表示一个矩形脉冲 $G(t)$，即

$$G(t)=u(t)-u(t-t_0) \tag{2.13}$$

上述关系可用图 2.4 来说明。

需要注意的是：阶跃信号 $u(t)$ 在 $t=0$ 处是个间断点，它的左、右极限取值在信号理论中有一个普遍认可的方法，其左极限为 0、右极限为 1。相类似，在矩形脉冲 $t=0$ 和 $t=t_0$ 处的左、右极限也不是只取单值，都有明确的取值。例如在 $t=t_0$ 处，矩形脉冲 $G(t)$ 的左极限为 1，右极限为 0，这样来处理是合理的，比较符合实际情况。当然按数学中对间断点取值的规定，采用左、右极限的平均值也是对的，以后可以看到，傅里叶级数在间断点就收敛于此值上。

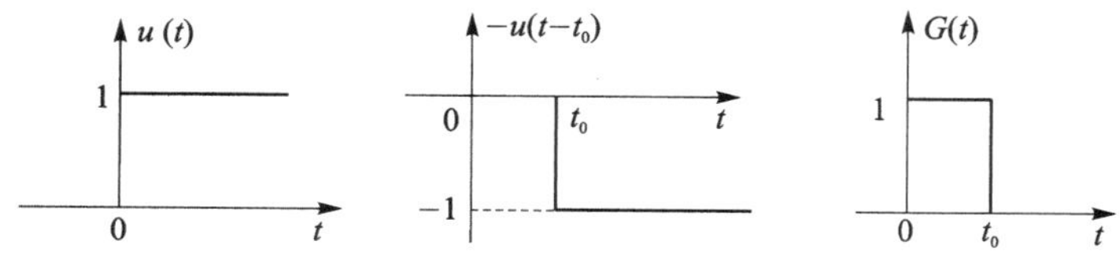


图 2.4　用阶跃函数表示矩形脉冲

利用阶跃函数还可以表示单边信号，如单边正弦信号 $\sin tu(t)$、单边指数信号 $e^{-t}u(t)$、单边衰减的正弦信号 $e^{-t}\sin tu(t)$等，其图形如图 2.5(a)、(b)、(c)所示。

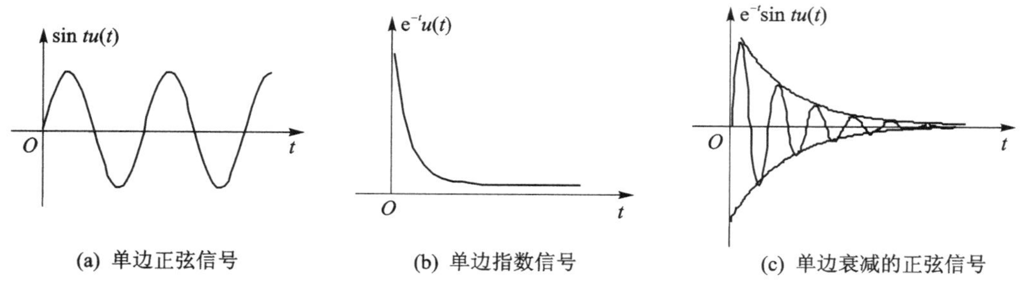


(a) 单边正弦信号　(b) 单边指数信号　(c) 单边衰减的正弦信号

图 2.5　三个单边信号的时域波形

**5. 符号信号 sgn(t)**

符号信号(函数)用于表达变量或表达式的取值正负，定义如式(2.14)，波形如图 2.6 所示。

$$\operatorname{sgn}(t)=\begin{cases}1 & (t>0)\\ -1 & (t<0)\end{cases} \tag{2.14}$$

与阶跃函数一样，对于符号函数在跳变点(零点)处函数取值为零或者没有定义。利用阶跃信号还可以表示 sgn(t) 这个“正负号函数”。符号函数与阶跃函数具有如下关系：

$$\operatorname{sgn}(t)=2u(t)-1 \tag{2.15}$$

**6. 单位斜坡信号 r(t)**

斜坡信号也称为斜变或斜升信号，是随 $t$ 增大成比例增长的信号，表示为

$$r(t)=\begin{cases}0 & (t<0)\\ t & (t\geqslant 0)\end{cases} \tag{2.16}$$

或表示为

$$r(t)=tu(t) \tag{2.17}$$

其图形如图 2.7 所示。

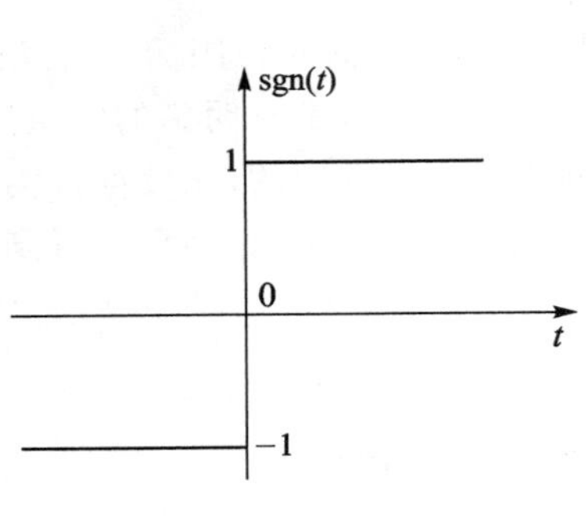

图 2.6　符号信号 sgn(t)

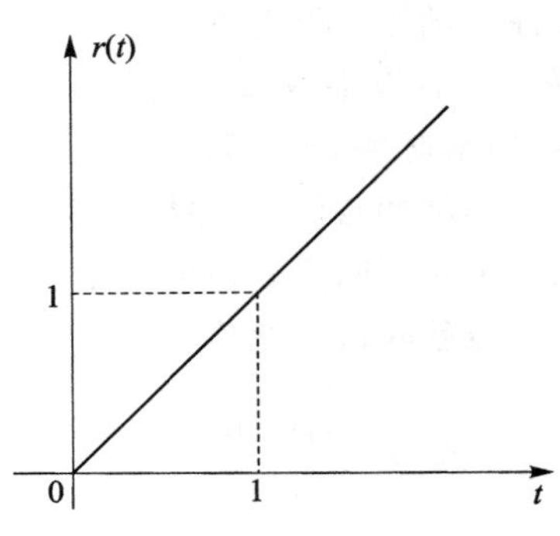

图 2.7　单位斜坡信号

在实际中,经常会遇到在时间 $t_0$ 后被“削平”的斜坡信号 $r_1(t)$,表示为

$$r_1(t)=\begin{cases}\dfrac{K}{t_0}r(t) & (t<t_0)\\ K & (t\geqslant t_0)\end{cases} \tag{2.18}$$

$r_1(t)$如图 2.8 所示。

另外,三角形脉冲 $r_2(t)$也可用斜坡信号表示,即

$$r_2(t)=\begin{cases}\dfrac{K}{t_0}r(t) & (t\leqslant t_0)\\ 0 & (t>t_0)\end{cases} \tag{2.19}$$

其波形如图 2.9 所示。

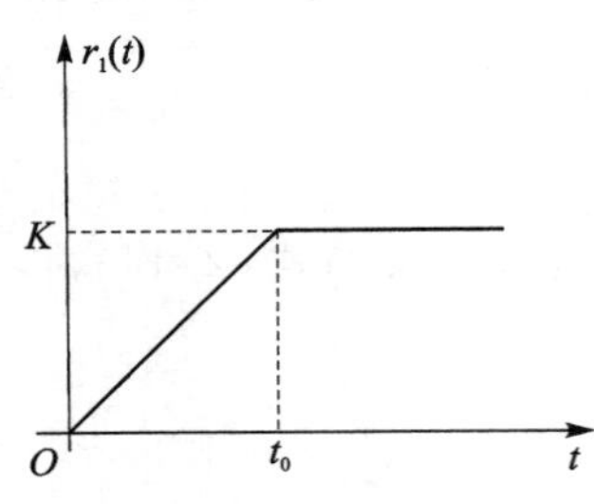

图 2.8　削平的斜波信号

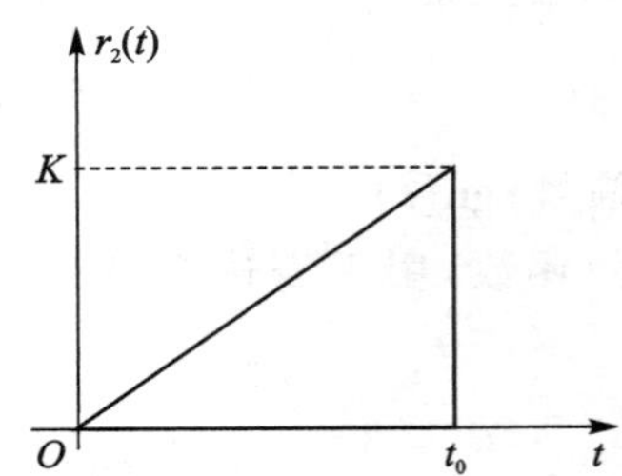

图 2.9　三角形脉冲信号

由式(2.16)可知,斜坡信号和单位阶跃信号存在着下面的积分关系:

$$r(t)=\int_{-\infty}^{t}u(\tau)\mathrm{d}\tau \tag{2.20}$$

显然,有

$$u(t)=\frac{\mathrm{d}r(t)}{\mathrm{d}t} \tag{2.21}$$

**7. 单位冲激信号 δ(t)**

冲激信号(函数)又称"δ 函数"或狄拉克(Dirac)函数,用来描述那些持续时间极短而强度极大的物理现象,如力学中的爆炸、雷鸣、闪电、各种物理冲击和碰撞等。冲激信号(函数)在信号理论中占有非常重要的地位。冲激函数的定义方式有多种,从今后实际中经常应用的角度,引出两种定义。

(1) 从某些脉冲函数的极限来定义

从矩形脉冲的极限来定义 $\delta(t)$。如图 2.10(a)的矩形脉冲,宽为 $\tau$,高为 $\frac{1}{\tau}$,其面积为 1。保持脉冲面积不变,逐渐减小 $\tau$,则脉冲幅度逐渐增大。当 $\tau\to 0$ 时,矩形脉冲的极限称为单位冲激函数,记为 $\delta(t)$,即 δ 函数。表达式为

$$\delta(t)=\lim_{\tau\to 0}\frac{1}{\tau}\left[u\left(t+\frac{\tau}{2}\right)-u\left(t-\frac{\tau}{2}\right)\right] \tag{2.22}$$

冲激信号的波形如图 2.10(b)所示。

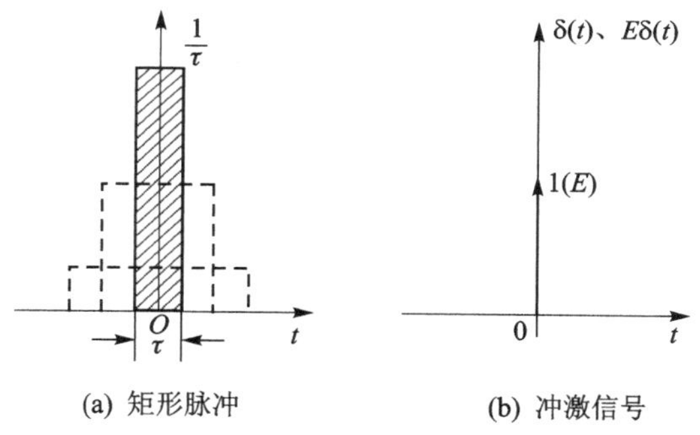


**图 2.10　冲激函数的定义与表示**

$\delta(t)$表示只在 $t=0$ 点有"冲激",在 $t=0$ 点以外各处,函数值均为 0。其冲激强度(脉冲面积)是 1,若为 $E$,则表示的是一个冲激强度为 $E$ 倍单位值的 δ 函数,描述为 $E\,\delta(t)$,图形表示时在箭头旁注上 $E$。

若从抽样函数的极限来定义 $\delta(t)$,则有

$$\delta(t)=\lim_{k\to\infty}\left[\frac{k}{\pi}\mathrm{Sa}(kt)\right] \tag{2.23}$$

说明如下,由式(2.10)

$$\int_{-\infty}^{\infty}\mathrm{Sa}(t)\mathrm{d}t=\pi$$

从而有

$$\left.\begin{aligned}&\int_{-\infty}^{\infty}\mathrm{Sa}(kt)\mathrm{d}(kt)=\pi\\&\int_{-\infty}^{\infty}\frac{k}{\pi}\mathrm{Sa}(kt)\mathrm{d}t=1\end{aligned}\right\} \tag{2.24}$$

式(2.24)表明,$\frac{k}{\pi}\mathrm{Sa}(kt)$曲线下的面积为 1,且 $k$ 越大,函数的振幅越大,振荡频率越高,离开

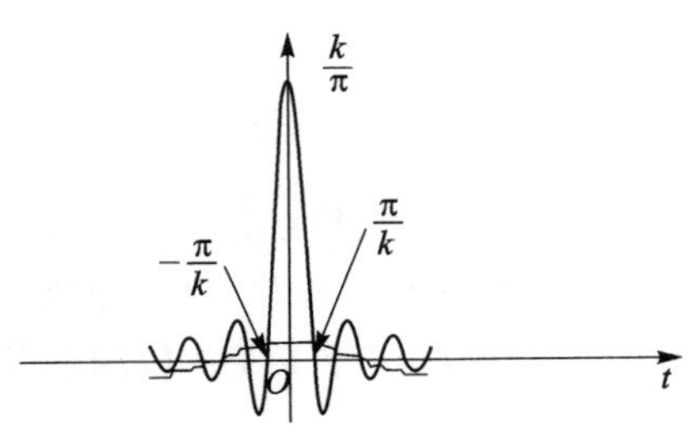


**图 2.11　δ(t)是抽样函数的极限**

原点时,振幅衰减越快。当 $k$ 趋向无穷时,即得到冲激函数,示意图如图 2.11 所示。

脉冲函数的选取并不限于矩形与抽样函数,其他如三角形脉冲、双边指数脉冲、钟形脉冲等的极限,也可变为冲激函数,作为冲激函数的定义。各脉冲函数相应可表示为

三角形脉冲:

$$\delta(t)=\lim_{\tau\to 0}\left\{\frac{1}{\tau}\left(1-\frac{|t|}{\tau}\right)[u(t+\tau)-u(t-\tau)]\right\} \tag{2.25}$$

双边指数脉冲:

$$\delta(t)=\lim_{\tau\to 0}\left(\frac{1}{2\tau}\mathrm{e}^{-\frac{|t|}{\tau}}\right) \tag{2.26}$$

钟形脉冲:

$$\delta(t)=\lim_{\tau\to 0}\left[\frac{1}{\tau}\mathrm{e}^{-\pi\left(\frac{t}{\tau}\right)^2}\right] \tag{2.27}$$

这些脉冲演变为冲激函数的过程依次如图 2.12(a)、(b)、(c)所示。

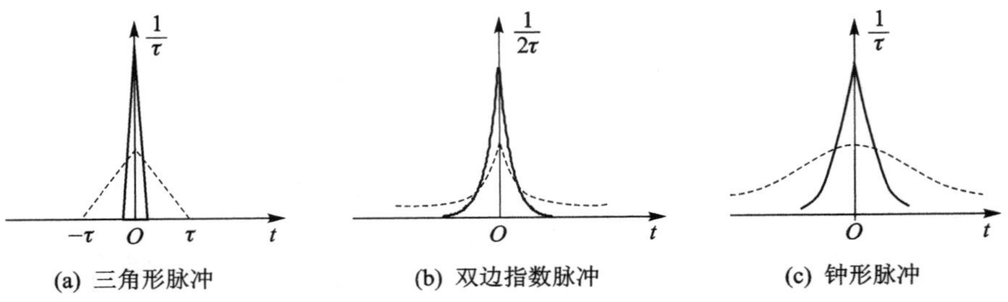


**图 2.12　几种脉冲变为冲激函数示意图**

(2) 狄拉克(Dirac)定义

狄拉克给出冲激函数的定义式为

$$\left.\begin{aligned}&\int_{-\infty}^{\infty}\delta(t)\mathrm{d}t=1\\&\delta(t)=0\quad(t\neq 0)\end{aligned}\right\} \tag{2.28}$$

这一定义式与上述脉冲极限的定义是一致的,因此,也把 δ 函数称为狄拉克函数。

对于在任意点 $t=t_0$ 处出现的冲激,可表示为

$$\left.\begin{aligned}&\int_{-\infty}^{\infty}\delta(t-t_0)\mathrm{d}t=1\\&\delta(t-t_0)=0\quad(t\neq t_0)\end{aligned}\right\} \tag{2.29}$$

冲激信号(函数)为推广函数,它所覆盖的面积称为它的强度,又称为权重。强度为 1 的冲激信号(函数)称为单位冲激信号。

由等间隔的单位冲激信号所组成的一个无限序列就构成了另一个有用的推广函数——单位梳状函数,或称为单位冲激串,可表示为

$$\delta_T(t) = \sum_{n=-\infty}^{\infty} \delta(t - nT) \tag{2.30}$$

虽然在现实中，一个真正的冲激信号是不可能产生的，但数学上的冲激信号（函数）以及由冲激函数的周期重复组成的梳状函数在信号与系统的分析中是非常有用的。

冲激函数有几个非常有用的性质：

① 抽样性（筛选性）。这是指，当单位冲激函数 $\delta(t)$ 与一个在 $t=0$ 处连续且有界的信号 $f(t)$ 相乘时，$f(t)$ 只有在 $t=0$ 处才有值，为 $f(0)$，其余各点之乘积均为零，从而有

$$\int_{-\infty}^{\infty} \delta(t)f(t)\mathrm{d}t = \int_{-\infty}^{\infty} \delta(t)f(0)\mathrm{d}t = f(0)\int_{-\infty}^{\infty} \delta(t)\mathrm{d}t = f(0) \tag{2.31}$$

类似地，有

$$\int_{-\infty}^{\infty} \delta(t-t_0)f(t)\mathrm{d}t = \int_{-\infty}^{\infty} \delta(t-t_0)f(t_0)\mathrm{d}t = f(t_0)\int_{-\infty}^{\infty} \delta(t-t_0)\mathrm{d}t = f(t_0) \tag{2.32}$$

以上两式表明，当连续时间函数 $f(t)$ 与单位冲激信号 $\delta(t)$ 或者 $\delta(t-t_0)$ 相乘，并在 $-\infty \sim \infty$ 时间内积分时，可以得到 $f(t)$ 在 $t=0$ 点的函数值 $f(0)$ 或者 $t=t_0$ 点的函数值 $f(t_0)$，即“筛选”出了 $f(0)$ 或者 $f(t_0)$。

式(2.31)也可用来定义冲激函数，这是一种以分配函数理论为基础的定义方式，分配函数理论采用不符合常规函数的定义方式来定义冲激函数，其定义、性质及其运算建立在比较严密的数学基础上，但本书不作进一步讨论，需要时可参看其他有关的书刊和文献。

② 反褶特性。即

$$\delta(t) = \delta(-t) \tag{2.33}$$

表明冲激函数是偶函数。这一结论可证明如下：

$$\int_{-\infty}^{\infty} \delta(-t)f(t)\mathrm{d}t = \int_{\infty}^{-\infty} \delta(\tau)f(-\tau)\mathrm{d}(-\tau) = \int_{-\infty}^{\infty} \delta(\tau)f(0)\mathrm{d}\tau = f(0)$$

上面的证明，用到了变量置换 $\tau=-t$，将上面得到的结果与式(2.31)对照，从而证明了冲激函数是偶函数的性质。

另外，可以证明：冲激函数的积分等于阶跃函数，因为

$$\begin{cases} \int_{-\infty}^{t} \delta(\tau)\mathrm{d}\tau = 1 & (t>0) \\ \int_{-\infty}^{t} \delta(\tau)\mathrm{d}\tau = 0 & (t<0) \end{cases}$$

由上两式结果，并与阶跃函数定义式(2.12)比较，可得

$$\int_{-\infty}^{t} \delta(\tau)\mathrm{d}\tau = u(t) \tag{2.34}$$

相对应，阶跃函数的微分应等于冲激函数，即

$$\frac{\mathrm{d}}{\mathrm{d}t}u(t) = \delta(t) \tag{2.35}$$

③ 尺度（时间）压缩特性。表示为

$$\delta(at) = \frac{1}{|a|}\delta(t) \tag{2.36}$$

即冲激信号时间 $t$ 的压缩($a>1$),其冲激强度(积分面积)减小。

④ 乘积的性质。一般形式为

$$f(t)\delta(t-a)=f(a)\delta(t-a) \tag{2.37}$$

特例情况:

$$f(t)\delta(t)=f(0)\delta(t) \tag{2.38}$$

⑤ 高阶导数:

$$\delta^{(n)}(at)=\frac{1}{|a|a^n}\delta^{(n)}(t) \quad (a\neq 0) \tag{2.39}$$

推论:a. 当 $n$ 为偶数时,$\delta^{(n)}(at)$为偶函数;

b. 当 $n$ 为奇数时,$\delta^{(n)}(at)$为奇函数。

⑥ 重要公式:

$$\left.\begin{aligned}\int_{-\infty}^{\infty}\mathrm{e}^{\mathrm{j}\omega t}\,\mathrm{d}w=2\pi\delta(t)\\ \int_{-\infty}^{\infty}\mathrm{e}^{-\mathrm{j}\omega t}\,\mathrm{d}w=2\pi\delta(t)\end{aligned}\right\} \tag{2.40}$$

## 2.2 连续时间信号的时域运算

在信号处理过程中需要进行信号的运算,因此我们应该熟悉信号解析表达式所对应的波形在运算过程中的变化,并了解一些运算的物理背景。一般来说,信号的基本运算可分为两类:一类是对信号直接进行相加、相乘、微分、积分等运算,与数学函数的运算规则相同;另一类是对信号中的自变量(如时间 $t$)进行置换,主要涉及的常见转换运算有:平移、反褶(反转)和尺度的变换等,这一类运算在信号与系统的分析中有着重要的应用价值。

### 2.2.1 信号的组合

任意信号的数学描述通常采用两个或更多的信号(函数)实现,信号的组合可以是函数的相加与相乘。这类运算较为简单,需要注意的是,必须将同一瞬间的两个函数值相加和相乘,如图 2.13(a)所示。信号的组合运算有着实际的物理意义,利用和运算,可将一些复杂的信号化为便于分析和处理的有限或无限个简单信号的加权组合;应用乘运算,可将一个信号分解成若干因子的乘积。图 2.13(b)给出了冲激信号相加和相乘的实际意义。

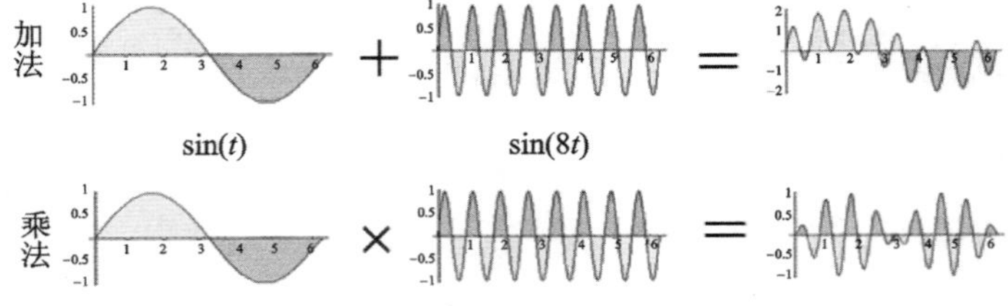


注:四则运算的信号在任意一点的取值定义为原信号在同一点处函数值作相同四则运算结果。

(a) 信号的相加与相乘

图 2.13 信号的组合及其物理意义

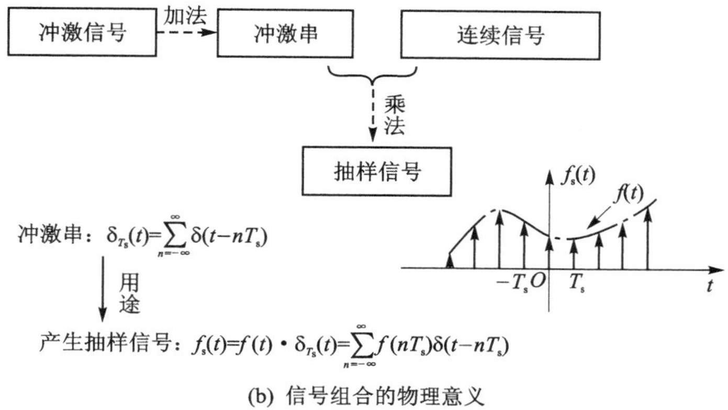


(b) 信号组合的物理意义

**图 2.13　信号的组合及其物理意义(续)**

## 2.2.2　信号的微分与积分

微分与积分是实际系统中常用的信号处理运算。信号在任意时刻 $t$ 的微分是指信号在该点的变化率，要求信号在该点满足可微条件，表示为 $f'(t)=\dfrac{\mathrm{d}f(t)}{\mathrm{d}t}$。图 2.14 给出了一些函数和它们的微分。注意，微分的过零点与相应函数的极值点都由虚线标注连接。

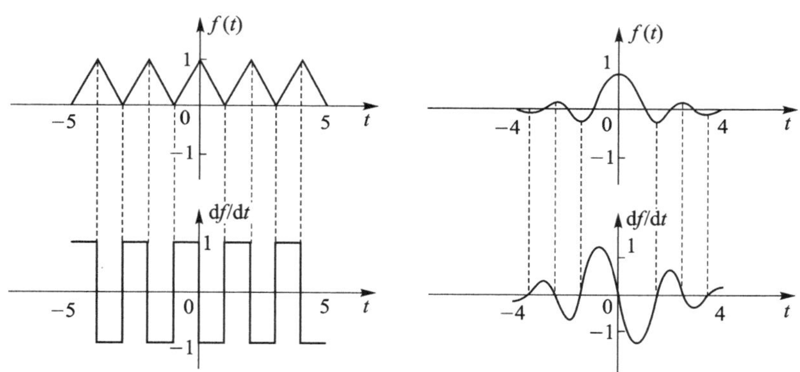


**图 2.14　一些函数及其导数**

在奇异信号中，单位阶跃信号为单位斜坡信号的微分(式(2.12))，单位冲激信号为单位阶跃信号的微分(式(2.35))。还可以定义单位冲激信号的微分

$$\delta'(t)=\frac{\mathrm{d}}{\mathrm{d}t}\delta(t) \tag{2.41}$$

显然它可看做脉宽为 $\tau$、幅值为 $1/\tau$ 的矩形脉冲求导后 $\tau$ 趋于零的极限，因此是强度分别为 $+\infty$ 和 $-\infty$ 的一对冲激函数，故称为单位冲激偶信号(函数)，如图 2.15 所示。

由单位冲激偶函数的定义可直接得出 $\delta'(t)$ 是奇函数，即

$$\int_{-\infty}^{+\infty}\delta'(t)\mathrm{d}t=0 \tag{2.42}$$

一般来说，积分和微分互为逆运算。由微积分学的基本原理可知，如果函数 $f(t)$ 的导数是 $f'(t)$，则函数 $f(t)+K$($K$ 是常数)的导数也是 $f'(t)$；由于积分是微分的反运算，$f'(t)$ 的

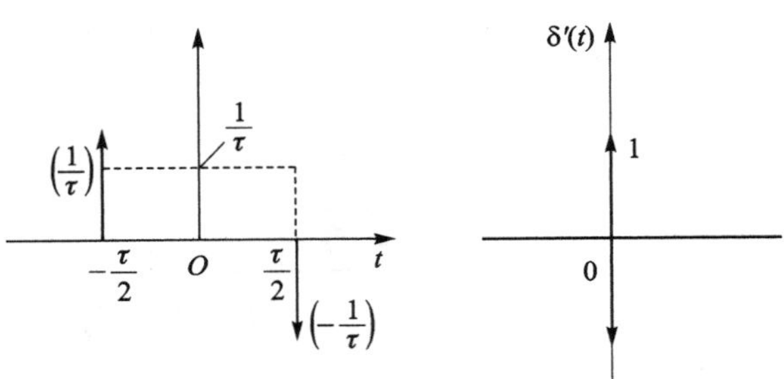


图 2.15 单位冲激偶函数

积分可以是 $f(t)$,也可以是 $f(t)+K$。因此,积分与微分不同的是,任意函数的导数(只要存在)都是唯一的,然而函数的积分在没有更多信息时却不是唯一确定的。在信号分析与处理中,信号的积分经常是指信号 $f(t)$在区间$(-\infty,t)$内积分得到的信号,表示为

$$h(t)=\int_{-\infty}^{t} f(\tau)\mathrm{d}\tau \tag{2.43}$$

由于积分变量为 $\tau$,所以在积分过程中,积分上限 $t$ 被当做常数,但当积分结束后,$t$ 是函数 $h(t)$的自变量。图 2.16 分别表示了两个信号的积分和微分波形。(图中 $f^{-1}(t)$ 即为 $\int_{-\infty}^{t} f(\tau)\mathrm{d}\tau$。)

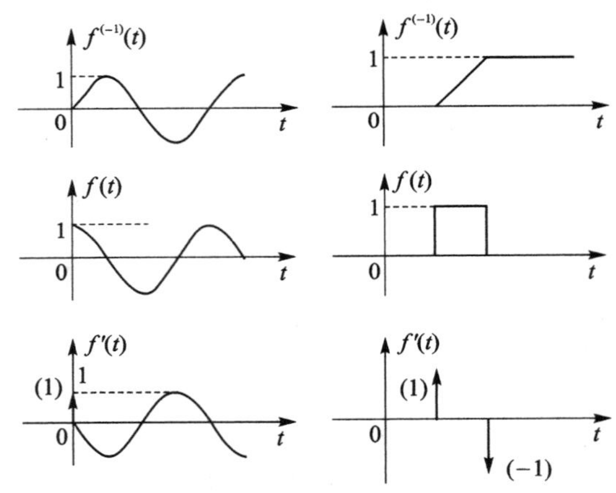


图 2.16 信号的积分和微分

### 2.2.3 信号的展缩与时移

在分析、变换等信号处理中,常用到三种对时间自变量信号的运算:时移、展缩与反褶。不过,这些运算规则也可以应用在任意自变量上,而不仅仅只适用于时间自变量,因此,时移运算通常也被称为平移运算。

**1. 时　移**

设转换前的信号为 $f(t)$,则时移可表示为

$$f(t)\rightarrow f(t-t_0) \tag{2.44}$$

若 $t_0>0$,$f(t-t_0)$的波形相对 $f(t)$在时间轴 $t$ 上作右移,平移量为 $t_0$;$t_0<0$,为左移,左

移量为$|t_0|$,如图 2.17 所示。

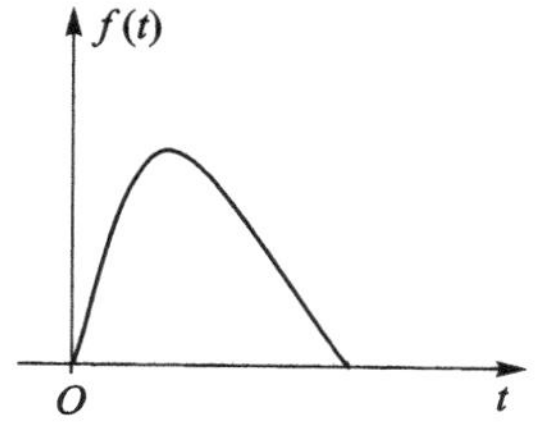


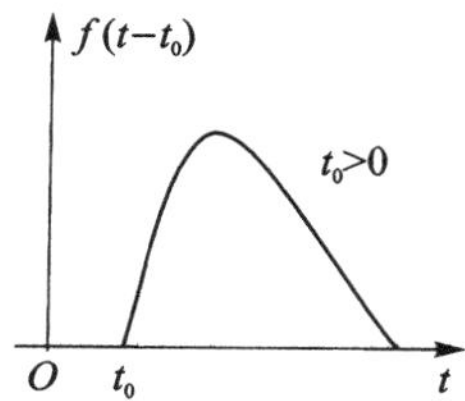


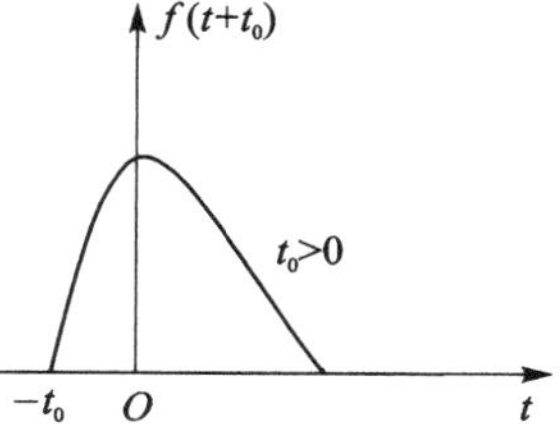


**图 2.17　信号的平移运算**

**2. 时间反褶**

其表示为

$$f(t) \to f(-t) \tag{2.45}$$

即信号 $f(-t)$相对于 $f(t)$进行了反褶或翻转变换,反褶后的波形关于坐标纵轴对称,如图 2.18 所示。

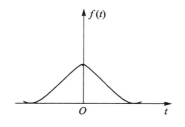

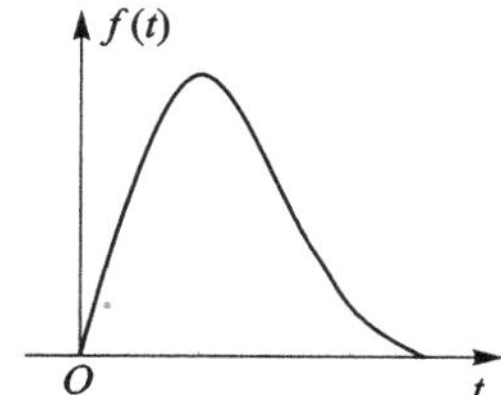


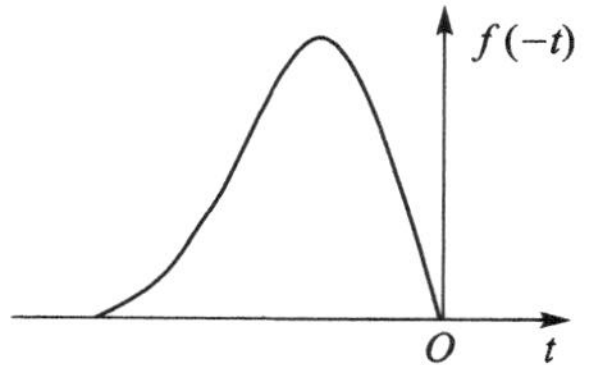


**图 2.18　信号的反褶**

**3. 时间展缩**

其表示为

$$f(t) \to f(at) \quad (a > 0) \tag{2.46}$$

信号 $f(at)$ 的波形是 $f(t)$的压缩或扩展,$a$ 称为压缩系数。$a>1$,信号波形被压缩;$a<1$,信号波形被扩展。时间展缩情况如图 2.19 所示。

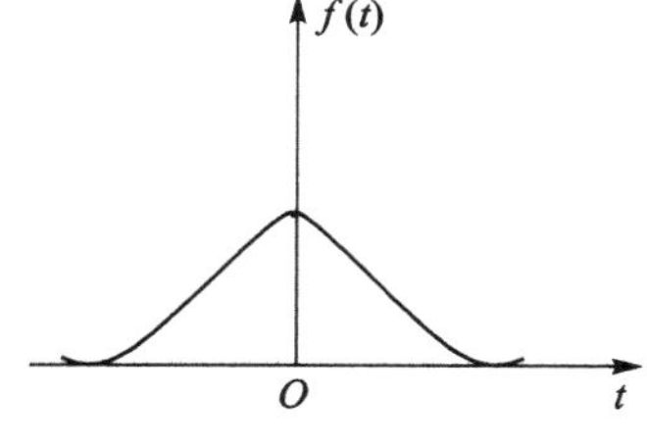


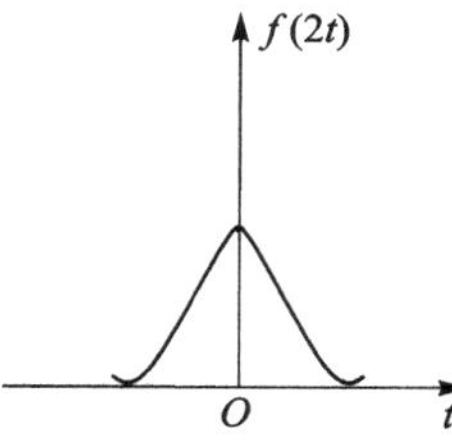


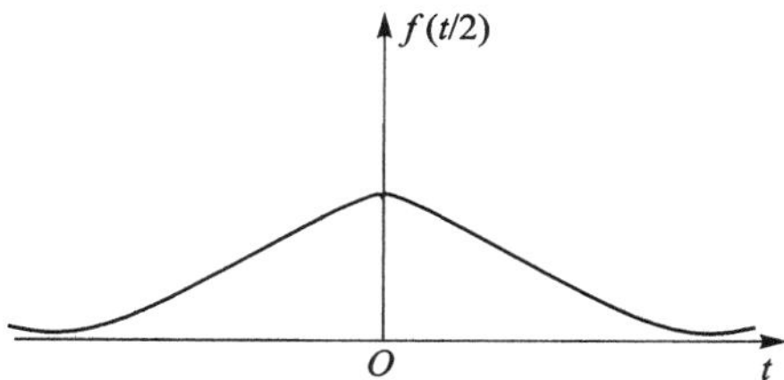


**图 2.19　信号的尺度变换**

**4. 复合运算**

上述三种运算,即平移、展缩与反褶可以组合应用,如:

$$f(t) \to Af\left(\frac{t-t_0}{a}\right)$$

为了完成这个复合运算,通常将这种组合起来的变换分解成几个连续的简单变换:

$$f(t) \xrightarrow{\text{幅度缩放},A} Af(t) \xrightarrow{t \to t/a} Af(t/a) \xrightarrow{t \to t-t_0} Af\left(\frac{t-t_0}{a}\right) \qquad (2.47)$$

注意,变换的分解顺序是非常重要的。例如,如果变换式(2.47)中的时间缩放和时移操作的顺序,可得

$$f(t) \xrightarrow{\text{幅度缩放},A} Af(t) \xrightarrow{t \to t-t_0} Af(t-t_0) \xrightarrow{t \to t/a} Af(t/a-t_0) \neq Af\left(\frac{t-t_0}{a}\right)$$

这一系列变换的结果与式(2.47)中的结果不相同(除非 $a=1$ 或 $t_0=0$)。因此针对不同的复合运算形式,对变换采用不同的分解顺序也许会更好。例如,对于 $Af(bt-t_0)$,最好的顺序是先幅度缩放,再时移,最后作时间缩放。

$$f(t) \xrightarrow{\text{幅度缩放},A} Af(t) \xrightarrow{t \to t-t_0} Af(t-t_0) \xrightarrow{t \to bt} Af(bt-t_0)$$

图2.20和图2.21给出了两个函数的各自变换步骤。图中的一些点用字母 $a$、$b$、$c$…表示,每次变换之后,对应点用相同字母表示。

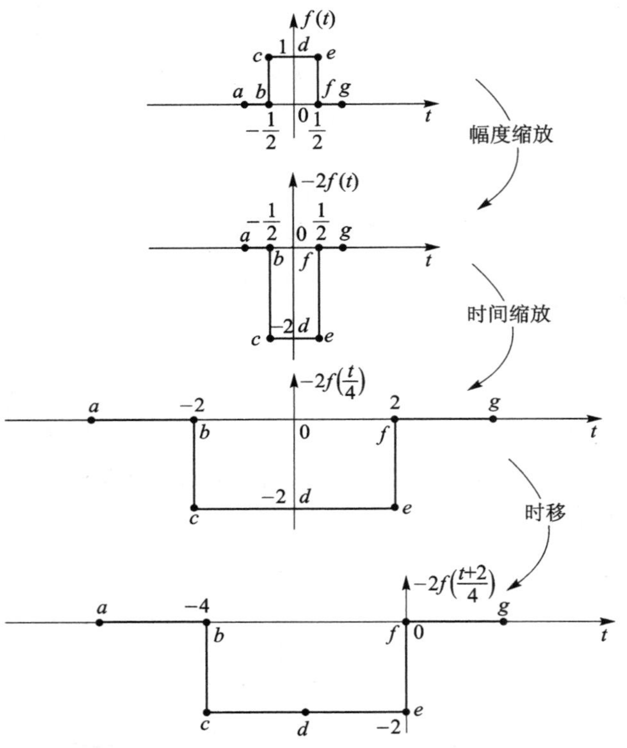


图2.20 对一个函数按幅度缩放、时间缩放和时移顺序进行变换

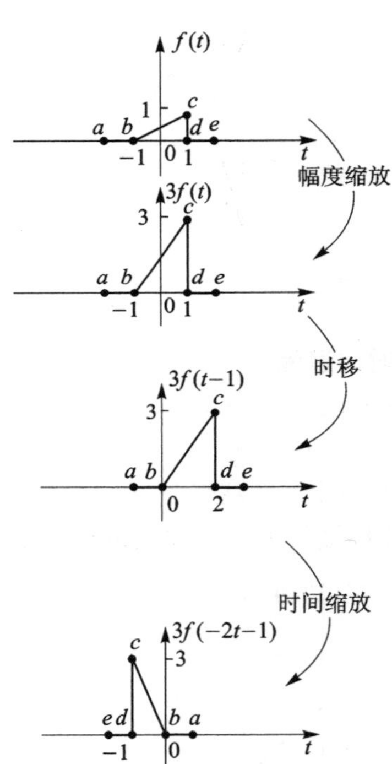


图2.21 对一个函数按幅度缩放、时移和时间缩放顺序进行变换

显然,按上述运算的方法就可分别求出最后变换后的波形。若需检查变换后所得的波形是否正确,可以检查一些特殊点的函数值,根据这些特殊点上的对应关系,可以验证变换后的波形是否正确。如:信号 $f(2t-1)$ 是 $f(t)$ 的变换运算,设对于 $f(t)$,有 $t=1$ 时,$f(t)=0$,即 $f(1)=0$;$t=2$ 时,$f(t)=1$,即 $f(2)=1$,由于 $f(2t-1)$ 和 $f(t)$ 的函数关系都是 $f()$,所以对于变换后的 $f(2t-1)$,显然也应满足 $f(1)=0$ 和 $f(2)=1$。如果检查这两个特殊点是符合

的，则表明变换的波形是正确的，这个方法虽然不严格，但简便易行，读者可根据具体情况使用。

# 2.3　信号的时域分解

为了便于信号分析，常把复杂信号分解成一些简单信号或基本信号，以便通过这些简单的分量了解信号的特性。常见的分解方式包括：交直流分解、奇偶分解、虚实分解、脉冲分解和正交分解。其中正交分解较为复杂，该方法建立在泛函分析的基础之上，是傅里叶变换的基础。

## 2.3.1　信号的交直流分解

设原信号为 $f(t)$，则将其分解为直流分量 $f_D$ 与交流分量 $f_A(t)$，可表示为

$$f(t)=f_D+f_A(t) \tag{2.48}$$

式中，直流分量 $f_D$ 为信号的平均值，$f_D=\dfrac{1}{T}\int_{t_0}^{t_0+T}f(t)\mathrm{d}t$，$t_0$ 表示信号开始的时间，$T$ 表示信号作用的整个时间；从原信号中去掉直流分量即为信号的交流分量 $f_A(t)$，$f_A(t)=f(t)-f_D$。

## 2.3.2　信号的奇偶分解

任何信号都可以分解为偶分量 $f_e(t)$与奇分量 $f_o(t)$两部分之和，即

$$f(t)=f_e(t)+f_o(t) \tag{2.49}$$

式中，偶分量 $f_e(t)$与奇分量 $f_o(t)$ 的定义分别为

$$f_e(t)=f_e(-t),\quad f_o(t)=-f_o(-t) \tag{2.50}$$

由式(2.49)和 式(2.50)可知，偶分量 $f_e(t)$与奇分量 $f_o(t)$还可表示为

$$f_e(t)=\frac{1}{2}[f(t)+f(-t)] \tag{2.51}$$

$$f_o(t)=\frac{1}{2}[f(t)-f(-t)] \tag{2.52}$$

这里的偶分量与奇分量也被称为偶对称信号与奇对称信号，简称为偶信号与奇信号。除此之外，在信号分析中，典型的对称信号还有偶谐信号和奇谐信号。

偶谐信号是指周期信号在时间轴上平移半个周期(周期设为 $T$)后与原信号重合，即

$$f(t)=f\left(t\pm\frac{T}{2}\right) \tag{2.53}$$

奇谐信号是指周期信号在时间轴上平移半个周期(周期设为 $T$)后与原信号关于时间轴镜像对称，即

$$f(t)=-f\left(t\pm\frac{T}{2}\right) \tag{2.54}$$

## 2.3.3　信号的虚实分解

在信号分析理论中，为建立某些有益的概念或简化运算，常借助于复信号研究某些实信号问题。而瞬时值为复数的信号 $f(t)$是可分解为实、虚两个部分之和的，即

$$f(t)=f_r(t)+\mathrm{j}f_i(t) \tag{2.55}$$

其共轭复信号是

$$f^*(t)=f_r(t)-\mathrm{j}f_i(t) \tag{2.56}$$

于是,信号的实部与虚部可以表示为

$$f_r(t)=\frac{1}{2}[f(t)+f^*(t)] \tag{2.57}$$

$$\mathrm{j}f_i(t)=\frac{1}{2}[f(t)-f^*(t)] \tag{2.58}$$

显然,由式(2.55)和 式(2.56)可知,可利用 $f(t)$与 $f^*(t)$来求$|f(t)|^2$,即

$$|f(t)|^2=f(t)f^*(t)=f_r^2(t)+f_i^2(t) \tag{2.59}$$

### 2.3.4 信号的脉冲分解

任意连续信号 $f(t)$可以分解为一系列矩形窄脉冲之和,如图 2.22 所示。在每个 $\Delta\tau$ 间隔内,原信号 $f(t)$的值用水平线段近似表示,可以得到一个阶梯函数来近似表示原信号。显然,$\Delta\tau$ 越小,矩形脉冲的数量会随之增多,近似精度越高。当矩形脉冲的脉宽趋于无穷小时,信号可分解成无数冲激信号的叠加。

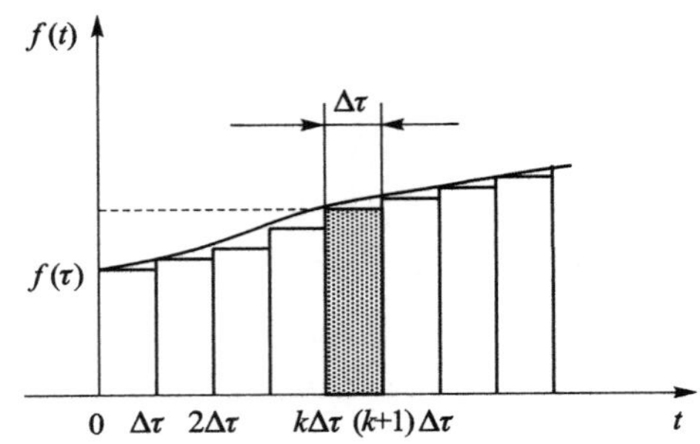


图 2.22 信号分解为窄脉冲叠加

下面推导出 $f(t)$的脉冲分解公式:

$$\begin{aligned}f(t)\approx&\cdots+f(0)[u(t)-u(t-\Delta\tau)]+f(\Delta\tau)[u(t-\Delta\tau)-u(t-2\Delta\tau)]+\cdots+\\&f(k\Delta\tau)[u(t-k\Delta\tau)-u(t-k\Delta\tau-\Delta\tau)]+\cdots=\cdots+\\&f(0)\frac{u(t)-u(t-\Delta\tau)}{\Delta\tau}\Delta\tau+f(\Delta\tau)\frac{u(t-\Delta\tau)-u(t-2\Delta\tau)}{\Delta\tau}\Delta\tau+\cdots+\\&f(k\Delta\tau)\frac{u(t-k\Delta\tau)-u(t-k\Delta\tau-\Delta\tau)}{\Delta\tau}\Delta\tau+\cdots=\\&\sum_{k=-\infty}^{\infty}f(k\Delta\tau)\frac{u(t-k\Delta\tau)-u(t-k\Delta\tau-\Delta\tau)}{\Delta\tau}\Delta\tau\end{aligned}$$

随着 $\Delta\tau\to 0$ 时近似矩形的不断增多,有 $k\Delta\tau\to\tau$,$\Delta\tau\to\mathrm{d}\tau$,且

$$\frac{u(t-k\Delta\tau)-u(t-k\Delta\tau-\Delta\tau)}{\Delta\tau}\to\delta(t-\tau)$$

故有

$$f(t)=\lim_{\Delta\tau\to 0}\sum_{k=-\infty}^{\infty}f(k\Delta\tau)\frac{u(t-k\Delta\tau)-u(t-k\Delta\tau-\Delta\tau)}{\Delta\tau}\Delta\tau=$$

$$\lim_{\Delta\tau\to 0}\sum_{k=-\infty}^{\infty} f(k\Delta\tau)\delta(t-k\Delta\tau)\Delta\tau$$

上式可表示为

$$f(t)=\int_{-\infty}^{\infty} f(\tau)\delta(t-\tau)\mathrm{d}\tau \tag{2.60}$$

式(2.60)的右边即为信号 $f(t)$ 与 $\delta(t)$ 的卷积积分。由于脉冲响应易于计算，脉冲分解的意义在于使系统的响应计算简单化。

### 2.3.5 信号的正交分解

众所周知，一个平面矢量可以分解为相互垂直的两个分量，或者说可以用由水平和垂直两方向的单位矢量所组成的二维正交矢量集的分量组合来表示。考察两个矢量 $\boldsymbol{x}$ 和 $\boldsymbol{y}$，如图 2.23(a)所示。若由 $\boldsymbol{x}$ 的端点作直线垂直于矢量 $\boldsymbol{y}$，则被分割的部分 $c\boldsymbol{y}$ 称为矢量 $\boldsymbol{x}$ 在 $\boldsymbol{y}$ 上的投影或分量。如果将垂线也表示为矢量 $\boldsymbol{v}$，则三个矢量 $\boldsymbol{x}$、$c\boldsymbol{y}$、$\boldsymbol{v}$ 组成矢量三角形，它们之间有下列关系：

$$\boldsymbol{x}-c\boldsymbol{y}=\boldsymbol{v}$$

这表明，若用矢量 $c\boldsymbol{y}$ 来近似地描述矢量 $\boldsymbol{x}$，则两者之间的误差是矢量 $\boldsymbol{v}$。

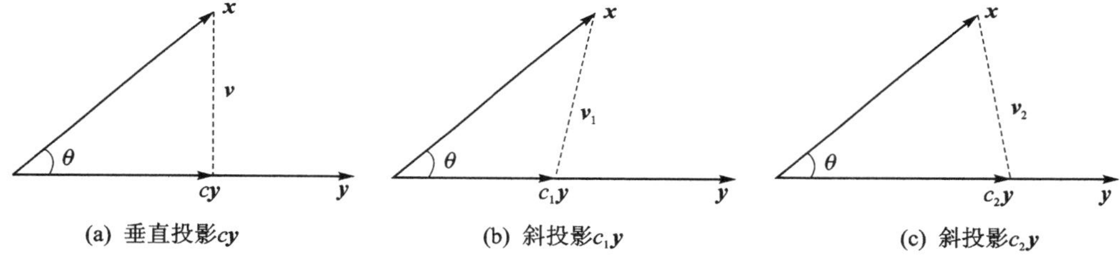


图 2.23　$\boldsymbol{x}$ 在 $\boldsymbol{y}$ 上的投影

在图 2.23(b)和(c)分别示出 $\boldsymbol{x}$ 在 $\boldsymbol{y}$ 上的斜投影 $c_1\boldsymbol{y}$ 和 $c_2\boldsymbol{y}$，显然，这样的斜投影分量可有无穷多个。若用 $c_1\boldsymbol{y}$ 或 $c_2\boldsymbol{y}$ 去表示 $\boldsymbol{x}$，其误差矢量 $\boldsymbol{v}_1$ 和 $\boldsymbol{v}_2$ 都要大于以垂直投影表示时的误差矢量 $\boldsymbol{v}$。因此，可得出如下结论，若要用 $\boldsymbol{y}$ 上的矢量近似描述另一矢量 $\boldsymbol{x}$，为使误差最小，应选取 $\boldsymbol{x}$ 在 $\boldsymbol{y}$ 上的垂直投影 $c\boldsymbol{y}$，如图 2.23($a$)所示。若矢量 $\boldsymbol{x}$ 与 $\boldsymbol{y}$ 的模(矢量长度)分别以 $\|\boldsymbol{x}\|_2$ 和 $\|\boldsymbol{y}\|_2$ 表示，两矢量间夹角为 $\theta$，容易写出

$$c\|\boldsymbol{y}\|_2=\|\boldsymbol{x}\|_2\cos\theta=\frac{\|\boldsymbol{x}\|_2\|\boldsymbol{y}\|_2\cos\theta}{\|\boldsymbol{y}\|_2} \tag{2.61}$$

利用式(2.61)可求得由内积描述的 $c$ 表达式。

$$c=\frac{\langle \boldsymbol{x},\boldsymbol{y}\rangle}{\langle \boldsymbol{y},\boldsymbol{y}\rangle} \tag{2.62}$$

系数 $c$ 标志着矢量 $\boldsymbol{x}$ 与 $\boldsymbol{y}$ 相互接近的程度。当 $\boldsymbol{x}$ 与 $\boldsymbol{y}$ 完全重合时，$\theta=0$，$c=1$；随着 $\theta$ 增大，$c$ 减小；当 $\theta=90°$时，$c=0$。对于最后这种情况，称 $\boldsymbol{x}$ 与 $\boldsymbol{y}$ 相互垂直的矢量为正交矢量，这时矢量 $\boldsymbol{x}$ 在矢量 $\boldsymbol{y}$ 的方向没有分量。

根据上述原理，可以将一个平面中的任意矢量在直角坐标系中分解为两个正交矢量的组合。因此，为便于研究矢量分解，可以把相互正交的两个矢量组成一个二维的“正交矢量集”，这样，在此平面上的任意分量都可用二维正交矢量集的分量组合来代表。

上述正交矢量分解的概念,也可推广应用于 $n$ 维矢量空间。在 $n$ 维线性空间的任意矢量 $\mathbf{V}$ 可以用由 $n$ 维相互正交的 $n$ 个单位矢量所组成的 $n$ 维正交矢量集的分量组合来表示,即

$$\mathbf{V}=\sum_{i=1}^{n}C_i\boldsymbol{v}_i$$

式中,$\boldsymbol{v}_i(i=1,2,\cdots,n)$为相互正交的单位矢量,$C_i$ 为对应 $\boldsymbol{v}_i$ 的系数,实际上它也就是矢量 $\mathbf{V}$ 在单位矢量 $\boldsymbol{v}_i$ 方向上的投影;而且对于 $n$ 维矢量 $\mathbf{V}$ 来说,只能用 $n$ 维正交坐标系统才能准确无误地表示,即只有 $n$ 维正交坐标系统才是完备的,而少于 $n$ 维的正交坐标系统都是不完备的。

空间矢量正交分解的概念还可以推广到信号空间,在信号空间中若能找到一系列相互正交的信号,信号空间中的任一信号就可以表示为以它们为基本信号的线性组合。

**1. 正交函数**

假设,要在区间 $t_1<t<t_2$ 内用函数 $f_2(t)$近似表示 $f_1(t)$,即

$$f_1(t)\approx c_{12}f_2(t)\quad(t_1<t<t_2)$$

这里的系数怎样选择才能得到最佳的近似呢?当然,应选取 $c_{12}$ 使实际函数与近似函数之间的误差在区间 $t_1<t<t_2$ 内为最小。利用矢量空间内积式(2.62)运算的概念,在区间 $t_1<t<t_2$ 内 $c_{12}$ 可写作:

$$c_{12}=\frac{\langle f_1(t),f_2(t)\rangle}{\langle f_2(t),f_2(t)\rangle}\tag{2.63}$$

显然,在矢量空间内,若两信号之内积为零,则构成正交函数。因此,给定一组函数,若对于任意两个不同的函数,内积为零,而对于相同的函数内积为常数,则称该函数集满足正交性。

在泛函空间中,一个定义域内两函数之间的正交性可以通过内积来定义。内积即两个函数在指定域内的乘积的积分,当该积分为零时,表示两个函数正交;否则,两个函数相关。进一步,如果在该集合之外不再存在函数与集合内的所有函数正交,那么,该集合便构成了完备正交函数集。一个完备正交函数集可能具有有限个或者无限个元素。若两个非零实函数 $g_1(t)$和 $g_2(t)$定义在$[t_1,t_2]$区间内,满足

$$\int_{t_1}^{t_2}g_1(t)g_2(t)\mathrm{d}t=0\tag{2.64}$$

则函数 $g_1(t)$和 $g_2(t)$ 定义为在$[t_1,t_2]$区间的正交函数。

**2. 正交函数集**

若定义在$[t_1,t_2]$区间的非零函数序列 $g_1(t),g_2(t),\cdots,g_n(t)$中,任意两个函数 $g_i(t)$与 $g_j(t)$均满足

$$\int_{t_1}^{t_2}g_i(t)g_j(t)\mathrm{d}t=\begin{cases}0 & (i\neq j)\\ k_i & (i=j)\end{cases}\tag{2.65}$$

式中,$k_i$ 为常数,则函数序列 $g_1(t),g_2(t),\cdots,g_n(t)$是$[t_1,t_2]$区间上的正交函数集,显然三角函数序列 $\cos\Omega_1t,\cos 2\Omega_1t,\cdots,\cos n\Omega_1t,\cdots,\sin\Omega_1t,\sin 2\Omega_1t,\cdots,\sin n\Omega_1t$ 为区间 $\left[0,\frac{2\pi}{\Omega_1}\right]$ 上的正交函数集。

**3. 完备正交函数集**

在区间$[t_1,t_2]$内,函数 $f(t)$可用正交函数集 $g_1(t),g_2(t),\cdots,g_n(t)$近似表示为

$$f(t) \approx \sum_{r=1}^{n} C_r g_r(t) \tag{2.66}$$

为了反映在区间$[t_1,t_2]$内函数 $f(t)$正交分解的整体误差，取误差平方的平均值，表示为

$$\overline{\eta^2(t)} = \frac{1}{t_2 - t_1}\int_{t_1}^{t_2} [f(t) - \sum_{r=1}^{n} C_r g_r(t)]^2 \mathrm{d}t \tag{2.67}$$

若当 $n\to\infty$时，$\overline{\eta^2(t)}\to 0$，则

$$\lim_{n\to\infty}\overline{\eta^2(t)} = 0 \tag{2.68}$$

显然，如果 $\overline{\eta^2(t)}=0$，则式(2.66)就由近似式变成了等式，那么可以用一个无穷级数来恒等表示 $f(t)$，即

$$f(t) = C_1 g_1(t) + C_2 g_2(t) + \cdots + C_r g_r(t) + \cdots \tag{2.69}$$

因此，这一正交函数集被称为完备正交函数集，而式(2.69)证明：$f(t)$是可以用完备正交函数集的线性组合恒等表示的。

常用的完备正交函数集如下。

(1) 三角函数集

$$1, \cos \Omega_1 t, \cos 2\Omega_1 t, \cdots, \cos n\Omega_1 t, \cdots, \sin \Omega_1 t, \sin 2\Omega_1 t, \cdots, \sin n\Omega_1 t, \cdots$$

它是应用最为广泛的一种完备正交函数集。

(2) 复指数函数集

$$\mathrm{e}^{\mathrm{j}n\Omega_1 t} \quad (n=0,\pm 1,\pm 2,\cdots)$$

这一完备正交函数集的应用也非常广泛。

(3) 切比雪夫多项式

$N$ 阶切比雪夫多项式 $C_n(x)$ 的定义为

$$C_n(x) = \begin{cases} \cos(n\arccos x), & |x| \leqslant 1 \\ \cosh(n\operatorname{arccosh} x), & |x| \geqslant 1 \end{cases}, \quad n=0,1,2,\cdots$$

在信号处理中，切比雪夫多项式广泛用于滤波器设计。

(4) 沃尔什函数

$$\mathrm{Wal}(k,t) = \prod_{t=0}^{m-1} \mathrm{sgn}(\cos k_l 2^l \pi t) \quad (0 \leqslant t \leqslant 1)$$

数学上可以证明，当函数 $f(t)$在区间$[t_1,t_2]$内具有连续的一阶导数和逐段连续的二阶导数时，$f(t)$可以用完备的正交函数集来表示，这就是所谓的函数“正交分解”。据此，在下一章中我们会以此为基础讨论周期信号的频域分析——傅里叶级数。

## 2.4 连续时间系统的描述及其分类

信号的分析和处理与系统密切相关，任何信号都源于系统，并且通过系统传输和变换，因此，信号和系统是信号处理的两个因素，信号是系统实施处理的对象，系统是信号处理的工具。从广义上来说，系统是由相互联系、相互制约、相互作用的多个部分组成的，是具有能够实现某种功能或受到激励时能够产生响应的一个统一体。根据所研究的问题和对象的不同，系统可以大到世界经济体系，小到一个细胞或一个传感器，可以包括物理系统和非物理系统，以及人工系统和自然系统。经济组织等属于非物理系统,而我们所要研究的系统,如计算机网络、测试系统、控制系统、信号处理系统等都是物理系统,也是人工系统。在工程领域,术语"系统"通常是指受到某些信号激励并且产生另一些响应信号的人工系统。

工程中,系统可被看作信号变换器,也就是说输入信号经过系统变换后所得到的输出信号,可以实现减除输入信号中的多余内容、滤除噪声和干扰的目的;或者可以将输入信号变换成容易分析和识别的形式,便于估计和选择原输入信号中的特征参数。建立系统模型通常需要一些相应的专业知识,但把不同的系统都抽象为数学模型后,它们的分析方法是相通的。

在测试技术中,使用测试系统对参数进行测试的整个过程都是信号的流程,测试系统一般包括被测系统和测试系统两类,被测系统一般是指被测对象,而测试系统是指被测对象的多种参数自动转换成具有可直接观测的指示值或信号的测试设备。使用测试系统对参数进行测试的整个过程就是信号的获取、加工、变换、处理、显示记录等的信号加工过程。

与连续时间信号和离散时间信号相对应,包括测试在内的各种系统也分为连续时间系统和离散时间系统,或者称为模拟系统和数字系统;前者将连续时间输入信号变换为连续时间输出信号,后者将离散时间输入信号变换为离散时间输出信号。本书将分别讨论这两种系统,并会注意提及它们之间的类同点和不同点,以便在概念和观点上兼顾两者的互为分享。

### 2.4.1 连续时间系统的概念

人们在研究系统时,相比于它的具体物理组成,往往更注重它在实现信号加工和处理时所表现出来的属性,因此我们一般将系统进行抽象化,用反映输入信号与输出信号之间关系的数学式子或结构框图来表达,这里的"关系"是指能描述系统的信号加工或变换功能的各种表达式。我们常常将输入信号和输出信号分别简称为输入和输出,通常用如图2.24所示的系统原理框图来描述一个系统。其中 $x(t)$ 为输入信号,$y(t)$ 为输出信号。系统还可以用下面的关系式表示:

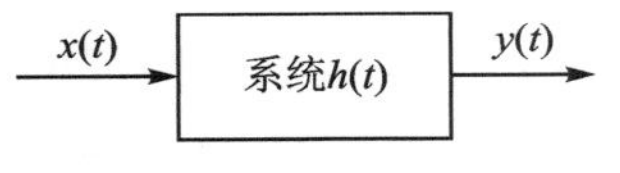

图2.24 系统原理框图

$$y(t)=T[x(t)]$$

式中,符号 $T[\cdot]$ 代表信号间的变换关系,并不代表函数关系。也就是说 $T[x(t)]$ 不是一个数学函数,我们无法将 $x(t)$ 代入其直接计算 $y(t)$。对于连续时间系统,系统的输入 $x(t)$、输出 $y(t)$,甚至系统的中间变量都是连续信号。

应当注意,本书中通常所说的系统是指一个物理系统的数学模型,而不是物理系统本身。如无特殊声明,本书将一直沿用这种用法。而当涉及一个物理系统时,若存在任何产生混淆的可能性,我们就称其为真实系统。

### 2.4.2 连续时间系统的数学模型

在信号与系统分析中非常重要的环节之一就是系统建模:对系统进行数学、逻辑或者图形描述。一个好的模型应该是并不很复杂但包含了系统的所有重要功能。描述系统输入/输出关系的数学表达式称为数学模型,或简称模型。所谓系统分析就是在系统给定的情况下,研究系统对输入信号所产生的响应,并由此获得关于系统功能和特性的认识。

工程设计和应用中必须对两类不同的真实现象建模。第一,真实系统用数学方程来建模;第二,要建模的真实对象称为信号,真实信号用数学函数建模,麦克风中拾音器的电压就是一

个真实信号建模的例子。系统的数学模型通常可以分为两大类，一类是只反映系统输入和输出之间的关系，或者说只反映系统的外在特性，称为输入-输出模型，通常由包含输入量和输出量的方程描述；另一类不仅反映系统的外特性，而且更着重描述系统的内部状态，称之为状态空间模型，通常由状态方程和输出方式描述。对于仅有一个输入信号，并产生一个输出信号的简单系统，通常采用输入/输出模型；而对于多变量系统或者诸如具有非线性关系等的复杂系统，往往采用状态空间模型。

在连续时间系统(continuous-time system)中，输入与输出信号都是连续时间变量的函数，描述其输入和输出关系的数学模型优先采用常系数微分方程，方程中包含有输入信号 $x(t)$、输出信号 $y(t)$及其各阶导数的线性组合。连续时间系统的微分方程的解法一般有经典时域法和卷积方法。经典时域法的求解思想是：系统方程的解(即系统响应)为通解加特解，其中通解是通过求解齐次方程得到；卷积方法是另一种常用的时域求解方法，一般情况下，系统的单位冲激响应 $h(t)$需要通过系统方程的拉普拉斯变换得到，计算过程较为复杂。

对不同的真实系统可以建立相同的数学模型，有着相同数学模型的真实系统我们定义为相似系统。下面列举出 2 个例子来说明。

在无摩擦情况下，刚体 $M$ 的运动数学模型：

$$M\frac{\mathrm{d}^2x(t)}{\mathrm{d}t^2}=f(t) \tag{2.70}$$

式中，$f(t)$为作用在物体上的外力，$x(t)$为外力 $f(t)$作用在物体上所产生的位移。这是一个二阶常系数线性微分方程，这个系统如图 2.25(a)所示。

我们再来看图 2.25(b)的电路，$v(t)$为作用在电感上的电压，其回路方程为

$$L\frac{\mathrm{d}i(t)}{\mathrm{d}t}=v(t) \tag{2.71}$$

回想一下，$i(t)=\mathrm{d}q(t)/\mathrm{d}t$，其中 $q(t)$代表电荷。因而，回路方程(2.71)可改写为

$$L\frac{\mathrm{d}^2q(t)}{\mathrm{d}t^2}=v(t) \tag{2.72}$$

可以看到，上述模型(2.70)和模型(2.72)有着统一的数学表达式，因此称它们为相似系统。

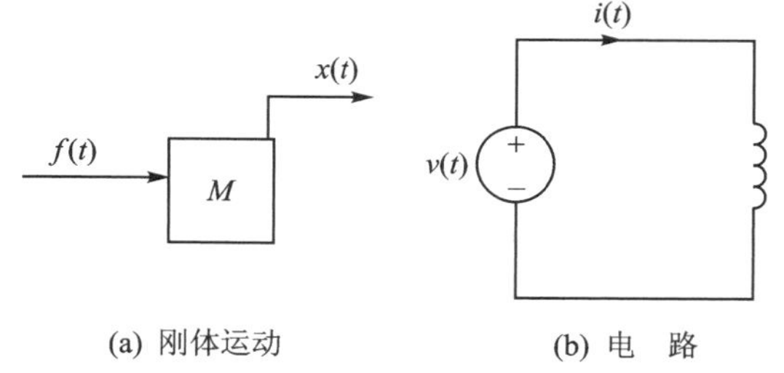


**图 2.25　相似系统(1)**

另外一个例子，我们看看图 2.26(a)的单摆系统和图 2.26(b)含有初始条件的 LC 电路。

单摆的转角用 $\theta$ 表示，摆锤的质量用 $M$ 表示，从旋转轴到摆锤中心的距离为摆臂 $L$。作用在摆锤的重力为 $Mg$，其中 $g$ 为重力加速度。根据物理学知识，可写出单摆的运动方程：

$$ML\frac{\mathrm{d}^2\theta(t)}{\mathrm{d}t^2}=-Mg\sin\theta(t) \tag{2.73}$$

由于 $\sin\theta(t)$是非线性的，所以这个模型是一个二阶非线性微分方程。

直接求解非线性微分方程是十分困难的，但可以对式(2.73)进行线性化。根据附录 1，将 $\sin\theta$ 展开成幂级数的形式：

$$\sin\theta=\theta-\frac{\theta^3}{3!}+\frac{\theta^5}{5!}-\cdots \tag{2.74}$$

当 $\theta$ 较小时,可以忽略其高次项,只保留第一项,即 $\sin\theta\approx\theta$。当 $\theta=14°(0.244\ \text{rad})$ 时,误差小于1%,且随着 $\theta$ 的减小,线性化误差会衰减更快。根据式(2.73)和式(2.74)可以得出单摆在转角 $\theta$ 较小情形下的数学模型:

$$\frac{d^2\theta(t)}{dt^2}+\frac{g}{L}\theta(t)=0 \tag{2.75}$$

这是一个二阶常系数线性微分方程。而LC电路描述回路的方程为

$$L\frac{di(t)}{dt}+\frac{1}{C}\int_{-\infty}^{t}i(\tau)d\tau=0 \tag{2.76}$$

用电荷统一代替式中的电流变量,有

$$\frac{d^2q(t)}{dt^2}+\frac{1}{LC}q(t)=0 \tag{2.77}$$

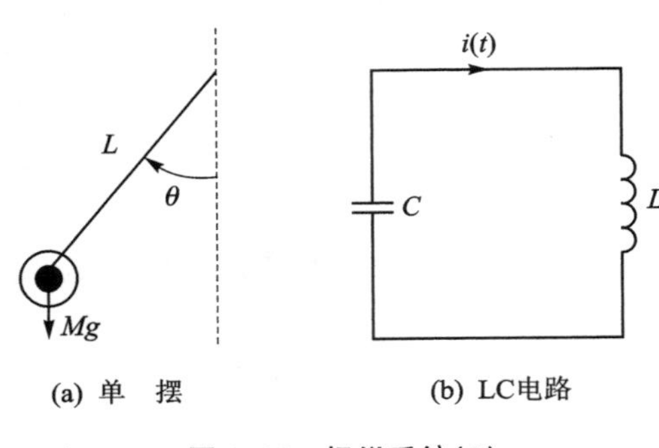


图2.26　相似系统(2)

将方程(2.75)与方程(2.77)进行比较,就会看出单摆和LC电路是相似系统。

上述列举的是两个机械系统的相似电路。类似地,还可找出相似热力学系统和相似流体力学系统,等等。这样,从系统分析的角度来看,假设我们掌握了LC电路的变化特性,那么也就得到了单摆的变化特性。这种方法还可以进一步推广,例如,通过研究二阶常系数微分方程的特性,可以了解很多具有同样特性的不同真实系统。

### 2.4.3　连续时间系统的分类

系统种类繁多,不同的系统建立在不同的理论之上。如果仅从抽象的数学模型看,连续时间系统的共性是满足某一微分方程。下面依据连续时间系统的数学模型简要说明系统的主要性质及分类。

**1. 线性与非线性系统**

系统的线性响应体现在系统满足叠加性(可加性)与均匀性(齐次性)。设 $x(t)$ 和 $y(t)$ 分别表示系统 $f(x)$ 的输入和输出,如果

$$y_1(t)=f[x_1(t)],\quad y_2(t)=f[x_2(t)]$$

那么所谓叠加性是指:当线性的连续时间系统输入为 $x_1(t)+x_2(t)$ 时,输出为 $y_1(t)+y_2(t)$,这就是叠加性,即

$$f[x_1(t)+x_2(t)]=y_1(t)+y_2(t)$$

而均匀性(齐次性)可表示为:如果输入为 $c_1x_1(t)$ 时,输出为 $c_1y_1(t)$,即

$$f[c_1x_1(t)]=c_1y_1(t)\quad 或\quad f[c_2x_2(t)]=c_2y_2(t)$$

综合均匀性和叠加性,系统的线性可表示为

$$f[c_1x_1(t)+c_2x_2(t)]=c_1y_1(t)+c_2y_2(t) \tag{2.78}$$

式(2.78)表明：连续系统的输入/输出成比例，两个输入同时作用的系统输出为它们单独作用时的叠加，因此，线性系统可以应用叠加原理。

对于动态系统，其响应不仅取决于系统的激励 $x(t)$，而且与系统的初始状态 $y(t_0)$ 有关。可以将初始状态看作是系统的另一种激励。这样，根据线性性质，线性系统的响应可理解为外加输入信号 $x(t)$ 与初始状态 $y(t_0)$ 单独作用所引起的响应之和。

若令外加输入信号为零，则由初始状态 $y(t_0)$ 引起的响应称为零输入响应，记作 $y_{zi}(t)$，即

$$y(t_0),x(t)=0 \to y_{zi}(t)$$

若令初始状态为零，则由外加输入信号 $x(t)$ 引起的响应称为零状态响应，记作 $y_{zs}(t)$，即

$$y(t_0)=0,x(t)\to y_{zs}(t)$$

若系统的响应是由外加输入信号 $x(t)$ 和初始状态 $y(t_0)$ 共同作用产生的，则称为系统的全响应，记作 $y(t)$，即

$$y(t_0),x(t)\to y_{zi}(t)+y_{zs}(t)$$

线性系统的这一性质，即可以把由初始状态和外加输入信号引起的响应分开，可称之为分解特性，单凭分解特性还不足以判断系统是否为线性系统，因为当系统具有多个输入信号与多个初始状态时，它必须满足对所有的输入信号和初始状态分别呈现线性性质。

因此，线性系统可定义为：凡是具有分解性、零输入响应线性和零状态响应线性的系统称为线性系统。线性系统的三个条件缺一不可，否则系统就是非线性系统。对于离散系统，同样有上述结论成立。

**例 2.1**　判断下述方程所表示的系统中哪些是线性系统。(其中 $x(t)$ 代表系统输入，$y(0)$ 代表系统唯一的初始状态，$y(t)$ 代表系统输出。)

(1) $y(t)=y(0)+x(t)+y(0)x(t)$

(2) $y(t)=y^2(0)+x(t)$

(3) $y(t)=y(0)+|x(t)|$

(4) $y(t)=2y(0)+\dfrac{1}{2}\displaystyle\int_{-\infty}^{t}x(\tau)\mathrm{d}\tau$

**解**：按照线性系统的定义，方程(4)所表示的系统是线性系统，而方程(1)、(2)、(3)所表示的系统分别不具有分解性、零输入响应线性、零状态响应线性，从而都是非线性系统。

**例 2.2**　已知一线性连续时间系统，当输入 $x(t)$ 为零、初始状态 $y(0)=5$ 时系统响应为 $5\mathrm{e}^{-2t}$，在 $y(0)=10$ 和 $x(t)$ 的共同作用下，系统全响应为 $y(t)=1+9\mathrm{e}^{-2t}$。求 $y(0)=25$ 和 $2x(t)$ 共同作用下的系统全响应。

**解**：已知 $x(t)=0,y(0)=5\to5\mathrm{e}^{-2t}$，根据系统的线性性质，有

$$x(t)=0,y(0)=10\to10\mathrm{e}^{-2t},\quad x(t)=0,y(0)=25\to25\mathrm{e}^{-2t}$$

而 $x(t),y(0)=10\to1+9\mathrm{e}^{-2t}$，由系统的线性性质，有

$$x(t),y(0)=0\to1+9\mathrm{e}^{-2t}-10\mathrm{e}^{-2t}=1-\mathrm{e}^{-2t}$$

从而有

$$2x(t),y(0)=0\to2-2\mathrm{e}^{-2t}$$

于是

$$2x(t),y(0)=25\to2+23\mathrm{e}^{-2t}$$

即 $y(0)=25$ 和 $2x(t)$ 共同作用下的系统全响应为 $2+23e^{-2t}$。

**2. 有记忆系统与无记忆系统**

如果系统的输出只与当前时刻的输入有关,系统就称为无记忆系统。纯电阻电路就是一个无记忆系统,又称即时系统。

如果系统的输出不仅与当前时刻的输入有关,而且还与它过去的工作状态有关,系统就称为有记忆系统,又称动态系统。含有记忆元件(电容器、电感、磁芯、寄存器、存储器等)的系统都是有记忆系统。

例如方程 $y(t)=\frac{1}{2}\int_{-\infty}^{t}x(\tau)\mathrm{d}\tau$ 和 $y(n)=\sum_{k=-\infty}^{n}x(k)$ 代表的系统都是有记忆系统。有记忆连续时间系统的数学模型是微分方程或差分方程。

**3. 因果系统与非因果系统**

如果一个系统在任何时刻的输出,只与当前或以前时刻的输入有关,则该系统称为因果系统;换言之,因果系统是不会预测的系统。如果一个系统在任何时刻的输出,不仅取决于当前和过去的输入,而且还与系统将来的输入有关,则该系统称为非因果系统。

在实际的物理系统中,激励是产生响应的原因,响应是激励引起的后果,这种性质称为系统的因果性。响应不出现于激励之前的系统称为因果系统或物理可实现系统,否则称为非因果系统或物理不可实现系统。无记忆系统的输出只与现时刻的输入有关,都是因果系统;一切物理可实现的系统,其输出不会出现在输入之前,也都是因果系统。一般而言,实际运行的系统都是因果系统,但在人口统计学、股票市场、数据处理等分析研究中,运用非因果系统有时很方便。

具体地说,例如,由方程 $y(t)=x(t-2)$ 所代表的连续时间系统是因果系统。可以通过在磁带上记录信号来实现这个系统,放音磁头放在落后录音磁头 2 s 的位置,式 $y(t)=x(t-2)$ 所表示的系统称为无失真延时系统,经过系统的信号只有延迟,没有波形变化。而由方程 $y(t)=x(t+2)$ 所代表的连续时间系统是非因果系统,该系统要求在 $t=0$ 时刻的输出等于 $t=2$ 时刻的输入,这类系统称为无失真超前系统,是不可能实现的。

**4. 时不变系统与时变系统(移不变系统与移变系统)**

如果系统的输入在时间上有一个平移,由此而引起的输出也产生相同时间上的平移,则该系统称为时不变系统或移不变系统,否则称为时变系统或移变系统。时不变系统可以表示如下:

若

$$y(t)=f[x(t)]$$

那么

$$y(t-t_0)=f[x(t-t_0)] \tag{2.79}$$

式中,若 $t$ 对应的是时间(可以不是时间,例如空间位置),则移不变就是非时变或时不变,而 $t_0$ 就是时间的延迟量。上式表明:移不变系统的运算变换关系不随输入作用的超前或滞后(时间)而改变,也就是说连续系统的特性与参数是不随时间而变化的。

实际工程的系统设计和分析中最常用的系统类型就是线性时不变(Linear Time-Invariant)系统。如果一个系统既是线性的,也是时不变的,那么称这个系统为线性时不变(移不变)系统(LTI)。对 LTI 系统的分析是本书的主要内容。

**例 2.3** 判断 $y(t)=\cos[x(t)]$ 系统是否为线性时不变系统。

**解:** (1) 设输入信号分别为 $x_1(t)$ 和 $x_2(t)$,相应的输出为 $y_1(t)$ 和 $y_2(t)$,则

$$y_1(t)=T[x_1(t)]=\cos[x_1(t)],\quad y_2(t)=T[x_2(t)]=\cos[x_2(t)]$$

当输入为 $\alpha x_1(t)+\beta x_2(t)$时，相应的输出为

$$y_3(t)=T[\alpha x_1(t)+\beta x_2(t)]=\cos[\alpha x_1(t)+\beta x_2(t)]\neq\cos[\alpha x_1(t)]+\cos[\beta x_2(t)]$$

即 $y_3(t)\neq y_1(t)+y_2(t)$，故该系统为非线性系统。

又设输入延时 $t_0$，则相应输出为 $y(t)=\cos[x(t-t_0)]=y(t-t_0)$，故该系统为时不变系统。

**5. 稳定系统与非稳定系统**

对任意有界的输入，输出也是有界的，则称系统是稳定的，简称有界输入、有界输出(Bounded-Input Bounded-Output，BIBO)稳定性。

设 $x(t)$和 $y(t)$分别是系统的输入信号和输出信号。根据定义，如果系统具有有界输入、有界输出稳定性，则存在一个正数 $M$ 使得

$$|x(t)|\leqslant M\quad(对于所有\ t)$$

而且存在一个正数 $R$ 对于所有满足式的 $x(t)$有

$$|y(t)|\leqslant R\quad(对于所有\ t)$$

否则系统称为不稳定的。为了判断一个给定系统的 BIBO 稳定性，对于任意给定的 $M$，必须找出满足条件的 $R$(通常是 $M$ 的函数)。

在判断系统 BIBO 稳定性方面有几点值得注意：首先，系统的稳定性是指其输入/输出信号的幅度必须都是有界的，并且两个信号在整个时间轴上都有定义；其次，如果系统的输入信号是无界的，即使是一个 BIBO 稳定系统，其输出信号可能也是无界的。稳定性是系统十分重要的性质，它说明只要系统的输入不是无限增长的，则输出就不会发散。

本书主要讨论线性时不变系统(LTI)，这类系统的因果性和稳定性还可利用系统的冲激响应和系统函数来判断。

## 2.5　信号的卷积计算及性质

卷积是一种运算方法，它不仅是分析线性系统的重要工具，而且在计算离散傅里叶变换、导出许多重要信号和系统的性质以及数字滤波分析等方面也必须采用。在信号的时域分析中，最常用的方法是将信号进行脉冲分解，即分解为冲激信号的叠加，在这一基础上，连续时间系统中的响应，就可应用卷积积分的方法来求解。

### 2.5.1　卷积的函数式计算法

函数 $x(t)$与 $h(t)$的卷积积分定义为

$$y(t)=\int_{-\infty}^{+\infty}x(\tau)h(t-\tau)\mathrm{d}\tau=x(t)*h(t)\tag{2.80}$$

或者

$$y(t)=\int_{-\infty}^{+\infty}h(\tau)x(t-\tau)\mathrm{d}\tau=h(t)*x(t)\tag{2.81}$$

利用卷积运算的定义，将线性时不变系统的输出 $y(t)$ 描述为任意输入 $x(t)$ 与系统脉冲响应函数 $h(t)$ 的卷积，在物理概念上是非常清晰的。这一运算过程可概括为以下三个内容：

① 信号的脉冲分解：任意连续信号 $x(t)$ 可以分解为一系列宽度为 $\Delta\tau$ 的矩形窄脉冲之和，如图 2.19 所示。在任意时刻 $t=k\Delta\tau$ 时的第 $k$ 个矩形窄条的高度是 $x(k\Delta\tau)$，显然，$\Delta\tau$ 越小，矩形窄条的数量会随之增多，当矩形窄条的宽度趋于无穷小($\Delta\tau\to0$)时，矩形窄条可看做强度等于矩形窄条面积的冲激脉冲，因此，任意连续信号 $x(t)$ 可以分解为一系列单位冲激分量的叠加。

② (单位)冲激响应 $h(t)$：由于在时域可把一个信号分解为一系列单位冲激分量的叠加，因此，求出冲激分量的响应，即冲激响应 $h(t)$ 意义重大，这是因为系统的输出可运用线性时不变系统的性质(叠加性、齐次性、时不变性)而获得。

冲激响应 $h(t)$ 是指系统在单位冲激信号 $\delta(t)$ 作用下产生的零状态响应，如图 2.27 所示。

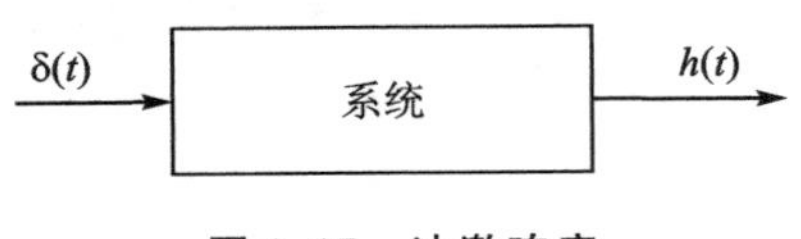


**图 2.27 冲激响应**

③ 卷积法求线性系统的零状态响应：对于线性系统，如图 2.28(a)所示，其起始条件为零状态，即 $x(t)=0, y(t)=0$，若系统的冲激响应为 $h(t)$，当输入为 $x(t)$ 时，可用卷积法求出其零状态响应 $y(t)$。由上述，输入信号 $x(t)$ 可分解为一系列矩形窄条，当 $\Delta\tau\to0$ 时，$x(t)$ 分解为一系列不同时延冲激信号分量的叠加(见图 2.28(b))，分别求出每个冲激信号分量的响应(见图 2.28(c))，然后根据线性系统的叠加性，将各分量的响应叠加，便得到系统总的输出响应(见图 2.28(d))。$y(t)$ 可表示为

$$y(t)=\lim_{\Delta\tau\to0}\sum_{k=-\infty}^{\infty}x(k\Delta\tau)\Delta\tau h(t-k\Delta\tau)=\int_{-\infty}^{\infty}x(\tau)h(t-\tau)\mathrm{d}\tau \tag{2.82}$$

式(2.82)与式(2.80)相同，也是卷积积分，可简写为 $y(t)=x(t)*h(t)$。

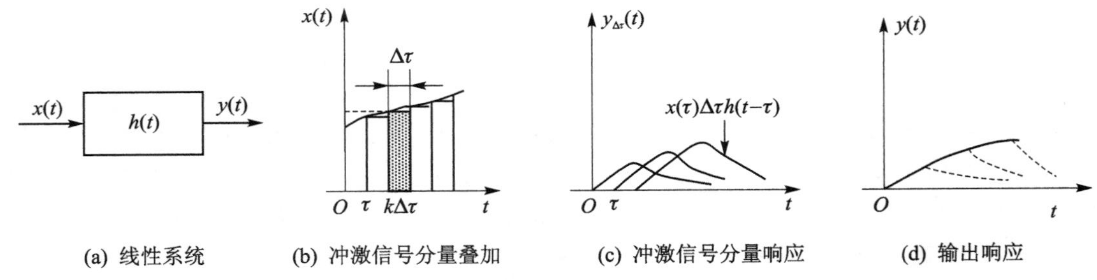


(a) 线性系统　(b) 冲激信号分量叠加　(c) 冲激信号分量响应　(d) 输出响应

**图 2.28 卷积法求零状态响应示意图**

## 2.5.2 卷积的图解法

为了比较直观地理解卷积运算的过程，可以利用图解方法求出两函数的卷积值。如图 2.29 所示，卷积运算应包括变量置换、反褶(反转)、平移、相乘、积分求和等过程。例如，若要求出图中所示的函数 $x(t)$ 和 $h(t)$ 的卷积 $y(t)=x(t)*h(t)$，则卷积运算的过程是：

① 变量置换，$t\to\tau$，将 $x(t)$、$h(t)$ 改变为 $x(\tau)$、$h(\tau)$。

② 反褶，$h(\tau)$ 反褶，变为 $h(-\tau)$。

③ 平移，将反褶后的图形 $h(-\tau)$ 平移 $t$，得 $h(t-\tau)$。

④ 相乘,再将 $x(\tau)$ 与 $h(t-\tau)$ 两图形相乘,两图形有重叠部分即为乘积值,不重叠部分乘积为零。

⑤ 积分求和,$x(\tau)$ 与 $h(t-\tau)$ 乘积曲线下的面积(图中的阴影部分),就是 $t$ 时刻的卷积值,再不断平移 $h(t-\tau)$,直至 $h(t-\tau)$ 和 $x(\tau)$ 两图形无重合面积为止,即可得到所有相应时刻的卷积值。

以 $t$ 为横坐标、相对应的积分值为纵坐标形成的图形,就是卷积积分 $y(t)=x(t)*h(t)$ 的图形表示。

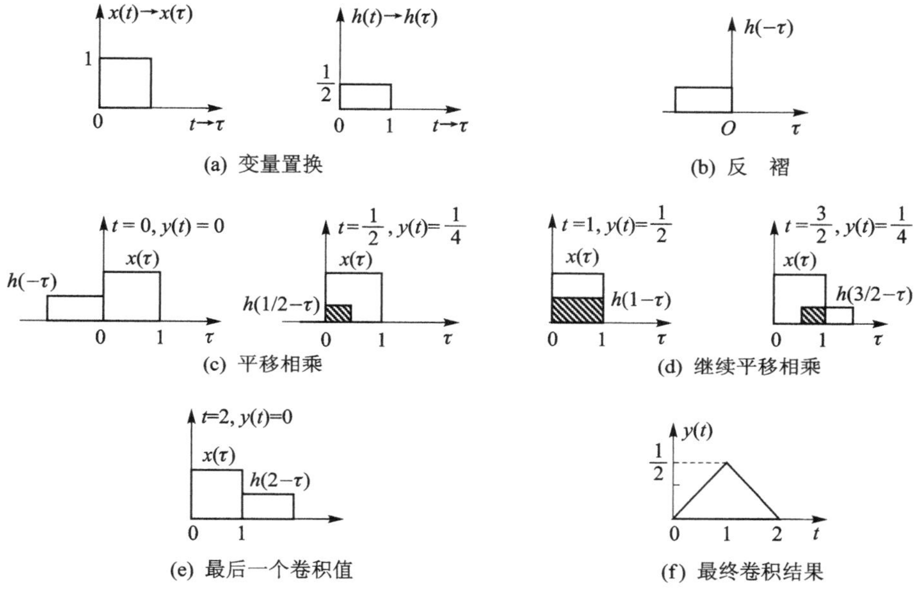


**图 2.29　卷积运算过程图解说明**

### 2.5.3　卷积的性质

卷积作为一种数学运算,服从某些代数定律。

① 任意函数与冲激函数的卷积仍为该函数本身,即

$$f(t)*\delta(t)=\int_{-\infty}^{\infty}f(\tau)\delta(t-\tau)\mathrm{d}\tau=f(t) \tag{2.83}$$

相应地有

$$f(t)*\delta(t-t_0)=f(t-t_0) \tag{2.84}$$

上式说明,$f(t)$ 与 $\delta(t-t_0)$ 卷积,相当于信号 $f(t)$ 延时 $t_0$。

② 任一函数 $f(t)$ 与阶跃函数 $u(t)$ 的卷积,有

$$f(t)*u(t)=\int_{-\infty}^{t}f(t)\mathrm{d}t \tag{2.85}$$

③ 交换律:

$$f_1(t)*f_2(t)=f_2(t)*f_1(t) \tag{2.86}$$

上式说明卷积的次序可以交换。

④ 分配律：

$$f_1(t)*[f_2(t)+f_3(t)]=f_1(t)*f_2(t)+f_1(t)*f_3(t) \tag{2.87}$$

上式说明，系统对于多个相加输入信号的零状态响应等于每个输入单独作用响应的叠加。

⑤ 结合律：

$$[f_1(t)*f_2(t)]*f_3(t)=f_1(t)*[f_2(t)*f_3(t)] \tag{2.88}$$

上式说明，若冲激响应分别为 $h_1(t)=f_2(t)$、$h_2(t)=f_3(t)$ 的串联，则 $[f_1(t)*f_2(t)]$ 与 $[f_1(t)*f_2(t)]*f_3(t)$ 的串联系统可等效为一个冲激响应为 $h_1(t)*h_2(t)=f_2(t)*f_3(t)$ 的系统。

**例 2.4** 分别调用 conv()函数和自己编写程序计算 $f_1(t)=\cos(t)[u(t)-u(t-10)]$ 和 $f_2(t)=(e^t+e^{2t})[u(t)-u(t-10)]$ 的卷积，比较两种方法的卷积结果。

分析：在编程实现中，计算机处理的是离散数据，需要把卷积计算的积分运算转换成离散求和，离散间隔的大小会影响计算结果的逼近程度。

参考代码如下：

```
%%%%%%%%%%%%%%%%%%%%%%%%%%%%%%%%%%%%%%%%%%%%
%a. 利用 conv 函数
T=0.1;                                   %%%时间步长
t1=0:T:10;                               %%%时间序列
f1=cos(t1);                              %%%信号 f1
t2=t1;
f2=exp(t2)+exp(-2*t2);                   %%%信号 f2
f=T*conv(f1,f2);                         %%%计算卷积
k0=t1(1)+t2(1);                          %%%卷积输出序列的起始
k3=length(f1)+length(f2)-2;
t=k0:T:(k0+T*k3);                        %%%卷积结果对应的时间向量
%subplot(3,1,1);                         %%%绘制信号 f1
plot(t1,f1,'linewidth',2);
title('f1(t)');
subplot(3,1,2);                          %%%绘制信号 f2
plot(t2,f2,'linewidth',2);
title('f2(t)');
subplot(3,1,3);                          %%%绘制卷积结果
plot(t,f,'linewidth',2);
title('convolution of f1(t)and f2(t)');
```

以上程序的运行结果如图 2.30 所示。

```
%%%%%%%%%%%%%%%%%%%%%%%%%%%%%%%%%%%%%%%%%%%%
%b. 编程实现
T=0.1;                                   %%%时间步长
t1=0:T:10;                               %%%时间序列
f1=cos(t1);                              %%%信号 f1
t2=t1;
f2=exp(t2)+exp(-2*t2);                   %%%信号 f2
lf1=length(f1);                          %%%信号 f1 长度
```

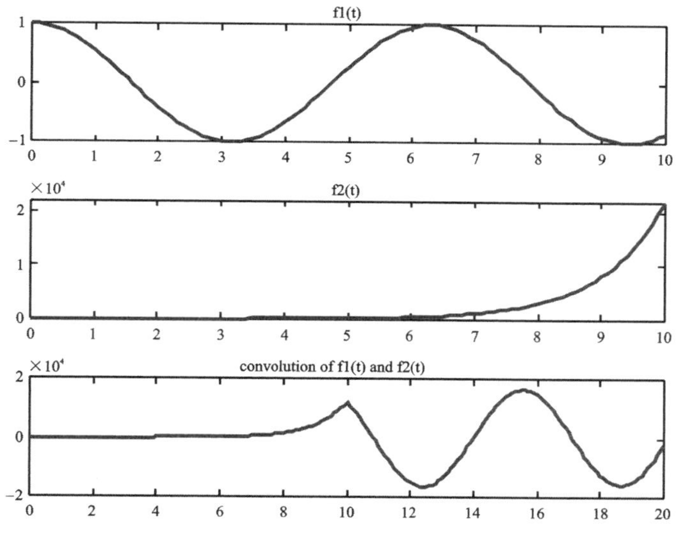


**图 2.30　用方法 a 计算 $f_1(t)$ 和 $f_2(t)$ 的卷积**

```
lf2=length(f2);                                   %%%信号 f2 长度
for k=1:lf1+lf2-1
    y(k)=0;                                       %%%y 赋初始值
    for ii=max(1,k-(lf2-1)):min(k,lf1)
        y(k)=y(k)+f1(ii) * f2(k-ii+1);            %%%信号相乘和求和
    end
    yzsappr(k)=T * y(k);                          %%%用乘和加运算来近似积分运算
end
t0=t1(1)+t2(1);                                   %%%卷积输出序列起点
t3=lf1+lf2-2;
t=t0:T:(t0+t3 * T);                               %%%卷积输出对应的时间序列
subplot(3,1,1);                                   %%%绘制信号 f1 的波形
plot(t1,f1,'linewidth',2);
title('f1(t)');
subplot(3,1,2);                                   %%%绘制信号 f2 的波形
plot(t2,f2,'linewidth',2);
title('f2(t)');
subplot(3,1,3);                                   %%%绘制卷积结果的波形
plot(t,f,'linewidth',2);
title('convolution of f1(t)and f2(t)');
```

以上程序的运行结果如图 2.31 所示。

可以看出，两种方法计算的结果是相同的，自己编程可以调节实现过程中的参数设置，根据不同参数下结果的差异和对本案例结果的分析，也使读者能够更好地理解卷积的计算过程和卷积操作的本质。

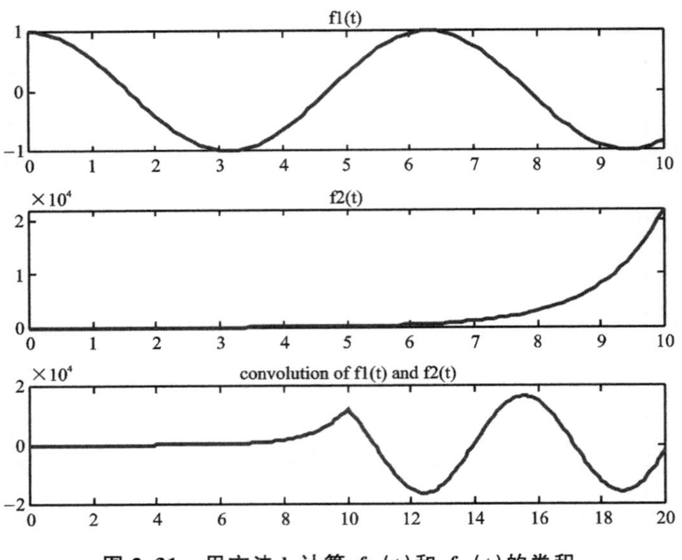


**图 2.31　用方法 b 计算 $f_1(t)$和 $f_2(t)$的卷积**

# 2.6　信号的相关性分析

信号的相关性分析用于发现两个信号或者信号自身的相似性,需要对两个及两个以上信号的相互关系进行研究,工程领域中应用广泛。例如,在通信或雷达系统中,发送端发出的信号波形是已知的,我们常常需要判断在接收端的接收信号(或回波信号)中,是否存在由发送端发出的信号;并且,实际情况中接收信号即使包含了发送端发出的信号,也会存在因各种原因而引起的畸变。一个很自然的想法是用已知的发送波形去与畸变了的接收波形进行比较,通过对两个信号的相似性或相依性的度量来做出判断,这正是相关分析要解决的问题。

不同性质的信号相关由与其相应的物理成因而决定,其中,由于大量的工程应用系统都可以简化为线性时不变系统,这类系统的输出信号与输入信号就构成线性相关,因此,线性相关是一种具有广泛工程应用的重要关系,通常所说的相关分析就是指线性相关分析。信号相关分析的主要任务就是定义、计算合适的指标、函数,定量描述信号线性相关的程度,并进一步开发这些指标、函数的工程应用价值。

## 2.6.1　相关系数

参照信号的正交分解叙述,当用另一个信号 $y(t)$去近似一个信号 $x(t)$时,$x(t)$可表示为

$$x(t)=a_{xy}y(t-\tau)+x_e(t,\tau) \tag{2.89}$$

式中,$a_{xy}$ 为实系数,$x_e(t,\tau)$为近似误差信号,对于能量型信号 $x(t)$、$y(t)$,可得这种近似的误差信号能量为

$$\varepsilon=\int_{-\infty}^{\infty}x_e^2(t,\tau)\mathrm{d}t=\int_{-\infty}^{\infty}[x(t)-a_{xy}y(t-\tau)]^2\mathrm{d}t \tag{2.90}$$

为求得使误差信号能量最小的 $a_{xy}$ 值,令$\dfrac{\partial\varepsilon}{\partial a_{xy}}=0$,有

$$\int_{-\infty}^{\infty} 2[x(t)-a_{xy}y(t-\tau)]\cdot[-y(t-\tau)]\mathrm{d}t=0 \tag{2.91}$$

由此可求得用 $y(t)$ 表示的 $x(t)$ 的最佳系数 $a_{xy}$，即

$$a_{xy}=\frac{R_{yx}(\tau)}{W_y}=\frac{\int_{-\infty}^{\infty}x(t)y(t-\tau)\mathrm{d}t}{\int_{-\infty}^{\infty}y^2(t-\tau)\mathrm{d}t} \tag{2.92}$$

式中，$W_y=\int_{-\infty}^{\infty}y^2(t-\tau)\mathrm{d}t=\int_{-\infty}^{\infty}y^2(t)\mathrm{d}t$ 是信号 $y(t)$ 的能量。

将式(2.92)代入式(2.90)，得到最小误差信号能量值为

$$\varepsilon_{\min}=W_x-\frac{R_{yx}^2(\tau)}{W_y} \tag{2.93}$$

式中右边第一项表示了原信号 $x(t)$ 的能量。若将式(2.93)用原能量信号归一化为相对误差，则有

$$\bar{\varepsilon}_{\min}=\frac{\varepsilon_{\min}}{\int_{-\infty}^{\infty}x^2(t)\mathrm{d}t}=1-\frac{\left[\int_{-\infty}^{\infty}x(t)y(t-\tau)\mathrm{d}t\right]^2}{\int_{-\infty}^{\infty}x^2(t)\mathrm{d}t\int_{-\infty}^{\infty}y^2(t-\tau)\mathrm{d}t}=1-\frac{R_{yx}^2(\tau)}{W_xW_y} \tag{2.94}$$

令

$$\rho_{xy}=\frac{R_{xy}(\tau)}{\sqrt{W_x}\sqrt{W_y}} \tag{2.95}$$

则式(2.94)表示的相对误差可写为

$$\bar{\varepsilon}_{\min}=\frac{\varepsilon_{\min}}{\int_{-\infty}^{\infty}x^2(t)\mathrm{d}t}=1-\rho_{xy}^2 \tag{2.96}$$

通常把 $\rho_{xy}$ 称为信号 $y(t)$ 与 $x(t)$ 的相关系数，在 $x(t)$ 和 $y(t)$ 都是实信号的情况下，由式(2.95)可知，$\rho_{xy}$ 为一实数；此外，根据积分的施瓦兹不等式，

$$\left|\int_{-\infty}^{\infty}x(t)y(t)\mathrm{d}t\right|^2\leqslant\int_{-\infty}^{\infty}x^2(t)\mathrm{d}t^2\int_{-\infty}^{\infty}y^2(t)\mathrm{d}t \tag{2.97}$$

不难证明有 $|\rho_{xy}|\leqslant 1$。

一般情况下，$0<|\rho_{xy}|<1$，如果 $|\rho_{xy}|$ 取到最大值 1，则 $\bar{\varepsilon}_{\min}=0$，表明 $x(t)$ 与 $y(t-\tau)$ 两个信号的波形是相同的，它们是完全线性相关的。如果 $|\rho_{xy}|=0$，则 $\bar{\varepsilon}_{\min}=1$，表明信号 $x(t)$ 和 $y(t)$ 在 $(-\infty,\infty)$ 区间内正交，用一个信号 $[y(t)]$ 去表示另一个信号 $[x(t)]$ 的相对误差 $\bar{\varepsilon}_{\min}$ 为 100%；或者说，两个信号的波形毫无相似之处，也可以说两个信号是线性无关的。因此可以用 $|\rho_{xy}|$ 描述两个信号的近似程度，$|\rho_{xy}|$ 越接近于 1，表示近似程度越高，近似误差越小；反之，$|\rho_{xy}|$ 越接近于 0，近似程度越低，近似误差越大。

### 2.6.2　相关函数

由相关系数 $\rho_{xy}$ 的推导过程可知，$x(t)$ 与 $y(t-\tau)$ 的不相似误差能量与函数 $R_{xy}(\tau)$ 值有明确的对应关系：$|R_{xy}(\tau)|$ 越大，$\bar{\varepsilon}_{\min}$ 越小，$x(t)$ 与 $y(t-\tau)$ 就越相似，即 $R_{xy}(\tau)$ 也说明了 $x(t)$ 与 $y(t-\tau)$ 的相似(相关)程度，故被称为信号 $x(t)$ 与 $y(t)$ 的互相关函数。

关于互相关函数这个新的度量量，我们定义如下：若 $x(t)$ 和 $y(t)$ 是两个连续的实能量信

号,则它们的互相关函数 $R_{xy}(\tau)$ 为

$$R_{xy}(\tau)=\int_{-\infty}^{\infty}x(t)y(t+\tau)\mathrm{d}t=\int_{-\infty}^{\infty}x(t-\tau)y(t)\mathrm{d}t \tag{2.98}$$

上式中的两个积分相等,表示 $x(t)$ 不动,$y(t)$ 左移时间 $\tau$;或者是 $y(t)$ 不动,$x(t)$ 右移时间 $\tau$,两者效果完全相同。若交换互相关函数下标 $x$ 和 $y$ 的先后次序,则有

$$R_{yx}(\tau)=\int_{-\infty}^{\infty}y(t)x(t+\tau)\mathrm{d}t=\int_{-\infty}^{\infty}y(t-\tau)x(t)\mathrm{d}t \tag{2.99}$$

互相关函数下标 $x$ 和 $y$ 的先后次序,表示了一个信号相对于另一个信号的平移方向。比较上面两式,有

$$R_{yx}(\tau)=R_{xy}(-\tau) \tag{2.100}$$

可见 $R_{yx}(\tau)$ 仅仅是 $R_{xy}(\tau)$ 对纵坐标轴 $R_{xy}(\tau)(\tau=0)$ 的翻转,它们对度量 $x(t)$ 和 $y(t)$ 的相似性或相依程度具有完全相同的信息。

若 $y(t)=x(t)$,则表示了信号 $x(t)$ 与其自身的相互关系,称为信号 $x(t)$ 的自相关函数,为

$$R_{xx}(\tau)=\int_{-\infty}^{\infty}x(t)x(t+\tau)\mathrm{d}t=\int_{-\infty}^{\infty}x(t-\tau)x(t)\mathrm{d}t \tag{2.101}$$

显然有

$$R_{xx}(\tau)=R_{xx}(-\tau)$$

对于功率型信号,即如果 $x(t)$ 和 $y(t)$ 是两个实功率信号,则相对应的定义为

互相关函数:

$$R_{xy}(\tau)=\lim_{T\to\infty}\frac{1}{2T}\int_{-T}^{T}x(t)y(t+\tau)\mathrm{d}t \tag{2.102}$$

自相关函数:

$$R_{xx}(\tau)=\lim_{T\to\infty}\frac{1}{2T}\int_{-T}^{T}x(t)x(t+\tau)\mathrm{d}t \tag{2.103}$$

若 $x(t)$、$y(t)$ 是两个周期为 $2T$ 的周期信号,则它们的 $R_{xy}(\tau)$ 和 $R_{xx}(\tau)$ 可表示为

$$\begin{aligned}R_{xy}(\tau)&=\frac{1}{2T}\int_{-T}^{T}x(t)y(t+\tau)\mathrm{d}t\\R_{xx}(\tau)&=\frac{1}{2T}\int_{-T}^{T}x(t)x(t+\tau)\mathrm{d}t\end{aligned} \tag{2.104}$$

通常相关函数可由定义直接求取,可以分为解析法和图解法。

**例 2.5** 已知信号 $x(t)=\begin{cases}1 & (0<t<T)\\0 & (\text{其他})\end{cases}$ 和 $y(t)=x(t-T)$,求它们的互相关函数 $R_{xy}(\tau)$ 和 $R_{yx}(\tau)$。

**解**:可用图解法求取。实信号 $x(t)$ 和 $y(t)$ 的波形如图 2.32 所示,它们的两个互相关函数分别为

$$R_{xy}(\tau)=\int_{-\infty}^{\infty}x(t)y(t+\tau)\mathrm{d}t$$

$$R_{yx}(\tau)=\int_{-\infty}^{\infty}y(t)x(t+\tau)\mathrm{d}t$$

图 2.32(a)画出了计算 $R_{xy}(\tau)$ 的过程,图中分别给出了 $\tau=0$、$\frac{T}{2}$、$T$、$\frac{3T}{2}$、$2T$ 时 $y(t+\tau)$

的波形，并由此可得到被积函数 $x(t)y(t+\tau)$ 曲线下的面积，即为该 $\tau$ 值时的 $R_{xy}(\tau)$。可见，只有在 $0<\tau<2T$ 区间内，$x(t)$ 和 $y(t+\tau)$ 才有重合，即才有非零的被积函数，使 $R_{xy}(\tau)\neq 0$。当 $\tau=T$ 时，$R_{xy}(\tau)$ 有最大值 $T$，这时两个信号完全一样。类似地，图 2.32(b) 画出了计算 $R_{yx}(\tau)$ 的过程，这时，$-2T<\tau<0$ 区间内，$y(t)$ 和 $x(t+\tau)$ 才有重合的非零被积函数，$R_{yx}(\tau)\neq 0$。

图 2.32 也表示了实信号的两个互相关函数之间符合式(2.100)的偶对称关系。

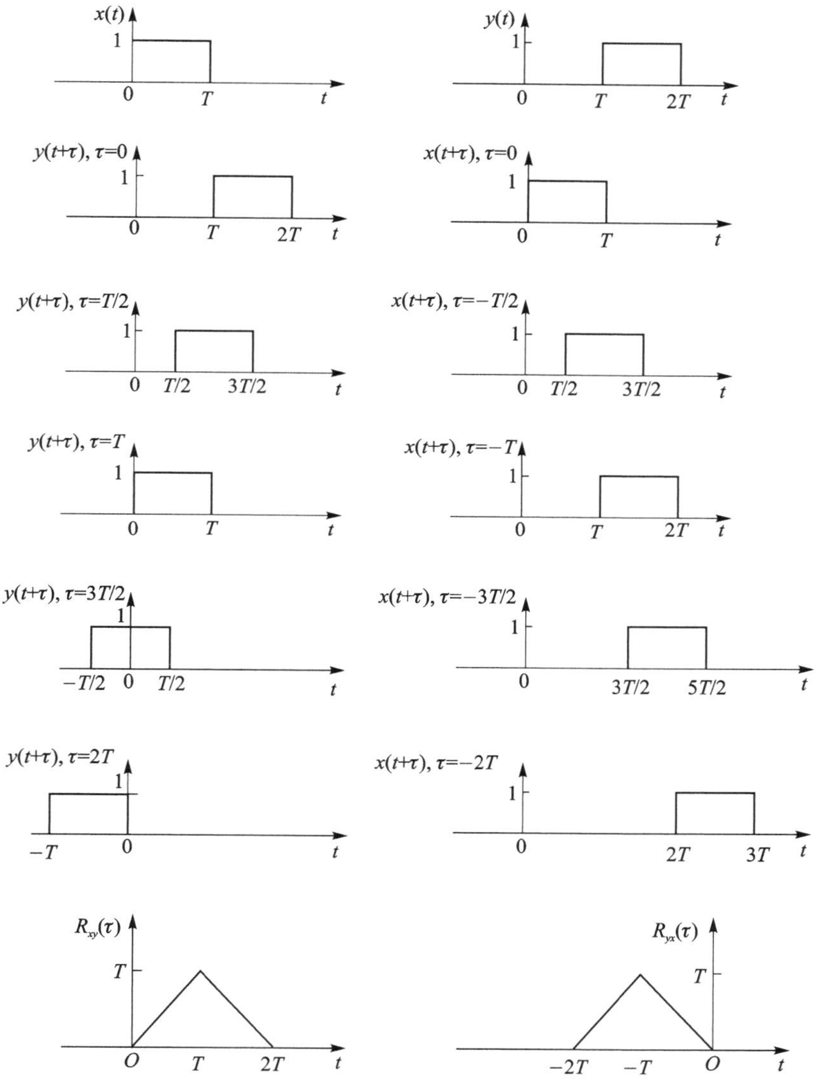

(a) $R_{xy}(\tau)$的计算过程　　(b) $R_{yx}(\tau)$的计算过程

**图 2.32　例 2.5 求互相关函数的图解说明**

**例 2.6**　求信号 $x(t)=A_1\cos(\omega_1 t+\theta_1)+A_2\cos(\omega_2 t+\theta_2)$ 的自相关函数 $R_{xx}(\tau)$。

**解：** 信号 $x(t)$ 是由两个不同幅值、不同频率和不同相位的余弦信号叠加而成的，仍是一周期信号，由周期信号自相关函数的定义式，有

$$R_{xx}(\tau)=\frac{1}{T}\int_0^T[A_1\cos(\omega_1 t+\theta_1)+A_2\cos(\omega_2 t+\theta_2)]\cdot$$
$$|A_1\cos[\omega_1(t+\tau)+\theta_1]+A_2\cos[\omega_2(t+\tau)+\theta_2]|\,dt=$$
$$\frac{A_1^{\ 2}}{2}\cos\omega_1\tau+\frac{A_2^2}{2}\cos\omega_2\tau$$

表明周期信号的自相关函数仍然是周期性的,信号中的每一频率分量都对 $R_{xx}(\tau)$有影响,可以证明其周期与原信号相同。此外,还可以看到,$R_{xx}(\tau)$还包含了信号的幅度信息,但不反映原信号的相位信息。

以上关于实信号的相关函数的概念可推广到复信号,这时只要将式中的 $y(t+\tau)$改为复共轭 $y^*(t+\tau)$,式中的 $x(t+\tau)$改为复共轭 $x^*(t+\tau)$即可。同时,也有与式(2.98)和式(2.99)类似的关系,称为共轭偶对称关系:

$$R_{xy}(\tau)=R_{yx}^*(-\tau)$$
$$R_{xx}(\tau)=R_{xx}^*(-\tau)$$

根据自相关函数的定义,当 $\tau=0$ 时有 $R_{xx}(0)=\int_{-\infty}^{\infty}x^2(t)dt$,它恰等于信号本身的能量,此值也是自相关函数的最大值。对于周期信号的自相关函数,$\tau$ 为周期信号的整数倍时达到其最大值,此值等于该周期信号的平均功率。

### 2.6.3 相关与卷积

对于两个信号 $x(t)$和 $y(t)$,可以按式(2.80)进行卷积运算,也可按式(2.98)进行相关运算,两个连续的能量信号 $x(t)$和 $y(t)$,由卷积的定义表示为

$$x(t)*y(t)=\int_{-\infty}^{\infty}x(\tau)y(t-\tau)d\tau$$

或

$$x(\tau)*y(\tau)=\int_{-\infty}^{\infty}x(t)y(\tau-t)dt$$

而其互相关函数是

$$R_{xy}(\tau)=\int_{-\infty}^{\infty}x(t)y(t+\tau)dt$$

不难看出:这两种运算非常相似,都有一个位移、相乘、求和(积分)的过程,差别仅仅在于卷积运算先要进行翻转运算,即必须先将 $y(t)$翻转为 $y(-t)$,因此

$$x(\tau)*y(-\tau)=\int_{-\infty}^{\infty}x(t)y(t-\tau)dt \tag{2.105}$$

而相关运算不需做翻转,直接移位,从而有

$$R_{yx}(\tau)=R_{xy}(-\tau)=\int_{-\infty}^{\infty}x(t)y(t-\tau)dt=x(\tau)*y(-\tau) \tag{2.106}$$

相应地自相关运算

$$R_{xx}(\tau)=R_{xx}(-\tau)=x(\tau)*x(-\tau) \tag{2.107}$$

可见,相关函数的运算可以通过卷积的运算实现。需要指出:求解两个信号相关不仅仅只做一次积分运算,而是要对一系列不同的时移 $\tau$ 做相关积分,才能得到相关函数,否则有可能得到错误的结果,把完全相关(波形完全一致,只是相位相反)的两个信号,误认为完全不相

关，因此，只有求得相关函数的最大值才能反映信号相接近的程度。

**例 2.7**　求单边指数衰减信号 $x(t)=\mathrm{e}^{-at}u(t)(a>0)$ 的自相关函数。

**解**：由自相关函数的定义得

$$R_{xx}(\tau)=\int_{-\infty}^{\infty}x(t)x(t+\tau)\mathrm{d}t$$

当 $\tau>0$ 时，

$$\begin{aligned}R_{xx}(\tau)=&\int_{0}^{\infty}\mathrm{e}^{-at}\mathrm{e}^{-a(t+\tau)}\mathrm{d}t=\\&\int_{0}^{\infty}\mathrm{e}^{-a(2t+\tau)}\mathrm{d}t=\\&-\frac{1}{2a}\int_{0}^{\infty}\mathrm{e}^{-a(2t+\tau)}\mathrm{d}[-a(2t+\tau)]=\\&-\frac{1}{2a}\mathrm{e}^{-a(2t+\tau)}\Big|_{0}^{\infty}=\frac{1}{2a}\mathrm{e}^{-a\tau}\end{aligned}$$

当 $\tau<0$ 时，

$$\begin{aligned}R_{xx}(\tau)=&\int_{-\tau}^{\infty}\mathrm{e}^{-at}\mathrm{e}^{-a(t+\tau)}\mathrm{d}t\quad(t+\tau\geqslant 0)=\\&\int_{-\tau}^{\infty}\mathrm{e}^{-a(2t+\tau)}\mathrm{d}t=\\&-\frac{1}{2a}\int_{-\tau}^{\infty}\mathrm{e}^{-a(2t+\tau)}\mathrm{d}[-a(2t+\tau)]=\\&-\frac{1}{2a}\mathrm{e}^{-a(2t+\tau)}\Big|_{-\tau}^{\infty}=\frac{1}{2a}\mathrm{e}^{a\tau}\end{aligned}$$

综合上面的两种情况，得 $R_{xx}(\tau)=\dfrac{1}{2a}\mathrm{e}^{-a|\tau|}$。

需要指出的是，相关函数是为了描述和研究随机信号而引入的，这里把它们借用来研究确定性信号，并重点研究信号之间的相似性或相依性，是因为通常可以将确定性信号看作一定条件下随机信号的特例。关于它们的概念及相关定理等，后面会有更详细的介绍。

## 本章小结

本章引入了连续时间信号与系统的概念，并介绍了信号的建模与系统的性质。

首先介绍了 7 种基本的连续时间信号；接着，本章又定义了连续时间信号的运算，包括信号的组合、信号的微分与积分以及信号的展缩与时移，许多实际信号可以通过这些基本连续时间信号的组合、时移和/或缩放等变换来表示，且变换顺序也很重要。

连续时间的冲激函数是一个广义函数，冲激函数及其性质在信号与系统分析中非常有用。

连续时间信号有多种分解方式，包括交直流分解、奇偶分解、虚实分解、脉冲分解和正交分解。

本章定义了连续时间系统的概念，指出了连续时间系统常由微分方程建模；并说明了：① 同时具有齐次性和可加性的系统为线性系统；② 同时具备线性和时不变性的系统称为 LTI 系统；③ 系统的因果性和稳定性的一般性判断准则。

最后介绍了信号的卷积和相关运算及其相互关系。

# 思考与练习题

**2.1** 如何理解单位冲激信号的定义，$\delta(t)$与$2\delta(t)$是否相同？$0\cdot\delta(t)=?$

**2.2** 应用冲激函数的抽样特性，求下列表示式的函数值。

(1) $\int_{-\infty}^{\infty} f(t-t_0)\delta(t)\mathrm{d}t$　　(2) $\int_{-\infty}^{\infty} f(t_0-t)\delta(t)\mathrm{d}t$

(3) $\int_{-\infty}^{\infty} \delta(t-t_0)u\left(t-\frac{t_0}{2}\right)\mathrm{d}t$　　(4) $\int_{-\infty}^{\infty} \delta(t-t_0)u(t-2t_0)\mathrm{d}t$

(5) $\int_{-\infty}^{\infty} (\mathrm{e}^{-t}+t)\delta(t+2)\mathrm{d}t$　　(6) $\int_{-\infty}^{\infty} (t+\sin t)\delta\left(t-\frac{\pi}{6}\right)\mathrm{d}t$

(7) $\int_{-\infty}^{\infty} \mathrm{e}^{-\mathrm{j}\Omega t}[\delta(t)-\delta(t-t_0)]\mathrm{d}t$　　(8) $\int_{-\infty}^{0^-} \delta(t)\mathrm{d}t$

(9) $\int_{0^-}^{0^+} \delta(t)\mathrm{d}t$　　(10) $\int_{0^+}^{\infty} \delta(t)\mathrm{d}t$

**2.3** 画出下列各时间函数的波形图，注意它们的区别。

(1) $f_1(t)=\sin(\Omega t)\cdot u(t)$

(2) $f_2(t)=\sin[\Omega(t-t_0)]\cdot u(t)$

(3) $f_3(t)=\sin(\Omega t)\cdot u(t-t_0)$

(4) $f_4(t)=\sin[\Omega(t-t_0)]\cdot u(t-t_0)$

**2.4** 已知$f(t)$的波形如题图2.1所示，试画出经下列各种运算后的波形图。

(1) $f(t-2)$

(2) $f(t+2)$

(3) $f(2t)$

(4) $f(t/2)$

(5) $f(-t)$

(6) $f(-t-2)$

(7) $f[(-1/2)t-2]$

(8) 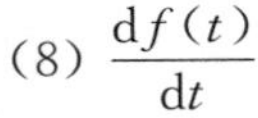 $\frac{\mathrm{d}f(t)}{\mathrm{d}t}$

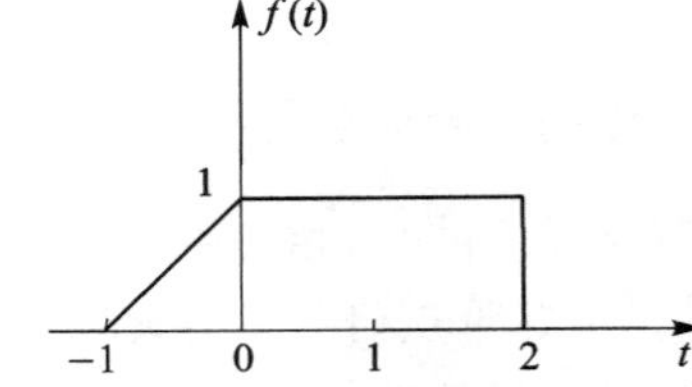


**题图2.1　习题2.4用图**

**2.5** 已知信号$f(t)$的波形如题图2.2所示，绘出下列信号的波形。

(1) $f(-t)$　　(2) $f(t+2)$　　(3) $f(5-3t)$

(4) $f(t)u(t-1)$　　(5) $f(t)u(1-t)$　　(6) $f(t)\delta(t+0.2)$

(7) $f'(t)$　　(8) $\int_{-\infty}^{t} f(\tau)[u(\tau+1)-u(\tau)]\mathrm{d}\tau$

**2.6** 已知信号$f(t)=\sin t[u(t)-u(t-\pi)]$，求

(1) $f_1(t)=\frac{\mathrm{d}^2}{\mathrm{d}t^2}f(t)+f(t)$　　(2) $f_2(t)=\int_{-\infty}^{t} f(\tau)\mathrm{d}\tau$

**2.7** 若$f\left(2-\frac{t}{3}\right)$的波形图如题图2.3所示，试画出$f(t)$的波形图。

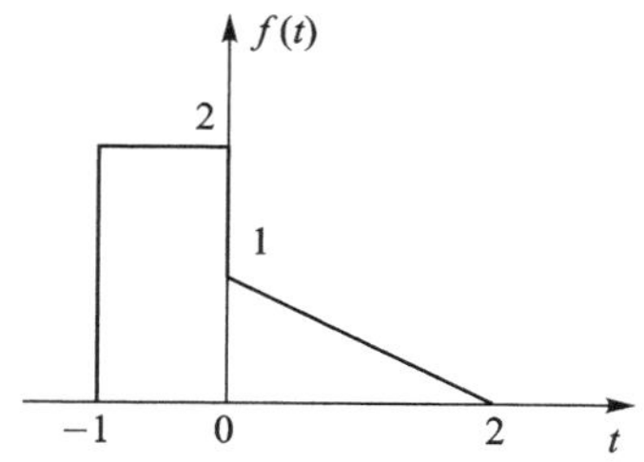


题图 2.2　习题 2.5 用图

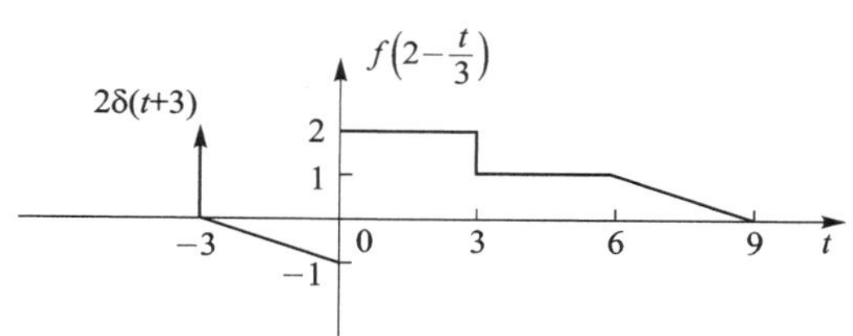


题图 2.3　习题 2.7 用图

**2.8**　分别指出下列各波形的直流分量等于多少。

(1) $f(t)=|\sin(\Omega t)|$　　(2) $f(t)=\sin^2(\Omega t)$

(3) $f(t)=\cos(\Omega t)+\sin(\Omega t)$　　(4) $f(t)=K[1+\cos(\Omega t)]$

**2.9**　绘出题图 2.4 所示波形的偶分量和奇分量。

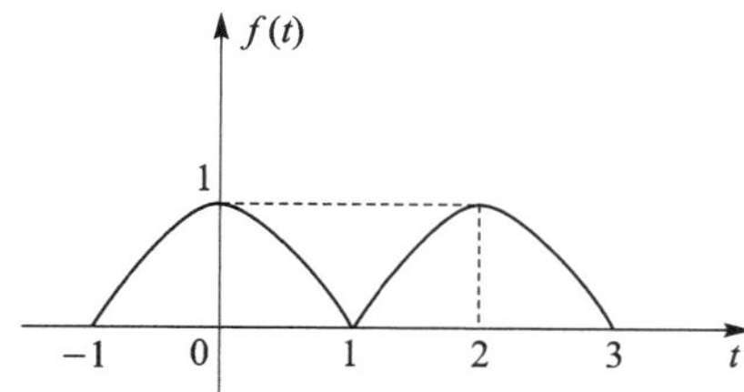


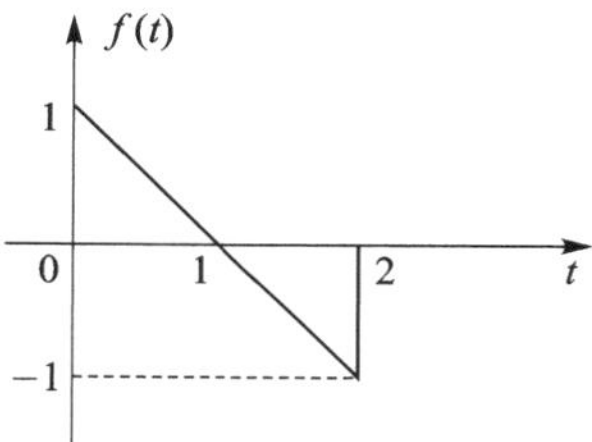


题图 2.4　习题 2.9 用图

**2.10**　试证明在区间$(0,2\pi)$上，题图 2.5 的矩形波与信号 $\cos t,\cos(2t),\cdots,\cos(nt)$正交($n$为整数)，即此函数没有波形 $\cos(nt)$的分量。

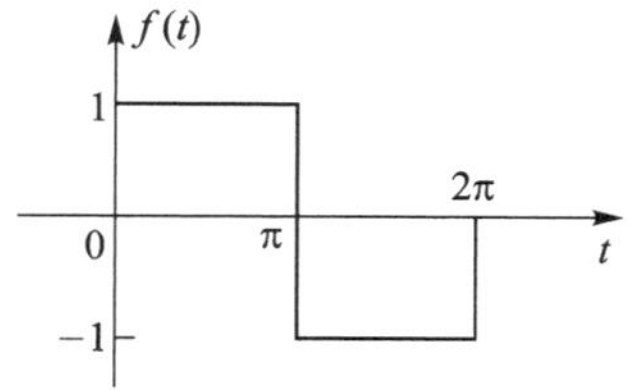


题图 2.5　习题 2.10 用图

**2.11**　判断下列系统是否为线性的、时不变的、因果的。

(1) $y(t)=\dfrac{\mathrm{d}x(t)}{\mathrm{d}t}$　　(2) $y(t)=x(1-t)$

(3) $y(t)=\sin[x(t)]u(t)$　　(4) $y(t)=\int_{-\infty}^{t}x(\tau)\mathrm{d}\tau$

**2.12**　判断下列系统是否为(1) 线性系统；(2) 时不变系统；(3) 因果系统；(4) 稳定系统。

(1) $y(t)=\begin{cases}x(t) & (t\geqslant 1)\\ 0 & (t=0)\\ x(t+1) & (t\leqslant -1)\end{cases}$　　(2) $f(t)=x(2t)$　　(3) $f(t)=x\left(\dfrac{t}{3}\right)$

**2.13**　若有线性时不变系统的方程为 $y'(t)+ay(t)=f(t)$，若在非零 $f(t)$作用下其响应

$y(t)=1-e^{-t}$,试求方程 $y'(t)+ay(t)=2f(t)+f'(t)$的响应。($y'(t)$、$f'(t)$分别为 $y(t)$、$f(t)$的一阶微分。)

**2.14** 求下列各函数 $f_1(t)$与 $f_2(t)$之卷积 $f_1(t)*f_2(t)$。

(1) $f_1(t)=u(t), f_2(t)=e^{-\alpha t}u(t) \quad (\alpha>0)$;

(2) $f_1(t)=\delta(t+1)-\delta(t-1), f_2(t)=\cos\left(\Omega t+\frac{\pi}{4}\right)u(t)$;

(3) $f_1(t)=u(t)-u(t-1), f_2(t)=u(t)-u(t-2)$;

(4) $f_1(t)=u(t-1), f_2(t)=\sin tu(t)$。

**2.15** 各信号波形如题图 2.6 所示,试计算下列卷积,并画出其波形。

(1) $f_1(t)*f_2(t)$;(2) $f_1(t)*f_3'(t)$。

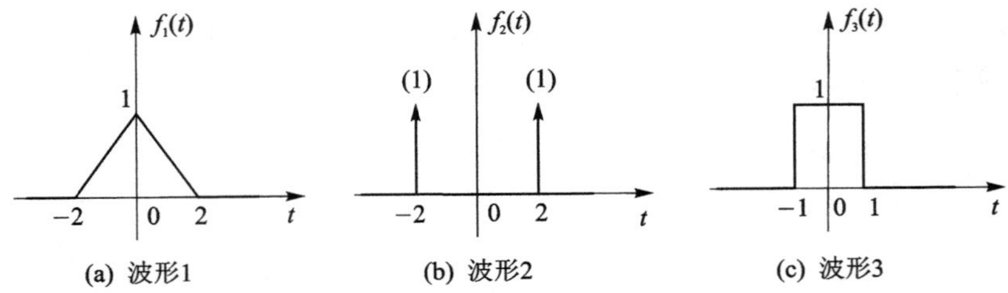


**题图 2.6 习题 2.15 用图**

**2.16** 求信号 $f(t)=E\cos(\Omega_0 t)u(t)$的自相关函数。

**2.17** 设正弦信号 $s(t)$受噪声 $n(t)$的影响,即输入 $x(t)$是

$$x(t)=s(t)+n(t)=A\sin(\Omega t+\theta)+n(t)$$

现与 $s(t)$同频的信号

$$y(t)=B\sin\Omega t$$

进行互相关运算,试求 $x(t)$与 $y(t)$的互相关函数。

# 第3章 连续信号傅里叶变换

**基本内容：**

- 周期信号的频谱分析——傅里叶级数
- 非周期信号的频谱分析——傅里叶变换
- 周期信号的傅里叶变换
- 抽样信号的傅里叶变换

## 3.1 引 言

测试过程获得的信号大多是时域信号，将复杂信号分解为若干简单的信号是一种常用的工程分析方法，而第2章我们讨论的连续信号和系统的时域分析方法只是信号与系统分析方法之一。理论和实验表明，复杂信号是由众多频率不同的谐波信号叠加而成的，各谐波信号的强弱或(和)相位所发生的改变，都会使信号总体特性产生变化，这些谐波的强度幅值和相位的构成被称为信号的频谱，因此，我们常习惯于通过频谱考虑信号的问题，通过频率响应考虑系统的问题。在本章中，我们应用傅里叶级数和傅里叶变换对连续时间信号作为谐波信号的线性组合来进行分析。首先通过正交分解，将周期信号分解为频率成整数倍关系的正余弦信号(或虚指数信号)的线性组合——傅里叶级数。然后扩展傅里叶级数，引出主要适用于非周期信号的傅里叶变换。由于傅里叶级数和傅里叶变换的实质在于将信号分解成“不同频率”的简谐振荡信号的叠加，所以在用它们对信号与系统进行分析时，其着眼点几乎总是在“不同频率上”，因而这种分析方法称为频域分析法。

实际上，信号的频域特性具有明确的物理意义，例如颜色是由光信号的频率决定的，声音音调的不同也是由于声波信号的频率差异，而且人耳对声音音调变化的敏感度远大于对音强变化的敏感度……可见频率特性是信号的客观性质，有时它更能反映信号的基本特性。那么，在频域分析中，根据什么原则来选择作为任意信号分解分量的基本信号呢？怎样一个函数集合才能完全表示任意的信号呢？

**任意信号分解为正交函数**

第2章中介绍了信号的正交分解，由信号的正交分解思想可知：数学上对任意函数进行分解，必须保证有一个可以表示该函数的完备的正交函数集，如果将此用于信号分解上，则可以说一个完备的正交函数集构成了信号空间，在这个空间中任意信号都可以用这样一组完备正交集合来表示。第2章中给出了任意信号 $f(t)$ 用一个无穷级数(完备正交函数集的线性组合)来恒等表示的公式：

$$f(t)=C_1g_1(t)+C_2g_2(t)+\cdots+C_rg_r(t)+\cdots \tag{3.1}$$

在常用函数中正交的函数集有很多种，如三角函数集、复指数函数集、切比雪夫多项式的集合、沃尔什函数集，等等。

本章所讨论的连续时间信号的傅里叶级数和傅里叶变换，是由法国数学家傅里叶首先提出的一种特殊的积分变换,可以将满足一定条件的函数表示为正弦基函数的线性组合或积分形式,因此傅里叶级数和傅里叶变换是将完备的正交三角函数集和复指数函数集作为任意信号分解分量的基本信号,用这些基本的函数来完成任意信号的分解,从而建立频谱的概念,同时实现连续时间信号的时频之间的变换。

## 3.2 周期信号的频谱分析——傅里叶级数

### 3.2.1 三角函数形式的傅里叶级数

由第1章所述,任一周期信号,可表示为

$$f(t)=f(t+nT_1) \tag{3.2}$$

式中,$n$ 为任意整数;$T_1$ 为周期。

若周期信号满足狄里赫利条件,即在一个周期内,函数满足:① 有限个间断点,而且这些点的函数值是有限值;② 有限个极值点;③ 函数绝对可积,则任何周期函数可展成如式(2.66)所示的正交函数线性组合的无穷级数。若正交函数集是采用三角函数集或指数函数集,则展成的级数即为"傅里叶级数",分别称为三角函数形式和指数函数形式的傅里叶级数。需要指出:上述狄里赫利条件中,条件①和②是傅里叶级数存在的必要条件,不是充分条件;而条件③是充分条件,但不是必要条件。

设一周期信号 $f(t)$,其周期为 $T_1$,傅里叶级数的三角函数形式为

$$\begin{aligned}f(t)=&a_0+a_1\cos\Omega_1 t+b_1\sin\Omega_1 t+a_2\cos 2\Omega_1 t+b_2\sin 2\Omega_1 t+\cdots\\&a_n\cos n\Omega_1 t+b_n\sin n\Omega_1 t+\cdots=\\&a_0+\sum_{n=1}^{\infty}(a_n\cos n\Omega_1 t+b_n\sin n\Omega_1 t)\end{aligned} \tag{3.3}$$

利用正交函数的正交性,有

$$\int_{t_0}^{t_0+T_1}\sin n\Omega_1 t\,\mathrm{d}t=0$$

$$\int_{t_0}^{t_0+T_1}\cos n\Omega_1 t\,\mathrm{d}t=0$$

$$\int_{t_0}^{t_0+T_1}\sin n\Omega_1 t\sin m\Omega_1 t\,\mathrm{d}t=\begin{cases}0 & (m\neq n)\\ \dfrac{T_1}{2} & (m=n)\end{cases}$$

$$\int_{t_0}^{t_0+T_1}\cos n\Omega_1 t\cos m\Omega_1 t\,\mathrm{d}t=\begin{cases}0 & (m\neq n)\\ \dfrac{T_1}{2} & (m=n)\end{cases}$$

$$\int_{t_0}^{t_0+T_1}\sin n\Omega_1 t\cos m\Omega_1 t\,\mathrm{d}t=0 \qquad (\text{所有 } m,n)$$

上述各式中,积分区间是$[t_0,t_0+T_1]$,也可取为$[0,T_1]$或$[-T_1/2,T_1/2]$及其他任一周期,$m$、$n$ 为正整数。$\Omega_1$ 为角频率,$\Omega_1=\dfrac{2\pi}{T_1}=2\pi f_1$;$f_1$ 为频率,单位为 Hz。

由上述正交特性,式(3.3)中的系数可通过以下运算求得。

$$\int_{t_0}^{t_0+T_1} f(t)\mathrm{d}t = \int_{t_0}^{t_0+T_1}\left[a_0 + \left(\sum_{n=1}^{\infty} a_n \cos n\Omega_1 t + b_n \sin n\Omega_1 t\right)\right]\mathrm{d}t = \int_{t_0}^{t_0+T_1} a_0 \mathrm{d}t + 0 = a_0 T_1$$

故

$$a_0 = \frac{1}{T_1}\int_{t_0}^{t_0+T_1} f(t)\mathrm{d}t \tag{3.4}$$

$$\int_{t_0}^{t_0+T_1} f(t)\cos n\Omega_1 t\,\mathrm{d}t = \int_{t_0}^{t_0+T_1} a_n \cos n\Omega_1 t \cdot \cos m\Omega_1 t\,\mathrm{d}t = \frac{a_n T_1}{2}$$

$$a_n = \frac{2}{T_1}\int_{t_0}^{t_0+T_1} f(t)\cos n\Omega_1 t\,\mathrm{d}t \tag{3.5}$$

$$\int_{t_0}^{t_0+T_1} f(t)\sin n\Omega_1 t\,\mathrm{d}t = \int_{t_0}^{t_0+T_1} b_n \sin n\Omega_1 t \cdot \sin m\Omega_1 t\,\mathrm{d}t = \frac{b_n T_1}{2}$$

$$b_n = \frac{2}{T_1}\int_{t_0}^{t_0+T_1} f(t)\sin n\Omega_1 t\,\mathrm{d}t \tag{3.6}$$

$$n = 1, 2, \cdots$$

通常在信号处理中，把上述系数中的 $a_0$ 称为直流分量，$a_n$、$b_n$ 分别为余弦和正弦分量的幅度。

一般可将式(3.3)中的同频率正弦、余弦项合并，得到傅里叶级数三角函数形式的另一种表示

$$f(t) = c_0 + \sum_{n=1}^{\infty} c_n \cos(n\Omega_1 t + \phi_n) \tag{3.7}$$

或

$$f(t) = d_0 + \sum_{n=1}^{\infty} d_n \sin(n\Omega_1 t + \theta_n) \tag{3.8}$$

比较式(3.3)(并通过三角函数的恒等变换)与式(3.7)、式(3.8)可得

$$\left.\begin{aligned} a_0 &= c_0 = d_0 \\ c_n &= d_n = \sqrt{a_n^2 + b_n^2} \\ a_n &= c_n \cos \phi_n = d_n \sin \theta_n \\ b_n &= -c_n \sin \phi_n = d_n \cos \theta_n \\ \phi_n &= \arctan\left(-\frac{b_n}{a_n}\right) \\ \theta_n &= \arctan\left(\frac{a_n}{b_n}\right) \end{aligned}\right\} \tag{3.9}$$

由式(3.3)、式(3.7)和式(3.8)还可以总结出以下几点：

① 虽然等式左端是信号的时域表达式，右端是不同频率的正弦(余弦)分量线性组合，但表示的是同一个信号，是完全等效的。

② 任意周期信号可以分解为直流分量($a_0$、$c_0$ 或 $d_0$)和一系列交变分量(系数为 $a_n$、$b_n$、$c_n$ 或 $d_n$ 的正弦、余弦分量)的相加。交变分量中的 $\Omega_1$、$2\Omega_1$、…、$n\Omega_1$…为信号的频率，其中 $\Omega_1$ 为信号的基频，对应基频的分量称为基波，其他的交变分量则统称为谐波，谐波的频率必定为基频的整数倍。

③ 直流分量的幅度 $c_0$ 或 $d_0$，基波、谐波的幅度 $c_n$ 或 $d_n$(即傅里叶级数的各系数)以及相位 $\phi_n$ 或 $\theta_n$ 的大小取决于信号的时域波形，而且是频率 $n\Omega_1$ 的函数，把这种函数关系绘成线

图表示,就是所谓的"频谱"。周期信号的频谱如图3.1所示。

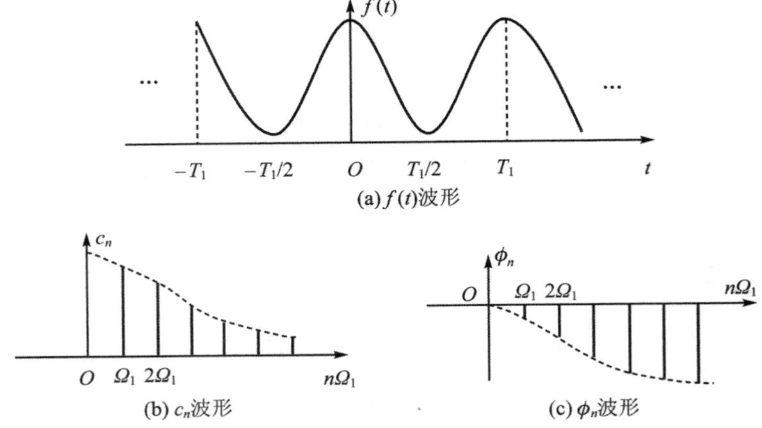


**图3.1　周期信号 $f(t)$ 频谱示意图**

图3.1(b)中的 $c_n-n\Omega_1$(或 $d_n-n\Omega_1$)是信号 $f(t)$ 的幅度频谱,简称为幅谱。每条图线代表某一频率分量的幅度值,称其为谱线;连接各谱线的顶点为谱的包络线,直观地反映了各分量幅度变化的情况。图3.1(c)中的 $\phi_n-n\Omega_1$ 是信号 $f(t)$ 的相位频谱,简称为相谱。相谱中的每条谱线表示相应频率分量的相位值,连接其顶点的包络线,直观地反映了各分量相位的变化情况。

由上述频谱图不难看出:周期信号的频谱只会出现在 $0$、$\Omega_1$、$2\Omega_1$、…、$n\Omega_1$ 等离散频率上,这种频谱称为"离散谱",它是周期信号频谱最主要的特征,也是时、频域对称性的一种典型体现。信号凡是在一个域中(无论是时域或是频域)是周期的,在另一个域中必然是离散的,这一特点以后将会经常遇到。

利用欧拉公式,还可以把三角函数形式的傅里叶级数变换为指数形式的。

### 3.2.2　指数形式的傅里叶级数

将下述欧拉公式

$$\begin{cases}\cos n\Omega_1 t=\dfrac{1}{2}\left(e^{jn\Omega_1 t}+e^{-jn\Omega_1 t}\right)\\[2ex] \sin n\Omega_1 t=\dfrac{1}{2j}\left(e^{jn\Omega_1 t}-e^{-jn\Omega_1 t}\right)\end{cases}$$

代入三角函数形式的傅里叶级数,可导出指数形式的傅里叶级数的表达式为

$$f(t)=\sum_{n=-\infty}^{\infty}F(n\Omega_1)e^{jn\Omega_1 t} \tag{3.10}$$

式(3.10)中的 $F(n\Omega_1)$ 是指数形式傅里叶级数的系数,由导出过程可得

$$\left.\begin{aligned}F(n\Omega_1)=F_n=\frac{1}{T_1}\int_{t_0}^{t_0+T_1}f(t)e^{-jn\Omega_1 t}dt\\ n\text{ 为}(-\infty,\infty)\end{aligned}\right\} \tag{3.11}$$

根据导出过程,可以直接得出三角函数与指数函数形式之间各系数的关系:

$$\left.\begin{aligned}&F_0=a_0=c_0=d_0\\&F_n=|F_n|\,\mathrm{e}^{\mathrm{j}\phi_n}=\frac{1}{2}(a_n-\mathrm{j}b_n)\\&F_{-n}=|F_{-n}|\,\mathrm{e}^{\mathrm{j}\phi_{-n}}=\frac{1}{2}(a_n+\mathrm{j}b_n)\\&|F_n|=|F_{-n}|=\frac{1}{2}\sqrt{a_n^2+b_n^2}=\frac{1}{2}c_n=\frac{1}{2}d_n\\&\phi_n=\arctan\left(-\frac{b_n}{a_n}\right)\\&\phi_{-n}=\arctan\left(\frac{b_n}{a_n}\right)\\&\qquad n=\pm1,\pm2,\pm3,\cdots\end{aligned}\right\}\tag{3.12}$$

由上述各式可以看出：

① 周期函数可以表示为复指数分量之和。实际上，由前述可知，复指数集也是一完备正交函数集，这样的表示与正弦函数表示的傅里叶级数是完全一致的。

② 各分量的系数是复数，即

$$\left.\begin{aligned}F_n&=|F_n|\,\mathrm{e}^{\mathrm{j}\phi_n}\\F_{-n}&=|F_{-n}|\,\mathrm{e}^{\mathrm{j}\phi_{-n}}\end{aligned}\right\}\tag{3.13}$$

把 $|F_n|-n\Omega_1$ 与 $|F_{-n}|-n\Omega_1$ 称为复数幅度谱，简称复幅谱；把 $\phi_n-n\Omega_1$ 与 $\phi_{-n}-n\Omega_1$ 称为复数相位谱，简称复相谱。相谱和幅谱合称为复频谱。据此画出其频谱图如图 3.2 所示。

复频谱仍然具有周期信号离散谱的特征，它与实谱相比，谱图有所不同，复频谱除正频率分量有值外，还出现了负频率分量。负频率的出现是数学运算的结果（应用欧拉公式，把正弦函数表示成 $\mathrm{e}^{\mathrm{j}n\Omega_1 t}$ 与 $\mathrm{e}^{-\mathrm{j}n\Omega_1 t}$ 的加减运算）引入的，并无物理意义。在复幅谱中，复幅谱的直流分量与实幅谱的相等，但由于有了负频率，其他谐波分量为对应实幅谱谐波分量的一半，实幅谱分量为相应复幅谱正负频率分量的和，因而正负频率的幅度谱成偶对称。由式(3.9)和式(3.12)以及对比图 3.1 和图 3.2，复谱与实谱的相位谱值相等，但相位谱正负频率为奇对称。

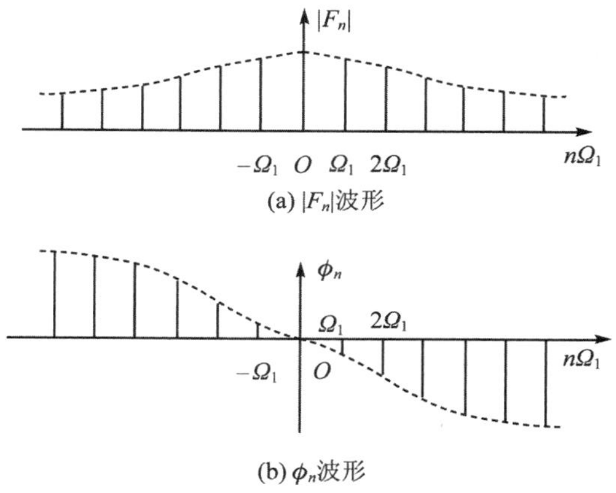


**图 3.2　周期信号 $f(t)$ 的复频谱图**

由此可见，三角函数形式的傅里叶级数与复指数函数形式的傅里叶级数，虽然表达形式不同，但它们都是同一性质的级数，都是将一周期信号分解为直流信号与各次谐波分量之和。

由于正弦信号是最基本的周期信号之一，这意味着，用有限的正弦信号分量可以组合成一个周期信号，一个复杂的周期信号可以分解为许多正弦信号的组合；即便是一个非周期信号也有可能分解为正弦信号的组合，只不过这些正弦分量的周期间不存在最小公倍数。

由于正弦函数序列（复指数序列）是完备正交函数序列，如前所述，用它们来近似研究实际信号所产生的误差相对其他的分解方法是最小的,因此采用傅里叶级数的方法,把信号分解为一系列不同幅度、频率、相位的正弦波(或复指数函数集)的总和,是应用非常广泛的频域分析方法。在三角函数形式的傅里叶级数展开式中,$n$ 只能取正整数,故其振幅及相位仅在频率图的右边平面,称此为实频谱或单边谱。而指数形式的傅里叶级数展开式中,$n$ 可以取任何整数,对应的频谱图称为复频谱或双边谱。同时,三角函数和复指数函数特别是复指数函数又非常适合数学处理,因此复指数形式的傅里叶级数是周期信号频域分析的最基本的方法。

### 3.2.3 周期信号的频谱特点

下面以周期矩形脉冲信号为例,分析周期信号的频谱特性。

如图3.3所示的周期矩形脉冲信号,脉冲宽度为 $\tau$,幅度为 $E$,周期为 $T_1$,这一信号在 $-\frac{T_1}{2}\leqslant t\leqslant\frac{T_1}{2}$ 的一个周期内的数学表示式为

$$f(t)=\begin{cases}E & \left(|t|\leqslant\frac{\tau}{2}\right)\\ 0 & \left(\frac{\tau}{2}<|t|<\frac{T_1}{2}\right)\end{cases}\tag{3.14}$$

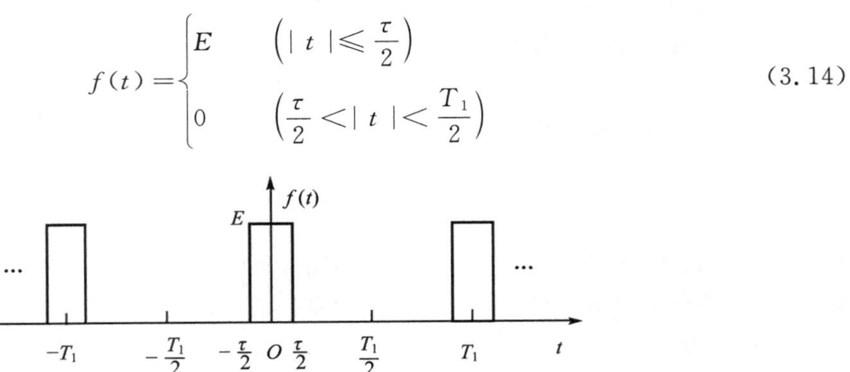


图3.3 周期矩形脉冲信号

由式(3.4)～式(3.6)可得该信号三角函数形式的傅里叶级数:

$$a_0=\frac{1}{T_1}\int_{-\frac{T_1}{2}}^{\frac{T_1}{2}}f(t)\mathrm{d}t=\frac{1}{T_1}\int_{-\frac{\tau}{2}}^{\frac{\tau}{2}}E\mathrm{d}t=\frac{E\tau}{T_1}$$

$$a_n=\frac{2}{T_1}\int_{-\frac{\tau}{2}}^{\frac{\tau}{2}}E\cos n\Omega_1 t\,\mathrm{d}t=2\,\frac{E\tau}{T_1}\,\frac{\sin n\Omega_1\frac{\tau}{2}}{n\Omega_1\frac{\tau}{2}}=2\,\frac{E\tau}{T_1}\mathrm{Sa}\left(n\Omega_1\,\frac{\tau}{2}\right)$$

由于 $f(t)$ 是偶函数,则

$$b_n=\frac{2}{T_1}\int_{-\frac{\tau}{2}}^{\frac{\tau}{2}}E\sin n\Omega_1 t\,\mathrm{d}t=0$$

从而周期矩形信号的三角形式的傅里叶级数为

$$f(t)=\frac{E\tau}{T_1}+\frac{2E\tau}{T_1}\sum_{n=1}^{\infty}\mathrm{Sa}\left(n\Omega_1\,\frac{\tau}{2}\right)\cos n\Omega_1 t$$

由上式,有

$$c_0=\frac{E\tau}{T_1}$$

$$c_n = \frac{2E\tau}{T_1}\left|\mathrm{Sa}\left(n\Omega_1\frac{\tau}{2}\right)\right|$$

$$\phi_n = \begin{cases} 0 & (a_n > 0) \\ -\pi & (a_n < 0) \end{cases}$$

由式(3.10)、式(3.11)可得该信号指数形式的傅里叶级数：

$$F_n = \frac{1}{T_1}\int_{-\frac{T_1}{2}}^{\frac{T_1}{2}} E\mathrm{e}^{-\mathrm{j}n\Omega_1 t}\mathrm{d}t = \frac{1}{T_1}\int_{-\frac{\tau}{2}}^{\frac{\tau}{2}} E\mathrm{e}^{-\mathrm{j}n\Omega_1 t}\mathrm{d}t = \frac{E\tau}{T_1}\mathrm{Sa}\left(n\Omega_1\frac{\tau}{2}\right)$$

$$f(t) = \sum_{n=-\infty}^{\infty}\frac{E\tau}{T_1}\mathrm{Sa}\left(n\Omega_1\frac{\tau}{2}\right)\mathrm{e}^{\mathrm{j}n\Omega_1 t} = \sum_{n=-\infty}^{\infty}|F_n|\mathrm{e}^{\mathrm{j}\phi_n}\mathrm{e}^{\mathrm{j}n\Omega_1 t}$$

式中

$$F_n = |F_n|\mathrm{e}^{\mathrm{j}\phi_n}, \qquad |F_n| = \frac{E\tau}{T_1}\left|\mathrm{Sa}\left(n\Omega_1\frac{\tau}{2}\right)\right|$$

$$\phi_n = 0, \quad F_n > 0; \quad \phi_n = \mp\pi, \quad F_n < 0$$

可以看出：幅度谱以坐标纵轴成偶对称，相位谱则为奇对称。

将上述两种形式的傅里叶级数表示成频谱，分别如图 3.4(a)～图 3.4(d)所示。当 $F_n$ 为实数时，幅度、相位谱可画在同一谱图上，如图 3.4(e)所示。

由图 3.4 的频谱图可知：谱包络与横轴的交点为 $n\Omega_1 = 2m\pi/\tau$，$m = \pm1, \pm2, \cdots$，常把$m = 1$ 时的第一个零点到原点的频率范围 $2\pi/\tau$ 称为周期矩形脉冲的主瓣宽度。由图 3.4 还可以总结出周期矩形信号频谱的特点，这些特点也反映了其他所有可由傅里叶级数得到的周期信号频谱的共同特性：

① 周期信号频谱具有离散性。

离散间隔等于基频 $\Omega_1$ 的量值，$\Omega_1 = \dfrac{2\pi}{T_1}$，主瓣宽度含有谱线的个数为 $N = T/\tau$。

② 周期信号的频谱具有谐波性和收敛性。

频谱有无穷多个分量，即有无穷多条谱线，每条谱线仅代表一个谐波分量，其幅度$\propto\dfrac{E\tau}{T_1}$，幅值随谐波阶次增高，呈取样函数状衰减至零，表示该频谱有谐波性和收敛性。

通过对周期矩形信号及其频谱的进一步分析，我们还能发现以下关系。

**1. 时域参数对频谱的影响**

时域主要参数：信号幅度 $E$、脉冲宽度 $\tau$、信号周期 $T_1$。

- $E$：对频谱的特性影响不显著。
- $T_1$：当信号幅度 $E$ 和脉冲宽度 $\tau$ 保持不变，而重复周期 $T_1$ 变化时，若 $T_1$ 增加，谱包络的第一个零点$\pm2\pi/\tau$ 不变，因而频率的主瓣宽度不变，但由于谱间隔 $\Omega_1 = \dfrac{2\pi}{T_1}$，$\Omega_1$减小，谱线变密，频率的主瓣内包含的谱线数增加，而且由于 $c_n \propto \dfrac{1}{T_1}$，即各条谱线的幅度会减小，当然频率主瓣高度 $E\tau/T_1$ 也会减小。若 $T_1$减小，则情况相反。

极端情况，$T_1\to\infty$ 和 $\tau\to 0$。

若 $T_1\to\infty$，周期函数转化为非周期函数，$\Omega_1\to\mathrm{d}\Omega\to 0$，表明离散频谱将演变为连续频谱，

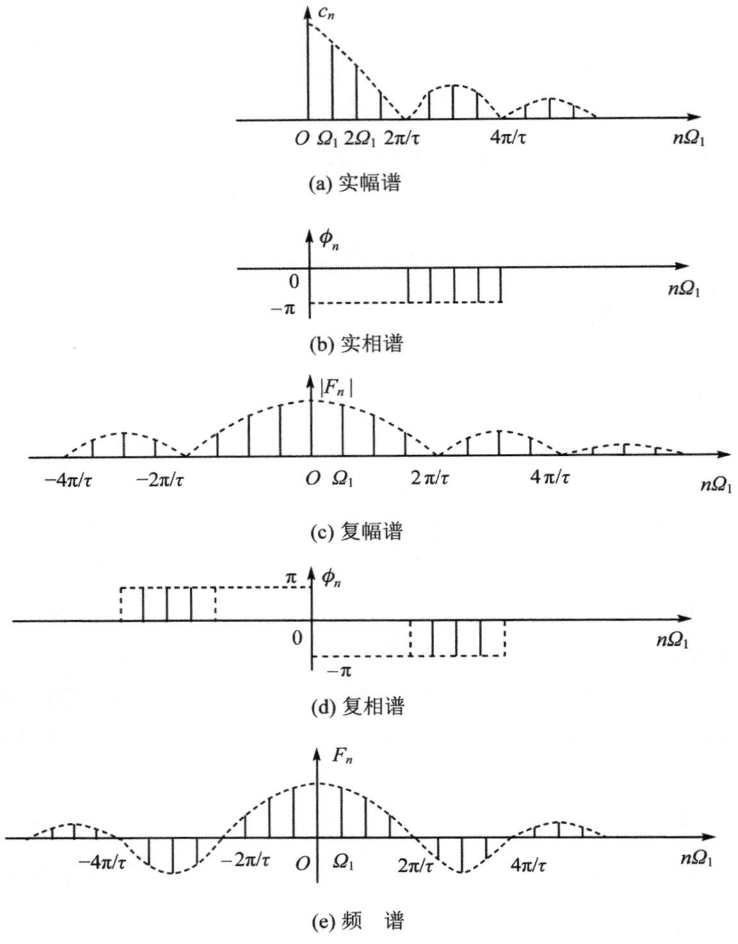


**图 3.4 周期矩形信号的频谱图**

同时分量幅值 $c_n$ 趋向于无穷小，因此，非周期函数的频谱不能采用周期函数频谱的形式来表示，将在非周期信号的频谱分析中详细讨论这一问题。

又若：$\tau \to 0$，带宽 $\Omega_b = \dfrac{2\pi}{\tau} \to \infty$，即矩形脉冲变成冲激函数，频谱的高阶谐波分量将不再衰减，成为所谓的"白色谱"。

**2. 周期信号的对称性对频谱的影响**

无对称性的一般周期信号 $f(t)$，其傅里叶级数中包含有直流、正弦和余弦分量。

利用信号的对称性可以简化分析计算。下面就进一步分析信号的对称性对频谱的影响。

如果 $f(t)$ 为偶对称，则只有直流和余弦项 $a_n$(称偶对称项)，相位 $\theta_n = 0$ 或 π。本例就是一个偶对称信号，就不必计算正弦分量。

$f(t)$ 为奇对称，则只有正弦项 $b_n$(称为奇对称项)，相位 $\theta_n = \pi/2$ 或 $-\pi/2$。

若 $f(t)$ 为半波对称，则可分两种情况。

第1种：$f(t)$ 为奇谐函数。所谓奇谐函数是指对任意 $t$ 值，若信号周期为 $T_1$，则 $f(t)$

满足

$$f\left(t \pm \frac{T_1}{2}\right) = -f(t) \tag{3.15}$$

奇谐信号的图形如图 3.5 所示。奇谐函数的傅里叶级数只有基波分量和奇次谐波分量，没有偶次谐波分量，即

$$a_0 = 0, \qquad a_k = b_k = 0 \qquad (k = 2, 4, 6, \cdots)$$

第 2 种：$f(t)$为偶谐函数。所谓偶谐函数是指对任意 $t$ 值，若信号周期为 $T_1$，则 $f(t)$ 满足

$$f\left(t \pm \frac{T_1}{2}\right) = f(t) \tag{3.16}$$

偶谐信号的图形如图 3.6 所示（如全波直流信号）。偶谐函数的傅里叶级数只有偶次谐波分量，没有基波分量和奇次谐波分量，即

$$a_k = b_k = 0 \qquad (k = 1, 3, 5, \cdots)$$

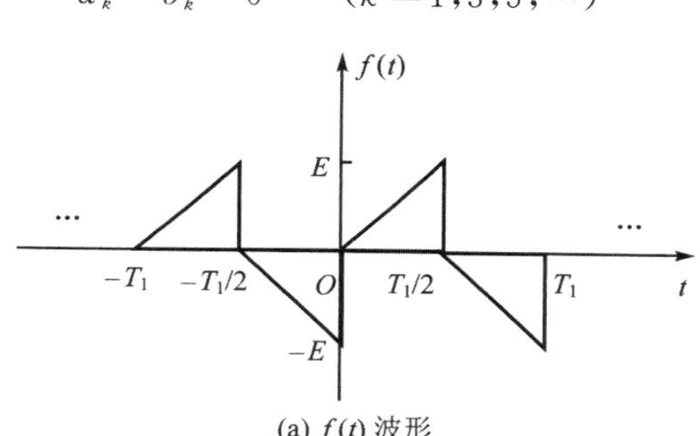


(a) $f(t)$ 波形

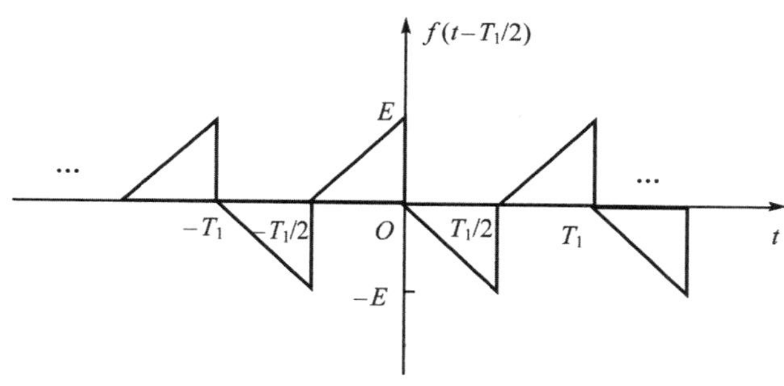


(b) $f(t-T_1/2)$ 波形

**图 3.5　奇谐信号**

在周期信号中，增加（或去除）一个直流偏置，傅里叶级数只会改变其直流分量，其他系数并不改变；而某些具有非零直流偏置的周期信号，往往存在所谓的"隐对称性"，如果将直流偏置去除，可以显现出对称性，从而简化频谱的分析计算，如图 3.7 所示。

也可以通过 MATLAB 的符号运算工具箱，实现周期信号的傅里叶级数分析。下面来看一个例子。

**例 3.1**　用 MATLAB 编程，求出习题 3.6 中信号的傅里叶级数，并画出 $E=1$ 时的幅度谱。

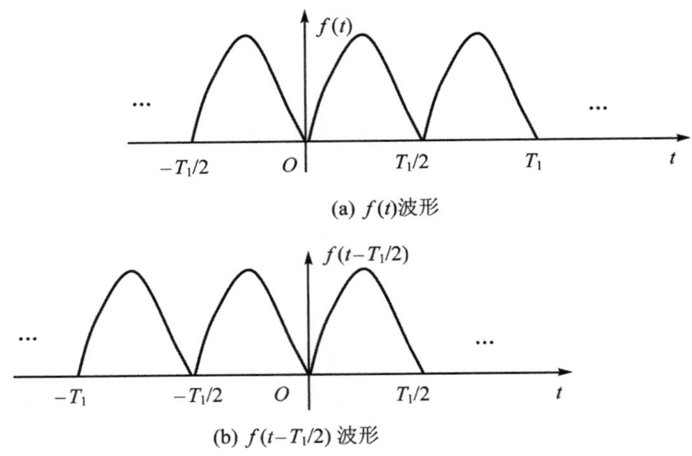


(a) $f(t)$波形

(b) $f(t-T_1/2)$ 波形

**图 3.6　偶谐信号**

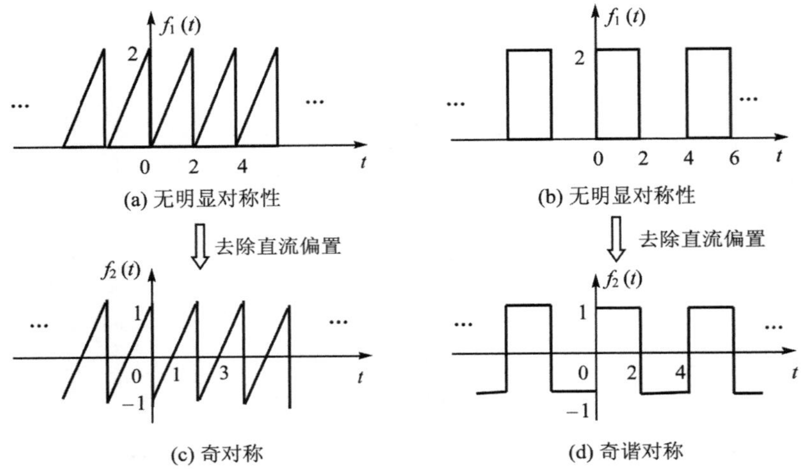


**图 3.7　通过去除直流偏置显现隐对称性**

**解**：编程如下。

```
% 例 3.1 求解周期信号傅里叶级数的 MATLAB 程序
% 先求出信号傅里叶级数的系数
syms T E t n x,   pi=sym('pi');                                    %创建符号对象
a0=2/T*int(-E,t,-T/2,0)+2/T*int(E,t,0,T/2),A0=a0/2;                %计算系数
an=2/T*int(-E*cos(2*pi*n*t/T),t,-T/2,0)+2/T*int(E*cos(2*pi*n*t/T),t,0,T/2)
bn=2/T*int(-E*sin(2*pi*n*t/T),t,-T/2,0)+2/T*int(E*sin(2*pi*n*t/T),t,0,T/2)
```

运行上述程序段可得

$$a_0=0,\qquad a_n=0,\qquad b_n=-\frac{2E}{n\pi}[\cos(n\pi)-1]$$

```
% 求出 E=1 时各谐波分量的幅度
syms E A n c
```

```
bn=2*E*c;
E=1;
c=-(cos(n*pi)-1)/(n*pi);
bn=subs(bn,{sym('E'),sym('c')},{E c})                      %符号变量置换
```

运行上述程序段可得

$$b_n=\frac{2}{n\pi}[-\cos(n\pi)+1]$$

```
% 画出频谱图

A=[0 0 0 0 0 0 0 0 0 0 0];                    %存储 11 个谐波分量幅度的数组
n=1:1:11;
for n=1:11
    bn=2*(-cos(n*pi)+1)/(n*pi);
    A(n)=double(vpa(bn));                     %对任意精度的符号类数据进行规范
    An=A(n)
end
x1=1;x2=11;
x=x1:x2;
stem(x,A,'r','filled')                        %画出 11 个谐波分量的幅度谱
```

运行上述程序段后，画出的幅度谱如图 3.8 所示。

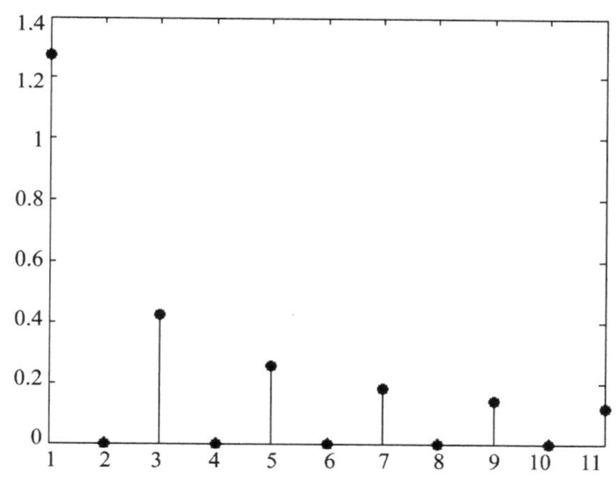


**图 3.8　例 3.1 中的周期信号幅谱**

需要说明的是，在例 3.1 MATLAB 程序中的运算，没有采用数值运算，而是应用了符号运算的方法，它运算的对象全是文字符号，计算的结果也是文字符号，可用于求解数学问题中采用符号表达的精确解析解。符号运算的对象是非数值的符号对象，它是由 MATLAB 中 Symbolic Math 工具箱中定义的一种数据类型：sym 类型，它可以是符号常量、符号变量、符号函数及各种符号表达式（如符号数学表达式、符号方程与符号矩阵等）。作为符号对象，首先需要用函数命令 sym()或 syms()进行创建。sym()建立一个符号对象，而 syms()则是创建

多个符号对象。符号计算使用的基本函数基本相同,例如三角函数、对数函数、指数函数和复数函数等;也有一些特殊函数,以后将根据应用到的情况分别进行介绍。下面简要说明在本例中用到的一个重要特殊函数 subs()。subs()调用的格式有两种:subs(S,old,new)和 subs(S,new)。前者是将符号表达式中的变量 old 替换为 new。old 必定是符号表达式 S 中符号变量,而 new 可以是符号变量、符号常量、双精度数值和数值数组等。后者则是用 new 置换 S 中的自变量。

### 3.2.4 周期信号的功率谱

由第 1 章 1.2 节所述的能量信号和功率信号的定义可知,因为它们的持续时间无限长,故所有的周期信号都是功率信号。一般功率信号的平均功率的定义为

$$P=\lim_{T\to\infty}\frac{1}{T}\int_{-\frac{T}{2}}^{\frac{T}{2}}[f(t)]^2\mathrm{d}t \tag{3.17}$$

对周期为 $T_1$ 的周期信号来说,任一周期内信号的平均功率都相同,因而其平均功率

$$P=\frac{1}{T_1}\int_{-\frac{T_1}{2}}^{\frac{T_1}{2}}[f(t)]^2\mathrm{d}t \tag{3.18}$$

式(3.18)定义的平均功率可表达周期信号 $f(t)$的总体强弱。

将周期信号展成傅里叶级数,得

$$f(t)=a_0+\sum_{n=1}^{\infty}[a_n\cos n\Omega_1 t+b_n\sin n\Omega_1 t]$$

代入式(3.18),利用三角函数的正交性,整理化简后可得

$$\begin{aligned}P&=a_0^2+\frac{1}{2}\sum_{n=1}^{\infty}(a_n^2+b_n^2)=\\&c_0^2+\frac{1}{2}\sum_{n=1}^{\infty}c_n^2=\\&\sum_{n=-\infty}^{\infty}|F_n|^2\end{aligned} \tag{3.19}$$

式(3.19)表明,周期信号无论是分解成三角谐波还是指数谐波之和,其平均功率都等于所有各个谐波的平均功率之和。由此可看出,各谐波分量的功率也是重要参数,可以直接地反映各谐波分量对总信号的贡献。不难证明周期信号有下面的帕斯瓦尔(Parsval)关系:

$$P=c_0^2+\frac{1}{2}\sum_{n=1}^{\infty}c_n^2=\sum_{n=-\infty}^{\infty}|F_n|^2 \tag{3.20}$$

一般把按 $c_n^2-n\Omega_1$ 或$|F_n|^2-n\Omega_1$ 关系画成的线图定义为周期信号的功率谱。

**例 3.2** 周期矩形脉冲信号如图 3.3 所示,设:$E=1,\tau=0.05,T_1=0.25$,求在频谱上第一个零点内各频率分量的功率之和占信号总功率的百分比。

**解:** 由周期矩形脉冲信号指数形式的傅里叶级数,有

$$F_n=\frac{E\tau}{T_1}\frac{\sin\frac{n\pi\tau}{T_1}}{\frac{n\pi\tau}{T_1}}=\frac{1}{5}\frac{\sin\frac{n\pi}{5}}{\frac{n\pi}{5}}$$

由上式可知，$F_n$ 的第一个零点为 $n=5$ 的位置，故在第一个零点内包含直流分量以及 1～4 次谐波分量，则第一个零点内各频率分量的功率之和为

$$P_5=F_0^2+2\sum_{n=1}^{4}|F_n|^2\approx 0.18$$

而信号总功率为

$$P=\frac{1}{T_1}\int_{-\frac{\tau}{2}}^{\frac{\tau}{2}}f^2(t)\mathrm{d}t=\frac{1}{0.25}\int_{-0.025}^{0.025}1^2\mathrm{d}t=0.2$$

上述两者的功率比为

$$\frac{P_5}{P}=\frac{0.18}{0.2}\times 100\%=90\%$$

这一结果表明：第一个零点内所包含各分量的功率已占信号总功率的 90%，这也是把第一个零点的频率范围作为带宽的基本依据。

**有效频带**

在图 3.4 周期矩形信号的频谱图中，$|F_n|=0$ 的点为谱零点，即

$$m\Omega_1\frac{\tau}{2}=m\pi,\quad m=1,2,\cdots$$

由例 3.2 可知，周期信号的功率主要集中在低频段，其大部分能量(大约是总能量的 90% 左右)集中在谱包络的第一个零点 $\Omega_1=2\pi/\tau$ 内的各频率分量上。由频谱图可看出：频谱的高频分量迅速衰减，因而把 $\Omega=0\sim\frac{2\pi}{\tau}$这一频率范围，称为信号有效频带，简称带宽，以 $\Omega_b$表示，从而有 $\Omega_b=\frac{2\pi}{\tau}$，或 $f_b=\frac{1}{\tau}$。带宽与脉冲宽度 $\tau$ 成反比。信号带宽是一个重要概念，它是由矩形脉冲信号引出的，但也适用于其他信号。根据上述带宽中的叙述，由 $f_b=\frac{1}{\tau}$可知：$\tau$ 减小，$f_b$增大；而 $\tau$ 增大，$f_b$减小。这反映出：时域、频域变换时，时域上压缩($\tau$ 减小)，频域上带宽展宽($f_b$ 增大)。时频域之间这种压缩和展宽互相制约的关系，是带有普遍意义的规律。

### 3.2.5　信号的重构和吉伯斯现象

由傅里叶级数以及周期矩形脉冲信号的分析计算，可以看出，许多周期信号(主要是具有间断点的脉冲信号)与周期方波信号一样具有无穷多个谐波分量。理论上，可以用无限多的频率成分来表示周期信号，但事实上在计算机的处理过程中，不能用无限多的谐波分量来表示周期信号，只能用有限个谐波分量去近似。如果用有限个分量重构方波信号，必然存在误差。可以通过下式进行误差计算。

假定谐波分量的数量为 $N$，由 $N$ 个谐波重构的信号可以写为

$$x_N(t)=\sum_{k=-N}^{N}X(k)\mathrm{e}^{\mathrm{j}k\Omega_0 t}\tag{3.21}$$

此时，由于截断产生的误差为

$$e_N(t)=x(t)-x_N(t)=\sum_{k=-\infty}^{\infty}a_k\mathrm{e}^{\mathrm{j}k\Omega_0 t}-\sum_{k=-N}^{N}a_k\mathrm{e}^{\mathrm{j}k\Omega_0 t}=\sum_{|k|\geqslant N}a_k\mathrm{e}^{\mathrm{j}k\Omega_0 t}$$

如果 $\lim\limits_{N\to\infty}\frac{1}{T}\int_T|e_N(t)|^2\mathrm{d}t=0$，则该级数收敛。

式(3.21)能够很好地说明傅里叶级数的物理意义,以及每一个频率分量对信号的作用。由上述推导,有这样几个结论。

① 一般情况下,如果用傅里叶级数中的分量合成(重构)波形,则 $N$ 越大,相加后其波形越近似于信号 $x(t)$,合成的波形与信号的理论波形间的误差越小。

② 当信号中任意一个谐波分量的幅值或相位发生变化时,输出信号的波形会发生失真。

③ 当信号 $x(t)$ 为周期方波信号时,高频分量的频率趋向于无穷大,而高频分量幅度较小,其高频分量主要影响方波的跳变沿,低频分量的幅度相对较大,是组成方波的主体,而低频分量主要影响方波顶部的平坦区域。也就是说,$x(t)$ 的波形变化越剧烈,其所包含的高频分量越丰富;波形变化越缓慢,其所包含的低频分量在总能量中所占的比重越大。在利用傅里叶级数进行信号合成或信号的重建中,对于具有跳变的信号,在间断点附近,重构信号有峰起(小幅的振荡和过冲),其幅度并不随参与合成谐波分量数的增加有明显减小(即使 $n\to\infty$);当 $N$ 很大时,该峰起值趋于一个常数,约等于间断点总跳变值的 9%,这种现象称为"吉伯斯(Gibbs)现象"。这里还需要注意,信号合成中的吉伯斯现象,是不能通过增加参与合成的傅里叶级数的项数来消除的,选取傅里叶级数的项数越多,在所合成或重构的波形中出现的峰起越靠近 $x(t)$ 的不连续点。

关于"吉伯斯(Gibbs)现象",可参看下面的例 3.3。

**例 3.3** 一周期为 $2\pi$ 的方波信号 $f(t)$ 为

$$f(t)=\begin{cases}1 & (0<t<\pi)\\ -1 & (\pi<t<2\pi)\end{cases}$$

用 MATLAB 语言编程,实现:

① 画出方波图形;

② 分别用基波,基波和 3 次谐波,基波、3 次、5 次、7 次和 9 次谐波合成的波形与原方波图形比较,观察其逼近程度;

③ 试用 $n=19$、45 阶次的谐波分量和的三维波形说明吉伯斯现象。

**解:** 编程如下。

```
% 产生周期为2π的方波信号
t=0:1/10:10;
y=square(2*pi*(0.05*pi)*t);
subplot(2,2,1);plot(t,y);xlabel('(a)方波波形')
axis([0 10 -1.5 1.5])
% 基波信号
t=0:1/10:10;
y=sin(t);
subplot(2,2,2);plot(t,y);xlabel('(b)基波波形')
% 基波+3次谐波合成的波形
t=0:1/10:10;
y=sin(t)+sin(3*t)/3;
subplot(2,2,3);plot(t,y);xlabel('(c)基波+3次谐波')
% 基波+3次+5次+7次+9次谐波合成的波形
t=0:1/10:10;
```

```
y=sin(t)+sin(3*t)/3+sin(5*t)/5+sin(7*t)/7+sin(9*t)/9;
subplot(2,2,4);plot(t,y);xlabel('(d)基波+3 次+5 次+7 次+9 次谐波')
```

所产生的各信号波形如图 3.9 所示。

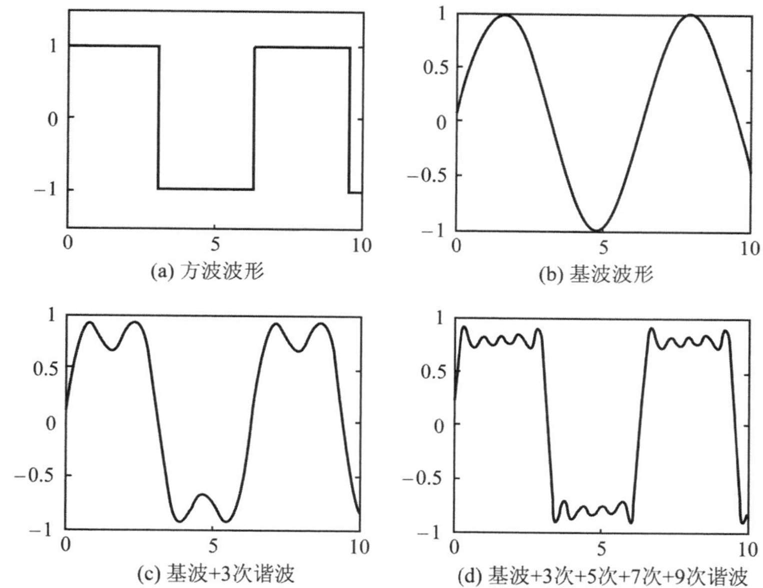


**图 3.9　方波和不同谐波分量合成的波形比较**

最高谐波阶次分别为 19、45 时的吉伯斯现象如图 3.10 和图 3.11 所示。

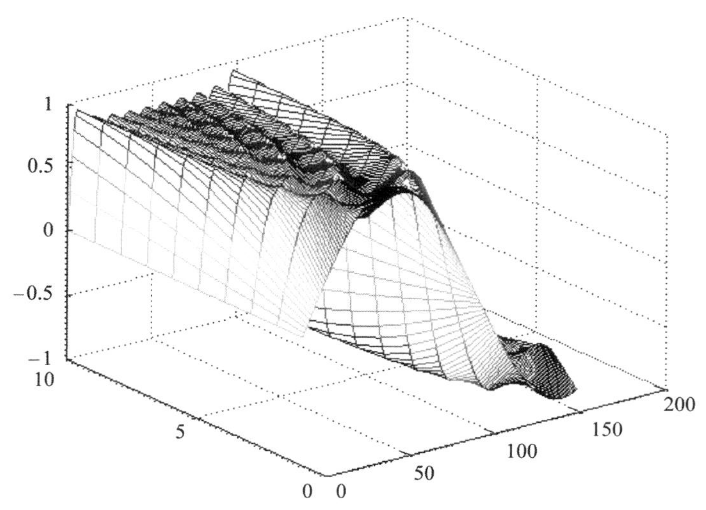

**图 3.10　最高谐波阶次为 19 时的吉伯斯现象**

```
% 最高谐波阶次为 19 时的吉伯斯现象
t=0:31/1000:5;
y=zeros(10,max(size(t)));x=zeros(size(t));
```

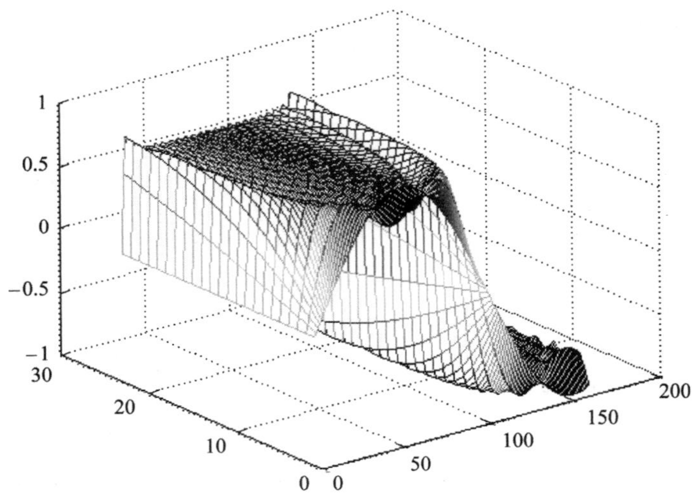


**图 3.11　最高谐波阶次为 45 时的吉伯斯现象**

```
for  k=1:2:19
x=x+sin(k*t)/k;y((k+1)/2,:)=x;
end
pause,plot(y(1:9,:)),
pause,mesh(y),pause
clc

% 最高谐波阶次为45时的吉伯斯现象
t=0:31/1000:5;
y=zeros(10,max(size(t)));x=zeros(size(t));
for  k=1:2:45
x=x+sin(k*t)/k;y((k+1)/2,:)=x;
end
pause,plot(y(1:9,:)),
pause,mesh(y),pause
clc
```

比较图 3.10 和图 3.11 可以看出，在间断点附近，谐波阶次为 19 和 45 时，它们的过冲幅度是相同的，形象地反映出吉伯斯现象。

## 3.3　非周期信号的频谱分析——傅里叶变换

若信号不是周期出现，而只是持续一段时间，不再重复出现，如过渡过程、爆炸产生的冲击波、起落架着陆时的信号等，则把这一类信号称为非周期信号。对非周期信号进行分析的思路是：从周期信号的傅里叶级数出发，在时域上，当周期 $T_1 \to \infty$ 时，周期信号成为非周期信号；在频域上，周期信号的频谱在 $T_1 \to \infty$ 时的极限，变为非周期信号的频谱，即为傅里叶变换(或傅里叶积分)，简称为“傅氏变换”。

### 3.3.1　傅里叶变换

**1. 频谱密度的概念**

在前面讨论周期矩形脉冲信号的时域参数（周期 $T_1$）对其频谱的影响时指出：随着周期 $T_1$ 增大，$F_n$ 减小，如图 3.12 所示。

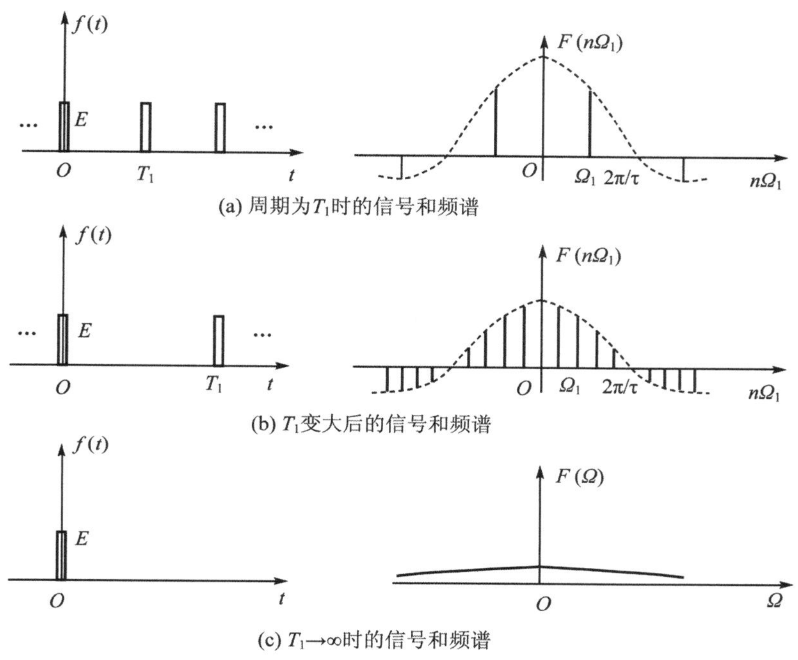


**图 3.12　时域参数对频谱的影响**

由图 3.12 和 $\Omega_1=\dfrac{2\pi}{T_1}$ 可以看出：$T_1$ 增大，$\Omega_1$ 减小；而再由该图和 $F(n\Omega_1)\propto\dfrac{E\tau}{T_1}$ 可知：$T_1$ 增大，$F(n\Omega_1)$ 的幅度减小。

若 $T_1\to\infty$，周期信号变为非周期信号，有

$$\begin{cases}\Omega_1\to \mathrm{d}\Omega\to 0\\ F(n\Omega_1)\to 0\end{cases}$$

显然 $F(n\Omega_1)$ 和 $\Omega_1$ 都是无穷小量，就不可能用前面周期信号的频谱来描述非周期信号的频域特性了，但它们的比值 $\dfrac{F(n\Omega_1)}{\Omega_1}$ 趋向一个稳定的极限。这一极限的意义是：表示了单位频带上的频谱值，是频谱“密度”的概念。对幅度频谱和频谱密度概念的形象理解，可类比于一根质量非均匀但质量连续分布的金属棒上质量和密度的关系，幅度谱可理解为金属棒有限长度的质量，密度谱可理解为金属棒某点上的密度，无论是质量还是密度，都反映了金属棒的重要特性；相应地，幅度谱和密度谱同样也描述了信号的特性，两个概念是相通的，而且是相关的，只是反映的角度和适用性有所不同。因为周期信号离散幅度谱的特征对于非周期信号中不再存在，傅里叶级数的数学方法已不适用，因此引出傅里叶变换。

**2. 傅里叶变换**

从上述周期和非周期信号在时域、频域的关系，导出傅里叶变换的定义式。先重写傅里叶级数的表达式为

$$f(t)=\sum_{n=-\infty}^{\infty}F(n\Omega_1)\mathrm{e}^{\mathrm{j}n\Omega_1 t}$$

$$F(n\Omega_1)=\frac{1}{T_1}\int_{-\frac{T_1}{2}}^{\frac{T_1}{2}}f(t)\mathrm{e}^{-\mathrm{j}n\Omega_1 t}\mathrm{d}t$$

将上式两端乘以 $T_1$，有

$$F(n\Omega_1)T_1=F(n\Omega_1)\frac{2\pi}{\Omega_1}=\int_{-\frac{T_1}{2}}^{\frac{T_1}{2}}f(t)\mathrm{e}^{-\mathrm{j}n\Omega_1 t}\mathrm{d}t$$

当 $T_1\to\infty$，表示周期信号的周期为无穷大，变为非周期信号，对上式取极限后为

$$\lim_{T_1\to\infty}2\pi\frac{F(n\Omega_1)}{\Omega_1}=\lim_{T_1\to\infty}\int_{-\frac{T_1}{2}}^{\frac{T_1}{2}}f(t)\mathrm{e}^{-\mathrm{j}n\Omega_1 t}\mathrm{d}t \tag{3.22}$$

如上所述，$T_1\to\infty$，$\Omega_1\to 0$，$n\Omega_1\to\Omega$（$\Omega$ 变成连续量）；同时 $2\pi\dfrac{F(n\Omega_1)}{\Omega_1}$趋向某一定值，记作 $F(\Omega)$，则式(3.22)变为

$$F(\Omega)=\int_{-\infty}^{\infty}f(t)\mathrm{e}^{-\mathrm{j}\Omega t}\mathrm{d}t \tag{3.23}$$

$F(\Omega)$一般为复数，也可写成 $F(\mathrm{j}\Omega)$，用两者表达都是可以的，表示为

$$\left.\begin{aligned}&F(\mathrm{j}\Omega)=F(\Omega)=|F(\mathrm{j}\Omega)|\mathrm{e}^{\mathrm{j}\phi(\Omega)}=|F(\Omega)|\mathrm{e}^{\mathrm{j}\phi(\Omega)}=A(\Omega)+\mathrm{j}B(\Omega)\\&|F(\Omega)|=\sqrt{A^2(\Omega)+B^2(\Omega)}\\&\phi(\Omega)=\arctan\frac{B(\Omega)}{A(\Omega)}\end{aligned}\right\} \tag{3.24}$$

式(3.23)称为傅里叶正变换定义式，它的物理意义与傅里叶级数相似，表示成相应的图形，为非周期信号的频谱。由 $F(\Omega)$的定义可知，它是指单位频率上的谱幅度，是一个频谱密度的概念，而不是前面周期信号幅度谱的含义，同时 $\Omega$ 变成了连续量，因此，非周期信号的频谱是连续的，密度谱和连续谱是非周期信号频谱的主要特点。

习惯上，仍把$|F(\Omega)|-\Omega$ 的关系称为幅(度)谱(实际上是谱密度)，$\phi(\Omega)-\Omega$ 称为相(位)谱，幅谱和相谱合称频谱。

**3. 傅里叶反变换**

由非周期信号的傅里叶正变换 $F(\Omega)$求原信号 $f(t)$的运算，即由频域向时域的变换，称为傅里叶反变换。它可采用与上面求解傅里叶正变换类似的方法来导出。由周期信号傅里叶级数中的式(3.10)，有

$$f(t)=\sum_{n=-\infty}^{\infty}F(n\Omega_1)\mathrm{e}^{\mathrm{j}n\Omega_1 t}=\sum_{n=-\infty}^{\infty}\frac{F(n\Omega_1)}{\Omega_1}\mathrm{e}^{\mathrm{j}n\Omega_1 t}\Omega_1 \tag{3.25}$$

当 $T_1\to\infty$，上式中有关变量、算符分别变为

$$\Omega_1\to\mathrm{d}\Omega$$

$$n\Omega_1\to\Omega$$

$$\frac{F(n\Omega_1)}{\Omega_1} \to \frac{F(\Omega)}{2\pi} \qquad \left[F(\Omega) \to 2\pi \frac{F(n\Omega_1)}{\Omega_1}\right]$$

$$\sum_{n=-\infty}^{\infty} \to \int_{-\infty}^{\infty}$$

从而，周期信号 $f(t)$ 的傅里叶级数形式变为非周期信号的傅里叶积分形式，即

$$f(t) = \frac{1}{2\pi}\int_{-\infty}^{\infty} F(\Omega)\mathrm{e}^{\mathrm{j}\Omega t}\mathrm{d}\Omega \tag{3.26}$$

式(3.26)称为傅里叶反变换，表示非周期信号可以展成一系列频率为连续变化的复指数分量的积分。

式(3.23)和式(3.26)构成傅里叶变换对，通常写为

$$\mathscr{F}[f(t)] = F(\Omega) = \int_{-\infty}^{\infty} f(t)\mathrm{e}^{-\mathrm{j}\Omega t}\mathrm{d}t \tag{3.27}$$

$$\mathscr{F}^{-1}[F(\Omega)] = f(t) = \frac{1}{2\pi}\int_{-\infty}^{\infty} F(\Omega)\mathrm{e}^{\mathrm{j}\Omega t}\mathrm{d}\Omega \tag{3.28}$$

**4. 傅里叶变换的存在条件**

若非周期信号存在傅里叶变换，需要满足下述狄里赫利条件：

① 信号 $f(t)$ 绝对可积，即

$$\int_{-\infty}^{\infty} |f(t)|\mathrm{d}t < \infty$$

② 在任意有限区间内，信号 $f(t)$ 只有有限个最大值和最小值。

③ 在任意有限区间内，信号 $f(t)$ 仅有有限个不连续点，而且在这些点都必须是有限值。

上述三个条件中，条件①是充分但不是必要条件，条件②、③则是必要而不是充分条件。因此，对于许多不满足条件①的函数，如周期函数，并不是绝对可积的函数；但满足条件②、③，同样存在傅里叶变换。

### 3.3.2 典型非周期信号的频谱

**1. 冲激信号的频谱**

单位冲激信号如图 3.13(a)所示，它的傅里叶变换为

$$F(\Omega) = \int_{-\infty}^{\infty} \delta(t)\mathrm{e}^{-\mathrm{j}\Omega t}\mathrm{d}t$$

由冲激函数的抽样特性可得

$$F(\Omega) = \mathrm{e}^{-\mathrm{j}\Omega 0} = 1$$

所以，单位冲激抽样信号的频谱为

$$F(\Omega) = \mathscr{F}[\delta(t)] = 1 \tag{3.29}$$

由式(3.29)作出其频谱图如图 3.13(b)所示。

**2. 矩形脉冲信号的频谱**

矩形脉冲信号如图 3.14(a)所示，$E$ 为脉冲幅度，$\tau$ 为脉冲宽度。

矩形脉冲信号的傅里叶变换为

$$F(\Omega) = \int_{-\infty}^{\infty} f(t)\mathrm{e}^{-\mathrm{j}\Omega t}\mathrm{d}t = \int_{-\frac{\tau}{2}}^{\frac{\tau}{2}} E\mathrm{e}^{-\mathrm{j}\Omega t}\mathrm{d}t =$$

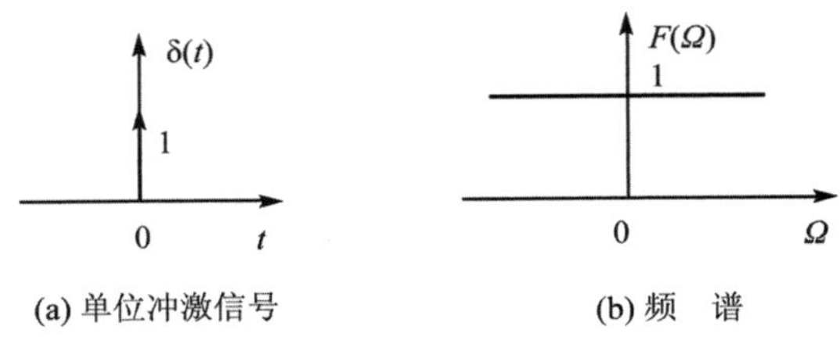


图 3.13　单位冲激信号及其频谱

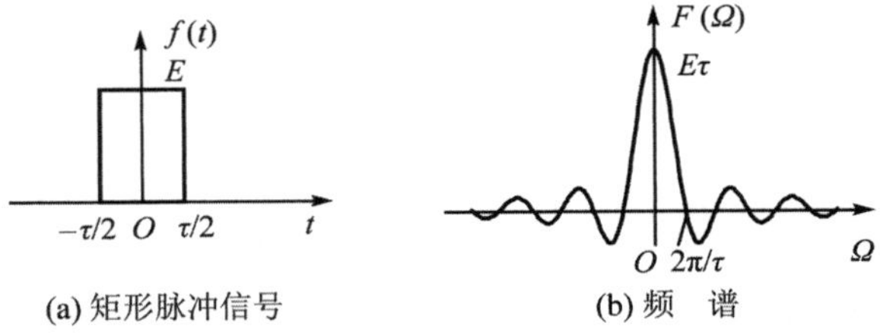


图 3.14　矩形脉冲信号及其频谱

$$\frac{2E}{\Omega}\sin\left(\frac{\Omega\tau}{2}\right)=E\tau\frac{\sin\left(\frac{\Omega\tau}{2}\right)}{\frac{\Omega\tau}{2}}=$$

$$E\tau\mathrm{Sa}\left(\frac{\Omega\tau}{2}\right) \tag{3.30}$$

则其幅度谱为

$$|F(\Omega)|=E\tau\left|\mathrm{Sa}\left(\frac{\Omega\tau}{2}\right)\right| \tag{3.31}$$

相位谱为

$$\phi(\Omega)=\begin{cases}0 & \left[\frac{4n\pi}{\tau}<|\Omega|<\frac{2(2n+1)\pi}{\tau}\right]\\ \mp\pi & \left[\frac{2(2n+1)\pi}{\tau}<|\Omega|<\frac{4(n+1)\pi}{\tau}\right]\end{cases}\quad(n=0,\pm1,\pm2,\cdots) \tag{3.32}$$

因为 $F(\Omega)$是一实数,可以只用一张图上的一条曲线同时表示出幅度和相位谱,如图 3.14(b)所示。由图可见,单个矩形脉冲的频谱是一抽样函数,与周期矩形脉冲信号频谱的包络线相似,仅相差因子 $1/T_1$,以后将会证明,对于单脉冲(单周期)信号与其延拓后的周期信号的频谱之间都存在类似的规律。矩形脉冲在时域上是有限的,但在频域上是无限的。在 $\Omega=n\cdot 2\pi/\tau$ 处,$F(\Omega)=0$,与周期信号中的带宽概念类似,信号的能量主要集中在频谱的第一个零点以内的全部频率分量上。一定条件下,带宽以外的高频分量可以忽略不计,矩形脉冲的带宽为

$$\Omega_b=\frac{2\pi}{\tau}$$

或

$$f_b = \frac{1}{\tau} \tag{3.33}$$

**3. 直流信号的频谱**

直流信号的时域波形如图 3.15(a)所示。它不满足绝对可积的条件，但满足狄里赫利条件中的必要条件，应当存在傅里叶变换。可以把直流信号看作在时域上脉宽为 $\tau$ 的矩形脉冲当 $\tau\to\infty$ 时的极限，频谱也是矩形脉冲频谱的相应极限。

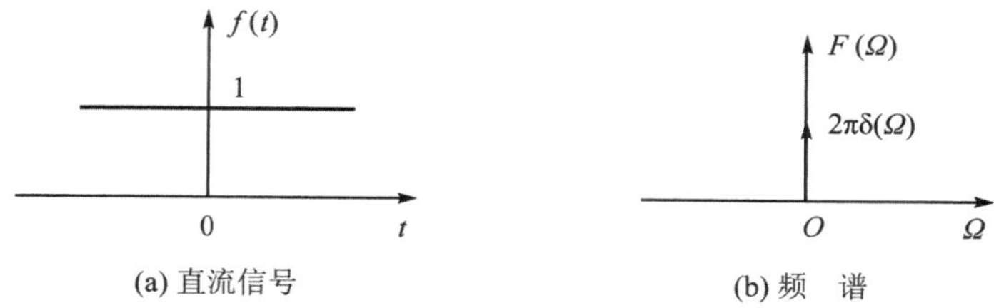


**图 3.15 直流信号及其频谱**

直流信号的傅里叶变换为

$$\mathscr{F}[E] = \lim_{\tau\to\infty} E\tau\,\mathrm{Sa}\left(\frac{\Omega\tau}{2}\right) = 2\pi E \lim_{\tau\to\infty} \frac{\frac{\tau}{2}}{\pi}\mathrm{Sa}\left(\frac{\tau}{2}\Omega\right) \tag{3.34}$$

重写由抽样函数的极限定义 $\delta(t)$ 的定义式

$$\delta(t) = \lim_{k\to\infty}\left[\frac{k}{\pi}\mathrm{Sa}(kt)\right] \tag{3.35}$$

比较式(3.34)和式(3.35)可知，式(3.34)中的 $\tau/2$ 和 $\Omega$ 分别相当于式(3.35)中的 $k$ 和 $t$，故得

$$\mathscr{F}[E] = 2\pi E\delta(\Omega)$$

或

$$\mathscr{F}[1] = 2\pi\delta(\Omega) \tag{3.36}$$

作出其频谱图如图 3.15(b)所示，因此，直流信号的频谱是位于 $\Omega=0$ 处的冲激函数。这一点从物理意义上也不难理解：把直流信号看成是一特殊的周期信号(除直流分量外，其他谐波均为零或者说是周期为零的周期信号)，它由傅里叶级数得到的频谱是在 $\Omega=0$ 处有一有限幅度值(直流分量)；但傅里叶变换是频谱密度的概念，即在 $\Omega=0$ 处附近无限小的频带($\mathrm{d}\Omega\to 0$)内取得有限频谱幅度值，则频谱密度为无穷大，而其他各处的频谱均为零，即为 $\Omega=0$ 处的冲激函数。

**4. 单边指数信号的频谱**

单边指数信号的时域波形如图 3.16(a)所示。

单边指数信号在时域上可表示为

$$f(t) = \begin{cases} \mathrm{e}^{-\alpha t} & (t \geqslant 0) \\ 0 & (t < 0) \end{cases} \qquad (\alpha > 0)$$

其傅里叶变换为

$$F(\Omega) = \int_{-\infty}^{\infty} f(t)\mathrm{e}^{-\mathrm{j}\Omega t}\mathrm{d}t = \int_0^{\infty} \mathrm{e}^{-\alpha t}\mathrm{e}^{-\mathrm{j}\Omega t}\mathrm{d}t = \int_0^{\infty} \mathrm{e}^{-(\alpha+\mathrm{j}\Omega)t}\mathrm{d}t = \frac{1}{\alpha+\mathrm{j}\Omega} \tag{3.37}$$

幅度谱为

$$|F(\Omega)|=\frac{1}{\sqrt{\alpha^2+\Omega^2}} \tag{3.38}$$

相位谱为

$$\phi(\Omega)=-\arctan\left(\frac{\Omega}{\alpha}\right) \tag{3.39}$$

幅谱与相谱图如图3.16(b)、(c)所示。

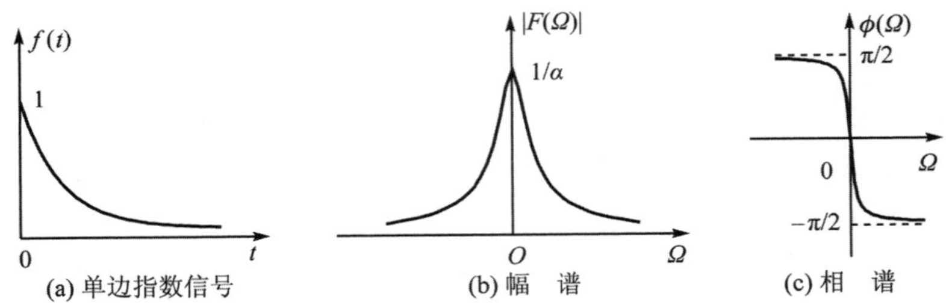

(a) 单边指数信号　(b) 幅　谱　(c) 相　谱

**图3.16　单边指数信号与频谱**

**5. 阶跃信号的频谱**

阶跃信号波形如图3.17(a)所示。

阶跃信号不满足绝对可积的条件,不方便通过定义式的积分直接求出其频谱,可以把它看作单边指数信号 $e^{-\alpha t}$ 在时域上当 $\alpha\to 0$ 时的极限,其频谱为 $e^{-\alpha t}$ 的频谱在 $\alpha\to 0$ 时的极限。由上述,单边指数信号的频谱可分解为实谱和虚谱两部分,即

$$F(\Omega)=\frac{1}{\alpha+j\Omega}=\frac{\alpha}{\alpha^2+\Omega^2}-j\frac{\Omega}{\alpha^2+\Omega^2}=A(\Omega)+jB(\Omega)$$

实谱 $A(\Omega)$ 和虚谱 $B(\Omega)$ 在 $\alpha\to 0$ 时的极限 $A_u(\Omega)$ 和 $B_u(\Omega)$ 为

$$\begin{cases}A_u(\Omega)=\lim\limits_{\alpha\to 0}A(\Omega)=0 & (\Omega\neq 0)\\ B_u(\Omega)=\lim\limits_{\alpha\to 0}B(\Omega)\to\infty & (\Omega=0)\end{cases}$$

而

$$\lim_{\alpha\to 0}\int_{-\infty}^{\infty}A(\Omega)\mathrm{d}\Omega=\lim_{\alpha\to 0}\int_{-\infty}^{\infty}\frac{\mathrm{d}\left(\frac{\Omega}{\alpha}\right)}{1+\left(\frac{\Omega}{\alpha}\right)^2}=\lim_{\alpha\to 0}\arctan\frac{\Omega}{\alpha}\bigg|_{-\infty}^{\infty}=\pi$$

由以上三式和冲激函数的定义可知,$A_u(\Omega)$ 为一冲激函数,冲激强度为 $\pi$,即

$$A_u(\Omega)=\pi\delta(\Omega)$$

并有

$$B_u(\Omega)=\lim_{\alpha\to 0}B(\Omega)=-\frac{1}{\Omega}$$

因此,阶跃信号的频谱为

$$F_u(\Omega)=A_u(\Omega)+jB_u(\Omega)=$$

$$\pi\delta(\Omega)-\frac{1}{\Omega}j=\pi\delta(\Omega)+\frac{1}{\Omega}e^{-j\frac{\pi}{2}} \tag{3.40}$$

频谱图如图 3.17(b)所示。由于阶跃信号中含有直流分量,所以阶跃信号的频谱在 $\Omega=0$ 处存在一冲激,它在 $t=0$ 处有跳变,从而频谱中还有高频分量。

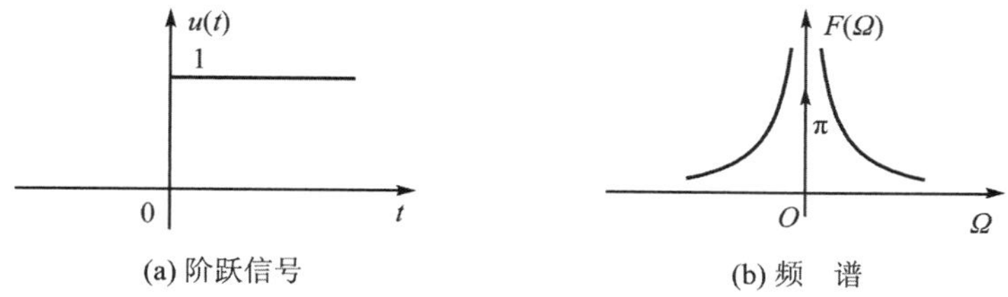


(a) 阶跃信号　　(b) 频　谱

**图 3.17　阶跃信号波形及其频谱**

### 3.3.3　傅里叶变换的性质

对一定信号而言,傅里叶正、反变换是唯一的,反映出信号时域和频域之间对应转换的密切关系。在实际信号分析中,常常需要进一步研究信号时域特性和频域特性的重要联系及相应规律,这就要掌握傅里叶变换的一些基本性质,这些性质也对某些信号的傅里叶变换便捷求解有帮助。下面来讨论这方面的问题。

**1. 奇偶性**

实际信号一般为实函数,但其频谱是复函数。可以证明:若信号 $f(t)$为实函数,则幅谱 $|F(\Omega)|$和实部 $R(\Omega)$为偶函数,相谱 $\phi(\Omega)$和虚部 $X(\Omega)$为奇函数。

**证**:已知 $f(t)$为实函数,故

$$F(\Omega)=\int_{-\infty}^{\infty}f(t)\mathrm{e}^{-\mathrm{j}\Omega t}\mathrm{d}t=\int_{-\infty}^{\infty}f(t)\cos\Omega t\mathrm{d}t-\mathrm{j}\int_{-\infty}^{\infty}f(t)\sin\Omega t\mathrm{d}t=$$
$$R(\Omega)+\mathrm{j}X(\Omega)=|F(\Omega)|\mathrm{e}^{\mathrm{j}\phi(\Omega)} \tag{3.41}$$

有

$$\begin{cases}R(\Omega)=\int_{-\infty}^{\infty}f(t)\cos\Omega t\mathrm{d}t\\ X(\Omega)=-\int_{-\infty}^{\infty}f(t)\sin\Omega t\mathrm{d}t\end{cases}$$

以及

$$\left.\begin{aligned}|F(\Omega)|&=\sqrt{R^2(\Omega)+X^2(\Omega)}\\ \phi(\Omega)&=\arctan\left(\frac{X(\Omega)}{R(\Omega)}\right)\end{aligned}\right\} \tag{3.42}$$

由上述 4 个式子,显然有

$$\left.\begin{aligned}R(\Omega)&=R(-\Omega)\\ |F(\Omega)|&=|F(-\Omega)|\end{aligned}\right\} \tag{3.43}$$

$$\left.\begin{aligned}X(\Omega)&=-X(-\Omega)\\ \phi(\Omega)&=-\phi(-\Omega)\end{aligned}\right\} \tag{3.44}$$

从而,傅里叶变换的奇偶性得证。

若信号为虚函数,则$|F(\Omega)|$仍为偶函数;而 $\phi(\Omega)$仍为奇函数,但对称中心不再是原点,对此不再作深入讨论,读者需要时可参阅其他参考书籍。

**2. 线　性**

若 $\mathscr{F}[f_i(t)]=F_i(\Omega)(i=1,2,\cdots,N)$，则

$$\mathscr{F}\left[\sum_{i=1}^{N}a_i f_i(t)\right]=\sum_{i=1}^{N}a_i F_i(\Omega) \tag{3.45}$$

式中，$a_i$ 为常数。由傅里叶变换的定义式，可直接证明上式。

这一性质说明傅里叶变换是一种线性运算，具有均匀性和叠加性，即

① 若信号增大 $a$ 倍，频谱也相应增大 $a$ 倍；

② 多个信号相加的频谱等于各单独信号频谱的叠加。

**3. 对偶性(互易性)**

若

$$\mathscr{F}[f(t)]=F(\Omega)$$

则

$$\mathscr{F}[F(t)]=2\pi f(-\Omega) \tag{3.46}$$

上式中是把 $F(t)$ 中的变量 $\Omega$ 代以 $t$，$f(t)$ 中的 $t$ 代以 $\Omega$，即所谓的"互易"。上述性质可作如下证明。

**证：** 由

$$f(t)=\frac{1}{2\pi}\int_{-\infty}^{\infty}F(\Omega)\mathrm{e}^{\mathrm{j}\Omega t}\mathrm{d}\Omega$$

则

$$f(-t)=\frac{1}{2\pi}\int_{-\infty}^{\infty}F(\Omega)\mathrm{e}^{-\mathrm{j}\Omega t}\mathrm{d}\Omega$$

在上式中，将变量 $t$ 和 $\Omega$ 互换，可得

$$2\pi f(-\Omega)=\int_{-\infty}^{\infty}F(t)\mathrm{e}^{-\mathrm{j}\Omega t}\mathrm{d}t$$

所以有

$$2\pi f(-\Omega)=\mathscr{F}[F(t)]$$

如果 $f(t)$ 是偶函数，则

$$\mathscr{F}[F(t)]=2\pi f(\Omega) \tag{3.47}$$

上式表明：若 $f(t)$ 的频谱为 $F(\Omega)$，则信号 $F(t)$ 的频谱形状为 $f(\Omega)$，傅里叶变换对称，此时的对偶性即为对称性。

例如：冲激信号 $\delta(t)$ 的频谱为常值，则常数(直流信号)的频谱必为冲激函数，如图3.18所示。

相类似，由于矩形脉冲的频谱为抽样函数，则根据对偶性，抽样函数的频谱必然具有矩形脉冲函数的形状。

在时、频域中还有一系列的对偶关系：时域上是周期信号，频域上傅里叶变换必定是离散的；频域上是周期的，则时域上肯定是离散信号。一个域上是非周期的，另一个域上必然是连续的。上述对偶关系今后将经常用到。

**4. 时移特性**

若

$$\mathscr{F}[f(t)]=F(\Omega)=|F(\Omega)|\mathrm{e}^{\mathrm{j}\phi(\Omega)}$$

则

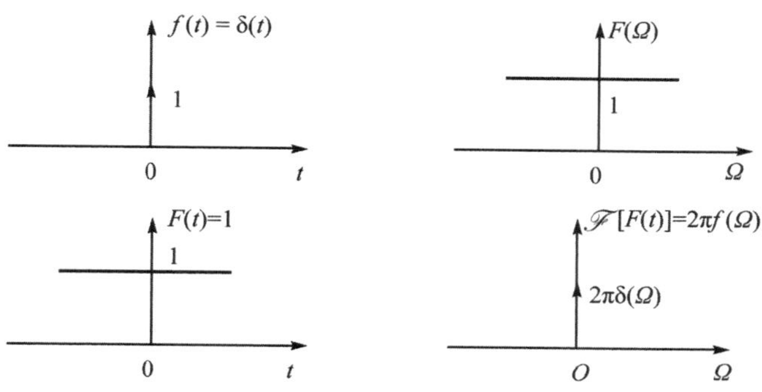


**图 3.18　傅里叶变换的对称性**

$$\mathscr{F}[f(t-t_0)]=F(\Omega)\mathrm{e}^{-\mathrm{j}\Omega t_0}=|F(\Omega)|\mathrm{e}^{\mathrm{j}[\phi(\Omega)-\Omega t_0]} \tag{3.48}$$

或

$$\mathscr{F}[f(t+t_0)]=F(\Omega)\mathrm{e}^{\mathrm{j}\Omega t_0}=|F(\Omega)|\mathrm{e}^{\mathrm{j}[\phi(\Omega)+\Omega t_0]} \tag{3.49}$$

根据傅里叶变换的定义式，上式也很容易推得；以下各性质若可以由傅里叶变换的定义式证明，一般也都不再作证明。

这一特性表明：信号延时并不改变信号的幅度谱，仅仅使相位谱产生一个与频率成线性关系的相移；或者说，信号的时延对应频域的相移。

**例 3.4**　矩形脉冲及延时 $t_0=\dfrac{\tau}{2}$后的波形如图 3.19(a)、(b)所示，求其频谱。

**解：**由时移特性，矩形脉冲延时后，幅频不变，相频则产生一个附加的线性相移($-\Omega t_0$)，如图 3.19(f)中所示。

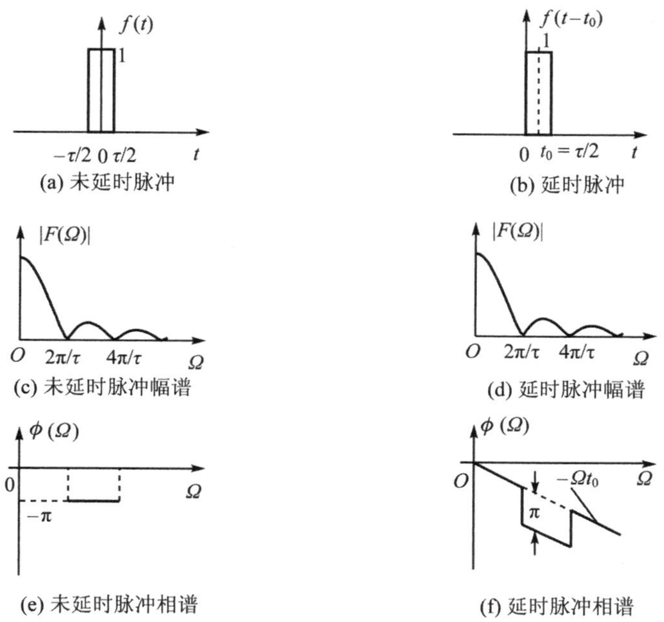


**图 3.19　时移特性举例**

**5. 频移特性**

若

$$\mathscr{F}[f(t)]=F(\Omega)$$

则

$$\mathscr{F}[f(t)\mathrm{e}^{\pm \mathrm{j}\Omega_0 t}]=F(\Omega \mp \Omega_0) \tag{3.50}$$

上式表明：信号频谱沿频率轴向左、右平移$\Omega_0$，则在时域上，信号分别乘以$\mathrm{e}^{-\mathrm{j}\Omega_0 t}$、$\mathrm{e}^{\mathrm{j}\Omega_0 t}$。

频移特性也称为调制特性，在通信和测控技术中有广泛应用。在实用中，通常是把信号$f(t)$乘以正弦或余弦信号，时域上用$f(t)$（调制信号）改变正弦或余弦信号（载波信号）的幅度，形成调幅信号，在频域上将使$f(t)$的频谱产生左、右平移。下面作一简单分析。

由

$$\cos \Omega_0 t=\frac{1}{2}(\mathrm{e}^{\mathrm{j}\Omega_0 t}+\mathrm{e}^{-\mathrm{j}\Omega_0 t})$$

$$\sin \Omega_0 t=\frac{1}{2\mathrm{j}}(\mathrm{e}^{\mathrm{j}\Omega_0 t}-\mathrm{e}^{-\mathrm{j}\Omega_0 t})$$

有

$$\mathscr{F}[f(t)\cos \Omega_0 t]=\frac{1}{2}[F(\Omega+\Omega_0)+F(\Omega-\Omega_0)] \tag{3.51}$$

或

$$\mathscr{F}[f(t)\sin \Omega_0 t]=\frac{\mathrm{j}}{2}[F(\Omega+\Omega_0)-F(\Omega-\Omega_0)] \tag{3.52}$$

由式(3.51)和式(3.52)可见：调幅信号的频谱是将$F(\Omega)$一分为二，并各向左、右平移$\Omega_0$，但幅频特性形状保持不变。

**例 3.5** 求矩形调幅信号$f(t)$的频谱$F_{\mathrm{M}}(\Omega)$，设调制信号为矩形方波$g(t)$，$f(t)$和$g(t)$的波形如图3.20所示。

**解：**

$$G(\Omega)=\mathscr{F}[g(t)]=\tau \mathrm{Sa}\left(\frac{\Omega \tau}{2}\right)$$

由式(3.51)可得

$$F(\Omega)=\mathscr{F}[g(t)\cos \Omega_0 t]=\frac{\tau}{2}\left\{\mathrm{Sa}\left[\frac{(\Omega+\Omega_0)\tau}{2}\right]+\mathrm{Sa}\left[\frac{(\Omega-\Omega_0)\tau}{2}\right]\right\}$$

频谱如图3.20所示。

**6. 尺度变换特性**

若

$$\mathscr{F}[f(t)]=F(\Omega)$$

则

$$\mathscr{F}[f(at)]=\frac{1}{|a|}F\left(\frac{\Omega}{a}\right) \tag{3.53}$$

式中，$a$为非零实常数，称为压缩系数。

这一特性可参看图3.21，图中形象地说明了矩形脉冲的持续时间$\tau$改变时，频谱变化的情况。

由图3.21可知，若$a>1$（图中为2），则脉冲宽度$\tau$缩小，相当于信号在时域中被压缩，其频带将展宽，意味着高频分量相对增加；若$a<1$（图中为1/2），则$\tau$增大，相当于信号在时域中扩

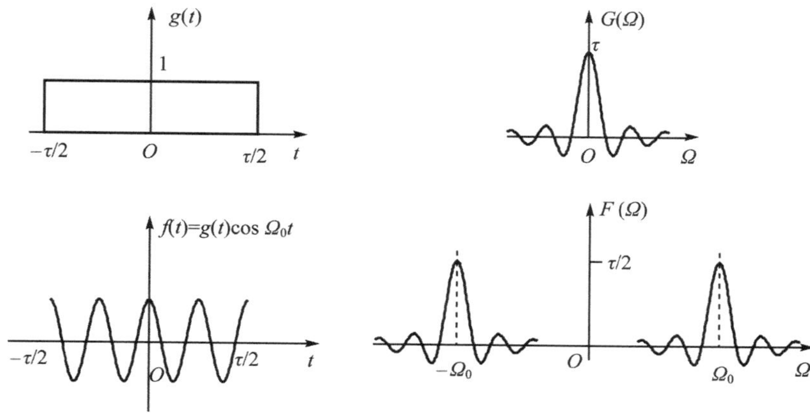


图 3.20　频移特性举例

展，其频带被压缩，意味着低频分量比较丰富。显然，要压缩信号的持续时间，必须以展宽频带为代价，所以在通信技术中，通信的速度（正比于信号持续时间）与占用频带的宽度是相互矛盾的。

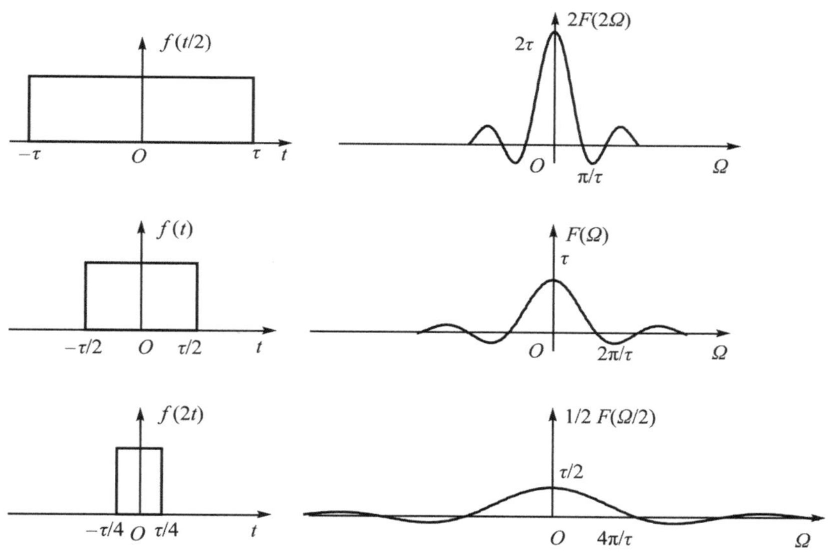


图 3.21　尺度变换特性举例

**7. 时域卷积定理**

若　　$\mathscr{F}[f_1(t)]=F_1(\Omega),\quad \mathscr{F}[f_2(t)]=F_2(\Omega)$

则

$$\mathscr{F}[f_1(t)*f_2(t)]=F_1(\Omega)F_2(\Omega) \tag{3.54}$$

对这一定理作如下证明：由卷积积分的定义

$$f_1(t)*f_2(t)=\int_{-\infty}^{\infty}f_1(\tau)f_2(t-\tau)\mathrm{d}\tau$$

从而有

$$\begin{aligned}\mathscr{F}[f_1(t)*f_2(t)]=&\int_{-\infty}^{\infty}\left[\int_{-\infty}^{\infty}f_1(\tau)f_2(t-\tau)\mathrm{d}\tau\right]\mathrm{e}^{-\mathrm{j}\Omega t}\mathrm{d}t=\\&\int_{-\infty}^{\infty}f_1(\tau)\left[\int_{-\infty}^{\infty}f_2(t-\tau)\mathrm{e}^{-\mathrm{j}\Omega t}\mathrm{d}t\right]\mathrm{d}\tau=\\&\int_{-\infty}^{\infty}f_1(\tau)[F_2(\Omega)\mathrm{e}^{-\mathrm{j}\Omega\tau}]\mathrm{d}\tau=\\&F_2(\Omega)\int_{-\infty}^{\infty}f_1(\tau)\mathrm{e}^{-\mathrm{j}\Omega\tau}\mathrm{d}\tau=\\&F_2(\Omega)F_1(\Omega)\end{aligned}$$

时域卷积定理说明：两个信号在时域中卷积的频谱等于两信号频谱的乘积。

这一定理对于分析和求解线性系统的响应有重要意义。前面曾经指出：线性系统的输出 $y(t)$是输入信号 $x(t)$与系统冲激响应 $h(t)$的卷积，即

$$y(t)=h(t)*x(t)$$

由时域卷积定理可得

$$Y(\Omega)=H(\Omega)X(\Omega)$$

这里的 $H(\Omega)$是系统的频率响应，它是系统冲激响应 $h(t)$的傅里叶变换，表示为

$$H(\Omega)=\mathscr{F}[h(t)] \tag{3.55}$$

即输出信号的频谱 $Y(\Omega)$是系统频率响应 $H(\Omega)$与输入信号频谱 $X(\Omega)$的乘积，系统频率响应 $H(\Omega)$的作用可以认为是对输入信号的频谱进行加权，使某些频率分量加强，有些则削弱，使输出信号频谱中的频率成分满足预定的要求或产生某种程度的失真。

若对 $Y(\Omega)$求傅里叶反变换，可得输出响应的时域波形，如

$$y(t)=\mathscr{F}^{-1}[Y(\Omega)]=\frac{1}{2\pi}\int_{-\infty}^{\infty}H(\Omega)X(\Omega)\mathrm{e}^{\mathrm{j}\Omega t}\mathrm{d}\Omega \tag{3.56}$$

式(3.56)的物理意义可以这样来理解：任意输入信号可分解为无穷多复指数分量 $X(\Omega)\mathrm{e}^{\mathrm{j}\Omega t}\mathrm{d}\Omega$，这些微小分量通过 $H(\Omega)$加权后，得出输出响应的微小分量，将这些微小的输出分量叠加(积分)后，就得到总的输出响应 $y(t)$。因此，时域卷积定理开辟了从频域角度进行系统分析和求解系统响应的途径。

这一卷积性质有着广泛应用，特别是任意信号与冲激响应相卷积的特性给信号分析带来相当大的便利，比如，由卷积性质

$$\mathscr{F}[f(t)*\delta(t-t_0)]=F(\Omega)\mathrm{e}^{-\mathrm{j}\Omega t_0}$$

$$\mathscr{F}[f(t-t_0)]=F(\Omega)\mathrm{e}^{-\mathrm{j}\Omega t_0}$$

所以有

$$f(t)*\delta(t-t_0)=f(t-t_0) \tag{3.57}$$

同理

$$\mathscr{F}[f(t-t_1)*\delta(t-t_2)]=F(\Omega)\mathrm{e}^{-\mathrm{j}\Omega(t_1+t_2)}$$

则

$$f(t-t_1)*\delta(t-t_2)=f(t-t_1-t_2) \tag{3.58}$$

在前面学习的有关冲激函数的性质中，还有

$$f(t)*\delta(t)=f(t)$$

以上各式说明：在时域，任何信号与 $\delta(t-t_x)$卷积只是在时间轴上将信号移到 $\delta(t-t_x)$

所在的位置上。相类似可推广到频域(相应地将变量 $t$ 换成 $\Omega$),有

$$\left.\begin{aligned}F(\Omega)*\delta(\Omega-\Omega_0)&=F(\Omega-\Omega_0)\\F(\Omega-\Omega_1)*\delta(\Omega-\Omega_2)&=F(\Omega-\Omega_1-\Omega_2)\end{aligned}\right\}\tag{3.59}$$

**例 3.6**　已知信号 $f(t)=\dfrac{1}{t}$,求:① $F(\Omega)$;② $q(t)=\dfrac{1}{t}*\dfrac{1}{t}$。

**解**:① 由于不便于积分求解 $F(\Omega)$,所以先求另一常用的信号即符号函数的傅里叶变换,然后利用傅里叶变换的性质来求解 $F(\Omega)$。所谓符号函数的定义如图 3.22(a)所示,通常用 $\mathrm{sgn}(t)$来表示。

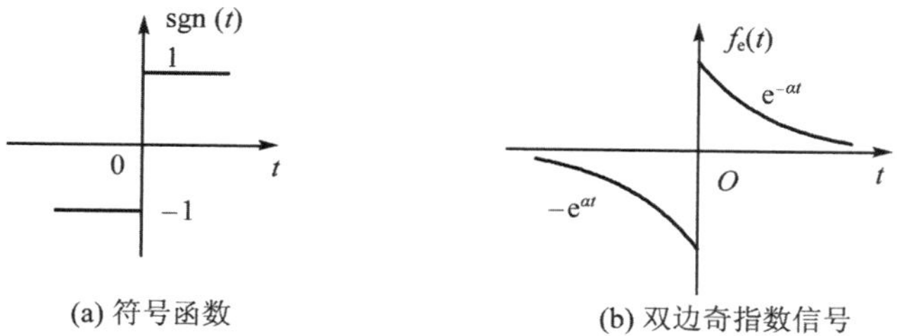


(a) 符号函数　　(b) 双边奇指数信号

**图 3.22　符号函数和双边指数函数**

由图 3.22(a),有

$$\mathrm{sgn}(t)=\begin{cases}-1 & (t<0)\\ 1 & (t>0)\end{cases}\tag{3.60}$$

由于不满足绝对可积的条件,也不便于直接用傅里叶变换定义式求出傅里叶变换,所以把 $\mathrm{sgn}(t)$看成双边奇指数信号 $f_e(t)$在 $\alpha\to0$ 时的极限,$f_e(t)$如图 3.22(b)所示。

$$f_e(t)=\begin{cases}-\mathrm{e}^{\alpha t} & (t<0,\alpha>0)\\ \mathrm{e}^{-\alpha t} & (t>0,\alpha>0)\end{cases}\tag{3.61}$$

由单边指数信号的傅里叶变换式(3.35),可得双边指数信号的傅里叶变换是

$$\begin{aligned}F_e(\Omega)&=\mathscr{F}[-\mathrm{e}^{\alpha t}]+\mathscr{F}[\mathrm{e}^{-\alpha t}]=\\&-\frac{1}{\alpha-\mathrm{j}\Omega}+\frac{1}{\alpha+\mathrm{j}\Omega}=\\&-\mathrm{j}\frac{2\Omega}{\alpha^2+\Omega^2}\end{aligned}\tag{3.62}$$

则由于把 $\mathrm{sgn}(t)$看成双边奇指数信号 $f_e(t)$在 $\alpha\to0$ 时的极限,那么它的频谱双边指数信号的傅里叶变换在 $\alpha\to0$ 时的极限,即

$$\mathscr{F}[\mathrm{sgn}(t)]=\lim_{\alpha\to0}\frac{-\mathrm{j}2\Omega}{\alpha^2+\Omega^2}=\frac{2}{\mathrm{j}\Omega}\tag{3.63}$$

由傅里叶变换的对偶性,有

$$\mathscr{F}^{-1}\{2\pi[\mathrm{sgn}(-\Omega)]\}=\frac{2}{\mathrm{j}t}$$

由式(3.61)可知,$\mathrm{sgn}(\Omega)$是 $\Omega$ 的奇函数,所以有

$$\mathscr{F}^{-1}\{-2\pi[\mathrm{sgn}(\Omega)]\}=\frac{2}{\mathrm{j}t}$$

由上式得

$$\mathscr{F}[1/t]=-\mathrm{j}\pi\mathrm{sgn}(\Omega)$$

从而

$$F(\Omega)=-\mathrm{j}\pi\mathrm{sgn}(\Omega)$$

② 求解 $q(t)=\frac{1}{t}*\frac{1}{t}$。由时域卷积定理

$$\mathscr{F}[q(t)]=\mathscr{F}\left[\frac{1}{t}*\frac{1}{t}\right]=[-\mathrm{j}\pi\mathrm{sgn}(\Omega)]\cdot[-\mathrm{j}\pi\mathrm{sgn}(\Omega)]=[-\mathrm{j}\pi\mathrm{sgn}(\Omega)]^2=-\pi^2$$

显然,有

$$q(t)=-\pi^2\delta(t)\qquad(考虑到\ \mathscr{F}[\delta(t)]=1)$$

**8. 频域卷积定理**

若

$$\mathscr{F}[f_1(t)]=F_1(\Omega),\qquad \mathscr{F}[f_2(t)]=F_2(\Omega)$$

则

$$\mathscr{F}[f_1(t)\cdot f_2(t)]=\frac{1}{2\pi}F_1(\Omega)*F_2(\Omega)\tag{3.64}$$

证明:由

$$\mathscr{F}[f_1(t)\cdot f_2(t)]=\int_{-\infty}^{\infty}[f_1(t)\cdot f_2(t)]\mathrm{e}^{-\mathrm{j}\Omega t}\mathrm{d}t$$

为避免误解,设 $u$ 为频域变量,则 $f_1(t)$ 可用傅里叶反变换表示为

$$\mathscr{F}^{-1}[F_1(u)]=\frac{1}{2\pi}\int_{-\infty}^{\infty}F_1(u)\mathrm{e}^{\mathrm{j}ut}\mathrm{d}u$$

则

$$\begin{aligned}\mathscr{F}[f_1(t)\cdot f_2(t)]=&\int_{-\infty}^{\infty}f_2(t)\mathrm{e}^{-\mathrm{j}\Omega t}\left[\frac{1}{2\pi}\int_{-\infty}^{\infty}F_1(u)\mathrm{e}^{\mathrm{j}ut}\mathrm{d}u\right]\mathrm{d}t=\\&\frac{1}{2\pi}\int_{-\infty}^{\infty}F_1(u)\mathrm{d}u\left[\int_{-\infty}^{\infty}f_2(t)\mathrm{e}^{-\mathrm{j}(\Omega-u)t}\mathrm{d}t\right]=\\&\frac{1}{2\pi}\int_{-\infty}^{\infty}F_1(u)\cdot F_2(\Omega-u)\mathrm{d}u=\\&\frac{1}{2\pi}[F_1(\Omega)*F_2(\Omega)]\end{aligned}$$

由此频域卷积定理得证。

频域卷积定理表明:在时域上两个函数相乘,其频谱为两个函数频谱的卷积乘以 $\frac{1}{2\pi}$。与时域卷积定理相对照,不难看出时域与频域卷积定理也形成对偶关系。利用频域卷积的性质,可以推得频移特性:

$$\mathscr{F}[f(t)\mathrm{e}^{\mathrm{j}\Omega_0 t}]=\frac{1}{2\pi}F(\Omega)*2\pi\delta(\Omega-\Omega_0)=F(\Omega-\Omega_0)$$

$$\begin{aligned}\mathscr{F}[f(t)\cos\Omega_0 t]=&\frac{1}{2\pi}F(\Omega)*[\pi\delta(\Omega-\Omega_0)+\pi\delta(\Omega+\Omega_0)]=\\&\frac{1}{2}[F(\Omega-\Omega_0)+F(\Omega+\Omega_0)]\end{aligned}$$

在进行信号处理时，往往要把无限长的信号(数据)截短成有限长，即进行“有限化”处理。这相当于无限长的信号与一矩形脉冲函数相乘，利用频移定理可计算截短后的有限长信号的频谱和其他一些信号的频谱。下面来看个例子。

**例 3.7**　如图 3.23 所示的系统中，$f_1(t)=\dfrac{\sin \pi t}{\pi t}$，$f_2(t)=\cos 2\pi t$，$h(t)=\dfrac{\sin 2\pi t}{2\pi t}$，试计算 $y(t)$。

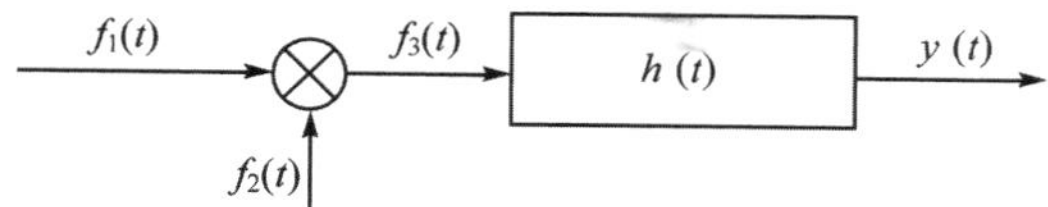


**图 3.23　例 3.7 中的系统框图**

**解：**

$$f_1(t)=\frac{\sin \pi t}{\pi t}=\frac{\sin \dfrac{2\pi t}{2}}{\dfrac{2\pi t}{2}}$$

由傅里叶变换的对偶性，$f_1(t)$的频谱(傅里叶变换)对应一矩形脉冲函数(用字符 $G$ 表示)，脉冲宽度为 $2\pi$。令

$$\mathscr{F}[f_1(t)]=F_1(\Omega)=G_{2\pi}(\Omega)$$

相类似，由尺度变换的性质，有

$$\mathscr{F}[h(t)]=H(\Omega)=\frac{1}{2}G_{4\pi}(\Omega)$$

$$f_3(t)=f_1(t)\cdot f_2(t)=\frac{\sin \pi t}{\pi t}\cdot\cos 2\pi t=\frac{\sin \pi t}{\pi t}\cdot\frac{1}{2}(e^{j2\pi t}+e^{-j2\pi t})$$

由频移定理，可得

$$F_3(\Omega)=\frac{1}{2}[G_{2\pi}(\Omega+2\pi)+G_{2\pi}(\Omega-2\pi)]$$

而

$$Y(\Omega)=F_3(\Omega)\cdot H(\Omega)=$$
$$\frac{1}{2}[G_{2\pi}(\Omega+2\pi)+G_{2\pi}(\Omega-2\pi)]\cdot\frac{1}{2}G_{4\pi}(\Omega)$$

由图 3.24 可见，两个带阴影部分是上式的运算结果 $Y(\Omega)$，可分别表示为 $G_{\pi}(\Omega)$的频移：

$$Y(\Omega)=\frac{1}{4}\left[G_{\pi}\left(\Omega+\frac{3\pi}{2}\right)+G_{\pi}\left(\Omega-\frac{3\pi}{2}\right)\right]$$

从而有

$$y(t)=\mathscr{F}^{-1}[Y(\Omega)]=\frac{1}{4}\left(\frac{1}{2}\,\frac{\sin\dfrac{\pi}{2}t}{\dfrac{\pi}{2}t}e^{-j\frac{3\pi}{2}t}+\frac{1}{2}\,\frac{\sin\dfrac{\pi}{2}t}{\dfrac{\pi}{2}t}e^{j\frac{3\pi}{2}t}\right)=$$
$$\frac{1}{4}\mathrm{Sa}\left(\frac{\pi}{2}t\right)\cos\left(\frac{3\pi}{2}t\right)$$

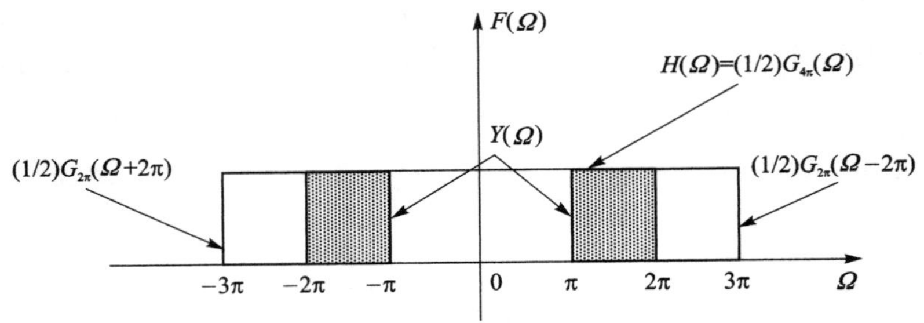


**图 3.24　例 3.7 中频谱的运算示意图**

**9. 微分特性**

若 $\mathscr{F}[f(t)]=F(\Omega)$，则有时域微分特性为

$$\mathscr{F}\left[\frac{\mathrm{d}f(t)}{\mathrm{d}t}\right]=\mathrm{j}\Omega F(\Omega) \tag{3.65}$$

$$\mathscr{F}\left[\frac{\mathrm{d}^n f(t)}{\mathrm{d}t^n}\right]=(\mathrm{j}\Omega)^n F(\Omega) \tag{3.66}$$

证明：由于

$$f(t)=\frac{1}{2\pi}\int_{-\infty}^{\infty}F(\Omega)\mathrm{e}^{\mathrm{j}\Omega t}\mathrm{d}\Omega$$

对上式两边求导，有

$$\frac{\mathrm{d}f(t)}{\mathrm{d}t}=\frac{1}{2\pi}\int_{-\infty}^{\infty}\mathrm{j}\Omega F(\Omega)\mathrm{e}^{\mathrm{j}\Omega t}\mathrm{d}\Omega$$

上式显然是 $\frac{\mathrm{d}f(t)}{\mathrm{d}t}$ 的反变换式，则 $\frac{\mathrm{d}f(t)}{\mathrm{d}t}$ 的正变换应为

$$\mathscr{F}\left[\frac{\mathrm{d}f(t)}{\mathrm{d}t}\right]=\mathrm{j}\Omega F(\Omega)$$

式(3.65)得证，类推可证式(3.66)。

时域微分特性说明：在时域中对 $f(t)$ 进行一次微分，相当于在频域乘以因子 $\mathrm{j}\Omega$，若进行 $n$ 阶求导，则其频谱 $F(\Omega)$ 应乘以 $(\mathrm{j}\Omega)^n$。显然，直流分量完全没有了，高频分量增强，低频分量相对变弱，因此，可应用于图像的边缘或轮廓处，此处信号的变化较为剧烈，微分运算可用于提取信号中快速变化的信息。

类似地，可以导出频域的微分特性。

若 $\mathscr{F}[f(t)]=F(\Omega)$，则

$$\mathscr{F}^{-1}\left[\frac{\mathrm{d}F(\Omega)}{\mathrm{d}\Omega}\right]=(-\mathrm{j}t)f(t) \tag{3.67}$$

$$\mathscr{F}^{-1}\left[\frac{\mathrm{d}^n F(\Omega)}{\mathrm{d}\Omega^n}\right]=(-\mathrm{j}t)^n f(t) \tag{3.68}$$

**10. 积分特性**

若 $\mathscr{F}[f(t)]=F(\Omega)$，则时域积分特性为

$$\mathscr{F}\left[\int_{-\infty}^{t}f(\tau)\mathrm{d}\tau\right]=\pi F(0)\delta(\Omega)+\frac{1}{\mathrm{j}\Omega}F(\Omega) \tag{3.69}$$

如果 $F(0)=0$,则

$$\mathscr{F}\left[\int_{-\infty}^{t} f(\tau)\mathrm{d}\tau\right]=\frac{F(\Omega)}{\mathrm{j}\Omega} \tag{3.70}$$

与微分运算不同,积分运算后的频谱幅度变为 $\left|\dfrac{F(\Omega)}{\Omega}\right|$,高频分量受到抑制,起“平滑滤波”的作用。

对这一性质作如下证明:

首先需要证明 $\int_{-\infty}^{t} f(\tau)\mathrm{d}\tau=f(t)*u(t)$,式中的 $u(t)$ 为阶跃函数。

$$\begin{aligned}\int_{-\infty}^{t} f(\tau)\mathrm{d}\tau=&\int_{-\infty}^{t} f(\tau)*\delta(\tau)\mathrm{d}\tau=\\&\int_{-\infty}^{t}\left[\int_{-\infty}^{\infty} f(\lambda)\delta(\tau-\lambda)\mathrm{d}\lambda\right]\mathrm{d}\tau=\\&\int_{-\infty}^{\infty} f(\lambda)\left[\int_{-\infty}^{t}\delta(\tau-\lambda)\mathrm{d}\tau\right]\mathrm{d}\lambda=\\&\int_{-\infty}^{\infty} f(\lambda)u(t-\lambda)\mathrm{d}\lambda=f(t)*u(t)\end{aligned}$$

根据时域卷积定理有

$$\begin{aligned}\mathscr{F}\left[\int_{-\infty}^{t} f(\tau)\mathrm{d}\tau\right]=&\mathscr{F}[f(t)*u(t)]=\mathscr{F}[f(t)]\cdot\mathscr{F}[u(t)]=\\&F(\Omega)[1/(\mathrm{j}\Omega)+\pi\delta(\Omega)]=\\&\pi F(0)\delta(\Omega)+\frac{F(\Omega)}{\mathrm{j}\Omega}\end{aligned}$$

从而,式(3.69)得证。当 $F(0)=F(\Omega)\big|_{\Omega=0}=\int_{-\infty}^{\infty} f(t)\mathrm{d}t=0$ 时,即证得式(3.70)。

相应地,可得到频域积分特性为

若 $\mathscr{F}[f(t)]=F(\Omega)$,则

$$\mathscr{F}^{-1}[F(\Omega)]=\mathscr{F}^{-1}\left[\int_{-\infty}^{\Omega}(\sigma)\mathrm{d}\sigma\right]=-\frac{1}{\mathrm{j}t}f(t)+\pi f(0)\delta(t) \tag{3.71}$$

**例 3.8**　求三角形脉冲

$$f(t)=\begin{cases}E\left(1-\dfrac{2|t|}{\tau}\right) & \left(|t|<\dfrac{\tau}{2}\right)\\[2ex] 0 & \left(|t|>\dfrac{\tau}{2}\right)\end{cases}$$

的频谱 $F(\Omega)$。

**解:** 有以下两种解法。

**解法 1:** 利用卷积定理求解。

将上述三角形脉冲看成两个宽度和幅度分别为 $\dfrac{\tau}{2}$ 和 $\sqrt{\dfrac{2E}{\tau}}$ 的矩形脉冲 $w_1(t)$ 和 $w_2(t)$ 的卷积(参看图 2.29),即

$$f(t)=w_1(t)*w_2(t)$$

$w_1(t)$和$w_2(t)$的频谱$W_1(\Omega)$和$W_2(\Omega)$分别为

$$W_1(\Omega)=\sqrt{\frac{E\tau}{2}}\mathrm{Sa}\left(\frac{\Omega\tau}{4}\right)$$

$$W_2(\Omega)=\sqrt{\frac{E\tau}{2}}\mathrm{Sa}\left(\frac{\Omega\tau}{4}\right)$$

则由时域卷积定理可得

$$F(\Omega)=W_1(\Omega)\cdot W_2(\Omega)=\frac{E\tau}{2}\mathrm{Sa}^2\left(\frac{\Omega\tau}{4}\right)$$

波形$w_2(t)$及其频谱$W_2(\Omega)$如图3.25(a)、(b)所示，$w_1(t)$和$W_1(\Omega)$相类似，不再画出。

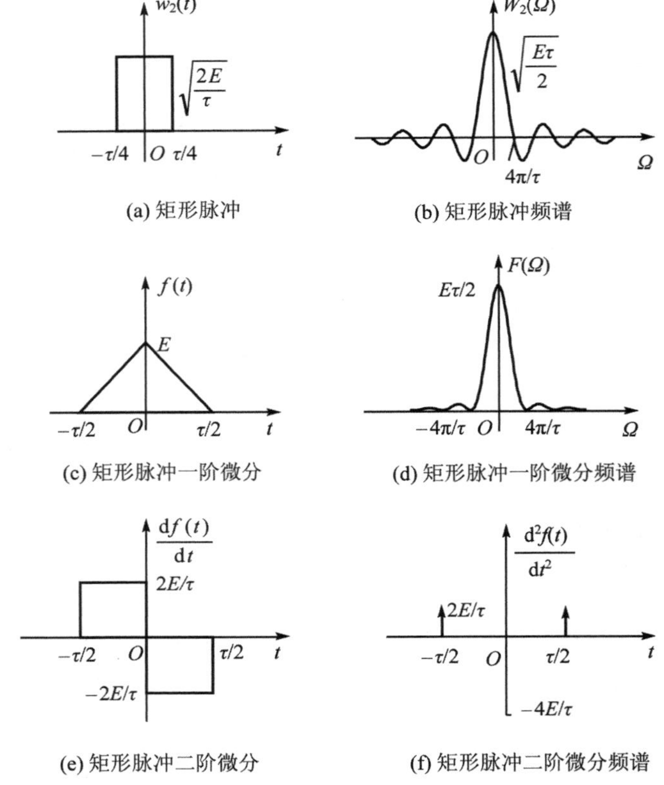


**图3.25　例3.8的信号时域波形和频谱**

**解法2：**利用微分特性来求解。

分别求出$f(t)$的一、二阶导数，为

$$\frac{\mathrm{d}f(t)}{\mathrm{d}t}=\begin{cases}\dfrac{2E}{\tau} & \left(-\dfrac{\tau}{2}<t<0\right)\\ -\dfrac{2E}{\tau} & \left(0<t<\dfrac{\tau}{2}\right)\\ 0 & \left(|t|>\dfrac{\tau}{2}\right)\end{cases}$$

$$\frac{d^2 f(t)}{dt^2} = \frac{2E}{\tau}\left[\delta\left(t+\frac{\tau}{2}\right)+\delta\left(t-\frac{\tau}{2}\right)-2\delta(t)\right]$$

它们的时域波形如图 3.25 中的(c)～(f)所示。对上式进行傅里叶变换，并利用微分特性，得

$$(j\Omega)^2 F(\Omega) = \frac{2E}{\tau}(e^{j\frac{\Omega\tau}{2}} + e^{-j\frac{\Omega\tau}{2}} - 2) =$$

$$\frac{4E}{\tau}\left(\cos\frac{\Omega\tau}{2}-1\right) = -\frac{8E}{\tau}\sin^2\left(\frac{\Omega\tau}{4}\right) =$$

$$-\frac{\Omega^2 E\tau}{2}\mathrm{Sa}^2\left(\frac{\Omega\tau}{2}\right)$$

所以

$$F(\Omega) = \frac{E\tau}{2}\mathrm{Sa}^2\left(\frac{\Omega\tau}{4}\right)$$

显然，两种解法的结果是相同的。

**例 3.9**　一升余弦脉冲，波形如图 3.26 所示。升余弦脉冲表示为

$$f(t) = \begin{cases} \frac{1}{2}(1+\cos t) & (-\pi \leqslant t \leqslant \pi) \\ 0 & (|t| \geqslant \pi) \end{cases}$$

试求 $f(t)$的傅里叶变换。

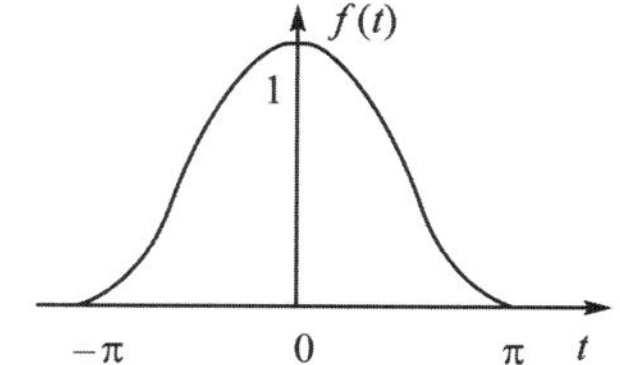


**图 3.26　升余弦脉冲时域波形**

**解：**升余弦脉冲信号在数字信号处理中常用作窗函数，了解其傅里叶变换是很有意义的。

**解法 1：**直接利用傅里叶变换定义式。

$$F(\Omega) = \int_{-\pi}^{\pi}\frac{1}{2}(1+\cos t)e^{-j\Omega t}dt = \frac{1}{2}\int_{-\pi}^{\pi}e^{-j\Omega t}dt +$$

$$\frac{1}{4}\int_{-\pi}^{\pi}e^{jt}e^{-j\Omega t}dt + \frac{1}{4}\int_{-\pi}^{\pi}e^{-jt}e^{-j\Omega t}dt =$$

$$\pi\mathrm{Sa}(\Omega\pi) + \frac{\pi}{2}\mathrm{Sa}[(\Omega-1)\pi] + \frac{\pi}{2}\mathrm{Sa}[(\Omega+1)\pi] =$$

$$\frac{\sin\Omega\pi}{\Omega} + \frac{1}{2}\frac{\sin[(\Omega-1)\pi]}{\Omega-1} + \frac{1}{2}\frac{\sin[(\Omega+1)\pi]}{\Omega+1} =$$

$$\frac{-\sin\Omega\pi}{\Omega(\Omega^2-1)}$$

**解法 2：**利用频移性质进行求解。

把升余弦脉冲信号看成是：周期信号$\frac{1}{2}(1+\cos t)$与脉冲宽度为 $2\pi$ 的矩形脉冲相乘，即被矩形脉冲所截断的结果，记矩形脉冲为 $G_{2\pi}(t)$，则

$$f(t) = \frac{1}{2}(1+\cos t)\cdot G_{2\pi}(t) =$$

$$\left[\frac{1}{2}+\frac{1}{4}(e^{jt}+e^{-jt})\right]\cdot G_{2\pi}(t)$$

而脉冲宽度为 $2\pi$ 的矩形脉冲的傅里叶变换为

$$G_{2\pi}(\Omega)=\frac{2\sin\Omega\pi}{\Omega}$$

由频移性质可得

$$F(\Omega)=\frac{\sin\Omega\pi}{\Omega}+\frac{\frac{1}{2}\cdot\sin(\Omega-1)\pi}{\Omega-1}+\frac{\frac{1}{2}\cdot\sin(\Omega+1)\pi}{\Omega+1}=$$

$$-\frac{\sin\Omega\pi}{\Omega(\Omega^2-1)}$$

**解法 3**:利用频域卷积定理求。

由解法 2,根据频域卷积定理,有

$$F(\Omega)=\frac{1}{2\pi}\mathscr{F}\left[\frac{1}{2}(1+\cos t)\right]*\mathscr{F}[G_{2\pi}(t)]=$$

$$\frac{1}{2\pi}\left[\pi\delta(\Omega)+\frac{1}{2}\pi\delta(\Omega-1)+\frac{1}{2}\pi\delta(\Omega+1)\right]*\frac{2\sin\Omega\pi}{\Omega}=$$

$$-\frac{\sin\Omega\pi}{\Omega(\Omega^2-1)}$$

**解法 4**:利用微分特性求解。

求 $f(t)$的一阶和二阶导数 $f'(t)$、$f''(t)$,它们的图形分别如图 3.27(a)、(b)、(c)和(d)所示。

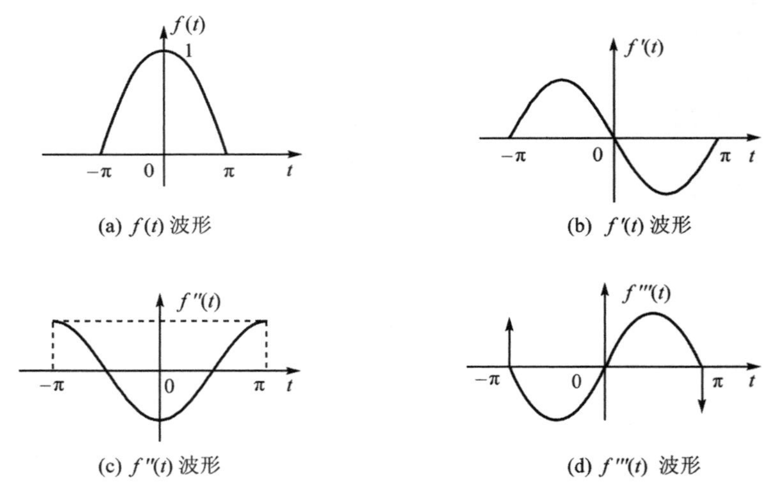


**图 3.27 例 3.9 中的 $f(t)$、$f'(t)$、$f''(t)$和 $f'''(t)$的波形**

各阶导数的表达式为

$$f'(t)=-\frac{1}{2}\sin t \qquad (-\pi\leqslant t\leqslant\pi)$$

$$f''(t)=-\frac{1}{2}\cos t \qquad (-\pi\leqslant t\leqslant\pi)$$

再对 $f''(t)$求导一次,需要指出,在 $f''(t)$的端点,$x=-\pi$ 和 $x=\pi$ 处是间断点,所以 $f'''(t)$应有冲激函数存在,即

$$f'''(t)=\frac{1}{2}\sin t+\frac{1}{2}[\delta(t+\pi)-\delta(t-\pi)]=$$
$$-f'(t)+\frac{1}{2}[\delta(t+\pi)-\delta(t-\pi)]$$

根据微分性质，得

$$(\mathrm{j}\Omega)^3F(\Omega)=-(\mathrm{j}\Omega)F(\Omega)+\frac{1}{2}(\mathrm{e}^{\mathrm{j}\Omega\pi}-\mathrm{e}^{-\mathrm{j}\Omega\pi})$$

所以，有

$$F(\Omega)=-\frac{\sin\Omega\pi}{\Omega(\Omega^2-1)}$$

由这个例子可以看出：傅里叶变换的性质对于简化求解未知信号的频谱是非常有用的，同时，同一个信号的频谱可以有多种不同的方法求解，可以根据实际情况灵活运用。

现将傅里叶变换的基本性质加以归纳，列在附录 5 中。

傅里叶变换的计算，也可以在 MATLAB 中编程实现，可直接调用指令 fourier()和 ifourier()计算傅里叶的正、反变换。指令 fourier( )的调用格式有 3 种(注意：以下例题中 MATLAB 程序的参数 w，如果没有特别声明，表示的是角频率 $\Omega$)，但我们一般采用比较简洁的格式，即 F=fourier(f)和 f=ifourier(F)，其中，f 默认为等同于表达式 $f(t)$或 $f(x)$，F 默认等同于表达式$F(\Omega)$。

**例 3.10** 设一矩形脉冲信号 $f(t)$如图 3.28 所示。

① 用 MATLAB 语言求解这一信号的幅谱。

② 画出当 $E=1,a=1$ 时的幅度谱。

③ 求②频谱的傅里叶反变换。

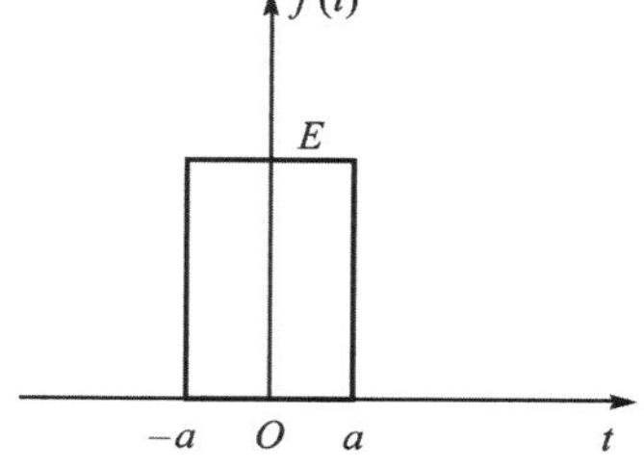


图 3.28 矩形脉冲

**解**：把上述矩形脉冲表示成下列两个单位阶跃函数的叠加，即

$$f(t)=E\cdot[u(t+a)-u(t-a)]$$

在 MATLAB 中，单位阶跃函数借用了数学软件 Maple 函数库中的定义，将

$$u(t-a)=\begin{cases}1 & (|t|\geqslant a)\\ 0 & (|t|<a)\end{cases}$$

定义为：Heaviside(t－a)，严格说它并不是 MATLAB 的函数。

```
% 例 3.10 中傅里叶变换的 MATLAB 程序
syms E t a w;
f=(E * Heaviside(t+a)-E * Heaviside(t-a));
F=fourier(f);
F1=simplify(F)                                    %得到 F 的简化形式

E=1;a=1;
F2=subs(F1,{sym('E'),sym('a')},{E a});            %将 F1 中的变量替换为新变量
ezplot(abs(F2),[-3 * pi,3 * pi]),grid on
title('F(Ω)')
```

```
xlabel('Ω')

f2=ifourier(F2)
```

运行结果为

```
F=E*(sin(a*w)+cos(a*w)*1i))/w-(E*(cos(a*w)*1i-sin(a*w)))/w
```

即,矩形脉冲的频谱函数为

$$F(\Omega)=2E\frac{\sin a\Omega}{\Omega}$$

```
F2=2/w*sin(w)
```

表明:$E=1,a=1$ 时,矩形脉冲的频谱函数为

$$F(\Omega)=2\frac{\sin\Omega}{\Omega}$$

```
f2=-Heaviside(t-1)+Heaviside(t+1)
```

表示:频谱为 $F(\Omega)=2\frac{\sin\Omega}{\Omega}$ 所对应的时域函数为单位阶跃函数,表达为

$$f(t)=u(t+1)-u(t-1)=\begin{cases}1 & (|t|\leqslant 1)\\ 0 & (|t|>1)\end{cases}$$

$E=1,a=1$ 时,矩形脉冲的幅度谱如图 3.29 所示。

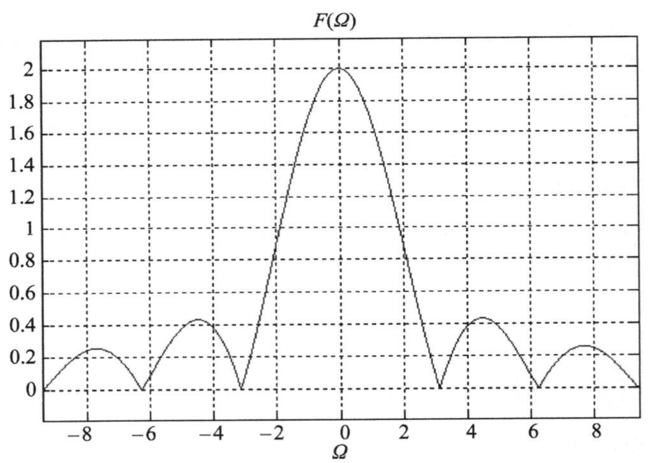


**图 3.29 矩形脉冲的幅度谱**

上述程序中,用到了符号运算中另一个特殊函数 simple()。simple(F)是对符号表达式 F 尝试用各种不同的方法(如恒等变换),以得到 F 长度最短的简化形式。如果 F 为一符号矩阵,则应用结果产生全矩阵的最短型(不一定每个元素是最短型)。类似的函数还有 simplify()。

在本例中,用到了简捷绘图函数 ezplot()。这是用一元函数画出二维曲线的绘图函数,它最大的特点是,不需要数据准备,能够直接画出符号函数或字符串函数的图形,其字首冠以 ez 两字符。其调用格式可以参考有关 MATLAB 的手册。需要注意的是:ezplot(f)的函数 f,允许出现同一个自变量的两个函数的卷积,而另一个常用的绘图函数 plot(f)中则不允许。

# 3.4　周期信号的傅里叶变换

前面通过傅里叶级数来研究周期信号的频谱，然后进一步把周期信号的周期 $T_1 \to \infty$，定义了非周期信号的傅里叶变换，得到了非周期信号密度谱的概念。从另一个角度看，虽然周期信号不满足绝对可积这一傅里叶变换存在的充分条件，但满足傅里叶变换存在的必要条件，当引入冲激函数后，可求出周期信号的傅里叶变换。本节将导出周期信号的频谱密度函数，即求出其傅里叶变换，从而得出傅里叶级数是傅里叶变换特例的结论，把信号的频谱分析统一在傅里叶变换的基础上。

求解一般周期信号傅里叶变换的思路可归结为：利用傅里叶变换的线性特性，凡是能够展成傅里叶级数的所有周期信号，可以展成一系列不同频率的复指数分量或正、余弦分量的叠加，因此，这里先求出复指数分量和正、余弦分量的傅里叶变换，然后再讨论一般周期信号的傅里叶变换问题。

## 3.4.1　复指数及正弦、余弦信号的傅里叶变换

**1. 复指数信号 $e^{j\Omega_1 t}$ 的傅里叶变换**

将 $e^{j\Omega_1 t}$ 表示为 $1 \cdot e^{j\Omega_1 t}$，利用傅里叶变换的频移特性，有

$$\mathscr{F}(e^{j\Omega_1 t}) = \mathscr{F}(1 \cdot e^{j\Omega_1 t}) = 2\pi\delta(\Omega - \Omega_1) \tag{3.72}$$

$$\mathscr{F}(e^{-j\Omega_1 t}) = \mathscr{F}(1 \cdot e^{-j\Omega_1 t}) = 2\pi\delta(\Omega + \Omega_1) \tag{3.73}$$

复指数信号在时域上可以看成：一单位长度的向量沿逆时针方向旋转，得到它的频谱为集中于 $\Omega_1$ 处，强度为 $2\pi$ 的冲激，如图 3.30(a)、(b)所示。

**2. 余弦信号 $\cos \Omega_1 t$ 的傅里叶变换**

$$\begin{aligned}\mathscr{F}(\cos \Omega_1 t) = \mathscr{F}\left[\frac{1}{2}(e^{j\Omega_1 t} + e^{-j\Omega_1 t})\right] = \\ \pi\delta(\Omega - \Omega_1) + \pi\delta(\Omega + \Omega_1)\end{aligned} \tag{3.74}$$

余弦信号的频谱是在 $\pm\Omega_1$ 处，强度为 $\pi$ 的冲激函数，如图 3.30(c)、(d)所示。

**3. 正弦信号 $\sin \Omega_1 t$ 的傅里叶变换**

$$\begin{aligned}\mathscr{F}(\sin \Omega_1 t) = \mathscr{F}\left[\frac{1}{2j}(e^{j\Omega_1 t} - e^{-j\Omega_1 t})\right] = \\ \frac{1}{j}\pi\delta(\Omega - \Omega_1) - \frac{1}{j}\pi\delta(\Omega + \Omega_1) = \\ j\pi\delta(\Omega + \Omega_1) - j\pi\delta(\Omega - \Omega_1) = \\ \pi\delta(\Omega - \Omega_1)e^{-j\frac{\pi}{2}} + \pi\delta(\Omega + \Omega_1)e^{j\frac{\pi}{2}}\end{aligned} \tag{3.75}$$

正弦信号的频谱是在 $\pm\Omega_1$ 处，强度为 $\pi$ 的冲激函数，如图 3.30(e)、(f)所示。

## 3.4.2　一般周期信号的傅里叶变换

由周期信号的傅里叶级数

$$f(t) = \sum_{n=-\infty}^{\infty} F_n e^{jn\Omega_1 t}$$

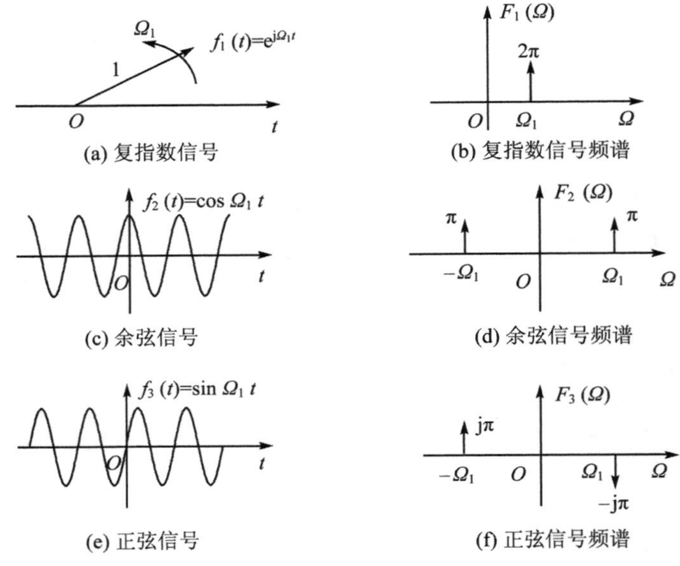


**图 3.30 复指数、正弦和余弦信号的时域和频谱**

$$F_n=\frac{1}{T_1}\int_{-\frac{T_1}{2}}^{\frac{T_1}{2}} f(t)\mathrm{e}^{-\mathrm{j}n\Omega_1 t}\,\mathrm{d}t$$

对 $f(t)$等式两端取傅里叶变换,有

$$\mathscr{F}[f(t)]=\mathscr{F}\Big[\sum_{n=-\infty}^{\infty}F_n\mathrm{e}^{\mathrm{j}n\Omega_1 t}\Big]=\sum_{n=-\infty}^{\infty}F_n\mathscr{F}[\mathrm{e}^{\mathrm{j}n\Omega_1 t}]$$

而

$$\mathscr{F}[\mathrm{e}^{\mathrm{j}n\Omega_1 t}]=2\pi\delta(\Omega-n\Omega_1)$$

因而得到 $f(t)$的傅里叶变换

$$\mathscr{F}[f(t)]=\sum_{n=-\infty}^{\infty}2\pi F_n\delta(\Omega-n\Omega_1) \tag{3.76}$$

式(3.76)说明:周期信号的傅里叶变换是由一系列冲激函数组成的,冲激出现在离散的谐频点 $n\Omega_1$ 处,其冲激强度为 $f(t)$傅里叶级数系数 $F_n$ 的 $2\pi$ 倍,是离散的冲激谱;而周期信号用傅里叶级数表示频谱时,则是离散的有限幅度谱。两者是有区别的,同时也是有联系的。信号傅里叶变换是频谱密度的概念,对于周期信号来说,在各谐频点上,具有有限幅度,则在谐频点上的频谱密度必定趋于无穷大,变成冲激函数,反映了幅度谱和密度谱的联系。因此,可把傅里叶级数看作傅里叶变换的特例,从而将信号的频谱分析统一在傅里叶变换的基础上。

可以认为:若信号频谱中存在冲激,则该信号必然含有周期性分量(有周期分量的信号说明不满足傅里叶变换绝对可积的条件)。若信号绝对可积,则频谱中也必定不存在冲激。

### 3.4.3 周期信号与单周期脉冲信号频谱间的关系

所谓"单周期脉冲信号"$f_d(t)$是指信号在时域上只延续一个"周期",这里的"周期"已失去了周期的本意,这一信号实际上是非周期信号,但周期信号 $f(t)$可以看成是单周期信号 $f_d(t)$在时域上的周期延拓。进一步的讨论可以得知,了解周期信号和单周期信号在频域上

的关系是有意义的。

由上述，周期信号的傅里叶级数为

$$f(t)=\sum_{n=-\infty}^{\infty}F_n\mathrm{e}^{\mathrm{j}n\Omega_1 t}$$

$$F_n=\frac{1}{T_1}\int_{-\frac{T_1}{2}}^{\frac{T_1}{2}}f(t)\mathrm{e}^{-\mathrm{j}n\Omega_1 t}\mathrm{d}t$$

单周期信号的傅里叶变换为

$$\mathscr{F}[f_{\mathrm{d}}(t)]=F_{\mathrm{d}}(\Omega)=\int_{-\frac{T_1}{2}}^{\frac{T_1}{2}}f_{\mathrm{d}}(t)\mathrm{e}^{-\mathrm{j}\Omega t}\mathrm{d}t \tag{3.77}$$

比较上述两式，$f(t)$与$f_{\mathrm{d}}(t)$的时域表达式中的函数$f()$，如周期信号的 sin 与单周期信号的 sin 是完全相同的，因而可得

$$F_n=\frac{1}{T_1}F_{\mathrm{d}}(\Omega)\Big|_{\Omega=n\Omega_1} \tag{3.78}$$

式(3.78)说明：周期信号的傅里叶级数的系数$F_n$等于单周期信号的傅里叶变换$F_{\mathrm{d}}(\Omega)$在各谐频点$n\Omega_1$处的值乘以$\dfrac{1}{T_1}$，或者说是周期信号的频谱是单周期信号频谱在谐频点$n\Omega_1$处的抽样值，再乘以系数$\dfrac{1}{T_1}$。应用上述关系，可以比较方便地求解周期信号的傅里叶级数。下面来看一个例子。

**例 3.11**　周期为$T_1$的周期冲激信号$\delta_T(t)=\sum\limits_{n=-\infty}^{\infty}\delta(t-nT_1)$，如图 3.31(b)所示。试求其傅里叶级数及傅里叶变换。

**解：**① 周期冲激信号的傅里叶级数。

由前述，单个单位冲激信号的频谱(傅里叶变换)等于 1，如图 3.31(a)所示。由周期信号和单周期信号的频谱关系式(3.78)，$\delta_T(t)$的傅里叶级数的系数$F_n$是单个冲激信号傅里叶变换在$n\Omega_1$处的抽样值乘以$1/T_1$，即$F_n=1\cdot(1/T_1)=1/T_1$，如图 3.31(b)所示。

② 周期冲激信号的傅里叶变换。

由式(3.76)可知：周期冲激信号的傅里叶变换为

$$F(\Omega)=\sum_{n=-\infty}^{\infty}2\pi\frac{1}{T_1}\delta(\Omega-n\Omega_1)=\Omega_1\sum_{n=-\infty}^{\infty}\delta(\Omega-n\Omega_1) \tag{3.79}$$

式中，$\Omega_1=2\pi/T_1$。可见：周期冲激信号的傅里叶变换为周期冲激信号，其周期和冲激强度的值均为$\Omega_1$，如图 3.31(c)所示。

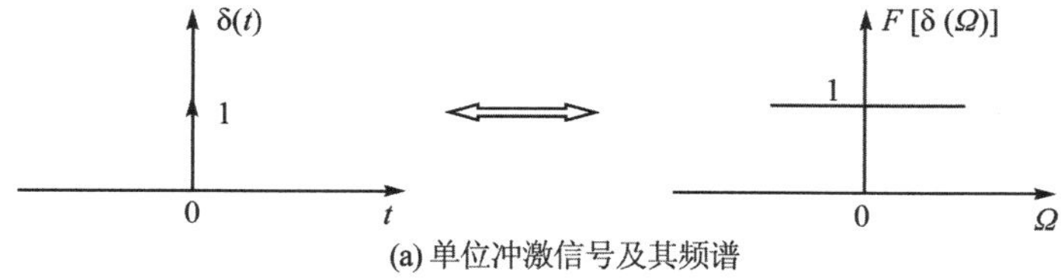


(a) 单位冲激信号及其频谱

**图 3.31　周期冲激信号的傅里叶级数和傅里叶变换**

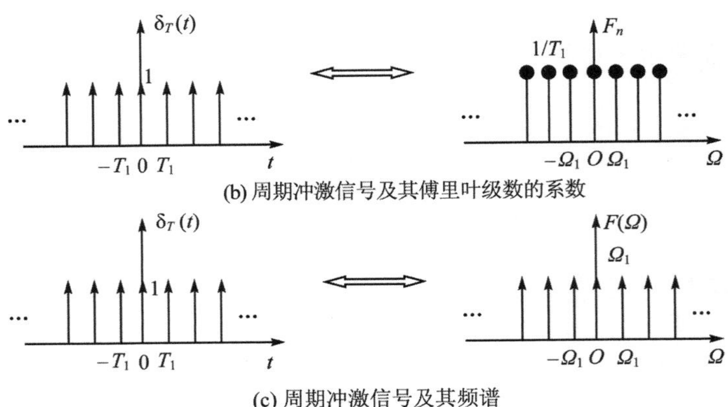

(b) 周期冲激信号及其傅里叶级数的系数


(c) 周期冲激信号及其频谱

**图 3.31　周期冲激信号的傅里叶级数和傅里叶变换(续)**

## 3.5　非周期信号的能量谱

在第 1 章的 1.2 节中已指出,时域上衰减的非周期信号或持续时间有限的信号为能量信号,其信号能量有限。与功率谱相对应,把信号能量随频率分布的关系,称为“能量谱”。

**1. 非周期信号的帕斯瓦尔定理**

在本节中,为了避免函数 $f(t)$关系辨识符 $f$ 与信号频率 $f$ 相混淆,将信号表示为 $x(t)$,相应的傅里叶变换随之改为 $X(\Omega)$。

非周期信号的能量应为

$$\left.\begin{aligned} W &= \int_{-\infty}^{\infty} x^2(t)\,\mathrm{d}t \\ x(t) &= \frac{1}{2\pi}\int_{-\infty}^{\infty} X(\Omega)\mathrm{e}^{\mathrm{j}\Omega t}\,\mathrm{d}\Omega \end{aligned}\right\} \tag{3.80}$$

则

$$W = \int_{-\infty}^{\infty} x(t)\left[\frac{1}{2\pi}\int_{-\infty}^{\infty} X(\Omega)\mathrm{e}^{\mathrm{j}\Omega t}\,\mathrm{d}\Omega\right]\mathrm{d}t$$

变换上式中的积分次序,得

$$W = \frac{1}{2\pi}\int_{-\infty}^{\infty} X(\Omega)\left[\int_{-\infty}^{\infty} x(t)\mathrm{e}^{\mathrm{j}\Omega t}\,\mathrm{d}t\right]\mathrm{d}\Omega =$$

$$\frac{1}{2\pi}\int_{-\infty}^{\infty} X(\Omega)X(-\Omega)\,\mathrm{d}\Omega$$

若 $x(t)$为实函数,则$|X(\Omega)|$是 $\Omega$ 的偶函数,$\phi(\Omega)$是 $\Omega$ 的奇函数,从而有

$$X(-\Omega) = X^*(\Omega)$$

$X^*(-\Omega)$表示 $X(-\Omega)$的复共轭,故有

$$W = \frac{1}{2\pi}\int_{-\infty}^{\infty} |X(\Omega)|^2\,\mathrm{d}\Omega =$$

$$\int_{-\infty}^{\infty} |X(f)|^2\,\mathrm{d}f \tag{3.81}$$

并有

$$W=\int_{-\infty}^{\infty}x^2(t)\mathrm{d}t=\frac{1}{2\pi}\int_{-\infty}^{\infty}|X(\Omega)|^2\mathrm{d}\Omega=$$
$$\int_{-\infty}^{\infty}|X(f)|^2\mathrm{d}f \tag{3.82}$$

式(3.82)中，$X(f)$和 $\mathrm{d}f$ 的 $f$ 为信号角频率 $\Omega$ 对应的频率，式(3.82)称为非周期信号的帕斯瓦尔定理。定理表明：对能量有限的信号，在时域上积分得到的信号能量与频域上积分得到的相等，即信号经过傅里叶变换，总能量保持不变，符合能量守恒定律。

**2. 能量密度**

令 $\mathrm{E}(\Omega)=|X(\Omega)|^2$ 或 $\mathrm{E}(f)=|X(f)|^2$，则

$$W=\frac{1}{2\pi}\int_{-\infty}^{\infty}\mathrm{E}(\Omega)\mathrm{d}\Omega=\frac{1}{\pi}\int_{0}^{\infty}\mathrm{E}(\Omega)\mathrm{d}\Omega=$$
$$2\int_{0}^{\infty}\mathrm{E}(f)\mathrm{d}f \tag{3.83}$$

从上述积分，对积分赋以对应的物理意义，$W$ 表示信号全部频率分量的总能量，则 $\mathrm{E}(\Omega)$ 及 $\mathrm{E}(f)$表示了单位带宽的能量，同时反映了信号能量在频域上的分布情况，因此把 $\mathrm{E}(\Omega)-\Omega$（或 $\mathrm{E}(f)-f$）这种谱称为能量密度谱（简称能谱）。

**3. 能量带宽**

利用能量定义式，可以确定一些虽然衰减但持续时间很长的非周期脉冲信号的有效脉宽和带宽。

有效脉宽 $\tau_0$ 定义为：集中了脉冲中绝大部分能量的时间段，即

$$\int_{-\frac{\tau_0}{2}}^{\frac{\tau_0}{2}}x^2(t)\mathrm{d}t=\eta W=\eta\int_{-\infty}^{\infty}x^2(t)\mathrm{d}t \tag{3.84}$$

式中，$\eta$ 是指时间间隔 $\tau_0$ 内的能量与信号总能量的比值，一般取 0.9 以上。

带宽 $\Omega_{\mathrm{b}}$ 定义为

$$\frac{1}{\pi}\int_{0}^{\Omega_{\mathrm{b}}}|X(\Omega)|^2\mathrm{d}\Omega=\eta W=\eta\frac{1}{\pi}\int_{0}^{\infty}|X(\Omega)|^2\mathrm{d}\Omega \tag{3.85}$$

式中，$\eta$ 是指 $\Omega_{\mathrm{b}}$频段内的能量与信号总能量的比值，一般也取 0.9 以上。

**例 3.12**　求矩形脉冲频谱的第一个零点内所含的能量。矩形脉冲如图 3.32 所示。

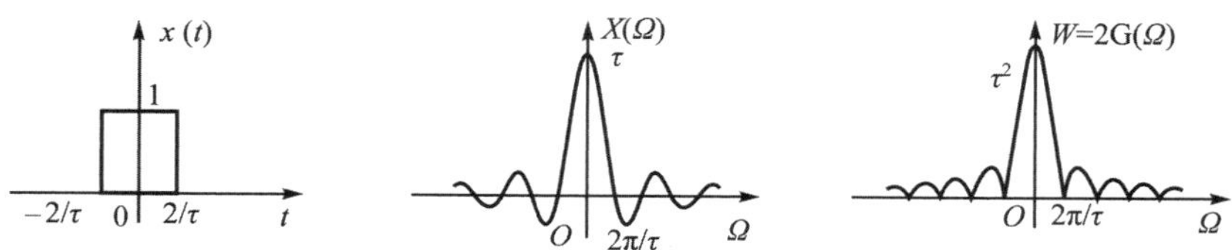


**图 3.32　矩形脉冲信号的能量谱**

**解：** 由前述可知，矩形脉冲信号的频谱为

$$X(\Omega)=E\tau\,\mathrm{Sa}\left(\frac{\Omega\tau}{2}\right)$$

它的第一个零点的位置在 $\Omega=\dfrac{2\pi}{\tau}$处，则$[0,2\pi/\tau]$内的能量为

$$W=\frac{1}{\pi}\int_0^{\frac{2\pi}{\tau}}|X(\Omega)|^2\mathrm{d}\Omega=$$

$$\frac{1}{\pi}\int_0^{\frac{2\pi}{\tau}}E^2\tau^2\left[\mathrm{Sa}\left(\frac{\Omega\tau}{2}\right)\right]^2\mathrm{d}\Omega$$

令 $v=\frac{\Omega\tau}{2}$,$\mathrm{d}\Omega=\frac{2}{\tau}\mathrm{d}v$,若 $\Omega_b=\frac{2\pi}{\tau}$,则 $v_b=\frac{\Omega_b\tau}{2}=\pi$,从而有

$$W=\frac{2E^2\tau}{\pi}\int_0^{v_b}\left(\frac{\sin v}{v}\right)^2\mathrm{d}v=\frac{2E^2\tau}{\pi}\int_0^{\pi}\left(\frac{\sin v}{v}\right)^2\mathrm{d}v$$

对上式进行数值积分可得

$$W=0.903\ E^2\tau$$

而矩形脉冲的总能量在(0,∞)频段,应为 $E^2\tau\left(\text{由于}\int_0^{\infty}\left(\frac{\sin v}{v}\right)^2\mathrm{d}v=\frac{\pi}{2}\right)$,即第一个零点内的能量约占总能量的90.3%,所以把第一个零点以内的频段称为矩形脉冲的带宽。

**例3.13** 试求高斯脉冲信号的傅里叶变换。其波形如图3.33所示,表示为

$$x(t)=A\mathrm{e}^{-\frac{1}{2}\left(\frac{t}{\sigma}\right)^2}\qquad(\sigma>0)$$

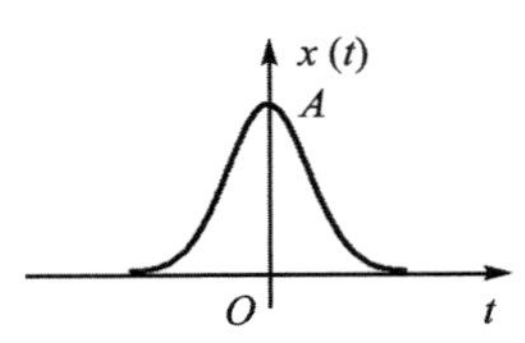


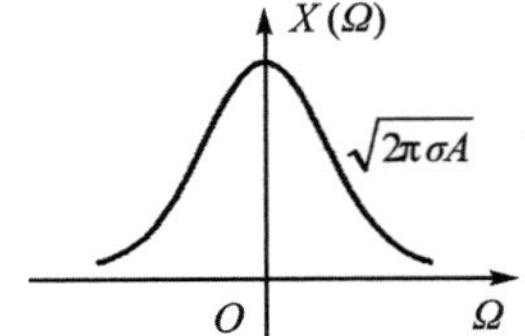


图3.33 高斯脉冲信号波形和频谱

**解:** ① 令 $x_1(t)=\mathrm{e}^{-\frac{1}{2}t^2}$,先求其傅里叶变换 $X_1(\Omega)$。

$$\frac{\mathrm{d}x_1(t)}{\mathrm{d}t}=-t\mathrm{e}^{-\frac{1}{2}t^2}=-tx_1(t)$$

利用时、频域微分性质求上式两端的傅里叶变换,得

$$\mathrm{j}\Omega X_1(\Omega)=-\mathrm{j}\frac{\mathrm{d}X_1(\Omega)}{\mathrm{d}\Omega}$$

整理后,写成

$$\frac{\mathrm{d}X_1(\Omega)}{X_1(\Omega)}=-\Omega\mathrm{d}\Omega$$

对上式积分得

$$\ln X_1(\Omega)=-\frac{1}{2}\Omega^2+C$$

可把上式写成

$$X_1(\Omega)=K\mathrm{e}^{-\frac{1}{2}\Omega^2}$$

② 利用帕斯瓦尔定理确定常数 $K$。

将 $x_1(t)$、$X_1(\Omega)$代入帕斯瓦尔定理的表达式，得

$$\int_{-\infty}^{\infty}(e^{-\frac{1}{2}t^2})^2\mathrm{d}t=\frac{K^2}{2\pi}\int_{-\infty}^{\infty}(e^{-\frac{1}{2}\Omega^2})^2\mathrm{d}\Omega$$

上式两端积分式中的变量 $t$、$\Omega$ 虽然不同，但仅从数学的运算结果看，应有

$$\int_{-\infty}^{\infty}(e^{-\frac{1}{2}t^2})^2\mathrm{d}t=\int_{-\infty}^{\infty}(e^{-\frac{1}{2}\Omega^2})^2\mathrm{d}\Omega$$

根据信号时、频域的能量守恒，又应满足

$$\frac{K^2}{2\pi}=1\qquad 即\qquad K=\sqrt{2\pi}$$

③ 利用傅里叶变换的线性和尺度变换性质，求出 $x(t)$的傅里叶变换 $X(\Omega)$为

$$X(\Omega)=\mathscr{F}\left[Ax_1\left(\frac{t}{\sigma}\right)\right]=A\sigma\sqrt{2\pi}\,e^{-\frac{1}{2}(\sigma\Omega)^2}\tag{3.86}$$

高斯脉冲的时域波形和频谱如图 3.33 所示。

高斯脉冲信号的傅里叶变换，也可以直接通过 MATLAB 编程求解，如下例所示。

**例 3.14**　设高斯脉冲信号为

$$f(t)=\frac{1}{\sqrt{2\pi}\,\sigma}e^{-t^2/2\sigma^2}$$

试求其频谱函数的表达式，并画出 $\sigma=1$ 时的频谱图。

**解：** MATLAB 程序如下。

```
%例 3.14，高斯信号的频谱


syms t w
sigma=sym('sigma','positive');
f=exp(-t^2/(2*sigma^2))/(sqrt(2*pi)*sigma);
F=fourier(f,t,w);
F1=simplify(F);
digits(4);
F2=vpa(F1)
sigma=1;
F3=subs(F2,'sigma',sigma)
ezplot(F3,[-2*pi,2*pi]),grid on
title('F(Ω)');
xlabel('Ω')
```

程序运行后，得到 $\sigma=1$ 时高斯信号的频谱函数的表达式为 $e^{-\frac{\Omega^2}{2}}$，频谱图如图 3.34 所示。

在本例题中，应用了符号运算中两个相关联的特殊函数 vpa(E)和 digits(D)。

vpa(E)是精确计算符号表达式 E 的值，它必须与 digits(D)连用，其中的 D 是设置有效数字的个数，确定了计算 E 的精度。

函数 vpa 的另一种调用格式 vpa(E,D)则可以单独使用，这种格式的功能是得到符号表达式 E 的 D 位精度解，返回的解也是符号对象的类型。

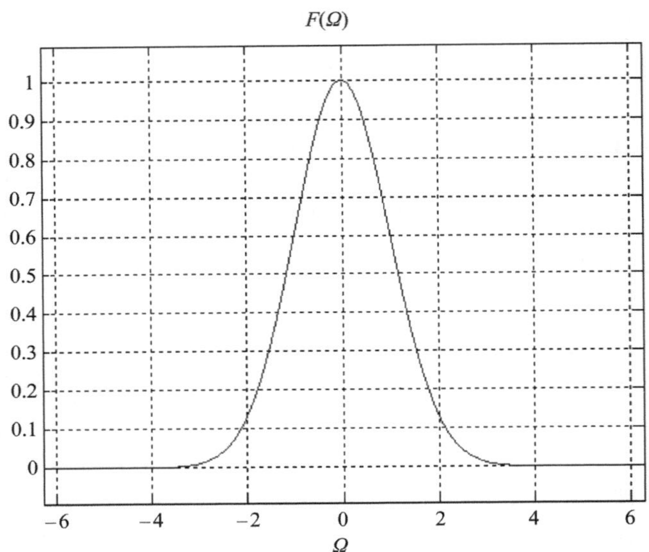


**图 3.34　高斯脉冲信号的频谱**

## 3.6　频率带宽

人们在设计测试系统时所关注问题之一是测试系统频率带宽的要求。通常，可以通过分析信号的频谱，来找出带宽的大小。实际工程问题中根据应用的不同，关于带宽的定义不同，而每个定义都是针对某种特定应用的。我们这里介绍三种在研究中常用到的带宽定义。

① 零点带宽(null-null bandwidth)的定义为 $B_{\text{null}}=\Omega_2-\Omega_1$，如图 3.35 所示。高于 $\Omega_m$、幅度为零的第一个频率点，记作 $\Omega_2$。对于带通信号，$\Omega_1$ 代表低于 $\Omega_m$ 且最靠近 $\Omega_m$、幅度为零的频率点。这里，$\Omega_m$ 为信号幅频响应中幅度最大处的频率。对于如图 3.35(b)所示的基带信

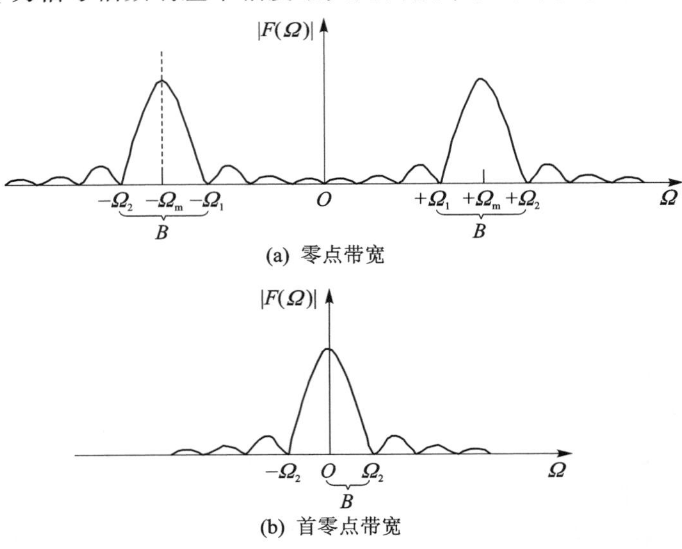


(a) 零点带宽

(b) 首零点带宽

**图 3.35　零点带宽和首零点带宽**

号，$\Omega_m=0$。因此，对于基带信号，带宽的这种定义有时又称为首零点带宽。

零点带宽的概念仅仅适合应用在那些幅频特性中有着明确幅度零点的信号。不过，由于一些广泛使用的波形的频谱具有零点，例如矩形脉冲信号，这也是一个有用的带宽定义。

② 绝对带宽定义为 $B=\Omega'_2-\Omega'_1$，如图 3.36 所示。只有在频率区间 $\Omega'_1\leqslant\Omega\leqslant\Omega'_2$ 内，频谱才是非零的。注意，对于图 3.36(a)中的带通信号，$\Omega_1$ 和 $\Omega'_1$ 及 $\Omega_2$ 和 $\Omega'_2$ 都是正值；对于图 3.36(b)中所示的基带信号，$\Omega_1=\Omega'_1=0$。从前面所述的各种频谱推导可以看出，绝对带宽不适合描述那些非零频谱区间无穷大的信号。例如矩形脉冲的傅里叶变换几乎在整个频率轴上都是非零的，因此其带宽就不能用绝对带宽描述。

③ 3 dB 带宽(three-dB bandwidth)，或称为半功率带宽(half-power bandwidth)，如图 3.36 所示。其定义为频谱的幅值不低于其最大值的 $1/\sqrt{2}$ 的频率区间。3 dB 带宽一词来源于关系：

$$20\lg\left(\frac{1}{\sqrt{2}}\right)=-3\ \text{dB}$$

式中，dB 是分贝的缩写。半功率带宽的含义是指，当信号电压或电流的幅值下降到 $1/\sqrt{2}$ 处时，信号的功率减半。这是因为

$$P=\frac{V_{\text{rms}}^2}{R}=I_{\text{rms}}^2R$$

式中，$V_{\text{rms}}$ 和 $I_{\text{rms}}$ 表示电压和电流的有效值。这是一个广泛采用的带宽定义，也是大多数工程技术人员所熟悉的一个带宽定义。

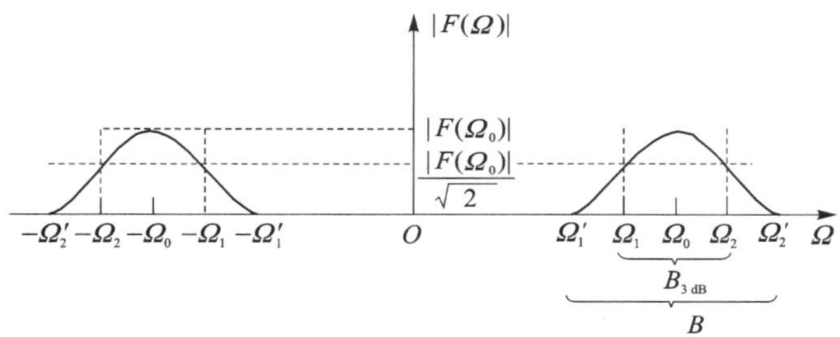


(a) 带通信号的绝对带宽与3 dB带宽

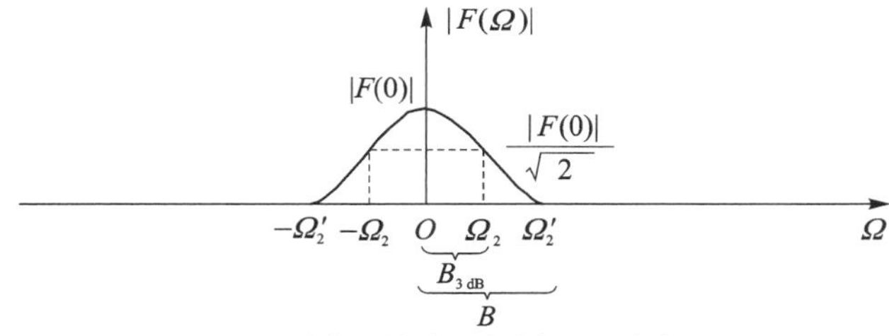


(b) 基带信号的绝对带宽与3 dB带宽

**图 3.36　信号的绝对带宽与 3 dB 带宽**

**例 3.15**　试分析图 3.37 所示的矩形脉冲信号的带宽。首先通过傅里叶变换找出矩形脉冲信号的频谱。考察其如图 3.37 所示频谱可以很快得到结论，上面描述的绝对带宽定义不能应用到这个波形。但是，可以选择半功率带宽或者零点带宽来描述这个信号。图 3.37 示意了这个信号的半功率带宽和零点带宽，其中

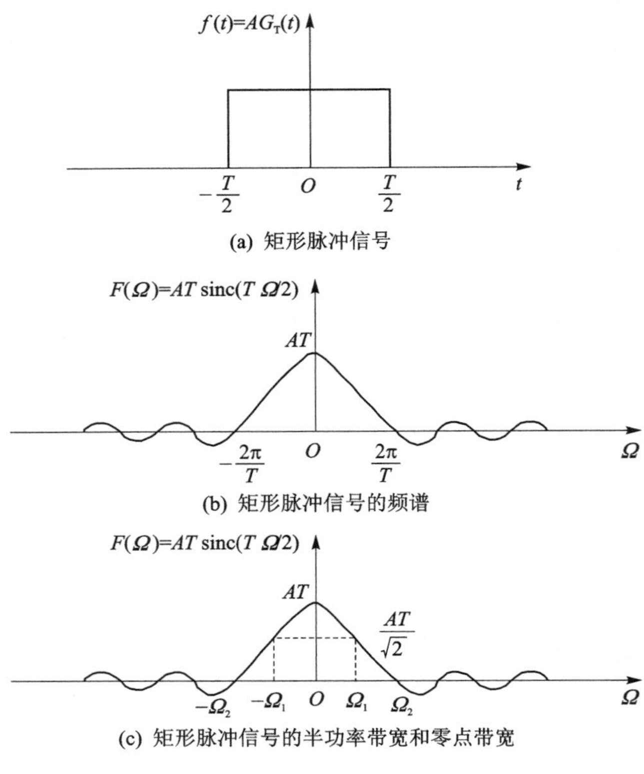


**图 3.37　矩形脉冲信号的频谱**

$$B_{\mathrm{null}}=\Omega_2=2\pi/T$$

$$B_{3\ \mathrm{dB}}=\Omega_1$$

值得指出，无论我们在例3.15中使用哪一个带宽的定义，带宽都将随着矩形脉冲宽度的减少而增大。换句话说，一个信号的时间跨度与其频率带宽呈反比关系。也可以说，任何在时域中急剧变化的信号，都将会具有一个较宽的带宽；相反，若信号在时域中变化缓慢，则其带宽就较窄。冲激函数和正弦信号最能极端地揭示这种规律。冲激函数的脉冲宽度为零，频宽为无穷大；而正弦信号变化缓慢(其各阶导数都存在)，只含有单个频率分量(零带宽)。

## 3.7　抽样信号的傅里叶变换

自然界的信号绝大多数是模拟信号，如声音、图像、温度、压力、流量、位移、速度和加速度等，计算机(微处理器)只认识数字信号，而现代信号分析处理不使用计算机是难以想像的，这是一个矛盾。若要解决这个矛盾，必须对连续时间(模拟)信号，每隔一定的时间(或频率)间隔抽取其瞬时值，得到“抽样信号”。若抽样的间隔相等，则为“均匀抽样”，否则是“非均匀抽样”，最常见的是均匀抽样。抽样也可以称为采样或取样。信号的抽样过程，实质上是连续信号的离散化过程，信号在时间轴上的离散化为时域抽样，在频率轴上的离散化为频域抽样。可以认为：信号的抽样是联系连续信号与离散信号之间的桥梁。抽样信号经量化后就变换为数字信

号，在工程中，抽样和量化是应用 A/D 芯片来实现的，模拟信号数字化的基本过程如图 3.38 中的虚线框所示。

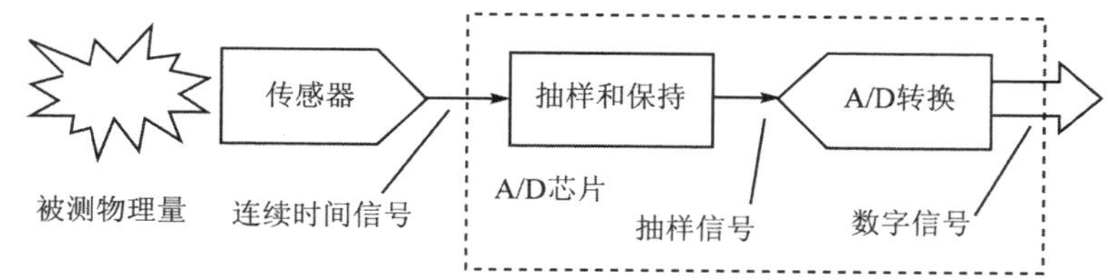


**图 3.38　模拟信号转换为数字信号**

### 3.7.1　时域抽样

在很多抽样应用中，抽样的目的不仅仅是为了得到原信号的系列离散样本值，更主要的是为了在对这些离散的样本值进行某些信号处理（存储、传输、滤波）后，还能恢复原信号。因此研究连续时间信号抽样时主要关注两点：

① 什么条件下，一个连续时间信号可以用它抽样获得的离散时间样本来代替而不丢失原有的信息？

② 如何将对连续时间信号抽样获得的离散时间样本无失真地重构成原来的连续时间信号？

第②个问题的简述可参阅吴京主编、电子工业出版社出版的《信号分析与处理》（修订版）第 6.3 节中的相关内容。

从原理上来看，实际应用中的抽样过程都是通过“抽样/保持（S/H）”来实现的，S/H 可理解为一个电子开关，其原理如图 3.39 所示。

从原理上看，抽样过程是通过“抽样器”来实现的。抽样器实质上是一个电子开关，数学模型也可抽象为一个“乘法器”，其原理如图 3.39 所示。

图 3.39(a)中，电子开关每隔一定时间 $T$ 接通一次，每次接通的时间为 $\tau$，然后接地。这一开关动作的时间过程用 3.39(c)的矩形脉冲序列 $p(t)$描述，$p(t)$称为抽样脉冲，其间隔为 $T$（抽样间隔或抽样周期）、脉冲宽度为 $\tau$，幅度设为 1。当一连续信号 $f(t)$通过电子开关后，将输出一系列脉冲序列，脉冲的幅度在脉宽时间 $\tau$ 内，信号值为输入信号的瞬时幅值，其他时间为 0，得到图 3.39(d)所示的信号 $f_{\mathrm{p}}(t)$，$f_{\mathrm{p}}(t)$称为抽样信号。

从时域上看，抽样过程丢失了信号在抽样间隔内的信息，这就产生了一个必须面对的问题：抽样使信号在时域丢失了部分信息，那么对丢掉部分信息的抽样信号进行分析处理与直接对输入的信号进行分析处理是否完全等效呢？针对这个问题，先分析一下连续信号时域抽样后的频谱情况。

一般情况下：

$$f_{\mathrm{p}}(t)=f(t)p(t) \tag{3.87}$$

由于 $p(t)$是周期信号，其傅里叶级数应为

$$p(t)=\sum_{n=-\infty}^{\infty}P_n\mathrm{e}^{\mathrm{j}n\Omega_{\mathrm{s}}t} \tag{3.88}$$

而 $p(t)$的傅里叶变换应为

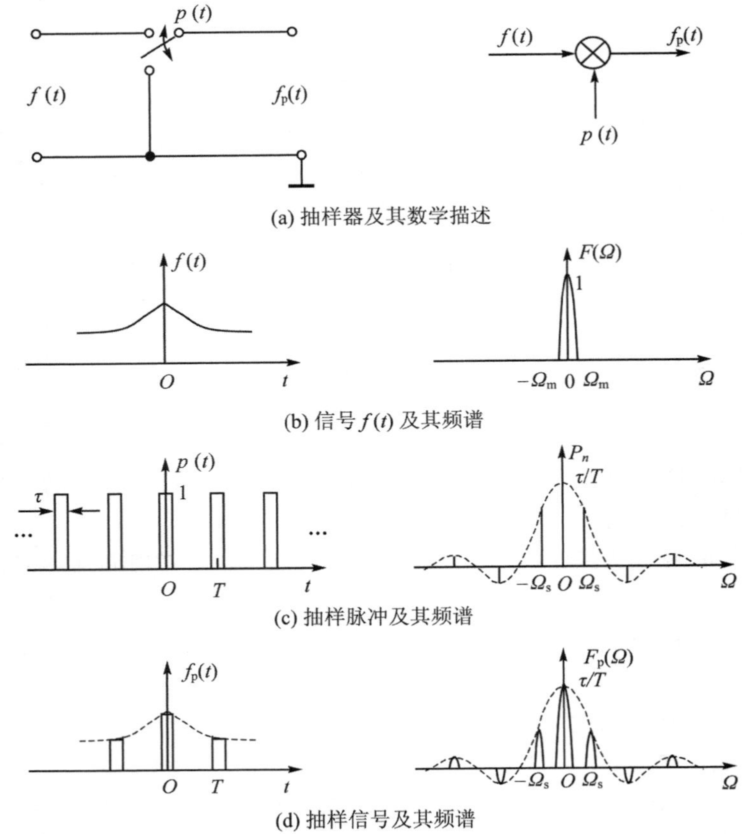


**图 3.39 矩形脉冲冲激抽样信号及其频谱**

$$P(\Omega)=2\pi\sum_{n=-\infty}^{\infty}P_n\delta(\Omega-n\Omega_s) \tag{3.89}$$

式中,$\Omega_s$ 为抽样角频率,$\Omega_s=2\pi/T$,$T$ 为抽样周期;$P_n$ 为相应的傅里叶级数的系数,可表示为

$$P_n=\frac{1}{T}\int_{-\frac{T}{2}}^{\frac{T}{2}}p(t)\mathrm{e}^{-\mathrm{j}n\Omega_s t}\,\mathrm{d}t \tag{3.90}$$

根据频域卷积定理可知:

$$F_p(\Omega)=\frac{1}{2\pi}F(\Omega)*P(\Omega)$$

将式(3.90)代入上式化简后,得到抽样信号 $f_p(t)$的傅里叶变换:

$$F_p(\Omega)=\sum_{n=-\infty}^{\infty}P_nF(\Omega-n\Omega_s) \tag{3.91}$$

式(3.90)表明:连续信号在时域被抽样后,其频谱 $F_p(\Omega)$是连续信号频谱,$F(\Omega)$的形状以抽样频率 $\Omega_s$ 为间隔周期性重复,且 $F(\Omega)$的幅值大小在重复时被 $P_n$ 所加权而得。显然,抽样脉冲序列的形状取决于 $P_n$。下面就讨论一下在实际应用中的几种典型情况。

**1. 矩形脉冲抽样(自然抽样)**

这一抽样过程(见图 3.39)是矩形脉冲序列 $p(t)$和连续信号 $f(t)$相乘,也称为“自然抽

样”，抽样信号 $f_{\mathrm{p}}$ 在脉宽期间的脉冲顶部不是平的，而是随原信号 $f(t)$ 而变化，将式(3.88)代入式(3.87)可得

$$f_{\mathrm{p}}(t)=\sum_{n=-\infty}^{\infty}P_n f(t)\mathrm{e}^{\mathrm{j}n\Omega_{\mathrm{s}}t} \tag{3.92}$$

此时

$$P_n=\frac{1}{T}\int_{-\frac{T}{2}}^{\frac{T}{2}}p_t\mathrm{e}^{-\mathrm{j}n\Omega_{\mathrm{s}}t}\mathrm{d}t=\frac{1}{T}\int_{-\frac{\tau}{2}}^{\frac{\tau}{2}}\mathrm{e}^{-\mathrm{j}n\Omega_{\mathrm{s}}t}\mathrm{d}t$$

积分后得

$$P_n=\frac{\tau}{T}\mathrm{Sa}\left(\frac{n\Omega_{\mathrm{s}}\tau}{2}\right)$$

将其代入式(3.91)得

$$F_{\mathrm{p}}(\Omega)=\sum_{n=-\infty}^{\infty}P_nF(\Omega-n\Omega_{\mathrm{s}})=\frac{\tau}{T}\sum_{n=-\infty}^{\infty}\mathrm{Sa}\left(\frac{n\Omega_{\mathrm{s}}\tau}{2}\right)F(\Omega-n\Omega_{\mathrm{s}}) \tag{3.93}$$

根据式(3.93)作出的频谱图如图 3.39(d)所示。由图可知：矩形脉冲抽样的信号频谱 $F_{\mathrm{p}}(\Omega)$ 是原连续信号频谱 $F(\Omega)$ 在频率轴上的周期延拓，延拓周期为抽样频率 $\Omega_{\mathrm{s}}$，频谱幅度按抽样函数的规律随频率增高而衰减。

**2. 冲激抽样**

若矩形脉冲序列 $p(t)$ 的脉宽 $\tau\to0$，则抽样脉冲就是冲激序列，$p(t)=\delta_T(t)$，这种抽样被称为“冲激抽样”或“理想抽样”。

与矩形脉冲抽样类似，冲激抽样的信号可表示为

$$f_{\delta}(t)=f(t)\delta_T(t) \tag{3.94}$$

将 $\delta_T(t)$ 展成傅里叶级数，由前述(例 3.11)有

$$\delta_T(t)=\frac{1}{T}\sum_{n=-\infty}^{\infty}\mathrm{e}^{\mathrm{j}n\Omega_{\mathrm{s}}t} \tag{3.95}$$

将式(3.95)代入式(3.94)可得

$$f_{\delta}(t)=\frac{1}{T}\sum_{n=-\infty}^{\infty}f(t)\mathrm{e}^{\mathrm{j}n\Omega_{\mathrm{s}}t} \tag{3.96}$$

对式(3.96)两边进行傅里叶变换，右端应用频移定理，可得

$$F_{\delta}(\Omega)=\frac{1}{T}\sum_{n=-\infty}^{\infty}F(\Omega-n\Omega_{\mathrm{s}}) \tag{3.97}$$

连续信号冲激抽样的时域和频谱图如图 3.40 所示。与矩形脉冲抽样所不同的是，由于冲激抽样信号的傅里叶级数系数 $P_n$ 是常数，故冲激抽样的信号频谱 $F_{\mathrm{p}}(\Omega)$ 是原连续信号频谱 $F(\Omega)$ 在频率轴上的等幅周期延拓，延拓周期为抽样频率 $\Omega_{\mathrm{s}}$。

显然冲激抽样和矩形脉冲抽样是式(3.91)的两种特定情况，而前者又是后者的一种极限情况(脉宽 $\tau\to0$)，在实际中通常采用矩形脉冲抽样或下面所述的平顶抽样，但是为了便于问题的分析，当脉宽 $\tau$ 相对较窄时，往往将它们近似为冲激抽样。

后面章节的原理论述，都是基于冲激抽样进行的。

实际工程中广泛应用的是“平顶抽样”或称“零阶保持采样”，因为平顶抽样在技术上相对比较容易实现。所谓“平顶抽样”就是对信号某一瞬时抽样，并保持这一样本值不变，直到下一个样本值被采到为止，即抽样后的信号顶部是平的。这可由采样保持电路(见图 3.41(c))实

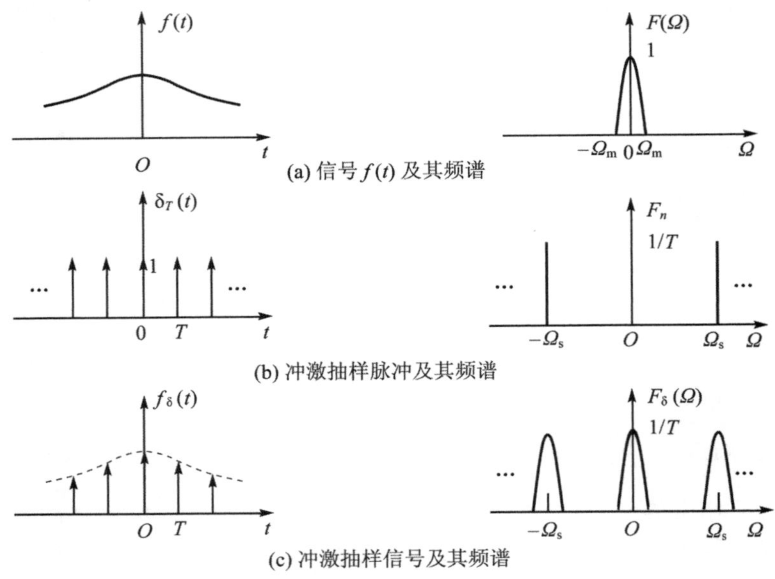


**图 3.40　冲激抽样的时域波形及其频谱**

现。抽样期间,开关S闭合,输入跟随器的输出给电容 $C$ 快速充电;保持期间,开关断开,由于输出缓冲器的阻抗极高,电容器 $C$ 上存储的电荷将基本维持不变,以保证A/D转换时的精确度,如图3.41(a)和(b)所示。平顶抽样与冲激抽样、自然抽样不同,其频谱不再只是 $F(\Omega)$ 在频率轴上的周期延拓,而是发生了频谱的畸变,信号恢复时必须进行补偿。有关这方面的问题,可参看其他参考文献。

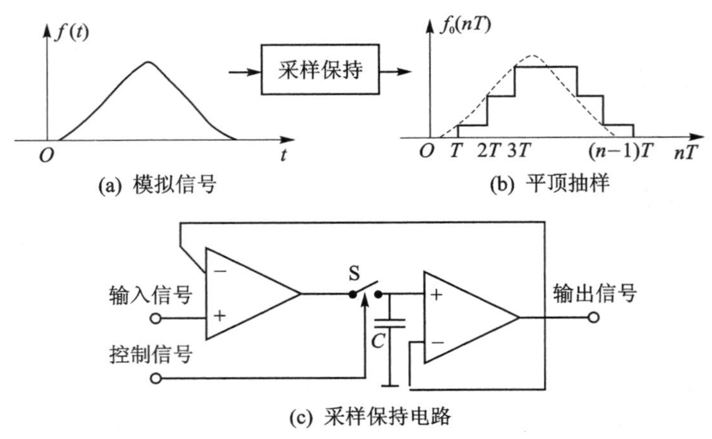


**图 3.41　模拟信号及平顶抽样**

## 3.7.2　频域抽样

在处理实际问题时,若信号的频谱是连续的,也需要在频域进行抽样。已知连续频谱函数 $F(\Omega)$ 对应的时间函数为 $f(t)$,设 $F(\Omega)$ 在频域被周期为 $\Omega_1$ 的冲激序列 $\delta_\Omega(\Omega)$ 抽样,得到频域抽样函数 $F_1(\Omega)$,即

$$F_1(\Omega)=F(\Omega)\delta_\Omega(\Omega) \tag{3.98}$$

式中

$$\delta_\Omega(\Omega)=\sum_{n=-\infty}^{\infty}\delta(\Omega-n\Omega_1) \tag{3.99}$$

由前述(参见式(3.79)和图 3.31),有

$$\mathscr{F}\left[\sum_{n=-\infty}^{\infty}\delta(t-nT_1)\right]=\Omega_1\sum_{n=-\infty}^{\infty}\delta(\Omega-n\Omega_1)\qquad\left(\Omega_1=\frac{2\pi}{T_1}\right)$$

则

$$\mathscr{F}^{-1}\left[\sum_{n=-\infty}^{\infty}\delta(\Omega-n\Omega_1)\right]=\frac{1}{\Omega_1}\sum_{n=-\infty}^{\infty}\delta(t-nT_1)=\frac{1}{\Omega_1}\delta_T(t) \tag{3.100}$$

根据时域卷积定理并对式(3.98)进行反变换,有

$$\begin{aligned}f_1(t)&=\mathscr{F}^{-1}[F_1(\Omega)]=\mathscr{F}^{-1}[F(\Omega)\delta_\Omega(\Omega)]=\mathscr{F}^{-1}[F(\Omega)]*\mathscr{F}^{-1}[\delta_\Omega(\Omega)]=\\&f(t)*\frac{1}{\Omega_1}\delta_T(t)=\frac{1}{\Omega_1}\sum_{n=-\infty}^{\infty}f(t-nT_1)\end{aligned} \tag{3.101}$$

式(3.101)表明：连续信号 $f(t)$的频谱函数 $F(\Omega)$在频域进行冲激抽样后,其所对应的时间函数 $f_1(t)$是 $f(t)$的周期延拓,延拓周期为 $T_1$,$T_1=\frac{2\pi}{\Omega_1}$,其波形和频谱图如图 3.42 所示。

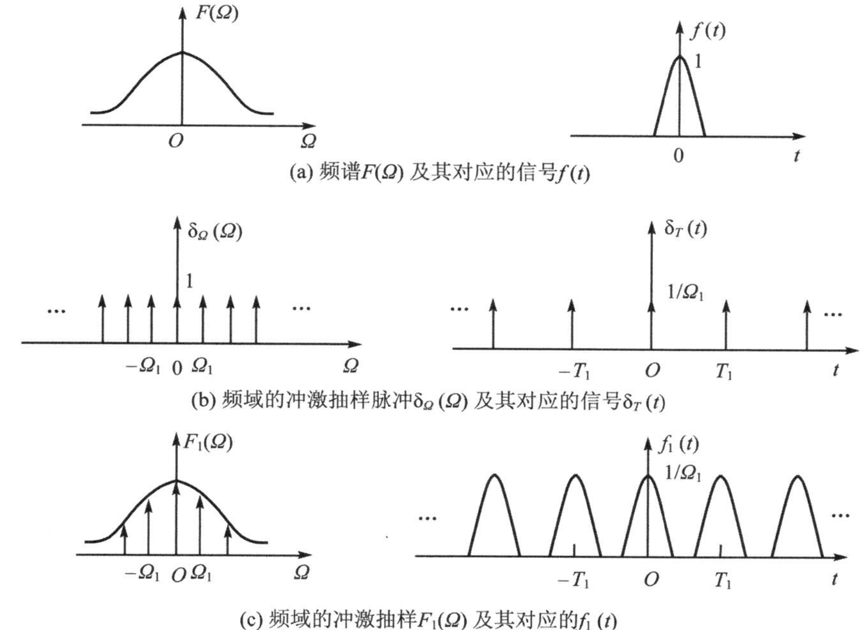


(a) 频谱$F(\Omega)$及其对应的信号$f(t)$

(b) 频域的冲激抽样脉冲$\delta_\Omega(\Omega)$及其对应的信号$\delta_T(t)$

(c) 频域的冲激抽样$F_1(\Omega)$及其对应的$f_1(t)$

**图 3.42　频域冲激抽样**

### 3.7.3　抽样定理

抽样的本质是将连续变量的函数离散化,因此时域和频域的取样在原理上是相同的。

下面先主要讨论时域抽样,抽样过程使连续信号在时域丢失了抽样间隔内的信息,为了回答“什么条件下,一个连续时间信号可以用它抽样获得的离散时间样本来代替而不丢失原有的信息?”这个问题,先应了解如何才能从抽样信号无失真地恢复原信号。由时域抽样信号的频谱分析可知:对于其频谱函数只在有限区间$(-\Omega_m,\Omega_m)$内具有有限值的信号$f(t)$(称为带限信号),为了将其相应的理想抽样信号$f_\delta(t)$无失真地恢复为原带限信号$f(t)$,就要求周期延拓的频谱在各频率分量处不能相互重叠。如果有任何的重叠部分,则在$(-\Omega_m,\Omega_m)$内的频谱将会产生叠加,与原来的频谱不再相同。这种频谱重叠现象就是所谓的“频谱混叠现象”,详见下述。

**1. 频谱混叠现象**

以理想抽样信号为例,其频谱在两种情况下将产生频谱混叠现象:① 连续信号是带限信号,即信号频谱为有限带宽,但抽样频率过低;② 连续信号频谱为无限带宽,则频谱混叠不可避免。

先看带限信号的情况。设信号最高频率为$\Omega_m$,抽样频率为$\Omega_s$,抽样信号的频谱为$F_\delta(\Omega)$,如图3.43所示。

由图3.43(a)可知,$\Omega_s>2\Omega_m$,延拓后的周期频谱高频分量是相互分离的,不产生频谱混叠,各分量都保留了原信号的频域信息,通常称为“过抽样”。图3.43(b)中,$\Omega_s=2\Omega_m$,延拓后的周期频谱高频分量理论上仍是相互分离的,也不会产生频谱混叠,但这是不产生混叠的极限(或临界)情况,称为“临界抽样”。但当$\Omega_s<2\Omega_m$时(见图3.43(c)),称为“欠抽样”,周期延拓后的各频谱间不再是分离的,产生了互相的交叠,即所谓“频谱混叠现象”,这时抽样信号的频谱犹如在$\Omega_s/2$处发生折叠一样,$\Omega_s/2$称折叠频率。比较图3.43(a)和(c),混叠后的频谱与原连续信号频谱出现了很大的差别,已经无法利用低通滤波过滤出原连续信号的频谱(即时、频域中都丢失了部分信息),以致不能实现无失真地恢复原信号。

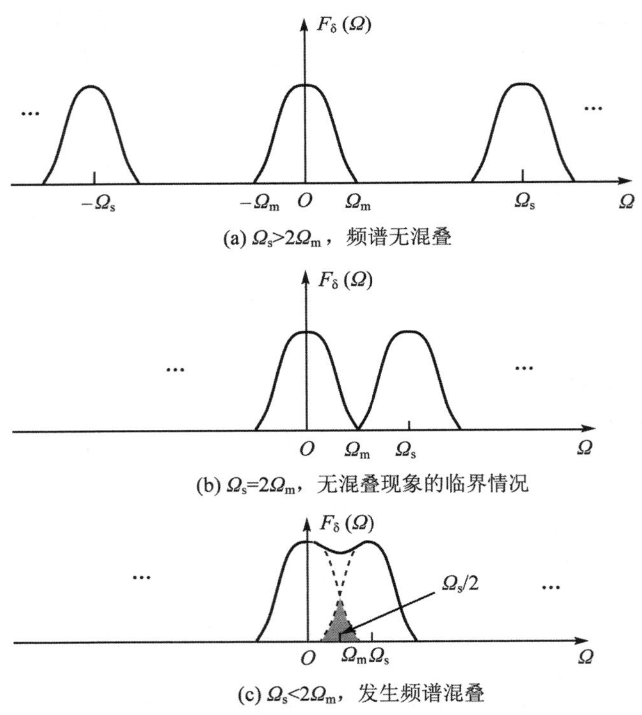


**图3.43 带限信号的频谱混叠现象**

其次，对于无限带宽（要处理的实际信号一般都如此）的连续信号，$\Omega_m \to \infty$，无论怎样提高抽样频率 $\Omega_s$，频谱混叠都是不可避免的。

由以上分析，可得出抽样定理。

**2. 时域抽样定理**

时域抽样定理也称为香农抽样定理，给出了使一个连续时间信号 $f(t)$ 可以唯一地由其抽样获得的离散时间样本来确定而不丢失原有信息的两个条件：

① $f(t)$ 必须是带限信号，即 $f(t)$ 的最高频率为 $\Omega_m$（或 $f_m$）；

② 抽样器的抽样频率要大于信号最高频率的 2 倍，即

$$\Omega_s \geqslant 2\Omega_m \quad (\text{或 } f_s \geqslant 2f_m \quad \text{或 } \Omega_m \leqslant \Omega_s/2) \tag{3.102}$$

时域抽样定理也称为“奈奎斯特（Nyquist）抽样定理”。允许的最低抽样频率 $f_s = 2f_m$ 称为“奈奎斯特频率”，把允许最大抽样间隔 $T_s = \frac{\pi}{\Omega_m} = \frac{1}{2f_m}$，称为“奈奎斯特间隔”。

以奈奎斯特频率进行抽样称“临界抽样”。临界抽样在理论上不产生频谱的混叠，抽样信号可在频域保留信号的全部信息。低于奈奎斯特频率的抽样称为“欠抽样”，欠抽样会造成频谱的混叠，一般情况下应避免。高于奈奎斯特频率的抽样称为“过抽样”。

如果采样信号的频谱没有混叠现象，只要对采样信号施以截止频率在 $\Omega_m$ 和 $\Omega_s - \Omega_m$ 之间的理想低通滤波器，滤波器输出信号的频谱就和原连续信号的频谱完全一样，仅仅会相差一个比例系数；对应地，在时域上也就完全恢复了原连续信号。

**3. 频域抽样定理**

根据时、频域的对偶性，可以由上述的时域抽样定理直接推论出频域抽样定理。频域抽样定理是指：若信号 $f(t)$ 是时间受限信号，其时间限定于 $[-t_m, t_m]$ 范围，如果在频域中以不大于 $\frac{1}{2t_m}$ 的频率间隔 $f_1$ 对 $f(t)$ 的频谱 $F(\Omega)$ 进行抽样，则抽样后的频谱 $F_1(\Omega)$ 可以唯一地表示原信号。频域抽样定理可表示为

$$f_1 < \frac{1}{2t_m} \tag{3.103}$$

上述定理可以作这样的理解：在频域中对频谱 $F(\Omega)$ 进行抽样，频域上损失了抽样间隔内的信息，则在时域中周期性地重复出现 $f(t)$ 的波形，只要抽样间隔不大于 $\frac{1}{2t_m}$，那么时域中的波形不会产生混叠，用矩形脉冲作选通（截止）信号就可以无失真地恢复原信号 $f(t)$。

频域抽样定理揭示了信号时域和频域的一种对应关系，即频域抽样对应时域的周期性，这与前述的“连续周期信号的频谱是离散的”相对应；由于时域抽样对应于频域的周期性，可以预见离散信号的频谱是具有周期性的，这一点我们会在后续章节学习到。

关于采样需要说明的是：

一般实际应用中，希望抽样频率大于奈奎斯特频率，即过抽样；然而欠抽样在工程实际中仍有应用，例如在自动目标检测中，采用“欠采样”可通过有意的“混叠”，检测出特定的频率信号，并利用带通滤波器提取出包含特定频率的目标信号。

对于频带无限宽的信号，若其带宽为 $\Omega_b$，则可考虑取抽样频率 $\Omega_s \geqslant 2\Omega_b$；如果要求比较高，则可采取预采样滤波，即在 A/D 变换器前，加带宽为 $\Omega_b$ 的低通滤波器，称为预采样滤波

器(或称抗混叠滤波器),滤去大于折叠频率以上的高频分量(包括频率高于 $\Omega_b$ 的噪声),把非带限信号转换为带限信号。由于不能制造出截止频率特性非常陡锐的理想低通滤波器,所以实际工程应用中,抽样频率可取信号带宽的 3～5 倍或更高。

一个输入、输出均为模拟信号,比较完整的数字处理系统如图 3.44 所示。

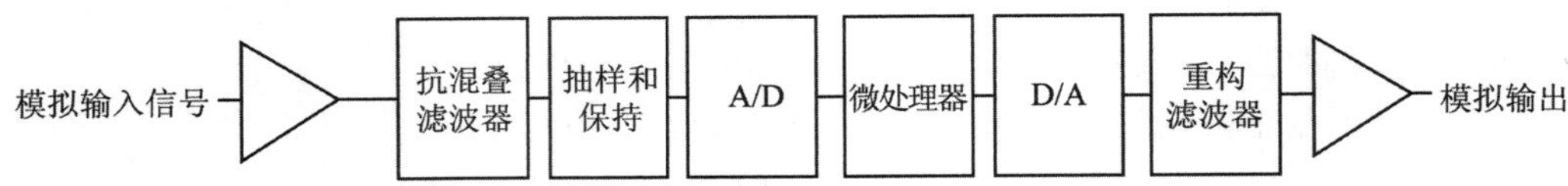


**图 3.44 模拟信号的数字处理系统**

**例 3.16** 一带限信号 $f(t)$ 为

$$f(t)=\mathrm{Sa}(t)=\frac{\sin t}{t}$$

其最高频率显然为 $\Omega_m=1$,现用 3 种不同的采样频率($\Omega_s$)进行抽样:① 临界抽样,$2\Omega_m=\Omega_s(=2)$;② 欠抽样,$\Omega_s(=1)<2\Omega_m$;③ 过抽样,$\Omega_s(=4)>2\Omega_m$。试用 MATLAB 语言编程,实现:

① 画出 3 种抽样情况下的抽样信号。

② 用理想低通滤波器(幅频特性为矩形,通带宽度为 $\Omega_m$),其截止频率设置为 $\Omega_c=1.1\Omega_m$,恢复 3 种情况下的信号,画出重构后的恢复信号。

③ 求出并表示出欠抽样和过抽样两种情况下,恢复信号与原信号之间的误差。

**解:** 编程前,作些必要的说明。

设:抽样周期(间隔)表示为 $T_s$,抽样信号表示为

$$f_s(t)=f(nT_s)\qquad (n\text{ 为抽样点序号})$$

若低通滤波器的单位冲激信号表示为 $h(t)$,在本例中,由于是理想低通滤波器,其幅谱特性 $|H(\Omega)|$ 是一矩形幅频特性(详见第 5 章的模拟滤波器部分),则 $h(t)$ 可表示为

$$h(t)=\mathscr{F}^{-1}[H(\Omega)]=T_s\frac{\Omega_c}{\pi}\mathrm{Sa}(\Omega_c t)$$

则抽样信号 $f(nT_s)$ 经低通滤波后,重构(恢复)信号为

$$f(t)=f_s(t)*T_s\frac{\Omega_c}{\pi}\mathrm{Sa}(\Omega_c t)=$$

$$\frac{T_s\Omega_c}{\pi}\sum_{n=-\infty}^{\infty}f(nT_s)\mathrm{Sa}[\Omega_c(t-nT_s)]$$

上式为编程中重构信号的主要依据。

图 3.45 是临界抽样信号及重构信号的波形,图 3.46 是欠抽样时的抽样信号、重构信号及重构信号与原信号间的误差,图 3.47 是过抽样时的抽样信号、重构信号及重构信号与原信号间的误差。应当指出:对于带限信号,过抽样是满足抽样定理的,重构信号的误差不会是抽样产生的,而是重构过程中运算和数据的取舍产生的。

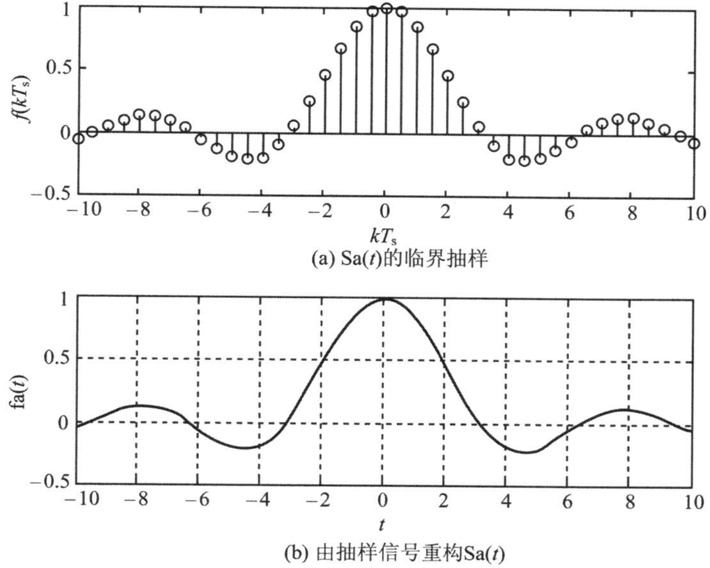


(a) Sa(t)的临界抽样

(b) 由抽样信号重构Sa(t)

**图 3.45 例 3.16 中的临界抽样信号及重构信号**

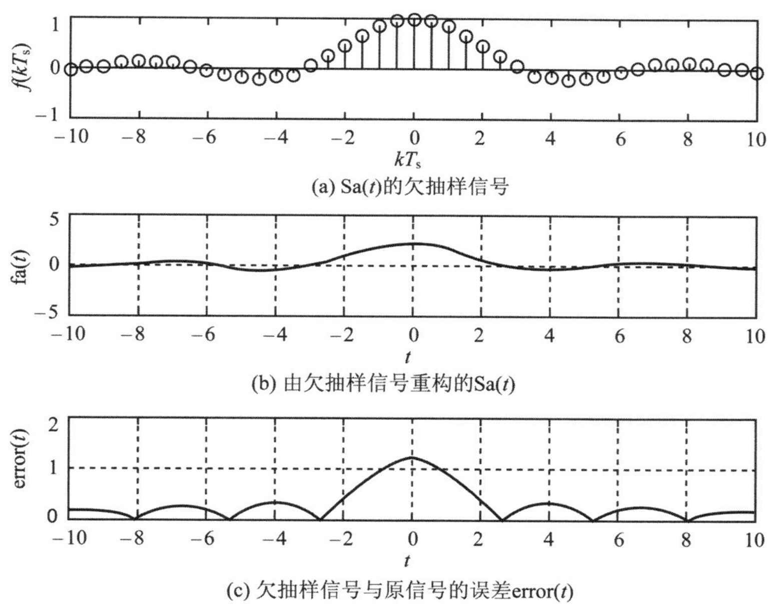


(a) Sa(t)的欠抽样信号

(b) 由欠抽样信号重构的Sa(t)

(c) 欠抽样信号与原信号的误差error(t)

**图 3.46 欠抽样信号、重构信号及重构信号与原信号间的误差**

```
%信号最高频率 wm=2ws(ws:采样频率)临界采样的情况
wm=1;                              %信号最高频率(带宽)
wc=wm;                             %预处理用低通滤波器截止频率
Ts=pi/wm;                          %采样间隔
ws=2*pi/Ts;                        %变为采样角频率
n=-100:100;                        %采样点数
```

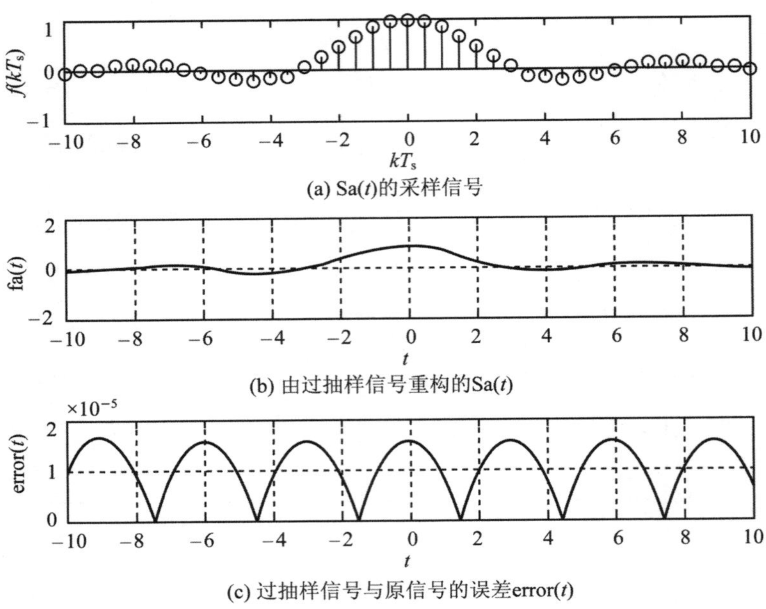

(a) Sa(t)的采样信号
(b) 由过抽样信号重构的Sa(t)
(c) 过抽样信号与原信号的误差error(t)


**图 3.47 过抽样信号、重构信号及重构信号与原信号间的误差**

```
nTs=n * Ts;
f=sinc(nTs/pi);                              %对信号 Sa(t)的抽样信号
Dt=0.005;t=-10:Dt:10;
fa=f * Ts * wc/pi * sinc((wc/pi) * (ones(length(nTs),1) * t-nTs' * ones(1,length(t))));
                                             %信号的重构
t1=-10:0.5:10;
f1=sinc(t1/pi);                              %Sa(t)的连续波形表示
%画出抽样信号与抽样信号的重构波形
subplot(2,1,1);
stem(t1,f1);
xlabel('kTs');
ylabel('f(kTs)');
title('sa(t)的临界抽样');
subplot(2,1,2);
plot(t,fa)
xlabel('t');
ylabel('fa(t)');
title('由抽样信号重构 sa(t)');
grid

%欠抽样情况,抽样频率 ws 与信号最高频率 wm 之间,wm>2ws
wm=1;
wc=1.1 * wm;
Ts=2 * pi/wm;
```

```
ws=2 * pi/Ts;
n=-100:100;
nTs=n * Ts;
f=sinc(nTs/pi);
Dt=0.005;t=-10:Dt:10;
fa=f * Ts * wc/pi * sinc((wc/pi) * (ones(length(nTs),1) * t-nTs' * ones(1,length(t))));
error=abs(fa-sinc(t/pi));                          %求解重构信号与原信号的误差
t1=-10:0.5:10;
f1=sinc(t1/pi);
subplot(311);
stem(t1,f1);
xlabel('kTs');
ylabel('f(kTs)');
title('sa(t)的欠抽样信号');
subplot(312);
plot(t,fa)
xlabel('t');
ylabel('fa(t)');
title('由欠抽样信号重构的 sa(t)');
grid;
subplot(313);
plot(t,error),grid on
xlabel('t');
ylabel('error(t)');
title('欠抽样信号与原信号的误差 error(t)')
%过抽样情况,wm<2ws
wm=1;
wc=1.1 * wm;
Ts=0.5 * pi/wm;
ws=2 * pi/Ts;
n=-100:100;
nTs=n * Ts;
f=sinc(nTs/pi);
Dt=0.005;t=-10:Dt:10;
fa=f * Ts * wc/pi * sinc((wc/pi) * (ones(length(nTs),1) * t-nTs' * ones(1,length(t))));
error=abs(fa-sinc(t/pi));
t1=-10:0.5:10;
f1=sinc(t1/pi);
subplot(311);
stem(t1,f1);
xlabel('kTs');
ylabel('f(kTs)');
title('sa(t)的采样信号');
```

```
subplot(312);
plot(t,fa)
xlabel('t');
ylabel('fa(t)');
title('由过抽样信号重构的 sa(t)');
grid;
subplot(313);
plot(t,error),grid on
xlabel('t');
ylabel('error(t)');
title('过抽样信号与原信号的误差 error(t)')
```

## 本章小结

信号分析的基本目的在于揭示信号特性,信号分析的基本思想是通过数学方法实现描述域的转换。相比于直观的时域分析方法,连续信号的频域分析通过"频谱"描述了信号的重要物理特性,即可以用一系列不同频率谐波信号的组合来表示连续时间信号,因此信号的频域分析是信号分析内容中最重要的部分。本章说明了连续信号频域分析,是从周期信号的傅里叶级数开始,通过将周期演变成一个趋于无穷大的值,建立起了非周期信号的傅里叶变换,最后推导得出傅里叶级数是傅里叶变换特例的结论,把信号的频谱分析统一到傅里叶变换上。需要注意的是:傅里叶级数得到的是真正的频谱,而傅里叶变换得到的是频谱密度。

本章还推导出了典型信号的傅里叶变换对,指出了傅里叶变换的 10 个性质,并说明了:

① 求解傅里叶级数谐波函数的公式可根据正交性原理推导而得。

② 根据傅里叶变换对表及其性质,可以求解几乎任意具有工程意义的周期或者非周期信号。

③ 带宽的概念及 3 个常用的频率带宽的定义。

④ 冲激抽样信号的傅里叶频谱是原信号频谱的周期重复。

⑤ 对于带限信号,以高于其最高频率 2 倍的频率采样,则不产生频谱混叠。

## 思考与练习题

**3.1** "只要是周期信号,就能展成傅里叶级数"。这样的说法对吗?为什么?试指出周期信号频谱的主要特点。

**3.2** "任何确定性信号,只要满足狄里赫利条件,就能展成傅里叶变换"。这样的说法对吗?为什么?试指出非周期信号频谱的主要特点。

**3.3** 吉伯斯现象指什么样的物理现象?如何从物理意义上理解这种现象?

**3.4** 试总结出本章中信号时、频域间的对偶关系。信号的频谱与时域波形是否对应,并存在可逆的、唯一的变换关系?如何理解?

**3.5** 有人认为"只要是频带有限的信号,就一定不会产生频谱混叠"。说明这一看法对或是不对的理由。分别说明临界抽样、欠抽样和过抽样的概念。如何理解抽样定理中,抽样频

率应当大于而不是大于或等于信号最高频率 2 倍的准则？

**3.6**　求题图 3.1 所示周期方波信号的频谱与复频谱。

**3.7**　(1) 求题图 3.2 所示周期三角信号的傅里叶级数，并画出其频谱图；

(2) 求信号的直流分量及信号的有效值；

(3) 求该信号的在带宽功率占信号总功率的比值 $P_b/P$。

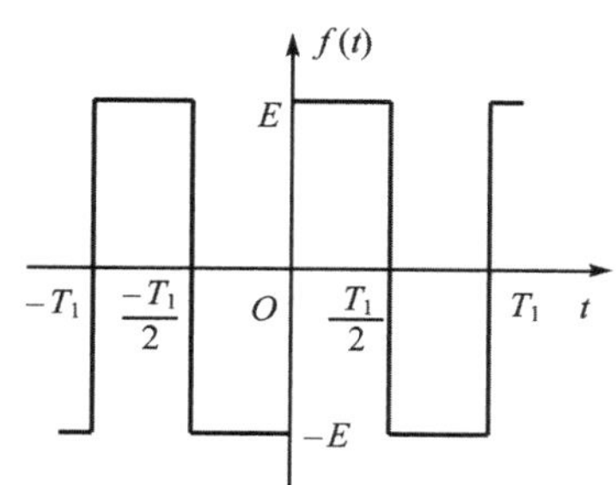


**题图 3.1　习题 3.6 用图**

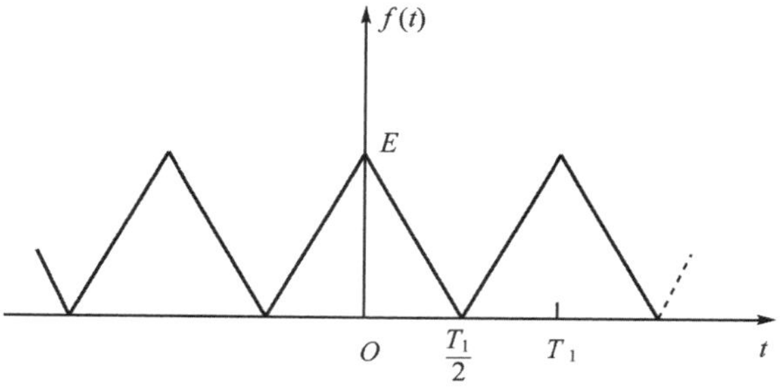

**题图 3.2　习题 3.7 用图**

**3.8**　周期矩形脉冲信号如 3.2.3 小节中的图 3.3 所示，其频率 $f=5$ kHz，脉宽 $\tau=20$ μs，幅度 $E=10$ V，求直流分量、基波、二次及三次谐波的有效值，以及信号带宽，并画出由这些分量合成的时域波形(按比例正确画出，可用 MATLAB 语言编程来画)。

**3.9**　试画出 $f(t)=3\cos\Omega_1 t+5\sin 2\Omega_1 t$ 的复频谱图(幅度谱及相位谱)。

**3.10**　试证明周期函数 $f(t)$的对称性与其傅里叶系数间存在下列关系：

(1) 若 $f(t)$是实函数，则 $a_n$、$b_n$、$c_n$ 为实数；

(2) 若 $f(t)$是实偶函数，即 $f(t)=f(-t)$，则傅里叶级数不含正弦项，且 $F_n$ 为实数；

(3) 若 $f(t)$是实奇函数，即 $f(t)=-f(-t)$，则傅里叶级数只含正弦项，且 $F_n$ 为虚数；

(4) 若 $f(t)$是实的奇谐函数，即 $f(t)=-f\left(t\pm\frac{T_1}{2}\right)$，则傅里叶级数中只含基波及奇次谐波。

**3.11**　利用上题中所得结论，利用信号 $f(t)$的对称性，定性判断题图 3.3 中各周期信号的傅里叶级数中所含有的频率分量。

**3.12**　求题图 3.4 所示各信号的傅里叶变换，并画出频谱图。

(1) 半波余弦脉冲信号(题图 3.4 中的(a))；

(2) 升余弦脉冲信号(题图 3.4 中的(b))；

$$f(t)=\frac{E}{2}\left(1+\cos\frac{\pi t}{\tau}\right)\qquad(0\leqslant t\leqslant\tau)$$

(3) 单周正弦脉冲信号(题图 3.4 中的(c))；

(4) 三角脉冲信号(题图 3.4 中的(d))。

**3.13**　若已知 $\mathscr{F}[f(t)]=F(\Omega)$，利用傅里叶变换的性质求下列信号的傅里叶变换：

(1) $2f(3t-1)$　　(2) $f(t)\cos t$　　(3) $f(2t-5)$　　(4) $f(at-b)u(t)$

**3.14**　已知阶跃函数的傅里叶变换 $\mathscr{F}[u(t)]=\frac{1}{\mathrm{j}\Omega}+\pi\delta(\Omega)$，利用频移定理求下列信号的傅里叶变换并画频谱图。

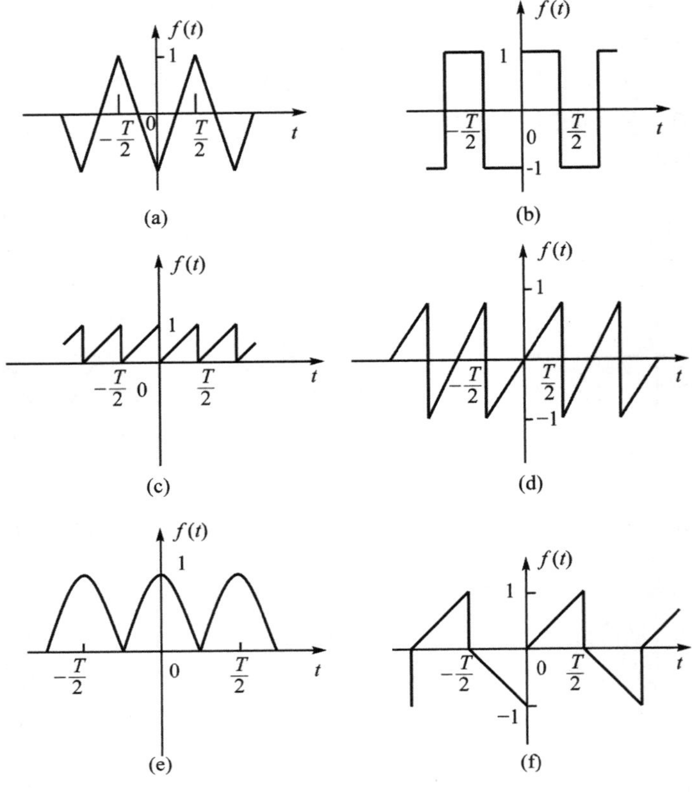


**题图 3.3　习题 3.11 用图**

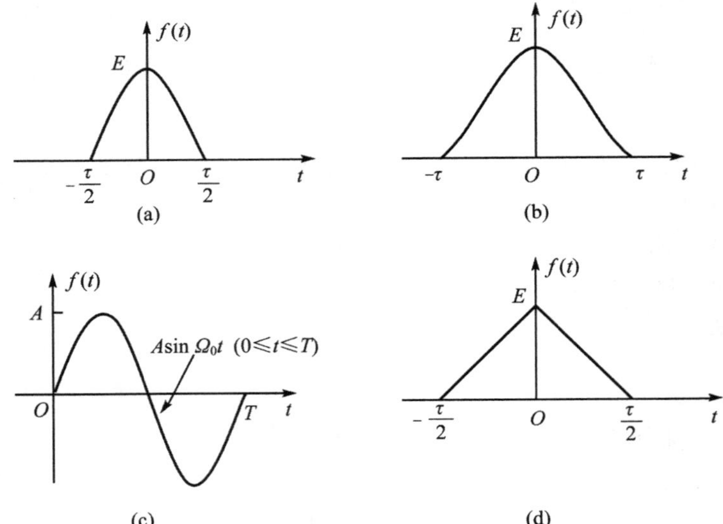


**题图 3.4　习题 3.12 用图**

(1) 单边正弦函数 $\sin\Omega_0 t\cdot u(t)$；

(2) 单边余弦函数 $\cos\Omega_0 t\cdot u(t)$。

**3.15** 利用卷积定理求 $f(t)=\mathrm{e}^{-\alpha t}\cos\Omega_0 t\cdot u(t)(a>0)$的傅里叶变换。

**3.16** 利用卷积定理求 $f(t)=\cos\Omega_0 t\cdot G(t)$的频谱,$G(t)$为矩形脉冲,幅度为 1,脉宽为 $\tau$。$f(t)$的图形见题图 3.5。

**3.17** 求题图 3.6 所示 $F(\Omega)$的傅里叶逆变换 $f(t)$(提示:注意相位谱)。

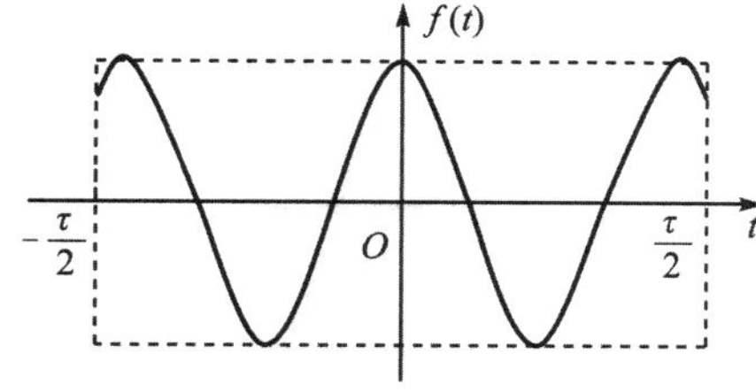


**题图 3.5　习题 3.16 用图**

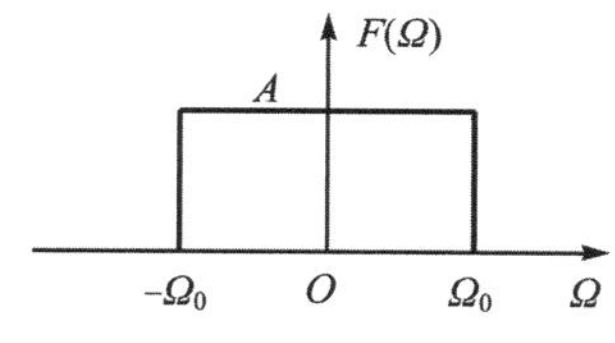


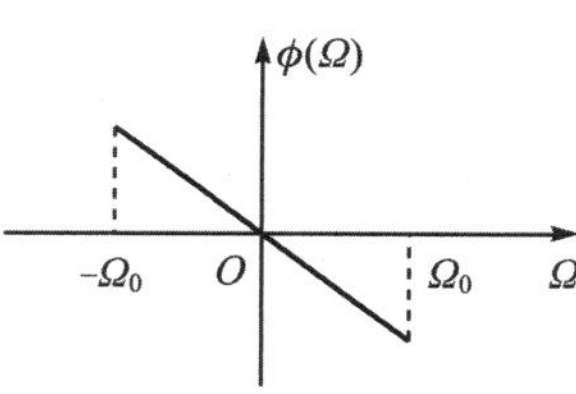


**题图 3.6　习题 3.17 用图**

**3.18** 对三个余弦信号 $x_1(t)=\cos 2\pi t$、$x_2(t)=\cos 6\pi t$、$x_3(t)=\cos 10\pi t$ 作理想冲激抽样,抽样频率为 $\Omega_s=8\pi$。求三个抽样信号的表达式,画出三个连续信号的时域波形、抽样点位置和频谱图,并进行比较,指出存在频谱混叠现象的信号并解释其混叠现象。

**3.19** 若对信号 $f(t)$进行抽样,当抽样频率 $\Omega_s=2\pi$ 时,不产生频谱的混叠,试求信号 $f(t)$在频率为多少时可以保证其频谱值为零。

**3.20** 已知人的脑电波频率范围为 0～45 Hz,对其作数字处理时,可以使用的最大抽样周期 $T$ 是多少?若以 $T=5$ ms 抽样,要使抽样信号通过一理想低通后,能不失真地恢复原信号,理想低通的截止频率 $f_c$ 应满足何条件?

**3.21** 确定下列信号的最低抽样频率及抽样间隔。

(1) $\mathrm{Sa}(100t)$　　(2) $\mathrm{Sa}^2(100t)$　　(3) $\mathrm{Sa}(100t)+\mathrm{Sa}(50t)$

**3.22** 若对模拟信号 $x_a(t)$进行抽样,满足抽样定理的抽样频率为 $\Omega_s$,不产生频谱混叠的误差。试求信号 $x_a(2t)$满足抽样定理的抽样频率。

**3.23** 若某信号 $f(t)$的傅里叶变换为 $F(\Omega)$,如题图 3.7 所示。当抽样脉冲 $p(t)$为下列信号时,试分别求抽样后的抽样信号的频谱 $F_p(\Omega)$。

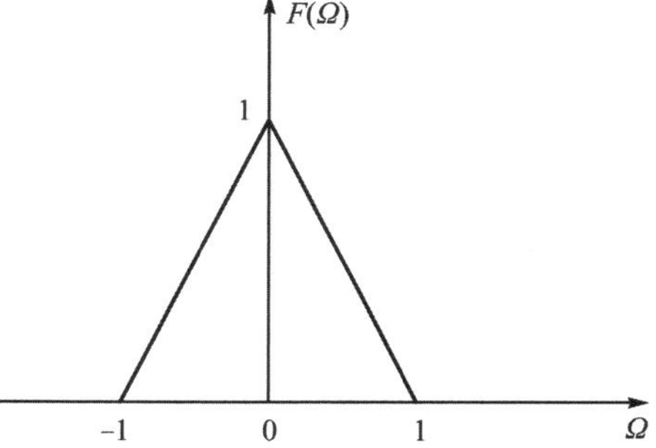


**题图 3.7　习题 3.23 用图**

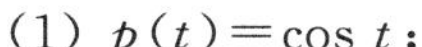

(1) $p(t)=\cos t$;

(2) $p(t)$为如 3.2.3 小节中的图 3.3 所示的矩形脉冲,其波形参数为

$$E=1,\qquad T=\pi,\qquad \tau=\frac{T}{3}=\frac{\pi}{3}$$

(3) $p(t)=\sum\limits_{n=-\infty}^{\infty}\delta(t-2\pi n)$。

# 第4章　连续信号拉普拉斯变换

**基本内容：**

- 拉普拉斯变换的定义
- 拉普拉斯变换的收敛域
- 常用函数的拉普拉斯变换
- 拉普拉斯变换的性质
- 系统的拉氏变换分析

## 4.1　引　言

信号的傅里叶变换有着清晰的物理意义，因此在连续信号分析中傅里叶变换这种频域分析的方法应用广泛，通过第3章的学习我们知道，当信号 $f(t)$ 满足狄里赫利(Dirichlet)条件，即描述信号的函数 $f(t)$ 在 $(-\infty,\infty)$ 上有定义，且绝对可积时，才可进行傅里叶变换，其傅里叶变换为

$$F(\Omega)=\int_{-\infty}^{\infty} f(t)\mathrm{e}^{-\mathrm{j}\Omega t}\mathrm{d}t \tag{4.1}$$

$$f(t)=\frac{1}{2\pi}\int_{-\infty}^{\infty} F(\Omega)\mathrm{e}^{\mathrm{j}\Omega t}\mathrm{d}\Omega \tag{4.2}$$

虽然大多数实际信号都存在傅里叶变换，但有些常用函数，例如，单位阶跃信号 $u(t)$、符号函数 $\mathrm{sgn}(t)$ 等，只有通过引入 $\delta$ 函数或极限处理，才可以求得其傅里叶变换；而另外一些信号，例如功率非周期信号、指数增长信号 $\mathrm{e}^{at}u(t)(a>0)$，则不存在傅里叶变换，究其原因，是因为当 $t\to\infty$ 时这类信号的幅度不缩减，甚至增长，导致式(4.1)的积分不收敛；另外，实际应用中普遍面对的是因果信号，但这些信号按式(4.1)求解出的傅里叶变换仍然是双边的，即 $F(\Omega)$ 仍包含 $(-\infty,\infty)$ 的分量。显然，傅里叶变换要求的数学限制条件相对较严，实际应用中受到一定限制。

19世纪末，法国数学家拉普拉斯(P. S. Laplace)在英国工程师赫维赛德(O. Heaviside)所发明的"运算法"的基础上，重新给予严密的数学论证，提出了"算子微积分"的定义，并被称之为"拉普拉斯"变换，简称为拉氏变换。拉氏变换从某种意义上可以认为是傅里叶变换(简称傅氏变换)的推广，它对于那些能用傅氏变换进行分析的信号，同样可以运用，并且提供了另外一种分析的工具和方法。同时，由于其数学上的限制条件相对较宽，对于那些不存在傅氏变换的信号，也有可能使用拉氏变换来解决。因此，拉普拉斯变换作为一种新的变换克服了傅里叶变换的局限性，相对于傅里叶变换来说，拉普拉斯变换将变换域扩展到了复频域，进一步扩大了频谱分析的范围。

# 4.2　信号的拉普拉斯变换

## 4.2.1　拉普拉斯变换的定义

可以从傅氏变换出发，来引出并定义拉氏变换。为了解决信号 $f(t)$ 不满足狄里赫利条件时无法求解其傅氏变换的问题，我们将信号 $f(t)$ 乘以衰减因子 $e^{-\sigma t}$（$\sigma$ 为任意实数），选择合适的 $\sigma$ 值，使得 $t\to\infty$ 时信号 $f(t)e^{-\sigma t}$ 的幅度衰减为 0，即

$$\left.\begin{aligned}\lim_{t\to+\infty} f(t)e^{-\sigma t}=0\\ \lim_{t\to-\infty} f(t)e^{-\sigma t}=0\end{aligned}\right\}\tag{4.3}$$

这样 $f(t)e^{-\sigma t}$ 满足绝对可积的条件，即

$$\int_{-\infty}^{+\infty}|f(t)e^{-\sigma t}|\mathrm{d}t<+\infty\tag{4.4}$$

从而使得 $f(t)e^{-\sigma t}$ 的傅里叶变换存在：

$$F[f(t)e^{-\sigma t}]=\int_{-\infty}^{+\infty}f(t)e^{-\sigma t}e^{-j\Omega t}\mathrm{d}t=\int_{-\infty}^{+\infty}f(t)e^{-(\sigma+j\Omega)t}\mathrm{d}t\tag{4.5}$$

显然，上式积分结果是关于 $\sigma+j\Omega$ 的函数，记为 $F(\sigma+j\Omega)$。这样，得到一对傅里叶变换对：$f(t)e^{-\sigma t}\leftrightarrow F(\sigma+j\Omega)$，即有

$$F(\sigma+j\Omega)=\int_{-\infty}^{+\infty}f(t)e^{-(\sigma+j\Omega)t}\mathrm{d}t\tag{4.6}$$

$$f(t)e^{-\sigma t}=\frac{1}{2\pi}\int_{-\infty}^{+\infty}F(\sigma+j\Omega)e^{j\Omega t}\mathrm{d}\Omega\tag{4.7}$$

式(4.7)两端同乘以 $e^{\sigma t}$，得

$$f(t)=\frac{1}{2\pi}\int_{-\infty}^{+\infty}F(\sigma+j\Omega)e^{(j\Omega+\sigma)t}\mathrm{d}\Omega\tag{4.8}$$

令 $\sigma+j\Omega=s$，即 $s$ 的实部 $\mathrm{Re}[s]=\sigma$，$s$ 的虚部 $\mathrm{Im}[s]=\Omega$，有 $\mathrm{d}s=\mathrm{d}\sigma+j\mathrm{d}\Omega$。$\sigma$ 为常量，则 $\mathrm{d}s=j\mathrm{d}\Omega$。当 $\Omega$ 为 $-\infty\sim+\infty$ 时，$s$ 为 $\sigma-j\infty\sim\sigma+j\infty$，由此可见，$f(t)$ 的拉普拉斯变换 $F(s)$ 是 $f(t)e^{-\sigma t}$ 的傅里叶变换，这里 $F(s)$ 是指满足单边拉普拉斯变换条件（见式(4.15)在内的所有拉普拉斯变换。由式(4.6)有 $F(\sigma+j\Omega)=F_B(s)$，记为双边拉氏变换，代入式(4.8)，可得

$$\mathscr{L}[f(t)]=F_B(s)=\int_{-\infty}^{\infty}f(t)e^{-st}\mathrm{d}t\tag{4.9}$$

$$\mathscr{L}^{-1}[F_B(s)]=f(t)=\frac{1}{2\pi j}\int_{\sigma-j\infty}^{\sigma+j\infty}F_B(s)e^{st}\mathrm{d}s\tag{4.10}$$

由 $f(t)$ 求 $F_B(s)$ 为拉普拉斯正变换，记做 $\mathscr{L}[f(t)]$ 或 $F_B(s)$；由 $F_B(s)$ 求 $f(t)$，为拉普拉斯反变换，记做 $\mathscr{L}^{-1}[F_B(s)]$。式(4.9)和式(4.10)称为拉普拉斯变换对，简称拉式变换对，记为 $f(t)\leftrightarrow F_B(s)$，$f(t)$ 称为原函数，$F_B(s)$ 称为象函数。

## 4.2.2　拉普拉斯变换的收敛域

如前所述，当我们把 $f(t)$ 的拉普拉斯变换理解为 $f(t)e^{-\sigma t}$ 的傅里叶变换，希望选择合适

的衰减因子 $e^{-\sigma t}$ 使 $f(t)e^{-\sigma t}$ 满足绝对可积的条件时,以下两个事实必须注意:

① $e^{-\sigma t}$ 为一指数衰减因子,它至多能使指数增长型函数满足绝对可积的条件,或满足式(4.3),有些函数如 $t^t$、$e^{t^2}$ 等信号,它们随 $t$ 增长的速率比 $e^{-\sigma t}$ 的衰减速度快,无法找到合适的 $\sigma$ 值使其收敛,因而有些函数乘上衰减因子后仍不满足绝对可积的条件,所以不存在拉普拉斯变换,这类信号称为超指数信号。所幸这些函数在工程实际中很少遇到,因此并不影响拉普拉斯变换的实际意义。

② 那些乘上衰减因子 $e^{-\sigma t}$ 后能满足绝对可积条件或式(4.3)的信号 $f(t)$,也存在一个 $\sigma$ 的取值问题。例如 $f(t)=e^{5t}$,只有在 $\sigma\geqslant5$ 的情况下,积分才会收敛,$F(s)$才存在。

因此,信号 $f(t)$的性质和 $\sigma$ 的取值决定了 $f(t)e^{-\sigma t}$ 能否满足式(4.4)所示的绝对可积的条件。我们把能使信号 $f(t)$的拉普拉斯变换 $F(s)$存在的 $s$ 值的范围(即 $s$ 的实部的范围,因为 $e^{j\Omega t}$ 不影响积分的收敛性)称为信号 $f(t)$拉普拉斯变换的收敛域(Region Of Convergence),简记为 ROC。

下面通过几个信号拉普拉斯变换的例子,来说明其收敛域。

**例 4.1** 求信号 $f_1(t)=e^{at}u(t)$(右边信号)的拉普拉斯变换。

**解:**

$$F_{B1}(s)=\int_{-\infty}^{+\infty}f_1(t)e^{-st}dt=\int_{-\infty}^{+\infty}e^{at}u(t)e^{-st}dt=\int_0^{+\infty}e^{(a-s)t}dt=\frac{1}{a-s}e^{(a-s)t}\Big|_0^{+\infty}=$$

$$\frac{1}{s-a}[1-\lim_{t\to+\infty}e^{(a-s)t}]=\frac{1}{s-a}[1-\lim_{t\to+\infty}e^{(a-\sigma)t}\cdot e^{-j\Omega t}]=$$

$$\begin{cases}\dfrac{1}{s-a} & (\sigma>a)\\ \text{不定} & (\sigma=a)\\ \text{无界} & (\sigma<a)\end{cases}$$

因此,只有当 $\sigma>a$ 时收敛,$e^{at}u(t)$的变换才存在。

表示其收敛域的一个方便直观的方法是,以 $s$ 的实部 $\sigma$ 为横轴,虚部 $j\Omega$ 为纵轴建立平面,称为 $s$ 平面。在 $s$ 平面上把收敛域用阴影线表示出来,如图 4.1(a)所示。

**例 4.2** 求信号 $f_2(t)=-e^{at}u(-t)$ (左边信号)的拉普拉斯变换。

**解:**

$$F_{B2}(s)=\int_{-\infty}^{+\infty}f_2(t)e^{-st}dt=\int_{-\infty}^{+\infty}-e^{at}u(-t)e^{-st}dt=\int_{-\infty}^{0}-e^{(a-s)t}dt=\frac{1}{s-a}e^{(a-s)t}\Big|_{-\infty}^{0}=$$

$$\frac{1}{s-a}[1-\lim_{t\to-\infty}e^{(a-s)t}]=\frac{1}{s-a}[1-\lim_{t\to-\infty}e^{(a-\sigma)t}\cdot e^{-j\Omega t}]=$$

$$\begin{cases}\dfrac{1}{s-a} & (\sigma<a)\\ \text{不定} & (\sigma=a)\\ \text{无界} & (\sigma>a)\end{cases}$$

因此,只有当 $\sigma<a$ 时收敛,$-e^{at}u(-t)$的变换才存在。其收敛域如图 4.1(b)所示。

例 4.1 和例 4.2 表明了这样一种情况,即两个完全不同的信号对应了相同的拉普拉斯变换,但它们的收敛域不同。这说明收敛域在拉普拉斯变换中的重要意义,一个拉普拉斯变换只有和其收敛域一起才能与信号建立一一对应的关系。

**例 4.3**　求信号 $f_3(t)=\mathrm{e}^{-a|t|}$（双边信号）的拉普拉斯变换。

**解：**

$$F_{B3}(s)=\int_{-\infty}^{+\infty} f_3(t)\mathrm{e}^{-st}\mathrm{d}t=\int_{-\infty}^{+\infty}\mathrm{e}^{-a|t|}\mathrm{e}^{-st}\mathrm{d}t=$$
$$\int_{-\infty}^{0}\mathrm{e}^{-(s-a)t}\mathrm{d}t+\int_{0}^{\infty}\mathrm{e}^{-(s+a)t}\mathrm{d}t=$$
$$-\frac{1}{s-a}\mathrm{e}^{-(s-a)t}\Big|_{-\infty}^{0}-\frac{1}{s+a}\mathrm{e}^{-(s+a)t}\Big|_{0}^{\infty}$$

显然，上式第一项积分的收敛域为 $\sigma<a$，第二项积分的收敛域为 $\sigma>-a$，整个积分的收敛域应该是它们的公共部分，即 $-a<\sigma<a$，如图 4.1(c)所示。这时有

$$F_{B3}(s)=-\frac{1}{s-a}+\frac{1}{s+a}=\frac{-2a}{s^2-a^2}\quad(-a<\sigma<a)$$

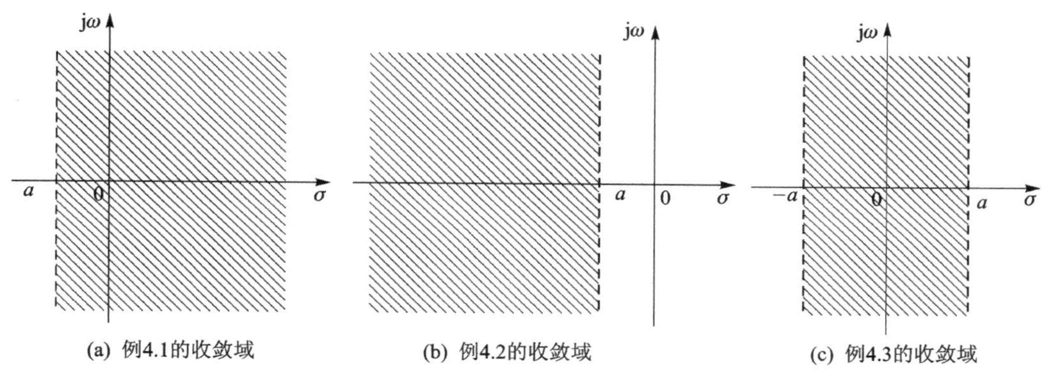


(a) 例4.1的收敛域　(b) 例4.2的收敛域　(c) 例4.3的收敛域

**图 4.1　例 4.1、例 4.2 和例 4.3 的收敛域**

**例 4.4**　讨论双边信号 $f_4(t)=\mathrm{e}^{-t}$ 的拉普拉斯变换。

**解：**

$$F_{B4}(s)=\int_{-\infty}^{\infty}\mathrm{e}^{-t}\mathrm{e}^{-st}\mathrm{d}t=\int_{-\infty}^{0}\mathrm{e}^{-(s+1)t}\mathrm{d}t+\int_{0}^{\infty}\mathrm{e}^{-(s+1)t}\mathrm{d}t=$$
$$-\frac{1}{s+1}\mathrm{e}^{-(s+1)t}\Big|_{-\infty}^{0}-\frac{1}{s+1}\mathrm{e}^{-(s+1)t}\Big|_{0}^{\infty}$$

两项积分的收敛域分别为 $\sigma<-1$ 和 $\sigma>-1$，无公共部分，故 $F_4(s)$不存在。

有关收敛域的性质可归纳为（不作证明，注意它们不能作为判断收敛域是否存在的条件）：

① 如果 $f(t)$是时限信号，则其收敛域是整个 $s$ 平面。

② 如果 $f(t)$是右边信号，则 $F_B(s)$的收敛域是 $\mathrm{Re}[s]=\sigma>\sigma_0$，为一左边界，即其收敛域是以 $\sigma_0$ 为收敛坐标的 $s$ 平面右边部分。

③ 如果 $f(t)$是左边信号，则 $F_B(s)$的收敛域是 $\mathrm{Re}[s]=\sigma<\sigma_0$，为一右边界，即其收敛域是以 $\sigma_0$ 为收敛坐标的 $s$ 平面左边部分。

④ $F_B(s)$的收敛域内没有极点。

⑤ 如果 $f(t)$是双边信号，可以看成是左边和右边信号的和，则 $F_B(s)$的收敛域是左、右边信号收敛域的公共部分，即 $\sigma_1<\mathrm{Re}[s]<\sigma_2$ 的中间区域。若 $\sigma_1\to\infty$，$\sigma_2\to\infty$，则收敛域是整个 $s$ 平面；如果不存在公共部分，则不能求解拉氏变换。

### 4.2.3 拉普拉斯变换与傅里叶变换的关系

拉普拉斯变换与傅里叶变换的差别在于：傅里叶变换建立的是时域和频域间的联系，而拉普拉斯变换建立的是时域与复频域($s$ 域)之间的联系。从物理上讲，傅里叶变换的 $\Omega$ 是振荡的重复频率；而拉普拉斯变换的 $s$ 不仅给出了重复频率，同时还表示了震荡幅值的衰减速率或增长速率；对于连续信号，拉普拉斯变换比傅里叶变换应用更广。

由上一小节的讨论，我们可以认为拉普拉斯变换是傅里叶变换的推广，而傅里叶变换是拉普拉斯变换当 $\sigma=0$ (即 $s=\mathrm{j}\Omega$)时的特殊情况，那么是不是任何信号的拉普拉斯变换都可以通过 $s=\mathrm{j}\Omega$ 与它的傅里叶变换联系起来呢？回答是否定的。由前面的讨论可知，拉普拉斯变换是从信号分析的角度针对指数增长型信号(如 $\mathrm{e}^{at}$)难以求出其傅里叶变换而引入的。一般地说，一个信号存在拉普拉斯变换，其傅里叶变换不一定存在；但信号的傅里叶变换如果存在，其拉普拉斯变换也存在(只有个别信号除外，如 $f(t)=1$，$F(\Omega)=2\pi\delta(\Omega)$，但不存在 $F_B(s)$)。另一方面，对于有些信号，即使存在拉普拉斯变换，又存在傅里叶变换，也不能简单地用 $s=\mathrm{j}\Omega$ 将二者联系起来。

拉普拉斯变换和傅里叶变换的根本区别在于变换的讨论区域不同，前者为 $s$ 平面中的整个收敛区域，后者只是 $\mathrm{j}\Omega$ 轴，因此讨论二者的关系时，根据拉普拉斯收敛区域的不同特点，存在三种情况：

① 收敛域包含 $\mathrm{j}\Omega$ 轴。这时 $\mathrm{j}\Omega$ 轴的任一点上的拉普拉斯变换的积分收敛，信号的拉普拉斯变换存在。而由于 $\sigma=0$，该积分式子就是傅里叶积分，信号的傅里叶变换 $F(\Omega)$也存在，所以只要将 $F_B(s)$中的 $s$ 代以 $\mathrm{j}\Omega$，即为信号的傅里叶变换，即

$$F(\Omega)=F_B(s)\big|_{s=\mathrm{j}\Omega} \tag{4.11}$$

② 收敛域不包含 $\mathrm{j}\Omega$ 轴。这时虽然信号的拉普拉斯变换存在，但是在 $\mathrm{j}\Omega$ 轴的点上拉普拉斯变换的积分不收敛，即傅里叶变换的积分不收敛。所以这时不存在信号的傅里叶变换，当然也就不能用 $F_B(s)$中的 $s$ 代以 $\mathrm{j}\Omega$ 来求得傅里叶变换。

③ 收敛域的收敛边界位于 $\mathrm{j}\Omega$ 轴上。这时，拉普拉斯变换的积分在虚轴上不收敛，根据上面的讨论，不能直接用式(4.11)求傅里叶变换。由于 $\mathrm{j}\Omega$ 轴是收敛边界，$F_B(s)$在 $\mathrm{j}\Omega$ 轴上必有极点，设 $\mathrm{j}\Omega_i\,(i=1,2,\cdots,p)$为 $F_B(s)$上的 $p$ 个极点，为讨论简单起见，并设其余 $n-p$ 个极点位于 $s$ 左半平面，则 $F_B(s)$可以展成部分分式的形式：

$$F_B(s)=F_{B1}(s)+\sum_{i=1}^{p}\frac{k_i}{s-\mathrm{j}\Omega_i} \tag{4.12}$$

式中，$F_{B1}(s)$为由位于 $s$ 左半平面的极点对应的部分分式构成，设 $\mathscr{L}^{-1}[F_{B1}(s)]=f_1(t)$，则 $F_B(s)$的反变换为

$$f(t)=f_1(t)+\sum_{i=1}^{p}k_i\mathrm{e}^{\mathrm{j}\Omega_i t}u(t) \tag{4.13}$$

现在求 $f(t)$的傅里叶变换 $F(\Omega)$，对于 $f_1(t)$，由于其对应的 $F_{B1}(s)$的极点均在 $s$ 左半平面，$\mathrm{j}\Omega$ 轴包含在其收敛域内，由上讨论，它的傅里叶变换为

$$F_1(\Omega)=F_{B1}(s)\big|_{s=\mathrm{j}\Omega}$$

而 $\mathrm{e}^{\mathrm{j}\Omega_i t}u(t)$的傅里叶变换为$\dfrac{1}{\mathrm{j}(\Omega-\Omega_i)}+\pi\delta(\Omega-\Omega_i)$，所以 $F(\Omega)$为

$$F(\Omega)=F_{B1}(s)\big|_{s=j\Omega}+\sum_{i=1}^{p}k_i\left[\frac{1}{j(\Omega-\Omega_i)}+\pi\delta(\Omega-\Omega_i)\right]=$$

$$F_{B1}(s)\big|_{s=j\Omega}+\sum_{i=1}^{p}\frac{k_i}{s-j\Omega_i}\bigg|_{s=j\Omega}+\sum_{i=1}^{p}k_i\pi\delta(\Omega-\Omega_i)$$

所以有

$$F(\Omega)=F_{B1}(s)\big|_{s=j\Omega}+\pi\sum_{i=1}^{p}k_i\delta(\Omega-\Omega_i) \tag{4.14}$$

式(4.14)表明，$F_B(s)$在 $j\Omega$ 轴有极点时，其相应的傅里叶变换由两部分组成：一部分是直接由 $s=j\Omega$ 得到；另一部分则是由在虚轴上每个极点 $j\Omega_i$ 对应的冲激项 $k_i\pi\delta(\Omega-\Omega_i)$组成，其中 $k_i$ 是相应拉普拉斯变换部分分式展开式的系数。注意，上述结论只是针对 $j\Omega$ 轴上极点为单极点的情况。如果 $j\Omega$ 轴上具有多重极点，本书不再赘述，若需了解，可参见有关书籍的讨论。

**例 4.5**　已知 $F_B(s)=\dfrac{2s}{s^2+\Omega_0{}^2}$，$\sigma>0$，求其对应的信号 $f(t)$的傅里叶变换 $F(\Omega)$。

**解：**

$$F_B(s)=\frac{2s}{s^2+\Omega_0{}^2}=\frac{1}{s+j\Omega_0}+\frac{1}{s-j\Omega_0}$$

$j\Omega$ 轴上有两个单极点 $-j\Omega_0$ 和 $j\Omega_0$，由式(4.14)，得

$$F(\Omega)=\frac{2j\Omega}{(j\Omega)^2+\Omega_0{}^2}+\pi[\delta(\Omega+\Omega_0)+\delta(\Omega-\Omega_0)]$$

### 4.2.4　单边拉普拉斯变换

由以上讨论可知，式(4.9)定义的拉氏变换便于分析双边信号，但其收敛条件较为苛刻，而且 $F_B(s)$必须与收敛域一起，才能与 $f(t)$一一对应。这样增加了拉普拉斯变换的复杂性，显然这种复杂性是试图既要处理因果信号，又要处理非因果信号而造成的。

实际信号通常都有初始时刻，不妨设其初始时刻为 0 时刻。这样在 $t<0$ 时，$f(t)=0$，从而其拉普拉斯变换可以写为

$$F(s)=\int_{0^-}^{+\infty}f(t)e^{-st}\,dt \tag{4.15}$$

式(4.15)中积分下限取 $0^-$，是考虑到 $f(t)$可能在 $t=0$ 时刻包含冲激函数或其各阶导数。式(4.15)称为 $f(t)$单边拉氏变换(简称为拉氏变换)。为了区分，已将式(4.9)称为双边拉氏变换，被记为 $F_B(s)$。

单边拉氏变换的存在定理可以表述为，若函数 $f(t)$满足下列条件，则 $f(t)$的拉氏变换 $F(s)=\int_{0^-}^{+\infty}f(t)e^{-st}\,dt$ 在 $s$ 平面的半平面 $\sigma>a$ 上存在。

① 在 $t\geqslant0$ 的任一有限区间内分段连续；

② 当 $t$ 充分大时，满足不等式 $|f(t)|\leqslant Ae^{at}$，$A$、$a$ 均为实常数(满足本条件的函数称为指数增长型函数，$a$ 为其增长指数)。

显然，对于因果信号 $f(t)$，由于 $t<0$ 时 $f(t)=0$，所以其双边、单边拉氏变换相同。

下面，我们求几个常用的单边拉氏变换。

**例 4.6**　求矩形脉冲信号 $f(t)=G_\tau\left(t-\dfrac{\tau}{2}\right)=\begin{cases}1 & (0<t<\tau)\\ 0 & (\text{其余})\end{cases}$ 的单边拉氏变换。

**解:**

$$F(s)=\int_{0^-}^{+\infty} f(t)\mathrm{e}^{-st}\mathrm{d}t=\int_{0}^{\tau}\mathrm{e}^{-st}\mathrm{d}t=\frac{1-\mathrm{e}^{-s\tau}}{s}$$

显然,由于该信号是时限信号,函数值非零的时间段为有限长,拉氏变换定义式中的积分区间有限,故对所有的 $s$,$F(s)$都存在。这称为全 $s$ 平面收敛。

**例 4.7** 求单位冲激信号 $\delta(t)$ 的单边拉氏变换。

**解:**

$$\delta(t)\leftrightarrow\int_{0^-}^{+\infty} f(t)\mathrm{e}^{-st}\mathrm{d}t=\int_{0^-}^{+\infty}\delta(t)\mathrm{e}^{-st}\mathrm{d}t=1$$

也是全平面收敛。

从式(4.15)可知,单边拉普拉斯变换只考虑信号 $t\geqslant0$ 的区间,而与 $t<0$ 区间的信号是否存在或取什么值无关。因此,对于在 $t<0$ 区间内不同、而在 $t\geqslant0$ 区间内相同的两个信号,会有相同的单边拉普拉斯变换,例如对于 $f_1(t)=\mathrm{e}^{-t}u(t)$、$f_2(t)=\mathrm{e}^{-|t|}$ 两个信号,由于在 $t\geqslant0$ 区间内它们是一样的,所以这两个信号的单边拉普拉斯变换是一样的,即

$$F_1(s)=F_2(s)=\frac{1}{s+1}\quad(\sigma>-1)$$

但是很显然,由例 4.1 和例 4.3 可得,它们的双边拉普拉斯变换是不一样的。

$$F_{\mathrm{B1}}(s)=\frac{1}{s+1}\quad(\sigma>-1)$$

$$F_{\mathrm{B2}}(s)=\frac{-2}{s^2-1}\quad(-1<\sigma<1)$$

从上面的讨论可以看出,对于像 $\mathrm{e}^{-t}u(t)$这样的因果信号,单边拉普拉斯变换和双边拉普拉斯变换是一样的,因此,也可以把信号 $f(t)$的单边拉普拉斯变换看成是信号 $f(t)u(t)$的双边拉普拉斯变换。所以对于单边拉普拉斯变换,可以得出如下的结论:

① 单边拉普拉斯变换具有 $\sigma>\sigma_0$的收敛域,即它的收敛域是左边界。正是由于单边拉普拉斯变换收敛域的单值性,保证了拉普拉斯反变换的单值性质,即 $F(s)$和 $f(t)u(t)$是一一对应的关系,所以在研究信号的单边拉普拉斯变换时,一般把它的收敛域视为变换式已包含了,不再另外强调,这样使拉普拉斯反变换的求取变得简单。

② 既然信号 $f(t)$的单边拉普拉斯变换可看成是信号 $f(t)u(t)$的双边拉普拉斯变换,故可以用下式求出 $f(t)u(t)$:

$$f(t)u(t)=\frac{1}{2\pi\mathrm{j}}\int_{\sigma-\mathrm{j}\Omega}^{\sigma+\mathrm{j}\Omega}F(s)\mathrm{e}^{st}\mathrm{d}t$$

对比双边拉氏变换的定义式(4.9)和单边拉氏变换的定义式(4.15),以及前面几个例子,可以看出,双边拉氏变换既可以分析因果信号,又可以分析非因果信号,但需要与收敛域一起才能与时域信号唯一对应。而单边拉氏变换虽然只能分析因果信号,其优势在于不需要指明收敛域就可以与时域一一对应,这种唯一性大大简化了分析。由于在实际应用中,遇到的连续时间信号大都是因果信号,所以本书主要讨论单边拉氏变换,如果不特别指明,拉氏变换都是指单边拉氏变换。

## 4.3　常用信号的拉普拉斯变换

根据拉氏变换的定义，可以直接导出几个常用信号的单边拉氏变换。

阶跃信号：

$$\mathscr{L}[u(t)]=\int_0^\infty e^{-st}\,dt=-\frac{e^{-st}}{s}\bigg|_0^\infty=\frac{1}{s} \tag{4.16}$$

指数信号：

$$\mathscr{L}[e^{-at}]=\int_0^\infty e^{-at}e^{-st}\,dt=\frac{1}{a+s}\quad(\sigma>-a) \tag{4.17}$$

冲激信号：

$$\mathscr{L}[\delta(t)]=\int_0^\infty \delta(t)e^{-st}\,dt=1 \tag{4.18}$$

$t$ 的幂函数：

$$\begin{aligned}\mathscr{L}[t^n]&=\int_0^\infty t^n e^{-st}\,dt=-\frac{1}{s}\int_0^\infty t^n d(e^{-st})=\\&-\frac{1}{s}t^n e^{-st}\,\Big|_0^\infty+\frac{1}{s}\int_0^\infty nt^{n-1}e^{-st}\,dt=\frac{n}{s}\mathscr{L}[t^{n-1}]\end{aligned} \tag{4.19}$$

$$\mathscr{L}[t^n]=\frac{n}{s}\mathscr{L}[t^{n-1}]=\frac{n(n-1)}{s^2}\mathscr{L}[t^{n-2}]=\cdots=\frac{n!}{s^n}\mathscr{L}[1]=\frac{n!}{s^{n+1}} \tag{4.20}$$

$$\mathscr{L}[t]=\frac{1}{s^2} \tag{4.21}$$

其他一些常用信号不再一一推导，列在附录 6 中。

## 4.4　单边拉普拉斯变换的性质

拉氏变换的性质反映了时域和复频域的关系。掌握这些性质对于掌握复频域分析方法十分重要。学习时，要注意与傅里叶变换的性质进行对比，比较相同点和不同点。

**1. 线性性质**

若 $\mathscr{L}[f_1(t)]=F_1(s)$，$\mathscr{L}[f_2(t)]=F_2(s)$，则 $\mathscr{L}[k_1f_1(t)+k_2f_2(t)]=k_1F_1(s)+k_2F_2(s)$。

**例 4.8**　由附录 6 已知 $\cos(\Omega t)u(t)\leftrightarrow\frac{s}{s^2+\Omega^2}$，求 $\cos^2(\Omega t)$ 的拉氏变换。

**解：**

$$\cos^2(\Omega t)=\frac{1}{2}[\cos(2\Omega t)+1]$$

$$F(s)=\frac{1}{2}\mathscr{L}[\cos(2\Omega t)]+\frac{1}{2}\mathscr{L}[1]=\frac{1}{2}\left(\frac{s}{s^2+4\Omega^2}+\frac{1}{s}\right)$$

**2. 时移特性**

若 $f(t)\leftrightarrow F(s)$，$\mathrm{Re}[s]>\sigma_c$，则

$$f(t-t_0)u(t-t_0)\leftrightarrow F(s)e^{-st_0},\quad \mathrm{Re}[s]>\sigma_c \tag{4.22}$$

式中，$t_0>0$。

**证明：**

$$f(t-t_0)u(t-t_0)\leftrightarrow \int_{0^-}^{+\infty} f(t-t_0)u(t-t_0)\mathrm{e}^{-st}\mathrm{d}t = \int_{t_0^-}^{+\infty} f(t-t_0)\mathrm{e}^{-st}\mathrm{d}t$$

令 $t-t_0=u$，则 $t=u+t_0$，$\mathrm{d}t=\mathrm{d}u$，于是有

$$f(t-t_0)u(t-t_0)\leftrightarrow \int_{0^-}^{+\infty} f(u)\mathrm{e}^{-s(u+t_0)}\mathrm{d}u = \mathrm{e}^{-st_0}\int_{0^-}^{+\infty} f(u)\mathrm{e}^{-su}\mathrm{d}u = \mathrm{e}^{-st_0}F(s)$$

需要指出的是，式(4.22)中的 $f(t-t_0)u(t-t_0)$ 并非 $f(t-t_0)u(t)$，显然当 $f(t)$ 为因果信号时，只要 $t_0>0$，则 $f(t-t_0)u(t-t_0)=f(t-t_0)u(t)=f(t-t_0)$，但当 $f(t)$ 为非因果信号时，三者不一定相等。

**例 4.9** 用性质求如图 4.2 所示矩形脉冲的拉氏变换。

**解：** $f(t)=Eu(t)-Eu(t-t_0)$

$$\mathscr{L}[f(t-t_0)u(t-t_0)]=\mathrm{e}^{-st_0}F(s)$$

$$\mathscr{L}[f(t)]=\mathscr{L}[Eu(t)]-\mathscr{L}[Eu(t-t_0)]=\frac{E}{s}-\frac{E}{s}\mathrm{e}^{-st_0}=\frac{E}{s}(1-\mathrm{e}^{-st_0})$$

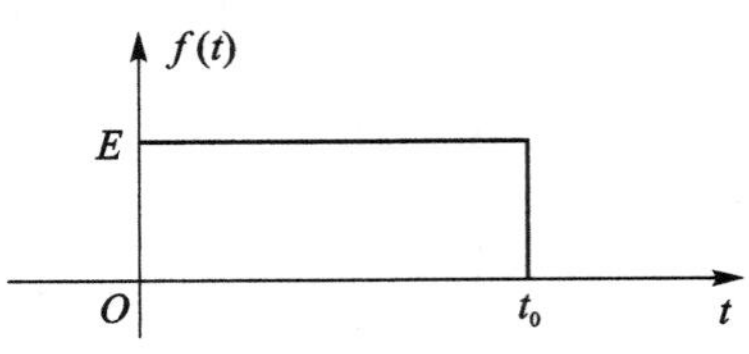


**图 4.2 矩形脉冲**

**3. 复频移特性**

若 $f(t)\leftrightarrow F(s)$，$\mathrm{Re}[s]>\sigma_c$，则

$$f(t)\mathrm{e}^{s_0t}\leftrightarrow F(s-s_0),\quad \mathrm{Re}[s]>\sigma_c+\sigma_0 \tag{4.23}$$

式中，$s_0=\sigma_0+\mathrm{j}\Omega_0$ 为复常数。

**4. 展缩特性**

若 $f(t)\leftrightarrow F(s)$，$\mathrm{Re}[s]>\sigma_c$，则

$$f(at)\leftrightarrow \frac{1}{a}F\left(\frac{s}{a}\right),\quad \mathrm{Re}[s]>a\sigma_c \tag{4.24}$$

式中，$a>0$ 为实常数。

如果时域既时移又变换时间尺度，则可以得到

$$f(at+b)u(at+b)\leftrightarrow \frac{1}{a}\mathrm{e}^{\frac{b}{a}s}F\left(\frac{s}{a}\right),\quad \mathrm{Re}[s]>a\sigma_c \tag{4.25}$$

**例 4.10** 已知 $F(s)=L[f(t)]$，求 $\mathrm{e}^{-\frac{t}{a}}f\left(\frac{t}{a}\right)(a>0)$ 的拉氏变换。

**解：**

$$\mathscr{L}\left[f\left(\frac{t}{a}\right)\right]=aF(as),\quad \mathscr{L}[f(t)\mathrm{e}^{-at}]=F(s+a)$$

$$\mathscr{L}\left[\mathrm{e}^{-\frac{t}{a}}f\left(\frac{t}{a}\right)\right]=aF\left[a\left(s+\frac{1}{a}\right)\right]=aF(as+1)$$

值得注意的是：时移性质只有在对时间进行右移(即时间延迟)时才有效，这是因为只有延迟信号，其整个的非零部分才会包含在$(0^-,\infty)$这一区间中。如果对一个信号进行左移(即时间超前)，则时移后的信号有可能在 $t=0$ 时刻之前就出现非零值，从而使得时移后信号的部分非零值区间落在了拉普拉斯变换的积分范围之外，破坏了原信号的拉普拉斯变换同其相应时移信号的变换对应关系，而无法用通常的办法将两者联系起来。

同样在时间尺度变换性质和频域尺度变换性质中，常数 $a$ 不能是负数，因为这会使得原来的因果信号变成非因果信号，而单边拉普拉斯变换只对因果信号有效。

**5. 微分特性**

(1) 时域微分

若 $f(t)\leftrightarrow F(s)$，$\mathrm{Re}[s]>\sigma_c$，则

$$f'(t)\leftrightarrow sF(s)-f(0^-),\quad \mathrm{Re}[s]>\sigma_c \tag{4.26}$$

**证明：**

$$\begin{aligned}f'(t)\leftrightarrow \int_{0^-}^{+\infty} f'(t)\mathrm{e}^{-st}\mathrm{d}t=&\\ f(t)\mathrm{e}^{-st}\Big|_{0^-}^{\infty}+s\int_{0^-}^{+\infty} f(t)\mathrm{e}^{-st}\mathrm{d}t=&\\ \lim_{t\to\infty}f(t)\mathrm{e}^{-st}-f(0^-)+sF(s)&\end{aligned}$$

因为 $F(s)$存在，$f(t)$必为指数阶信号，且在收敛域内有$\lim\limits_{t\to\infty}f(t)\mathrm{e}^{-st}=0$，所以

$$f'(t)\leftrightarrow sF(s)-f(0^-)$$

式中，$f(0^-)$是函数在 $t=0^-$ 时刻的取值。

例如：$\mathscr{L}[\delta(t)]=\mathscr{L}\left[\dfrac{\mathrm{d}}{\mathrm{d}t}u(t)\right]=s\mathscr{L}[u(t)]-u(0^-)=s\cdot\dfrac{1}{s}-0=1$

$$\mathscr{L}[\delta'(t)]=\mathscr{L}\left[\frac{\mathrm{d}^2}{\mathrm{d}t^2}u(t)\right]=s^2\mathscr{L}[u(t)]-su(0^-)-u'(0^-)=s^2\cdot\frac{1}{s}-0-0=s$$

(2) 复频域微分

若 $f(t)\leftrightarrow F(s)$，$\mathrm{Re}[s]>\sigma_c$，则

$$-tf(t)\leftrightarrow F'(s),\quad \mathrm{Re}[s]>\sigma_c \tag{4.27}$$

**证明：**

$$\begin{aligned}\frac{\mathrm{d}}{\mathrm{d}s}F(s)=\frac{\mathrm{d}}{\mathrm{d}s}\left[\int_{0^-}^{+\infty} f(t)\mathrm{e}^{-st}\mathrm{d}t\right]=&\\ \int_{0^-}^{+\infty} f(t)\frac{\mathrm{d}}{\mathrm{d}s}[\mathrm{e}^{-st}]\mathrm{d}t=&\\ \int_{0^-}^{+\infty}-tf(t)\mathrm{e}^{-st}\mathrm{d}t&\end{aligned}$$

**例 4.11**　求$(1+2t)\mathrm{e}^{-t}$的拉氏变换。

**解：**

$$\begin{aligned}\mathscr{L}[(1+2t)\mathrm{e}^{-t}]=\mathscr{L}[\mathrm{e}^{-t}]+2\mathscr{L}[t\mathrm{e}^{-t}]=&\\ \frac{1}{s+1}-2\frac{\mathrm{d}}{\mathrm{d}s}\left(\frac{1}{s+1}\right)=&\end{aligned}$$

$$\frac{1}{s+1}+2\frac{1}{(s+1)^2}=$$

$$\frac{s+3}{(s+1)^3}$$

时域微分性质是单边拉普拉斯变换最为重要的性质之一，正是这一性质使得带初始条件的微分方程的求解系统化。当使用这一性质求解微分方程时，初始条件将在变换过程中作为固有部分以合适的形式调用。

**6. 积分特性**

(1) 时域积分

若 $f(t)\leftrightarrow F(s)$，$\mathrm{Re}[s]>\sigma_c$，则

$$\int_{-\infty}^{t} f(\tau)\mathrm{d}\tau \leftrightarrow \frac{1}{s}F(s)+\frac{1}{s}\left[\int_{-\infty}^{0^-} f(\tau)\mathrm{d}\tau\right],\quad \mathrm{Re}[s]>\sigma_c \tag{4.28}$$

(2) 复频域积分

若 $f(t)\leftrightarrow F(s)$，$\mathrm{Re}[s]>\sigma_c$，则

$$\frac{f(t)}{t}\leftrightarrow\int_{s}^{\infty}F(s)\mathrm{d}s,\quad \mathrm{Re}[s]>\sigma_c \tag{4.29}$$

**7. 初值定理与终值定理**

(1) 初值定理

若函数 $f(t)$ 及其导数$\dfrac{\mathrm{d}f(t)}{\mathrm{d}t}$可以进行拉氏变换，$\mathscr{L}[f(t)]=F(s)$，则

$$\lim_{t\to 0^+} f(t)=f(0^+)=\lim_{s\to\infty} sF(s)$$

(2) 终值定理

若函数 $f(t)$ 及其导数$\dfrac{\mathrm{d}f(t)}{\mathrm{d}t}$可以进行拉氏变换，$f(t)$的变换为 $F(s)$，且$\lim\limits_{t\to\infty} f(t)$存在，则

$$\lim_{t\to\infty} f(t)=f(\infty)=\lim_{s\to 0} sF(s)$$

**例 4.12** 已知信号的拉氏变换为 $F(s)=\dfrac{s^3+s^2+2s+1}{(s+1)(s+2)(s+3)}$，求原信号的初值与终值。

**解：** $F(s)=\dfrac{s^3+s^2+2s+1}{(s+1)(s+2)(s+3)}=1-\dfrac{5s^2+9s+5}{s^3+6s^2+11s+6}$，$F(s)$为真分式。$f(0^+)=\lim\limits_{s\to\infty} sF(s)=-5$。$F(s)$的极点都在左半 $s$ 平面，故终值存在：

$$f(\infty)=\lim_{s\to 0} sF(s)=0$$

**8. 卷积定理**

若 $f_1(t)$、$f_2(t)$为因果信号，且

$$f_1(t)\leftrightarrow F_1(s),\quad f_2(t)\leftrightarrow F_2(s)$$

则

$$f_1(t)*f_2(t)\leftrightarrow F_2(s)\cdot F_1(s) \tag{4.30}$$

收敛域至少为两者的公共部分。

请自行证明。

**例 4.13** 已知 $f_1(t)=u(t)$，$\mathscr{L}[f_1(t)*f_2(t)]=\dfrac{1}{s^2}$，求 $f_2(t)$。

**解：** $\mathscr{L}[f_1(t) * f_2(t)]=F_1(s)F_2(s),\quad F_1(s)=\mathscr{L}[u(t)]=\dfrac{1}{s}$

$$F_2(s)=\frac{\mathscr{L}[f_1(t) * f_2(t)]}{F_1(s)}=\frac{1}{s},\quad f_2(t)=u(t)$$

拉氏变换与傅氏变换表示式相似，性质也相似，关于拉普拉斯变换的性质总结可见书后附录 6。

## 4.5　单边拉普拉斯反变换

对于单边拉氏反变换，由式(4.10)可知，象函数 $F(s)$的拉氏反变换为

$$f(t)=\frac{1}{2\pi\mathrm{j}}\int_{\sigma-\infty}^{\sigma+\infty}F(s)\mathrm{e}^{st}\,\mathrm{d}s,\quad t>0^- \tag{4.31}$$

上述积分应该用复变函数积分中的留数定理求得，在这里不详细介绍这种方法，下面介绍更为简便的求拉氏反变换的方法。

**1. 利用拉普拉斯变换性质求解**

如果象函数 $F(s)$是一些比较简单的函数，可以利用常用的拉氏变换对，并借助拉氏变换的若干性质求出 $f(t)$。

**例 4.14**　求 $F(s)=\dfrac{1}{s^3}(1-\mathrm{e}^{-st_0})$的拉氏反变换，$t_0>0$。

**解：** $F(s)=\dfrac{1}{s^3}(1-\mathrm{e}^{-st_0})=\dfrac{1}{s^3}-\dfrac{1}{s^3}\mathrm{e}^{-st_0}$，由于$\dfrac{1}{2}t^2u(t)\leftrightarrow\dfrac{1}{s^3}$。利用时移特性，得

$$\frac{1}{2}(t-t_0)^2u(t-t_0)\leftrightarrow\frac{1}{s^3}\mathrm{e}^{-st_0}$$

所以

$$f(t)=\frac{1}{2}t^2u(t)-\frac{1}{2}(t-t_0)^2u(t-t_0)$$

**2. 部分分式展开法**

如果象函数 $F(s)$是 $s$ 的有理分式，不妨设为

$$F(s)=\frac{B(s)}{A(s)}=\frac{b_ms^m+b_{m-1}s^{m-1}+\cdots+b_1s+b_0}{a_ns^n+a_{n-1}s^{n-1}+\cdots+a_1s+a_0}$$

设 $m<n$，即 $F(s)$为有理真分式。其分母多项式 $A(s)$称为 $F(s)$的特征多项式，方程 $A(s)=0$ 称为特征方程，它的根 $p_i(i=1,2,\cdots,N)$ 称为特征根或极点，也称为 $F(s)$的固有频率或自然频率。

对 $F(s)$进行部分分式展开，展成若干项$\dfrac{1}{s-p_i}$ 或$\dfrac{1}{(s-p_i)^m}$的线性组合，再利用常用的拉氏变换对，求出 $f(t)$。关于部分分式展开后各项系数的求解方法，可以采用留数定理，这里不详细介绍，只给出一个典型的例子。

**例 4.15**　求 $F(s)=\dfrac{3s^3+8s^2+7s+1}{s^2+3s+2}$ 的拉氏反变换。

**解：** 因为 $F(s)$不是真分式，应先将其化为真分式，即

$$F(s)=3s-1+\frac{4s+3}{s^2+3s+2}=3s-1+F_1(s)$$

$$F_1(s)=\frac{4s+3}{s^2+3s+2}=\frac{4s+3}{(s+2)(s+1)}=\frac{K_1}{s+2}+\frac{K_2}{s+1}$$

$$K_1=(s+2)F_1(s)\big|_{s=-2}=5$$

$$K_2=(s+1)F_1(s)\big|_{s=-1}=-1$$

所以

$$F(s)=3s-1+\frac{5}{s+2}-\frac{1}{s+1}$$

所以 $f(t)=3\delta'(t)-\delta(t)+5\mathrm{e}^{-2t}u(t)-\mathrm{e}^{-t}u(t)$。

## 4.6 利用拉普拉斯变换求解 LTI 系统的响应

拉氏变换是分析连续时间 LTI 系统的有力数学工具。拉普拉斯变换的作用体现在线性系统动态特性的分析中,因为线性系统往往用线性微分方程描述,通过拉普拉斯变换,解微分方程的问题就转化成了解关于 $s$ 的代数方程的问题,虽然傅里叶变换也可以实现这个转换,但对于那些在某个初始时刻如 $t=0$ 开始激励的系统以及不稳定系统或随时间增加而无限增大的外力函数所驱动的系统,用单边拉普拉斯变换对系统进行瞬态分析特别方便。本节讨论运用拉氏变换求解系统响应的一些问题。

**1. 微分方程的复频域求解**

如前所述,描述连续时间 LTI 系统的是常系数线性微分方程,其一般形式如下:

$$a_n\frac{\mathrm{d}^n}{\mathrm{d}t^n}y(t)+a_{n-1}\frac{\mathrm{d}^{n-1}}{\mathrm{d}t^{n-1}}y(t)+\cdots+a_1\frac{\mathrm{d}}{\mathrm{d}t}y(t)+a_0y(t)=$$

$$b_m\frac{\mathrm{d}^m}{\mathrm{d}t^m}x(t)+b_{m-1}\frac{\mathrm{d}^{m-1}}{\mathrm{d}t^{m-1}}x(t)+\cdots+b_1\frac{\mathrm{d}}{\mathrm{d}t}x(t)+b_0x(t) \tag{4.32}$$

式中,各系数均为实数,设系统的初始状态为 $y(0^-),y'(0^-),\cdots,y^{(n-1)}(0^-)$。

求解系统响应的计算过程就是求解此微分方程。微分方程的时域求解过程一般较为繁琐,下面我们学习用拉氏变换的方法求解微分方程。

令 $x(t)\leftrightarrow X(s)$,$y(t)\leftrightarrow Y(s)$,根据拉氏变换的时域微分特性

$$\left.\begin{aligned}x^{(n)}(t)\leftrightarrow s^nX(s)-s^{n-1}x(0^-)-s^{n-2}x'(0^-)-\cdots-x^{(n-1)}(0^-)\\ y^{(n)}(t)\leftrightarrow s^nY(s)-s^{n-1}y(0^-)-s^{n-2}y'(0^-)-\cdots-y^{(n-1)}(0^-)\end{aligned}\right\} \tag{4.33}$$

若输入信号 $x(t)$为因果信号,则 $t=0^-$ 时刻 $x(t)$及其各阶导数为零。

这样,将式(4.32)等号两边取拉氏变换,就可以将描述 $y(t)$和 $x(t)$之间关系的微分方程变换为描述 $Y(s)$和 $X(s)$之间关系的代数方程,拉普拉斯变换的结果为一个有理函数,它是复数变量 $s$ 的一个多项式比值,如下式所示:

$$H(s)=\frac{Y(s)}{X(s)}=\frac{b_1s^{n-1}+\cdots+b_{n-1}s+b_n}{a_1s^{m-1}+\cdots+a_{m-1}s+a_m} \tag{4.34}$$

并且初始状态已自然地包含在其中,可直接得出系统的全响应解,求解步骤简明且有规律。现举例说明。

**例 4.16** 某 LTI 系统 $y''(t)+3y'(t)+2y(t)=2x'(t)+x(t)$,输入信号 $x(t)=\mathrm{e}^{-3t}u(t)$,初始状态 $y(0^-)=1$,$y'(0^-)=1$,求全响应。

**解：**对原微分方程两边取拉氏变换，可得

$$s^2Y(s)-sy(0^-)-y'(0^-)+3[sY(s)-y(0^-)]+2Y(s)=2sX(s)+X(s)$$

现将 $y(0^-)=1, y'(0^-)=1, X(s)=\dfrac{1}{s+3}$代入上式，得

$$(s^2+3s+2)Y(s)-s-4=\frac{2s+1}{s+3}$$

$$Y(s)=\frac{s^2+9s+13}{(s+1)(s+2)(s+3)}=\frac{5/2}{s+1}+\frac{1}{s+2}-\frac{5/2}{s+3}$$

求反变换得

$$y(t)=\frac{5}{2}\mathrm{e}^{-t}u(t)+\mathrm{e}^{-2t}u(t)-\frac{5}{2}\mathrm{e}^{-3t}u(t)$$

**2. MATLAB 的编程求解**

由前述可知，拉氏变换可以直接通过定义或性质进行求解，常见的信号也可以通过查表求解；但对于比较复杂信号的变换，特别是求解其拉氏反变换，往往比较困难。此时可以利用软件编程的方法，例如通过 MATLAB 的编程来解决。

通常情况下，可以使用 MATLAB 中的“tr2zp()”函数得到式(4.34)因式分解形式的传递函数

$$H(s)=\frac{N(s)}{D(s)}=k\frac{(s-n_1)(s-n_2)\cdots(s-n_m)}{(s-d_1)(s-d_2)\cdots(s-d_n)}$$

$N(s)=0$ 的根即为 $F(s)$的零点，$D(s)=0$ 的根即为 $F(s)$的极点。$F(s)$可在 $s$ 平面中用零极点的形式来描述，即零点-极点图，也称零极点图。

在 $s$ 平面中标记 $N(s)$与 $D(s)$的根并标明其收敛域，能够为拉普拉斯变换提供形象化的解释。

MATLAB 的符号数学工具箱中有“laplace()”函数来实现符号表达式 $f(t)$的单边拉普拉斯变换，其调用格式为 L=laplace(f)。

**例 4.17**　对于信号 $f(t)=\cos(2t)u(t)$，利用 MATLAB 软件求解 $f(t)$和 $f(t-1)$的拉普拉斯变换。

**解：**从理论上可以计算所给信号的拉普拉斯变换，即

$$f(t)=\cos(2t)\leftrightarrow F(s)=\frac{s}{s^2+4}$$

$$f_1(t)=\cos[2(t-1)]\leftrightarrow F_1(s)=\frac{s}{s^2+4}\mathrm{e}^{-s}$$

利用 MATLAB 软件提供的符号变量，也可以得到与上面推导一致的结果。如果要采用图形方法直观地表示出拉普拉斯变换的结果，则需要在整个收敛域内对 $s$ 赋值并绘图。绘图时需要注意，这里的 $s$ 是复变量，并且在一般情况下我们也无法画出满足全部条件的 $s$，只能在一定的区域内来观察。因此，在拉普拉斯变换中，更多的是从变换式上来分析拉普拉斯变换的性质，而不是从变换后的图形表示上分析。

参考代码如下：

```
%%%%%%%%%%%%%%%%%%%%%%%%%%%%%%%%%%%%%%%%%%%%%%
syms t;                    %%%定义符号变量
```

```
f=cos(2*t);                    %%%信号表达式
F=laplace(f);                  %%%调用MATLAB函数对x做拉普拉斯变换
fl=cos(2*(t-1));               %%%信号xl表达式
Fl=laplace(fl);                %%%对xl做拉普拉斯变换
```

结果如下:

```
F =s/(s^2+4)
Fl =(2*sin(2)+s*cos(2))/(s^2+4)
```

**例 4.18** 求解 $F(s)=\dfrac{5(s+2)(s+5)}{s(s+1)(s+3)}$ 的拉普拉斯反变换。

**解:** 在实际应用中,一般信号的反拉普拉斯变换的求解非常困难,在本例中,我们仍然采用了符号变量来进行反拉普拉斯变换。

参考代码如下:

```
%%%%%%%%%%%%%%%%%%%%%%%%%%%%%%%%%%%%%%%%%%%%%%
syms s;                                    %%%定义符号变量
F=5*(s+2)*(s+5)/(s*(s+1)*(s+3));           %%%信号表达式
f= ilaplace(F);                            %%%反拉普拉斯变换
```

结果如下:

```
f =50/3 -(5*exp(-3*t))/3 - 10*exp(-t)
```

程序输出结果与部分分式展开方法展开的结果是一样的。

**例 4.19** 绘出 $F(s)=\dfrac{8s^2+3s-21}{s^3-7s-6}$ 的零极点图。

**解:** 要绘制零极点图,首先对 $F(s)$ 的分子和分母多项式分别计算等于 0 的 $s$ 值,这一步可以将 $F(s)$ 的分子和分母多项式系数构造为向量形式,然后利用 MATLAB 中的"roots()"函数通过解方程的方法来计算零点、极点。最后利用 MATLAB 绘图功能绘制零极点图。

在本例中,我们将利用对分子和分母部分的多项式解方程的方法来获取零点,然后在图中绘制以上的零点位置,其中分子解得的零点对应着所要求绘制的零点,而分母部分的零点则对应着所要求绘制的极点。

参考代码如下:

```
%%%%%%%%%%%%%%%%%%%%%%%%%%%%%%%%%%%%%%%%%%%%%%
A=[8 3 -21];                     %%%分子系数
B=[1 0 -7 -6];                   %%%分母系数
z=roots(A);                      %%%解得零点
p=roots(B);                      %%%解得极点
x=max(abs([z;p]));               %%%取零极点的最大值
x=x+0.1;
y=x;
figure;                          %%%绘制零极点图
hold on;                         %%%使多次绘图同时保留
plot([-x x],[0 0],'--');         %%%绘制实轴(或x轴)
```

```
plot([0 0],[-y y],'--');                %%%绘制虚轴(或 y 轴)
plot(real(z),imag(z),'bo',real(p),imag(p),'kx');
xlabel('Real Part');ylabel('Imaginary Part');
axis([-x x -y y]);
```

结果如下：

```
z =
    -1.8185
    1.4435
p =
    3.0000
    -2.0000
    -1.0000
```

试验中解得两个零点、三个极点，它们的位置如图 4.3 所示。

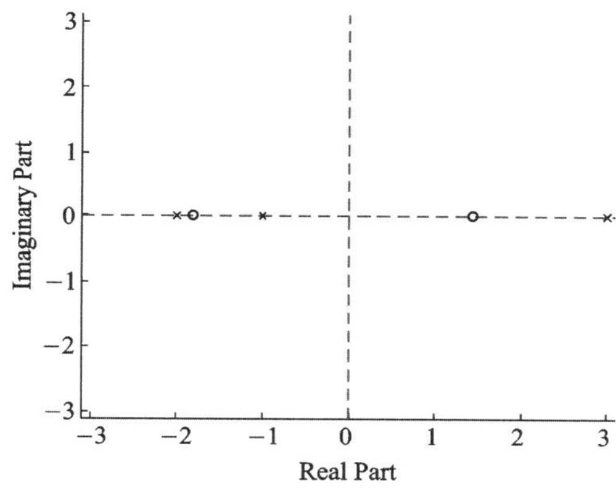


**图 4.3　例 4.19 零极点图**

**例 4.20**　绘出 $f(t)=\mathrm{e}^{-2t}u(t)$的零极点图。

**解**：直接利用计算拉普拉斯变换的公式可以计算所给信号在复频域的表示，利用 MATLAB 软件同样可以得到复频域的表示。

参考代码如下：

```
%%%%%%%%%%%%%%%%%%%%%%%%%%%%%%%%%%%%%%%%%%%%%
syms t;                          %%%定义符号变量
f=exp(-2*t)*heaviside(t);        %%%信号表达式
F=laplace(f);                    %%%对信号做拉普拉斯变换
```

结果如下：

```
F =1/(s+2)
```

在得到信号的复频域的表达式的基础上，进一步可以利用解方程的方法得到零极点的位置，绘制零极点图。参考代码如下：

```
%%%%%%%%%%%%%%%%%%%%%%%%%%%%%%%%%%%%%%%%%%%%%
A=[1];                           %%%多项式分子
```

```
B=[1 2];                          %%%多项式分母
z=roots(A);                       %%%解得零点
p=roots(B);                       %%%解得极点
x=max(abs([z;p]));                %%%取零极点的最大值
x=x+0.1;
y=x;
figure;                           %%%绘制零极点图
hold on;
plot([-x x],[0 0],'--');          %%%绘制实轴
plot([0 0],[-y y],'--');          %%%绘制虚轴
plot(real(z),imag(z),'bo',real(p),imag(p),'kx');
xlabel('Real Part');ylabel('Imaginary Part');
axis([-x x -y y]);
```

结果如下：

```
z =
空的 0×1 double 列向量
p =
    -2
```

本例中的信号在零极点图上不存在零点，只有一个极点$-2$。零极点图如图4.4所示。与例4.19对比，尽管两者的零极点的数目不同，但从程序仿真的角度看，实现过程和代码都是类似的。

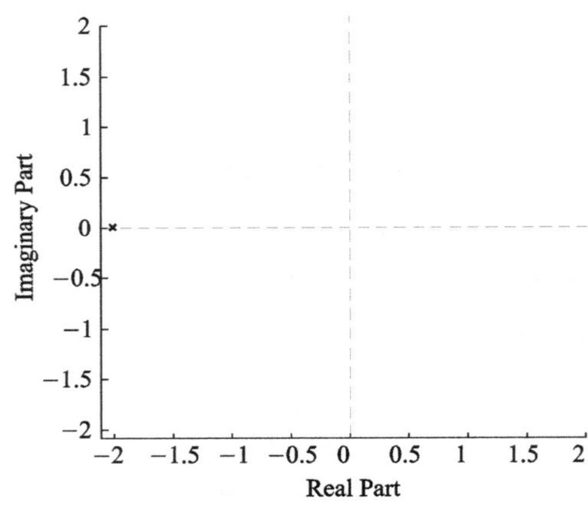


**图4.4　例4.20零极点图**

我们知道，在拉普拉斯变换中，收敛域是一个非常重要的问题，但在采用符号变量计算信号的拉普拉斯变换时，没有表现出拉普拉斯变换有收敛域这一限制条件。实际上可以看到，在计算积分时，式

$$F(s)=-\frac{1}{2+s}\mathrm{e}^{-(2+s)t}\Big|_0^{\infty}$$

需要满足$2+\mathrm{Re}[s]=2+\sigma>0$(Re代表实部)才会有意义，使得信号$f(t)=\mathrm{e}^{-2t}u(t)$的拉普拉斯变换存在的收敛域为$\sigma>-2$。

为了加深对拉普拉斯变换收敛域的形象化理解，在仿真中，我们采用了包含收敛区边界的一个区域。在收敛区域内，拉普拉斯变换有确定的值；在收敛区域外，由于仅采用了一个有限区域来计算拉普拉斯变换，也可以计算出该区域的值，在收敛区域边界的两侧，所得到的计算结果会有很大的差异。利用这种方法来直接显示出边界的存在。

在具体的仿真实现中，在收敛区域内，采用拉普拉斯变换的理论计算结果进行仿真；在收敛区域外，利用了拉普拉斯变换的定义式，在一个有限的区间范围 $t\in[0,50]$内进行积分(代替定义式中在无穷区间上的积分)。

参考代码如下：

```
%%%%%%%%%%%%%%%%%%%%%%%%%%%%%%%%%%%%%%%%%%%
length=100;                                  %%%定义仿真的长度
xs=zeros(length,length);                     %%%仿真区域初始化
delta_t=0.1;                                 %%%时间步长
for mm=1:length                              %%%对仿真区域每一个点
    for nn=1:length
        delta_xs=0;                          %%%保存积分运算的中间结果
        s=(mm/10-5)+1j*(nn/10-5)             %%%s 的取值范围为[-5-5i,5+5i]
        xs(mm.nn)=1./(s+2);                  %%%信号的拉普拉斯变换
        if mm<30                             %%%相当于 sigma<-2
            for tt=0:delta_t:50
                delta_xs=delta_xs+exp(-(2+s)*tt);
                                             %%%对 delta_xs 累加
            end
            xs(mm,nn)=delta_xs*delta_t;      %%%对 xt 进行积分
        end
    end
end
xs=log10(abs(xs));
figure;
mesh(1:length,1:length,xs);
set(gca,'xtick',[0 10 20 30 40 50 60 70 80 90 100]);
set(gca,'xticklabel',{'-5','-4','-3','-2','-1','0','1','2','3','4','5'});
set(gca,'ytick',[0 10 20 30 40 50 60 70 80 90 100]);
set(gca,'yticklabel',{'-5','-4','-3','-2','-1','0','1','2','3','4','5'});
xlabel('j\omega');ylabel('sigma');zlabel('log10(X(s))');
```

运行结果如图 4.5 所示。

当 $\sigma<-2$ 时，信号的拉普拉斯变换实际上是不存在的。仿真时，用 $f(t)$在一定范围内的乘积的积分来代替 $F(s)$，表现出收敛区域内外的信号变化的差异。可以看出，在收敛区域外，信号的拉普拉斯变换幅值急剧增加，如果积分区间是 $t\in[0,+\infty)$，则会得到无穷大的结果。该例给出了信号拉普拉斯变换中的收敛域的一种示意描述。

**例 4.21**　图 4.6 表示由 $R_f$、$C_i$ 组成的模拟电路，设电路的初始状态为零状态，输入电压为 $x(t)$，输出为 $y(t)$。试写出电路的传递函数 $H(s)$，并分析电路的作用。

**解：** 由“自动控制原理”可知：电路的传递函数是输出信号与输入信号的拉氏变换之比。

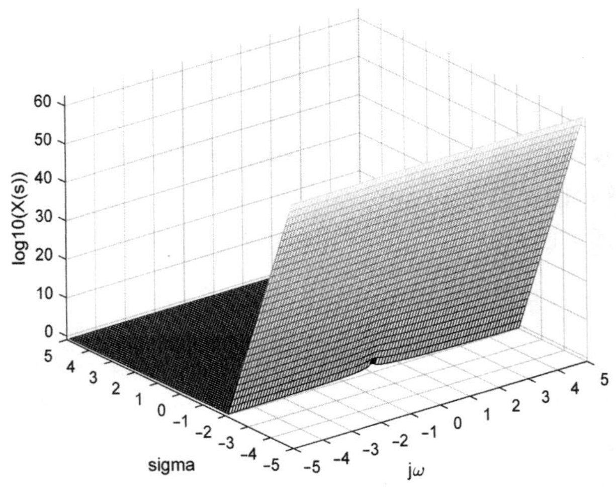


**图 4.5　指数衰减信号拉普拉斯变换曲面图**

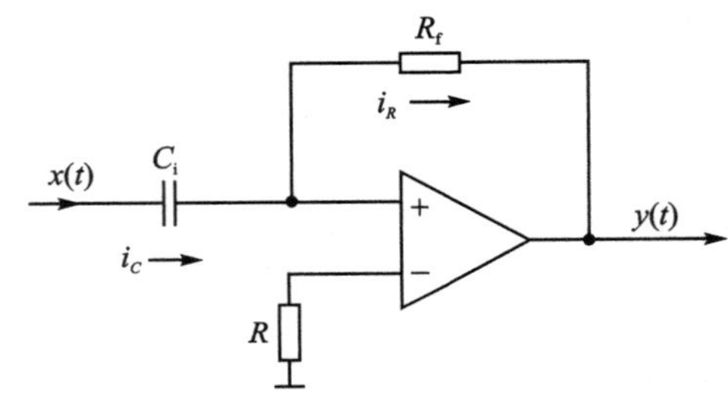


**图 4.6　连续系统 RC 网络**

先利用运算放大器的"虚地"概念,列出电路的微分方程,并设电容 $C_i$ 上的电压为 $v_C$,显然有 $v_C=x(t)$,则

$$y(t)=-i_R R_f=-i_C R_f=-R_f C_i\ \frac{\mathrm{d}v_C}{\mathrm{d}t}=-R_f C_i\ \frac{\mathrm{d}x(t)}{\mathrm{d}t}$$

对上式两边进行拉氏变换,并利用拉氏变换的微分性质,可得到电路系统的传递函数为

$$Y(s)=-R_f C_i[sX(s)]$$

$$H(s)=\frac{Y(s)}{X(s)}=-R_f C_i s$$

把 $H(s)$中的 $s$ 代之以 j$\Omega$,即为系统的频率响应,因此其幅频特性为

$$|H(\mathrm{j}\Omega)|=(R_f C_i)\Omega$$

由上式不难看出,电路系统的响应对高频非常敏感,频率越高的输入信号分量,响应值越大,而低频分量则相对较弱,或者说受到抑制,这就是所谓"高通滤波"的作用。有关滤波更多的内容将在第 8 章中详述。

## 本章小结

本章介绍了双边拉普拉斯变换和单边拉普拉斯变换,单边拉普拉斯变换是本章讨论的重

点，同时强调了傅氏变换与拉氏变换这两个变换之间的联系和区别，指出：

① 拉氏变换中，$e^{-\sigma t}$ 衰减因子的引入是一个关键问题。从数学的角度看，是为了使 $e^{-\sigma t}f(t)$ 绝对可积的条件容易满足。从物理意义看，是将频率 $\Omega$ 变换为复频率 $s$。傅氏变换是时、频域之间的变换，时域变量 $t$ 和频域变量 $\Omega$ 都是实数；而拉氏变换是 $f(t)$ 与 $F(s)$ 之间的变换，时域变量 $t$ 仍为实数，但 $s=\sigma+j\Omega$ 为复数，可称为复频域，因此拉氏变换是时域与复频域之间的关系。

② 只有当信号幅度的增长速度不超过正时间或负时间指数函数，该信号的拉普拉斯变换才存在。

③ 拉普拉斯变换可用于确定一个 LTI 系统的传递函数，该传递函数能用于求解 LTI 系统对任意激励的响应。由线性常系数微分方程描述的系统，其传递函数为关于 $s$ 的多项式之比。

④ 单边拉普拉斯变换常用于实际问题的解决，因为它不需考虑收敛域，比双边拉普拉斯变换简单。

## 思考与练习题

**4.1**　求下列信号的拉氏变换。

(1) $f(t)=e^{at}u(-t)$　　(2) $f(t)=\dfrac{\sin(\Omega_0 t)}{t}u(t)$

(3) $f(t)=e^{-t}\cos(\Omega_0 t)$　　(4) $f(t)=e^{-at}x(t/a)$，已知 $x(t)$ 的拉氏变换为 $X(s)$

(5) $f(t)=\sin t\cos t$　　(6) $f(t)=(t-1)^2e^t$

**4.2**　求下列函数的拉氏变换。

(1) $f(t)=\begin{cases}3 & (0\leqslant t<2)\\ -1 & (2\leqslant t<4)\\ 0 & (t\geqslant 4)\end{cases}$　　(2) $f(t)=\delta(t)\cos t-u(t)\sin t$

**4.3**　求信号 $f(t)=\begin{cases}e^{\alpha t} & (t>0)\\ e^{\beta t} & (t<0)\end{cases}=e^{\alpha t}u(t)+e^{-\beta t}u(-t)$（双边信号）的拉氏变换。

**4.4**　求如题图 4.1 所示阶梯函数 $f(t)$ 的拉氏变换。

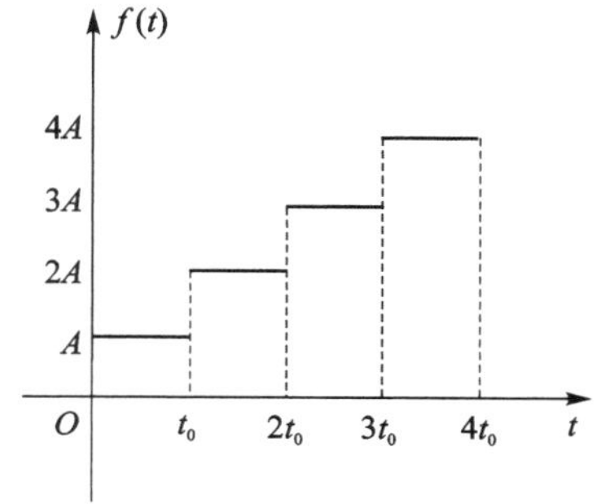


**题图 4.1　习题 4.4 用图**

**4.5**　利用拉氏变换的性质计算下列积分。

(1) $\int_0^\infty \frac{e^{-t}-e^{-2t}}{t}dt$　　(2) $\int_0^\infty \frac{1-\cos t}{t}e^{-t}dt$

(3) $\int_0^\infty te^{-3t}\sin 2t\,dt$　　(4) $\int_0^\infty \frac{\sin^2 t}{t^2}dt$

**4.6**　利用卷积定理证明 $\mathscr{L}^{-1}\left[\frac{s}{(s^2+a^2)^2}\right]=\frac{t}{2a}\sin at$。

**4.7**　求下列函数的拉普拉斯反变换。

(1) $F(s)=\frac{1}{s^4}$　　(2) $F(s)=\frac{5(s+2)(s+5)}{s(s+1)(s+3)}$

(3) $F(s)=\frac{2s+5}{s^2+4s+13}$　　(4) $F(s)=\frac{1+e^{-2s}}{s^2}$

**4.8**　分别求下列函数的反变换的初值与终值。

(1) $F(s)=\frac{(s+6)}{(s+2)(s+5)}$　　(2) $F(s)=\frac{(s+3)}{(s+1)^2(s+2)}$

**4.9**　求积分方程 $y(t)=at+\int_0^t y(\tau)\sin(t-\tau)d\tau$ 的解。

**4.10**　求下列微分方程的解。

(1) $y'''+3y''+3y'+y=1$,　$y(0)=y'(0)=y''(0)=0$

(2) $y''-y=4\sin t+5\cos 2t$,　$y(0)=-1, y'(0)=-2$

(3) $y''+4y'+5y=f(t)$,　$y(0)=c_1, y'(0)=c_2$($c_1, c_2$ 为常数)

(4) $y'''+y'=e^{2t}$,　$y(0)=y'(0)=y''(0)=0$

**4.11**　试用 MATLAB 命令求下列函数的拉普拉斯变换。

(1) $f_1(t)=(t+1)e^{t+1}$　　(2) $f_2(t)=\sin(\pi t)e^{2t}$

**4.12**　试用 MATLAB 命令求下列函数的拉普拉斯反变换。

(1) $F_1(s)=\frac{1}{3s+5}$　　(2) $F_2(s)=\frac{1}{2s^2+4}$

(3) $F_3(s)=\frac{1}{(s+1)(s+3)}$　　(4) $F_4(s)=\frac{s+1}{s(s+2)(2s+5)}$

**4.13**　利用 MATLAB 的 laplace()命令,求函数 $f(t)=\sin\Omega(t-\tau)\cdot u(t-\tau)$ 的拉氏变换。

**4.14**　利用 MATLAB 的 ilaplace()命令,求函数 $F(s)=\frac{2-s^2}{1+s^4}$ 的原函数 $f(t)$。

**4.15**　利用 MATLAB 编程,将系统传递函数 $H(s)=\frac{s^2+3s+2}{s^3+5s^2+7s+3}$ 转换为零极点增益模型表示。

# 第5章　离散信号与系统的时域分析

**基本内容：**

- 序列概念
- 离散信号的运算
- 线性非时变离散系统
- 离散系统的时域分析

本书第2章介绍了连续时间信号与系统分析的内容，随着计算机技术的出现和迅速发展，离散信号与系统越来越普遍地出现在人们的生活之中。离散时间信号指时间上离散的信号，简称离散信号，它只是在部分时刻有定义，其他时刻无定义。离散信号可以来自于对模拟信号的抽样，其幅值可以是离散的，也可以是连续的，幅值离散的离散信号就是数字信号。考虑到离散信号及其系统的有关内容和概念与连续时间信号及其系统有类似之处，因而本章对两者相似之处只做简要说明，主要讲述离散信号及其系统的特殊之处。本章内容是数字信号处理的基础之一。

## 5.1　离散时间信号——序列

### 5.1.1　序　列

把只在某些不连续的瞬时给出函数值的信号，称为离散时间信号，简称为离散信号。它可以来自于模拟信号的抽样，或者直接是时间和幅度均不连续的数字信号。通常把按一定先后次序排列，在时间上不连续的一组数的集合，称为“序列”，并用序列来表示离散信号。序列可以用一集合符号$\{x(n)\}(-\infty<n<\infty)$来表示。其中，$n$为整数，表示序列的序号；花括号中的$x(n)$是表示第$n$个离散时间点的序列值，序列可直接写成

$$\{x(n)\}=\{x(-\infty),\cdots,x(-2),x(-1),x(0),x(1),\cdots,x(\infty)\}$$

为简化书写，通常可直接用通项$x(n)$代替序列$\{x(n)\}$的集合符号。序列的图形表示如图5.1所示（在后续章节中，为简便，将表示序列值的直线末端黑点省略不画）。$n$在实际离散信号中是表示信号的时间（或空间）的变量，$x(n)$是时刻（或位置）$n$时的信号值。

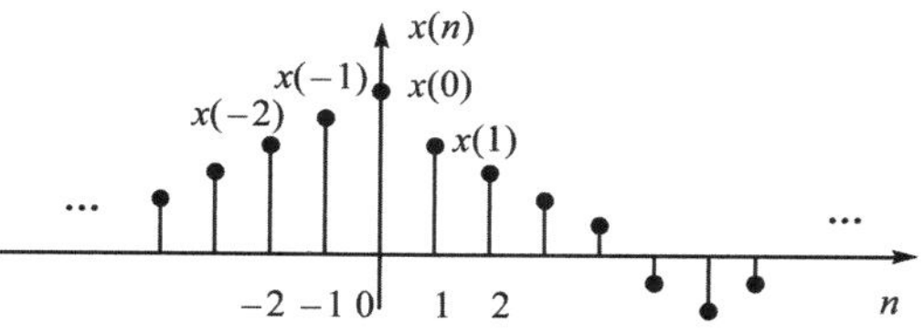


图5.1　序列的图形表示

序列与连续时间信号一样，是信息的载体。它通过序列的顺序（$n$的先后）和序列值$x(n)$的大小承载信息，例如不同季节中日气温的变化或降雨量的信息都可以通过序列（数据）反映出来，它包含着客观世界及其变化的信息，可以表现变化的动态过程。序列有时也称为“动态

数据”。对序列进行分析与处理的根本目的就是提取所承载的信息，即揭示序列所表征的系统特性，分析推断系统的变化规律等。

### 5.1.2 基本序列

与常见的连续信号相对应，作为基本的离散信号——基本序列有以下几种。

**1. 单位抽样序列(单位脉冲序列)δ(n)**

$$\delta(n)=\begin{cases}1 & (n=0)\\ 0 & (n\neq 0)\end{cases} \tag{5.1}$$

这一序列只在 $n=0$ 处的值为1，其余各点都为0，如图5.2所示。它在离散系统中的作用类似于连续系统中的单位冲激函数 $\delta(t)$。

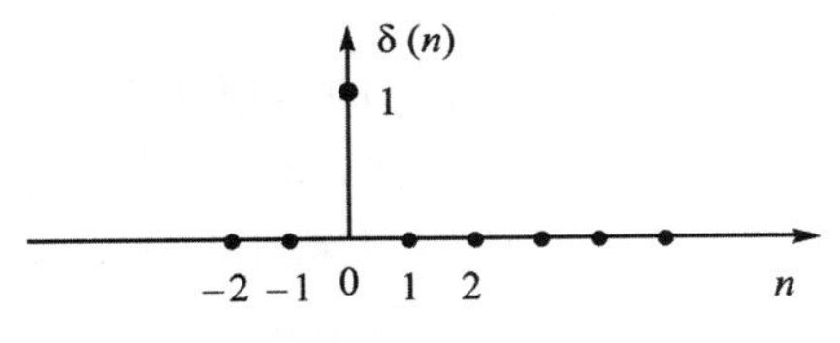


图 5.2 单位抽样序列

需要特别指出：抽样序列与冲激抽样信号表示的是性质完全不同的两种信号，当序列是由时域连续信号经均匀抽样转换得到时，它在抽样的瞬间保留了原连续信号的幅度值，把这种信号称为抽样数据信号，也称为抽样序列，表示为 $x(n)$，它与第2章的理想抽样得到的冲激抽样信号有概念上的区别。冲激抽样信号是由一系列冲激构成的，在出现冲激处的离散瞬时，其函数值趋于无穷，在其他时刻函数值是零，是有定义的，可表示为 $x_s(nT)$。但抽样序列 $x(n)$ 在离散瞬时，其函数值为有限值，而在其他时刻的函数值不能理解为零值，并无定义。严格意义上说，序列才是真正的离散时间信号的表征，而冲激抽样信号 $x_s(nT)$ 是一系列连续脉冲脉宽趋于零的极限情况，仍然属于连续时间信号，也称为冲激串信号，它能够作用于连续系统并产生连续的输出信号响应；序列则不能作用于连续系统，只能作用在离散系统上而产生离散输出响应。

通过适当的数学处理，可以把冲激抽样信号转换为抽样序列，即

$$x(n)=x_s(nT) \qquad (-\infty<n<\infty) \tag{5.2}$$

式中，$T$ 是抽样周期。转换的原理如图5.3(a)所示。

图5.3中的 $x(t)$ 是指输入的连续时间信号，$\delta_T(t)$ 是周期单位冲激信号。图5.3(b)是冲激串信号 $x_s(nT)$，图5.3(c)是转换后的抽样序列 $x(n)$。

上述从连续时间信号到序列的转换是一种理想转换，是数学分析和处理的需要，实现转换的实际装置，就是A/D转换器，它是理想转换的近似。这种转换，后文将经常用到，没有特别需要，就不再另作说明。

**2. 单位阶跃序列 $u(n)$**

$u(n)$ 定义为

$$u(n)=\begin{cases}1 & (n\geqslant 0)\\ 0 & (n<0)\end{cases} \tag{5.3}$$

如图5.4所示。它的作用与连续系统中的单位阶跃信号类似，但 $u(t)$ 在 $t=0$ 处为跳变点，其左、右极限不相等；而 $u(n)$ 则在 $n=0$ 处明确定义为1。

单位阶跃序列也可表示为

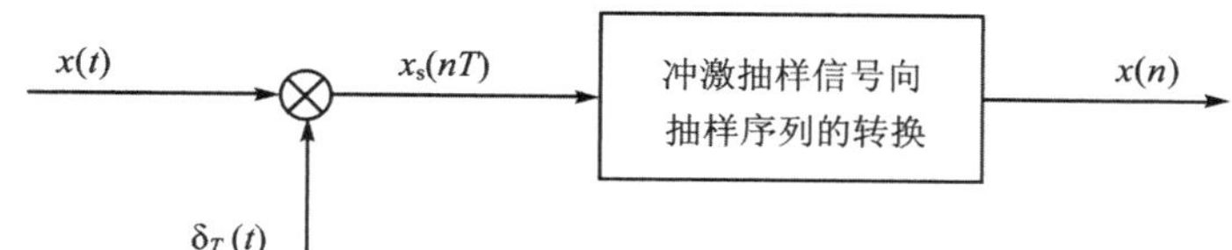


(a) 转换原理

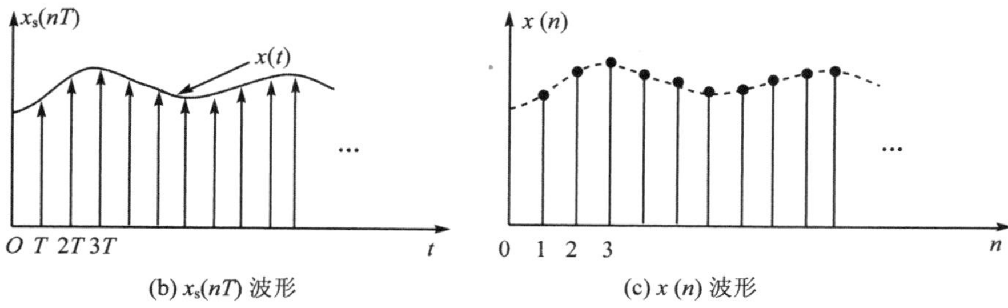


(b) $x_s(nT)$ 波形　　(c) $x(n)$ 波形

**图 5.3　连续时间信号通过冲激抽样转换为抽样序列**

$$u(n)=\sum_{m=0}^{\infty}\delta(n-m) \tag{5.4}$$

从而单位抽样序列可表示为

$$\delta(n)=u(n)-u(n-1) \tag{5.5}$$

$u(n)$的作用与连续信号中的 $u(t)$类似，可把一个序列限定为单边序列，如 $x(n)u(n)$，表示 $x(n)$为单边序列（序列从 $n=0$ 开始）。

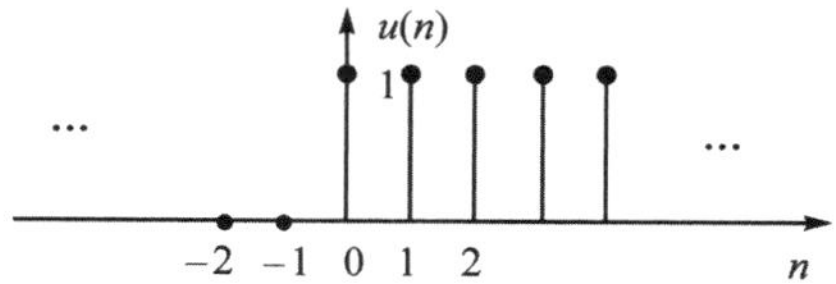


**图 5.4　单位阶跃序列**

**3. 矩形序列 $R_N(n)$**

矩形序列定义为

$$R_N(n)=\begin{cases}1 & (0\leqslant n\leqslant N-1)\\ 0 & (\text{其他})\end{cases} \tag{5.6}$$

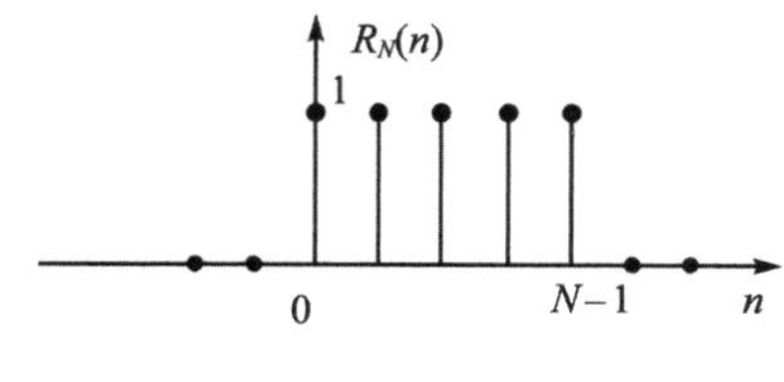


**图 5.5　矩形序列**

它从 $n=0$ 开始，直至 $n=N-1$，共 $N$ 个幅度为 1 的序列值，其余均为零，如图 5.5 所示。若表示为 $R_N(n-m)$，则表示序列取值为 1 的范围是 $m\leqslant n\leqslant N+m-1$，它在离散系统中的作用类似于连续系统中的矩形脉冲。

矩形序列也可用阶跃序列表示，即

$$R_N(n)=u(n)-u(n-N) \tag{5.7}$$

**4. 单边指数序列**

单边指数序列可表示为

$$x(n)=a^n u(n) \tag{5.8}$$

根据 $a$ 取值的不同，序列值有多种不同的情况：$|a|>1$，序列发散；$|a|<1$，序列收敛；$a>0$，序列值均为正；$a<0$，则序列值正负摆动，如图 5.6 所示。

**5. 斜变序列 $r(n)$**

$$r(n)=nu(n) \tag{5.9}$$

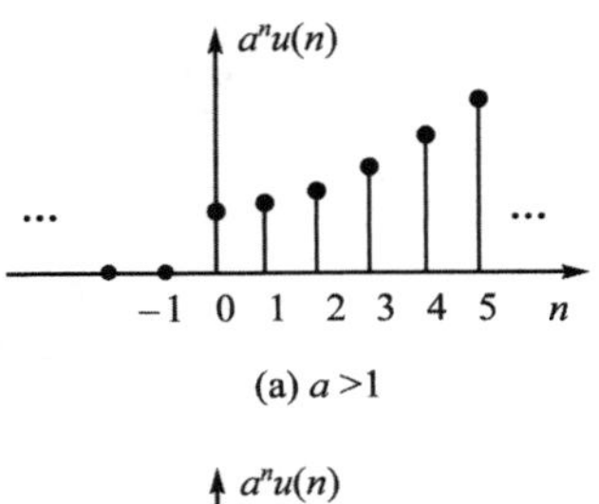

(a) $a>1$

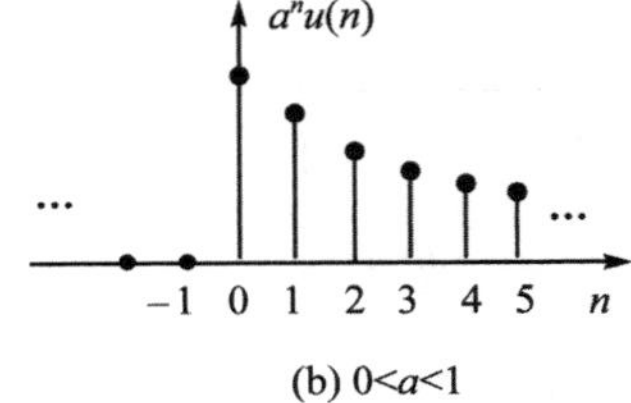

(b) $0<a<1$

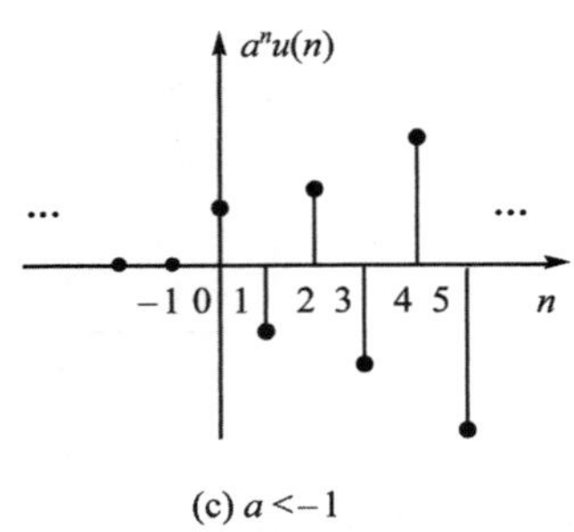

(c) $a<-1$

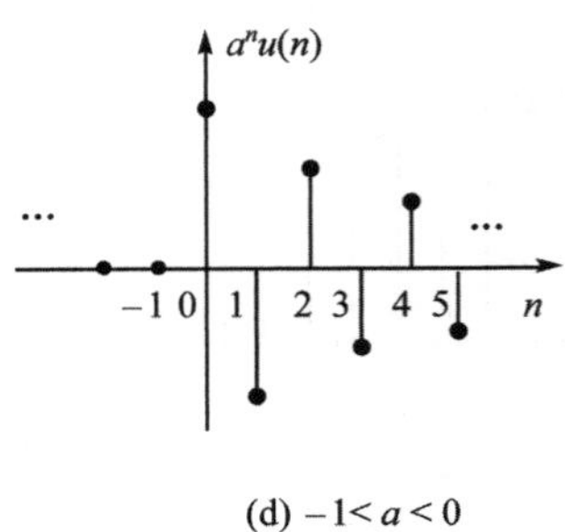

(d) $-1<a<0$

**图 5.6 单边指数序列**

如图 5.7 所示,与连续斜变信号 $r(t)=tu(t)$ 相似。序列 $r(n)$ 与 $u(n)$ 之间存在下列关系:

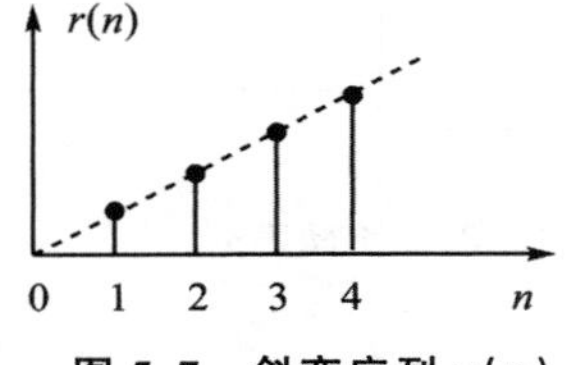

**图 5.7 斜变序列 $r(n)$**

$$r(n)=\sum_{m=0}^{n}u(m-1) \tag{5.10}$$

$$u(m-1)=r(m-1)-r(m) \tag{5.11}$$

### 6. 正弦(余弦)序列

正弦序列表示为

$$x(n)=\sin n\omega_0 \tag{5.12}$$

余弦序列表示为

$$x(n)=\cos n\omega_0 \tag{5.13}$$

式中,$\omega_0$ 是正弦序列的频率,称为数字角频率。现以周期序列为例来理解它的意义,它反映序列值依次按正弦包络线变化的速率,例如 $\omega_0=0.2\pi$,指序列值每隔 10 个重复一次,$\omega_0=0.02\pi$,则序列值要隔 100 个才重复一次。正弦序列的图形如图 5.8 所示。

若对连续的正(余)弦信号进行抽样并经转换,则可得正(余)弦序列。设连续余弦信号为

$$f(t)=\cos(\Omega_0 t)$$

它的抽样信号(抽样周期是 $T$)为

$$f(nT)=\cos(n\Omega_0 T)$$

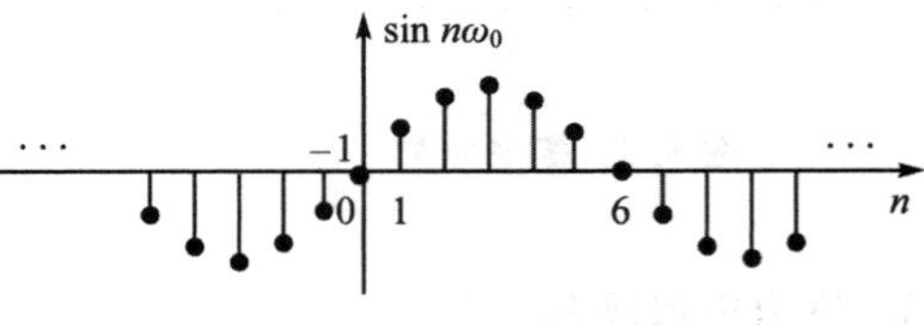

**图 5.8 正弦序列**

余弦抽样序列即为

$$x(n)=\cos n\omega_0=\cos(n\Omega_0 T)$$

从而有

$$\omega_0=\Omega_0 T$$

相类似,可由连续正弦信号得到正弦序列。需要特别注意的是:尽管连续的正(余)弦信

号必定是周期信号，但正（余）弦序列不一定是周期序列。这一重要区别是因为连续正弦信号时域参数 $t$ 是连续变量，而序列中的对应参数 $n$ 限定为整数引起的。下面来进一步说明这一问题。

所谓“周期序列”，是对于所有整数 $n$，如果序列存在以下关系：

$$x(n)=x(n+N) \qquad (N\ 为整数) \tag{5.14}$$

则称 $x(n)$ 为周期序列，$N$ 是周期（时域的概念）。

由式(5.14)可知，对于正弦序列，若是周期序列，应有

$$\sin n\omega_0=\sin(n+N)\omega_0$$

则

$$N\omega_0=2\pi m$$

即

$$\frac{2\pi}{\omega_0}=\frac{N}{m} \qquad 或 \qquad N=\frac{2\pi}{\omega_0}m \tag{5.15}$$

式中，$N$、$m$ 均为常数。因此，$2\pi/\omega_0$ 必须为整数或有理数时，正弦序列才是周期序列，否则就不是周期序列。如

$$\sin\frac{\pi}{6}n, \qquad N=\frac{2\pi}{\omega_0}=\frac{2\pi}{\pi/6}=12$$

$N$ 为整数，所以是周期序列；而

$$\sin\frac{1}{6}n, \qquad N=\frac{2\pi}{\omega_0}=\frac{2\pi}{1/6}=12\pi$$

$N$ 为无理数，不存在周期，所以是非周期序列。

**7. 复指数序列**

序列值是复数的称复数序列，简称复序列。复指数序列是常用的复序列，表示为

$$x(n)=\mathrm{e}^{\mathrm{j}n\omega_0}=\cos n\omega_0+\mathrm{j}\sin n\omega_0 \tag{5.16}$$

与正弦序列相同，只有满足式(5.15)的复指数序列才是周期序列。

另外，由于 $n$ 是整数，通过复指数（或正弦）序列，还可以得到数字角频率 $\omega_0$ 相对于模拟角频率另一个不同的重要特性。下面来讨论这个问题。

设复指数序列中，有

$$\mathrm{e}^{\mathrm{j}\omega_0 n}=\mathrm{e}^{\mathrm{j}(\omega_0+2k\pi)n} \qquad (k\ 为正整数)$$

即在数字频率轴上相差 $2\pi$ 整数倍的所有复指数序列值都相同，即复指数序列在频域上是以 $2\pi$ 为周期的周期函数（不一定是序列）；换言之，$\omega_0$ 有效取值区间只限于

$$-\pi\leqslant\omega_0\leqslant\pi \qquad 或 \qquad 0\leqslant\omega_0\leqslant 2\pi$$

而连续指数信号 $\mathrm{e}^{\mathrm{j}\Omega_0 t}$ 中，不同的 $\Omega_0$ 对应不同频率的连续信号，$\Omega_0$ 的取值区间并不受限制，可以是 $-\infty<\Omega_0<\infty$。由此，可得出下列重要性质：

如果把正弦或复指数信号经过取样，变换为离散时间信号（序列），就相应地把无限的频率范围（对于连续信号）映射（变换）到有限的频率范围。明确这一变换的特点极为重要，它表明：在进行数字信号分析和处理时，序列的频率只能在 $-\pi\leqslant\omega_0\leqslant\pi$ 或 $0\leqslant\omega_0\leqslant 2\pi$ 的区间内取值，意味着 $\pm\pi$ 是序列的最高角频率，0（或 $2\pi$）是序列在频率域的最低角频率。由于复指数序列与连续时间信号中的 $\mathrm{e}^{\mathrm{j}\Omega t}$ 一样，有着重要作用，因此这一特性必然影响到数字信号分析处理的过程。但不管复指数（或正弦）序列是否为周期序列，$\omega$ 都称为数字角频率。

### 5.1.3 序列的运算

在离散信号处理中，经常遇到序列的基本运算，主要有以下几类。

**1. 序列的相加及累加**

序列相加定义为两个序列同序号(同一时刻)的序列值对应相加得到新序列的运算，表示为

$$z(n)=x(n)+y(n) \tag{5.17}$$

序列的累加运算为

$$y(n)=\sum_{m=-\infty}^{n} x(m) \tag{5.18}$$

表示序列 $y(n)$当前时刻 $n$ 的值，是 $x(m)$当前时刻 $n$ 的值与 $x(m)$过去所有时刻值求和的运算。

**2. 序列的相乘和数乘**

序列相乘定义为两个不同序列但同序号的序列值对应相乘而得到新序列的运算，表示为

$$z(n)=x(n)\cdot y(n) \tag{5.19}$$

数乘序列运算是

$$y(n)=ax(n) \tag{5.20}$$

如果 $a$ 为实数，则根据 $a$ 是否大于 1，来判断得到的新序列的序列值比原序列值是放大还是缩小。

**3. 序列的移位(延时)**

所谓序列的移位(延时)是这样一种运算，例如

$$z(n)=x(n-m) \tag{5.21}$$

表示 $z(n)$是 $x(n)$的移位序列。若 $n\geqslant 0$，则 $m$ 为正时是右移，$m$ 为负时是左移，如图 5.9 所示。

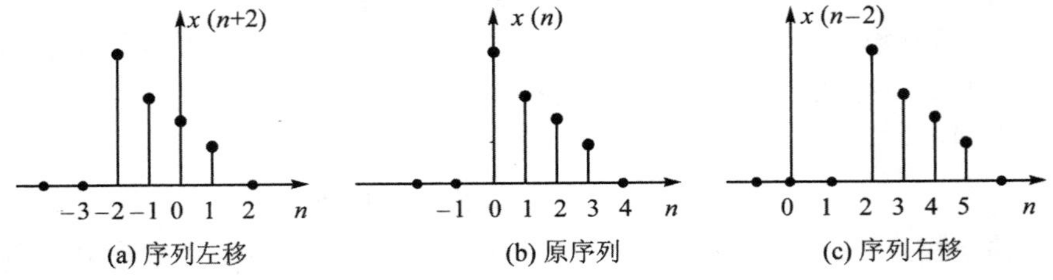


**图 5.9 序列的移位**

**4. 差分运算**

指同一个序列中相邻序列号的两个序列值之差。根据所取序列相邻次序的不同分为前向差分和后向差分，前向差分的运算用符号 Δ 表示，后向差分的运算则用符号∇ 表示。相对来说，后向差分要用得多些，有

$$\Delta x(n)=x(n+1)-x(n) \tag{5.22}$$

$$\nabla x(n)=x(n)-x(n-1) \tag{5.23}$$

高阶差分运算是对序列作连续多次的差分运算，例如 $m$ 阶差分表示为

$$\nabla^{m} x(n)=\nabla\left[\nabla^{m-1} x(n)\right] \tag{5.24}$$

$$\Delta^m x(n)=\Delta[\Delta^{m-1}x(n)] \tag{5.25}$$

例如二阶后向差分可由式(5.24)得出，即

$$\begin{aligned}\nabla^2 x(n)=\nabla[\nabla x(n)]= \\ \nabla[x(n)-x(n-1)]= \\ \nabla x(n)-\nabla x(n-1)= \\ [x(n)-x(n-1)]-[x(n-1)-x(n-2)]= \\ x(n)-2x(n-1)+x(n-2)\end{aligned}$$

**5. 序列的反褶(转置)**

序列的反褶运算是把序列 $x(n)$ 中的 $n$ 代之以 $-n$，即序列变换为 $x(-n)$，相当于序列 $x(n)$ 的图形以 $n=0$ 坐标纵轴为对称轴，反褶为 $x(-n)$，如图 5.10 所示。

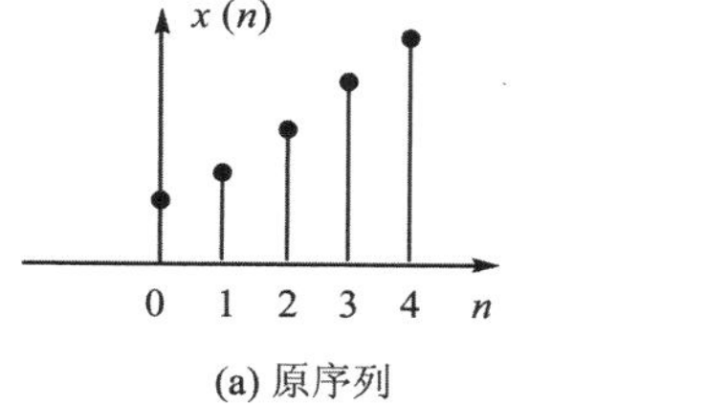

(a) 原序列

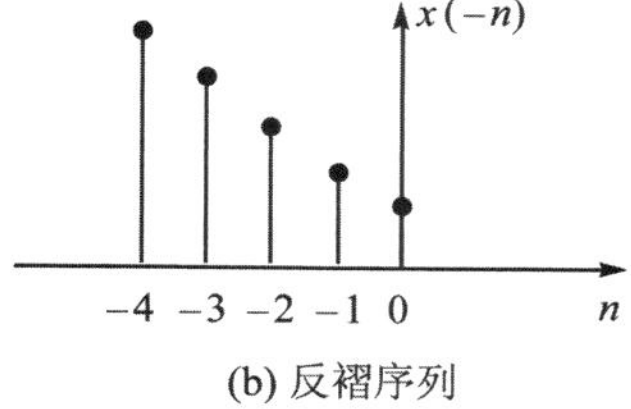

(b) 反褶序列

**图 5.10　序列的反褶运算**

**6. 序列的压缩和扩展**

这种运算相当于连续信号中的尺度变换运算。序列的压缩也称为序列的抽取，这一运算是把序列中的某些值去除，将剩下的序列值按次序重新排列，其结果将使序列缩短。序列的抽取表示为

$$y(n)=x(An)\qquad (A\ 为正整数) \tag{5.26}$$

序列的扩展则和序列的压缩相反，是在原序列的相邻序号之间插入零值，也称序列的延伸、序列的内插零值或序列的补零，重新排列的结果将使原序列延长。序列的扩展可表示为

$$y(n)=\begin{cases}x\left(\dfrac{n}{A}\right) & (n=Ak)\\ 0 & (n\neq Ak)\end{cases}\qquad (k=0,\pm1,\pm2,\cdots) \tag{5.27}$$

图 5.11 中说明了序列的压缩和扩展运算，设 $A=2$。图 5.11(a)是原序列，图 5.11(b)是

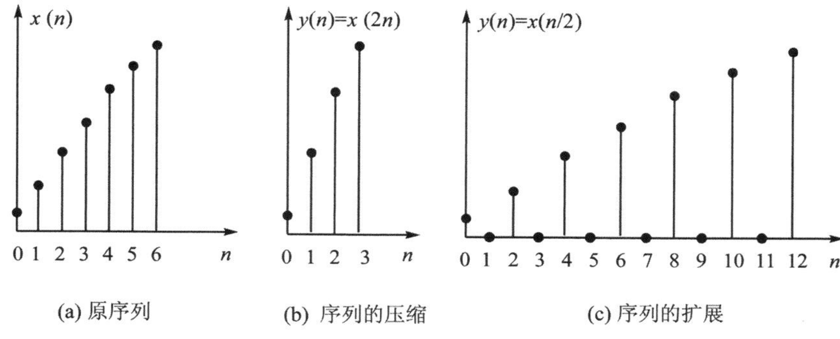

(a) 原序列　(b) 序列的压缩　(c) 序列的扩展

**图 5.11　序列的压缩和扩展**

序列的压缩,图5.11(c)是序列的扩展。

序列还有两个重要的运算:离散卷积和序列的相关,将在后面有关的章节中介绍。

## 5.2 离散时间系统

在工程技术中,与离散时间信号相对应的各种系统,包括测试技术中的被测系统和测试系统,被称为离散时间系统或者数字系统,这些系统的共同点是将离散时间输入信号变换为离散时间输出信号。

**1. 离散时间系统的定义及分类**

对于一个离散系统,输入是一个序列,输出也是一个序列,系统的功能是实现输入序列至输出序列的运算、变换,如图5.12所示。图中的$T[\cdot]$表示运算变换的关系,即

$$y(n)=T[x(n)]$$

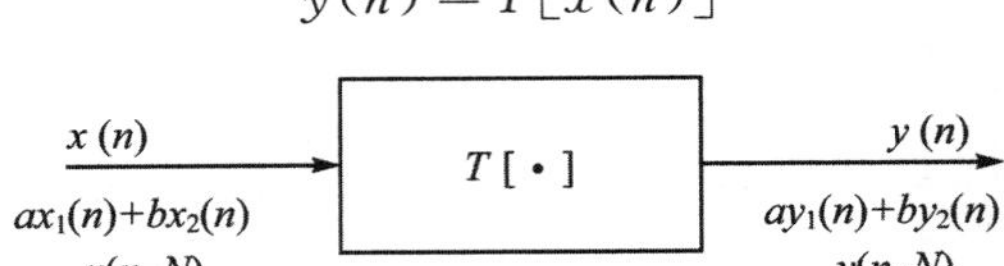


**图5.12 离散系统的原理框图**

对$T[\cdot]$加以种种约束,可定义出各类离散时间系统,如:线性、非线性,移变、非移变(如果信号自变量为时间,则称时变、时不变)离散系统。其中最重要、最基本的是“线性非移变(时不变)系统”。

**2. 线性非时变离散系统**

① 线性离散系统:满足叠加性和齐次性的离散系统叫作线性离散系统。

若系统输入是$x(n)$时,输出为$y(n)$,则所谓系统的齐次性是指当输入为$ax(n)$时,输出为$ay(n)$。而叠加性是指线性离散系统应满足叠加原理,设系统输入序列为$x_1(n)$,输出序列为$y_1(n)$;输入序列为$x_2(n)$,输出序列为$y_2(n)$。若输入为$x_1(n)+x_2(n)$时,输出为$y_1(n)+y_2(n)$,则系统具有叠加性。

简言之,设$y_1(n)$和$y_2(n)$分别是系统对应于输入序列为$x_1(n)$和$x_2(n)$时的响应,且$a$、$b$均为常数,则当且仅当

$$T[ax_1(n)+bx_2(n)]=aT[x_1(n)]+bT[x_2(n)]=ay_1(n)+by_2(n) \tag{5.28}$$

时该系统才是线性的。推广之,线性离散系统应满足

$$\left.\begin{aligned}&T\left[\sum_k a_k x_k(n)\right]=\sum_k T[a_k x_k(n)]=\sum_k a_k T[x_k(n)]=\sum_k a_k y_k\\&a_k\text{ 是常数},\quad k=1,2,\cdots\end{aligned}\right\} \tag{5.29}$$

式(5.29)表明:线性离散系统的特点是多个输入序列的线性组合的系统输出,等于各输入序列单独作用的输出的线性组合。

② 非时变离散系统:如果系统的输入在时间上有一个平移,由此引起的输出也产生同样的时间上的平移的离散系统叫作非时变离散系统。

设离散系统的输入为$x(n)$,输出为$y(n)$,则当输入为$x(n-N)$时,对应的输出也为

$y(n-N)$，其中 $N$ 为任意整数，则该系统称为时不变系统，若 $n$ 对应的是空间位置或次序，时不变就是非移变或移不变。时不变系统可表示为

$$\text{若}\ T[x(n)]=y(n),\quad \text{则}\quad T[x(n-N)]=y(n-N)$$

上式表明：时不变离散系统的运算变换关系不随输入序列作用的先后时间（次序）而改变，也就是说该离散系统的特性与参数是不随时间而变化的。

如果线性离散系统同时具有时不变性，则为线性时不变离散系统。很多物理过程都可用这类系统表征，其理论分析也相对比较成熟。本书所讨论的离散系统都是离散时间系统（必要时以相应的连续时间系统作为对照），而且是线性时不变离散系统。

## 5.3　离散系统的数学模型——差分方程

要研究、分析和设计一个系统，一个基本、有效的方法是不着眼于系统具体的物理结构和组成，而是对实际的物理系统进行数学抽象，确定一个系统内部参数之间以及系统与外部作用之间的较为准确的定量关系，以更加深刻地了解系统本身的规律和特性，而这样的定量关系就是建立描述系统特征的数学模型。

在连续时间系统中，输入、输出的信号均是连续时间变量的函数，描述其输入、输出关系的数学模型一般用微分方程，方程中包含输入信号 $x(t)$、输出信号 $y(t)$ 及其各阶导数的线性组合。而离散时间系统中，其输入、输出的信号则是离散变量的函数（序列），描述其输入、输出关系的数学模型采用差分方程，方程包含输入序列 $x(n)$、输出序列 $y(n)$ 及其各阶移位序列的线性组合。

下面先举例说明如何根据一个离散系统的给定物理功能建立其数学模型——差分方程。

**例 5.1**　一个以计算机为中心构成的防空导弹系统，控制导弹飞行高度的过程为：由雷达测得某一时刻的导弹实际飞行高度 $y(n)$，同时由计算机根据敌方飞行器与我方导弹飞行参数计算出下一时刻导弹应有的理论飞行高度 $x(n+1)$，系统按导弹 $y(n)$ 与 $x(n+1)$ 两者的偏差调整导弹的飞行高度，设导弹改变其高度的速度在 $n$ 时刻为 $v(n)$，$v(n)$ 正比于偏差，即

$$v(n)=k\left[x(n+1)-y(n)\right]$$

式中，$k$ 为比例系数。若两次测量与计算的时间间隔是 $T$，则在 $T$ 内，导弹飞行高度的改变量应为

$$y(n+1)-y(n)=kT\left[x(n+1)-y(n)\right]$$

上式整理后得

$$y(n+1)+(kT-1)y(n)=kTx(n+1) \tag{5.30}$$

对时间变量的移位方式作适当调整，也可以表示成

$$y(n)+(kT-1)y(n-1)=kTx(n) \tag{5.31}$$

式(5.30)和式(5.31)分别描述了任一离散时刻输入控制信号 $x(n+1)$ 或 $x(n)$ 与响应信号 $y(n+1)$ 或 $y(n)$ 之间动态关系的差分方程，由 5.1.3 小节可知，式(5.30)包含了 $y(n)$ 及其左移序列 $y(n+1)$，称为前向差分方程，而式(5.31)包含了 $y(n)$ 及其右移序列 $y(n-1)$，称为后向差分方程。对于因果系统，通常用后向差分方程表示要方便一些，在数字滤波器设计中也多用后向差分方程这种形式。

为了能用计算机技术研究、分析和处理连续时间系统，就需要用离散系统来模仿连续系

统。从数学的角度来考虑,就是要建立离散系统的差分方程,来模仿连续系统微分方程,并使差分方程的解为微分方程的数值近似解。求数值近似解的方法很多,一种最简单的方法就是用一个连续时间函数的相邻采样点间的差分来近似代替微分方程中的各阶导数。如有一个 RC 连续系统网络与对它进行模仿的离散系统,如图 5.13 所示。

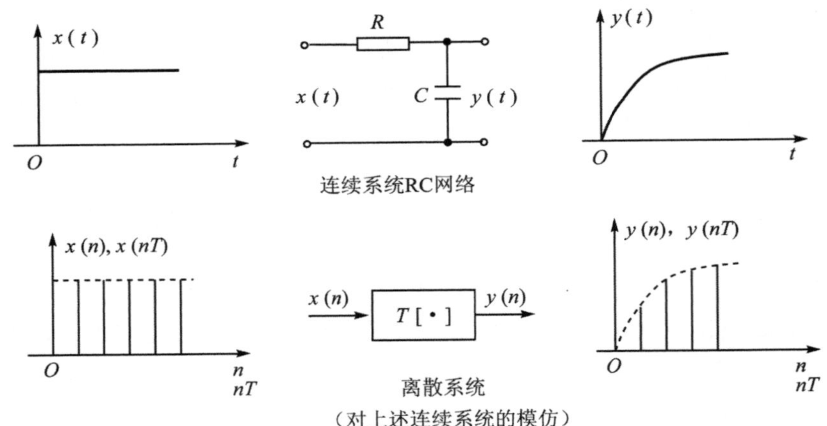


**图 5.13　离散系统模仿连续系统**

图 5.13 中 RC 网络的微分方程为

$$RC\frac{\mathrm{d}y(t)}{\mathrm{d}t}+y(t)=x(t)$$

以差分近似上式中的微分,可得差分方程

$$RC\frac{y(nT)-y[(n-1)T]}{T}+y(nT)\approx x(nT)$$

整理后得

$$\left(\frac{RC}{T}+1\right)y(nT)-\frac{RC}{T}y[(n-1)T]\approx x(nT) \tag{5.32}$$

将上式的系数作相应代换:$b_0=\frac{RC}{T}+1$,$b_1=\frac{RC}{T}$,并设 $T=1$ s,则上式可简写为

$$b_0y(n)-b_1y(n-1)=a_0x(n) \tag{5.33}$$

显然,按上述差分方程进行运算,当 $x(n)$等于连续系统输入 $x(t)$的抽样值 $x(nT)$时,离散系统的输出 $y(n)$就近似等于 $y(t)$的抽样值 $y(nT)$,实现了模仿的目的。所以式(5.33)为这一离散系统的数学模型。

由上例,作进一步类推,可推得一般线性移不变离散系统的数学模型,并用下述线性常系数差分方程描述

$$\begin{aligned}&b_0y(n)+b_1y(n-1)+\cdots+b_Ny(n-N)=\\&a_0x(n)+a_1x(n-1)+\cdots+a_Mx(n-M)\end{aligned} \tag{5.34}$$

或

$$\sum_{k=0}^{N}b_ky(n-k)=\sum_{r=0}^{M}a_rx(n-r) \tag{5.35}$$

式中,$a_r$、$b_k$ 为方程中各项系数。未知序列移位的最大值与最小值之差称为差分方程的阶次。

若式(5.35)中的输出序列 $y(n)$ 为未知，则应是 $N$ 阶差分方程。

系统的研究包括系统的分析、辨识、设计、反演等方面，离散时间系统分析的基本任务，是已知系统模型(参数或非参数模型)和输入信号，求解系统的输出，这就需要对系统数学模型进行求解。系统数学模型求解的方法有多种，主要分为时域分析和变换域分析两类，如表 5.1 所列。

**表 5.1　系统数学模型的求解方法**

| 基本方法 \ 系统类型及数学模型 | 连续系统、微分方程 | 离散系统、差分方程 |
|---|---|---|
| 时域分析 | 经典时域法(通解＋特解)<br>拉氏变换(常用)<br>连续卷积 | 经典时域法(通解＋特解)<br>$z$ 变换法(常用)<br>离散卷积，递推解法 |
| 变换域分析 | 傅氏变换 $H(\mathrm{j}\Omega)$<br>拉氏变换 $H(s)$ | 序列傅氏变换 $H(\mathrm{e}^{\mathrm{j}\omega})$<br>$z$ 变换 $H(z)$ |

有些方法已在其他课程中学习过，这里不再介绍。下面介绍时域分析中的递推解法与离散卷积解法。

## 5.4　离散系统时域分析

**1. 差分方程的递推解法**

如上所述，一个线性移不变离散系统可以用一个 $N$ 阶的差分方程表示，如式(5.35)。其物理意义是系统某一时刻的输出 $y(n)$，可以由当时的输入 $x(n)$ 以及前 $M$ 个时刻的输入 $x(n-1)\sim x(n-M)$ 和前 $N$ 个时刻的输出值 $y(n-1)\sim y(n-N)$ 来求出，表示系统的现时刻输出与过去的历史状态有关，即它们之间存在着递推或迭代关系，因此可以采取递推方法来求解差分方程。

**例 5.2**　一离散系统的差分方程为

$$y(n)-ay(n-1)=x(n)$$

设系统的起始条件为 $n<0, y(n)=0$，且输入为单位抽样序列 $x(n)=\delta(n)$，试求离散系统的输出响应 $y(n)$。

**解**：用递推法求解。

$$y(n)=x(n)+ay(n-1)$$

$$n=0,\quad y(0)=x(0)+ay(-1)=1+a\cdot 0=1=a^0$$

$$n=1,\quad y(1)=x(1)+ay(0)=0+a\cdot 1=a$$

$$n=2,\quad y(2)=x(2)+ay(1)=0+a\cdot a=a^2$$

$$n=3,\quad y(3)=x(3)+ay(2)=0+a\cdot a^2=a^3$$

$$\vdots$$

由上述递推的规律，不难看出，输出序列应是

$$y(n)=a^n u(n)$$

这里的 $y(n)$ 是起始条件为零(一般可认为 $n<0, y(n)=0$)，即系统处于零状态时，系统在单

位抽样序列作用下的输出响应,将这一响应特指为系统的单位抽样响应(与连续系统的单位冲激响应相对应),记作 $h(n)$。通常把起始条件为零时的系统响应,称为零状态响应,而单位抽样响应 $h(n)$ 是最重要的零状态响应,是系统典型时间响应的一种,也是系统重要的非参数模型,用来描述系统的内部特征,分析比较系统动态性能的优劣。如果起始条件不为零($n<0$,$y(n)\neq 0$),即不是零状态,则系统即使在 $n\geqslant 0$ 时无输入,系统也仍有输出,将这种初始状态引起的输出称为"零输入响应"。

例 5.2 中输入与输出信号如图 5.14 所示。

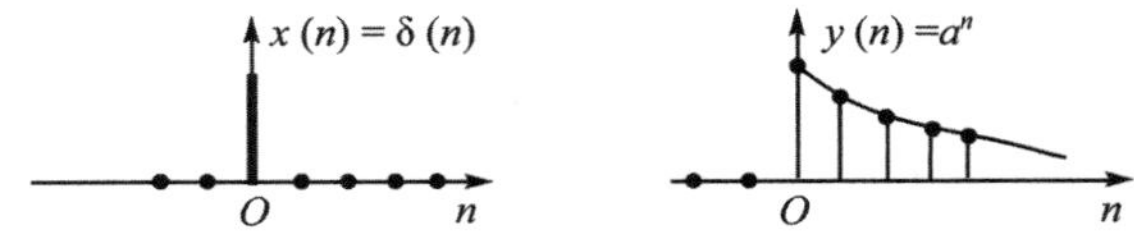


**图 5.14　例 5.2 中的输入与输出信号**

递推解法直观地说明了这一离散系统工作过程的基本运算。与连续系统相类似,也可用原理框图,即所谓"运算结构图"来表示这一运算过程:$x(n)$ 数据流依次进入系统,经运算逐一得到 $y(n)$,运算包含了相加、乘相应的系数以及延时等。原理框图表明:一个离散系统的基本运算部件,包括加法器、乘法器和延时器,例如设例 5.2 中离散系统的差分方程的系数 $a=1/2$,即

$$y(n)=x(n)+\frac{1}{2}y(n-1)$$

式中,$y(n)$ 为现时刻输出,$x(n)$ 为现时刻输入,$y(n-1)$ 为前一时刻输出。

它的原理框图如图 5.15 所示,反映了系统的实现过程,简称为"系统的实现"。

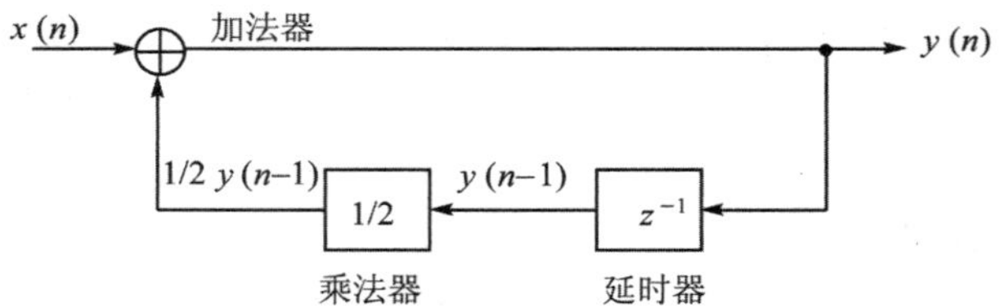


**图 5.15　离散系统原理框图**

总之,递推解法反映了离散系统在数字计算机或数字处理系统中实现的基本过程。递推解法的优点是适用于任意的起始条件和任意输入信号的波形,但不易得到闭式解(即解析表达式),一般只能得到数值解(例 5.2 是为数不多的特例),不便于对系统作进一步的理论分析。例 5.3 给出了差分方程递推解法的 MATLAB 实现。

**例 5.3**　试用 MATLAB 语言编写一通用程序,计算式(5.35)所表示的线性移不变离散系统差分方程,并利用所编写的通用程序计算下列差分方程所表示的离散系统的输出 $y(n)$。

$$y(n)-y(n-1)+0.9y(n-2)=2\cos(0.5n)+3\cos(0.5n-1)\qquad(1\leqslant n\leqslant 59)$$

由于 MATLAB 中变量的下标只允许取大于 0 的正数(最小的下标为 1),而相应的时移值则是由 0 而不是从 1 开始,即 $y(n)$ 及相关的时移 $y(n-k)$ 的 $N$ 个序列值应表示为 $k=0,1,2,\cdots,N$;$x(n)$ 及相关 $x(n-r)$ 的 $M$ 个序列值为 $r=0,1,2,\cdots,M$,将式(5.35)改写为

$$b_1y(n)+b_2y(n-1)+\cdots+b_{N+1}y(n-N)=$$

$$a_1x(n)+a_2x(n-1)+\cdots+a_{M+1}x(n-M)$$

若给定系统的输入，则系统的输出可表示为

$$b_1y(n)=-b_2y(n-1)-\cdots-b_{N+1}y(n-N)+$$
$$a_1x(n)+a_2x(n-1)+\cdots+a_{M+1}x(n-M)$$

由于上式中的系数可以完全描述系统的特性，把系数用 MATLAB 中的数组形式表示，即

```
xs=[x(n),…,x(n-M)];
ys=[y(n-1),…,y(n-N)];
```

则系统输出按照 MATLAB 语言的格式要求，可改写为

```
b(1) * y(n)=a(1:M) * xs-b(2:N)ys
```

由于 MATLAB 变量的下标只允许取正数，而上式的计算需要知道 n= 1 之前的 x、y 的值，故在程序中，另设了两个变量 ym 和 xm，表示 y 和 x 的右移序列，是与现时刻输出有关的 y 和 x 的历史状态。编制程序时要注意，随着计算点的右移，要随时生成相应的 xs 和 ys。差分方程递推计算的相应程序如下：

```
% MATLAB Program Example 5.3
b=input('差分方程左端系数 b=[b(1),…,b(nb)]=');
a=input('差分方程右端系数 a=[a(1),...,a(na)]=');      x=input('输入信号序列 x=');
nb=length(b);na=length(a);nx=length(x);
s=['现时刻前',int2str(nb-1),'点 ym 的值=[ym(1),...,ym(na-1)='];
ym=zeros(1,nb+nx-1);                  %先预设 ym 序列长度为 nb+nx,并初始化为 0
ym(1:nb-1)=input(s);                  %对 ym 序列的前 nb 个点赋初值
xm=[zeros(1,nb-1),x];                 %给序列 xm 赋初值
for n=nb:nb+nx-1                      %n 以 ym 的起点为初值
    ys=ym(n-1:-1:n-nb+1);             %得出 ys
    xs=xm(n-1:-1:n-na);               %得出 xs
    ym(n)=(a * xs'-b(2:nb) * ys')/a(1);   %递推求 ym
end
%把 ym 左移 nb-1 位,求得 y
y=ym(nb:nb+nx-1);
stem(y),grid
line([0,60],[0,0])                    %给出起点、终点坐标,画横坐标
```

先运行上述程序，并根据执行过程中的提示，分别输入

```
(b=)[1,-1,0.9]
(a=)[2,3]
(x=)cos(0.5 * [1:59])
(ym=)[0,0]
```

计算结果如图 5.16 所示。

**2. 离散卷积解法**

在线性时不变连续系统（见图 5.17）中，可以利用卷积积分的方法求系统的零状态响应。

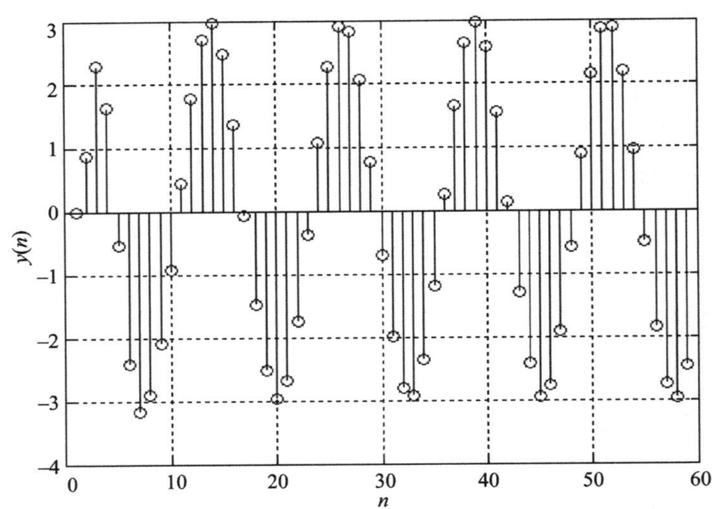


图5.16 差分方程递推计算结果

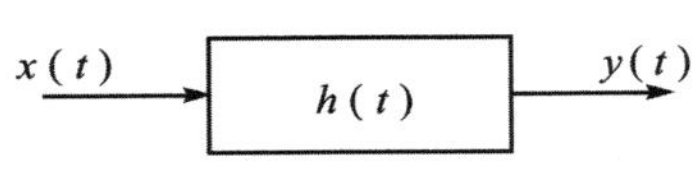


图5.17 连续系统框图

其运算过程如下:

① 把激励信号(输入 $x(t)$)分解为冲激信号($t=\tau$ 时的冲激信号可表示为 $x(\tau)\Delta\tau\delta(t-\tau)$)的叠加 $x(t)=\int_{-\infty}^{\infty}x(\tau)\delta(t-\tau)\mathrm{d}\tau$;

② 求每一冲激信号($x(\tau)\delta(t-\tau)\Delta\tau$)单独作用时的冲激响应,由线性非时变和卷积性质,产生的响应为 $x(\tau)\Delta\tau h(t-\tau)$;

③ 将单独的冲激响应叠加,即 $\lim\limits_{\Delta\tau\to 0}\sum\limits_{\tau=-\infty}^{\infty}x(\tau)\Delta\tau h(t-\tau)$;

④ 利用连续卷积法,即 $y(t)=\int_{-\infty}^{\infty}x(\tau)h(t-\tau)\mathrm{d}\tau$ 得系统的总响应(输出)。

相类似,离散系统也可以采用离散卷积法求系统响应,思路是:

① 输入序列分解;

② 求分解后序列各个分量单独作用的响应;

③ 将单独作用的响应叠加(求和,离散卷积和);

④ 利用离散卷积法,得离散系统总响应。

下面根据上述离散卷积求解系统响应的过程,结合具体实例进行分析,导出离散卷积的表达式。

(1) 输入序列分解

任一序列都可以分解成一系列抽样序列 $\delta(n)$ 的延时并加权之和。例如,序列 $x(n)$。

图5.18所示序列可表示成

$$x(n)=x(-3)\delta(n+3)+x(1)\delta(n-1)+x(2)\delta(n-2)$$

以此类推,对于任意一个序号 $n=m$ 处的序列值,可表示成通式:

$$x(m)\ \delta(n-m)$$

上式表示:$n=m$ 处序列值等于单位抽样序列 $\delta(n)$ 移位 $m$ 位,幅度加权 $x(m)$,从而任意序列

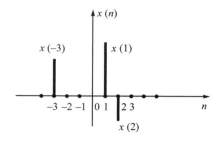

都可以分解成这一系列加权移序的单位抽样序列之和，即

$$x(n)=\sum_{m=-\infty}^{\infty}x(m)\delta(n-m) \tag{5.36}$$



图 5.18　序列分解示例

(2) 序列各分量单独作用的系统响应

系统在零状态下，线性移不变离散系统的输入(激励)与输出(响应)有如下关系：

单位抽样响应：

$$\delta(n)\rightarrow h(n)$$

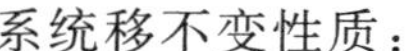

系统移不变性质：

$$\delta(n-m)\rightarrow h(n-m)$$

线性(均匀性)特性：

$$x(m)\delta(n-m)\rightarrow x(m)h(n-m)$$

(3) 单独作用响应的叠加

根据系统叠加原理，将上述分序列单独作用时的响应叠加，就可得到由这些各序列分量合成的输入序列 $x(n)$ 的输出(响应)$y(n)$，即

$$y(n)=\sum_{m=-\infty}^{\infty}x(m)h(n-m) \tag{5.37}$$

上式称为离散卷积和，简称离散卷积或线卷积，并记为

$$y(n)=x(n)*h(n) \tag{5.38}$$

由式(5.38)，说明离散系统的零状态响应是输入序列与系统单位抽样响应序列的离散卷积。

离散卷积的运算规则(性质)与连续卷积基本相似。

① 任意序列与单位抽样序列的离散卷积即为序列本身。由离散卷积定义与式(5.36)，立即可以得出

$$x(n)=x(n)*\delta(n) \tag{5.39}$$

② 服从分配律，即

$$x(n)*[h_1(n)+h_2(n)]=x(n)*h_1(n)+x(n)*h_2(n) \tag{5.40}$$

式(5.40)表明：两个并联的线性移不变系统等效于一个系统，它的单位抽样响应等于两个并联系统单位抽样响应之和，如图 5.19 所示。

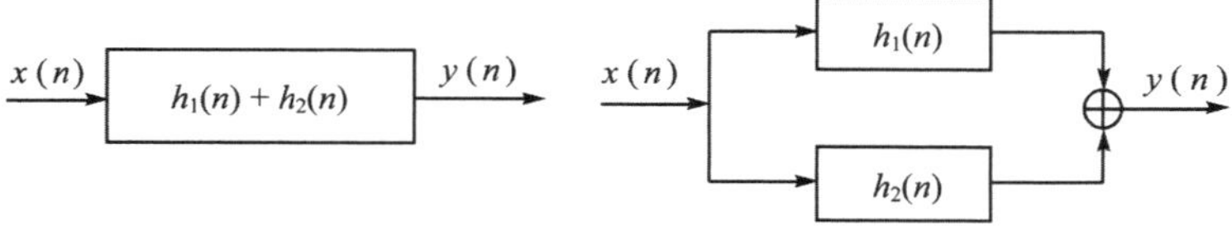


图 5.19　并联系统的等效系统

③ 服从结合律，即

$$[x(n)*h_1(n)]*h_2(n)=x(n)*[h_1(n)*h_2(n)] \tag{5.41}$$

上式表明：两个串联的线性移不变系统与其级联次序无关，且可等效于一个系统，它的单位抽样响应是两个串联系统单位抽样响应的卷积，如图5.20所示。

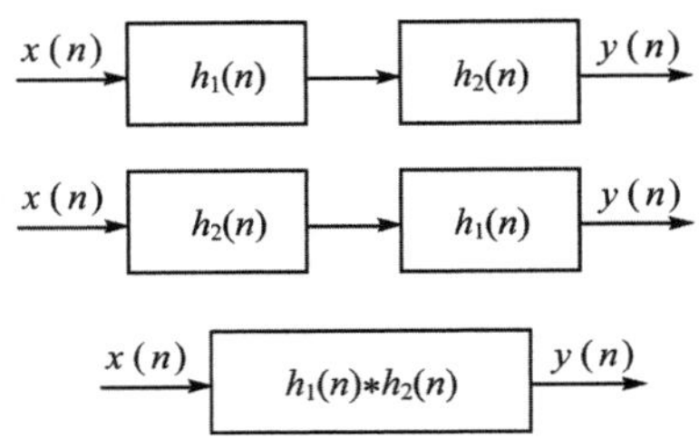


**图5.20 串联系统的等效系统**

**3. 离散卷积的计算及图解说明**

为了更好地理解离散卷积的运算过程，举一个具体例子，用图形的变换作直观的说明。

$\sum_{m=-\infty}^{\infty} x(m)h(n-m)$ 运算的过程包括：

变量置换→ 反褶→ 平移→ 相乘→ 求和

$x(n) \rightarrow x(m)$

$$h(n) \rightarrow h(m) \Rightarrow h(-m) \Rightarrow h(n-m) \Rightarrow x(m)h(n-m) \Rightarrow \sum_{m=-\infty}^{\infty} x(m)h(n-m)$$

求解的是两个序列 $x(n)=\delta(0)+\delta(1)+\delta(2)+\delta(3)+\delta(4)$ 与 $h(n)=(1/2)\ [\delta(0)+\delta(1)+\delta(2)+\delta(3)+\delta(4)+\delta(5)]$ 的离散卷积 $y(n)$，运算过程的图解说明如图5.21所示。

由图5.10的图解过程不难看出：即使是两个短序列的卷积，运算也是不容易的，工作量比较大，对于无规律长序列的卷积，一般采用7.5节中介绍的MATLAB函数命令conv(x,h)直接卷积或快速卷积方法求解。而对于有规律性的长序列离散卷积，可以直接利用定义式(5.37)求解。

**例5.4** 设离散系统的单位抽样响应为 $h(n)=a^n u(n)$，试求：当输入为单位阶跃序列 $x(n)=u(n)$ 时的零状态响应 $y(n)$。

**解：** ① 直接用卷积定义式求解。

$$y(n)=x(n)*h(n)=\sum_{m=-\infty}^{\infty} x(m)h(n-m)=\sum_{m=-\infty}^{\infty} u(m)a^{n-m}u(n-m)=\sum_{m=0}^{n} a^{n-m}=$$

$$a^n \sum_{m=0}^{n} a^{-m}=a^n\left[\frac{1-a^{-(n+1)}}{1-a^{-1}}\right]=\frac{1}{1-a}(1-a^{n+1}) \qquad (n \geqslant 0)$$

用离散卷积法只能求离散系统零状态响应，其前提条件是必须已知系统的单位抽样响应 $h(n)$。$h(n)$ 可以由已知系统的差分方程用时域法求出，但更便捷的方法是通过离散系统的系统函数 $H(z)$ 的反变换来求，即 $h(n)=\mathscr{Z}^{-1}[H(z)]$。这个方法在后续章节有详述。

离散卷积不仅用于离散系统的分析处理，而且还可以用做连续系统中卷积积分的数值近似计算，这一点通过对它们的定义式加以对比就可以理解。

离散卷积与卷积积分有所不同，卷积积分在连续系统中主要是理论上的意义，而离散卷积不仅有理论上的重要性，而且由于可以求出在任意输入作用下的输出响应，又能够实现快速卷积，因此可为离散系统的实现提供一条重要途径。

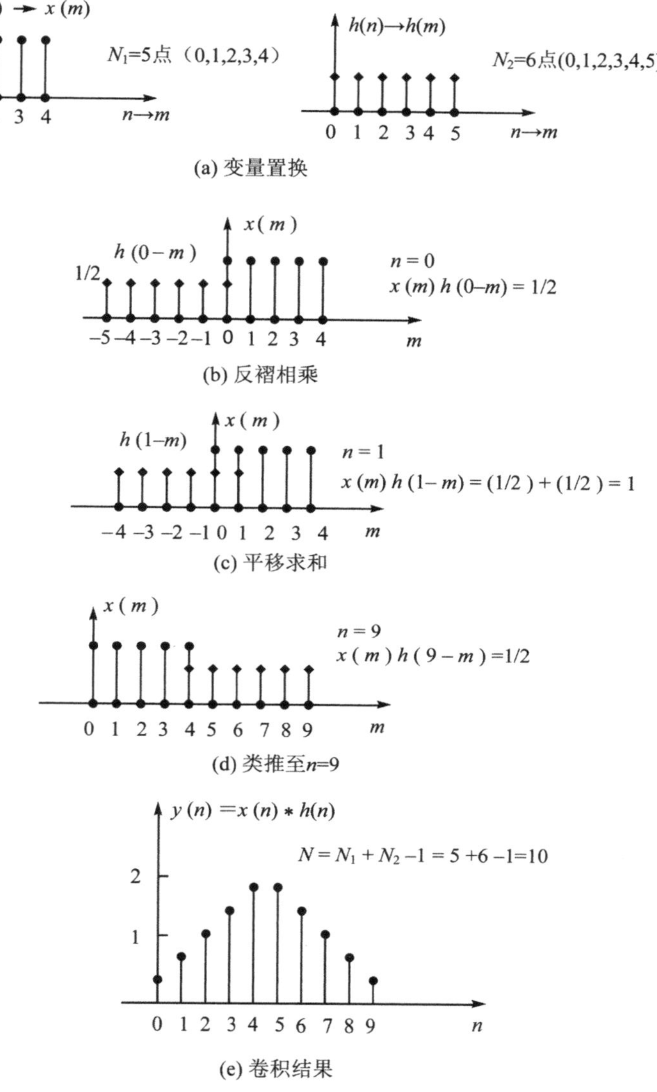


**图 5.21　求离散卷积的图解说明**

**4. 离散系统为因果稳定系统的时域条件**

由离散卷积可知，离散系统的单位抽样响应 $h(n)$决定了系统响应，它是系统性能的重要表征。给定 $h(n)$，可计算出不同输入所对应的系统响应，因此，根据 $h(n)$可以判断系统的因果性与稳定性。

（1）因果系统

所谓因果系统，以输入、输出的关系而言，是指输出变化不领先于输入变化的系统，即输出响应 $y(n)$只取决于现时刻的输入 $x(n)$以及过去时刻的输入 $x(n-1)$，$x(n-2)$，…，若 $y(n)$还取决于未来的输入 $x(n+1)$，$x(n+2)$，…，则表明在时间上违反了因果关系，是非因果系统。线性非移变离散系统是因果系统的充分必要条件为

$$h(n)=0 \qquad (n<0)$$

或

$$h(n)=h(n)u(n) \tag{5.42}$$

由此,习惯上也将

$$x(n)=0 \qquad (n<0)$$

的序列称为因果序列。

(2) 稳定系统

稳定系统是指只要输入有界,输出必有界的系统。判断稳定系统的充分必要条件是单位抽样响应绝对可和,可表示成

$$\sum_{n=-\infty}^{\infty}|h(n)|<\infty \tag{5.43}$$

由式(5.42)和式(5.43)可知,一个离散系统为因果稳定系统的充分必要条件是:单位抽样响应 $h(n)$ 为右边有界序列,即

$$\left.\begin{aligned} h(n)=h(n)u(n) \\ \sum_{n=-\infty}^{\infty}|h(n)|<\infty \end{aligned}\right\} \tag{5.44}$$

需要指出,因果性对于连续时间系统来说是不能违反的规律,即在前面反复强调的一点:非因果连续系统工程上是无法实现的,或者说实际应用时是不存在的;但对于离散系统来说,非因果系统不仅存在,在实际应用中还经常遇到,如果离散信号的自变量 $n$ 不是时间,而是空间参数,例如一幅存储的图形或图像,则并不存在时间上的因果关系。另外,数字信号的计算机处理,可以通过存储或延时处理,实现非因果信号或系统的处理,当然实时性会受到影响,但完全可以实现,因此离散非因果系统是有实际意义的。

实际应用中,由于离散系统更多的是应用于对连续系统的模仿或者系统的前端和终端均是模拟信号(系统)的情况,因此稳定因果系统仍然是目前工程应用的基本对象。

**例 5.5** 有一离散系统的差分方程为

$$y(n)-ay(n-1)=x(n)$$

当给定初始条件为 $y(n)=0(n<0)$,在输入 $x(n)=\delta(n)$时,例 5.2 中用递推解法求得单位抽样响应 $h(n)$为

$$h(n)=a^n u(n)$$

可见,$h(n)$为因果序列,因此系统是因果系统。若当$|a|<1$时,$h(n)$收敛,绝对可和,则是稳定系统,否则($|a|\geqslant 1$)是不稳定系统。

但如果给定的起始条件是 $y(n)=0(n>0)$,当输入 $x(n)=\delta(n)$时,应用递推解法,可得出

$$h(n)=-a^n u(-n-1)$$

显然,$h(n)$为非因果序列,系统是非因果系统。当$|a|>1$时,$h(n)$收敛,绝对可和,是稳定系统,否则是不稳定系统。

由上述例子可以看出:同一差分方程根据初始条件不同,既可以代表因果系统,也可以代表非因果系统,一般情况下,若无特别声明,约定是描述一个因果系统。同时还可以看到,因果与稳定是两个不同的概念,因果系统不一定是稳定的,非因果系统也不一定是不稳定的。

# 本章小结

本章引入了离散时间信号与系统的概念，并介绍了离散系统的建模与性质。

① 类比连续信号，介绍了 7 种基本的离散时间信号。

② 类比连续信号信号运算方式，介绍了基本的离散时间信号运算方式：包括时移、反褶与尺度变换、差分、卷积。

③ 本章还定义了离散时间系统的概念，指出了离散时间系统常由差分方程建模，并说明了：

a. 同时具有齐次性和叠加性的离散系统为线性离散系统；

b. 同时具备线性和时不变性的离散系统为线性时不变离散系统(LTI 离散系统)。

④ 对于由几个 LTI 系统级联而成的系统，其冲激响应等于这些 LTI 系统的冲激响应的卷积。

⑤ 对于由几个 LTI 系统并联而成的系统，其冲激响应等于这些 LTI 系统的冲激响应的和。

⑥ 如果一个离散系统的冲激响应是绝对可和的，那么这个系统是 BIBO 稳定的。

上述变换关系涉及到各种变量之间的映射关系，如 $z=e^{sT}$。后面会对这些映射关系作进一步的说明。

# 思考与练习题

**5.1** 分析说明冲激抽样信号与序列之间的联系与区别。

**5.2** 为什么正弦序列并不一定是周期序列，而连续时间周期信号一定是周期信号？

**5.3** 因果序列与非因果序列的时移特性相比，有不同吗？

**5.4** 判断下列各序列是否为周期序列，如是则确定其周期。

(1) $x(n)=A\cos\left(\dfrac{3\pi}{7}n-\dfrac{\pi}{8}\right)$　　(2) $x(n)=e^{j\left(\frac{n}{8}-\pi\right)}$

**5.5** 什么是系统的因果性和稳定性？说明因果性和稳定性的时域和 $z$ 域条件。判别下列系统的因果性、稳定性和线性。

(1) $T[x(n)]=g(n)x(n)$　　(2) $T[x(n)]=\sum\limits_{k=n_0}^{n}x(k)$

(3) $T[x(n)]=\sum\limits_{k=n-n_0}^{n+n_0}x(k)$　　(4) $T[x(n)]=x(n-n_0)$

(5) $T[x(n)]=e^{x(n)}$

**5.6** 一个单位抽样响应为 $h(n)$ 的时域离散线性移不变系统，如果输入 $x(n)$ 是周期为 $N$ 的周期序列，即 $x(n)=x(n+N)$，证明系统输出 $y(n)$ 也是周期为 $N$ 的序列。

**5.7** 什么是解卷积？试对各种解卷积的方法进行比较。读懂例 5.13 的 MATLAB 程序，试解释为什么应用倒谱计算可以比较容易获得回波信号的原因。

**5.8** 用递推解法求以差分方程 $y(n)=x(n)+\frac{1}{4}y(n-1)$ 表示的离散系统的单位抽样响应 $h(n)$。已知:

(1) 给定起始条件为 $y(n)=0,n<0$;

(2) 给定起始条件为 $y(n)=0,n\geqslant 0$。

判定两种起始条件下系统的因果性与稳定性。

**5.9** 已知离散系统的单位抽样响应 $h(n)=a^n u(n)$,输入 $x(n)=b^n u(n)$,用离散卷积法求零状态响应 $y(n)$。

**5.10** 已知离散系统的单位抽样响应 $h(n)=0.5^n u(n)$,输入 $x(n)=\left(\frac{3}{4}\right)^n u(n)$,用离散卷积法求零状态响应 $y(n)$。

# 第 6 章　离散时间信号傅里叶分析

**基本内容：**

- 序列的傅里叶变换(DTFT)
- 离散傅里叶级数(DFS)
- 离散傅里叶变换(DFT)
- 快速傅里叶变换(FFT)
- 快速傅里叶变换的应用

随着计算机技术的出现和迅速发展，采用数字技术进行信号的分析与处理，毫无疑问已经成为信息处理领域的主流。离散时间信号分析(或信号的数字谱分析)是数字信号处理的基本内容之一，也是本课程的重点内容之一。通过对信号的频谱分析，掌握信号特征，以便对信号做进一步处理，达到提取有用信号的目的，这已广泛应用于通信、自动测试与控制、语音和图像处理、生物医学等工程技术领域，成为广大科技人员必须掌握的研究方法。

本章主要讨论数字谱分析的理论基础和数字谱分析在科学技术中的应用方法，包括：序列的傅里叶变换、离散傅里叶级数、离散傅里叶变换和快速傅里叶变换。为了解决连续信号的谱分析问题，本章还讨论了连续和离散信号的各种变换以及频谱之间的关系，这对于准确地应用数字处理的方法去解决连续信号问题，掌握离散与连续系统之间的互相联系、互相模仿及其各自的特点是很重要的。

## 6.1　序列的傅里叶变换(DTFT)

这里所指的序列明确为非周期序列，序列的傅里叶变换就是指非周期序列的傅里叶变换。在实际遇到的离散时间信号当中，大量的是非周期序列，它们或是一组数据，或是对非周期模拟信号进行抽样得到的抽样序列，甚至是难以用准确的解析表达式来描述的信号。如何分析这些信号的频谱是一个重要问题，我们把这个问题归结为：离散时间信号时域和频域间的变换，称作序列的傅里叶变换或者非周期序列的频谱。序列的傅里叶变换也可称为离散时间傅里叶变换(DTFT，Discrete Time Fourier Transform)。

**1. 定　义**

在下一章即将学习到序列 $x(n)$的 $z$ 变换为

$$X(z)=\sum_{n=-\infty}^{\infty}x(n)z^{-n}$$

如果 $X(z)$在单位圆上是收敛的，则把在单位圆上的 $z$ 变换定义为序列的傅里叶变换，表示为

$$X(\mathrm{e}^{\mathrm{j}\omega})=X(z)\big|_{z=\mathrm{e}^{\mathrm{j}\omega}}=\sum_{n=-\infty}^{\infty}x(n)\mathrm{e}^{-\mathrm{j}n\omega} \tag{6.1}$$

式(6.1)是计算不同 $\omega$ 所对应的 $X(\mathrm{e}^{\mathrm{j}\omega})$，是一个对序列 $x(n)$进行分解和分析的表达式，

因而是离散时间信号的正变换形式。一般把 $e^{jn\omega}$ 称为傅里叶变换的"核",相对应序列的傅里叶反变换,由第 7 章 $z$ 反变换的围线积分公式(7.51)求出,即

$$x(n)=\frac{1}{2\pi j}\oint_{C}X(z)z^{n-1}dz$$

若把积分围线 $C$ 取在单位圆上,则有

$$x(n)=\frac{1}{2\pi j}\oint_{z=e^{j\omega}}X(e^{j\omega})(e^{jn\omega}e^{-j\omega})d(e^{j\omega})=$$

$$\frac{1}{2\pi}\int_{-\pi}^{\pi}X(e^{j\omega})e^{jn\omega}d\omega \tag{6.2}$$

**2. 物理意义**

为什么把序列的傅里叶变换称作非周期序列的频谱呢?可以将式(6.1)和式(6.2)与在第 3 章得到的连续信号的傅里叶变换进行对比。已知连续信号的傅里叶变换为

$$F(\Omega)=\mathscr{F}[f(t)]=\int_{-\infty}^{\infty}f(t)e^{-j\Omega t}dt$$

$$f(t)=\mathscr{F}^{-1}[F(\Omega)]=\frac{1}{2\pi}\int_{-\infty}^{\infty}F(\Omega)e^{j\Omega t}d\Omega$$

在第 3 章中指出:上两式中的第 1 个式子,是连续时间非周期信号的频谱,将它与式(6.1)进行比较,有许多相仿之处:$e^{-j\Omega t}\Leftrightarrow e^{-j\omega n}$,前者是连续信号不同频率的复指数分量,后者是非周期序列不同频率的复指数分量;$\Omega\Leftrightarrow\omega$,都是频域中频率的概念,$\Omega$ 是模拟角频率,$\omega$ 是数字角频率;$f(t)\Leftrightarrow x(n)$,前者是连续信号在时域的表示,可以分解为一系列不同频率的复指数分量的叠加,分量的复振幅为 $F(\Omega)$,而后者是序列在时域的表示,也可以分解为一系列不同数字角频率分量的叠加,分量的复振幅为 $X(e^{j\omega})$,可见 $X(e^{j\omega})$ 与 $F(\Omega)$ 功能相当;$F(\Omega)$ 是连续非周期信号的傅里叶变换,有频谱密度的意义,是频谱的概念。在式(6.1)中,$X(e^{j\omega})$ 是序列的傅里叶变换,可以看作是序列的频谱。

一个明显的区别需要指出:$\Omega$ 是模拟角频率,变化的范围是没有限制的,高频部分可以趋向于$\infty$,而频率 $\omega$ 的变化虽然可以是连续的,但其变化范围限制在$\pm\pi$ 内,这也可以从式(6.2)的积分表达式上下限看出。

将式(6.2)与上两式中的第 2 个式子——连续时间信号的傅里叶反变换相比较可知,两式都具有叠加重构时域信号即傅里叶反变换(综合)的作用,因此把式(6.2)称为序列的傅里叶反变换;而式(6.1)则由时域的序列求其频域分量系数,有分解分析的意义,是序列的傅里叶正变换,因此,式(6.1)和式(6.2)构成了序列的傅里叶变换对,可表示为

$$\mathscr{F}[x(n)]=X(e^{j\omega})=\sum_{n=-\infty}^{\infty}x(n)e^{-jn\omega} \tag{6.3}$$

$$\mathscr{F}^{-1}[X(e^{j\omega})]=x(n)=\frac{1}{2\pi}\int_{-\pi}^{\pi}X(e^{j\omega})e^{jn\omega}d\omega \tag{6.4}$$

**3. 特　点**

由式(6.3)可知,序列频谱 $X(e^{j\omega})$ 是 $e^{jn\omega}$ 的函数,而 $e^{jn\omega}$ 在频域上是 $\omega$ 以 $2\pi$ 为周期的函数,并且由于序列在时域上是非周期的,根据时、频域之间的对偶关系(信号在时域是离散和周期的,其对应的频域信号应是周期和离散的),因而序列的频谱是连续的周期频谱。同时 $X(e^{j\omega})$ 是 $\omega$ 的复函数,可进一步表示为

$$X(e^{j\omega}) = |X(e^{j\omega})| e^{j\varphi(\omega)} = \mathrm{Re}[X(e^{j\omega})] + j\mathrm{Im}[X(e^{j\omega})] \tag{6.5}$$

仍然把$|X(e^{j\omega})|-\omega$称幅(度)谱,把$\varphi(\omega)-\omega$称相(位)谱,它们都是$\omega$的连续周期函数,其幅度谱如图 6.1 所示。

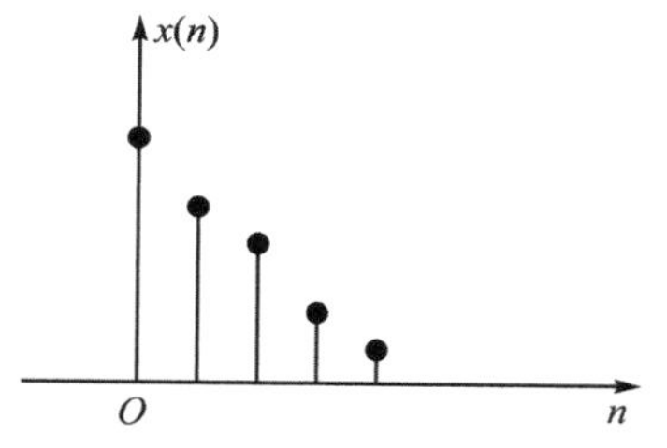

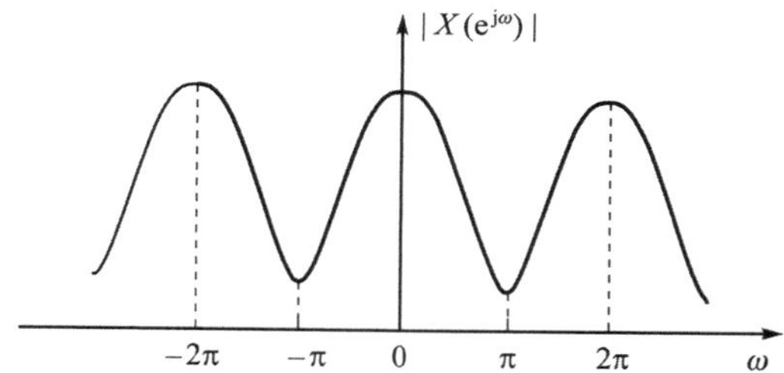


**图 6.1　序列及其幅谱图**

由于$X(e^{j\omega})$是连续周期函数,可以将其展开为连续傅里叶级数,式(6.3)正是$X(e^{j\omega})$的傅里叶级数展开式,与以前所作的连续周期信号傅里叶级数展开相比,只是时域和频域的对应关系倒换了一下,数学关系是完全一样的。因此,可以对序列傅里叶变换这样理解:序列$x(n)$与其傅里叶变换两者正好是互为傅里叶级数的变换关系,$X(e^{j\omega})$的表达式是序列频谱傅里叶级数的展开式,而序列值$x(n)$正是这一傅里叶级数的各项系数。下面对这种理解作出证明。

连续周期信号$x_{aT}(t)$的傅里叶级数展开式是

$$\begin{cases} x_{aT}(t) = \sum\limits_{n=-\infty}^{\infty} F_n e^{jn\Omega_1 t} \\ F_n = \dfrac{1}{T_1}\displaystyle\int_{-\frac{T_1}{2}}^{\frac{T_1}{2}} x_{aT}(t) e^{-jn\Omega_1 t} dt \end{cases}$$

式中,$T_1$为$x_{aT}(t)$的周期,$\Omega_1 = \dfrac{2\pi}{T_1}$。

应用上述公式,对连续周期函数$X(e^{j\omega})$进行展开时,由于$X(e^{j\omega})$是变量$\omega$的函数,周期为$2\pi$,所以变量应由$t$改为$\omega$,$T_1$则代之以$2\pi$,$\Omega_1 = \dfrac{2\pi}{T_1} = 1$,将这些参数值代入上述两式,可得

$$\begin{cases} X(e^{j\omega}) = \sum\limits_{n=-\infty}^{\infty} F_n e^{jn\omega} \\ F_n = \dfrac{1}{2\pi}\displaystyle\int_{-\pi}^{\pi} X(e^{j\omega}) e^{-jn\omega} d\omega \end{cases}$$

对上两式作变量置换,以$m=-n$代入后得

$$X(e^{j\omega}) = \sum_{m=-\infty}^{\infty} F_{-m} e^{-jm\omega} \tag{6.6}$$

$$F_{-m} = \frac{1}{2\pi}\int_{-\pi}^{\pi} X(e^{j\omega}) e^{jm\omega} d\omega \tag{6.7}$$

将式(6.6)、式(6.7)与式(6.3)、式(6.4)比较,有$F_{-m} = x(m)$,并将其代入式(6.6)和式(6.7),可以得到以下两式:

$$X(e^{j\omega})=\sum_{m=-\infty}^{\infty}x(m)e^{-jm\omega} \tag{6.8}$$

$$x(m)=\frac{1}{2\pi}\int_{-\pi}^{\pi}X(e^{j\omega})e^{jm\omega}d\omega \tag{6.9}$$

显然,$x(m)$和 $X(e^{j\omega})$是傅里叶级数的变换关系,若将 $m$ 换为 $n$,上两式就是式(6.3)和式(6.4),序列 $x(n)$与其傅里叶变换两者正好是互为傅里叶级数的变换关系的结论,就得到了证明。

序列可以表示为复指数序列分量的叠加,叠加原理在线性移不变系统的分析中是一个极为重要的性质。线性移不变系统对复指数序列的响应完全由系统的频率响应 $H(e^{j\omega})$确定。序列 $x(n)$既然可以看成是一系列幅度不同的复指数序列分量的叠加,那么一个线性移不变系统对于输入 $x(n)$的响应,输出响应 $y(n)$为

$$y(n)=\frac{1}{2\pi}\int_{-\pi}^{\pi}H(e^{j\omega})X(e^{j\omega})e^{jn\omega}d\omega$$

则与傅里叶变换定义式(6.9)比较,可得

$$Y(e^{j\omega})=H(e^{j\omega})X(e^{j\omega}) \tag{6.10}$$

上式从傅里叶变换的角度说明了系统频率响应的意义。

另外需要指出序列傅里叶变换的存在条件。由于序列的傅里叶变换是单位圆上的 $z$ 变换,所以,如果它要存在,序列的 $z$ 变换在单位圆上必须收敛,即

$$X(z)\big|_{z=e^{j\omega}}=\sum_{n=-\infty}^{\infty}x(n)e^{-j\omega n}$$

要使上式收敛,则要求

$$\sum_{n=-\infty}^{\infty}\left|x(n)e^{-j\omega n}\right|\leqslant\sum_{n=-\infty}^{\infty}\left|x(n)\right|\left|e^{-j\omega n}\right|\leqslant\sum_{n=-\infty}^{\infty}\left|x(n)\right|<\infty$$

即

$$\sum_{n=-\infty}^{\infty}\left|x(n)\right|<\infty \tag{6.11}$$

式(6.11)表明,序列傅里叶变换的充分条件是:序列必须绝对可和。并不是所有序列都满足这个条件,例如单位阶跃序列、正实指数序列等,单位圆上的 $z$ 变换并不收敛,因此并不是所有的序列都存在傅里叶变换。但另一方面,某些周期序列尽管不满足绝对可和的条件,但其序列傅里叶变换(级数)也可能存在。下面将要讲述的序列傅里叶级数就是这种情况。

**例 6.1** 分别求出下列序列的傅里叶变换。

(1) $x_1(n)=\delta(n-m)$;

(2) $x_2(n)=u(n+3)-u(n-4)$

**解:**(1) 序列 $x_1(n)$ 的傅里叶变换:

$$X(e^{j\omega})=\sum_{n=-\infty}^{\infty}x_1(n)e^{-j\omega n}=$$

$$\sum_{n=-\infty}^{\infty}\delta(n-m)e^{-j\omega n}=$$

$$e^{-jm\omega}$$

(2) 序列 $x_2(n)$ 的傅里叶变换：

$$X(e^{j\omega})=\sum_{n=-\infty}^{\infty}[u(n+3)-u(n-4)]e^{-j\omega n}=\sum_{n=-3}^{3}e^{-j\omega n}=$$

$$\sum_{n=0}^{3}e^{-j\omega n}+\sum_{n=-1}^{-3}e^{-j\omega n}=\sum_{n=0}^{3}e^{-j\omega n}+\sum_{n=1}^{3}e^{j\omega n}=\sum_{n=0}^{3}e^{-j\omega n}+(\sum_{n=0}^{3}e^{j\omega n})\cdot e^{j\omega}=$$

$$\frac{1-e^{-j4\omega}}{1-e^{-j\omega}}+\frac{1-e^{j3\omega}}{1-e^{j\omega}}e^{j\omega}=\frac{1-e^{-j4\omega}}{1-e^{-j\omega}}-\frac{1-e^{j3\omega}}{1-e^{-j\omega}}=$$

$$\frac{1-e^{-j7\omega}}{1-e^{-j\omega}}e^{j3\omega}=\frac{e^{-j\frac{7}{2}\omega}\left(e^{j\frac{7}{2}\omega}-e^{-j\frac{7}{2}\omega}\right)}{e^{-j\frac{1}{2}\omega}\left(e^{j\frac{1}{2}\omega}-e^{-j\frac{1}{2}\omega}\right)}e^{j3\omega}=$$

$$\frac{\sin\left(\frac{7}{2}\omega\right)}{\sin\left(\frac{1}{2}\omega\right)}$$

**例 6.2**　设 $x(n)=(-0.95)^n(-5\leqslant n\leqslant 5)$，试用 MATLAB 编程，求出其频谱，并画出序列的图形、频谱图，观察分析频谱的周期性。

**解：** 序列 $x(n)$ 频谱求解和谱图的 MATLAB 程序如下，相应的图形表示在图 6.2 中。

```
%序列 x(n)的傅里叶变换

%x(n)的图形表示
n=-5:5;x=(-0.95).^n;
subplot(3,1,1);stem(n,x);
title('序列 x(n)的图形');
xlabel('n');ylabel('x(n)')

%x(n)的傅里叶变换
k=-200:200;
w=(pi/100)*k;        %横坐标(频率轴)的示值缩小比例系数
X=x*(exp(-j*pi/100)).^(n'*k);
magX=abs(X);angX=angle(X);
subplot(3,1,2);plot(w/pi,magX);gridon;
title('x(n)的幅度谱');
axis([-2,2,0,15]);
xlabel('频率 ω(单位:π)');ylabel('|X|')
subplot(3,1,3);plot(w/pi,angX/pi);gridon;
title('x(n)的相位谱');
axis([-2,2,-1,1]);
xlabel('频率 ω(单位:π)');ylabel('φ/π')
```

由图 6.2 可以看出：非周期序列的幅度谱和相位谱都是 $\omega$ 的周期函数，因此对于实数序列，只要求出 $0\sim\pi$ 这半个周期的频谱即可，以简化计算。

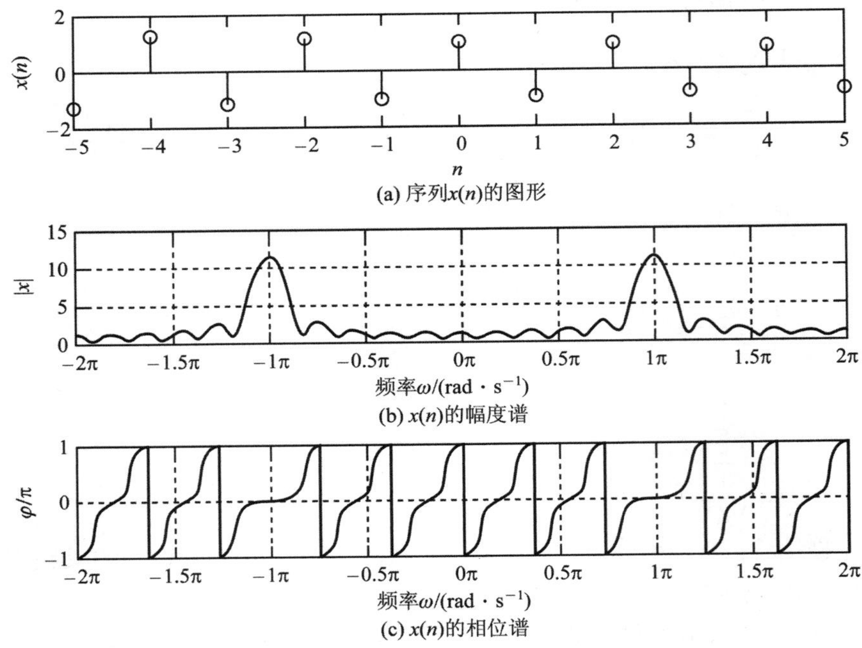


**图 6.2 序列 $x(n)$ 的图形和频谱图**

## 6.2 离散周期信号的傅里叶级数(DFS)

到目前为止,我们已经讨论了三种类型的时域信号及其频谱,即连续非周期信号及其连续频谱;连续周期信号及其离散频谱;非周期序列信号及其连续频谱。上述三种信号,在每对变换的时域和频域这两个域中,都有一个域是连续函数的形式,无法直接应用计算机进行处理。为此,我们来讨论第四种信号的变换,离散周期序列及其频谱,即离散傅里叶级数(DFS,Discrete Fourier Series),其基本特点是时、频两个域都是离散化的。

对其进行研究时,我们先从上述三种信号在时域和频域上的对偶性总结出某些规律,定性地推断出离散周期序列频谱的基本特点,然后对其进行理论分析描述。

### 6.2.1 傅里叶变换在时域和频域中的对偶规律

图 6.3 给出了不同信号时、频域的对应关系示意图,需要注意的是:图中右侧的频域幅度曲线并非左侧对应的时域信号的真实幅度谱,而是为了说明信号在时、频域中的对称规律,对幅度谱线形状的一种简化示意,重点反映信号的周期性和连续性状态。

如图 6.3(a)所示,一连续非周期信号,其傅里叶变换对为

$$X_a(\Omega)=\mathscr{F}[x_a(t)]=\int_{-\infty}^{\infty}x_a(t)e^{-j\Omega t}dt$$

$$x_a(t)=\mathscr{F}^{-1}[X_a(\Omega)]=\frac{1}{2\pi}\int_{-\infty}^{\infty}X_a(\Omega)e^{j\Omega t}d\Omega$$

显然,其傅里叶变换(频谱)$X_a(\Omega)$是非周期的连续谱,时域上的非周期对应频域上的连续,或

频域上的连续对应时域上的非周期。由此可得出：一个域中函数的连续对应另一个域中函数的非周期。

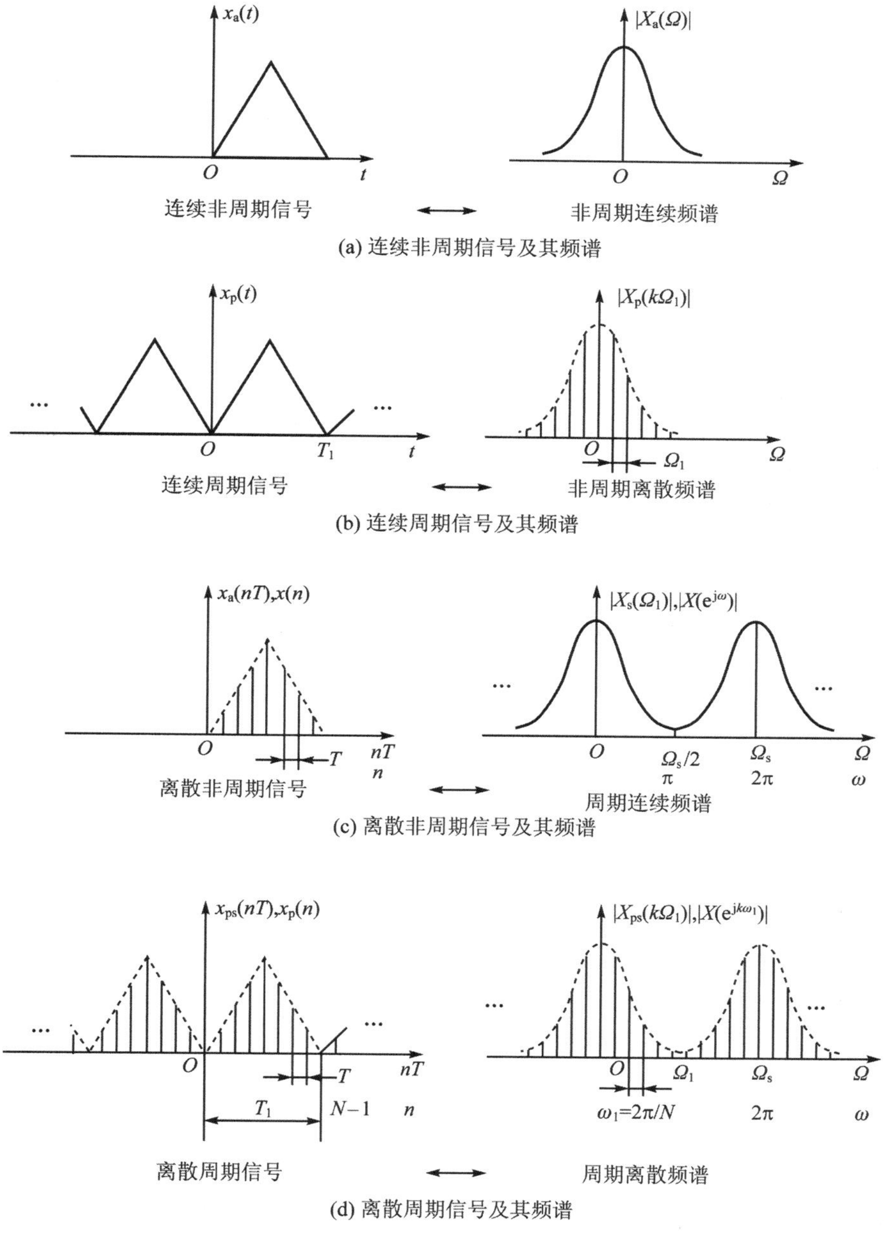

连续非周期信号 ⟷ 非周期连续频谱

(a) 连续非周期信号及其频谱

连续周期信号 ⟷ 非周期离散频谱

(b) 连续周期信号及其频谱

离散非周期信号 ⟷ 周期连续频谱

(c) 离散非周期信号及其频谱

离散周期信号 ⟷ 周期离散频谱

(d) 离散周期信号及其频谱

**图 6.3　信号在时、频域中的对偶规律**

如图 6.3(b)所示，一连续周期信号 $x_p(t)$，其傅里叶变换对为

$$X_p(k\Omega_1)=\frac{1}{T_1}\int_0^{T_1}x_p(t)e^{-jk\Omega_1 t}dt$$

$$x_p(t)=\sum_{k=-\infty}^{\infty}X_p(k\Omega_1)e^{jk\Omega_1 t}$$

显然,其频谱是离散谱 $X_p(k\Omega_1)$。图6.3(b)还可以从另一个角度来理解:$x_p(t)$可看作是单周期信号 $x_a(t)$的周期延拓而形成的周期波形,延拓周期为 $T_1=2\pi/\Omega_1$,而 $X_p(k\Omega_1)$是对图6.3(a)中的频谱 $X_a(\Omega)$ 以采样频率 $\Omega_1$ 进行抽样得到的,即频域的离散化导致时域的周期化。由此可得出:一个域中函数的离散化对应另一个域中函数的周期化。

再看图6.3(c),时域是一离散非周期信号,其傅里叶变换对表示为

$$X(e^{j\omega})=\sum_{n=-\infty}^{\infty}x(n)e^{-jn\omega}$$

$$x(n)=\frac{1}{2\pi}\int_{-\pi}^{\pi}X(e^{j\omega})e^{jn\omega}d\omega$$

根据非周期序列傅里叶变换频谱的特点,其频谱是周期连续的。另一方面,离散非周期信号既可以看成是对图6.3(a)中的连续非周期信号 $x_a(t)$抽样得到 $x_a(nT)$(设抽样周期为 $T$),也可直接看成是非周期的抽样序列 $x(n)$,频域上则对应周期连续频谱,这种变换关系也完全符合上述两个对偶规律。

由上述两条对偶规律,可以定性地判断出图6.3(d)中的第四种信号——离散周期信号频谱的基本特点。该信号在时域上可描述成离散周期信号 $x_{ps}(nT)$或周期序列 $x_p(n)$,根据对偶规律,其频谱应当是周期的离散谱,相应地表示为 $X(e^{jk\omega_1})$或 $X_{ps}(k\Omega_1)$,我们把这种信号的时、频域的变换关系称为离散傅里叶级数对,表达式见式(6.12)。

根据上面的分析和图解说明,下面将4种信号傅里叶变换在时域、频域上对偶性的一般规律概括归纳为表6.1。

**表6.1 信号在时域、频域的对偶规律**

| 时 域 | 频 域 |
|---|---|
| 连续非周期 | 非周期连续 |
| 连续周期 | 非周期离散 |
| 离散非周期 | 周期连续 |
| 离散周期 | 周期离散 |

由表6.1可以得到信号傅里叶变换在不同域上关于离散性和周期性的一般对偶规律:

① 一个域(时域或频域)中是连续的,对应另一个域(频域或时域)中肯定是非周期的。

② 一个域(时域或频域)中是离散的,对应另一个域(频域或时域)中肯定是周期性的。

### 6.2.2 离散傅里叶级数DFS

上小节定性地说明了离散周期信号的频谱特点,本小节要进一步给出数学的描述,定量描述离散傅里叶级数的变换对。

公式推导的出发点:把离散周期信号看成是对连续周期信号进行抽样的结果。

由图6.3(b)和周期信号傅里叶级数的表达式,对于连续周期函数 $x_p(t)$,有

$$\left.\begin{aligned}x_p(t)&=\sum_{k=-\infty}^{\infty}X_p(k\Omega_1)e^{jk\Omega_1 t}\\X_p(k\Omega_1)&=\frac{1}{T_1}\int_0^{T_1}x_p(t)e^{-jk\Omega_1 t}dt\end{aligned}\right\}\tag{6.12}$$

对 $x_p(t)$进行抽样,变成了离散时间周期信号 $x_{ps}(nT)$或 $x_p(n)$(下面的推导以抽样序列

$x_p(n)$为例)，周期序列在时域可以用复指数序列形式的傅里叶级数来表示，在式(6.12)中将 $t=nT$、$k\Omega_1=k$ 代入，得

$$x_p(nT)=x_p(n)=\sum_{k=-\infty}^{\infty}X_p(k)e^{jk\left(\frac{\omega_1}{T}\right)nT}=$$

$$\sum_{k=-\infty}^{\infty}X_p(k)e^{jk\omega_1 n} \tag{6.13}$$

上式中的参数有以下关系：

$$\omega_1=\Omega_1 T,\quad \Omega_1=\frac{2\pi}{T_1},\quad T_1=NT$$

所以

$$\omega_1=\frac{2\pi}{T_1}T=\frac{2\pi}{NT}T=\frac{2\pi}{N}$$

式中，$\omega_1$ 为数字角频率间隔；$\Omega_1$ 为模拟角频率间隔或频域上对连续频谱抽样的抽样间隔；$T_1$ 为冲激抽样周期信号的周期；$T$ 为序列的间隔(时域采样间隔，抽样周期)；$N$ 为周期序列的周期(或序列中一个周期的样点总数)；$k$ 为谐波阶次($k=0,\pm1,\pm2,\cdots$)；$n$ 为序列分量的序号。

若设任意 $k$ 次频率的复指数序列分量的 $e^{-jk\omega_1 n}$ 的复幅度用 $X_p(k)$表示，则可写出其各次频率分量及其复幅度如下：

直流分量 $e^{j0\omega_1 n}=e^{j\frac{2\pi}{N}0n}$，幅度 $X_p(0)$；

基频分量 $e^{j1\omega_1 n}=e^{j\frac{2\pi}{N}1n}$，幅度 $X_p(1)$；

二次分量 $e^{j2\omega_1 n}=e^{j\frac{2\pi}{N}2n}$，幅度 $X_p(2)$；

⋮

$K$ 次分量 $e^{jk\omega_1 n}=e^{j\frac{2\pi}{N}kn}$，幅度 $X_p(k)$；

⋮

$N-1$ 次分量 $e^{j(N-1)\omega_1 n}=e^{j\frac{2\pi}{N}(N-1)n}$，幅度 $X_p(N-1)$。

由于复指数序列的周期性，且周期为 $N$，则有

$$e^{j\frac{2\pi}{N}(N+k)n}=e^{j\frac{2\pi}{N}kn}$$

所以离散频率 $k\omega_1$ 分布在 $0\sim2\pi$ 之间，只有 $N$ 个独立频率分量。

由上述分析可知：周期离散信号在时、频域上均为周期序列，根据周期信号的特点，当 $k$ 变化一个 $N$ 的整数倍时，得到的是完全一样的序列，所以，一个周期序列可以表示成一个有限项($N$ 项)指数序列分量的叠加(即用任一个周期的序列情况，可以描述、代表所有其他周期序列的情况)，这样，式(6.13)可表示成 $N$ 个独立分量的形式：

$$x_p(n)=\frac{1}{N}\left[X_p(0)e^{j\frac{2\pi}{N}0n}+X_p(1)e^{j\frac{2\pi}{N}1n}+\cdots+X_p(k)e^{j\frac{2\pi}{N}kn}+\cdots+X_p(N-1)e^{j\frac{2\pi}{N}(N-1)n}\right]$$

将式(6.13)写成

$$x_p(n)=\frac{1}{N}\sum_{k=0}^{N-1}X_p(k)e^{j\frac{2\pi}{N}kn} \tag{6.14}$$

式(6.14)就是离散傅里叶级数(DFS)的展开式，这是一个有限项级数，对于离散周期信号，最高阶次就是 $N$，意味着离散周期信号频率 $k\omega_1$ 的最高值为 $N\omega_1$，这是连续时间与离散时间周

期信号用傅里叶级数表示的一个重要区别。式中的系数$\frac{1}{N}$,是习惯用法,并不影响式(6.14)中各分量的相对成分。对式(6.14)的严密推导,可参阅郑君里等编著的《信号与系统(第2版)》第9章的相关部分。

将式(6.14)的两边乘以$\mathrm{e}^{-\mathrm{j}\frac{2\pi}{N}rn}$后,再进行$\sum_{n=0}^{N-1}$的运算,可得

$$\sum_{n=0}^{N-1} x_{\mathrm{p}}(n)\mathrm{e}^{-\mathrm{j}\frac{2\pi}{N}rn} = \sum_{n=0}^{N-1}\left\{\left[\frac{1}{N}\sum_{k=0}^{N-1} X_{\mathrm{p}}(k)\mathrm{e}^{\mathrm{j}\frac{2\pi}{N}kn}\right]\mathrm{e}^{-\mathrm{j}\frac{2\pi}{N}rn}\right\}$$

$$(\text{改变求和次序}) = \sum_{k=0}^{N-1} X_{\mathrm{p}}(k)\left[\frac{1}{N}\sum_{n=0}^{N-1}\mathrm{e}^{\mathrm{j}\frac{2\pi}{N}(k-r)n}\right]$$

而

$$\sum_{n=0}^{N-1}\mathrm{e}^{\mathrm{j}\frac{2\pi}{N}(k-r)n} = \frac{1-\mathrm{e}^{\mathrm{j}\frac{2\pi}{N}(k-r)N}}{1-\mathrm{e}^{\mathrm{j}\frac{2\pi}{N}(k-r)}} = \begin{cases} N & (k=r) \\ 0 & (k\neq r)\end{cases}$$

因此,有

$$\sum_{n=0}^{N-1} x_{\mathrm{p}}(n)\mathrm{e}^{-\mathrm{j}\frac{2\pi}{N}rn} = \sum_{k=0}^{N-1} X_{\mathrm{p}}(k)\left[\frac{1}{N}\begin{cases} N & (k=r) \\ 0 & (k\neq r)\end{cases}\right] = X_{\mathrm{p}}(r)$$

再将变量$r$换成$k$,可得

$$X_{\mathrm{p}}(k) = \sum_{n=0}^{N-1} x_{\mathrm{p}}(n)\mathrm{e}^{-\mathrm{j}\frac{2\pi}{N}kn} \tag{6.15}$$

对于式(6.15),有两种理解,一种认为是一个$N$点的有限长序列,它代表$k=0,1,2,\cdots,N-1$个复指数分量的系数,其他$k$值处为零。另一种则认为:该式表示一个对所有$k$值均有定义的周期序列,其周期为$N$,这里是求取$x_{\mathrm{p}}(n)$的复指数分量的系数,有分解的意义,起正变换的作用,周期序列的频谱从上述定性讨论,确认是周期离散频谱,因此,通常按后者来理解,则式(6.15)表示为与$x_{\mathrm{p}}(n)$对应的频谱,从而式(6.14)和式(6.15)构成了离散傅里叶级数的变换对。式(6.15)是傅里叶级数的正变换,以符号DFS[·]表示,式(6.14)是离散傅里叶级数的反变换,以符号IDFS[·]表示,写成

$$X_{\mathrm{p}}(k) = \mathrm{DFS}[x_{\mathrm{p}}(n)] = \sum_{n=0}^{N-1} x_{\mathrm{p}}(n)\mathrm{e}^{-\mathrm{j}\frac{2\pi}{N}kn} \tag{6.16}$$

$$x_{\mathrm{p}}(n) = \mathrm{IDFS}[X_{\mathrm{p}}(k)] = \frac{1}{N}\sum_{k=0}^{N-1} X_{\mathrm{p}}(k)\mathrm{e}^{\mathrm{j}\frac{2\pi}{N}kn} \tag{6.17}$$

为表达简洁,引入符号$W_N$

$$W_N = \mathrm{e}^{-\mathrm{j}\frac{2\pi}{N}} \tag{6.18}$$

从而可将式(6.16)和式(6.17)改写为

$$X_{\mathrm{p}}(k) = \mathrm{DFS}[x_{\mathrm{p}}(n)] = \sum_{n=0}^{N-1} x_{\mathrm{p}}(n)W_N^{kn} \tag{6.19}$$

$$x_{\mathrm{p}}(n) = \mathrm{IDFS}[X_{\mathrm{p}}(k)] = \frac{1}{N}\sum_{k=0}^{N-1} X_{\mathrm{p}}(k)W_N^{-kn} \tag{6.20}$$

在分析连续时间信号时,非周期信号傅里叶变换是在周期信号的傅里叶级数基础上,将周期$T_1\to\infty$而得到的;对离散时间信号,与此类似,也可以由离散傅里叶级数导出序列傅里叶变

换。当周期序列 $x_p(n)$ 的周期 $N\to\infty$ 时，变成非周期序列，对应的频谱间隔 $\omega_1=\frac{2\pi}{N}\to 0$，即离散谱趋向连续谱，请读者自己思考推出。

## 6.3　离散傅里叶变换(DFT)

离散傅里叶级数的正、反变换 DFS、IDFS，对于数字信号的处理来说，理论上是完整的，已经为数字信号的分析和处理完成了理论准备，因为信号在时、频域都已经离散化了。但仍有一个问题：它们在时、频域都是无限长的周期序列，为解决离散时间信号在数字信号处理设备中进行分析、处理以及实现系统设计等实际应用问题，尚需对这些无限长序列进行有限化的理论研究。

离散傅里叶变换(DFT，Discrete Fourier Transform)的引入就是为了同时解决信号的离散化和有限化问题。

### 6.3.1　离散傅里叶变换 DFT 的定义式

先给出主值序列的概念，这个概念在前面已经提到过。对于一个周期为 $N$ 的周期序列 $x_p(n)$，定义其第一个周期的有限长序列为该周期序列的主值序列，用 $x(n)$ 表示(去掉 $x_p(n)$ 的下标 p)为

$$x(n)=\begin{cases}x_p(n) & (0\leqslant n\leqslant N-1)\\ 0 & (\text{其他 } n)\end{cases} \tag{6.21}$$

主值序列也可以表示成周期序列和一个矩形序列相乘的结果，即

$$x(n)=x_p(n)R_N(n) \tag{6.22}$$

相应地，周期序列 $x_p(n)$ 可以看作是有限长序列 $x(n)$ 以 $N$ 为周期的延拓而形成的，其关系为

$$x_p(n)=\sum_{r=-\infty}^{\infty}x(n+rN)$$

从而主值序列 $X(k)$ 和 $X_p(k)$ 的关系也可表示为

$$X(k)=\begin{cases}X_p(k) & (0\leqslant k\leqslant N-1)\\ 0 & (\text{其他 } k)\end{cases} \tag{6.23}$$

$$X_p(k)=\sum_{r=-\infty}^{\infty}X(k+rN) \tag{6.24}$$

有了主值序列的概念，只需用主值序列 $X(k)$、$x(n)$ 将定义式(6.19)和式(6.20)中的周期序列 $X_p(k)$、$x_p(n)$ 进行置换，两运算式仍然可成立，这样就得到了任意有限长序列的变换对：

$$X(k)=\mathrm{DFT}[x(n)]=\sum_{n=0}^{N-1}x(n)W_N^{kn}\quad(0\leqslant k\leqslant N-1) \tag{6.25}$$

$$x(n)=\mathrm{IDFT}[X(k)]=\frac{1}{N}\sum_{k=0}^{N-1}X(k)W_N^{-kn}\quad(0\leqslant n\leqslant N-1) \tag{6.26}$$

式(6.25)称为离散傅里叶正变换，以符号 DFT[·]表示；式(6.26)称为离散傅里叶反变换，以符号 IDFT[·]表示，以上两式还可以写成矩阵形式：

$$\begin{bmatrix} X(0) \\ X(1) \\ \vdots \\ X(N-1) \end{bmatrix} = \begin{bmatrix} W^0 & W^0 & W^0 & \cdots & W^0 \\ W^0 & W^{1\times1} & W^{2\times1} & \cdots & W^{(N-1)\times1} \\ \vdots & \vdots & \vdots & & \vdots \\ W^0 & W^{1\times(N-1)} & W^{2\times(N-1)} & \cdots & W^{(N-1)\times(N-1)} \end{bmatrix} \begin{bmatrix} x(0) \\ x(1) \\ \vdots \\ x(N-1) \end{bmatrix} \tag{6.27}$$

$$\begin{bmatrix} x(0) \\ x(1) \\ \vdots \\ x(N-1) \end{bmatrix} = \frac{1}{N} \begin{bmatrix} W^0 & W^0 & W^0 & \cdots & W^0 \\ W^0 & W^{-1\times1} & W^{-1\times2} & \cdots & W^{-1\times(N-1)} \\ \vdots & \vdots & \vdots & & \vdots \\ W^0 & W^{-(N-1)\times1} & W^{-(N-1)\times2} & \cdots & W^{-(N-1)\times(N-1)} \end{bmatrix} \begin{bmatrix} X(0) \\ X(1) \\ \vdots \\ X(N-1) \end{bmatrix} \tag{6.28}$$

上述两式中,为表达简便,$\boldsymbol{W}_N^{nk}$ 的下标 $N$ 已省略,上述两式还可表示成

$$\boldsymbol{X}(k) = \boldsymbol{W}^{nk}\boldsymbol{x}(n) \tag{6.29}$$

$$\boldsymbol{x}(n) = \frac{1}{N}\boldsymbol{W}^{-nk}\boldsymbol{X}(k) \tag{6.30}$$

式(6.29)和式(6.30)中,$\boldsymbol{X}(k)$与$\boldsymbol{x}(n)$分别为$N$行的列矩阵,而$\boldsymbol{W}^{nk}$与$\boldsymbol{W}^{-nk}$分别为$N\times N$的对称方阵。

**例 6.3** 用矩阵形式求矩形序列$\boldsymbol{x}(n)=R_4(n)$的DFT,再由所得$X(k)$经IDFT求$\boldsymbol{x}(n)$,验证所求结果的正确性。

**解:** $N=4$,故 $W_4^1 = e^{-j\frac{2\pi}{N}} = e^{-j\frac{2\pi}{4}} = -j$

$$\begin{bmatrix} X(0) \\ X(1) \\ X(2) \\ X(3) \end{bmatrix} = \begin{bmatrix} W^0 & W^0 & W^0 & W^0 \\ W^0 & W^1 & W^2 & W^3 \\ W^0 & W^2 & W^4 & W^6 \\ W^0 & W^3 & W^6 & W^9 \end{bmatrix} \begin{bmatrix} x(0) \\ x(1) \\ x(2) \\ x(3) \end{bmatrix} =$$

$$\begin{bmatrix} 1 & 1 & 1 & 1 \\ 1 & -j & -1 & j \\ 1 & -1 & 1 & -1 \\ 1 & j & -1 & -j \end{bmatrix} \begin{bmatrix} 1 \\ 1 \\ 1 \\ 1 \end{bmatrix} = \begin{bmatrix} 4 \\ 0 \\ 0 \\ 0 \end{bmatrix}$$

再由$\boldsymbol{X}(k)$反变换求$\boldsymbol{x}(n)$:

$$\begin{bmatrix} x(0) \\ x(1) \\ x(2) \\ x(3) \end{bmatrix} = \frac{1}{N} \begin{bmatrix} W^0 & W^0 & W^0 & W^0 \\ W^0 & W^{-1} & W^{-2} & W^{-3} \\ W^0 & W^{-2} & W^{-4} & W^{-6} \\ W^0 & W^{-3} & W^{-6} & W^{-9} \end{bmatrix} \begin{bmatrix} X(0) \\ X(1) \\ X(2) \\ X(3) \end{bmatrix} =$$

$$\frac{1}{4} \begin{bmatrix} 1 & 1 & 1 & 1 \\ 1 & j & -1 & -j \\ 1 & -1 & 1 & -1 \\ 1 & -j & -1 & j \end{bmatrix} \begin{bmatrix} 4 \\ 0 \\ 0 \\ 0 \end{bmatrix} = \begin{bmatrix} 1 \\ 1 \\ 1 \\ 1 \end{bmatrix}$$

$\boldsymbol{x}(n)$与$\boldsymbol{X}(k)$的图形如图 6.4 所示。

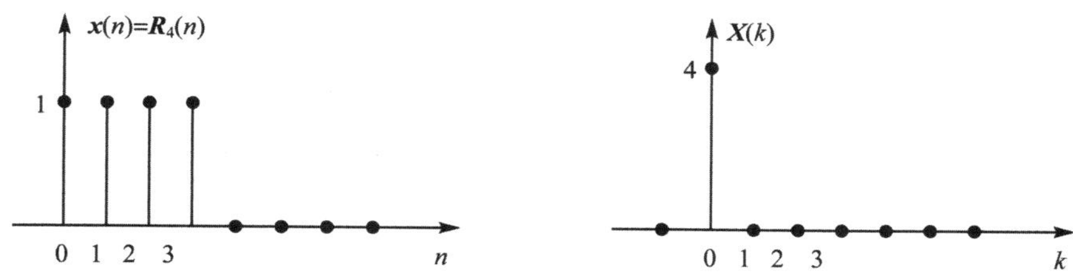


**图 6.4 例 6.3 计算结果表示**

### 6.3.2 离散傅里叶变换 DFT 的物理意义

通常我们都把信号的傅里叶变换等同于信号的频谱，那么离散傅里叶变换 DFT 的结果 $X(k)$是序列的频谱吗？显然不是，因为在 DFT 的定义式中，时域的 $x(n)$是主值序列，是有限长序列，而有限长序列是非周期序列，其真正的频谱即它的傅里叶变换，应为 6.1 节所介绍的序列傅里叶变换 DTFT，是一个连续周期性频谱，而有限长序列的 DFT 却是离散的序列，两者显然不能等同。但序列傅里叶变换 DTFT 和离散傅里叶变换 DFT，两者虽概念不同，却存在着重要的联系，并且可以证明：序列离散傅里叶变换 DFT 是对这一序列频谱（序列傅里叶变换 DTFT）的均匀抽样。下面给出这一结论的证明。

设一有限长序列 $x(n)$的长度为 $N$ 点，其 $z$ 变换为

$$X(z)=\sum_{n=0}^{N-1}x(n)z^{-n}$$

因序列为有限长，满足绝对可和的条件，其 $z$ 变换的收敛域为整个 $z$ 平面，必定包含单位圆，则序列的傅里叶变换为

$$X(\mathrm{e}^{\mathrm{j}\omega})=X(z)\big|_{z=\mathrm{e}^{\mathrm{j}\omega}}=\sum_{n=0}^{N-1}x(n)\mathrm{e}^{-\mathrm{j}n\omega}$$

若以 $\omega_1=\dfrac{2\pi}{N}$为间隔，把单位圆（表示为 $\mathrm{e}^{\mathrm{j}\omega}$）均匀等分为 $N$ 个点，则在第 $k$ 个等分点，即 $\omega=k\omega_1=k\dfrac{2\pi}{N}$点上的值为

$$X(\mathrm{e}^{\mathrm{j}\omega})\Big|_{\omega=\frac{2\pi}{N}k}=\sum_{n=0}^{N-1}x(n)\mathrm{e}^{-\mathrm{j}\frac{2\pi}{N}kn}=\mathrm{DFT}[x(n)]=X(k)$$

再写为

$$X(k)=\mathrm{DFT}[x(n)]=X(\mathrm{e}^{\mathrm{j}\omega})\Big|_{\omega=\frac{2\pi}{N}k}=X(z)\Big|_{z=\mathrm{e}^{\mathrm{j}\frac{2\pi}{N}k}}\tag{6.31}$$

由上式可以得出：有限长序列的 DFT 就是序列在单位圆上的 $z$ 变换（即序列傅里叶变换 DTFT）以 $\omega_1=\dfrac{2\pi}{N}$为间隔的抽样值，参见图 6.5（图中只给出主值区间上的序列频谱）。

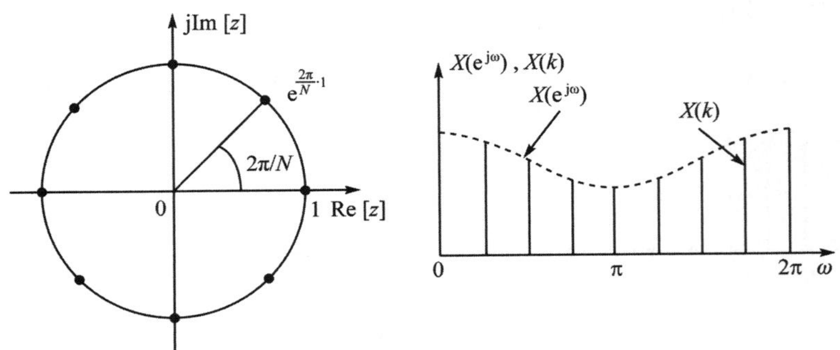


图 6.5　DFT 与序列傅里叶变换的相互关系

## 6.4　离散傅里叶变换的性质

从实际应用的角度来看,DFT 由于在时、频域都是有限长的序列,并同时与序列傅里叶变换和离散傅里叶级数均密切相关,因而更具工程价值。它的性质对于实际的信号处理技术有很重要的意义,总体上与前面的连续信号傅里叶变换和序列 $z$ 变换的性质比较相似。下面作简要介绍。

**1. 线性特性**

若　　$X(k)=\mathrm{DFT}[x(n)]$ ,　$Y(k)=\mathrm{DFT}[y(n)]$

则

$$\mathrm{DFT}[ax(n)+by(n)]=aX(k)+bY(k) \tag{6.32}$$

式中,$a$、$b$ 为任意常数。如果两个序列的长度不相等,以最长的序列为基准,对短序列要补零,使序列长度相等,才能进行线性相加,经过补零的序列频谱会变密,但不影响问题的性质。

**2. 时移特性**

先引入圆周移位的概念。

(1) 圆周移位

它是指序列的这样一种移位:将长度为 $N$ 的序列 $x(n)$进行周期延拓,周期为 $N$,构成周期序列 $x_p(n)$,然后对周期序列 $x_p(n)$做 $m$ 位移位处理,得移位序列 $x_p(n-m)$,再取其主值序列($x_p(n-m)$与一矩形序列 $R_N(n)$相乘),得到的 $x_p(n-m)R_N(n)$,就是所谓的圆周移位序列。这样的移位过程有一个特点,有限长序列经过了周期延拓,当序列的第一个周期右移 $m$ 位后,紧靠第一个周期左边的序列的序列值就依次填补了第一个周期序列右移后左边的空位,如同序列 $x(n)$排列在一 $N$ 等分的圆周上,$N$ 个点首尾相衔接,圆周移 $m$ 位相当于 $x(n)$在圆周上旋转 $m$ 位,因此称为圆周移位,简称圆移位或循环移位。

下面看一个例子:一序列 $x(n)$($N=5$)圆周右移两位,即 $m=2$,其移位过程如图 6.6 所示。

由图 6.6 可以看出:当序列 $x(n)$右移两位($m=2$)时,超出序号($N-1=4$)左边的两个空位,又被左边另一周期的序列值依次填补,就好像序列 $x(n)$是排列在 5 等分的圆周上(圆周上的 5 个点,表示 $n=0,1,2,3,4$ 这 5 个序列点位置),5 个序列点首尾相连,当序列右移两位时,相当于 $x(n)$在圆周上逆时针旋转两位,如图 6.7 所示。

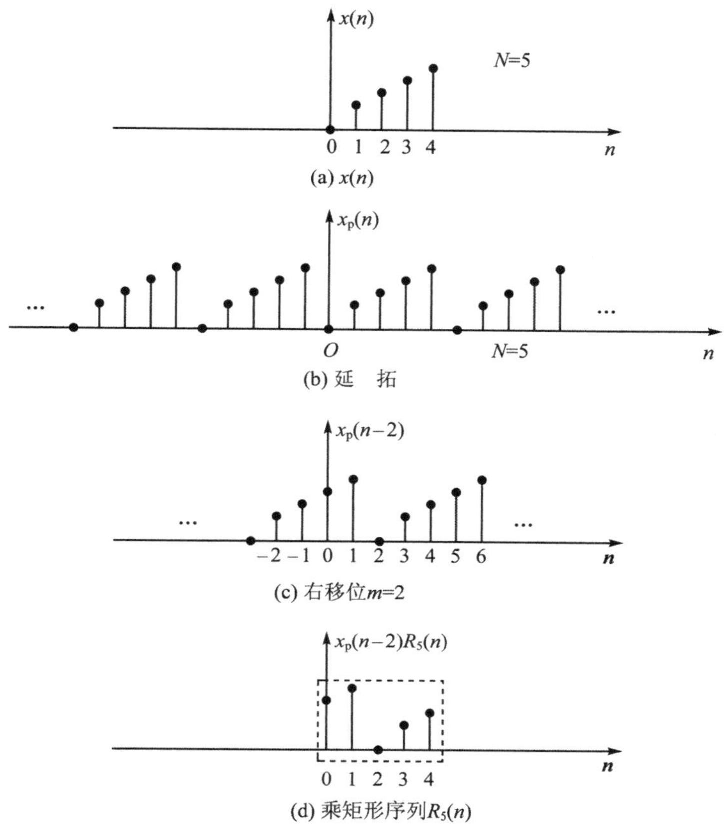


**图 6.6　序列的圆周移位**

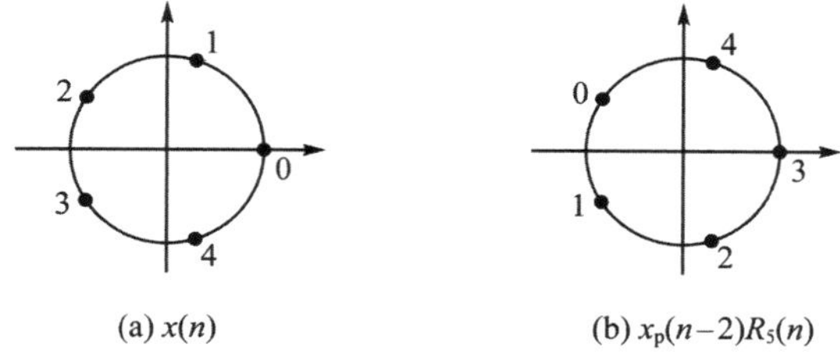


**图 6.7　圆周移位说明**

(2) 时移定理

所谓时移定理是指：若 $\mathrm{DFT}[x(n)]=X(k)$，则

$$\mathrm{DFT}[x_{\mathrm{p}}(n-m)R_N(n)]=W_N^{mk}X(k) \tag{6.33}$$

式中，$W_N^{mk}=\mathrm{e}^{-\mathrm{j}\frac{2\pi}{N}mk}$，指序列在频域中的相移。时移定理表明：序列在时域上圆周移位，频域上将产生附加相移。对上式进行反变换可得

$$\mathrm{IDFT}[W_N^{mk}X(k)]=x_{\mathrm{p}}(n-m)R_N(n) \tag{6.34}$$

**3．频移特性**

若 $\mathrm{DFT}[x(n)]=X(k)$，则

$$\mathrm{DFT}[x(n)W_N^{-ln}]=X_{\mathrm{p}}(k-l)R_N(k) \tag{6.35}$$

且

$$\mathrm{IDFT}[X_{\mathrm{p}}(k-l)R_N(k)]=x(n)W_N^{-ln} \tag{6.36}$$

上述特性表明：若序列在时域上乘以复指数序列 $W_N^{-ln}=\mathrm{e}^{\mathrm{j}\frac{2\pi}{N}ln}$，则在频域上，$X(k)$将圆周移位 $l$ 位，这可以看作调制信号的频谱搬移，因而又称“调制定理”。

**4. 圆周卷积特性**

(1) 时域圆周卷积

若对 $N$ 点的序列有 $X(k)=\mathrm{DFT}[x(n)]$，$H(k)=\mathrm{DFT}[h(n)]$，$Y(k)=\mathrm{DFT}[y(n)]$，$Y(k)=X(k)\ H(k)$，则

$$y(n)=\mathrm{IDFT}[Y(k)]=\sum_{m=0}^{N-1}x(m)h_{\mathrm{p}}(n-m)R_N(n) \tag{6.37}$$

在式(6.37)中，若 $x(m)$保持不移位，则 $h_{\mathrm{p}}(n-m)R_N(n)$是 $h(n)$的圆周移位，故称

$$\sum_{m=0}^{N-1}x(m)h_{\mathrm{p}}(n-m)R_N(n)$$

为圆周卷积，简称圆卷积，或称循环卷积，运算过程用符号“㊉”表示，以区别于线卷积的符号“$*$”，即

$$y(n)=x(n)\circledast h(n)=\sum_{m=0}^{N-1}x(m)h_{\mathrm{p}}(n-m)R_N(n) \tag{6.38}$$

而线卷积是

$$y(n)=x(n)*h(n)=\sum_{m=-\infty}^{\infty}x(m)h(n-m)$$

(2) 频域圆卷积

若 $y(n)=x(n)\ h(n)$，则

$$Y(k)=\mathrm{DFT}[y(n)]=\frac{1}{N}\sum_{l=0}^{N-1}X(l)H_{\mathrm{p}}(k-l)R_N(k) \tag{6.39}$$

**5. 实数序列奇偶性**

设 $x(n)$为实序列，$X(k)=\mathrm{DFT}[x(n)]$，则

$$\begin{aligned}X(k)=&\sum_{n=0}^{N-1}x(n)\mathrm{e}^{-\mathrm{j}\frac{2\pi}{N}nk}=\\&\sum_{n=0}^{N-1}x(n)\cos\frac{2\pi}{N}nk-\mathrm{j}\sum_{n=0}^{N-1}x(n)\sin\frac{2\pi}{N}nk=\\&X_{\mathrm{R}}(k)+\mathrm{j}X_{\mathrm{I}}(k)\end{aligned}$$

从而有：$X(k)$的实部

$$X_{\mathrm{R}}(k)=\sum_{n=0}^{N-1}x(n)\cos\frac{2\pi}{N}nk \tag{6.40}$$

可知：$X(k)$的实部为 $k$ 的偶函数；

$X(k)$的虚部：

$$X_{\mathrm{I}}(k)=-\sum_{n=0}^{N-1}x(n)\sin\frac{2\pi}{N}nk \tag{6.41}$$

$X(k)$的虚部是 $k$ 的奇函数。

于是有

$$X(k)=X_{\mathrm{R}}(k)+\mathrm{j}X_{\mathrm{I}}(k)=$$

$$X_{\mathrm{p}}^{*}(-k)R_{N}(k) \tag{6.42}$$

式中,$X_{\mathrm{p}}{}^{*}(\cdot)$表示 $X_{\mathrm{p}}(\cdot)$的共轭函数,下标 p 是指 $X(\cdot)$是周期序列,$R_{N}(k)$为 $N$ 点的矩形序列。

$X(k)$的幅度和相位分别为

$$|X(k)|=\sqrt{X_{\mathrm{R}}^{2}(k)+X_{\mathrm{I}}^{2}(k)}$$

$$\arg[X(k)]=\arctan\frac{X_{\mathrm{I}}(k)}{X_{\mathrm{R}}(k)}$$

它们分别是 $k$ 的偶函数与奇函数,并分别具有半周偶对称与半周奇对称的特点。设 $x(n)$是实序列,其 DFT 可写成

$$X(k)=\mathrm{DFT}[x(n)]=\sum_{n=0}^{N-1}x(n)W_{N}^{nk}=$$

$$\left[\sum_{n=0}^{N-1}x(n)W_{N}^{-nk}\right]^{*}=\left[\sum_{n=0}^{N-1}x(n)W_{N}^{n(N-k)}\right]^{*}=X^{*}(N-k)$$

即

$$X(k)=X^{*}(N-k) \tag{6.43}$$

从而有

$$|X(k)|=|X^{*}(N-k)|=|X(N-k)| \tag{6.44}$$

$$\arg[X(k)]=\arg[X^{*}(N-k)]=-\arg[X(N-k)] \tag{6.45}$$

由上述式子表明:实数序列 $x(n)$的离散傅里叶变换 $X(k)$,在 $0\sim N$ 的范围内,对于 $N/2$ 点,$|X(k)|$ 呈半周期偶对称分布,$\arg[X(k)]$呈半周期奇对称分布。但由于长度为 $N$ 的 $X(k)$ 有值区间是 $0\sim(N-1)$,而在式(6.43)中增加了第 $N$ 点的数值,且第 $N$ 点数值与原点的数值相同,因此所谓的对称性并不是很严格。

图 6.8 分别示出 $N=7$ 和 $N=6$ 时 $X(k)$的对称分布情况。

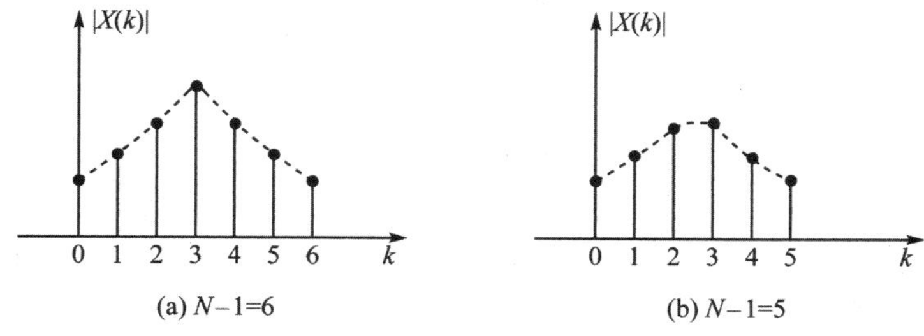


**图 6.8　实序列 DFT 的 $|X(k)|$ 半周期偶对称特性**

**6. 帕斯瓦尔定理**

若 $X(k)=\mathrm{DFT}[x(n)]$,则

$$\sum_{n=0}^{N-1}|x(n)|^{2}=\frac{1}{N}\sum_{k=0}^{N-1}|X(k)|^{2} \tag{6.46}$$

上式左端代表离散信号在时域中的能量,右端代表在频域中的能量,表明变换过程中能量是守恒的。

离散傅里叶变换的主要性质可在附录8中查阅。

## 6.5 快速傅里叶变换(FFT)

DFT是利用计算机进行信号谱分析的理论依据,但如果直接利用DFT来实现信号的分析与处理,计算量太大,难以满足实际应用的需求。1965年,美国的库利(I. W. Cooley)和图基(J. W. Tukey),在*Mathematics of Computation*(《计算数学》)杂志上,发表了论文*An algorithm for the machine calculation of complex Fourier series*(用机器计算复傅里叶级数的一种算法),提出了基于时间抽取的快速傅里叶变换算法,称为库利图基算法。该算法把运算速度提高了1~2个数量级,使信号分析和处理的理论真正可以应用于实践,是具有里程碑意义的贡献。快速傅里叶变换(Fast Fourier Transform,简称FFT)是以较少计算量实现DFT的快速算法,除了最基本的库利图基算法,还有很多其他种类。本书简单分析了直接计算DFT的工作量及DFT的运算特点,介绍了实现快速傅里叶变换FFT的一种基本方法——基2时析型FFT(或称基2时间抽选FFT)。

### 6.5.1 DFT直接运算的特点和改进思路

**1. DFT直接运算的工作量**

根据式(6.25)的定义,直接对DFT进行计算,如某序列$x(n)$,$N=4$,$W_N=\mathrm{e}^{-\mathrm{j}\frac{2\pi}{N}}$,则序列$\boldsymbol{x}(n)$的DFT为

$$\begin{bmatrix}X(0)\\X(1)\\X(2)\\X(3)\end{bmatrix}=\begin{bmatrix}W^0 & W^0 & W^0 & W^0\\W^0 & W^1 & W^2 & W^3\\W^0 & W^2 & W^4 & W^6\\W^0 & W^3 & W^6 & W^9\end{bmatrix}\begin{bmatrix}x(0)\\x(1)\\x(2)\\x(3)\end{bmatrix}\tag{6.47}$$

要直接求出$\boldsymbol{X}(k)(k=0,1,2,3)$的任一个值,需要做复数乘的次数为$N=4$,复数加的次数为$1\times(N-1)=3$。若要求$X(k)$的$N=4$个值,则复数乘的次数为$N^2=4^2=16$,复数加的次数为$N\times(N-1)=12$,这样简单的DFT计算,其计算量已经不小。由此可知,按定义直接计算DFT时,需做$N^2$次复数乘和$N(N-1)$次复数加运算。如果$N=2^{10}=1\,024$,则复数乘的次数为$N^2=1\,048\,576$,复数加的次数$\approx N^2=1\,048\,576$,可见运算量非常之大,且若$N$增加,运算量也会随之大大增加,实时处理几乎就变得不可能了,因此必须改进DFT的算法。

**2. DFT的运算特点和改进思路**

要改进DFT的算法,提高其计算速度,就必须从分析其自身运算特点入手,提出相应的改进思路和方法。

DFT的定义式为

$$X(k)=\mathrm{DFT}[x(n)]=\sum_{n=0}^{N-1}x(n)W_N^{nk}$$

对定义式中的$W_N^{nk}$进行分析后,不难看出:$W_N^{nk}$具有周期性和对称性,可加以利用来简化

计算。

(1) $W_N^{nk}$ 的周期性

有

$$W_N^{nk}=W_N^{(n+N)k}=W_N^{(n+lN)k}=W_N^{(k+mN)n} \tag{6.48}$$

式中，$l$ 和 $m$ 为整数，如对于 $N=4$，有 $W_4^2=W_4^6$，$W_4^1=W_4^9$。

(2) $W_N^{nk}$ 的对称性

有

$$[W_N^{nk}]^*=W_N^{-nk}=W_N^{(N-n)k}=W_N^{(N-k)n} \tag{6.49}$$

式(6.49)又被称为 $W_N^{nk}$ 的"共轭和负相抵消"性，因为$[W_N^{-nk}]^*=W_N^{nk}$。

由于

$$W_N^{\frac{N}{2}}=\mathrm{e}^{-\mathrm{j}\frac{2\pi}{N}\frac{N}{2}}=-1 \tag{6.50}$$

所以
$$W_N^{\left(nk+\frac{N}{2}\right)}=W_N^{nk}W_N^{\frac{N}{2}}=-W_N^{nk}$$

如对 $N=4$，有 $W_4^3=-W_4^1$，$W_4^2=-W_4^0$ 等。

将上述结果代入式(6.47)中的矩阵 $\boldsymbol{W}$，$\boldsymbol{W}$ 可以简化为

$$\begin{bmatrix} W^0 & W^0 & W^0 & W^0 \\ W^0 & W^1 & W^2 & W^3 \\ W^0 & W^2 & W^4 & W^6 \\ W^0 & W^3 & W^6 & W^9 \end{bmatrix}=\begin{bmatrix} W^0 & W^0 & W^0 & W^0 \\ W^0 & W^1 & -W^0 & -W^1 \\ W^0 & -W^0 & W^0 & -W^0 \\ W^0 & -W^1 & -W^0 & W^1 \end{bmatrix}$$

可见，上式右端的矩阵 $\boldsymbol{W}$ 中许多元素是相等的，明显地减少了计算量。

另外由于 DFT 的运算量正比于 $N^2$，因此可以采取：把大点数(大 $N$)DFT 的计算化为小点数(如 $N/2$)的方法，又可进一步地减少 DFT 的计算量。

综合应用上述的改进思路，就可以实现傅里叶变换的快速计算，即快速傅里叶变换 FFT。下面介绍一种基本的 FFT 算法。

### 6.5.2　基 2 时析型 FFT 算法(基 2 时间抽选 FFT)

若在 FFT 算法中输入序列的长度是 2 的整数次幂，且按奇偶对分的原则将序列逐次分解成较短的序列，通过这些短序列求得输入序列的 DFT 值，则这种 FFT 算法称为基 2 按时间抽选的 FFT 算法，简称为基 2 时析型 FFT。

**1. 算法原理**

对序列 $x(n)$，设 $N=2^M$($M$ 为整数)，如果 $N$ 不是 2 的幂次，应在序列后面补零到 $2^M$，这是"基 2"的意思。随后按照 $n$ 的奇偶性以及时间的先后把序列分成奇数序号与偶数序号两个子序列(大点数化为小点数)，这也就是所谓的"基 2 按时间抽取"的基本含义。这样序列 $x(n)$ 变为

$$\begin{cases} z(r)=x(2r+1) & \text{(序列中排列为奇数的子序列)} \\ y(r)=x(2r) & \text{(序列中排列为偶数的子序列)} \end{cases} \quad \left(r=0,1,2,\cdots,\frac{N}{2}-1\right) \tag{6.51}$$

则序列 $x(n)$的 DFT 为

$$X(k)=\mathrm{DFT}[x(n)]=\sum_{n=0}^{N-1}x(n)W_N^{nk}\quad (x(n)\text{ 的 }N\text{ 点 DFT})\rightarrow$$

$$\sum_{r=0}^{\frac{N}{2}-1}x(2r)W_N^{2rk}+\sum_{r=0}^{\frac{N}{2}-1}x(2r+1)W_N^{(2r+1)k}$$

注意：仅在 $x(n)$中进行了 $N/2$ 点的 DFT。

进一步对上述表达式中的参数($W_N$)的上标进行适当的处理，由

$$\sum_{r=0}^{\frac{N}{2}-1}x(2r)W_N^{2rk}+\sum_{r=0}^{\frac{N}{2}-1}x(2r+1)W_N^{(2r+1)k}=$$

$$\sum_{r=0}^{\frac{N}{2}-1}x(2r)(W_N^2)^{rk}+W_N^k\sum_{r=0}^{\frac{N}{2}-1}x(2r+1)(W_N^2)^{rk}\tag{6.52}$$

而

$$W_N^2=\mathrm{e}^{-\mathrm{j}\frac{2\pi}{N}2}=\mathrm{e}^{-\mathrm{j}\frac{2\pi}{N/2}}=W_{N/2}\tag{6.53}$$

将式(6.53)代入式(6.52)，可得

$$X(k)=\sum_{r=0}^{\frac{N}{2}-1}x(2r)W_{N/2}^{rk}+W_N^k\sum_{r=0}^{\frac{N}{2}-1}x(2r+1)W_{N/2}^{rk}=$$

$$\sum_{r=0}^{\frac{N}{2}-1}y(r)W_{N/2}^{rk}+W_N^k\sum_{r=0}^{\frac{N}{2}-1}z(r)W_{N/2}^{rk}=$$

$$Y(k)+W_N^kZ(k)\tag{6.54}$$

上式中

$$\left.\begin{aligned}Y(k)&=\sum_{r=0}^{\frac{N}{2}-1}y(r)W_{N/2}^{rk}\\ Z(k)&=\sum_{r=0}^{\frac{N}{2}-1}z(r)W_{N/2}^{rk}\end{aligned}\right\}\tag{6.55}$$

上述所求得的 $X(k)$是对应 $r=0,1,2,\cdots,(N/2)-1$ 这 $N/2$ 个点的 DFT，即 $k=0,1,2,\cdots,(N/2)-1$ 的 $X(k)$。

下面再求另外 $N/2$ 个点的 DFT，即 $k_1=\frac{N}{2},\frac{N}{2}+1,\cdots,N-1$ 的 $X(k_1)$，表示成

$$X(k_1)=X\left(k+\frac{N}{2}\right)=\sum_{r=0}^{\frac{N}{2}-1}y(r)W_{N/2}^{r\left(k+\frac{N}{2}\right)}+W_N^{\left(k+\frac{N}{2}\right)}\sum_{r=0}^{\frac{N}{2}-1}z(r)W_{N/2}^{r\left(k+\frac{N}{2}\right)}\tag{6.56}$$

根据周期性，注意这 $N/2$ 个点的 DFT，周期是 $N/2$，则

$$W_{N/2}^{r\left(k+\frac{N}{2}\right)}=W_{N/2}^{rk}$$

由对称性

$$W_N^{k+\frac{N}{2}}=-W_N^k$$

则式(6.56)可写为

$$X\left(k+\frac{N}{2}\right)=\sum_{r=0}^{\frac{N}{2}-1}y(r)W_{N/2}^{rk}-W_N^k\sum_{r=0}^{\frac{N}{2}-1}z(r)W_{N/2}^{rk}=$$

$$Y(k)-W_N^kZ(k) \tag{6.57}$$

将式(6.54)和式(6.57)的结果列出如下：

$$\left.\begin{aligned}X(k)&=Y(k)+W_N^kZ(k)\\X\left(k+\frac{N}{2}\right)&=Y(k)-W_N^kZ(k)\end{aligned}\right\} \tag{6.58}$$

进行上述基 2 按时间抽取的过程，把一个 $N$ 点的 DFT 化成了两组序列号分别为奇、偶数时点数为 $N$ 点一半的 $N/2$ 点的序列，并利用序列的周期性和对称性，使运算过程大大简化和缩短。上述运算过程可以用一流程图来表示，流程图的形状像蝴蝶，被称为蝶形图，如图 6.9 所示。

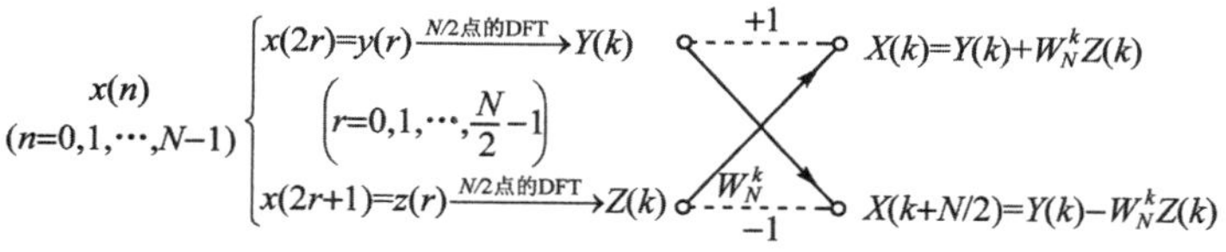

$x(n)$ $(n=0,1,\cdots,N-1)$
$x(2r)=y(r)\xrightarrow{N/2\text{点的DFT}}Y(k)$
$\left(r=0,1,\cdots,\frac{N}{2}-1\right)$
$x(2r+1)=z(r)\xrightarrow{N/2\text{点的DFT}}Z(k)$
+1
$W_N^k$
−1
$X(k)=Y(k)+W_N^kZ(k)$
$X(k+N/2)=Y(k)-W_N^kZ(k)$

**图 6.9　FFT 运算流程图——蝶形图**

图 6.9 所示的蝶形图，形象地说明了式(6.58)的运算过程，图中虚线上方的 +1 和虚线下方的 −1 表示 $+W_N^kZ(k)$ 和 $-W_N^kZ(k)$ 的运算，为简化，在实际画蝶形图时，虚线及表示运算方向的箭头均略去不画，数字 +1、−1 也予以省略，画成如图 6.10 所示的式样。

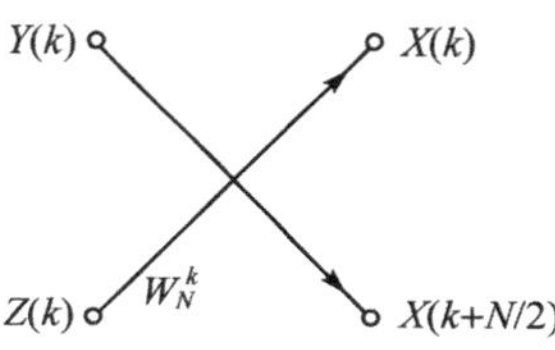


**图 6.10　实际蝶形图的画法**

下面用一个例子，了解一下蝶形运算的具体过程。

设序列 $x(n)$，$N=8$，由式(6.58)可得

$$X(0)=Y(0)+W_8^0Z(0)$$
$$X(1)=Y(1)+W_8^1Z(1)$$
$$X(2)=Y(2)+W_8^2Z(2)$$
$$X(3)=Y(3)+W_8^3Z(3)$$
$$X(4)=Y(0)-W_8^0Z(0)$$
$$X(5)=Y(1)-W_8^1Z(1)$$
$$X(6)=Y(2)-W_8^2Z(2)$$
$$X(7)=Y(3)-W_8^3Z(3)$$

按照基 2 按时间抽取的算法，可画出如图 6.11 所示的蝶形图。

还可以对上述两组序列再分组，按新的奇、偶数序号分成

$$\begin{cases}x(0),x(4)\\x(2),x(6)\end{cases}(\text{偶序号})；\quad\begin{cases}x(1),x(5)\\x(3),x(7)\end{cases}(\text{奇序号})$$

对上述分组序列的蝶形运算与上面的相似，以 $x(0)$ 和 $x(4)$、$x(2)$ 和 $x(6)$ 这一子序列为例，仍根据式(6.58)，只是 $N$ 由 8 变成 4，可得

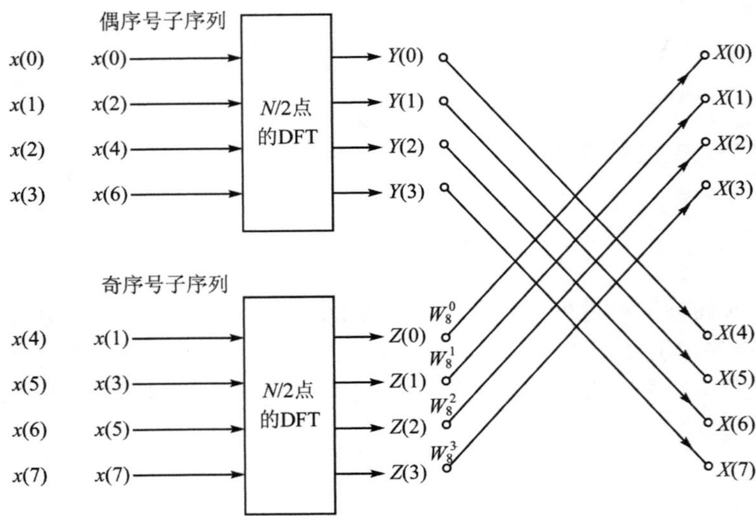


**图 6.11　N=8 序列 $x(n)$的 N/2DFT 的蝶形运算图**

$$\left.\begin{array}{l} Y(k)=G(k)+W_{N/2}^{k}H(k) \\ Y(k+N/4)=G(k)-W_{N/2}^{k}H(k) \\ \left(k=0,1,\cdots,\dfrac{N}{4}-1\right) \end{array}\right\} \tag{6.59}$$

从而画出 $x(0)$、$x(4)$与 $x(2)$、$x(6)$相应的蝶形图,如图 6.12 所示。

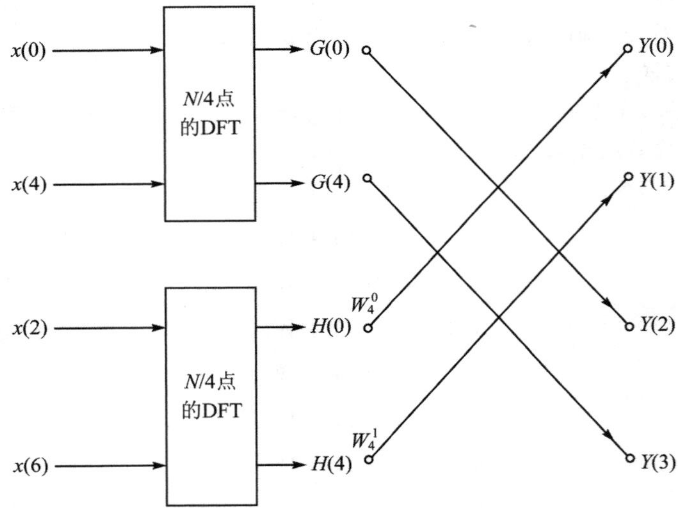


**图 6.12　N/4 点的蝶形图**

与上述相仿,对于 $x(1)$、$x(5)$与 $x(3)$、$x(7)$有

$$\left.\begin{array}{l} Z(k)=I(k)+W_{N/2}^{k}J(k) \\ Z\left(k+\dfrac{N}{4}\right)=I(k)-W_{N/2}^{k}J(k) \end{array}\right\} \tag{6.60}$$

其蝶形图与图 6.12 相类似，请读者自行画出。

序列可按时间先后和序号的奇、偶性继续分组，直至分组序列中只剩 2 点为止，本例已经是 2 点了，不可再分。最后画出本例完整的蝶形图，如图 6.13 所示。

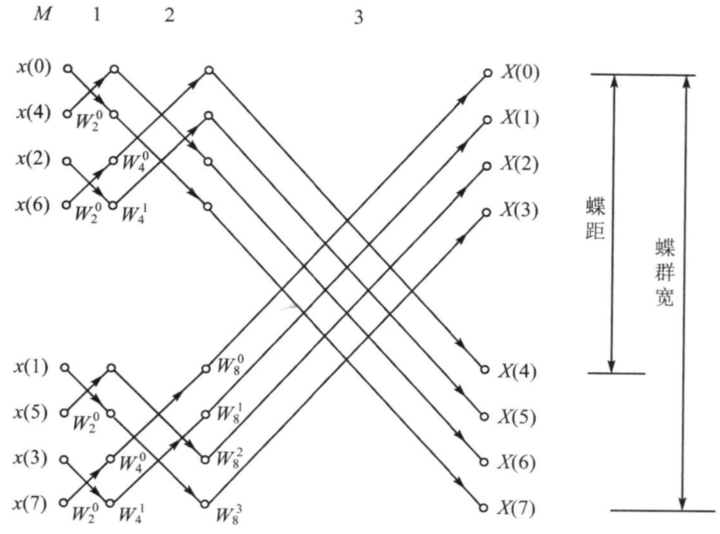


图 6.13　$N=8$ 时，三级($M=3$)的蝶形图

**2. 流程图(蝶形图)规律**

蝶形图是 FFT 算法的解算过程，也是计算机程序设计的流程图，蝶形图实际上具有规律性。下面的总结有助于我们对蝶形图的理解。

① 在基 2 按时间抽取的算法中，序列长度 $N=2^M$，$M$ 为运算的级数，每级中两点组成一个基本的运算单元(一个“蝴蝶”)，称“蝶形单元”；一个或若干个相互交叠的蝶形单元构成了一个蝶群，而每级运算则由一系列蝶群组成。如上例，$N=8$，$M=3$，为三级运算，每级均有 $N/2=4$ 个蝶形单元，从第 1 级到第 3 级，各级分别有 4、2、1 个蝶群。蝶形单元的宽度为蝶距(即为序列的序号差)，蝶群宽度为蝶群宽，由蝶形图可知，每级的蝶距和蝶群宽是不相等的，这些参数之间存在一定的关系，参见表 6.2。图 6.13 中的蝶距和蝶群宽是对第 3 级的蝶群而言的。

表 6.2　蝶形图参数

| 蝶群的级别 | 蝶距(序号差) | 蝶群宽(点数) | 蝶群数 |
|---|---|---|---|
| 第 1 级(2 点 DFT) | $2^0$ | $2^1$ | $N/2^1$ |
| 第 2 级(4 点 DFT) | $2^1$ | $2^2$ | $N/2^2$ |
| ⋮ | ⋮ | ⋮ | ⋮ |
| 第 $i$ 级($2^i$ 点 DFT) | $2^{i-1}$ | $2^i$ | $N/2^i$ |
| ⋮ | ⋮ | ⋮ | ⋮ |
| 第 $M$ 级($2^M$ 点 DFT) | $2^{M-1}$ | $2^M$ | $N/2^M=1$ |

② 全部 $M$ 级蝶形运算，每一级都是“同位运算”，即后级不用前级的数值，每级的数值都

只用一次,这样在计算机处理中,每级运算结果都占用同一地址单元,无需另开存储空间,这对于计算机内存资源十分紧张或存储空间有限的单片机来说是非常有意义的。当然随着计算机技术的发展,为了提高整体运算速度,中间运算的输入/输出结果也可以分别占用存储单元。在蝶形图中,中间的运算结果不必标出。

③ 每个蝶形单元的运算,都包括乘 $W_N^k$,并与相应的 DFT 结果加减各一次,如图 6.13 中的 $W_4^0$、$W_4^1$ 等。

④ 同一级中,$W_N^k$ 的分布规律相同,各级 $W_N^k$ 的分布规律为

第 1 级(2 点 DFT):$W_2^0$;

第 2 级(4 点 DFT):$W_4^0, W_4^1$;

⋮

第 $i$ 级($2^i$ 点 DFT):$W_{2^i}^0, W_{2^i}^1, \cdots, W_{2^i}^{\frac{2^i}{2}-1}$。

⑤ 输入 $x(n)$一般是按时间先后顺序排列的,是"自然顺序";但进行 FFT 运算时,由于要符合快速算法的要求,需要进行"输入重排",才能获得 $X(k)$按自然顺序的输出,因而在应用计算机编程计算时,必须对输入进行相应的处理,即所谓的"码位倒置"处理,或称输入重排。

### 3. 输入重排(码位倒置)

由上述可知,为了获得 $X(k)$按自然顺序的输出,并满足基 2 按时间抽取 FFT 运算时对输入序列逐次奇偶对分的要求,FFT 的输入需要重新排列(码位倒置),不再是原自然序列了。

下面以 $N=8$ 的情况为例,其输入情况如表 6.3 所列。按自然顺序排列的序列,经过码位倒置处理后,成为基 2 按时间抽取所要求的"乱序"规则,经过蝶形运算后,就获得了按自然顺序排列的 DFT 结果 $X(k)$。

**表 6.3 输入重排的实例($N=8$)**

| 序列输入的自然顺序 | 十进制数 | 二进制码 | 码位倒置结果(二进制码) | 乱序十进制数 | 序列乱序的输入顺序 |
|---|---|---|---|---|---|
| $x(0)$ | 0 | 000 | 000 | 0 | $x(0)$ |
| $x(1)$ | 1 | 001 | 100 | 4 | $x(4)$ |
| $x(2)$ | 2 | 010 | 010 | 2 | $x(2)$ |
| $x(3)$ | 3 | 011 | 110 | 6 | $x(6)$ |
| $x(4)$ | 4 | 100 | 001 | 1 | $x(1)$ |
| $x(5)$ | 5 | 101 | 101 | 5 | $x(5)$ |
| $x(6)$ | 6 | 110 | 011 | 3 | $x(3)$ |
| $x(7)$ | 7 | 111 | 111 | 7 | $x(7)$ |

### 4. 运算量比较

应用上述 FFT 算法,大大简化和加快了 DFT 的运算过程,改进有多大呢?下面做一个简单的定量分析,使我们有一个基本估计。

由于 $N=2^M$,有 $M=\log_2 N$。对于 FFT 的算法来说,$M$ 级蝶形运算,每级有 $N/2$ 个蝶形运算,每个蝶形运算次数为一次复乘、二次复加。其运算总次数为

$$\text{复乘:}\quad M \cdot N/2=(N/2) \cdot \log_2 N$$

$$复加：\quad M \cdot 2 \cdot N/2 = N \cdot \log_2 N$$

而对于 DFT，运算总次数为

$$复乘：\quad N^2$$

$$复加：\quad N(N-1) \approx N^2$$

FFT 和 DFT 运算时间的量级对比，参看表 6.4。

**表 6.4　FFT 和 DFT 运算量的比较**

| $M$ | $N=2^M$ | DFT(复乘 $N^2$) | FFT(复乘$(N/2)\cdot\log_2 N$) | 改善比(DFT/FFT) |
|---|---|---|---|---|
| 6 | 64 | 4 096 | 192 | 21.3 |
| 10 | 1 024 | 1 058 576 | 5 120 | 206.8 |
| 20 | $2^{20}$ | $\approx 10^{12}$ | $\approx 10^7$ | $\approx 10^5$ |

由表 6.4 中数据可以看出：运算级数越多，数据量越大，效果越明显。当 $N$ 较大时，FFT 比直接计算 DFT 要快几个数量级。例如 $N=2\ 048$，直接计算要用 3 小时，而 FFT 算法只要不到 1 分钟。FFT 在计算 DFT 上确实具有高效的特点。

本书介绍的 FFT 的算法是建立在库利-图基算法基础上的，为了进一步加速 DFT 运算的过程，算法仍在不断的改进和发展中。需要了解更多算法的读者，可参阅有关参考文献和书籍。

## 6.6　IDFT 的快速算法(IFFT)

所谓 IFFT(快速傅里叶反变换)是对 IDFT(傅里叶反变换)进行快速运算，为了搞清楚 IFFT，先对 DFT 与 IDFT 两者的定义式作一比较。

$$\left.\begin{aligned} \mathrm{DFT}[x(n)] &= X(k) = \sum_{n=0}^{N-1} x(n) W_N^{nk} \\ \mathrm{IDFT}[X(k)] &= x(n) = \frac{1}{N}\sum_{k=0}^{N-1} X(k) W_N^{-nk} \end{aligned}\right\} \tag{6.61}$$

比较上述两式，如果抛开 $x(n)$和 $X(k)$在信号变换中的物理意义，单从数学运算的角度看，几乎都是一样的序列运算表达式，没有本质上的区别，只有变量字符的表示有所不同。差异有以下三点：

① IDFT 表达式比 DFT 中多了一项$\dfrac{1}{N}$；

② 矩阵 $\boldsymbol{W}$，两式相差一个正、负号，是一对共轭复数，即

$$W_N^{nk}(对\ \mathrm{DFT}),\quad W_N^{-nk}(对\ \mathrm{IDFT})$$

③ $x(n)$和 $X(k)$，即 $x \leftrightarrow X, n \leftrightarrow k$。

上述差异，从数学运算的角度，只需对 FFT 的蝶形运算针对上述差异做适当修正，即可作为 IFFT 算法，其蝶形图除字符根据上面的对应关系做改动外，其余与 FFT 的完全一样，如图 6.14 所示。

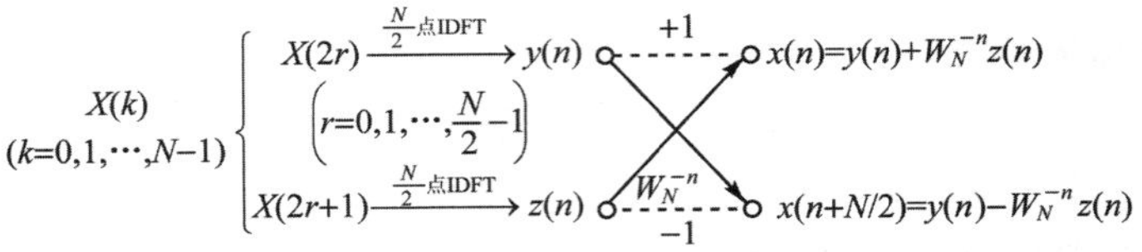

$X(k)$ $(k=0,1,\cdots,N-1)$ $\begin{cases} X(2r) \xrightarrow{\frac{N}{2}\text{点IDFT}} y(n) \\ \left(r=0,1,\cdots,\frac{N}{2}-1\right) \\ X(2r+1) \xrightarrow{\frac{N}{2}\text{点IDFT}} z(n) \end{cases}$

+1 $x(n)=y(n)+W_N^{-n}z(n)$

$W_N^{-n}$ −1 $x(n+N/2)=y(n)-W_N^{-n}z(n)$

**图 6.14　IFFT 的蝶形图**

将上述 IFFT 的结果乘以$\frac{1}{N}$,就是 IDFT 的最后结果 $x(n)$。

## 6.7　FFT 的软件实现

FFT 实际上是离散傅里叶变换 DFT 的快速算法,离散傅里叶变换及其快速算法不仅有理论上的意义,而且还具有工程中广泛的实用性,凡是可以利用傅里叶变换进行分析、综合和处理的技术问题,都能利用 FFT 有效快捷地解决。由于其应用十分广泛,有必要对 FFT 算法的软件实现的要点做一些简介。

在各种离散傅里叶变换的应用中,其软件部分,实现 FFT 运算的程序段是必不可少的,并且一般均作为一个主要的子程序调用。FFT 算法程序的基本部分,现在已经是一个常规的程序了,从早期的使用 FORTRAN 语言到现在的采用 C( $C^{++}$ )语言编写的,都能比较方便地找到。一些较为著名的应用软件,如 MATLAB、MATHMATICA、MATHCAD 等,把 FFT 算法程序作为它们的一个内部函数,用一条语句直接调用即可完成运算。但在某些应用场合,掌握 FFT 程序的编写还是有一定实际价值的。在学习了 FFT 算法原理以后,编写这样的程序也不太难。下面仅对 MATLAB 中用于 FFT 的函数做一简介。

MATLAB 提供了 fft、ifft、fft2、ifft2、fftn、ifftn、fftshift、ifftshift 等函数,实现快速傅里叶变换。

其中,fft2、ifft2、fftn、ifftn 是对离散数据分别进行二维和多($n$)维快速傅里叶正、反变换。fftshift (Y)用于把傅里叶变换的结果 Y(频域的数据)中的直流分量(频率为 0 处的值)移到中间位置。ifftshift(x)则是时域中与 fftshift 做类似的操作。fft、ifft 是对离散数据分别进行一维快速傅里叶正、反变换。下面对它们的用法做简要介绍。

由于 MATLAB 中没有零下标,因此,它采用的公式上、下标都相应右移一位,即

$$\left.\begin{aligned} X(k) &= \sum_{n=1}^{N} x(n) W_N^{(n-1)(k-1)} \qquad (k=1,2,\cdots,N) \\ x(n) &= \frac{1}{N}\sum_{k=1}^{N} X(k) W_N^{-(n-1)(k-1)} \qquad (n=1,2,\cdots,N) \end{aligned}\right\} \tag{6.62}$$

函数 fft 调用的格式有以下三种:

① Y=fft(X)。X 可以指向量、矩阵或多维数组。如果 X 是向量,是对 X 进行快速傅里叶变换;如果 X 是矩阵,则计算矩阵每一列的傅里叶变换;如果 X 是多维数组,是对第一个非单元素的维进行计算。

② Y=fft(X,n)。用参数 n 使 X 的长度是 2 的幂,如果 X 的长度不是 2 的幂,长度值小于

n 时，则用 0 补足；长度值大于 n 时，则序列的尾部被截断。

③ Y＝fft(X,[],dim)。[]表示缺省，当 X 是矩阵时，参数 dim 用来指定傅里叶变换的实施方向，1 表示变换按列进行，2 表示按行进行。缺省时，默认按列进行。

函数 ifft 的用法和 fft 的相同。下面举一个例子，说明函数的具体用法。

**例 6.4**　有一受随机噪声 $n(t)$ 污染的信号

$$y(t)=6\cos 6t-4\sin 12t+n(t)$$

如图 6.15 中的上图所示，已经很难看出两个角频率分别为 6 和 12 的正弦波，试用频谱分析的方法识别出这两个有用信号。

**解**：现用 MATLAB 程序进行频谱分析，程序分三个部分：① 构成并画出受噪声污染的时域信号；② 用 FFT 进行信号的频谱分析，根据有用信号频率上噪声和信号幅度谱的不同，区分出有用信号；③ 为进一步突出有用信号的频谱情况，在有用信号的频段内，突出显示有用信号的幅度谱。下面是实现上述要求的 MATLAB 程序，根据图 6.15 中的中图和下图，已经非常容易地识别出受污染的角频率分别为 6 和 12 有用正弦波信号。

```
%构成并画出受噪声污染的信号
clear,randn('state',0);                    %正态随机数发生器置 0
t=linspace(0,10,512);                      %生成均匀采样数组
y=6*cos(6*t)-4*sin(12*t)+6*randn(size(t));    %生成波形和
%标准差为 6、标准偏差为 0 的正态随机噪声
subplot(311);
plot(t,y)
xlabel('t');                               %标注坐标轴
ylabel('信号值 f(t)');
%计算并画出受噪声污染信号的幅度谱
Y=fft(y);                                  %计算信号的 DFT
Ts=t(2)-t(1)                               %计算信号的采样周期
Ws=2*pi/Ts;                                %计算信号的采样频率
Wn=Ws/2
w=linspace(0,Wn,length(t)/2);              %频率轴的频率间隔
Ya=abs(Y(1:length(t)/2));                  %频谱幅度
subplot(312);
plot(w,Ya)
xlabel('\omega')                           %标注坐标轴
ylabel('频谱幅值 F(\omega)')
ii=find(w<=20);                            %在有效信号频率段寻找数组中非零元素序号
subplot(313);
plot(w(ii),Ya(ii))
xlabel('\omega')                           %标注坐标轴
ylabel('局部放大谱幅 F(\omega)')
grid
```

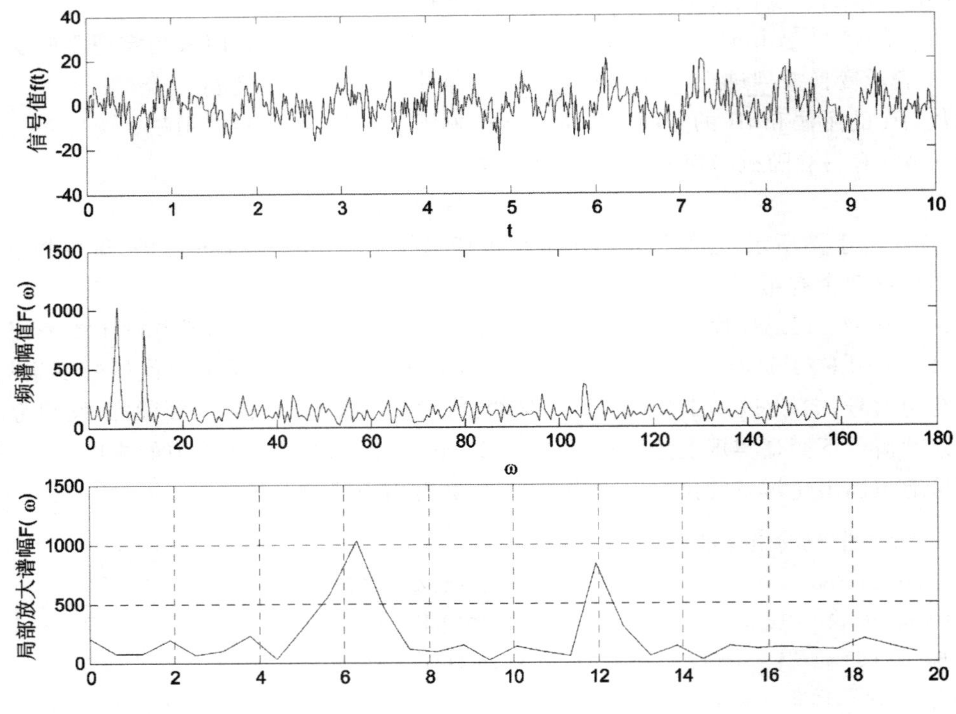


图 6.15　例 6.4 中用频谱分析识别两个有用信号

# 6.8　离散傅里叶变换的应用

由于离散傅里叶变换(DFT)在时域和频域都可实现离散化和有限化,其信号形式便于在数字信号处理设备上处理,因此,在测试技术及其他很多科技工程领域都得到了广泛的应用。而 DFT 的应用,往往伴随着 FFT 算法的实施,因此我们可以认为,所谓 DFT 的应用实际上就是 FFT 的应用;而且利用 FFT 算法即可直接处理离散信号的数据,也可以对连续信号进行逼近分析。

## 6.8.1　用 FFT 计算线卷积和相关运算

### 1. 用 FFT 计算线卷积的基本原理和方法

在 6.4 节 DFT 性质一节中,讲到一个重要性质——时域圆卷积定理。该定理认为:若对三个 $N$ 点的序列,有

$$X(k)=\mathrm{DFT}[x(n)],\quad H(k)=\mathrm{DFT}[h(n)],\quad Y(k)=\mathrm{DFT}[y(n)]$$

并且存在

$$Y(k)=X(k)\ H(k)$$

的关系,则

$$y(n)=\mathrm{IDFT}[Y(k)]=\sum_{m=0}^{N-1}x(m)h_{\mathrm{p}}(n-m)R_N(n)$$

记作

$$y(n)=x(n)\circledast h(n)$$

上式称为圆卷积。显然，由于 $y(n)$ 是 $Y(k)$ 的 IDFT，所以圆卷积可以采用 IFFT 的算法。但实际工程应用中由于线卷积有明确的物理意义，往往需要求解线卷积，例如下述离散系统（见图 6.16）。

在图 6.16 所示的系统中，输入 $x(n)$、输出 $y(n)$ 与系统单位抽样响应 $h(n)$ 之间的关系是线卷积的关系，即

$$y(n)=x(n) * h(n)$$

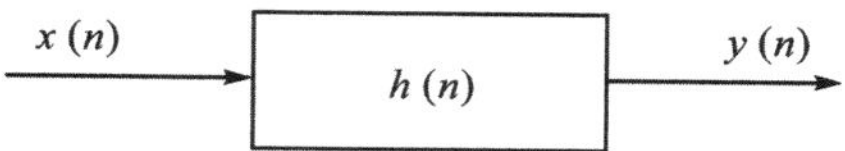


**图 6.16　离散系统原理框图**

卷积运算是高级运算，直接计算是比较麻烦的，需要相当的工作量，能否用圆卷积代替线卷积，即采用 IFFT 计算圆卷积的方法来计算线卷积呢？一般情况下，两者是不相等的，其原因在于：线性卷积在其中一个序列右移过程中，左端依次留出为零值的空位，而在圆卷积过程中，同一序列右移时会将向右移出主值区间的值再循环回序列的左边，填补了空位。但能够证明在满足一定的条件下两者可以相等。这个条件就是：将欲进行线卷积的两序列的长度（即两序列的点数，分别为 $N_1$ 和 $N_2$）均加长至 $N\geqslant N_1+N_2-1$，然后再进行圆卷积，则其圆卷积的结果与线卷积的结果相同。下面来证明这个结论。

设：$x(n)$、$h(n)$ 均分别由 $N_1$ 和 $N_2$ 点通过补零长至 $N$ 点，其线卷积为 $y_1$，可表示为

$$y_1(n)=x(n)*h(n)=\sum_{m=0}^{N-1}x(m)h(n-m)$$

计算结果的长度可能多出一些零值，非零长度仍为 $N_1+N_2-1$ 点。此时其圆卷积为

$$\begin{aligned}y_2(n)=x(n)\circledast h(n)=&\\ \sum_{m=0}^{N-1}x(m)h_{\mathrm{p}}(n-m)R_N(n)=&\\ \left[\sum_{m=0}^{N-1}x(m)h_{\mathrm{p}}(n-m)\right]R_N(n)&\end{aligned}$$

而

$$\sum_{m=0}^{N-1}x(m)h_{\mathrm{p}}(n-m)=\sum_{m=0}^{N-1}x(m)\sum_{r=-\infty}^{\infty}h(n+rN-m)$$

将上式右端的求和次序颠倒一下，有

$$\begin{aligned}\sum_{m=0}^{N-1}x(m)h_{\mathrm{p}}(n-m)=\sum_{r=-\infty}^{\infty}\sum_{m=0}^{N-1}x(m)h(n+rN-m)=&\\ \sum_{r=-\infty}^{\infty}y_1(n+rN)=y_{1\mathrm{p}}(n)&\end{aligned}$$

所以可得

$$y_2(n)=y_{1\mathrm{p}}(n)R_N(n)=y_1(n) \tag{6.63}$$

式中，下标 p 表示序列的周期化；

$y_{1\mathrm{p}}(n)$ 是指对线卷积 $y_1(n)$ 进行周期为 $N$ 的延拓后得到的周期序列；

$y_2(n)=y_{1\mathrm{p}}(n)R_N(n)$ 是两序列的圆卷积的结果，是 $y_{1\mathrm{p}}(n)$ 的主值序列。

由式(6.63)可证得：加长至 $N$ 的 $x(n)$ 、$h(n)$ 两序列的圆卷积 $y_2(n)$，与线卷积 $y_1(n)$ 做周期延拓所得到序列 $y_{1p}(n)$ 的主值序列 $y_1(n)$ 相同。因此，进行线卷积的两序列(分别为 $N_1$ 和 $N_2$ 点)若满足适当补零使两序列均加长至 $N$ 点($N \geqslant N_1+N_2-1$)这一条件，那么，在做圆卷积时，向右移去的零值循环回序列左端，出现与线卷积相同的情况，即序列左端依次留出等于零值的空位，就可以通过计算序列的圆卷积来求解线卷积。从上式的推导过程还可以看出：如果两序列加长的长度小于 $N$，其线卷积的周期延拓序列将发生重叠或称混叠现象(因为线卷积 $y_1(n)$ 长度为 $N_1+N_2-1$ )，则相应计算出的圆卷积将产生失真，那么圆卷积的主值序列和线卷积就不相同。

根据上述原理，可以得出用 FFT 求解两序列线卷积的原理框图，如图 6.17 所示。

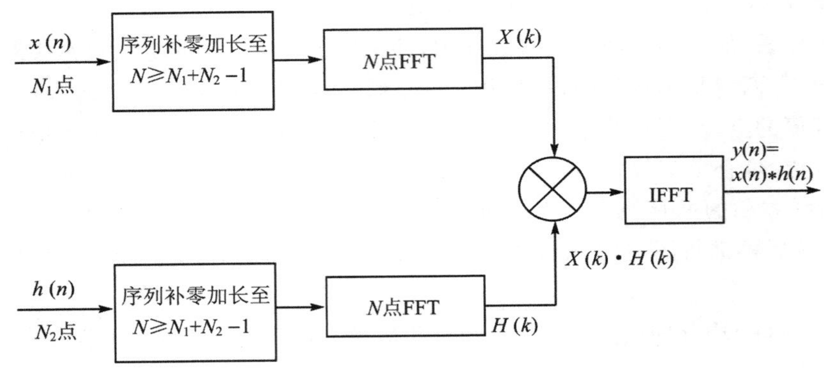


**图 6.17　应用 FFT 计算线卷积**

另外，还要指出：序列加长后的长度 $N$ 除应满足 $N \geqslant N_1+N_2-1$ 外，$N$ 值还应为 2 的正整数次幂，以适应基 2 类型 FFT 运算的要求。

由图 6.17，利用 FFT 做线卷积，需做三次(包括一次 IFFT)FFT 和 $N$ 次复乘运算，工作量并不少。对于短序列，与直接卷积的计算量相比，计算效率并没有优势；而对长序列，并且两个序列长度接近或相等时，该方法是比较适用的。

如果一个序列较短，一个序列相对较长，短序列补零多，导致计算量无谓的增加，这时，可采用“分段快速卷积”的方法，即把序列分成若干小段，每小段分别与短序列做卷积运算，然后把所有的分段卷积结果相叠加，就得到线卷积的最后结果。这种方法也被称为“重叠相加法”。

设 $x(n)$ 为无限长序列，$h(n)$ 的长度为 $M$，将 $x(n)$ 进行分段，每段的长度为 $N_1$，分为 $x_0(n)$，$x_1(n)$，…，第 $k$ 段 $x_k(n)$ 表示为

$$x_k(n)=\begin{cases}x(n) & (kN_1 \leqslant n \leqslant (k+1)N_1-1)\\ 0 & (\text{其他})\end{cases} \tag{6.64}$$

则

$$\left.\begin{aligned}&x(n)=\sum_{k=0}^{\infty}x_k(n)\\&y(n)=x(n)*h(n)=\left[\sum_{k=0}^{\infty}x_k(n)\right]*h(n)=\sum_{k=0}^{\infty}[x_k(n)*h(n)]=\sum_{k=0}^{\infty}y_k(n)\end{aligned}\right\} \tag{6.65}$$

式中，$y_k(n)=x_k(n)*h(n)=\sum_{m=kN}^{(k+1)N-1}x_k(m)h(n-m)$，为第 $k$ 段线性卷积的结果。

由于 $x_k(n)$的长度为 $N_1$，$h(n)$的长度为 $M$，故 $y_k(n)$的长度为 $N=N_1+M-1$，即$y_k(n)$的范围为

$$kN_1 \leqslant n \leqslant kN_1+N_1+M-1=(k+1)N_1+M-2 \tag{6.66}$$

将式(6.66)与式(6.64)$x_k(n)$的范围比较，$y_k(n)$明显比 $x_k(n)$长 $M-1$ 点，而 $y_{k+1}(n)$的范围是

$$(k+1)N_1 \leqslant n \leqslant (k+1)N_1+N_1+M-2=(k+2)N_1+M-2 \tag{6.67}$$

将式(6.66)与式(6.67)比较，可知 $y_k(n)$的后部分与 $y_{k+1}(n)$的前部分，有 $M-1$ 个点发生重叠。这样，对于在此范围内的每一个 $n$ 值，原序列 $h(n)$和 $x(n)$的卷积 $y(n)$之值应为

$$y(n)=y_k(n)+y_{k+1}(n) \tag{6.68}$$

这就是说，式(6.65)中的求和并不是将各段线卷积的结果简单地拼接在一起，在某些点上是需要将前后两段的结果重叠相加的，如图 6.18 所示。图中，(a)为分段前的原 $x(n)$序列，(b)、(c)、(d)为分段补零后形成的子段序列 $x_0(n)$、$x_1(n)$、$x_2(n)$，(e)、(f)、(g)为对应子段序列的卷积，虚线标出的是表示需要相加的重叠部分。

**2. 线卷积在 MATLAB 中的实现**

在 MATLAB 中能直接实现线卷积计算的函数有 CONV、CONV2 和 CONVN。CONV2、CONVN 分别用于 2 维、$n$ 维的卷积运算。CONV 则用于向量卷积与多项式乘的计算，调用的格式为

c＝conv(a,b)

式中，a、b 为两个序列，c＝a＊b。若向量 a 的长度为 na，向量 b 的长度 nb，则向量 c 的长度为 na＋nb。需要指出的是，应用函数 conv 直接计算卷积的前提是两序列 a 和 b 都应从 n＝0 开始，并且是有限长；否则，函数 conv 不能应用。另外，若序列长度 $N$ 较长，也不宜用 conv，而直接采用前面所说的 FFT 算法进行快速线卷积。采用 FFT 来计算的具体步骤如下：

① 若两序列 $x(n)$、$h(n)$长度为 $N$，则将序列都加长至 $2N-1$，并应修正为 2 的幂次。

② 计算 $X(k)=\text{FFT}[x(n)]$，$H(k)=\text{FFT}[h(n)]$。

③ 计算 $Y(k)=X(k)\ H(k)$。

④ 计算 $y(n)=x(n)\ *\ h(n)$。

**例 6.5**　用 MATLAB 语言编程，采用直接卷积和快速卷积这两种方法。① 实现下列两个矩形序列 $a(n)$和 $b(n)$的卷积 $c=a(n)*b(n)$；② 求两种卷积方法的误差；③ 画出相应的图形表示(快速卷积可结合参看图 6.17)。

```
clear
%序列的表示
a=ones(1,15);   a([1,2,3,4,5])=0;          %序列 a(n)
b=ones(1,12);   b([1,2,3])=0;              %序列 b(n)
%序列直接卷积
c=   conv(a,b);                            %直接卷积运算
%应用 FFT 及 DFT 性质，进行序列的快速卷积
M=32;                                      %加长序列符合快速卷积要求
AF=fft(a,M);                               %序列 a(n)FFT 得 AF
BF=fft(b,M);                               %序列 b(n)FFT 得 BF
```

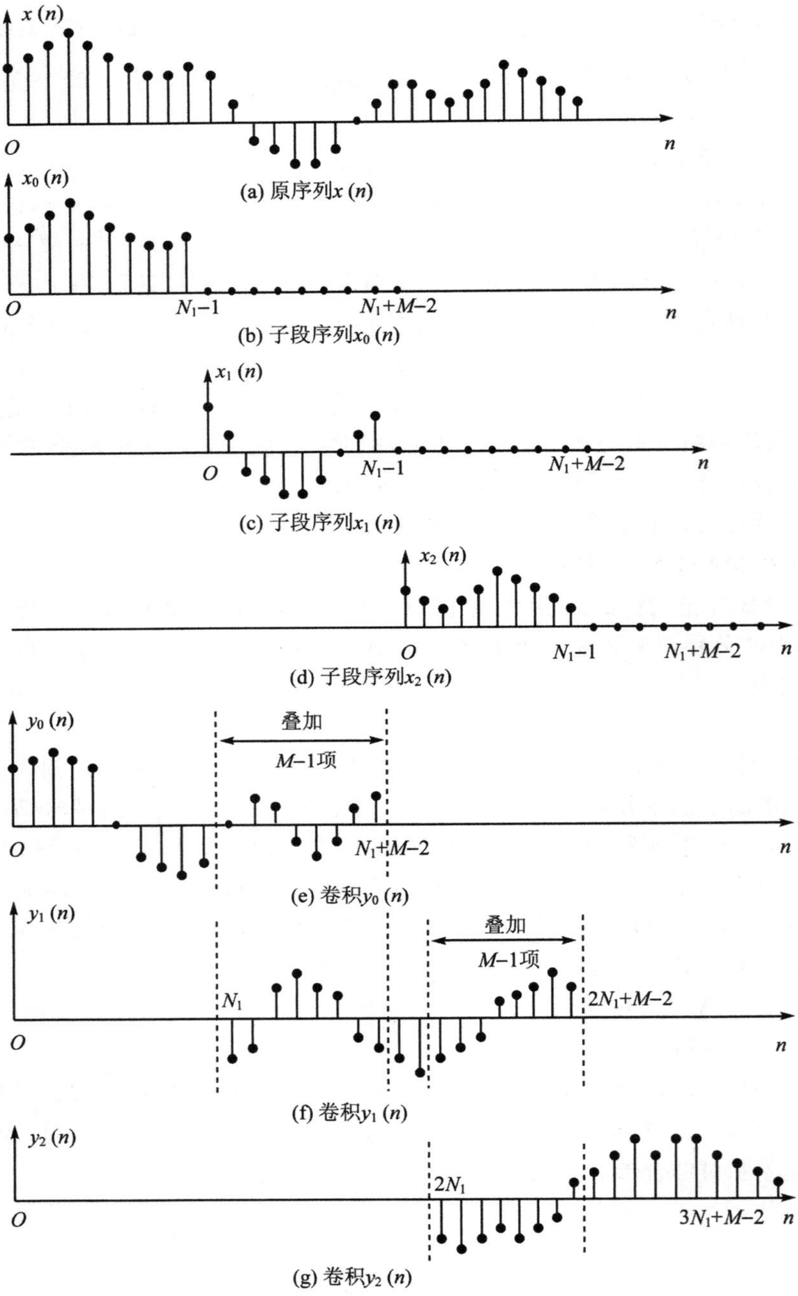
x (n)
O
n
(a) 原序列x (n)
x0 (n)
O
N1−1
N1+M−2
n
(b) 子段序列x0 (n)
x1 (n)
O
N1−1
N1+M−2
n
(c) 子段序列x1 (n)
x2 (n)
O
N1−1
N1+M−2
n
(d) 子段序列x2 (n)
y0 (n)
叠加
M−1项
O
N1+M−2
n
(e) 卷积y0 (n)
y1 (n)
叠加
M−1项
N1
2N1+M−2
O
n
(f) 卷积y1 (n)
y2 (n)
2N1
O
3N1+M−2
n
(g) 卷积y2 (n)

**图 6.18　重叠相加法分段卷积**

```
CF=AF. * BF;                              %AF 和 BF 相乘得 CF
cc=real(ifft(CF));                        %CF 进行 IFFT
%求直接卷积和快速卷积两种计算结果之间的误差
nn=0:(M-1);
c(M)=0;
```

```
error=c-cc;
%图形表示出序列、直接卷积和快速卷积以及两种卷积结果的误差
subplot(411);stem([1:15],a),ylabel('a(n)');
subplot(412);stem([1:12],b),ylabel('b(n)');
subplot(413),stem(nn,c,'fill'),grid,axis([0,31,0,9])
ylabel('a(n) * b(n)')
subplot(414),stem(nn,error,'fill'),axis([0,31,-1,1])
xlabel('n'),ylabel('误差')
```

结果的图形表示如图 6.19 所示。

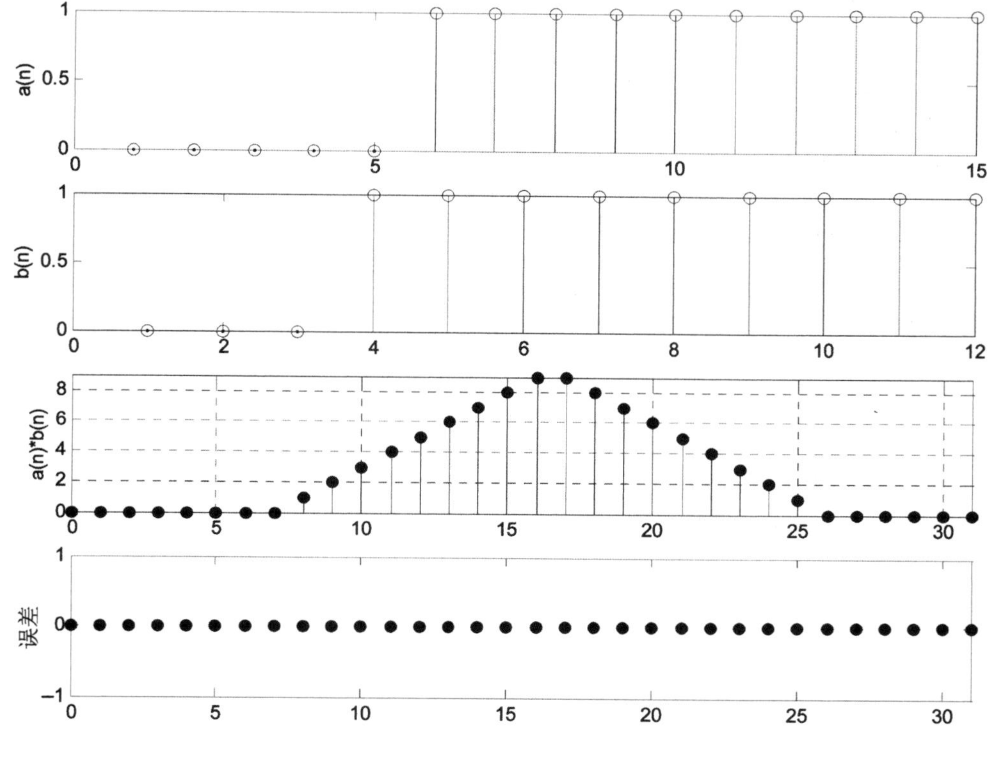


**图 6.19　例 6.5 结果的图形表示**

**3. 离散时间序列的相关运算**

相关运算是信号分析与处理中的重要内容之一,特别是对于随机信号分析与处理更为重要。信号相关计算的物理意义及性质如 2.6 节中所指出的,是用来分析两信号之间的相似或相依性。下面简单介绍离散信号相关运算表达式及其同卷积运算的关系。

设序列 $x(n)$,$y(n)$,$-\infty<n<\infty$,称下列运算

$$R_{xy}(n)=\sum_{m=-\infty}^{\infty}x(n+m)y^{*}(m) \tag{6.69}$$

为序列 $x(n)$和 $y(n)$的线性相关。

对 $x(n)$和 $y(n)$均为实序列的情形,由式(6.69)可以得到

$$R_{xy}(n)=\sum_{m=-\infty}^{\infty}x(n+m)y(m) \tag{6.70}$$

若序列 $x(n)$ 和 $y(n)$ 是不同的两个序列,则称相关为互相关;若 $y(n)=x(n)$,则称相关为自相关。

从式(6.69)相关运算的定义式可以看出,相关运算和卷积运算是非常相似的,都是序列乘积的和,相应的求和范围也都是一致的。容易看出,如果除去相关运算式中的共轭符号,并改变 $m$ 的符号,则相关就变成了卷积,即两实数序列的相关同卷积之间的关系为

$$R_{xy}(n)=\sum_{m=-\infty}^{\infty}x(n+m)y(m)=x(-n)*y(n) \tag{6.71}$$

因此可通过卷积来做相关计算。由于已对卷积做了详细的讨论,因此,可以充分运用关于卷积的各种理论来做相关的分析和计算。

但是相关和卷积是两个不同的概念,它们的区别是明显的。除了形式上的差异,它们还有一些其他的不同。例如,对相关运算来说,既不具有交换性,也不具有结合性。一般来说,$R_{xy}(n)\neq R_{yx}(n)$,$R_{xyz}(n)\neq R_{x(yz)}(n)$。

### 6.8.2 用 FFT 做连续时间信号的数字谱分析

信号的频谱分析,在工程上有着广泛应用,但所遇到的信号,包括传感器的输出,大量的是连续非周期信号,由于这种信号在时域或频域都是连续的(信号的下标用 a 表示),如图 6.20 所示,故时域和频域信号的表达式如下:

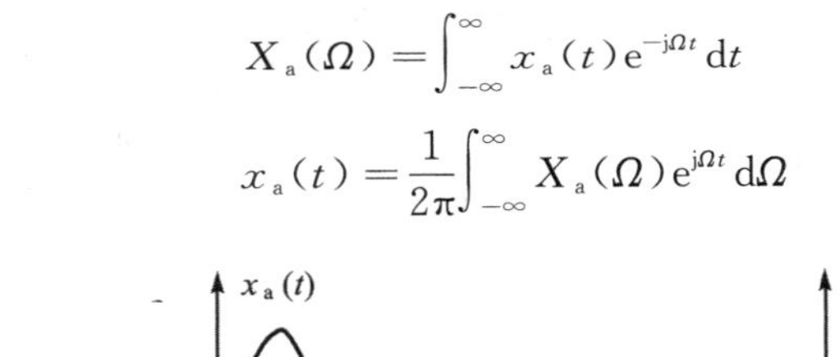

$$X_a(\Omega)=\int_{-\infty}^{\infty}x_a(t)e^{-j\Omega t}dt$$

$$x_a(t)=\frac{1}{2\pi}\int_{-\infty}^{\infty}X_a(\Omega)e^{j\Omega t}d\Omega$$

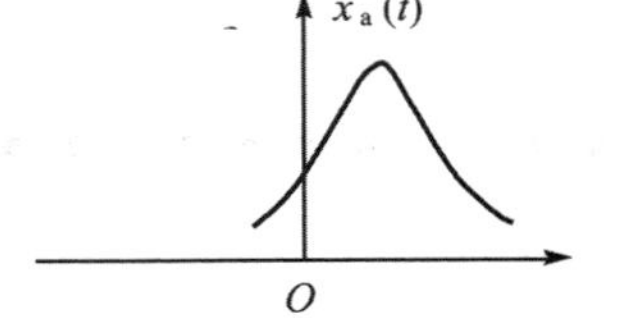


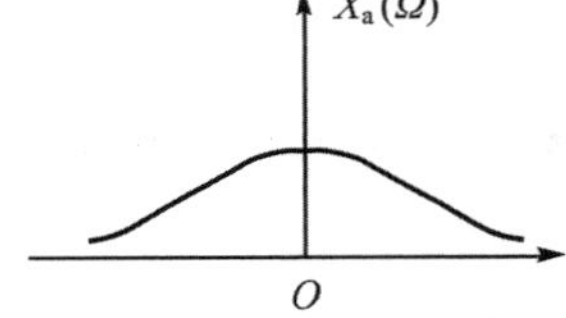


**图 6.20 连续非周期信号时域波形和频谱**

由上式和图 6.20 可以看出:$X_a(\Omega)$、$x_a(t)$ 都是区间为 $(-\infty,\infty)$ 的连续函数。

显然,该信号无论是在时域还是在频域都无法满足计算机进行数字处理的要求,若要应用 FFT 进行分析和处理,必须在时、频域对信号进行有限化和离散化处理。因此在利用 FFT 对连续信号进行分析、处理(或说是用 DFT 对连续信号进行频谱分析)时,要特别关注由采样、截断等前期处理所带来的误差的原因及如何减少这些误差。

**1. 时域的有限化和离散化**

(1) 时域的离散化

时域的离散化就是对连续信号进行抽样(抽样信号的下标用 s 表示),若采样周期为 $T$,采样点数为 $N$,有

$$t=nT\quad(n=0,1,2,\cdots,N-1)$$

则 $x_a(t) \to x_s(t)$，时域离散化的结果如图 6.21 所示。离散化处理后原连续信号的频谱应近似表示为

$$X_a(\Omega)=\int_{-\infty}^{\infty} x_a(t)\mathrm{e}^{-\mathrm{j}\Omega t}\mathrm{d}t \approx \sum_{n=-\infty}^{\infty} x_a(nT)\mathrm{e}^{-\mathrm{j}\Omega nT} \cdot T$$

(2) 时域的有限化

时域的有限化就是对信号的延续时间沿时间轴进行截断，有限化的结果反映在图 6.21 中，相当于把时间区间由$(-\infty,\infty)$限定为$[0,T_1]$，即 $t$ 由$(-\infty,\infty)$近似为$[0,T_1]$。设采样点数为 $N(n=0,1,2,\cdots,N-1)$，把上述离散化的频谱近似表达式进一步表示为

$$X_a(\Omega) \approx T\sum_{n=0}^{N-1} x_a(nT)\mathrm{e}^{-\mathrm{j}\Omega nT} \tag{6.72}$$

由式(6.72)不难看出，上述时域的离散化和有限化处理结果，要进行数字谱分析还是不够的，因为上式中的频域参数 $\Omega$ 仍然是连续的，也需要进行有限化和离散化处理。

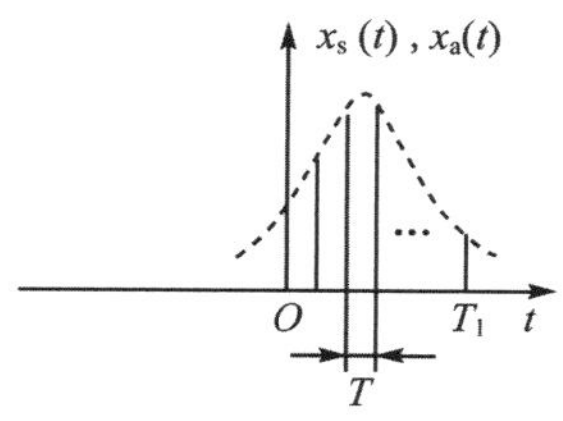


图 6.21　连续信号时域的有限化和离散化

**2. 频域的有限化和离散化**

在频域的有限化和离散化之前，需要对式(6.72)做进一步分析，因为时域所进行的离散化处理，必然引起频域上的变化，傅里叶的变换对也随之发生变化，因此式(6.72)中的 $X_a(\Omega)$实际上还不能简单地理解为有限的离散时间信号 $x_s(t)$的频谱近似。这是由于在时域上对 $x_a(t)$进行了抽样，则在频域上将引起频谱的周期化，由抽样信号的傅里叶变换可知，$X_s(\Omega)$是原连续信号频谱 $X_a(\Omega)$的周期延拓，延拓周期为抽样频率 $\Omega_s$。由于是周期频谱，式(6.72)可以代表各个周期的频谱，下面要用到这个概念。$X_s(\Omega)$如图 6.22 所示。

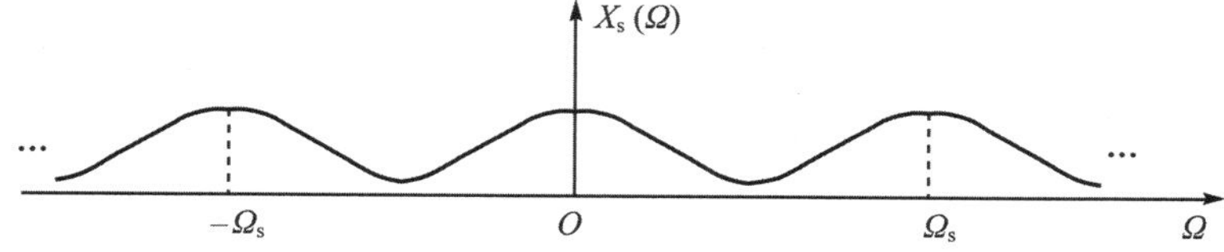


图 6.22　时域离散化后的 $x_s(t)$的频谱 $X_s(\Omega)$

与时域类似，应对 $X_s(\Omega)$进行有限化和离散化处理。

(1) 频域的有限化

在频率轴上取一个周期的频率区间，通常取所谓的“主值区间”，即 $[0,\Omega_s]$。

(2) 频域的离散化(频域抽样)

频域的离散化就是对一个周期内的频谱进行抽样，若频域的采样周期为 $\Omega_1$，采样点数为 $N$，有

$$\Omega=k\Omega_1 \quad (k=0,1,2,\cdots,N-1)$$

则

$$\Omega_1=\frac{\Omega_s}{N}=\frac{\frac{2\pi}{T}}{N}=\frac{2\pi}{NT}=\frac{2\pi}{T_1} \tag{6.73}$$

需要指出，上式中 $T_1$ 代表信号截断的时间长度，不是信号周期的概念，因为原信号是非周期信号；$\Omega_1$ 也不是基频的概念，而是频谱离散化相邻离散点的频率间隔。因此为了与周期信号离散频谱的符号 $X_a(n\Omega_1)$ 相区别，用 $X_a(k\Omega_1)$ 来表示非周期信号频谱离散化后的频谱。其结果分别如图6.23和下面所推得的公式表示。

$$
\begin{aligned}
X_a(k\Omega_1) \approx & T\sum_{n=0}^{N-1} x_a(nT)\mathrm{e}^{-\mathrm{j}k\frac{2\pi}{NT}nT} = \\
& T\sum_{n=0}^{N-1} x_a(nT)\mathrm{e}^{-\mathrm{j}\frac{2\pi}{N}nk} = \\
& T \cdot \mathrm{DFT}[x_a(nT)] = \\
& T \cdot X(k)
\end{aligned} \tag{6.74}
$$

由上式可知：$X_a(k\Omega_1)$ 与 $X(k)$ 仅差一个系数 $T$，把 $\mathrm{DFT}[x_a(nT)]$ 称为"连续信号零阶近似"。

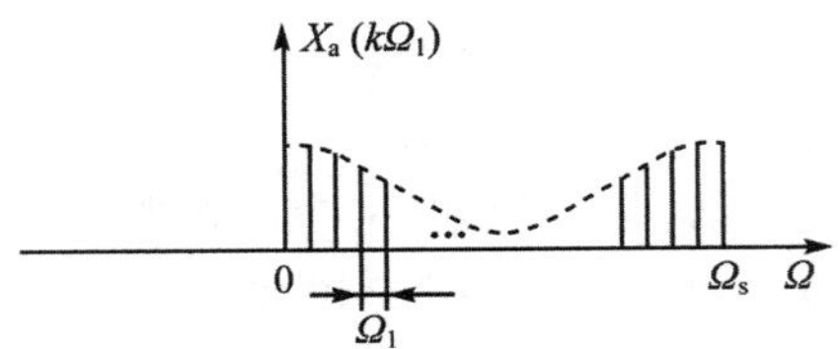


**图6.23 信号 $x_s(t)$ 频谱一个周期上的有限化和离散化**

类似地，可得

$$
x_a(nT) \approx \frac{1}{T}\mathrm{IDFT}[X_a(k\Omega_1)] \tag{6.75}
$$

有了式(6.74)和式(6.75)，就把对连续信号 $x_a(t)$ 的谱分析用 $x_a(nT)$ 的谱分析来逼近了，从而可用FFT算法，这就是对非周期连续信号进行数字谱分析的基本原理。

因此，对连续非周期信号的数字谱分析，其实质就是在对信号有限化的基础上，对其截断后的有限波形及其频谱进行抽样，采样点越密，分析的结果和原信号越接近，近似的程度越好，但误差总是存在的。下面对主要误差逐一进行分析。

**3. 误差分析**

对一非周期连续信号数字谱分析的过程中，要对 $t$ 和 $\Omega$ 做有限化和离散化处理，就会发生三方面的状态改变：

① 时域的有限化；

② 时域的离散化(假设不满足抽样定理的要求)；

③ 在频域上，用一有限长抽样序列的DFT来近似无限长连续信号的频谱。

而上述三方面，除②之外，其他两个是必然出现的，而导致分析的结果肯定会产生误差。另外，要用实际的数字系统，例如不同的计算机实现DFT的快速运算，也会产生误差，如有限字长引起的误差等。这里只讨论由于信号的逼近过程所产生的误差，主要包括混叠误差、栅栏效应和截断误差(或频谱泄漏)三种。

(1) 混叠误差

产生混叠误差的原因是由于信号的离散化是通过抽样实现的，而抽样频率再高总是有限的，除带限信号外，如果信号的最高频率 $\Omega_m \to \infty$，则实际器件无法满足抽样定理的要求，即

$\Omega_s < 2\Omega_m$。根据第 3 章中抽样信号傅里叶变换一节所分析的，抽样过程如果不满足抽样定理，就会产生频谱的混叠，即混叠误差。要减少或避免混叠误差，应提高抽样频率，以设法满足抽样定理，或者采用第 3 章中所说到的抗混叠滤波这样的信号预处理措施。

（2）栅栏效应

对于非周期信号来说，理论上应当具有连续的频谱，但数字谱分析是用 DFT 来近似，是用频谱的抽样值逼近连续频谱值，只能观察到有限（ $N$ ）个频谱值，每一个间隔中的频谱都观察不到了，如同通过“栅栏”观察景物一样，看到的只是“栅栏的栏杆”处的谱线，其他景物被“栅栏”所阻挡，看不见。把这种现象称为“栅栏效应”。连续时间信号只要采用数字谱分析的方法，就必定产生栅栏效应，这种效应只能减小而无法避免。但有时实际需要的频谱分量恰好被阻挡，为了能获得需要的谱值，就需要做些补偿或调整，以减少栅栏效应。反映栅栏效应的指标是频谱分辨力。把能够感受的频谱最小间隔值，称为频谱分辨力，一般表示为$[F]$。若抽样周期为 $T$，抽样点数为 $N$，则有

$$[F]=1/(NT) \tag{6.76}$$

$NT$ 实际就是信号在时域上的截断长度 $T_1$，分辨力 $[F]$ 与 $T_1$ 成反比，因此为了减小栅栏效应，应当增加 $T_1$，可用两种方法来实现：

① 加长数据的截断长度，即增加数据点数 $N$。

② 在所截断得到的数据末端补零，增加 $T_1$。

两种方法虽然都增加了 $T_1$，但前者加长部分是数据点，能够看到更多的、加长前看不到的谱线；后者增加的则是在数据末端的零值，并不影响频谱的计算结果，可以在保持原来频谱形状不变的情况下，使谱线变密，从而看到原来所看不到的“频谱景象”。

③ 截断误差（频谱泄漏）。

截断误差就是由于对信号进行截断，把无限长的信号限定为有限长，即令有限区间以外的函数值均为零值的近似处理而产生的。这种处理相当于用一个矩形（窗）信号乘待分析的连续时间信号，如图 6.24 所示。

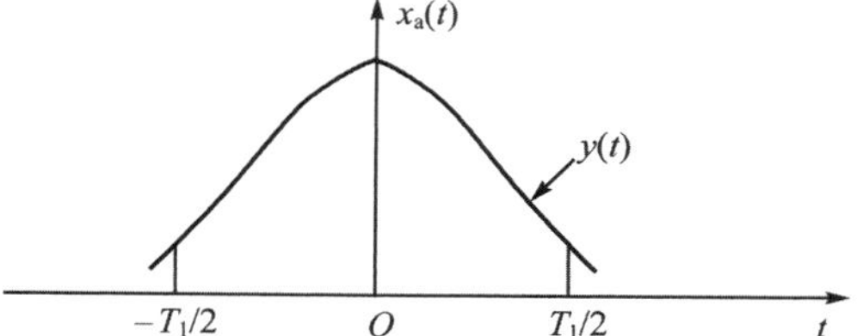


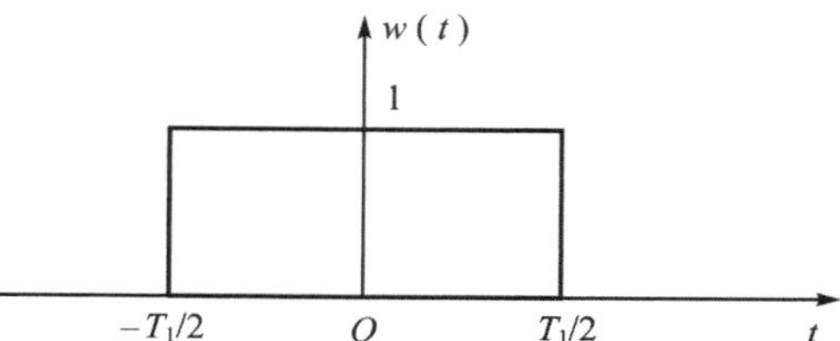


**图 6.24　用矩形窗截断信号**

由图 6.24，$y(t)=x_a(t)\cdot w(t)$，则信号被截断后的频谱为

$$Y(\Omega)=\frac{1}{2\pi}X_a(\Omega)*W(\Omega)=$$

$$\frac{1}{2\pi}\int_{-\infty}^{\infty}X_a(\lambda)W(\Omega-\lambda)\mathrm{d}\lambda$$

而原信号 $x_a(t)$ 的频谱是

$$X_a(\Omega)=\int_{-\infty}^{\infty}x_a(t)\mathrm{e}^{-\mathrm{j}\Omega t}\mathrm{d}t$$

显然，$Y(\Omega)$ 和 $X_a(\Omega)$ 是不同的。

下面举个具体例子,进一步说明这个问题。设

$$x_a(t)=\cos\Omega_0 t \quad (-\infty<t<\infty)$$

则有

$$X_a(\Omega)=\pi[\delta(\Omega+\Omega_0)+\delta(\Omega-\Omega_0)]$$

$$W(\Omega)=T_1\mathrm{Sa}\left(\frac{\Omega T_1}{2}\right)$$

$$Y(\Omega)=\frac{1}{2\pi}X_a(\Omega)*W(\Omega)=\frac{1}{2\pi}W(\Omega)*\{\pi[\delta(\Omega+\Omega_0)+\delta(\Omega-\Omega_0)]\}=$$

$$\frac{1}{2}W(\Omega+\Omega_0)+\frac{1}{2}W(\Omega-\Omega_0)$$

画成谱图,如图6.25所示。

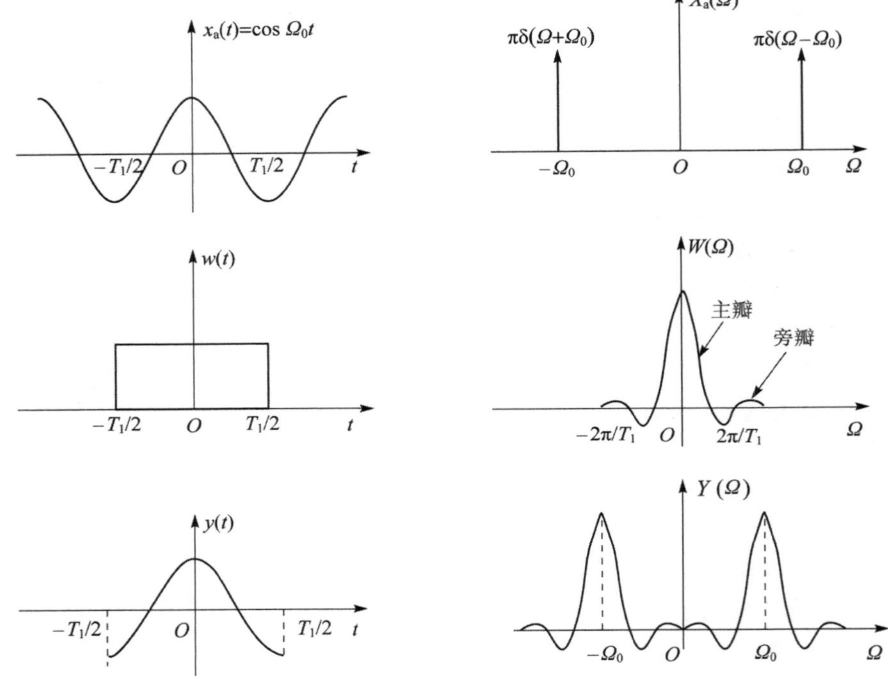


**图6.25 频谱泄漏现象**

由图6.25可以看出余弦信号被矩形窗信号截断后,两根冲激谱线变成了以$\pm\Omega_0$为中心的Sa()形的连续谱,相当于频谱从$\Omega_0$处“泄漏”到其他频率处;也就是说,原来一个周期内只有一个频率上有非零值,而现在几乎所有频率上都有非零值,这就是频谱泄漏现象。

更为复杂的信号,造成更复杂的“泄漏”,互相叠加,造成信号难以分辨。减小频谱泄漏的方法一般有两种:

① 增加截断长度$T_1$。若当$T_1\to\infty$,$W(\Omega)\to 2\pi\delta(\Omega)$,则$Y(\Omega)\to X(\Omega)$,但计算量大大增加。

② 改变窗口形状。从原理上看,要减小截断误差,应使主瓣和/或旁瓣压缩,从而使实际频谱接近原频谱。但是从能量守恒的角度分析,旁瓣减小,主瓣必然要增大;或旁瓣变“胖”,使主瓣“瘦长”,不可能使主瓣和旁瓣同时缩小。但旁瓣变“胖”的效果,容易造成旁瓣、主瓣分辨

不清，引起有两个主瓣或者将旁瓣当成主瓣的误解。因此，一般宁可以增大主瓣为代价，缩小旁瓣，使能量集中于主瓣，主瓣、旁瓣“泾渭分明”。这种方法的实质是：因为旁瓣是高频分量，缩小旁瓣，就是设法减小高频分量，适当加大低频分量。最简单的截断采用矩形信号作为窗口，但由于矩形信号在时域上变化十分激烈，信号波形直上直下，高频分量极为丰富且衰减缓慢，造成频谱泄漏相当严重。可以考虑改用幂窗、三角函数窗和指数窗。幂窗如三角形、梯形或其他形式的高次幂窗；三角函数窗，有由三角函数组合形成的复合函数窗，如升余弦窗（Hanning 汉宁窗）、改进升余弦窗（Hamming 哈明窗）等；所谓指数窗是高斯窗等。由于这些窗口函数相对矩形窗在时域上变化相对平缓，窗口的边缘值是零，使高频分量衰减增快，旁瓣明显受到抑制，故减少了频谱泄漏。但旁瓣受到抑制的同时，主瓣相应加宽，而且旁瓣只是受到抑制，不可能完全被消除，因此不管采用哪种窗函数，频谱泄漏只能减弱，不能消除，抑制旁瓣和减小主瓣也不可能同时兼顾，应根据实际需要进行综合考虑。

**4. 周期信号的数字谱分析**

对于周期连续信号 $x_p(t)$，若其采样序列为 $x_p(n)$，主值序列 $x(n)$，则由 DFS 与 DFT 的关系，周期连续信号 $x_p(t)$ 的频谱可由下式近似计算：

$$X_p(k) \approx \frac{1}{N}\mathrm{DFT}[x(n)] \quad (k=0,1,2,\cdots,N-1) \tag{6.77}$$

$$x_p(n) \approx N \cdot \mathrm{IDFT}[X(k)] \quad (n=0,1,2,\cdots,N-1) \tag{6.78}$$

式中，$X(k)$是 $X_p(k)$的主值序列。

式(6.77)和式(6.78)中的因子 $N$(周期序列的周期)和 $1/N$，通常称为电平(幅度)变换系数，因子 $1/N$ 放在式(6.77)还是式(6.78)中并不重要，可以根据人们自己的习惯决定，对这两者人们主要关心的是各自的相对关系是正确的就可以了。考虑到在 3.7 节的抽样信号傅里叶变换中，计算抽样信号频谱时，利用连续时间信号傅里叶正变换表达式，是乘因子 $1/T$($T$ 为抽样周期)的，这里也做了类似处理，把因子 $1/N$ 放置于式(6.77)中。

连续周期信号是非时限信号，若要用 FFT 做数字谱分析，必须在时域进行有限化(截断)和离散化(采样)处理。对于一个带限(频谱为有限区间)的周期信号，若抽样频率满足抽样条件，并且做整周期截断，则不会产生频谱的混叠。实际上，要实现真正的整周期截断是很难的，如果是非整周期截断，则会产生频谱的泄漏误差，要通过加合适窗的方法来减少频谱泄漏。

**5. DFT 参数的选择**

应用 DFT 进行信号的数字谱分析时，要根据给定的要求，确定 DFT 的参数，一般情况下，已知：信号的最高频率 $f_h$，频谱分辨力$[F]$，抽样时能够达到的最高抽样频率 $\Omega_{sm}(f_{sm})$。需要确定的参数通常包括：截取的信号长度(数据长度)$T_1$，抽样频率 $f_s$(或采样间隔 $T$)，点数 $N$，选择什么样的窗口函数等。选择参数总的原则是尽可能减少混叠、频谱泄漏和栅栏效应等项误差。根据这个原则，可以选定相应的 DFT 参数：

① 抽样频率 $f_s$。根据抽样定理，应当满足：$f_s \geqslant 2f_h$，即 $1/T \geqslant 2f_h$，则 $T \leqslant 1/2f_h$。但有的时候 $f_h$ 的值并不清楚，可以先估计一个值进行计算，若结果不理想，则将 $f_h$ 再增加 1 倍，再进行运算，直至满足要求为止。

② 数据长度 $T_1$。由于$\frac{1}{T_1} \leqslant [F]$，要求频谱分辨力高，即$[F]$要小，则 $T_1$应加长，只要有可能，$T_1$尽量取大些。但 $T_1=NT$，$T$ 为采样间隔(周期)，如果 $T_1$要大，而点数 $N$ 不能增加，$T$

就需要增加,这就意味着采样频率的下降,造成频谱混叠的加剧,这是需要注意的。

③ 点数 $N$。如上所述,如果一味追求高频谱分辨力,$T$ 不变,必然要增加 $N$,加大数据处理量。而 $N$ 不增加,则 $T$ 就需要增加,就会加重频谱的混叠,因此对频谱分辨力的要求要适当。同时,有

$$\begin{cases} T=\dfrac{1}{f_s}\leqslant\dfrac{1}{2f_h} \\ [F]=\dfrac{1}{NT} \end{cases}$$

式中,$f_s$为采样频率。由上两式可得

$$[F]\geqslant\frac{2f_h}{N} \tag{6.79}$$

从而可知:若 $N$ 不变,$f_h$增加,$[F]$也增加,分辨力下降;相反,$N$ 不变,$f_h$减小,分辨力提高。因此 $f_h$的高低,直接影响分辨力,把 $f_h$称为高频容量。

④ 选窗口。为了减小频谱泄漏误差,通常可以选择适当的窗函数来解决。如果待分析的信号无需截断,就不必加窗。

**例 6.6** 已知信号,应用 MATLAB 语言编程,对信号 $x(t)=e^{-1.5t}u(t)$进行频谱分析,利用 $FFT$ 的结果,重构信号 $x(t)$ 的近似结果,分别画出原连续信号、信号的幅度谱和近 $x(t)$ 的序列 $x(n)$。

**解**:程序及其运算结果的表示如下:

```
N=64;
T=5/N;
t=0:T:5;
x=exp(-1.5*t);                    %连续时间信号 x(t)
Xx=T*fft(x,N);                    %x(t)的近似频谱
n=0:1:63;
x0=1/T.*ifft(Xx,N);               %重构 x(n)

%分别画出 x(t)波形、幅谱 X(k)和 x(n)
subplot(311);
plot(t,x);
xlabel('t');ylabel('x(t)')
subplot(312);
stem(n,Xx);
xlabel('k'),ylabel('X(k)')
subplot(313)
stem(n,x0);
xlabel('n'),ylabel('x(n)')
```

结果如图 6.26 所示,图(a)为连续时间信号 $x(t)$的波形,图(b)为其幅谱,图(c)为 $x(n)$。

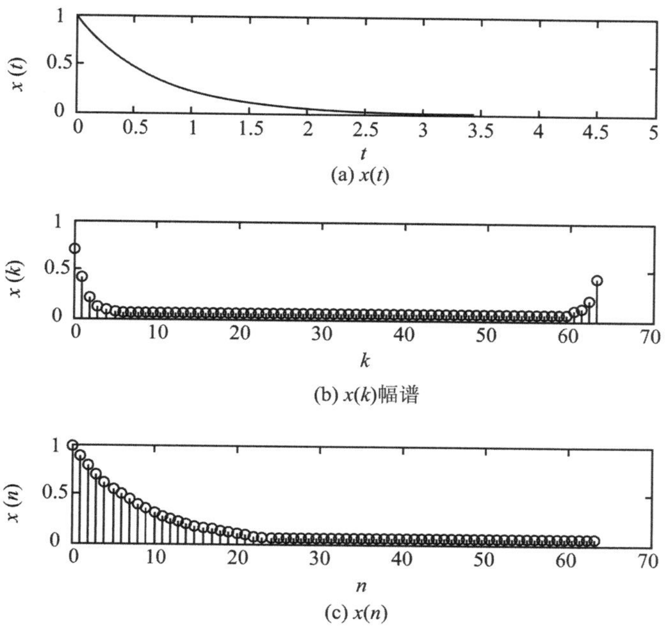


图 6.26　例 6.6 的图示结果

### 6.8.3　FFT 在动态测试数据处理中的应用

动态测试重点是进行不失真复现分析(响应分析)。其数据处理的任务是进行动态标定，得出动态的数学模型，确定动态性能指标。为了对传感器、仪表或测量系统的动态性能有一个统一的评定标准，通常选定几种典型的外作用(如时域中的冲激、阶跃输入、测频率响应的正弦输入等)，测量相应的响应。阶跃响应、冲激响应(单位方波响应)以及频率响应等都是动态测试中最常用的分析技术。下面主要讨论 FFT 在确定系统频率特性中的应用。

由自控原理可知，系统频率特性的实验测量的典型输入是幅值为常数、频率可变的正弦信号，对电量来说，非常容易；但对于像压力、温度之类的传感器，要得到一个按正弦变化的温度场或压力变化，特别是要求产生变化频率高的信号是非常困难的，目前的技术还难以实现。但相对来说，要得到时域的冲激响应往往比较容易，因而可以通过实验测得时域响应来求取其频率特性。下面来讨论这一方法。

**1. 任意输入作用的时域响应求系统频率特性**

设一线性系统 A 如图 6.27 所示。

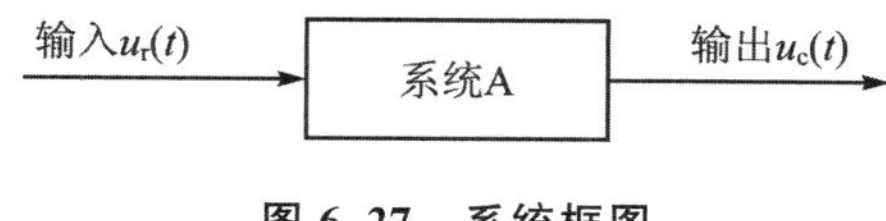


图 6.27　系统框图

在时域，任意一输入作用于系统，其系统响应可做如下分析，请参看图 6.28。

分别对系统输入和输出进行傅里叶变换并应用傅里叶变换的积分特性，根据频率响应的概念，可得系统 A 的频率响应 $H(\mathrm{j}\Omega)$ 为

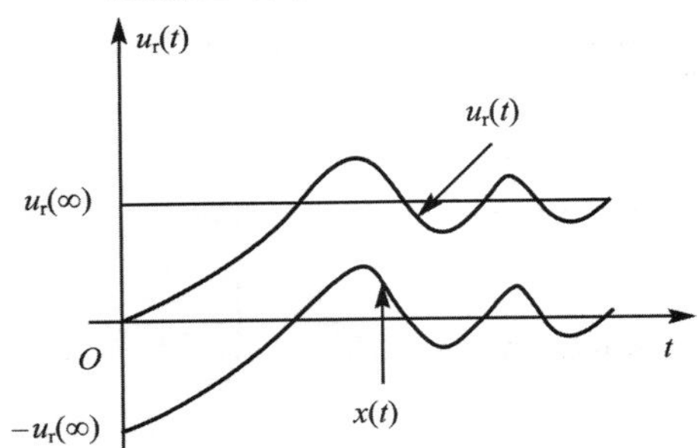


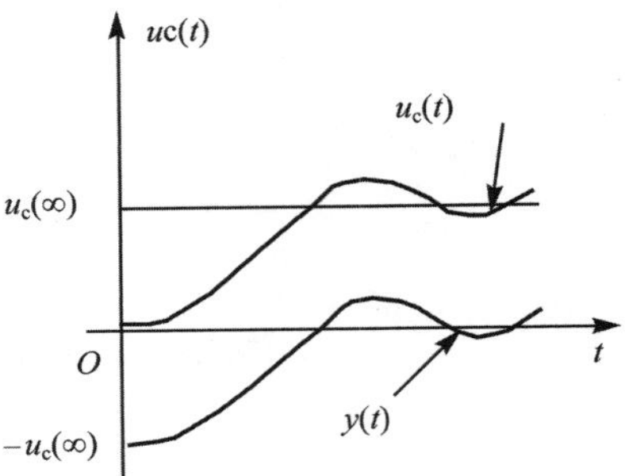


**图 6.28 系统 A 对任意输入的响应**

$$H(\mathrm{j}\Omega)=\frac{U_c(\mathrm{j}\Omega)}{U_r(\mathrm{j}\Omega)}$$

$$\left.\begin{aligned}U_c(\mathrm{j}\Omega)&=\int_{-\infty}^{\infty}u_c(t)\mathrm{e}^{-\mathrm{j}\Omega t}\mathrm{d}t=\frac{u_c(\infty)}{\mathrm{j}\Omega}+\int_{-\infty}^{\infty}y(t)\mathrm{e}^{-\mathrm{j}\Omega t}\mathrm{d}t\\U_r(\mathrm{j}\Omega)&=\int_{-\infty}^{\infty}u_r(t)\mathrm{e}^{-\mathrm{j}\Omega t}\mathrm{d}t=\frac{u_r(\infty)}{\mathrm{j}\Omega}+\int_{-\infty}^{\infty}x(t)\mathrm{e}^{-\mathrm{j}\Omega t}\mathrm{d}t\end{aligned}\right\}\tag{6.80}$$

通常有:$t<0$ 时,$x(t)=0$,$y(t)=0$,所以上式可进一步写为

$$\left.\begin{aligned}U_r(\mathrm{j}\Omega)&=\frac{u_r(\infty)}{\mathrm{j}\Omega}+\int_{0}^{\infty}x(t)\mathrm{e}^{-\mathrm{j}\Omega t}\mathrm{d}t=R_1(\Omega)+\mathrm{j}I_1(\Omega)\\U_c(\mathrm{j}\Omega)&=\frac{u_c(\infty)}{\mathrm{j}\Omega}+\int_{0}^{\infty}y(t)\mathrm{e}^{-\mathrm{j}\Omega t}\mathrm{d}t=R_2(\Omega)+\mathrm{j}I_2(\Omega)\end{aligned}\right\}\tag{6.81}$$

系统的频率特性进一步表示为

$$H(\mathrm{j}\Omega)=\frac{U_c(\mathrm{j}\Omega)}{U_r(\mathrm{j}\Omega)}=\frac{R_2(\Omega)+\mathrm{j}I_2(\Omega)}{R_1(\Omega)+\mathrm{j}I_1(\Omega)}=R(\Omega)+\mathrm{j}I(\Omega)\tag{6.82}$$

式中

$$\left.\begin{aligned}R(\Omega)&=\frac{R_1(\Omega)R_2(\Omega)+I_1(\Omega)I_2(\Omega)}{R_1^2(\Omega)+I_1^2(\Omega)}\\I(\Omega)&=\frac{R_1(\Omega)I_2(\Omega)-I_1(\Omega)R_2(\Omega)}{R_1^2(\Omega)+I_1^2(\Omega)}\end{aligned}\right\}\tag{6.83}$$

可得其幅、相谱特性为

$$\left.\begin{aligned}A(\Omega)&=\sqrt{R^2(\Omega)+I^2(\Omega)}\\\phi(\Omega)&=\arctan\frac{I(\Omega)}{R(\Omega)}\end{aligned}\right\}\tag{6.84}$$

由以上各式,就可以从时域响应求出系统 A 的频率特性,对于式(6.81)中积分项的计算可用数值积分的方法来计算。可利用快速傅里叶变换得到系统的频率响应,计算显得更为便捷。下面通过用阶跃响应求频率特性的计算方法来加以说明。

**2. 由阶跃响应求频率特性的计算方法**

阶跃的输入和响应分别表示为

$$\left.\begin{aligned} u_r(t)=u(t)&=\begin{cases} u_r(\infty)=1 & (t\to\infty) \\ x(t)=0 & (t=0) \end{cases} \\ u_c(t)&=\begin{cases} u_c(\infty)=1 & (t\to\infty) \\ y(t)+u_c(\infty) & (\text{其他 } t) \end{cases} \end{aligned}\right\} \tag{6.85}$$

将式(6.85)中相应的参数代入式(6.81)，可得

$$\begin{aligned} U_r(\mathrm{j}\Omega)&=\frac{u_r(\infty)}{\mathrm{j}\Omega}+\int_0^{\infty}x(t)\mathrm{e}^{-\mathrm{j}\Omega t}\mathrm{d}t=R_1(\Omega)+\mathrm{j}I_1(\Omega)= \\ &-\mathrm{j}\,\frac{1}{\Omega}+0=-\mathrm{j}\,\frac{1}{\Omega} \end{aligned} \tag{6.86}$$

$$\begin{aligned} U_c(\mathrm{j}\Omega)&=\frac{u_c(\infty)}{\mathrm{j}\Omega}+\int_0^{\infty}y(t)\mathrm{e}^{-\mathrm{j}\Omega t}\mathrm{d}t=R_2(\Omega)+\mathrm{j}I_2(\Omega)= \\ &-\mathrm{j}\,\frac{1}{\Omega}+R_y(\Omega)+\mathrm{j}I_y(\Omega) \end{aligned} \tag{6.87}$$

由式(6.86)和式(6.87)，有

$$\begin{cases} R_1(\Omega)=0 \\ I_1(\Omega)=-\dfrac{1}{\Omega} \\ R_2(\Omega)=R_y(\Omega) \\ I_2(\Omega)=-\dfrac{1}{\Omega}+I_y(\Omega) \end{cases}$$

将上述结果代入式(6.83)，有

$$R(\Omega)=\frac{R_1(\Omega)R_2(\Omega)+I_1(\Omega)I_2(\Omega)}{R_1^2(\Omega)+I_1^2(\Omega)}=1-\Omega I_y(\Omega) \tag{6.88}$$

$$I(\Omega)=\frac{I_2(\Omega)R_1(\Omega)-I_1(\Omega)R_2(\Omega)}{R_1^2(\Omega)+I_1^2(\Omega)}=\Omega R_y(\Omega) \tag{6.89}$$

由式(6.87)可知，上两式中的 $R_y(\Omega)$、$I_y(\Omega)$ 是系统阶跃响应中的瞬态分量 $y(t)$ 的傅里叶变换的实部和虚部，即

$$Y(\mathrm{j}\Omega)=\int_0^{\infty}y(t)\mathrm{e}^{-\mathrm{j}\Omega t}\mathrm{d}t=R_y(\Omega)+\mathrm{j}I_y(\Omega) \tag{6.90}$$

式(6.90)为连续傅里叶变换，为了运用快速傅里叶变换(FFT)，采取如同数字谱分析一样的方法，进行有限化、离散化处理(这里只需计算频谱)，得

$$Y(\mathrm{j}\Omega)=\int_0^{\infty}y(t)\mathrm{e}^{-\mathrm{j}\Omega t}\mathrm{d}t\approx\Delta t\sum_{k=0}^{N-1}y(k)\mathrm{e}^{-\mathrm{j}\Omega k(\Delta t)}\approx\Delta t Y_c(\Omega) \tag{6.91}$$

$$Y_c(\Omega)=\sum_{k=0}^{N-1}y(k)\mathrm{e}^{-\mathrm{j}\Omega k(\Delta t)} \tag{6.92}$$

并有 $\Omega=n\Delta\Omega$，$\Delta\Omega=\dfrac{2\pi}{N\cdot\Delta t}$，$W_N=\mathrm{e}^{-\mathrm{j}\frac{2\pi}{N}}$，这里几个字符的意义可参阅式(6.73)，其中的 $\Delta\Omega$、$\Delta t$ 相当于式(6.73)中的 $\Omega_1$、$T$ 并代入式(6.92)，离散化后，下面式子中的频率由 $\Omega$ 改为数字角频率 $\omega$ 来表示，则有

$$\left.\begin{aligned} &Y_c(\Omega) \approx Y_c(n\Delta\Omega) = Y_c(n) = \sum_{k=0}^{N-1} y(k) W_N^{nk} = R_c(n) + \mathrm{j} I_c(n) \\ &n = 0,1,2,\cdots,N-1 \end{aligned}\right\} \tag{6.93}$$

对上式,利用 FFT,可求出 $R_c(n)$、$I_c(n)$,与式(6.91)对照,从而有

$$\left.\begin{aligned} R_y(\omega) &\approx \Delta t R_c(n) \\ I_y(\omega) &\approx \Delta t I_c(n) \end{aligned}\right\} \tag{6.94}$$

从而可求出系统的频率特性:

$$\left.\begin{aligned} &\hat{A}(\omega) = \sqrt{\hat{R}^2(\omega) + \hat{I}^2(\omega)} \\ &\hat{\phi}(\omega) = \arctan \frac{\hat{I}(\omega)}{\hat{R}(\omega)} \end{aligned}\right\} \tag{6.95}$$

$$\left.\begin{aligned} &\hat{R}(\omega) = 1 - \omega \Delta t I_c(n) \\ &\omega = n\Delta\omega \\ &\hat{I}(\omega) = \omega \Delta t R_c(n) \end{aligned}\right\} \tag{6.96}$$

需要注意:当引用 FFT 算法后,$\Delta\omega$ 不能随意选择,因为 $\Delta\omega = \dfrac{2\pi}{N\Delta t} = \dfrac{2\pi}{T}$,要改变 $\Delta\omega$ 的值,必须改变 $T$,而 $T$ 是进行 FFT 的数据长度,事先是给定的,只能是在 $T = N\Delta t$,$N$ 一定时改变 $\Delta t$,或 $\Delta t$ 一定时,改变 $N$,而且一般应满足 $2^M$,$M$ 为整数。

另外,式(6.95)和式(6.96)中的字符上方有符号"ˆ",如 $\hat{A}(\omega)$、$\hat{\phi}(\omega)$等,表示它们是 $A(\omega)$、$\phi(\omega)$等的近似值或称估计值。

**例 6.7** 有一个二阶系统,阻尼比 $\zeta = 0.47$,固有频率 $\omega_n = 500\ \mathrm{s}^{-1}$,采样间隔 $\Delta t = 0.000\,4$ s,采样点数 $N = 256$。试计算理论幅频特性与由系统阶跃响应计算出的幅频特性数据值,并画出两个计算结果的幅频特性曲线。

```
%   example6.7 MATLAB PROGRAM
N=256;                              %采样点数
dt=0.0004                           %采样时间间隔
wn=500;                             %二阶系统的固有频率
seta=0.47;                          %系统阻尼比
dw=2*pi/(N*dt);                     %频率间隔
a=wn^2;
b=[1,2*seta*wn,a];
t=[0:dt:(N-1)*dt];
c=step(a,b,t);                      %求二阶系统的阶跃响应
w=[0:dw:(N-1)*dw];
[mag,phase]=bode(a,b,w);            %计算二阶系统理论频率特性
ycw=fft(c);                         %求系统阶跃响应瞬态分量的傅里叶变换
Re=real(ycw);                       %ycw 的实部
Im=imag(ycw);                       %ycw 的虚部
fori=1:N
    Rw(i,1)=1-Im(i,1)*(i-1)*dw*dt;
```

```
    Iw(i,1)=Re(i,1)*(i-1)*dw*dt;
end                                  %计算频率特性的实部和虚部分量
ffw=Rw+Iw*sqrt(-1);
Aw=abs(ffw)                          %系统幅频特性
semilogx(w,20*log10(mag),'r-')
                                     %理论幅频特性曲线
axis([100,10000,-30,10])
text(600,12,'对数幅频特性')
ylabel('A(ω)(dB)')
hold on
semilogx(w,20*log10(Aw))             %由阶跃响应求得的幅频特性曲线
axis([100,10000,-30,10])
xlabel('ω(1/s)')
grid on
```

图 6.29 中，尾端上翘的曲线是应用 FFT 由阶跃响应求出的幅频特性，另外一条则是所求系统的理论幅频曲线（根据二阶系统幅频特性的理论公式求出），表明两者在实际需要了解的频率范围内，特性是相近的。

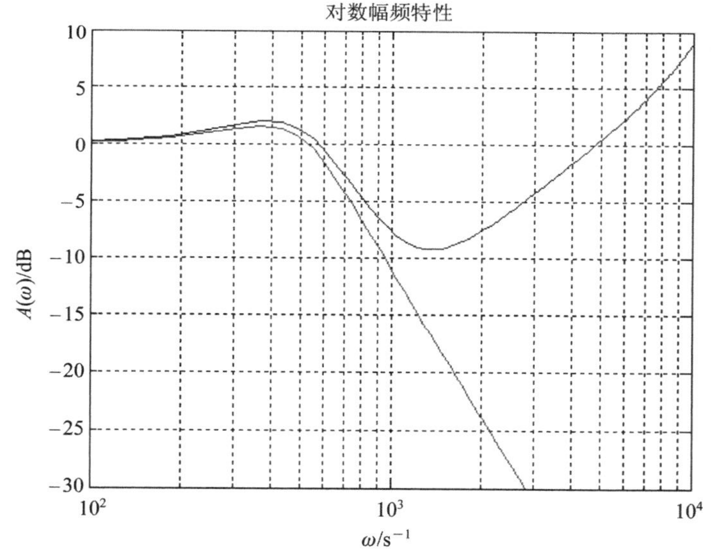


**图 6.29　例 6.7 中二阶系统幅频特性曲线**

# 本章小结

离散信号的频域分析涉及 4 个傅里叶变换，即离散时间傅里叶变换（DTFT）、离散傅里叶变换（DFT）、离散傅里叶级数（DFS）、快速傅里叶变换（FFT）。DFS 对应连续信号的傅里叶级数，针对的是周期序列，DFS 可以通过连续傅里叶级数引进采样思想推导得出；DTFT 连续信号的傅里叶变换，针对的是非周期序列，DFS 得到的是真正的频谱，而 DTFT 得到的是频谱密度。

DFT和FFT是为了实现数字信号处理而导出的变换,前者可以认为是DTFT得到的连续频谱离散化的结果,后者是在充分利用DFT运算中潜在规律而得到的高效、快速运算方法。

本章还介绍了离散傅里叶变换的应用和FFT的软件实现方法。

## 思考与练习题

**6.1** 序列傅里叶变换(DTFT)中的序列可以是下面的哪些序列?

(1) 非周期序列;

(2) 对单周期序列进行周期延拓后的序列;

(3) 有限长序列;

(4) 因果序列;

(5) 非周期无限长序列。

**6.2** 简要说明序列傅里叶变换、离散傅里叶级数、离散傅里叶变换、快速傅里叶变换的区别和联系。

**6.3** 对一序列,利用DFT所求得的结果是否就是该序列的频谱?为什么?

**6.4** 如何理解FFT是DFT的高效算法?

**6.5** 说明对模拟信号进行数字谱分析的基本思路,并解释可能产生的误差、产生误差的原因以及减少误差的相应措施。

**6.6** 什么是圆移位?圆移位就是序列在圆周上的移位,这种说法对吗?为什么?

**6.7** 说明圆卷积、线卷积和快速卷积之间的关系。

**6.8** 为什么对于某些非电量,如压力、温度的频率特性要通过时域响应来求取?

**6.9** 试分析解释为何例6.5中$X(k)$的$X(0)$与$X(63)$中的值相同。如果取$N=32$或$N=128$,$X(k)$的结果会产生什么变化?试在MATLAB上验证分析的结果。

**6.10** 求以下序列$x(n)$的频谱:

(1) $\delta(n)$;

(2) $\delta(n-n_0)$;

(3) $\delta(n)-\delta(n-1)$;

(4) $\delta(n)-\delta(n-8)$;

(5) 矩形序列$R_N(n)$并作频谱图(在求出通式后,以$N=5$作图);

(6) $a^n u(n)\quad(0<a<1)$。

**6.11** 已知序列的频谱$X(e^{j\omega})$,求序列$x(n)$并作图$\left(\text{作图时设 } w_0=\dfrac{\pi}{4}\right)$:

$$X(e^{j\omega})=\begin{cases}0 & (|\omega|<\omega_0)\\ 1 & (\omega_0\leqslant|\omega|\leqslant\pi)\end{cases}$$

**6.12** 试求下列长度为$N$的有限长序列$x(n)$的DFT:

(1) $x(n)=\delta(n)$;

(2) $x(n)=\delta(n-n_0)\quad(0<n_0<N)$;

(3) $x(n)=a^n\quad(0\leqslant n\leqslant N-1)$;

(4) $x(n)=e^{j\omega_0 n}\quad(0\leqslant n\leqslant N-1)$;

(5) $x(n)=\sin \omega_0 n \quad (0 \leqslant n \leqslant N-1)$；

(6) $x(n)=\cos \omega_0 n \quad (0 \leqslant n \leqslant N-1)$。

**6.13** 若 $x(n)$ 为矩形序列 $R_N(n)(0 \leqslant n \leqslant N-1)$，试求：

(1) $z[x(n)]$；

(2) $\mathrm{DFT}[x(n)]$；

(3) $X(\mathrm{e}^{\mathrm{j}\omega})$。

**6.14** 求序列 $x(n)=(-1)^n$ 的 $N$ 点($N$ 为偶数，$0 \leqslant n \leqslant N-1$)DFT。

**6.15** 证明 DFT 的频移定理。

**6.16** 已知有限长序列 $x(n)$，$\mathrm{DFT}[x(n)]=X(k)$，试利用频移定理求：

(1) $\mathrm{DFT}\left[x(n)\cos\left(\dfrac{2\pi mn}{N}\right)\right]$；

(2) $\mathrm{DFT}\left[x(n)\sin\left(\dfrac{2\pi mn}{N}\right)\right]$。

**6.17** 设 $x(n)=3\delta(n)+2\delta(n-2)+4\delta(n-3)$。

(1) 求 $x(n)$ 的 4 点 DFT。

(2) 若 $y(n)$ 是 $x(n)$ 与 $h(n)=\delta(n)+5\delta(n-1)+4\delta(n-3)$ 的 4 点循环卷积，求 $y(n)$ 及其 4 点 DFT。

**6.18** 已知 $x(n)$ 是 $N$ 点有限长序列，$X(k)=\mathrm{DFT}[x(n)]$，现将长度扩大 $r$ 倍(在 $x(n)$ 后补零实现)，得长度为 $rN$ 的有限长序列 $y(n)$，即

$$y(n)=\begin{cases} x(n) & (0 \leqslant n \leqslant N-1) \\ 0 & (N \leqslant n \leqslant rN-1) \end{cases}$$

求 $\mathrm{DFT}[y(n)]$ 与 $X(k)$ 的关系。

**6.19** 已知两有限长序列 $x(n)=\cos\left(\dfrac{2\pi}{N}n\right)R_N(n)$ 和 $h(n)=\sin\left(\dfrac{2\pi}{N}n\right)R_N(n)$，用直接卷积和 DFT 两种方法分别求：

(1) $y(n)=x(n)\circledast h(n)$；

(2) $y(n)=x(n)\circledast x(n)$；

(3) $y(n)=h(n)\circledast h(n)$。

**6.20** 证明：

(1) $x(n)*\delta(n)=x(n)$；

(2) $x(n)*\delta(n-n_0)=x(n-n_0)$；

(3) $x(n)*u(n)=\sum\limits_{m=-\infty}^{n} x(m)$；

(4) $x(n)*u(n-n_0)=\sum\limits_{m=-\infty}^{n-n_0} x(m)$。

**6.21** 已知两个有限长序列为

$$x(n)=\delta(n)+\delta(n-1)+\delta(n-2)+\delta(n-3)$$
$$h(n)=\delta(n)+\delta(n-1)+\delta(n-2)$$

计算 $x(n)*h(n)$。

**6.22** 已知实数有限长序列 $x_1(n)$、$x_2(n)$，其长度都为 $N$，并且有

$$\mathrm{DFT}[x_1(n)]=X_1(k)$$
$$\mathrm{DFT}[x_2(n)]=X_2(k)$$
$$x_1(n)+\mathrm{j}x_2(n)=x(n)$$
$$\mathrm{DFT}[x(n)]=X(k)$$

试证明下列关系式成立：

$$X_1(k)=\frac{1}{2}[X(k)+X^*(N-k)]$$

$$X_2(k)=\frac{1}{2\mathrm{j}}[X(k)-X^*(N-k)]$$

**6.23** 已知序列 $x(n)=a^n u(n)(0<a<1)$，今对其 $z$ 变换 $X(z)$ 在单位圆上 $N$ 等分采样，采样值为 $X(k)=X(z)|_{z=W_N^{-k}}$，求有限长序列 IDFT[$X(k)$]。

**6.24** 设一 $N=4$ 的有限长序列 $x(n)$，序列值分别为 $x(0)=1/2$、$x(1)=1$、$x(2)=1$、$x(3)=1/2$，试用图解法得出：

(1) $x(n)$与 $x(n)$的线卷积；

(2) $x(n)$与 $x(n)$的 4 点圆卷积；

(3) $x(n)$与 $x(n)$的 10 点圆卷积；

(4) 若要使 $x(n)$与 $x(n)$的线卷积等于圆卷积的结果，求序列长度的最小值。

**6.25** 画出序列 $x(n)$的长度 $N=16$ 时的 FFT 蝶形运算图。

**6.26** 对一个连续时间信号 $x_a(t)$进行 1 s 的采样，共得到 4 096 个采样点的抽样序列，试求：

(1) 若抽样后，不发生频谱混叠，$x_a(t)$的最高频率为多少？

(2) 如果要计算抽样序列的 4 096 点 DFT，试算出 DFT 结果频域的频率间隔。

(3) 如果只对频率范围 200 Hz $\leqslant f \leqslant$ 300 Hz 的采样点进行处理，分别求出直接采用 DFT 和使用 FFT 所需复乘的次数。

(4) 采样 4 096 个点能否充分发挥 FFT 的运算效率？若为 4 000 个采样点呢？

**6.27** 若要对一实数信号进行数字谱分析，要求的指标为

(1) 频谱分辨力[$F$]$\leqslant$5 Hz；

(2) 信号的最高频率 $f_m=1.25$ kHz；

(3) 点数 $N$ 是 2 的整数次幂。

试确定：

(1) 数据截断长度 $T_1$；

(2) 抽样点间的时间间隔 $T_s$；

(3) DFT 的点数 $N$ 。

**6.28** 已知序列 $x(n)=20\cdot(0.6)^n(0\leqslant n\leqslant 10)$，序列圆周向右移位 $m=3$，用 MATLAB 语言编程，实现下列要求：

(1) 画出原序列波形及幅谱；

(2) 圆周移位序列波形及幅谱。

**6.29** 信号为 $x(t)=\sin(2\pi f_1 t)+\sin(2\pi f_2 t)$，$f_1=50$ Hz，$f_2=25$ Hz，试用 FFT 计算其 DFT，并将计算结果进行 IFFT，再将这一结果与原信号进行比较。

**6.30** 用MATLAB语言编程，对一连续的单边指数函数 $x(t)=\mathrm{e}^{-0.1t}$ 进行数字谱分析，要求：

1. 用FFT求出并画出下列3种情况下的近似幅度谱：

(1) 采样间隔 $T=1$ s，采样点数 $N=64$，数据截断长度 $T_1=NT=64$ s；

(2) 采样间隔 $T=2$ s，采样点数 $N=32$，数据截断长度 $T_1=NT=64$ s；

(3) 采样间隔 $T=1$ s，采样点数 $N=16$，数据截断长度 $T_1=NT=16$ s。

2. 画出 $x(t)=\mathrm{e}^{-0.1t}$ 的理论幅度谱。

3. 比较1中的(1)和(2)，在同样的截断长度下，分析采样频率不同对幅谱的影响。

4. 比较1中的(1)和(3)，在同样的采样频率下，分析截断长度不同对幅谱的影响。

5. 将1中的3种幅谱情况与理论幅谱比较，分析其误差情况和产生误差的原因。

# 第 7 章　离散信号与系统的 $z$ 域分析

**基本内容：**

- $z$ 变换定义
- $z$ 变换收敛域
- $z$ 反变换
- 常用序列的 $z$ 变换
- $z$ 变换的性质
- 离散系统的 $z$ 域分析

与连续时间信号和系统类似，离散时间信号与系统的分析方法也分为时域分析方法和变换域分析方法（包括频域与复频域分析方法）。连续系统的数学模型是微分方程，离散系统的数学模型是差分方程，无论是微分方程还是差分方程，都表示了时域中系统输入和输出之间的关系。方程的解，即输出的表达式可以通过求解方程得到。由前面所述可知，对于连续信号与系统，除了用经典时域法和卷积方法求解其微分方程，傅里叶积分变换和拉氏变换也是连续信号分析和处理的基本工具。对于离散信号与系统，除了用经典时域法（通解＋特解）、离散卷积和递推解法求解其差分方程之外，$z$ 变换则为离散信号分析和处理、离散系统设计和实现提供了复频域分析方法，它在离散系统中的地位与作用，相当于连续系统中的拉氏变换。

另外，由于工程中通常遇到的连续时间信号与系统大都是因果信号和因果系统，所以在学习拉氏变换时我们着重分析了单边拉氏变换。但对于离散时间信号与系统，非因果信号和非因果系统也有一定的应用，所以本章兼顾单边 $z$ 变换和双边 $z$ 变换。

## 7.1　序列的 $z$ 变换

### 7.1.1　$z$ 变换的定义

$z$ 变换的定义可以由对模拟信号进行冲激抽样再经拉氏变换引出（定义一），也可直接给出（定义二）。定义一从数学上看并不严格，但便于理解，可直接与自动控制采样系统的分析相联系；定义二直接由离散信号出发，数学上是严格的。为了便于理解两种定义的区别与联系，特别是为了更好地理解 $z$ 变换、拉氏变换与傅氏变换之间的关系，下面对两种定义都加以介绍。

**1. 由冲激抽样信号的拉氏变换来定义**

若对一模拟信号 $x_a(t)$ 作冲激抽样，得到其冲激抽样信号 $x_s(t)$，表示为

$$x_s(t)=x_a(t)\delta_T(nT)=\sum_{n=-\infty}^{\infty}x_a(nT)\delta(t-nT)$$

对上式两边进行（双边）拉氏变换，得到 $x_s(t)$ 的拉氏变换 $X_s(s)$，即

$$X_s(s)=\int_{-\infty}^{\infty}x_s(t)\mathrm{e}^{-st}\mathrm{d}t=$$

$$\int_{-\infty}^{\infty}\left[\sum_{n=-\infty}^{\infty}x_a(nT)\delta(t-nT)\right]\mathrm{e}^{-st}\mathrm{d}t\left.\right]$$

将上式中积分与求和的运算次序对调，然后利用冲激函数的抽样性，可得

$$X_s(s)=\sum_{n=-\infty}^{\infty}\int_{-\infty}^{\infty}[x_a(nT)\mathrm{e}^{-st}]\delta(t-nT)\mathrm{d}t=$$

$$\sum_{n=-\infty}^{\infty}x_a(nT)\mathrm{e}^{-snT} \tag{7.1}$$

对上式引入复变量

$$z=\mathrm{e}^{sT}$$

得到一个 $z$ 的函数 $X(z)$，即

$$X(z)=\sum_{n=-\infty}^{\infty}x_a(nT)z^{-n} \tag{7.2}$$

对离散时间信号来说，令 $T=1$，并不失一般性，即 $nT$ 和 $n$ 表示相同的时刻，式(7.2)可直接写为

$$X(z)=\sum_{n=-\infty}^{\infty}x(n)z^{-n} \tag{7.3}$$

式中，$x(n)$由 $x_a(nT)$转换得到。式(7.3)为冲激抽样信号转换为抽样序列后的双边 $z$ 变换定义，即 $z$ 变换的定义一。

考虑到工程上 $x_a(t)$多为因果信号，即 $x_a(t)=0(t<0)$，则应采用单边拉氏变换，从而得到单边 $z$ 变换定义式

$$X(z)=\sum_{n=0}^{\infty}x_a(nT)z^{-n} \tag{7.4}$$

或

$$X(z)=\sum_{n=0}^{\infty}x(n)z^{-n}$$

这种定义方法把 $z$ 变换看成理想抽样信号由 $s$ 平面映射到平面的变换($z=\mathrm{e}^{sT}$)。

**2. 直接定义**

由于序列是严格意义上的离散信号，它在时间上是不连续的，因此把序列的 $z$ 变换直接定义为

$$X(z)=\mathscr{Z}[x(n)]=\sum_{n=-\infty}^{\infty}x(n)z^{-n} \tag{7.5}$$

式(7.5)为双边 $z$ 变换，单边 $z$ 变换则可定义为

$$X(z)=\mathscr{Z}[x(n)]=\sum_{n=0}^{\infty}x(n)z^{-n} \tag{7.6}$$

式中的符号 $\mathscr{Z}$表示对序列进行 $z$ 变换。

直接定义是把 $z$ 变换定义为离散信号由时域到 $z$ 域的数学映射，是复变量 $z^{-1}$ 的幂级数，即罗朗(Laurent)级数。顺便指出：$z$ 是一个连续复变量，具有实部分量 $\mathrm{Re}\ z$ 和虚部分量 $\mathrm{jIm}\ z$；表示成坐标，则实部为横坐标，虚部为纵坐标，所构成的平面为 $z$ 平面。$z$ 也可以用极

坐标表示，$z=|z|e^{j\phi}$。在 $z$ 平面上，$|z|=1$ 形成的围线是半径等于1的圆，因此把 $|z|=1$ 的所有复变量形成的圆称为单位圆，从而单位圆可表示成 $z=e^{j\phi}$ 或 $|z|=1$。

下面讨论单边和双边 $z$ 变换的问题。单边 $z$ 变换的主要特点是可以考虑起始条件，在离散系统的分析中，既可以求零输入响应，也可以获得零状态响应，这对于自动控制系统中瞬态响应的求解是非常有用的。由于实际离散信号多为因果序列(即右边的单边序列)，此时单边和双边 $z$ 变换是相同的，且单边 $z$ 变换容易收敛，因而在实际中单边 $z$ 变换应用较多。而双边 $z$ 变换能更全面地讨论问题(如收敛域)，而且双边 $z$ 变换对 $n$ 没有限制($-\infty<n<\infty$)，便于与双边拉氏变换，特别是与傅氏变换直接联系。另外，序列 $n$ 从 $-\infty$ 开始，不可能考虑起始条件，而在数字信号处理中，一般只注意稳态响应，无须考虑初值，因此在信号处理理论中，采用双边 $z$ 变换较多，但其收敛域复杂，逆变换较困难，因而在理论上的意义更大些。

### 7.1.2 $z$ 变换的收敛域

$z$ 变换是复变量 $z^{-1}$ 的幂级数，一般是无穷级数，只有级数收敛时，$z$ 变换才有意义，故有必要对级数的收敛进行讨论。与收敛直接相关的是收敛域问题，使级数在 $z$ 平面上收敛的所有点 $z_i$ 的集合，称为 $z$ 变换的收敛域(定义域，ROC(Region Of Convergence))。

由级数理论可知，所谓级数收敛，是对于级数

$$X(z)=\sum_{n=-\infty}^{\infty}x(n)z^{-n}$$

当 $z$ 在 $z$ 平面上取值为 $z_i$，求出级数前 $n$ 项的和，记为 $S_n(z)$。若下式成立，即

$$\lim_{n\to\infty}S_n(z)\Big|_{z=z_i}=S(z)<\infty \tag{7.7}$$

则称级数 $X(z)$ 收敛，记为

$$X(z)\Big|_{z=z_i}=S(z)$$

仍根据级数理论，级数收敛的充分条件是级数绝对可和，即级数满足

$$\sum_{n=-\infty}^{\infty}|x(n)z^{-n}|<\infty \tag{7.8}$$

时，级数必定收敛。式(7.8)中不等式左边是一正项级数，这就把一般无穷级数收敛的判定转换为相对应正项级数的收敛判定，通常可以用比值判定法或根值判定法来判定正项级数的收敛性，从而求出收敛域。

比值判定法。若有一正项级数 $\sum_{n=-\infty}^{\infty}|a_n|$，设其后项与前项比值的极限为 $R$，即

$$\lim_{n\to\infty}\left|\frac{a_{n+1}}{a_n}\right|=R \tag{7.9}$$

则有：$R<1$ 时，级数收敛；$R>1$ 时，级数发散；$R=1$ 时，不定，可能收敛，也可能发散。

根值判定法。对于级数的一般项 $a_n$，若 $|a_n|$ 的 $n$ 次根的极限为 $R$，即

$$\lim_{n\to\infty}\sqrt[n]{|a_n|}=R \tag{7.10}$$

则有：$R<1$ 时，级数收敛；$R>1$ 时，级数发散；$R=1$ 时，不定，可能收敛，也可能发散。

判定 $z$ 变换收敛域的必要性还在于：对于双边 $z$ 变换，只有明确指定 $z$ 变换的收敛域，才能单值确定其所对应的序列。下面来看一个例子，从中可以非常清楚地理解这一点。

**例 7.1**　求出下列两个不同序列的 $z$ 变换及其收敛域。

$$x_1(n)=\begin{cases}a^n & (n\geqslant 0)\\ 0 & (n<0)\end{cases}$$

$$x_2(n)=\begin{cases}0 & (n\geqslant 0)\\ -a^n & (n<0)\end{cases}$$

**解**：$x_1(n)$的 $z$ 变换 $X_1(z)$为

$$X_1(z)=\sum_{n=-\infty}^{\infty}x_1(n)z^{-n}=\sum_{n=0}^{\infty}(az^{-1})^n=$$

$$1+az^{-1}+a^2z^{-2}+\cdots$$

由比值判定法，这一级数收敛的条件为

$$|az^{-1}|<1\qquad 即\qquad |z|>|a|$$

则级数收敛于

$$X_1(z)=\frac{1}{1-az^{-1}}=\frac{z}{z-a}\qquad(|z|>|a|)\tag{7.11}$$

用类似方法可得 $x_2(n)$的 $z$ 变换 $X_2(z)$为

$$X_2(z)=\sum_{n=-\infty}^{\infty}x_2(n)z^{-n}=\sum_{n=-\infty}^{-1}(-a^n)z^{-n}=$$

$$1-\sum_{n=0}^{\infty}(a^{-1}z)^n$$

同样由比值判定法，这一级数收敛的条件为

$$|a^{-1}z|<1\qquad 即\qquad |z|<|a|$$

则级数收敛于

$$X_2(z)=1-\frac{1}{1-a^{-1}z}=\frac{z}{z-a}\qquad(|z|<|a|)\tag{7.12}$$

上述运算结果表明：两个不同的序列可以对应相同的 $z$ 变换，而收敛域并不同，因此，为了使序列和 $z$ 变换一一对应，不存在多义性，在给出序列 $z$ 变换的同时，必须指定其收敛域。

收敛域通常也用图形来形象地表示，如图 7.1 所示。$|z|>|a|$，称圆外域(收敛域在半径大于 $a$ 的圆外)；$|z|<|a|$，称圆内域(收敛域在半径小于 $a$ 的圆内)。收敛域为图中的阴影区域，图形中的收敛域只包括实线不包括虚线，在画收敛域的图形时要注意。

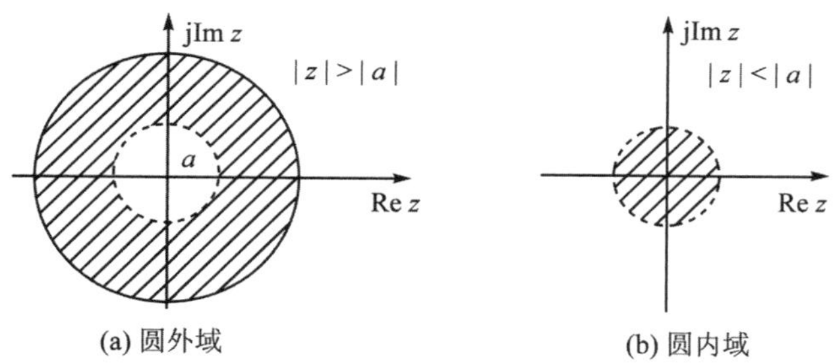


**图 7.1　收敛域的图形表示**

序列可以分成 4 类基本序列，下面分别讨论它们 $z$ 变换的收敛域。

**1．有限长序列(有始有终序列)**

这类序列只在有限区间内($n_1 \leqslant n \leqslant n_2$)具有非零值，根据 $n_1$ 和 $n_2$ 相对于零点的位置不同(本节中，$n_1$ 始终作为序列定义区间的下限，$n_2$ 为上限)，有3种情况：① $n_1<0, n_2>0$；② $n_1 \geqslant 0, n_2>0$；③ $n_1<0, n_2 \leqslant 0$。

分析第① 种情况：

$$x(n)=\begin{cases}x(n), & n_1 \leqslant n \leqslant n_2 (n_1<0, n_2>0) \\ 0, & n<n_1, \quad n>n_2\end{cases} \tag{7.13}$$

则其 $z$ 变换为

$$X(z)=\sum_{n=n_1}^{n_2} x(n) z^{-n} \tag{7.14}$$

式(7.14)是一有限项级数，根据级数收敛的定义，只要看 $z^{-n}$ 的情况就能确定是否收敛。

若 $n_1<0$，则 $|z^{-n}|=|z|^{|n|}$，当 $z \to \infty$，$X(z) \to \infty$，收敛域不包括 $z=\infty$；

又若 $n_2>0$，则 $|z^{-n}|=\dfrac{1}{|z|^n}$，$z=0$，$X(z) \to \infty$，收敛域不包括 $z=0$。所以除 $z=0$ 和 $z \to \infty$ 外，有限长序列 $x(n)$ 在 $z$ 平面上处处收敛。序列和收敛域的情况如图7.2(a)所示。其他两种情况，请读者自行思考和分析，它们的序列和收敛域情况，也一并表示在图7.2(b)、7.2(c)中。如果图示收敛域的圆心是一圆圈，则表示序列在原点不收敛，否则收敛域包括了原点。

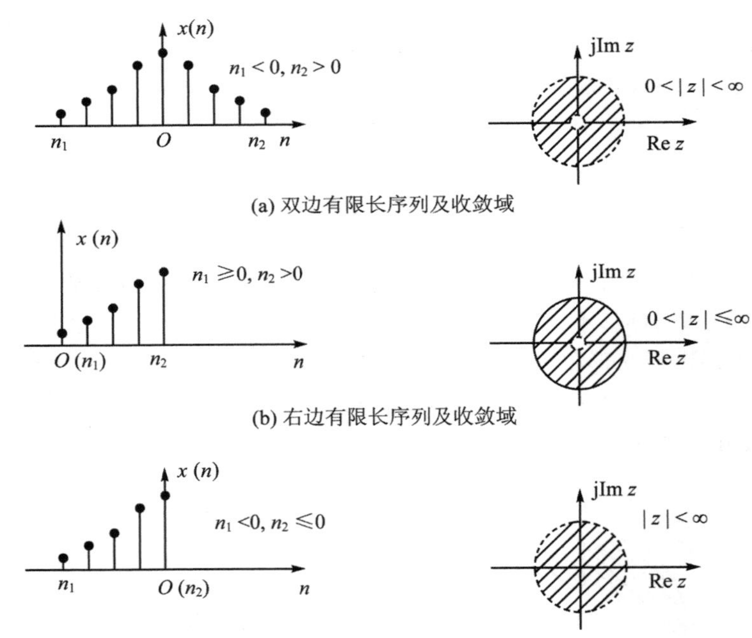


**图7.2　有限长序列及其 $z$ 变换的收敛域**

**2．右边序列(有始无终序列)**

右边序列是指序列 $x(n)$，当 $n<n_1$ 时，$x(n)=0$。

序列与其 $z$ 变换可表示为

$$x(n)=\begin{cases}x(n) & (n\geqslant n_1)\\ 0 & (n<n_1)\end{cases}$$

$$X(z)=\sum_{n=n_1}^{\infty}x(n)z^{-n}$$

由根值判定法，上述 z 变换要收敛，应满足

$$\lim_{n\to\infty}\sqrt[n]{|x(n)z^{-n}|}<1$$

即

$$|z|>\lim_{n\to\infty}\sqrt[n]{|x(n)|}=R_n$$

式中，$R_n$ 为级数的收敛半径，因此右边序列的收敛域是以 $R_n$ 为半径的圆外域。当 $n_1=0$ 时，右边序列为因果序列，是实际中最常见的一类序列，其收敛域包括 $z\to\infty$，序列及其收敛域示于图 7.3。

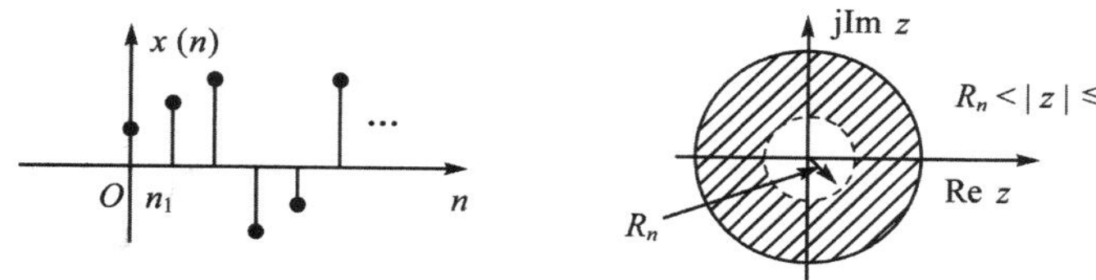


图 7.3　右边(因果)序列及其 z 变换的收敛域

若 $n_1\geqslant 0$，则收敛域也应包括 $z\to\infty$，即收敛域为 $R_n<|z|\leqslant\infty$。但若 $n_1<0$，则不应包括 $z\to\infty$，即 $R_n<|z|<\infty$。

**3. 左边序列(无始有终序列)**

这类序列当 $n>n_2$ 时，$x(n)=0$，可表示为

$$x(n)=\begin{cases}x(n) & (n\leqslant n_2)\\ 0 & (n>n_2)\end{cases}$$

其 z 变换为

$$X(z)=\sum_{n=-\infty}^{n_2}x(n)z^{-n}$$

把上式改写为

$$X(z)=\sum_{n=-n_2}^{\infty}x(-n)z^{n}$$

由根值判定法可知，上述级数收敛的条件为

$$\lim_{n\to\infty}\sqrt[n]{|x(-n)z^{n}|}<1$$

有

$$|z|<\frac{1}{\lim\limits_{n\to\infty}\sqrt[n]{|x(-n)|}}=R_m$$

可见：左边序列收敛域为以 $R_m$ 为收敛半径的圆内域。若 $n_2>0$，则收敛域不包含 $z=0$ 点，即 $0<|z|<R_m$；若 $n_2\leqslant 0$，则收敛域包含 $z=0$ 点，即 $|z|<R_m$，如图 7.4 所示。

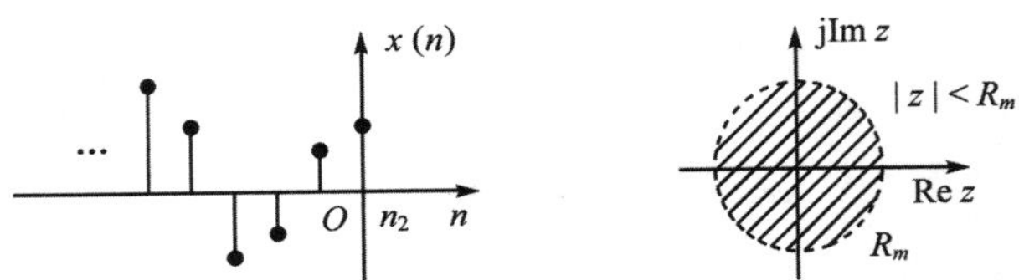


图7.4 左边序列及其z变换的收敛域

**4. 双边序列(无始无终序列)**

双边序列 $x(n)$,$-\infty<n<+\infty$,其 $z$ 变换为

$$X(z)=\sum_{n=-\infty}^{+\infty}x(n)z^{-n}=\sum_{n=-\infty}^{-1}x(n)z^{-n}+\sum_{n=0}^{+\infty}x(n)z^{-n}$$

显然,上述双边序列可以看成是一个左边序列和一个右边序列相加构成的。左边序列的 $z$ 变换收敛于 $|z|<R_m$ 的圆内域,而右边序列的 $z$ 变换收敛于 $|z|>R_n$ 的圆外域。若 $R_m>R_n$,则双边序列左、右边两个序列收敛域的重叠部分,即是一个圆环状域 $R_n<|z|<R_m$,如图7.5所示。若 $R_m<R_n$,则左、右边两个序列收敛域无重叠部分,即双边序列不收敛。如果这种情况出现,仍可利用 $z$ 变换,把该序列当作两个不同的序列,它们各有一个 $z$ 变换,但由于没有公共的收敛域,故两个 $z$ 变换不能用代数表达式联系起来。

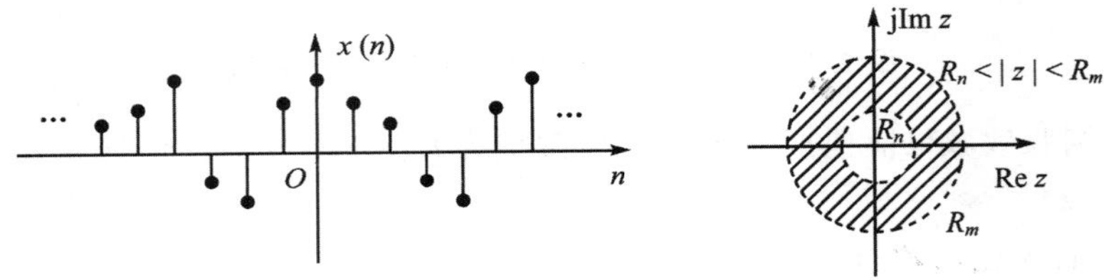


图7.5 双边序列及其z变换的收敛域

由以上序列收敛域的讨论可以得出:序列 $z$ 变换的收敛域与序列的类型有关,最常见的序列为右边序列(包括因果序列),其 $z$ 变换的收敛域为圆外域。

**例7.2** 求双边序列 $x(n)=a^nu(n)-b^nu(-n-1)$ 的双边 $z$ 变换及收敛域(设 $a>0,b>0,b>a$)。

**解:**

$$X(z)=\sum_{n=-\infty}^{\infty}x(n)z^{-n}=$$

$$\sum_{n=-\infty}^{\infty}[a^nu(n)-b^nu(-n-1)]z^{-n}=$$

$$\sum_{n=0}^{\infty}a^nz^{-n}-\sum_{n=-\infty}^{-1}b^nz^{-n}=$$

$$\sum_{n=0}^{\infty}a^nz^{-n}+1-\sum_{n=0}^{\infty}b^{-n}z^n$$

上式右边的第一项为右边序列的 $z$ 变换,收敛域为 $|z|>a$,第二、三项是左边序列的 $z$ 变换,收敛域为 $|z|<b$,从而可得

$$X(z)=\frac{z}{z-a}+1-\frac{1}{1-b^{-1}z}=$$

$$\frac{z}{z-a}+\frac{z}{z-b}=$$

$$\frac{2z^2-(a+b)z}{z^2-(a+b)z+ab}$$

由上式可知，$X(z)$有两个零点：$z=0$ 和 $z=\frac{a+b}{2}$，两个极点：$z=a$ 和 $z=b$，其收敛域为一环状域（$a<|z|<b$），并且以极点为边界，如图 7.6 所示。

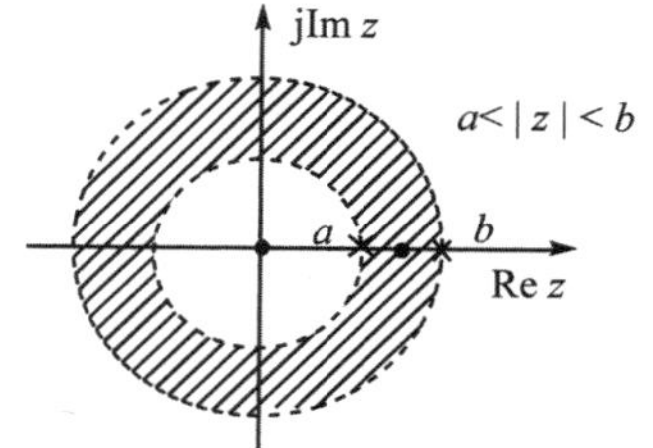


●—零点；×—极点

**图 7.6　例 7.2 中的 z 变换收敛域与零、极点分布**

由级数理论，z 变换在收敛域内是解析的，因此收敛域内不应含有极点。一般来说，收敛域是以极点为边界的，由此可以得到有理 z 变换（若存在一个以上极点）的收敛域与其极点间的关系：右边序列的收敛域为圆外域，所有极点均在半径为收敛圆半径的圆内，并以模值最大的极点为界；对左边序列，收敛域为圆内域，所有极点都在收敛圆外，并以模值最小的极点为界；双边序列由左、右两序列相加，其收敛域为圆环域，右序列的极点在圆环内圆之内（含内圆上的极点），左序列的极点在圆环外圆之外（含外圆上的极点）。根据极点及收敛域的不同情况，可以判定双边 z 变换进行分式分解后，其各部分分别对应的是右边序列还是左边序列，从而得到 z 变换唯一对应的序列。

### 7.1.3　典型离散时间信号(序列)的 z 变换

**1. 单位抽样序列**

$$\delta(n)=\begin{cases}1 & (n=0)\\0 & (n\neq 0)\end{cases}$$

$$\mathscr{Z}[\delta(n)]=\sum_{n=-\infty}^{\infty}\delta(n)z^{-n}=1 \tag{7.15}$$

收敛域为整个 z 平面，$0\leqslant|z|\leqslant\infty$。

**2. 单位阶跃序列**

$$u(n)=\begin{cases}1 & (n\geqslant 0)\\0 & (n<0)\end{cases}$$

$$\mathscr{Z}[u(n)]=\sum_{n=-\infty}^{\infty}u(n)z^{-n}=\sum_{n=0}^{\infty}z^{-n}=1+z^{-1}+z^{-2}+\cdots$$

由根值判定法，有$|z^{-1}|<1$，即 $|z|>1$ 时，上述 z 变换收敛（是右边序列，收敛于圆外域），并且其 z 变换为

$$\mathscr{Z}[u(n)]=\frac{1}{1-z^{-1}}=\frac{z}{z-1} \tag{7.16}$$

**3. 矩形序列**

$$R_N(n)=\begin{cases}1 & (0\leqslant n\leqslant N-1)\\0 & (\text{其他})\end{cases}$$

$$\mathscr{Z}[R_N(n)]=\sum_{n=0}^{N-1}z^{-n}=1+z^{-1}+z^{-2}+\cdots+z^{-(N-1)}=\frac{1-z^{-N}}{1-z^{-1}} \tag{7.17}$$

矩形序列为有限长序列，由上述级数和可知：其收敛域为 $0<|z|\leqslant\infty$。

**4. 斜变序列**

斜变序列为

$$r(n)=nu(n)$$

其 $z$ 变换为

$$\mathscr{Z}[r(n)]=\sum_{n=0}^{\infty}nz^{-n}$$

采用间接方法求收敛域，由式(7.16)可知

$$\sum_{n=-\infty}^{\infty}u(n)z^{-n}=\sum_{n=0}^{\infty}z^{-n}=\frac{1}{1-z^{-1}}\qquad(|z|>1)$$

将上式两边对 $z^{-1}$ 求导，可得

$$\sum_{n=0}^{\infty}n(z^{-1})^{n-1}=\frac{1}{(1-z^{-1})^2}$$

上式两边再各乘以 $z^{-1}$，作相应整理后，即可得到斜变序列的 $z$ 变换为

$$\mathscr{Z}[nu(n)]=\sum_{n=0}^{\infty}nz^{-n}=\frac{z}{(z-1)^2} \tag{7.18}$$

采用类似的方法，对 $z^{-1}$ 进行求导，还可进一步得到

$$\mathscr{Z}[n^2u(n)]=\frac{z(z+1)}{(z-1)^3}$$

$$\mathscr{Z}[n^3u(n)]=\frac{z(z^2+4z+1)}{(z-1)^4}$$

$$\vdots$$

**5. 单边指数序列**

$$x(n)=a^nu(n)$$

其 $z$ 变换在例 7.1 中已求出，是

$$\mathscr{Z}[a^nu(n)]=\sum_{n=0}^{\infty}a^nz^{-n}=\frac{z}{z-a}\qquad(|z|>a) \tag{7.19}$$

若令 $a=e^b$，则有

$$\mathscr{Z}[e^{bn}u(n)]=\frac{z}{z-e^b}\qquad(|z|>e^b) \tag{7.20}$$

再令 $a=e^{\pm j\omega}$，则有

$$\mathscr{Z}[e^{\pm j\omega n}u(n)]=\frac{z}{z-e^{\pm j\omega}}\qquad(|z|>|e^{\pm j\omega}|) \tag{7.21}$$

将式 (7.19)中的$\frac{z}{z-a}$写成$\frac{1}{1-az^{-1}}$，然后在其式的两边对 $z^{-1}$ 求导，有

$$\mathscr{Z}[na^nu(n)]=\frac{az^{-1}}{(1-az^{-1})^2}=\frac{az}{(z-a)^2} \tag{7.22}$$

类推可得

$$\mathscr{Z}[n^2 a^n u(n)] = \frac{az(z+a)}{(z-a)^3} \tag{7.23}$$

另外，若令 $a=\beta e^{\pm j\omega}$，则有

$$\mathscr{Z}[\beta^n e^{\pm j\omega n} u(n)] = \frac{1}{1-\beta e^{\pm j\omega} z^{-1}} \tag{7.24}$$

其收敛域为 $|\beta e^{\pm j\omega} z^{-1}|<1$，即 $|z|>|\beta|$。

**6. 正弦与余弦序列**

正、余弦序列可以应用欧拉公式分别分解为两个复指数序列相加，它们的 $z$ 变换为两个相应复指数序列 $z$ 变换的相加，即

$$\cos(n\omega)u(n) = \frac{1}{2}[e^{jn\omega} + e^{-jn\omega}]u(n)$$

$$\sin(n\omega)u(n) = \frac{1}{2j}[e^{jn\omega} - e^{-jn\omega}]u(n)$$

则正、余弦序列的 $z$ 变换分别为

$$\mathscr{Z}[\cos(n\omega)u(n)] = \frac{1}{2}\left[\frac{z}{z-e^{j\omega}} + \frac{z}{z-e^{-j\omega}}\right] = \frac{z(z-\cos\omega)}{z^2-2z\cos\omega+1} \quad (|z|>1) \tag{7.25}$$

$$\mathscr{Z}[\sin(n\omega)u(n)] = \frac{1}{2j}\left[\frac{z}{z-e^{j\omega}} - \frac{z}{z-e^{-j\omega}}\right] = \frac{z\sin\omega}{z^2-2z\cos\omega+1} \quad (|z|>1) \tag{7.26}$$

由式(7.24)～式(7.26)，可得指数衰减($\beta<1$)或增幅($\beta>1$)的正、余弦序列的 $z$ 变换为

$$\mathscr{Z}[\beta^n\cos(n\omega)u(n)] = \frac{z(z-\beta\cos\omega)}{z^2-2\beta z\cos\omega+\beta^2} \quad (|z|>|\beta|) \tag{7.27}$$

$$\mathscr{Z}[\beta^n\sin(n\omega)u(n)] = \frac{z\beta\sin\omega}{z^2-2\beta z\cos\omega+\beta^2} \quad (|z|>|\beta|) \tag{7.28}$$

常见序列的单边 $z$ 变换，参见附录 7。

## 7.2 z 变换的性质

在离散时间信号的分析和处理中，常常要对序列进行相加、相乘、延时和卷积等运算，$z$ 变换的特性对于简化运算非常有用。由于 $z$ 变换的性质与拉氏变换和傅氏变换所具有的性质相类似，下面将从应用的角度(不给出证明)讨论某些后述内容中要涉及的特性。

**1. 线　性**

若

$$\mathscr{Z}[x(n)] = X(z) \quad (R_{xn}<|z|<R_{xm})$$

$$\mathscr{Z}[y(n)] = Y(z) \quad (R_{yn}<|z|<R_{ym})$$

则

$$\mathscr{Z}[ax(n)+by(n)] = aX(z)+bY(z) \quad (R_n<|z|<R_m) \tag{7.29}$$

式中，$a$、$b$ 为任意常数。

线性特性说明,$z$ 变换具有叠加性和均匀性,是一种线性变换。

两个序列线性组合后的序列,其 $z$ 变换收敛域一般是两个序列收敛域的重叠部分,$R_n$ 取 $R_{xn}$ 和 $R_{yn}$ 中较大者,$R_m$ 取 $R_{xm}$ 和 $R_{ym}$ 中较小者,表示为

$$\max(R_{xn},R_{yn})<|z|<\min(R_{xm},R_{ym})$$

当线性组合序列的 $z$ 变换出现零、极点相互抵消时,收敛域可能会扩大。下面看一个例子。

**例 7.3** 序列 $a^n u(n)-a^n u(n-1)$,$a>0$,求其 $z$ 变换。

**解:** 设 $x(n)=a^n u(n)$,$y(n)=a^n u(n-1)$,其 $z$ 变换

$$X(z)=\frac{z}{z-a} \qquad (|z|>a)$$

$$Y(z)=\frac{a}{z-a} \qquad (|z|>a)$$

由线性特性可知

$$\begin{aligned}\mathscr{Z}[a^n u(n)-a^n u(n-1)]=\mathscr{Z}[x(n)-y(n)]=\\ X(z)-Y(z)=\\ \frac{z}{z-a}-\frac{a}{z-a}=1\end{aligned}$$

由于 $x(n)$ 和 $y(n)$ 线性组合序列的 $z$ 变换在 $z=a$ 处的零、极点相互抵消,故收敛域由 $|z|>a$ 扩大至整个 $z$ 平面。

**2. 时移特性(位移性)**

时移特性表征序列时移后的 $z$ 变换与时移前原序列 $z$ 变换的关系。这种关系对单边、双边 $z$ 变换有所不同,下面分别加以讨论。

(1) 双边 $z$ 变换的时移特性

若序列 $x(n)$ 的双边 $z$ 变换为

$$\mathscr{Z}[x(n)]=X(z)$$

则序列右移后,其双边 $z$ 变换为

$$\mathscr{Z}[x(n-m)]=z^{-m}X(z) \tag{7.30}$$

序列左移后的双边 $z$ 变换为

$$\mathscr{Z}[x(n+m)]=z^{m}X(z) \tag{7.31}$$

式中,$m$ 为任意正整数。

由上述特性表达式可见(出现了 $z^{-m}$ 或 $z^m$):如果原序列 $z$ 变换的收敛域包括 $z=0$ 或 $z\to\infty$,则序列位移后 $z$ 变换的零、极点可能有变化;如果原序列 $z$ 变换的收敛域不包括 $z=0$ 或 $z\to\infty$,则序列位移后,$z$ 变换的零、极点不会发生变化,例如序列为双边序列,其 $z$ 变换的收敛域为圆环域,序列的移位不影响收敛域。

(2) 单边 z 变换的时移特性

若序列 $x(n)$ 的单边 $z$ 变换为

$$\mathscr{Z}[x(n)u(n)]=X(z)$$

则序列左移后的单边 $z$ 变换为

$$\mathscr{Z}[x(n+m)u(n)]=z^{m}X(z)-\sum_{k=0}^{m-1}x(k)z^{m-k} \tag{7.32}$$

序列右移后的单边 $z$ 变换为

$$\mathscr{Z}[x(n-m)u(n)]=z^{-m}X(z)+\sum_{k=-m}^{-1}x(k)z^{-m-k} \tag{7.33}$$

式中,$m$ 为任意正整数。对于 $m=1$ 和 2,可由上两式写出具体的表达式为

$$\mathscr{Z}[x(n+1)u(n)]=zX(z)-zx(0)$$

$$\mathscr{Z}[x(n+2)u(n)]=z^2X(z)-z^2x(0)-zx(1)$$

$$\mathscr{Z}[x(n-1)u(n)]=z^{-1}X(z)+x(-1)$$

$$\mathscr{Z}[x(n-2)u(n)]=z^{-2}X(z)+z^{-1}x(-1)+x(-2)$$

如果序列 $x(n)$为因果序列,由于式(7.33)右边第二项均为零,则右移后的单边 $z$ 变换应为

$$\mathscr{Z}[x(n-m)u(n)]=z^{-m}X(z) \tag{7.34}$$

因果序列左移后的单边 $z$ 变换仍应为

$$\mathscr{Z}[x(n+m)u(n)]=z^{m}X(z)-\sum_{k=0}^{m-1}x(k)z^{m-k} \tag{7.35}$$

由于实际中经常应用的是因果序列,所以上述式(7.34)和式(7.35)最为常用。

**例 7.4**　已知单边(右边)周期序列 $x_{\mathrm{p}}(n)=x(n+kN)$,$k$ 为正整数,$N$ 为周期,$N>0$,设该周期序列的第一个周期(称为主值序列)为 $x_1(n)$,并有

$$\mathscr{Z}[x_1(n)]=X_1(z)=\sum_{n=0}^{N-1}x_1(n)z^{-n}\qquad(|z|>0)$$

求周期序列 $x_{\mathrm{p}}(n)$的 $z$ 变换。

**解**:$x_{\mathrm{p}}(n)$可看作 $x_1(n)$右移 $N$,$2N$,…而构成的,可表示为

$$x_{\mathrm{p}}(n)=x_1(n)+x_1(n-N)+x_1(n-2N)+\cdots$$

利用 $z$ 变换的时移特性,可得

$$X_{\mathrm{p}}(z)=X_1(z)[1+z^{-N}+z^{-2N}+\cdots]=X_1(z)\sum_{m=0}^{\infty}z^{-mN}$$

若$|z^{-N}|<1$,即$|z|>1$,则上述级数收敛,有

$$\sum_{m=0}^{\infty}z^{-mN}=\frac{1}{1-z^{-N}}=\frac{z^N}{z^N-1}$$

因此可得

$$X_{\mathrm{p}}(z)=\frac{z^N}{z^N-1}X_1(z)\qquad(|z|>1)$$

### 3. z 域微分特性

若

$$\mathscr{Z}[x(n)]=X(z)$$

则

$$\mathscr{Z}[nx(n)]=-z\frac{\mathrm{d}}{\mathrm{d}z}X(z) \tag{7.36}$$

还可进一步得出

$$\mathscr{Z}[n^kx(n)]=(-z)^k\left(\frac{\mathrm{d}}{\mathrm{d}z}\right)^kX(z) \tag{7.37}$$

**例 7.5**　已知序列 $x(n)=a^nu(n)$的 $z$ 变换 $X(z)=\dfrac{z}{z-a}$,试求序列 $na^nu(n)$的 $z$ 变换。

**解**：由微分特性可得

$$\mathscr{Z}[na^n u(n)] = -z\frac{\mathrm{d}}{\mathrm{d}z}X(z) = -z\frac{\mathrm{d}}{\mathrm{d}z}\left(\frac{z}{z-a}\right) = \frac{az}{(z-a)^2}$$

其结果与前面单边指数序列中所推得的结果相同，参见式(7.22)。

**4. $z$ 域尺度变换特性**

若 $$\mathscr{Z}[x(n)] = X(z) \qquad (R_n < |z| < R_m)$$

则 $$\mathscr{Z}[a^n x(n)] = X\left(\frac{z}{a}\right) \qquad \left(R_n < \left|\frac{z}{a}\right| < R_m\right) \tag{7.38}$$

上式表明：$x(n)$乘以指数序列$a^n$，相应于$z$平面的尺度变化为$z/a$。还有下列类似的关系式：

$$\mathscr{Z}[a^{-n}x(n)] = X(az) \qquad (R_n < |az| < R_m) \tag{7.39}$$

以及

$$\mathscr{Z}[(-1)^n x(n)] = X(-z) \qquad (R_n < |z| < R_m) \tag{7.40}$$

**例 7.6** 试求 $y(n) = \mathrm{e}^{\mathrm{j}n\omega_0}u(n)$的$z$变换$Y(z)$。

**解**：设$a = \mathrm{e}^{\mathrm{j}\omega_0}$，则$y(n) = a^n u(n)$，而$u(n)$的$z$变换$E(z)$应为

$$E(z) = \frac{z}{z-1}$$

所以有

$$Y(z) = \mathscr{Z}[y(n)] = E\left(\frac{z}{\mathrm{e}^{\mathrm{j}\omega_0}}\right) = \frac{\dfrac{z}{\mathrm{e}^{\mathrm{j}\omega_0}}}{\dfrac{z}{\mathrm{e}^{\mathrm{j}\omega_0}} - 1} = \frac{z}{z - \mathrm{e}^{\mathrm{j}\omega_0}}$$

收敛域均为$|z| > 1$。

由这个例子可以看出：原序列$E(z)$的原极点为$z = 1$，而$Y(z)$的极点$z = \mathrm{e}^{\mathrm{j}\omega_0}$，相当于原极点逆时针旋转了$\omega_0$。可以认为，当用$\mathrm{e}^{\mathrm{j}\omega_0}$乘以原序列时，其$z$变换的极点与原极点相比，幅值不变，相角增加了$\omega_0$，所以该特性也称为频移特性。

**5. 时域卷积特性**

若 $$\mathscr{Z}[x(n)] = X(z) \qquad (R_{xn} < |z| < R_{xm})$$

$$\mathscr{Z}[h(n)] = H(z) \qquad (R_{hn} < |z| < R_{hm})$$

则

$$\mathscr{Z}[x(n) * h(n)] = X(z)H(z) \tag{7.41}$$

一般情况下，其收敛域为

$$\max(R_{xn}, R_{hn}) < |z| < \min(R_{xm}, R_{hm})$$

若位于某一$z$变换收敛域的极点被另一$z$变换收敛域的零点抵消，则收敛域将扩大。

**例 7.7** 试求两序列$x(n) = u(n)$、$h(n) = a^n u(n) - a^{n-1}u(n-1)$($a<1$)的卷积。

**解**： $$X(z) = \mathscr{Z}[u(n)] = \frac{z}{z-1} \qquad (|z| > 1)$$

$$H(z) = \mathscr{Z}[a^n u(n) - a^{n-1}u(n-1)] = \frac{z}{z-a} - \frac{z}{z-a}z^{-1} =$$

$$\frac{z-1}{z-a} \qquad (|z|>|a|)$$

由时域卷积特性可得

$$Y(z)=X(z)H(z)=$$

$$\frac{z}{z-1}\cdot\frac{z-1}{z-a}=\frac{z}{z-a} \qquad (|z|>|a|)$$

$$y(n)=x(n)*h(n)=\mathscr{Z}^{-1}[Y(z)]=a^n u(n)$$

上述例子中，$X(z)$的极点 $z=1$ 被 $H(z)$的零点所抵消，因此 $Y(z)$的收敛域将由 $X(z)$与 $H(z)$收敛域的重叠部分$|z|>1$ 扩大为$|z|>a$。如图 7.7 所示，图中的网格部分是 $X(z)$与 $H(z)$收敛域的重叠部分，单斜线部分为两序列卷积后收敛域的扩大部分。

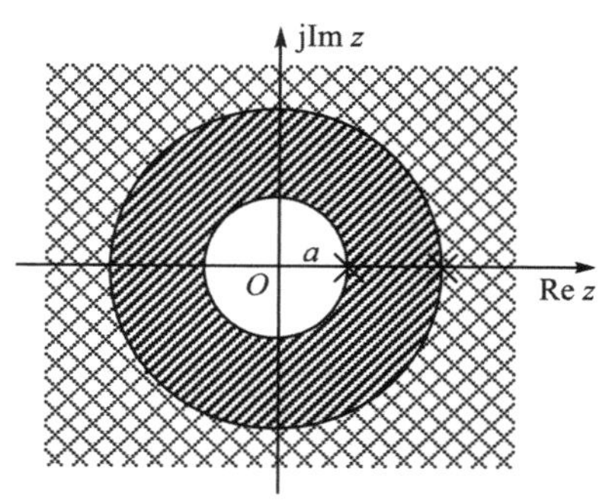


图 7.7　序列卷积的收敛域

**6. 序列相乘($z$ 域卷积定理)**

若　$X(z)=\mathscr{Z}[x(n)] \qquad (R_{x_1}<|z|<R_{x_2})$

和

$$Y(z)=\mathscr{Z}[y(n)] \qquad (R_{y_1}<|z|<R_{y_2})$$

则

$$\mathscr{Z}[x(n)y(n)]=\frac{1}{2\pi \mathrm{j}}\oint_{C_1} X(v)Y\left(\frac{z}{v}\right)\frac{\mathrm{d}v}{v} \tag{7.42}$$

或

$$\mathscr{Z}[x(n)y(n)]=\frac{1}{2\pi \mathrm{j}}\oint_{C_2} X\left(\frac{z}{v}\right)Y(v)\frac{\mathrm{d}v}{v} \tag{7.43}$$

式(7.42)中的 $C_1$ 是 $X(v)$与 $Y(z/v)$收敛域重叠部分内逆时针旋转的围线，$C_2$ 为 $X(z/v)$与 $Y(v)$收敛域重叠部分内逆时针旋转的围线。$X(v)$与 $X(z/v)$的收敛域与 $X(z)$的相同，$Y(v)$与 $Y(z/v)$的收敛域与 $Y(z)$的相同，序列相乘后 $z$ 变换的收敛域至少应为 $R_{x_1}R_{y_1}<|z|<R_{x_2}R_{y_2}$。

由于围线积分与所选取的围线形状无关，设围线 $C$ 为一个圆心在原点的圆，并有

$$v=\rho \mathrm{e}^{\mathrm{j}\theta}, \qquad z=r\mathrm{e}^{\mathrm{j}\varphi}$$

将其代入式(7.42)的右边，整理后可得

$$\mathscr{Z}[x(n)y(n)]=\frac{1}{2\pi}\oint_{C} X(\rho \mathrm{e}^{\mathrm{j}\theta})Y\left[\frac{r}{\rho}\mathrm{e}^{\mathrm{j}(\varphi-\theta)}\right]\mathrm{d}\theta$$

由于围线 $C$ 是圆，则 $\theta$ 的积分限应为$-\pi\sim\pi$，上式变换为

$$\mathscr{Z}[x(n)y(n)]=\frac{1}{2\pi}\int_{-\pi}^{\pi} X(\rho \mathrm{e}^{\mathrm{j}\theta})Y\left[\frac{r}{\rho}\mathrm{e}^{\mathrm{j}(\varphi-\theta)}\right]\mathrm{d}\theta \tag{7.44}$$

式(7.44)是一个以 $\theta$ 为变量的卷积积分表达式，积分在$-\pi\sim\pi$ 的一个周期内进行，因此称为“周期卷积”。由于是在 $z$ 域上的卷积，故也称为“复卷积”，这一特性称为“复卷积定理”。

**7. 帕斯瓦尔定理(能量定理)**

由 $z$ 域卷积定理式(7.42)有

$$\mathscr{Z}[x(n)y(n)]=\sum_{n=-\infty}^{\infty}x(n)y(n)z^{-n}=\frac{1}{2\pi \mathrm{j}}\oint_{C}X(v)Y\left(\frac{z}{v}\right)\frac{\mathrm{d}v}{v}$$

在上式中,令 $y(n)$等于 $x(n)$的共轭,即 $y(n)=x^*(n)$,并有

$$\mathscr{Z}[x^*(n)]=X^*(z^*)$$

若 $z=1$,则有

$$\sum_{n=-\infty}^{\infty}[x(n)x^*(n)]=\sum_{n=-\infty}^{\infty}|x(n)|^2=\frac{1}{2\pi \mathrm{j}}\oint_{C}X(v)X^*\left(\frac{1}{v^*}\right)\frac{\mathrm{d}v}{v} \tag{7.45}$$

式(7.45)即是序列 $z$ 变换的帕斯瓦尔定理。如果 $x(n)$是实序列,则帕斯瓦尔定理可表示为

$$\sum_{n=-\infty}^{\infty}x(n)^2=\frac{1}{2\pi \mathrm{j}}\oint_{C}X(z)X\left(\frac{1}{z}\right)\frac{\mathrm{d}z}{z} \tag{7.46}$$

若 $X(z)$在单位圆上也收敛,积分围线 $C$ 取单位圆,即 $z=\mathrm{e}^{\mathrm{j}\omega}$,则式(7.45)可表示为

$$\sum_{n=-\infty}^{\infty}|x(n)|^2=\frac{1}{2\pi}\int_{-\pi}^{\pi}|X(\mathrm{e}^{\mathrm{j}\omega})|^2\mathrm{d}\omega \tag{7.47}$$

在第 6 章中,就可以清楚,$X(\mathrm{e}^{\mathrm{j}\omega})$是序列 $x(n)$的频谱,序列变换仍然满足能量守恒定律。由此,序列的能量可以通过 $z$ 域的围线积分式(7.45)和式(7.46)求出,或者通过序列的频谱计算式(7.47)求出。

**8. 初值定理**

若序列 $x(n)$是因果序列,则有

$$x(0)=\lim_{z\to\infty}X(z) \tag{7.48}$$

由

$$X(z)=\sum_{n=-\infty}^{\infty}x(n)z^{-n}$$

有

$$\lim_{z\to\infty}X(z)=\lim_{z\to\infty}\sum_{n=0}^{\infty}x(n)z^{-n}=x(0)+\lim_{z\to\infty}[x(1)z^{-1}+x(2)z^{-2}+\cdots]=$$
$$x(0)+0=x(0)$$

应用初值定理,如果已知因果序列的 $z$ 变换,则不必计算 $z$ 的反变换,即可直接计算出序列的初值,或者可用于发现 $z$ 变换计算中的错误。

**9. 终值定理**

若序列 $x(n)$是因果序列,$z$ 变换是 $X(z)$,则 $X(z)$的极点必须处于单位圆内,并只能是 $z=1$ 点,且是一阶极点,有

$$\lim_{n\to\infty}x(n)=\lim_{z\to 1}[(z-1)X(z)] \tag{7.49}$$

应用终值定理,如果已知因果序列的 $z$ 变换,则不必计算 $z$ 的反变换,即可直接计算出序列的终值。

现将 $z$ 变换的主要性质列于附录 7,以备查用。

## 7.3 $z$ 反变换

已知序列 $x(n)$的 $z$ 变换为 $X(z)$,则由 $X(z)$及其收敛域求出所对应序列 $x(n)$的运算,

称为 $z$ 反变换(逆变换),记作

$$x(n)=\mathscr{Z}^{-1}[X(z)]$$

$z$ 反变换通常有围线积分法(留数法)、幂级数展开法(长除法)和部分分式展开法三种求解方法。还有一种比较简便的方法——查表法,根据一些前人已经建立的基本序列与其 $z$ 变换对的基本关系表(见附录 7),经简单转换即可得出。例如,已经得到

$$\mathscr{Z}[a^n u(n)]=\frac{z}{z-a}\qquad(|z|>|a|)$$

如果要求以下 $z$ 变换的反变换:

$$X(z)=\frac{z}{z-0.2}\qquad(|z|>0.2)$$

就可以直接得到序列

$$x(n)=(0.2)^n u(n)$$

另外,还可以把序列的 $z$ 变换先分解为几项基本 $z$ 变换的代数和,分别得出相应的 $z$ 反变换,再代数相加。

### 7.3.1　围线积分法

它是确定 $z$ 反变换最基本的方法,由复变函数理论,可得到如下计算 $z$ 反变换的围线积分公式。

若已知 $X(z)$ 及其收敛域 $R_n<|z|<R_m$(见图 7.8),则

$$X(z)=\sum_{n=-\infty}^{\infty}x(n)z^{-n}$$

将上式两端各乘以 $z^{m-1}$,然后沿一围线 $C$ 积分,积分路径 $C$ 是一条在 $X(z)$ 收敛域$(R_n,R_m)$以内,逆时针方向围绕原点一周的闭合曲线,通常选择 $z$ 平面收敛域内以原点为中心的圆,如图 7.8 所示。

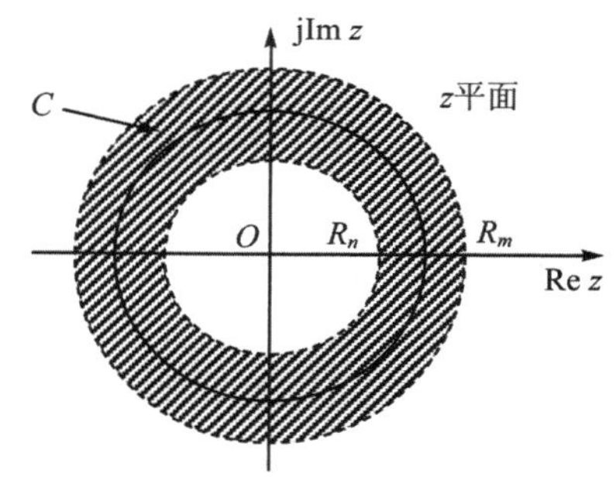


图 7.8　围线积分路径

围线积分表示为

$$\oint_C X(z)z^{m-1}\mathrm{d}z=\oint_C\left[\sum_{n=-\infty}^{\infty}x(n)z^{-n}\right]z^{m-1}\mathrm{d}z$$

将积分与求和的次序调换,可得

$$\oint_C X(z)z^{m-1}\mathrm{d}z=\sum_{n=-\infty}^{\infty}x(n)\oint_C z^{m-n-1}\mathrm{d}z\tag{7.50}$$

由复变函数中的柯西定理,有

$$\oint_C z^{k-1}\mathrm{d}z=\begin{cases}2\pi\mathrm{j} & (k=0)\\ 0 & (k\neq 0)\end{cases}$$

从而,式(7.50)的右端仅存在 $m=n$ 一项有值,其余各项都为零,式(7.50)变成

$$\oint_C X(z)z^{n-1}\mathrm{d}z=2\pi\mathrm{j}x(n)$$

经整理最后可得

$$x(n)=\mathscr{Z}^{-1}[X(z)]=\frac{1}{2\pi \mathrm{j}}\oint_{C}X(z)z^{n-1}\mathrm{d}z,\qquad C\in(R_n,R_m) \tag{7.51}$$

由复变函数的理论可知：若函数 $f(z)$在 $z_0$ 点及 $z_0$ 点的某个邻域内处处可导，则称$f(z)$在 $z_0$ 点解析；如果 $f(z)$在区域 $D$ 内每一点解析，则 $f(z)$是 $D$ 内的一个解析函数；如果 $f(z)$在 $z_0$ 点不解析，则 $z_0$ 点称做 $f(z)$的奇点。

围线 $C$ 是包围原点的，因此它就包围了 $X(z)$的所有奇点(极点必是奇点)。如果 $X(z)$是有理 $z$ 变换，则其奇点都是孤立奇点(极点)，设 $z_m(m=1,2,\cdots,N)$为 $f(z)=X(z)z^{n-1}$ 的一组极点，围线积分通常可用留数定理来计算，即

$$x(n)=\frac{1}{2\pi \mathrm{j}}\oint_{C}X(z)z^{n-1}\mathrm{d}z=\sum_{m}\mathrm{Res}[X(z)z^{n-1}]\Big|_{z=z_m} \tag{7.52}$$

式(7.52)中的 Res 表示极点的留数，该式说明 $X(z)$的反变换序列 $x(n)$是 $X(z)z^{n-1}$ 在围线 $C$ 内各极点的留数和。

若 $X(z)z^{n-1}$ 在 $z=z_m$ 处有 $s$ 阶极点，则其留数可用下式计算，即

$$\mathrm{Res}[X(z)z^{n-1}]\Big|_{z=z_m}=\frac{1}{(s-1)!}\left\{\frac{\mathrm{d}^{s-1}}{\mathrm{d}z^{s-1}}[(z-z_m)^sX(z)z^{n-1}]\right\}_{z=z_m} \tag{7.53}$$

若为一阶极点，即 $s=1$，则上式可简化为

$$\mathrm{Res}[X(z)z^{n-1}]_{z=z_m}=[(z-z_m)X(z)z^{n-1}]_{z=z_m} \tag{7.54}$$

在应用上述各式时，应注意收敛域内所包围的极点情况，以及对于不同的 $n$ 值，在 $z=0$ 处的极点可能具有不同的阶次。留数法由于求解过程复杂，在离散移不变系统中并不常用。

需要注意的是，前面已经明确指出，同一个 $z$ 变换的表达式，收敛域不同，对应的序列就不同，选择积分围线可以不同，但应在相应的收敛域(圆外、圆内或圆环域)内选择。

### 7.3.2 幂级数展开法

由 $z$ 变换的定义

$$X(z)=\sum_{n=-\infty}^{\infty}x(n)z^{-n}$$

若把已知的 $X(z)$在给定的收敛域内展开成 $z$ 的幂级数之和，则该级数的系数就是序列 $x(n)$的对应项。

$X(z)$在实际应用中，多为有理分式，可表示为

$$X(z)=\frac{N(z)}{D(z)} \tag{7.55}$$

通过长除法将 $X(z)$展成幂级数形式。需要注意：在进行长除前，应先根据给定的收敛域是圆外域还是圆内域，确定 $x(n)$是右边还是左边序列，才能明确 $X(z)$是按 $z$ 的降幂还是升幂排列来长除，右边序列按 $z$ 的降幂(或 $z^{-1}$ 的升幂)，左边序列顺序则反之。

**例 7.8** 求 $X(z)=\dfrac{z}{z-a}$，$|z|>|a|$的 $z$ 反变换。

**解：** 由于给定收敛域$|z|>|a|$是圆外域，则 $x(n)$应是右序列，$X(z)$的分子、分母应按 $z$

的降幂排列进行长除。

$$
\begin{array}{r|l}
 & \underline{1+az^{-1}+a^{2}z^{-2}+\cdots} \\
z-a & z \\
 & \underline{z-a} \\
 & \quad a \\
 & \quad \underline{a-a^{2}z^{-1}} \\
 & \qquad a^{2}z^{-1} \\
 & \qquad \underline{a^{2}z^{-1}-a^{3}z^{-2}} \\
 & \qquad\qquad a^{3}z^{-2} \\
 & \qquad\qquad \vdots
\end{array}
$$

长除后得
$$X(z)=\frac{z}{z-a}=1+az^{-1}+a^{2}z^{-2}+\cdots$$

因此
$$x(n)=\{x(0),x(1),x(2),\cdots\}=\{1,a,a^{2},\cdots\}=a^{n}u(n)$$

**例 7.9**　求 $X(z)=\dfrac{z}{z-a}(|z|<|a|)$的 $z$ 反变换。

**解**：由于给定收敛域$|z|<|a|$是圆内域，则 $x(n)$应是左序列，$X(z)$的分子、分母应按 $z$ 的升幂排列进行长除。

$$
\begin{array}{r|l}
 & \underline{-a^{-1}z-a^{-2}z^{2}-a^{-3}z^{3}} \\
-a+z & z \\
 & \underline{z-a^{-1}z^{2}} \\
 & \quad a^{-1}z^{2} \\
 & \quad \underline{a^{-1}z^{2}-a^{-2}z^{3}} \\
 & \qquad a^{-2}z^{3} \\
 & \qquad \underline{a^{-2}z^{3}-a^{-3}z^{4}} \\
 & \qquad\qquad z^{-3}z^{4} \\
 & \qquad\qquad \vdots
\end{array}
$$

长除后得
$$X(z)=\frac{z}{z-a}=-a^{-1}z-a^{-2}z^{2}-a^{-3}z^{3}-\cdots$$

因此，最后可得
$$
\begin{aligned}
x(n)=\{x(-1),x(-2),x(-3),\cdots\}=\\
\{-a^{-1},-a^{-2},-a^{-3},\cdots\}=\\
-a^{n}u(-n-1)
\end{aligned}
$$

由上述两个例子再一次看出：同一 $X(z)$，由于收敛域不同，而对应不同的序列。

### 7.3.3　部分分式展开法

部分分式展开法是先将 $X(z)$展成简单的部分分式之和，这些部分分式由于简单，可以直接或者通过查附录 7 获得各部分分式的反变换，然后相加即可得到序列 $x(n)$。

考虑到 $z$ 变换的基本形式为 $\frac{z}{z-a}$，因此通常的做法是先对 $\frac{X(z)}{z}$ 展开，然后乘以 $z$，就把 $X(z)$ 展成了 $\frac{z}{z-a}$ 的基本形式，最后得到序列 $x(n)$。

如果 $\frac{X(z)}{z}$ 为有理真分式，并且只含一阶极点，$\frac{X(z)}{z}$ 可以展开为

$$\frac{X(z)}{z}=\sum_{m=1}^{k}\frac{A_m}{z-z_m}$$

即

$$X(z)=\sum_{m=1}^{k}\frac{A_m z}{z-z_m} \tag{7.56}$$

式(7.56)中，$z_m$ 是 $\frac{X(z)}{z}$ 的极点，$A_m$ 是 $z_m$ 的留数，即

$$A_m=\mathrm{Res}\left[\frac{X(z)}{z}\right]_{z=z_m}=\left[(z-z_m)\frac{X(z)}{z}\right]_{z=z_m} \tag{7.57}$$

如果 $\frac{X(z)}{z}$ 中除含有 $M$ 个一阶极点外，在 $z=z_i$ 处还含有一个 $s$ 阶高阶极点，则 $\frac{X(z)}{z}$ 应展成

$$\frac{X(z)}{z}=\sum_{m=1}^{M}\frac{A_m}{z-z_m}+\sum_{j=1}^{s}\frac{B_j}{(z-z_i)^j} \tag{7.58}$$

即

$$X(z)=\sum_{m=1}^{M}\frac{A_m z}{z-z_m}+\sum_{j=1}^{s}\frac{B_j z}{(z-z_i)^j} \tag{7.59}$$

式(7.59)中，$A_m$ 与上同，$B_j$ 则为

$$B_j=\frac{1}{(s-j)!}\left[\frac{\mathrm{d}^{s-j}}{\mathrm{d}z^{s-j}}(z-z_i)^s\frac{X(z)}{z}\right]_{z=z_i} \tag{7.60}$$

当展成部分分式之后，可以得到各部分分式的反变换，相加即可得到 $x(n)$。

**例 7.10** 求 $X(z)=\frac{5z^3-8z^2+4}{(z-1)(z-2)^2}(|z|>2)$ 对应的序列。

**解：**由 $\frac{X(z)}{z}=\frac{5z^3-8z^2+4}{z(z-1)(z-2)^2}$ 可知，在 $\frac{X(z)}{z}$ 中，有两个一阶极点 $z_1=0,z_2=1$，有一个二阶极点 $z_i=2$，根据式(7.58)可以展成

$$\frac{X(z)}{z}=\frac{A_1}{z}+\frac{A_2}{z-1}+\frac{B_1}{z-2}+\frac{B_2}{(z-2)^2}$$

对一阶极点，按式(7.57)可得

$$A_1=\mathrm{Res}\left[z\frac{X(z)}{z}\right]_{z=0}=-1$$

$$A_2=\mathrm{Res}\left[(z-1)\frac{X(z)}{z}\right]_{z=1}=1$$

对二阶极点，按式(7.60)可得

$$B_1=\frac{1}{(2-1)!}\left[\frac{\mathrm{d}}{\mathrm{d}z}(z-2)^2\cdot\frac{X(z)}{z}\right]_{z=2}=5$$

$$B_2=\left[(z-2)^2\cdot\frac{X(z)}{z}\right]_{z=2}=6$$

$$X(z)=-1+\frac{z}{z-1}+\frac{5z}{z-2}+\frac{6z}{(z-2)^2}$$

由于收敛域为$|z|>2$,序列应为因果序列,查附录 7 可得序列为

$$x(n)=-\delta(n)+u(n)+5\cdot 2^n u(n)+6n2^{n-1}u(n)=$$

$$u(n-1)+5\cdot 2^n u(n)+3n2^n u(n)$$

若给定的收敛域是圆内域或圆环域,则其反变换对应的是左序列或双边序列,同样可用部分分式法来处理,但必须清楚哪些极点对应左序列,哪些极点对应右序列。

需要指出:如果$\dfrac{X(z)}{z}$不是真分式,则应先用长除法将其转化成因果真分式和一个多项式之和,再将真分式部分展成部分分式。

由上面的运算可以看出,计算 $z$ 反变换的过程,一般来说较为复杂,可以利用目前已经广泛应用的 MATLAB 语言来实现 $X(z)$的部分分式的展开,它的计算非常简单方便,下面作一简单介绍。需要深入了解的读者,可参看有关 MATLAB 在信号分析与处理中应用的参考书。

若 $X(z)$的分子、分母按 $z^{-1}$ 升幂的顺序排列,表示为

$$X(z)=\frac{B(z)}{A(z)}=\frac{b_0+b_1z^{-1}+b_2z^{-2}+\cdots+b_Mz^{-M}}{a_0+a_1z^{-1}+a_2z^{-2}+\cdots+a_Nz^{-N}}=\frac{\sum\limits_{i=0}^{M}b_iz^{-i}}{\sum\limits_{j=0}^{N}a_jz^{-j}} \tag{7.61}$$

上式可以通过 MATLAB 进行计算,展开为

$$X(z)=\sum_{k=1}^{N}\frac{R_k}{1-p_kz^{-1}}+\sum_{k=0}^{M-N}c_kz^{-k}\qquad (M\geqslant N) \tag{7.62}$$

上式中的第二项,即多项式项在 $M<N$(即 $X(z)$为有理真分式)时不存在。$R_k$、$p_k$、$c_k$ 分别表示 $X(z)$的留数、极点、多项式的系数,它们可以用 MATLAB 中的函数 residuez 计算出,只需一条简单的语句:[R,p,c]=residuez(b,a)即可求得。其中,b 和 a 是 $X(z)$中分子、分母多项式的系数,在 MATLAB 中可以定义为矩阵。下面看一个例子。

**例 7.11**　已知 $X(z)=\dfrac{z}{3z^2-4z+1}$,求下列收敛域下所对应的序列。

① $1<|z|<\infty$;② $0<|z|<\dfrac{1}{3}$;③ $\dfrac{1}{3}<|z|<1$。

**解:**根据 MATLAB 函数 residuez 的要求,$X(z)$的分子、分母按 $z^{-1}$ 升幂的顺序排列,改写 $X(z)$为下面的表示式

$$X(z)=\frac{z^{-1}}{3-4z^{-1}+z^{-2}}$$

然后编写出展开上式的 MATLAB 程序:

```
% MATLAB Program of Example 7.11
```

```
b=[0,1];
a=[3,-4,1];
[R,p,k]=residuez (b,a)
```

将上述语句建立为一个M文件并保存,运行后可获得如下数据:

```
R =
    0.5000
   -0.5000
p =
    1.0000
    0.3333
k =
    []
```

由上述数据可得

$$X(z)=\frac{\frac{1}{2}}{1-z^{-1}}-\frac{\frac{1}{2}}{1-\frac{1}{3}z^{-1}}$$

$X(z)$有两个极点:$z_1=1,z_2=1/3$,则

① $1<|z|<\infty$,是圆外域,对应的是右边序列,查表可得

$$x(n)=\frac{1}{2}u(n)-\frac{1}{2}\left(\frac{1}{3}\right)^n u(n)$$

② $0<|z|<1/3$,是圆内域,对应的是左边序列,可得

$$x(n)=-\frac{1}{2}[u(-n-1)]+\frac{1}{2}\left(\frac{1}{3}\right)^n u(-n-1)$$

③ $1/3<|z|<1$,是圆环域,对应的是双边序列(极点$z_1=1$对应左边序列,极点$z_2=1/3$对应右边序列),可得

$$x(n)=-\frac{1}{2}u(-n-1)-\frac{1}{2}\left(\frac{1}{3}\right)^n u(n)$$

在MATLAB中,也可以直接调用$z$变换的函数命令,实现正、反$z$变换。

$z$变换的指令ztrans()有3种调用格式。

① 格式1:F=ztrans(f)。这一格式是对时间$t$的连续时间信号$f(t)$所对应的抽样值$f(nT)$,求出其$z$变换$F(z)$,即

$$F(z)=\sum_{n=0}^{\infty}f(nT)z^{-n}\mid_{T=1}=\sum_{n=0}^{\infty}f(n)z^{-n}$$

若信号$f$的自变量是$z$,即$f=f(z)$,则得到复变量$w$的$z$变换函数$F(w)$。

② 格式2:F=ztrans(f,w),得到复变量$w$的$z$变换函数$F(w)$。

③ 格式3:F=ztrans(f,k,w),是对时间$t$的连续时间信号$f(t)$所对应的抽样值$f(kT)$,得到其$z$变换$F(z)$。

其中,格式 1 的使用最广泛。

相应的 $z$ 反变换函数命令也有 3 种调用格式:

① 格式 1:f=iztrans(F)。这一调用格式,F 默认 $z$ 变换的表达式为 $F(z)$,返回的是 $f(nT)$。当 $F(z)$ 中不包含字符 $T$ 时,表示 $T=1$,返回 $f(n)$。如果 $F=F(n)$,则返回 $f(kT)$。

② 格式 2:f=iztrans(F,k)。这一调用格式,F 默认 $z$ 变换的表达式为 $F(z)$,返回的是 $f(kT)$,仍然是 $f(t)$ 所对应的抽样值。当 $F(z)$ 中不包含字符 $T$ 时,表示 $T=1$,返回 $f(k)$。

③ 格式 3:f=iztrans(F,w,k)。这一调用格式,F 默认 $z$ 变换的表达式为 $F(w)$,返回的是 $f(kT)$,仍是 $f(t)$ 所对应的抽样值。当 $F(w)$ 中不包含字符 $T$ 时,表示 $T=1$,返回 $f(k)$。

相类似,格式 1 较为常用。

**例 7.12**　试求 $f(t)=a^t$ 的 $z$ 变换。

**解:** $f(t)=a^t$ 的采样值为 $f(nT)=a^{nT}$,则求出其 $z$ 变换的程序为

```
%例 7.12 中求解 z 变换的 MATLAB 程序


syms a z n T
f=a^(n*T)
F=factor(ztrans(f))          %做因式分解处理
```

运行结果为

```
f=a^(n*T)
F=[z,1/(z-a^T)]
```

即表示

$$F(z)=\frac{z}{z-a^T}$$

如果 $T=1$,可得

$$F(z)=\frac{z}{z-a}$$

上述程序段中,使用了一个对符号表达式进行化简(即因式分解)的函数 factor(),其调用格式为 factor(E)。这是一种恒等变换,其功能是对符号表达式进行因式分解,如果 E 包含的所有元素为整数,则计算得出其最佳的因式分解式。而对于大于 $2^{52}$ 整数的分解,则要使用 factor(sym('N'))。

```
%若 T=1 ,a =1,求其 z 变换
syms k n w z
F=ztrans(1^n)
```

运行结果为

```
F=z/(z-1)
```

即

$$F(z)=\frac{z}{z-1}$$

**例 7.13** 求 $F(z)=c\cdot\frac{z^2}{(z-a)(z-b)}$ $(a\neq 0,b\neq 0)$ 的 $z$ 反变换 $f(n)$。

**解：**

```
%例 7.13 中求解 z 反变换的 MATLAB 程序

syms  z n a b k
F=k*z^2/((z-a)*(z-b))
f=iztrans(F)
```

运行结果为

```
F=k*z^2/(z-a)/(z-b)
f=(k*a*a^n-b*k*b^n)/(-b+a)
```

即

$$f(n)=k\cdot\frac{a^{n+1}-b^{n+1}}{a-b}$$

```
%若 k=1 ,a =1,b=0.5 时,求其 z 反变换

syms n z
F=z^2/((z-1)*(z-0.5))
f=iztrans(F)
```

运行结果为

```
F=z^2/(z-1)/(z-1/2)
f=2-(1/2)^n
```

即

$$f(n)=2-0.5^n$$

## 7.4 信号的傅里叶变换、拉普拉斯变换与 $z$ 变换的关系

到目前为止，我们已经学习了连续信号的傅氏变换(包括连续信号的拉氏变换)，并相继讨论了冲激抽样信号的傅氏变换、拉氏变换以及序列(离散时间信号)的傅氏变换和 $z$ 变换。在这一节里，要分析它们之间的联系，特别要找出连续信号与离散信号各种变换之间的关系，这是正确地实现数字信号的分析与处理，尤其是模拟信号数字处理的前提。在各种信号之间，冲激抽样信号是沟通连续和离散信号两者的桥梁，它的各种变换是其他信号变换关系的纽带。下面讨论这几种变换之间的关系。

为讨论方便，统一采用了表 7.1 中所列的标识符。

分析问题的思路是从冲激抽样信号入手，来分析各信号变换之间的基本关系。在下面的讨论中，为表示简便，抽样周期一律以 $T$ 表示。

**1. 冲激抽样信号的拉氏变换 $X_s(s)$ 与连续信号的拉氏变换 $X_a(s)$ 之间的关系**

在 7.1.1 节推导 $z$ 变换定义一的过程中，得到 $x_s(t)$ 拉氏变换的指数形式为

$$X_s(s)=\sum_{n=-\infty}^{\infty}x_a(nT)\mathrm{e}^{-snT} \tag{7.63}$$

**表 7.1　各种信号标识符**

| 信号类别 / 字符意义 | 连续信号 | 冲激抽样信号 | 序列(离散时间信号) |
|---|---|---|---|
| 信号的时域表示 | $x_a(t)$ | $x_s(t)$ | $x(n)$ |
| 拉氏变换(z 变换) | $X_a(s)$ | $X_s(s)$ | $X(z)$ |
| 傅氏变换 | $X_a(\mathrm{j}\Omega)$ | $X_s(\mathrm{j}\Omega)$ | $X(\mathrm{e}^{\mathrm{j}\omega})$ |

冲激抽样信号的拉氏变换还有另外一种表示形式，所谓的"周期延拓"形式。在第 3 章 3.4 节的例 3.12 中，曾经得到周期为 $T$ 的周期冲激信号的傅里叶级数的表达式为

$$\delta_T(t)=\sum_{n=-\infty}^{\infty}\delta(t-nT)=\frac{1}{T}\sum_{m=-\infty}^{\infty}\mathrm{e}^{\mathrm{j}m\Omega_s t}$$

式中，$\Omega_s=\frac{2\pi}{T}$，为采样角频率，从而冲激抽样信号可表示为

$$x_s(t)=x_a(t)\delta_T(t)=x_a(t)\frac{1}{T}\sum_{m=-\infty}^{\infty}\mathrm{e}^{\mathrm{j}m\Omega_s t}$$

有了上述结果，可以导出冲激抽样信号拉氏变换的另一种形式

$$\begin{aligned}X_s(s)=&\int_{-\infty}^{\infty}x_s(t)\mathrm{e}^{-st}\mathrm{d}t=\\&\int_{-\infty}^{\infty}x_a(t)\left(\frac{1}{T}\sum_{m=-\infty}^{\infty}\mathrm{e}^{\mathrm{j}m\Omega_s t}\right)\mathrm{e}^{-st}\mathrm{d}t=\\&\frac{1}{T}\sum_{m=-\infty}^{\infty}\int_{-\infty}^{\infty}x_a(t)\mathrm{e}^{-(s-\mathrm{j}m\Omega_s)t}\mathrm{d}t=\\&\frac{1}{T}\sum_{m=-\infty}^{\infty}X_a(s-\mathrm{j}m\Omega_s)\end{aligned} \tag{7.64}$$

式(7.64)表示：冲激抽样信号的拉氏变换是连续信号 $x_a(t)$ 的拉氏变换 $X_a(s)$ 在 $s$ 平面上沿虚轴的周期延拓，延拓周期为采样角频率 $\Omega_s$。由此，可得到冲激抽样信号的拉氏变换有指数级数与周期延拓表示的两种等价表达式，即

$$\begin{aligned}X_s(s)=&\sum_{n=-\infty}^{\infty}x_a(nT)\mathrm{e}^{-sTn}=\\&\frac{1}{T}\sum_{m=-\infty}^{\infty}X_a(s-\mathrm{j}m\Omega_s)\end{aligned} \tag{7.65}$$

**2. 冲激抽样信号的拉氏变换 $X_s(s)$ 与抽样序列的 z 变换 $X(z)$ 之间的关系**

两者存在 $z$ 与 $s$ 变量之间的映射关系 $z=\mathrm{e}^{sT}$，由 7.1.1 小节的 $z$ 变换定义一可知，若离散时间信号为抽样序列，即 $x(nT)=x(n)$，并引入 $z=\mathrm{e}^{sT}$，则得到序列 $z$ 变换为

$$X(z)=X_s(s)\big|_{z=\mathrm{e}^{sT}}=\sum_{n=-\infty}^{\infty}x_a(nT)\mathrm{e}^{-snT}\Big|_{z=\mathrm{e}^{sT}}=\sum_{n=-\infty}^{\infty}x(n)z^{-n} \tag{7.66}$$

式(7.66)表示，$z$ 变换可以看成冲激抽样信号的拉氏变换由 $s$ 平面映射到 $z$ 平面的变换。

**3. 冲激抽样信号的拉氏变换 $X_s(s)$ 与傅氏变换 $X_s(j\Omega)$ 之间的关系**

由 $s=\sigma+j\Omega$,若 $\sigma=0$,而且拉氏变换收敛域包含虚轴,则虚轴上冲激抽样信号的拉氏变换即为其傅氏变换;或者说,冲激抽样信号的傅氏变换是冲激抽样信号在虚轴上的拉氏变换。当然,这一关系不仅对冲激抽样信号如此,也存在于所有的连续时间信号中,但要求信号的拉氏变换在虚轴上必须收敛,表示为

$$X_s(s)\big|_{s=j\Omega}=X_s(j\Omega) \tag{7.67}$$

式(7.67)表明:$X_s(j\Omega)$是冲激抽样信号的拉氏变换 $X_s(s)$在虚轴上的特例。

**4. 冲激抽样信号的傅氏变换 $X_s(j\Omega)$ 与相应连续信号傅氏变换 $X_a(j\Omega)$ 之间的关系**

将 $s=j\Omega$ 代入式(7.65),可以得到冲激抽样信号傅氏变换 $X_s(j\Omega)$指数级数的形式,以及相应连续时间信号傅里叶变换 $X_a(j\Omega)$的周期延拓形式。对冲激抽样信号而言,这两种形式是等价的,表示为

$$X_s(j\Omega)=\sum_{n=-\infty}^{\infty}x_a(nT)e^{-j\Omega Tn}=\frac{1}{T}\sum_{m=-\infty}^{\infty}X_a(j\Omega-jm\Omega_s) \tag{7.68}$$

上式中的周期延拓形式,已在第3章关于冲激抽样信号的傅氏变换中讨论过。

**5. 冲激抽样信号傅氏变换的指数形式与相应抽样序列傅氏变换之间的关系**

由式(7.68)有

$$X_s(j\Omega)=\sum_{n=-\infty}^{\infty}x_a(nT)e^{-j\Omega Tn}$$

取 $x(n)=x_a(nT)$,而数字角频率 $\omega$ 与模拟角频率 $\Omega$ 满足 $\omega=\Omega T$(见后述)的映射关系,则

$$X_s(e^{j\omega})=\sum_{n=-\infty}^{\infty}x(n)e^{-j\omega n} \tag{7.69}$$

表明冲激抽样信号与相应的抽样序列之间,在相应频率点($\omega=\Omega T$)上的频谱值相等。

**6. 序列的 $z$ 变换 $X(z)$ 与序列的傅氏变换 $X(e^{j\omega})$ 之间的关系**

由序列傅氏变换的定义,有

$$X(z)\big|_{z=e^{j\omega}}=X(e^{j\omega}) \tag{7.70}$$

即序列的傅氏变换 $X(e^{j\omega})$为序列 $z$ 变换 $X(z)$在单位圆上的特例。

上述分析得到的结论,可用图来形象地描述,如图7.9所示。

图7.9非常清晰地表明:冲激抽样信号是沟通离散信号与连续信号各种变换的桥梁。

$$\frac{1}{T}\sum_{m=-\infty}^{\infty}X_a(s-jm\Omega_s)=X_s(s)=\sum_{n=-\infty}^{\infty}x_a(nT)e^{-sTn}\xrightarrow[x(n)=x_a(nT)]{z=e^{sT}}X(z)=\sum_{n=-\infty}^{\infty}x(n)z^{-n}$$

$$\downarrow s=j\Omega \qquad\qquad \downarrow z=e^{j\omega}$$

$$\frac{1}{T}\sum_{m=-\infty}^{\infty}X_a(j\Omega-jm\Omega_s)=X_s(j\Omega)=\sum_{n=-\infty}^{\infty}x_a(nT)e^{-j\Omega Tn}\xrightarrow{\omega=\Omega T}X(e^{j\omega})=\sum_{n=-\infty}^{\infty}x(n)e^{-jn\omega}$$

**图7.9 信号各种变换间的关系**

上述变换关系涉及到各种变量之间的映射关系,如 $z=e^{sT}$。下面对这些映射关系作进一

步的说明。

**1. $z$ 变换与拉氏变换**

从以上分析可知，抽样序列的 $z$ 变换 $X(z)$ 就是冲激抽样信号的拉氏变换 $X_s(s)$。两者是由复变量 $z$ 平面到复变量 $s$ 平面的映射变换，这个映射关系是：

$$z = e^{sT}$$

$s$ 采用直角坐标的形式，$z$ 采用极坐标的形式，有

$$s = \sigma + j\Omega$$

$$z = r e^{j\omega}$$

代入映射关系 $z = e^{sT}$，得

$$r e^{j\omega} = e^{(\sigma + j\Omega)T} = e^{\sigma T} e^{j\Omega T}$$

从而有

$$r = e^{\sigma T} \tag{7.71}$$

$$\omega = \Omega T \tag{7.72}$$

式(7.71)表明，$z$ 的模 $r$ 仅对应于 $s$ 的实部 $\sigma$，$r$ 与 $\sigma$ 之间有如下映射关系：

$\sigma = 0 \rightarrow r = 1$，$s$ 平面上的虚轴映射到 $z$ 平面的单位圆上；

$\sigma < 0 \rightarrow r < 1$，$s$ 平面的左半平面映射到 $z$ 平面的单位圆内；

$\sigma > 0 \rightarrow r > 1$，$s$ 平面的右半平面映射到 $z$ 平面的单位圆外。

式(7.72)表明：$z$ 的相角 $\omega$(数字角频率)只与 $s$ 的虚部参数 $\Omega$(模拟角频率)相对应，并成线性对应关系。当 $s$ 在虚轴上，$\Omega$ 由 $-\frac{\pi}{T}$ 变化到 $+\frac{\pi}{T}$ 时，则 $z$ 在单位圆上，$\omega$ 由 $-\pi$ 变化到 $+\pi$，相应地绕单位圆一周，因此 $\Omega$ 每增加一个抽样频率 $\Omega_s = \frac{2\pi}{T}$，$\omega$ 就相应地增加一个 $2\pi$，再重复绕单位圆旋转一周。可见 $s$ 与 $z$ 的映射关系是一种多值的函数映射关系，$s$ 平面内的每一个宽度为 $\Omega_s = \frac{2\pi}{T}$ 的带状区域都将重复地映射到整个 $z$ 平面上，这一映射关系(有线状阴影与无阴影区域在 $s$ 与 $z$ 平面的对应)如图 7.10 所示。

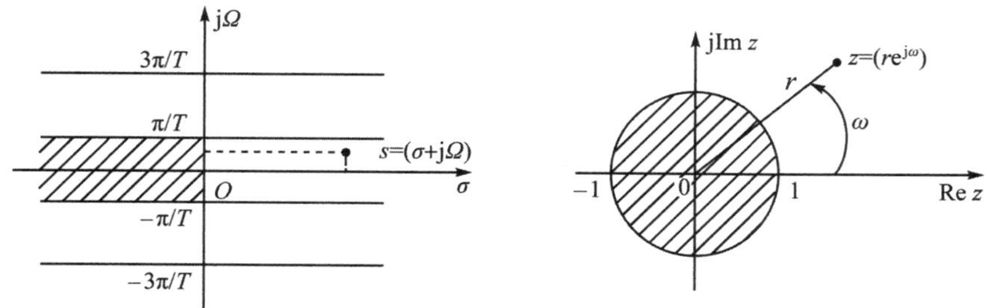


**图 7.10　$s$ 平面与 $z$ 平面的映射关系**

**2. $z$ 变换与傅里叶变换**

傅里叶变换是拉氏变换在 $s$ 平面虚轴上的特例，即 $s = j\Omega$。由于 $s$ 平面上的虚轴映射到 $z$ 平面上是单位圆 $z = e^{j\Omega T}$，因此，由式(7.68)和式(7.70)可知

$$X_s(j\Omega) = X(e^{j\omega}) = X(z)\big|_{z = e^{j\Omega T}} = \frac{1}{T}\sum_{n=-\infty}^{\infty} X(j\Omega - jn\Omega_s)$$

上式表明,抽样序列在单位圆上的 $z$ 变换就等于冲激抽样信号的傅里叶变换。冲激抽样信号的频谱是连续信号频谱的周期延拓,这种频谱周期重复的现象,体现在 $z$ 变换中则是 $e^{j\Omega T}$ 为 $\Omega$ 的周期函数,即 $e^{j\Omega T}$ 是 $\Omega$ 的变化表现在单位圆上的重复循环,亦可想象为直径等于1而螺距为无穷小的螺旋线。冲激抽样信号 $x_s(t)$、冲激抽样信号的频谱 $X_s(j\Omega)$ 以及抽样序列的 $z$ 变换 $X(e^{j\Omega})$ 之间的关系如图7.11所示。

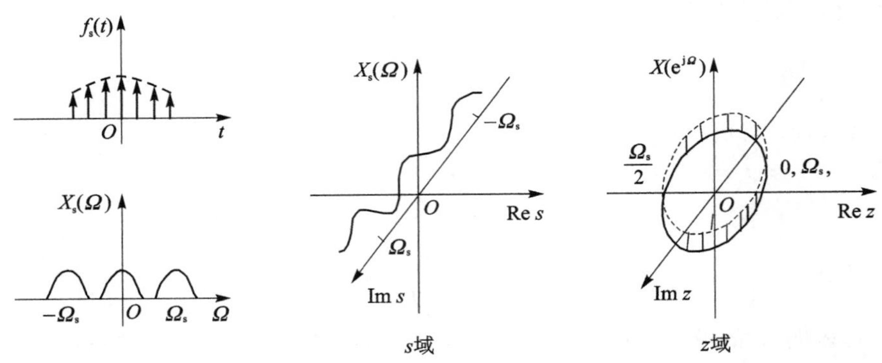


**图7.11　冲激抽样信号的频谱 $X_s(\Omega)$ 与抽样序列 $z$ 变换 $X(e^{j\Omega})$ 之间的关系**

**3. $z$ 变换与离散傅里叶变换**

可以认为离散傅里叶变换是 $z$ 变换的一种特例。因为,从 $z$ 变换的含义来说,它表示抽样序列 $x(n)$ 的复频谱 $X(z)$,当 $z$ 变换的值限定在 $z$ 平面的单位圆($z=e^{j\Omega T}$)上时,$X(z)$ 就转换为该序列的傅里叶变换 $X(e^{j\Omega T})$。如果在该单位圆上按等分角进行频率抽样,也即 $\Omega T=\frac{2\pi}{N}k$,$k=0,1,2,\cdots,N-1$,则相应抽样点的傅里叶变换值 $X(e^{j2\pi k/N})$ 就是序列的DFT $X(k)$。它表示序列 $x(n)$ 的实频谱,图7.12表示了这一关系。

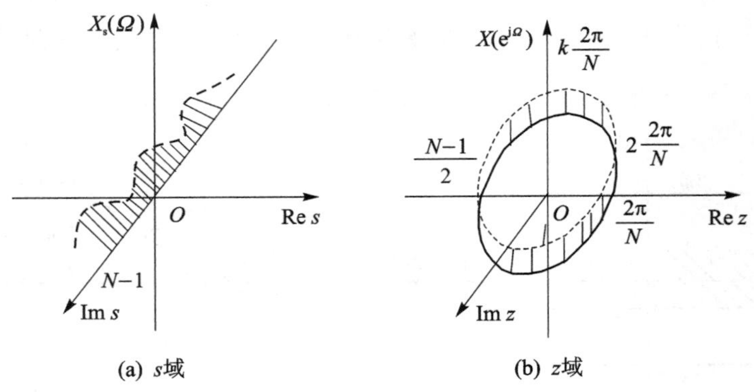


**图7.12　离散傅里叶变换与 $z$ 变换的关系**

## 7.5　离散系统的 $z$ 域分析

离散系统时域分析的方法,可以作为离散系统计算机实现的依据,但作系统分析和综合时,则不如 $z$ 域分析方法简便。所谓 $z$ 域分析方法是利用 $z$ 变换的时移特性,将时域表示的差

分方程变换为 $z$ 域表示的代数方程，使求解的分析大为简化。

### 7.5.1　差分方程的 $z$ 变换解法

利用 $z$ 变换求解差分方程要用到 $z$ 变换时移特性，实际应用中常采用单边 $z$ 变换，因为它可以考虑初始条件不为零的情况，序列有时移，应考虑初始条件对 $z$ 变换的影响（参看 7.2 节 $z$ 变换的性质）。下面来看一个例子。

**例 7.14**　设描述某一离散系统的差分方程为

$$y(n)-b\,y(n-1)=x(n)$$

若系统输入 $x(n)=u(n)$，起始值为 $y(-1)$，求系统响应 $y(n)$。

**解：**对上述差分方程两边取单边 $z$ 变换，并应用 $z$ 变换的时移特性，有

$$Y(z)-bz^{-1}Y(z)-by(-1)=X(z)$$

$$Y(z)=\frac{X(z)}{1-bz^{-1}}+\frac{by(-1)}{1-bz^{-1}},\qquad X(z)=\mathscr{Z}[u(n)]=\frac{z}{z-1}$$

则

$$Y(z)=\frac{z^2}{(z-1)(z-b)}+\frac{by(-1)z}{z-b}$$

将上式展成部分分式，并进行反变换得到

$$Y(z)=\frac{1}{1-b}\,\frac{z}{z-1}-\frac{b}{1-b}\,\frac{z}{z-b}+\frac{by(-1)z}{z-b}$$

$$y(n)=\frac{1}{1-b}u(n)-\frac{1}{1-b}b^{n+1}u(n)+y(-1)b^{n+1}u(n)$$

由上式可见，输出响应 $y(n)$ 中包含了三个分量：其中的第一项是输入激励所引起系统响应中的强迫分量（稳态分量），第二项是系统响应中的自由分量（暂态过程），这两项称为零状态响应，第三项则是由系统起始状态决定的分量（瞬态分量），称为零输入响应。

如果系统处于零状态或称“松弛状态”下，即系统在加输入信号前未赋予任何初值，这时可采用双边 $z$ 变换及时移特性来求解系统的差分方程，也同样能求得系统的零状态响应，其输入、输出均为双边序列；若输入是因果序列，则采用单边和双边 $z$ 变换求解差分方程的结果完全一致。

这种求解方法，可以考虑不同的起始条件，能够获得解析解，但要求是有规律的输入，可用于系统分析，不大适用于系统的实现。

### 7.5.2　离散系统的系统函数

离散系统的系统函数，又称传递（传输）函数或转移函数，在系统分析中具有核心作用。它描述了系统输入、输出间的传输关系，并与系统的单位抽样响应、差分方程、频率响应等系统的重要特性和模型描述有着紧密的关系；同时，根据它的收敛域以及零、极点分布可以判断系统的因果性和稳定性，因而它对于离散系统的分析、设计有非常重要的意义。

**1. 系统函数的定义**

由前述可知，线性非移变系统可用差分方程来描述，即

$$b_0y(n)+b_1y(n-1)+\cdots+b_Ny(n-N)=$$

$$a_0x(n)+a_1x(n-1)+\cdots+a_Mx(n-M)$$

或

$$\sum_{k=0}^{N}b_ky(n-k)=\sum_{r=0}^{M}a_rx(n-r)$$

当系统处于零状态下,对上式两边取 $z$ 变换并利用 $z$ 变换的时移特性可得

$$Y(z)\sum_{k=0}^{N}b_kz^{-k}=X(z)\sum_{r=0}^{M}a_rz^{-r}$$

定义系统函数 $H(z)$ 为

$$H(z)=\frac{Y(z)}{X(z)}=\frac{\sum_{r=0}^{M}a_rz^{-r}}{\sum_{k=0}^{N}b_kz^{-k}} \tag{7.73}$$

它表示系统在零状态下,输出序列的 $z$ 变换与输入序列的 $z$ 变换之比。因此系统函数 $H(z)$ 反映了零状态下系统输入、输出的传输关系,有

$$Y(z)=H(z)X(z)$$

$$y(n)=\mathscr{Z}^{-1}[Y(z)]=\mathscr{Z}^{-1}[H(z)X(z)]$$

**2. 系统函数与差分方程**

系统函数 $H(z)$ 与差分方程的各项系数有关,所以和差分方程一样,也是描述系统特征的数学模型,并且如果已知 $H(z)$,由式(7.73)交叉相乘并进行反变换,立即可以写出系统的差分方程。不同的系统函数可以描述不同系统特征数学模型。

① 若 $1\leqslant r\leqslant M$,$a_r=0$,即只有 $a_0\neq 0$ 时,有

$$H(z)=\frac{a_0}{\sum_{k=0}^{N}b_kz^{-k}} \tag{7.74}$$

系统只含有 $N$ 个极点,无有限零点,$H(z)$ 的值取决于系数 $b_k$,称之为全极型系统,记为AR(Auto-Regressive,自回归)模型。这种系统的单位抽样响应 $h(n)$ 为无限长序列,习惯上称为无限冲激响应(IIR)离散系统。变换为差分方程形式,有

$$b_0y(n)=-\sum_{k=1}^{N}y(n-k)+a_0x(n)$$

若设 $b_0=1$,则上式变为

$$y(n)=-\sum_{k=1}^{N}y(n-k)+a_0x(n) \tag{7.75}$$

由式(7.75)不难看出,这种系统如无确定的输入,系统输出只受到噪声(白噪声)或干扰的影响,那么系统在任意时刻的输出,只与系统历史上各时刻的输出和现时刻的噪声(干扰)有关,而与历史上各时刻的噪声(干扰)无关。

② 若 $1\leqslant k\leqslant N$,$b_k=0$,即只有 $b_0\neq 0$ 时,则有

$$H(z)=\frac{1}{b_0}\sum_{r=0}^{M}a_rz^{-r}$$

若设 $b_0=1$,则

$$H(z)=\sum_{r=0}^{M}a_r z^{-r} \tag{7.76}$$

系统只含有 $M$ 个零点，无有限极点，$H(z)$值取决于系数 $a_r$，称之为全零型系统。这种系统的单位抽样响应 $h(n)$为有限长序列，习惯上称为有限冲激响应(FIR)离散系统，信号处理中也是一种典型的数字滤波器模型。将它变换为差分方程可表示为

$$y(n)=a_0x(n)+a_1x(n-1)+\cdots+a_Mx(n-M)=\sum_{r=0}^{M}a_rx(n-r) \tag{7.77}$$

由式(7.77)不难看出，这种系统当前时刻的输出只与当前及过去时刻的输入有关，如无确定的输入，则系统只受到噪声(白噪声)或干扰的影响，并且系统在任意时刻的输出，只与系统各时刻的噪声或干扰有关，而与历史上各时刻的输出无关。

需要指出，全极型系统的单位抽样响应一定是无限长序列，但 $h(n)$为无限长序列的系统不一定是全极型的，例如具有下述极-零型系统的单位抽样响应也是无限长的。

③ 系统同时具有零点和极点，$H(z)$即为式(7.73)所示，称为极-零型系统，记为 ARMA 模型，也称为自回归滑动平均模型。将它变换为差分方程，为

$$b_0y(n)=a_0x(n)+a_1x(n-1)+\cdots+a_Mx(n-M)-b_1y(n-1)-\cdots-b_Ny(n-N)$$

设 $b_0=1$，则

$$y(n)=a_0x(n)+a_1x(n-1)+\cdots+a_Mx(n-M)-b_1y(n-1)-\cdots-b_Ny(n-N)=$$
$$\sum_{r=0}^{M}a_rx(n-r)-\sum_{k=1}^{N}b_ky(n-k) \tag{7.78}$$

显然，系统的当前输出与当前及历史上各时刻的输出、输入及噪声(干扰)均有关系式(7.78)所表达的系统具有广阔的物理背景和深刻的物理含义，在实际中有着广泛的应用。

**3. 系统函数 $H(z)$与单位抽样响应 $h(n)$**

若一离散系统的输入 $x(n)=\delta(n)$，则 $X(z)=1$，系统的单位冲激响应为

$$y(n)=h(n)*x(n)=h(n)*\delta(n)=h(n)$$

从而有

$$Y(z)=\mathscr{Z}[h(n)]$$

由

$$Y(z)=H(z)X(z)$$

可得

$$H(z)=\frac{Y(z)}{X(z)}=\frac{Y(z)}{1}=Y(z)=\mathscr{Z}[h(n)]=\sum_{n=-\infty}^{\infty}h(n)z^{-n} \tag{7.79}$$

或

$$h(n)=\mathscr{Z}^{-1}[H(z)] \tag{7.80}$$

即有

$$H(z)=\mathscr{Z}[h(n)],\qquad h(n)=\mathscr{Z}^{-1}[H(z)]$$

上述结果表明：系统函数 $H(z)$与系统单位抽样响应 $h(n)$是一对 $z$ 变换，如果需要求 $h(n)$，则通过求解 $H(z)$的反变换是最方便的。另外，若已知系统函数 $H(z)$和输入序列的 $X(z)$，则可以通过 $z$ 变换法来求离散系统的零状态响应，这就为离散卷积的实现提供了新的途径。

**例 7.15** 已知一离散系统的差分方程为

$$y(n)-by(n-1)=x(n)$$

试求：系统函数 $H(z)$ 和单位抽样响应 $h(n)$。

**解**：对上述方程进行双边 $z$ 变换，可得

$$Y(z)-bz^{-1}Y(z)=X(z)$$

$$H(z)=\frac{Y(z)}{X(z)}=\frac{1}{1-bz^{-1}}$$

根据收敛域的不同，$h(n)$ 可以是左边或右边序列：

$|z|>b, h(n)=b^n u(n)$ 是因果(右边)序列；

$|z|<b, h(n)=-b^n u(-n-1)$ 是非因果(左边)序列。

由 $H(z)$ 可以看出：它是全极型系统，相应地，它的单位脉冲响应 $h(n)$ 是一无限长序列，就是所谓的“无限冲激响应”。

**4. 因果稳定离散系统的 $z$ 域条件**

由前述，因果离散系统的时域条件是：$h(n)$ 为右边序列，从而其 $z$ 变换 $H(z)$ 的收敛域应是一圆外域，并包含无穷远点。

如果系统是稳定的，则由前述的时域条件，其单位抽样响应 $h(n)$ 必须是绝对可和的，即

$$\sum_{n=-\infty}^{\infty}|h(n)|<\infty \tag{7.81}$$

而

$$H(z)=\sum_{n=-\infty}^{\infty}h(n)z^{-n}$$

当 $z=1$，即在 $z$ 平面单位圆上时，上式等价于

$$H(z)=\sum_{n=-\infty}^{\infty}h(n) \tag{7.82}$$

若系统是稳定的，则满足式(7.81)，下式也必然满足，即

$$\sum_{n=-\infty}^{\infty}|h(n)|<\infty \tag{7.83}$$

同时也表明，稳定系统的系统函数 $H(z)$ 的收敛域必须包括单位圆。根据 $z$ 变换收敛域内不能有极点的性质，说明极点必须在单位圆内。

所以，离散系统因果稳定的 $z$ 域条件是：系统函数 $H(z)$ 的收敛域必须是圆外域(包括单位圆和无穷远点)，并且所有极点必须在单位圆内。

结合例 7.15 就可以看得更清楚：上述差分方程描述的离散系统，$H(z)$ 的收敛域 $|z|>b$，表明其 $h(n)$ 是右边序列，根据系统因果性的时域条件，系统是因果的。$z=b$ 是 $H(z)$ 的极点，由 $h(n)=b^n u(n)$，当 $|b|<1$ 时，$h(n)$ 是衰减的，是稳定系统；当 $|b|=1$ 时，$h(n)$ 是等幅序列，为零阶稳定系统(实际属于不稳定系统)；当 $|b|>1$ 时，$h(n)$ 是增幅序列，是发散的，是一不稳定系统。这进一步说明了一个离散系统稳定、因果的 $z$ 域条件是：收敛域必须是圆外域(包括单位圆)，并且所有极点都必须在单位圆内。

## 7.5.3 离散系统的频率响应

前面介绍了系统函数与系统的一系列重要特性之间存在紧密的关系，表明系统函数在系

统中具有极其重要的作用。本节将讨论如何从系统函数求得系统另一个重要的时域特性，即频率响应。在数字信号处理中，常常需要对输入信号进行滤波，频率响应的研究是十分必要的。

**1. 定　义**

系统函数 $H(z)$ 在单位圆上的取值，就是离散系统的频率响应，表示为

$$H(z)\big|_{z=\mathrm{e}^{\mathrm{j}\omega}}=H(\mathrm{e}^{\mathrm{j}\omega})$$

由前述 $H(z)$ 的定义式(7.73)，$H(z)$ 是 $h(n)$ 的 $z$ 变换（见式(7.79)），有

$$H(z)=\frac{Y(z)}{X(z)}=\frac{\sum\limits_{r=0}^{M}a_r z^{-r}}{\sum\limits_{k=0}^{N}b_k z^{-k}}=\sum_{n=-\infty}^{\infty}h(n)z^{-n}$$

如果 $x(n)$、$y(n)$ 和 $h(n)$ 满足绝对可和的条件，则相应的 $X(z)$、$Y(z)$ 和 $H(z)$ 均在单位圆上收敛，这些序列的傅里叶变换存在（参见第 6 章）。显然当 $z=\mathrm{e}^{\mathrm{j}\omega}$ 时，有

$$H(\mathrm{e}^{\mathrm{j}\omega})=\frac{Y(\mathrm{e}^{\mathrm{j}\omega})}{X(\mathrm{e}^{\mathrm{j}\omega})}=\frac{\sum\limits_{r=0}^{M}a_r \mathrm{e}^{-\mathrm{j}r\omega}}{\sum\limits_{k=0}^{N}b_k \mathrm{e}^{-\mathrm{j}k\omega}}=\sum_{n=-\infty}^{\infty}h(n)\mathrm{e}^{-\mathrm{j}n\omega} \tag{7.84}$$

由式(7.84)可见，离散系统的频率响应有下列性质：

① 它是输出、输入序列的傅里叶变换之比；

② 它与差分方程的系数（由系统参数决定）有关；

③ 频率响应 $H(\mathrm{e}^{\mathrm{j}\omega})$ 是系统单位抽样响应 $h(n)$ 在单位圆上的 $z$ 变换，即 $h(n)$ 的傅里叶变换。

**2. 物理意义**

与连续系统频率响应的物理意义相似，离散系统的频率响应是反映离散系统对输入正弦序列作用下的响应能力。下面来讨论离散系统在输入正弦序列作用下的稳态响应。

由于正弦序列可以分解为复指数序列的组合，先考虑复指数序列输入时的系统响应。

设线性非移变因果稳定系统的单位抽样响应为 $h(n)$，输入复指数序列为

$$x(n)=\mathrm{e}^{\mathrm{j}\omega n}\qquad(-\infty<n<\infty)$$

根据离散卷积定义，系统输出响应 $y(n)$ 为

$$y(n)=\sum_{m=-\infty}^{\infty}h(m)x(n-m)=\sum_{m=-\infty}^{\infty}h(m)\mathrm{e}^{\mathrm{j}\omega(n-m)}=\mathrm{e}^{\mathrm{j}\omega n}\sum_{m=-\infty}^{\infty}h(m)\mathrm{e}^{-\mathrm{j}\omega m}$$

上式可写成

$$y(n)=H(\mathrm{e}^{\mathrm{j}\omega})\mathrm{e}^{\mathrm{j}\omega n} \tag{7.85}$$

由上式可见，在复指数序列输入下，系统响应仍为同频率的复指数序列，而它的复振幅是由系统频率响应 $H(\mathrm{e}^{\mathrm{j}\omega})$ 所决定的。$H(\mathrm{e}^{\mathrm{j}\omega})$ 为数字角频率 $\omega$ 的函数，一般情况下是复数，可以表示成幅度、相位的形式：

$$H(\mathrm{e}^{\mathrm{j}\omega})=\left|H(\mathrm{e}^{\mathrm{j}\omega})\right|\mathrm{e}^{\mathrm{j}\phi(\omega)} \tag{7.86}$$

式中，$|H(e^{j\omega})|$称为离散系统的幅频响应，$\phi(\omega)$称为相频响应。

当输入为正弦序列时，它可以表示为复指数序列的叠加，即

$$x(n)=A\sin\omega n=\frac{A}{2j}(e^{j\omega n}-e^{-j\omega n})=$$

$$\frac{A}{2j}e^{j\omega n}-\frac{A}{2j}e^{-j\omega n}$$

输出响应为上式右端两项响应的叠加。对于$\frac{A}{2j}e^{j\omega n}$的响应$y_1(n)$为

$$y_1(n)=H(e^{j\omega})\frac{A}{2j}e^{j\omega n}$$

而对于$\frac{A}{2j}e^{-j\omega n}$的响应$y_2(n)$为

$$y_2(n)=\sum_{m=-\infty}^{\infty}h(m)\frac{A}{2j}e^{-j(n-m)\omega}=$$

$$\left[\sum_{m=-\infty}^{\infty}h(m)e^{j\omega m}\right]\frac{A}{2j}e^{-j\omega n}=$$

$$H(e^{-j\omega})\frac{A}{2j}e^{-j\omega n}$$

考虑到$h(n)$为实序列，$H(e^{j\omega})$与$H(e^{-j\omega})$为共轭复数，则

$$\sum_{m=-\infty}^{\infty}h(m)e^{jm\omega}=H(e^{-j\omega})=|H(e^{j\omega})|e^{-j\phi(\omega)}$$

故总的响应$y(n)$为

$$y(n)=y_1(n)-y_2(n)=$$

$$\frac{A}{2j}\{|H(e^{j\omega})|e^{j[\omega n+\phi(n)]}-|H(e^{j\omega})|e^{-j[\omega n+\phi(n)]}\}=$$

$$A|H(e^{j\omega})|\cdot\left(\frac{1}{2j}\right)\{e^{j[\omega n+\phi(n)]}-e^{-j[\omega n+\phi(n)]}\}=$$

$$A|H(e^{j\omega})|\sin[\omega n+\phi(\omega)] \tag{7.87}$$

由式(7.87)可见，当离散系统输入为正弦序列时，稳态响应也是同频率的正弦序列，其幅度和相位的变化将取决于系统的频率响应$H(e^{j\omega})$。由上述输入序列$\sin\omega n$频率响应的导出过程，令正弦序列为更一般的正弦序列，表示为

$$x(n)=A\sin(n\omega+\theta_1)$$

则

$$y(n)=B\sin(n\omega+\theta_2)$$

有

$$\frac{B}{A}=|H(e^{j\omega})| \tag{7.88}$$

$$\theta_2-\theta_1=\phi(\omega) \tag{7.89}$$

上式说明：输入的正弦序列通过系统后，其幅度衰减程度(输出与输入信号的幅度比)等于幅频响应$|H(e^{j\omega})|$的值，而相移则取决于相频响应$\phi(\omega)$的值，如图7.13所示。

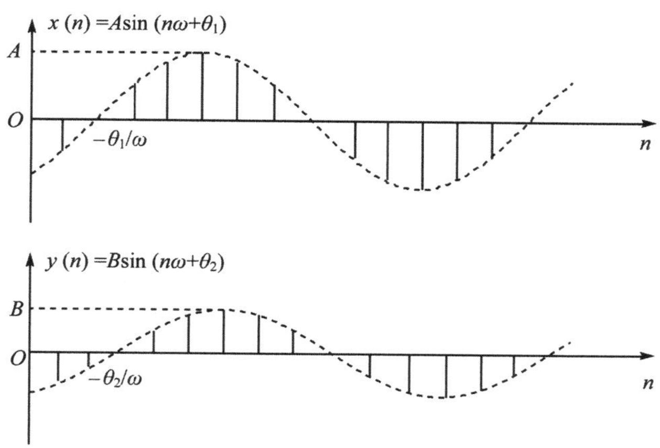


**图 7.13　离散系统频率响应的物理意义**

由于 $e^{j\omega}$ 是以 $2\pi$ 为周期的周期函数，所以离散系统的频率响应 $H(e^{j\omega})$ 以及幅频和相频都是以 $2\pi$ 为周期的周期函数，这是离散系统与连续系统的一个显著区别。

**3. 频率响应的几何确定法**

离散系统的频率响应除了可以根据定义直接求解外，还可以根据 $H(z)$ 的零、极点分布，用几何方法直观地确定。在以下计算中，几何量 $\boldsymbol{e}^{j\omega}$、$\boldsymbol{z}$、$\boldsymbol{z}_r$、$\boldsymbol{p}_k$ 按矢量对待。

若 $H(z)$ 按零、极点分布的表示式为

$$\boldsymbol{H}(\boldsymbol{z})=\frac{\prod_{r=1}^{M}(\boldsymbol{z}-\boldsymbol{z}_r)}{\prod_{k=1}^{N}(\boldsymbol{z}-\boldsymbol{p}_k)}$$

则系统频响

$$\boldsymbol{H}(\boldsymbol{e}^{j\omega})=\frac{\prod_{r=1}^{M}(\boldsymbol{e}^{j\omega}-\boldsymbol{z}_r)}{\prod_{k=1}^{N}(\boldsymbol{e}^{j\omega}-\boldsymbol{p}_k)}=|\boldsymbol{H}(\boldsymbol{e}^{j\omega})|\boldsymbol{e}^{j\phi(\omega)}$$

令

$$\left.\begin{aligned}\boldsymbol{e}^{j\omega}-\boldsymbol{z}_r&=A_r\boldsymbol{e}^{j\psi_r}\\ \boldsymbol{e}^{j\omega}-\boldsymbol{p}_k&=B_k\boldsymbol{e}^{j\theta_k}\end{aligned}\right\}\tag{7.90}$$

从而幅频特性为

$$|\boldsymbol{H}(\boldsymbol{e}^{j\omega})|=\frac{\prod_{r=1}^{M}A_r}{\prod_{k=1}^{N}B_k}\tag{7.91}$$

相频特性为

$$\phi(\omega)=\sum_{r=1}^{M}\psi_r-\sum_{k=1}^{N}\theta_k\tag{7.92}$$

式中，$A_r$、$\psi_r$ 分别表示 $z$ 平面上零点 $\boldsymbol{z}_r$ 到单位圆上某点 $D=\boldsymbol{e}^{j\omega}$ 的矢量 $(\boldsymbol{e}^{j\omega}-\boldsymbol{z}_r)$ 的长度与夹角；

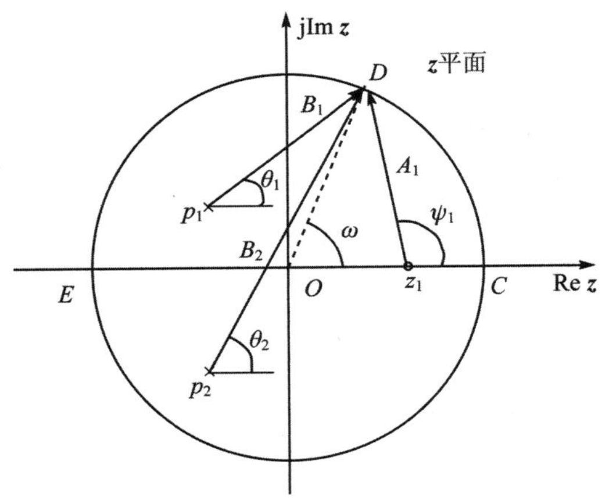


图 7.14　频率响应的几何确定法

$B_k$、$\theta_k$ 分别表示 $z$ 平面上极点 $\boldsymbol{p}_k$ 到单位圆上某点 $D=\mathrm{e}^{\mathrm{j}\omega}$ 的矢量($\mathrm{e}^{\mathrm{j}\omega}-\boldsymbol{p}_k$)的长度与夹角,如图 7.14 所示。

若单位圆上的 $D$ 点沿单位圆的圆周不断移动,即 $\omega$ 不断变化,就可由 $C$ 点的 $\omega=0$ 到 $E$ 点的 $\omega=\pi$,直至转动一周。由于离散系统的频响是周期性的,$D$ 点转动一周就可求得全部频响特性。

由图 7.14 和式(7.90)~式(7.92)可见:频响的形状与 $\boldsymbol{H}(z)$的零、极点分布有关,也就是与系统差分方程的参数有关。显然位于 $z=0$ 处零、极点对幅频特性没有影响,但影响其相频特性。另外,当 $D$ 点转到某个极点 $\boldsymbol{p}_k$ 附近时,其矢量长度 $B_k$ 最短,相应地,频率响应在该处将出现峰值。若极点 $\boldsymbol{p}_k$ 越靠近单位圆,$B_k$ 越短,则频响在峰值附近越尖锐。如果 $\boldsymbol{p}_k$ 落在单位圆上,$B_k=0$,则频响趋于无穷大,表明在这一频率点出现无耗谐振。对于零点来说,其作用与极点正好相反,当 $D$ 点转到某个零点 $\boldsymbol{z}_r$ 附近时,频响出现谷点,零点越靠近单位圆,谷点越接近于零,若零点落在单位圆上,则谷点值为零,即零点所在频率点上出现传输零点。这种几何方法能够直观地了解系统函数的零、极点分布对系统特性的影响,对于系统分析与设计有重要意义。

**例 7.16**　有一离散系统的差分方程为

$$y(n)=b_1y(n-1)+x(n) \qquad (0<b_1<1)$$

并约定为因果系统,试求这一系统的频率响应及相应特性,并与对应的一阶模拟系统作比较。

**解:** 一阶的离散系统框图与对应的模拟系统分别如图 7.15、图 7.16 所示,并将两个系统的频响及相应的特性作如下比较。

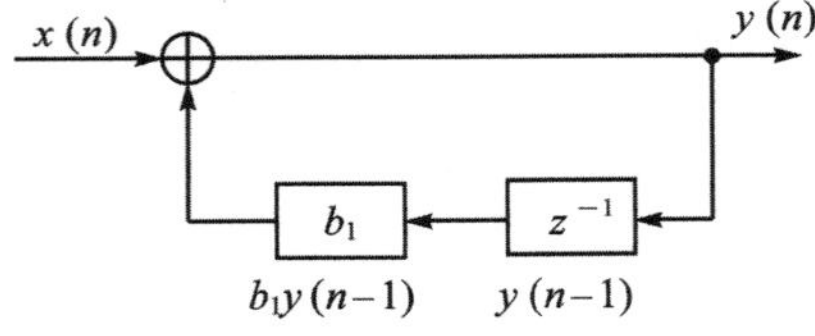


图 7.15　一阶离散系统框图

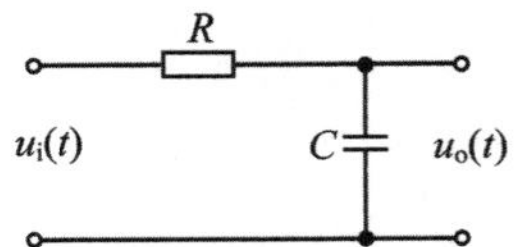


图 7.16　一阶模拟系统原理图

数学模型:$y(n)=b_1y(n-1)+x(n)$　　　$RC\dfrac{\mathrm{d}u_o(t)}{\mathrm{d}t}+u_o(t)=u_i(t)$

系统函数:$H(z)=\dfrac{1}{1-b_1z^{-1}}=\dfrac{z}{z-b_1}\quad (|z|>b_1)$　　　$H_a(s)=\dfrac{1}{1+\tau s}\quad \tau=RC$

有一极点 $p_1=b_1$　　　有一极点 $s_1=-1/\tau$

抽样(冲激)响应:$h(n)=b_1^n u(n)$　　　$h_a(t)=\dfrac{1}{\tau}\mathrm{e}^{-\frac{t}{\tau}}u(t)$

频率响应:$H(\mathrm{e}^{\mathrm{j}\omega})=H(z)\big|_{z=\mathrm{e}^{\mathrm{j}\omega}}=\dfrac{1}{1-b_1\mathrm{e}^{-\mathrm{j}\omega}}$　　　$H_a(\mathrm{j}\Omega)=\dfrac{1}{1+\mathrm{j}\tau\Omega}$

$$=\frac{1}{(1-b_1\cos\omega)+\mathrm{j}b_1\sin\omega}$$

幅频特性：$|H(\mathrm{e}^{\mathrm{j}\omega})|=\dfrac{1}{\sqrt{1+b_1^2-2b_1\cos\omega}}$

相频特性：$\phi(\omega)=-\arctan\left(\dfrac{b_1\sin\omega}{1-b_1\cos\omega}\right)$

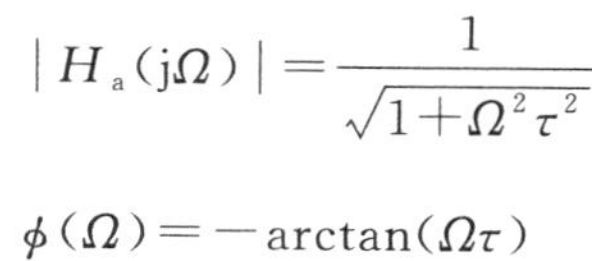

$$|H_{\mathrm{a}}(\mathrm{j}\Omega)|=\frac{1}{\sqrt{1+\Omega^2\tau^2}}$$

$$\phi(\Omega)=-\arctan(\Omega\tau)$$

上述特性的图形如图 7.17 所示。

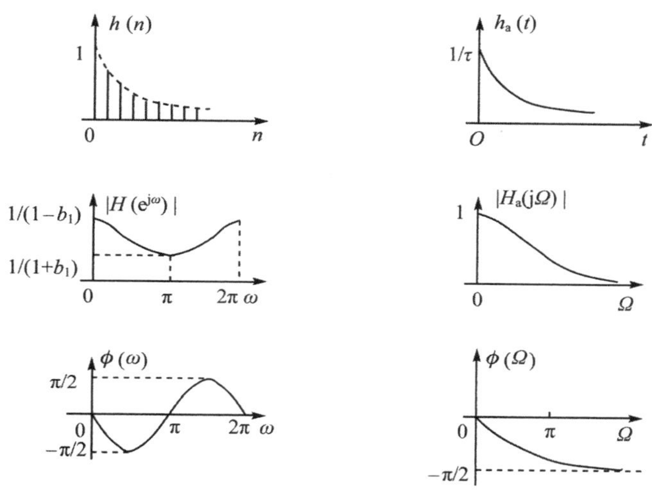


**图 7.17　一阶离散系统和模拟系统特性的比较**

根据上述的分析和特性图形的对比可见，离散系统与模拟系统在特性上的相似性如下：

① 在时域上，当 $b_1=\mathrm{e}^{-\frac{T}{\tau}}$ 时，有 $h(n)=\mathrm{e}^{-\frac{nT}{\tau}}u(n)$，相当于 $h_{\mathrm{a}}(t)$ 的抽样序列，是两种系统在时域上的模仿。

② 在频域上，从频响看，一阶数字系统在 $\omega=0\sim\pi$ 一段的频响与模拟系统在 $\Omega=0\sim\infty$ 一段的频响有相似之处，可以互相模仿。

从硬件结构上看，可以用一些加法器、乘法器、延时器等数字模块组成的离散系统来模仿 RC 模拟硬件组成的模拟系统的性能，这也正是数字仿真及某些数字滤波器设计的理论依据。

**例 7.17**　有一个二阶离散系统差分方程为

$$y(n)+b_1y(n-1)+b_2y(n-2)=a_1x(n-1)$$

$$0<b_2<1,\qquad b_1^2-4b_2<0$$

试求系统的各项特性。

**解：**由差分方程，可得系统函数为

$$H(z)=\frac{a_1z^{-1}}{1+b_1z^{-1}+b_2z^{-2}}\qquad(|z|>r)$$

由于 $b_1^2-4b_2<0$，因而 $H(z)$ 具有一对共轭极点 $p_1$、$p_2$（记为 $p_{1,2}$），若设 $r$ 是 $p_{1,2}$ 的模，即

$$p_{1,2}=r\mathrm{e}^{\pm\mathrm{j}\theta}$$

$$H(z)=\frac{a_1z^{-1}}{(1-r\mathrm{e}^{\mathrm{j}\theta}z^{-1})(1-r\mathrm{e}^{-\mathrm{j}\theta}z^{-1})}$$

$$r^2 = b_2$$

$$2r\cos\theta = -b_1$$

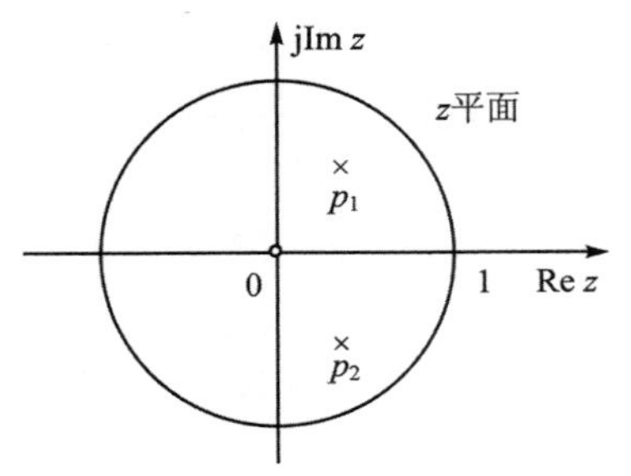


**图 7.18 例 7.17 二阶离散系统 $H(z)$零、极点分布**

$H(z)$在 $z=0$ 处有一零点,其零、极点分布如图 7.18 所示。

将 $H(z)$展成部分分式可得

$$H(z) = \frac{1}{2\mathrm{j}}\,\frac{a_1}{r\sin\theta}\left(\frac{1}{1-r\mathrm{e}^{\mathrm{j}\theta}z^{-1}} - \frac{1}{1-r\mathrm{e}^{-\mathrm{j}\theta}z^{-1}}\right)$$

对 $H(z)$作反变换,可得单位抽样响应为

$$h(n) = \frac{1}{2\mathrm{j}}\,\frac{a_1}{r\sin\theta}(r^n\mathrm{e}^{\mathrm{j}n\theta} - r^n\mathrm{e}^{-\mathrm{j}n\theta})u(n) = \frac{a_1 r^{n-1}}{\sin\theta}\sin(n\theta)u(n)$$

由于 $r<1$,极点在单位圆内,$h(n)$为衰减振荡序列,故系统是稳定的。其图形如图 7.19(a)所示。

系统的频率响应为

$$H(\mathrm{e}^{\mathrm{j}\omega}) = \frac{a_1\mathrm{e}^{-\mathrm{j}\omega}}{1+b_1\mathrm{e}^{-\mathrm{j}\omega}+b_2\mathrm{e}^{-\mathrm{j}2\omega}}$$

其$|H(\mathrm{e}^{\mathrm{j}\omega})|$的曲线图形如图 7.19(b)所示。若用频响的几何确定法来分析,也是相符的。

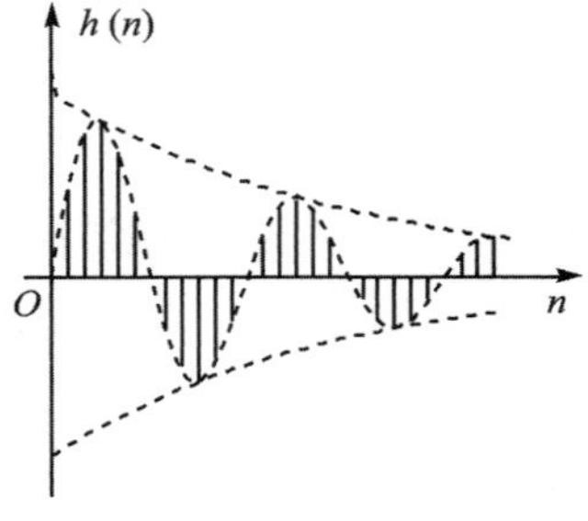


(a) $h(n)$ 为衰减振荡序列

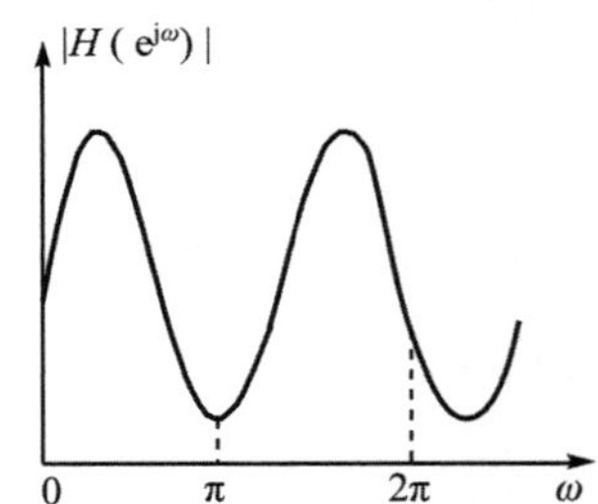


(b) 频率响应

**图 7.19 二阶离散系统特性**

根据这一离散系统的差分方程可以作出其系统的结构图,如图 7.20 所示。它的各项特性与二阶 $R$、$C$(或 $R$、$C$、$L$)组成的模拟网络相似。

上述两个例题,其系统的单位抽样响应 $h(n)$都是无限长序列,为“无限冲激响应系统”,记为 IIR 系统。还有另外一种 $h(n)$是有限长序列,通常称为“有限冲激响应系统”,记为 FIR 系统。这两个概念前面已经提到,在数字滤波器中也经常会用到。下面通过一个具体例子对 FIR 系统作一简要介绍。

**例 7.18** 试求下列差分方程表示的离散系统的基本特性。

$$y(n) = x(n) + ax(n-1) + a^2x(n-2) + \cdots + a^{M-1}x(n-M+1) \qquad (0<a<1)$$

**解:** 设输入为 $x(n)=\delta(n)$时,输出即为 $y(n)=h(n)$,则

$$h(n) = \delta(n) + a\delta(n-1) + a^2\delta(n-2) + \cdots + a^{M-1}\delta(n-M+1)$$

或

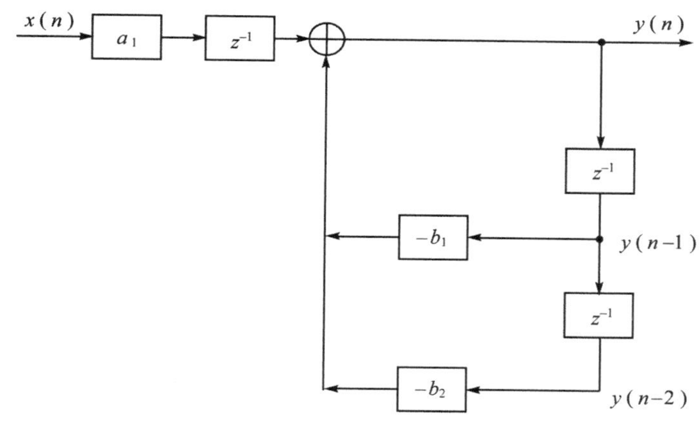


**图 7.20　二阶离散系统结构图**

$$h(n)=\begin{cases}a^n & (0\leqslant n\leqslant M-1)\\ 0 & (\text{其他})\end{cases}$$

可见单位抽样响应 $h(n)$ 只有 $M$ 个序列值，这里的 $h(n)$ 相当于例 7.17 中的 $h(n)$ 截尾得到的。

$$H(z)=\sum_{n=0}^{M-1}a^n z^{-n}=\frac{1-a^M z^{-M}}{1-az^{-1}}=\frac{z^M-a^M}{z^{M-1}(z-a)}\qquad(|z|>0)$$

如 $a$ 为正实数，由上式，$H(z)$ 的零点为

$$z_k=a\mathrm{e}^{\mathrm{j}\frac{2\pi}{M}k}\qquad(k=0,1,\cdots,M-1)$$

这些零点分布在 $|z|=a$ 的圆上，并对圆周进行了 $M$ 等分。它的第一个零点 $z=a$ 正好与同位置的极点相抵消，因此 $H(z)$ 应有 $M-1$ 个零点，以及在 $z=0$ 处有一个 $M-1$ 阶极点，系统的频率响应为

$$H(\mathrm{e}^{\mathrm{j}\omega})=\frac{1-a^M\mathrm{e}^{-\mathrm{j}M\omega}}{1-a\mathrm{e}^{-\mathrm{j}\omega}}$$

当 $M=8$，$h(n)=(0.9)^n$ 时，通过 MATLAB 编程，可绘制出其频响等各项特性，如图 7.21 所示。由图可见，除 $\omega=0$ 处外，在其他零点附近均出现谷点，这很容易由几何确定法加以验证。当 $M$ 无限增大时，波纹趋于平滑，并最终趋于例 7.17 中的频响特性。根据它的差分方程，可以画出它的系统结构图，表示在图 7.22 中，这是一个由 $M-1$ 节延时单元级联而成的延时链，并通过其 $M$ 个抽头加权后相加组成，这种结构称为横向结构。该系统的零、极点分布如图 7.23 所示。

```
%Exampe 7.18 MATLAB Program
%画出单位响应 h(n)
clear;
n=0:7;
hn=(0.9).^n;
subplot(3,1,1);
stem(n,hn,'k')
```

```
xlabel('n');ylabel('h(n)');
%画出频率响应(幅频和相频)
k=0:200;w=(pi/100)*k;
Hew=hn*(exp(-j*pi/100).^(n'*k));
mag_H=abs(Hew);ang_H=angle(Hew);
subplot(3,1,2);plot(w/pi,mag_H,'k');
xlabel('w');ylabel('H(w)');
subplot(3,1,3);plot(w/pi,ang_H/pi,'k');
xlabel('w');ylabel('\Phi');
```

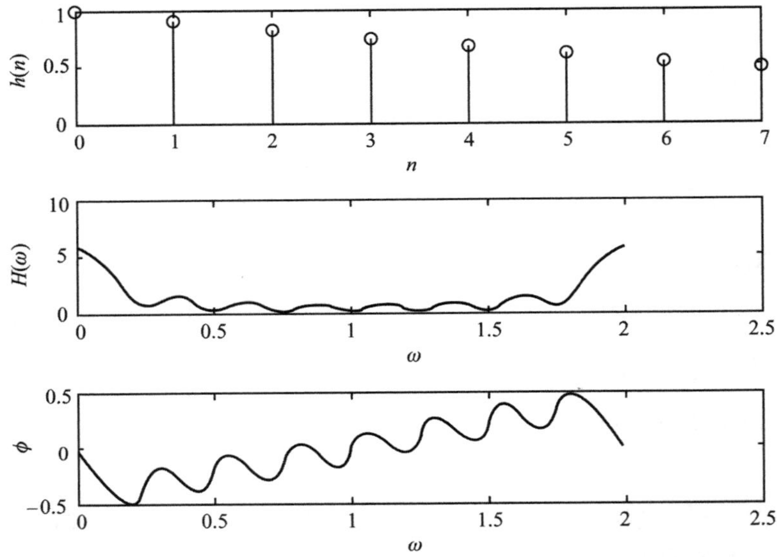


**图 7.21　例 7.18 系统频率响应等特性**

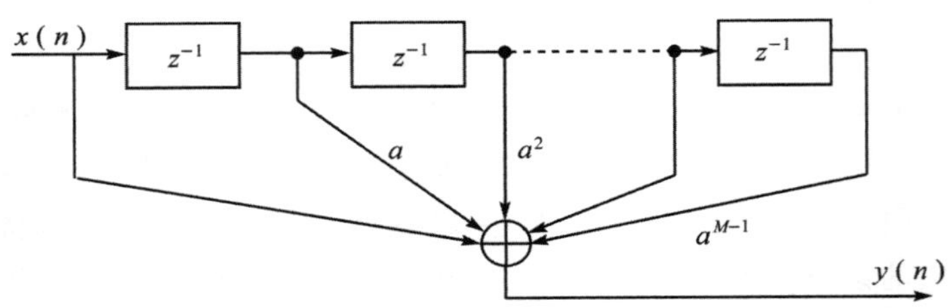


**图 7.22　FIR 系统横向结构图**

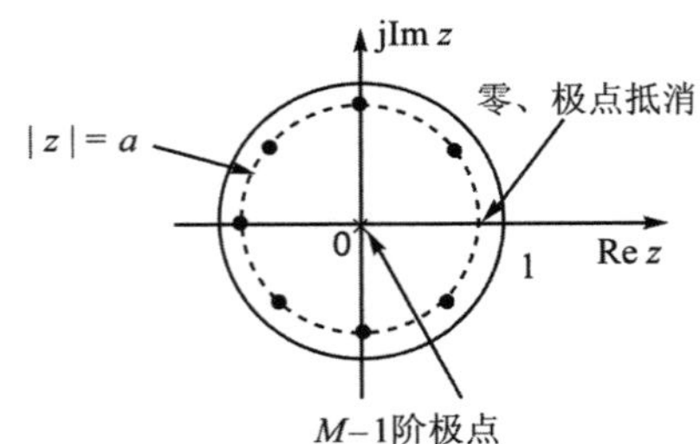


**图 7.23　$M=8$ 的 FIR 系统零、极点分布**

## 本章小结

本章介绍了 $z$ 变换的定义和性质，$z$ 反变换、$z$ 变换与傅里叶变换、拉普拉斯变换之间的关系，离散系统及其求解。

① 一个信号 $z$ 变换的收敛域取决于信号为左边信号还是右边信号。

② 利用 $z$ 变换对照表以及 $z$ 变换的性质，可以求得几乎任何具有工程意义的信号的 $z$ 正变换和反变换。

③ 由常系数线性差分方程描述的系统的传递函数是关于 $z$ 的多项式之比，系统可以通过传递函数直接实现。

④ $z$ 变换可用于确定离散时不变系统的传递函数，而传递函数可以用于求解离散时间LTI系统在任意激励下的响应。

⑤ 单边 $z$ 变换经常用于解决实际问题，因为它不需要考虑收敛域的问题，因此，比双边 $z$ 变换简单。

## 思考与练习题

**7.1** "序列的 $z$ 变换肯定存在收敛域，只是收敛域有圆内域、圆外域或圆环域之分。"这种说法对吗？为什么？

**7.2** 说明数字角频率和模拟角频率的物理意义，并指出它们的区别。

**7.3** 画出序列 $x(n)=\delta(n)+\delta(n-1)-\frac{1}{2}\delta(n-3)$ 的图形，并求其 $z$ 变换，指出其收敛域。

**7.4** 确定下列序列的 $z$ 变换及其收敛域：

(1) $\left(\frac{1}{2}\right)^n u(n)$　　(2) $-\left(\frac{1}{2}\right)^n u(-n-1)$　　(3) $\left(\frac{1}{2}\right)^n u(-n)$

**7.5** 求双边序列 $x(n)=\frac{1}{2}^{|n|}$ 的 $z$ 变换及其收敛域，画出序列及其收敛域图形。

**7.6** 直接写出 $z$ 变换 $X(z)=-2z^{-2}+2z+1(0<|z|<\infty)$ 所对应的序列。

**7.7** 画出 $X(z)=\frac{-3z^{-1}}{2-5z^{-1}+2z^{-2}}$ 的零极点图。在以下3种收敛域下，哪一种是左边序列、右边序列或双边序列，并求出其对应序列。

(1) $|z|>2$　　(2) $|z|<0.5$　　(3) $0.5<|z|<2$

**7.8** 利用3种逆 $z$ 变换方法求 $X(z)=\frac{10z}{(z-1)(z-2)}(|z|>2)$ 的反变换。

**7.9** 用部分分式法求 $X(z)=\frac{4z^2+\frac{5}{2}z-1}{z^2+\frac{3}{2}z-1}\left(\frac{1}{2}<|z|<2\right)$ 的反变换。

**7.10** 若 $y(n)=\left(\frac{1}{16}\right)^n u(n)$，试确定两个不同的序列，每个序列都有其 $z$ 变换，并且满足：

(1) $Y(z^2)=\frac{1}{2}[X(z)+X(-z)]$;(2) 在 $z$ 平面内,$X(z)$仅有一个极点和一个零点。

**7.11** 应用长除法求下列 $z$ 反变换:

(1) $X_1(z)=\frac{z^2}{(z-1)(z-2)}\quad(|z|>2)$ (2) $X_2(z)=\frac{z^2}{(z-1)(z-2)}\quad(|z|<1)$

**7.12** 设 $x(n)=a^n u(n)(0<a<1)$,$y(n)=u(n)-u(n-N)$,用时域卷积定理求 $\omega(n)=x(n)*y(n)$。

**7.13** 利用卷积定理求 $y(n)=x(n)*h(n)$。

(1) $x(n)=a^n u(n),h(n)=b^n u(-n)$;

(2) $x(n)=a^n u(n),h(n)=\delta(n-2)$;

(3) $x(n)=a^n u(n),h(n)=u(n-1)$。

**7.14** 试用 MATLAB 语言编程计算 $X(z)=\frac{z^2+z}{z^3-2z^2+2z-1}$所对应的右边序列。

**7.15** 用 $z$ 变换法求解题 5.10 中的差分方程。

**7.16** 用单边 $z$ 变换解下列差分方程:

(1) $y(n+2)+\frac{5}{6}y(n+1)+\frac{1}{6}y(n)=u(n),y(0)=1,y(1)=2$;

(2) $y(n)+5y(n-1)=nu(n),y(-1)=0$;

(3) $y(n)+2y(n-1)=(n-2)u(n),y(0)=1$。

**7.17** 已知一个线性非移变因果系统,用差分方程 $y(n)=\frac{3}{4}y(n-1)-\frac{1}{8}y(n-2)+x(n)$描述,求

(1) 系统函数 $H(z)$;

(2) 单位抽样响应 $h(n)$。

**7.18** 已知一个线性非移变系统的输入为

$$x(n)=\left(\frac{1}{2}\right)^n u(n)+2^n u(-n-1)$$

输出为

$$y(n)=6\left(\frac{1}{2}\right)^n u(n)-6\left(\frac{3}{4}\right)^n u(n)$$

求系统函数 $H(z)$,并判断系统是否为稳定和因果系统。

**7.19** 由下列差分方程画出它所代表的离散系统结构图,并求系统函数 $H(z)$和单位抽样响应 $h(n)$。

(1)$3y(n)-6y(n-1)=x(n)$;

(2)$y(n)=x(n)-5x(n-1)+8x(n-3)$;

(3)$y(n)-\frac{1}{2}y(n-1)=x(n)$;

(4)$y(n)-5y(n-1)+6y(n-2)=x(n)-3x(n-2)$。

**7.20** 已知系统函数 $H(z)=\frac{z}{z-k}$,$k$ 为常数。

（1）写出对应的差分方程；

（2）画出系统结构图；

（3）求系统的频率响应，并画出 $k=0$、0.5、1 三种情况下的幅度响应和相位响应。

**7.21**　用计算机对测量随机数据 $x(n)$ 进行平均处理，当收到一个测量数据后，计算机就把这一次输入数据与前三次输入数据进行平均，试求这一运算过程的频率响应。

**7.22**　已知线性非移变离散系统为

$$y(n)-\frac{1}{2}y(n-1)=x(n)+\frac{1}{2}x(n-1)$$

（1）求系统的频率响应 $H(e^{j\omega})$；

（2）求系统的单位抽样响应 $h(n)$；

（3）求输入 $x(n)=\cos\frac{\pi}{2}n$ 时的系统响应 $y(n)$。

# 第 8 章　滤波器分析与设计

**基本内容：**

- 模拟滤波器的设计及实现
- 数字滤波器的基本概念
- IIR 数字滤波器设计
- FIR 数字滤波器设计
- 数字滤波器的实现

信号处理最广泛的应用是滤波，当有用信号中混有噪声（或干扰）时，根据有用信号与噪声不同的特性，抑制不需要的噪声或干扰，获得或提取出有用信号的过程称为滤波，实现滤波的装置为滤波器。

滤波器是以特定方式改变信号的频率特性而实现信号变换的系统，可以利用它所具有的特定传输特性实现有用信号与噪声信号的有效分离。滤波器的种类很多，从不同角度可以得到不同的划分类型。总的说来，滤波器可分为经典滤波器和现代滤波器两大类。经典滤波器是假定输入信号中的有用信号和希望去掉的噪声信号具有不同的频带，这样可通过设计具有合适频率特性的滤波器，消减输入信号中无用的噪声信号。但若有用信号和噪声信号的频谱相互混叠，那么经典滤波器就无能为力了。经典滤波器具有通带和阻带，常见的分类方式有三种，如图 8.1 所示。现代滤波器如维纳滤波、卡尔曼滤波等，通常把信号和噪声都视为随机信号，可通过一定的准则得出它们统计特征的最佳估值算法，并从含有噪声的信号中估计出信号的某些特征或信号本身，然后利用硬件或软件实现这些算法。本章主要讨论经典滤波器，现代滤波器会在本书最后一章进行简介。

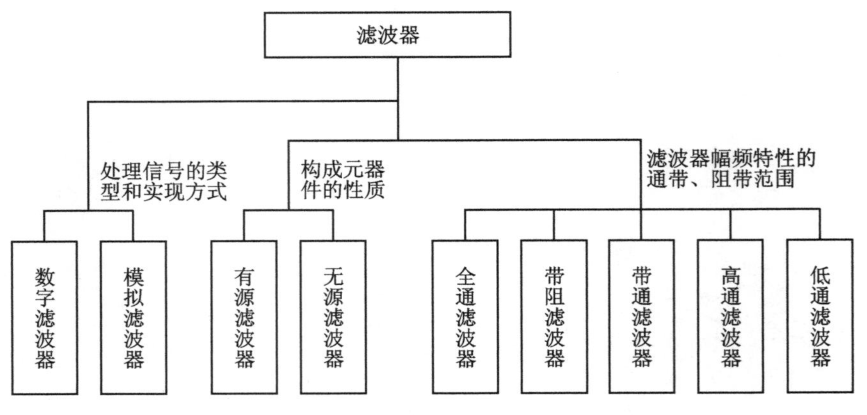


**图 8.1　经典滤波器的分类**

在经典滤波器中，数字滤波与模拟滤波两者信号处理的目的是相同的，但被处理的信号类型和实现的技术不同。数字滤波，其输入、输出均为离散时间信号，可以通过一定运算关系改

变输入信号所含频率成分的相对比例或者滤除某些频率成分。而模拟滤波与数字滤波不同，输入、输出均为模拟(连续)信号。数字滤波器相对模拟滤波器而言具有精度高、稳定性好、设计灵活并能进行多维处理的特点。一般可以认为，数字滤波器是由一系列滤波器系数定义的方程，由这些方程确定算法并编制出滤波程序，处理器执行滤波程序，接收并处理原始数据，输出经滤波的数据，因此数字滤波器的“器”，不具有通常硬件结构上的意义，体现的是软件形式。因此，数字滤波器所需要的硬件支持通常是指通用的处理器，数字滤波程序可在任何微处理器上实现，但最有效的处理器之一是数字信号处理器 DSP。目前，数字滤波器越来越广泛地应用于解决工程实际问题，例如：数字音响、语音处理、图像处理、通信、消噪、数据压缩、频率合成、过载检测、相位检测和相关检测等。当然，数字滤波器也有其局限性，例如速度不够高，有些情况下无法满足实时性要求，不适宜处理很高频率的信号，因此某些场合仍需要利用模拟滤波器来完成信号的处理。

## 8.1　模拟滤波器的基本概念及其设计方法

在测控系统中，模拟滤波器是其重要部件之一，同时也是学习数字滤波器必不可少的基础之一。本节主要介绍它的基本概念和一般的设计方法。

### 8.1.1　基本概念

模拟滤波器处理的输入、输出信号均为模拟信号，为线性时不变模拟系统，它又分成两类：由运算放大器、电阻 $R$ 和电容 $C$ 构成的有源滤波器以及由 $R$、$C$ 或电感 $L$ 构成的无源滤波器。下面以一个基本的 RC 无源网络构成的低通滤波器为例(参见图 8.2，并与概论中的有源滤波器的例子对照)，介绍其滤波的工作原理。

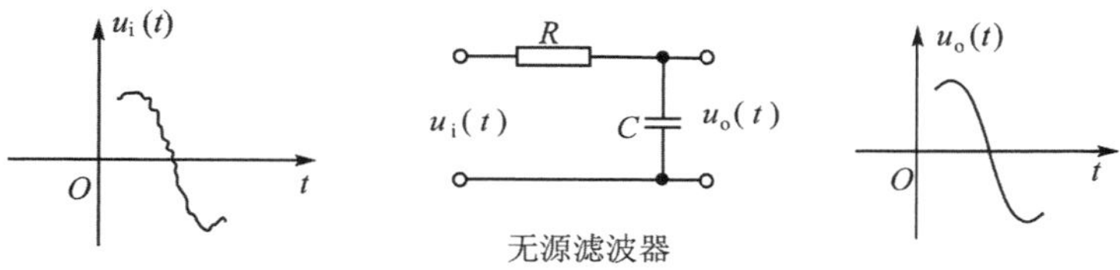


**图 8.2　低通滤波器工作原理**

图 8.2 中，输入电压 $u_i(t)$ 是一含有高频噪声的信号，通过 RC 低通滤波器后，高频分量(噪声)受到抑制，得不到输出，只输出有用的并且比较光滑的低频信号 $u_o(t)$。下面通过计算来分析这个结果。由图 8.2 可列出 RC 网络的微分方程为

$$RC\frac{\mathrm{d}u_o(t)}{\mathrm{d}t}+u_o(t)=u_i(t)$$

对上式进行拉氏变换，并整理后可得滤波器的传递函数为

$$H(s)=\frac{U_o(s)}{U_i(s)}=\frac{1}{1+sRC}$$

以 $s=\mathrm{j}\,\Omega$ 代入上式可得滤波器的频率响应为

$$H(\mathrm{j}\Omega)=\frac{U_o(\mathrm{j}\Omega)}{U_i(\mathrm{j}\Omega)}=\frac{1}{1+\mathrm{j}\Omega RC}$$

从而可得到其幅频特性和相频特性为

$$\begin{cases}|H(\mathrm{j}\Omega)|=\dfrac{1}{\sqrt{1+\Omega^2R^2C^2}}\\ \phi(\Omega)=-\arctan \Omega RC\end{cases}$$

把上式用曲线表示,如图8.3所示。

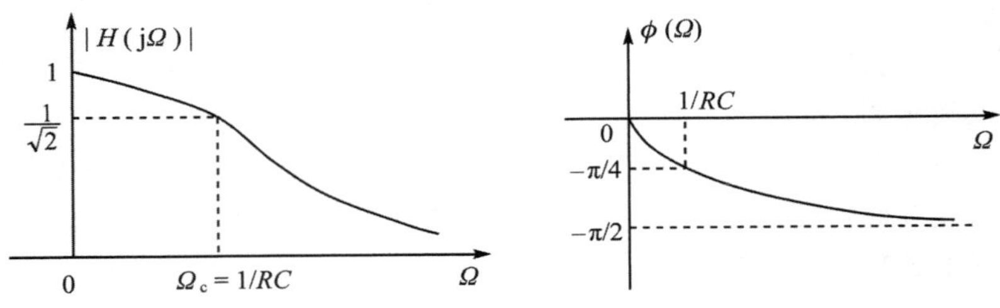


**图8.3　低通滤波器幅频和相频特性**

由图8.3可见,图中有一个特征频率$\Omega_c=1/RC$,称为滤波器的截止频率。当$\Omega<\Omega_c$时,$|H(\mathrm{j}\Omega)|$具有相对较大的幅值,表明允许低频信号通过;而当$\Omega>\Omega_c$时,$|H(\mathrm{j}\Omega)|$值相对减小,高频部分的信号随频率的增高受到抑制,衰减较大,表明RC网络不允许高频信号通过,被过滤掉。由相频特性可知,通过的低频信号相对原输入信号有一定相移。

可以认为,一般模拟滤波器的系统如图8.4所示,是一线性移不变系统。

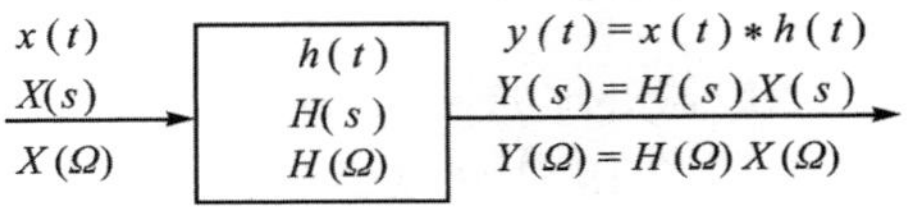

x(t)　X(s)　X(Ω) → [h(t)　H(s)　H(Ω)] → y(t)=x(t)∗h(t)　Y(s)=H(s)X(s)　Y(Ω)=H(Ω)X(Ω)

**图8.4　模拟滤波器系统框图**

滤波器的传输特性可分别采用频域和时域的表达式来表示。系统特征在频域上可以用系统函数$H(s)$或频率响应$H(\Omega)$来表示,在时域上可用滤波器的单位冲激响应$h(t)$表示。图8.4中,$x(t)$为输入信号,$X(s)$、$X(\Omega)$为其拉氏变换和频谱,$y(t)$为输出信号,$Y(s)$、$Y(\Omega)$为其拉氏变换和频谱,通过滤波器处理后,其输入和输出信号之间具有如下关系:

$$y(t)=\int_{-\infty}^{\infty}x(\tau)h(t-\tau)\mathrm{d}\tau=x(t)*h(t) \tag{8.1}$$

$$Y(s)=H(s)\,X(s) \tag{8.2}$$

$$Y(\Omega)=H(\Omega)X(\Omega) \tag{8.3}$$

模拟滤波器是现代测控系统中的重要部件。在传感器的输出信号中,常常存在着多余的信号分量,例如旋转机械的振动监控系统中,传感器测得的振动信号往往波形非常复杂,其中含有多种频率成分,既有代表其主轴振动频率的主振信号,也有代表其他部件振动的信号分量。这时,可以采用选频滤波器过滤出主振信号,经变换放大后显示,以监控旋转机械的主轴振动情况。另外,在有些传感器测试电路中,如交流载波电桥、调频测量电路和脉宽调制电路等,输出信号是一个受被测量调制的交变信号,信号解调后必须进行滤波,才能获得所需的信号。

在数字式测控系统中,模拟滤波器也是重要的组成部件。在A/D转换前,常常需要设置一个模拟滤波器进行预滤波以限制信号带宽,去掉高于1/2抽样频率以上的高频分量,防止频谱混叠现象的发生,称为抗混叠滤波器或预抽样滤波器(这在第3章抽样定理中已经作过介

绍)。在 D/A 转换器后,常常串接一个模拟低通滤波器来抑制高频分量,使阶梯状波形变成平滑的模拟信号输出。

模拟滤波器同时也是学习数字滤波器的基础,有一类数字滤波器(无限冲激响应数字滤波器)实际上是对相应模拟滤波器的模仿。下面先介绍滤波器的一些基本概念和模拟滤波器一般的设计方法。

### 8.1.2　信号通过线性系统无失真传输的条件

一个理想滤波器的特性应保证完全抑制信号的无用部分,而使输入信号中的有用信号成分无失真地输出。为此,先来研究信号无失真传输的条件,得出理想滤波器应当具有的特性,然后确定实际滤波器逼近理想滤波器的特性。

所谓信号无失真传输是指:输入信号通过系统后,输出信号的幅度是输入信号的比例放大,在出现的时间上允许有一定滞后,但没有波形上的畸变,如图 8.5 所示。

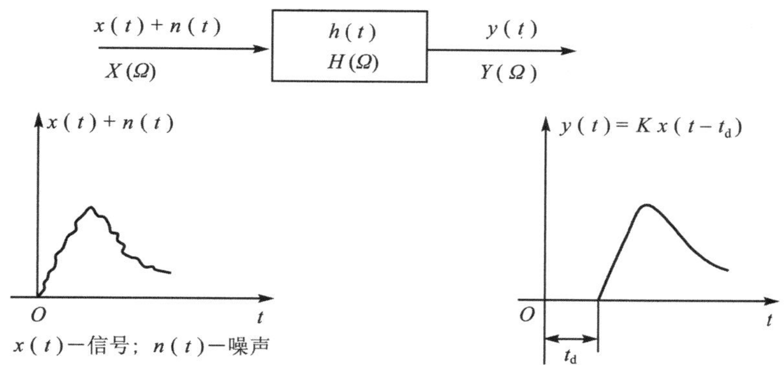


**图 8.5　无失真传输时输入、输出信号的波形**

因而,输入信号 $x(t)$ 与输出信号 $y(t)$ 之间的关系为

$$y(t)=K\,x(t-t_{\mathrm{d}}) \tag{8.4}$$

式(8.4)为无失真传输的时域条件。下面再来看对应的频域条件。对式(8.4)两边作傅里叶变换,并根据傅里叶变换的延时特性,可得输出与输入信号的频谱关系为

$$Y(\Omega)=K\mathrm{e}^{-\mathrm{j}\Omega t_{\mathrm{d}}}X(\Omega) \tag{8.5}$$

从而滤波器的频率响应为

$$H(\Omega)=\frac{Y(\Omega)}{X(\Omega)}=K\mathrm{e}^{-\mathrm{j}\Omega t_{\mathrm{d}}}=|H(\Omega)|(\mathrm{e}^{\mathrm{j}\phi(\Omega)}) \tag{8.6}$$

即

$$\left.\begin{aligned}|H(\Omega)|&=K\\ \phi(\Omega)&=-\Omega t_{\mathrm{d}}\end{aligned}\right\} \tag{8.7}$$

式(8.7)即为线性系统无失真传输的频域条件:要使信号通过滤波器传输不失真,要求在信号全部频带上,幅频特性 $|H(\Omega)|$ 应为一常数,相频特性 $\phi(\Omega)$ 与频率成正比,这一条件可用图 8.6 表示。

**图8.6 无失真传输系统的幅频、相频特性**

### 8.1.3 滤波器的理想特性与实际特性

所谓滤波器的理想特性,是要求其频响特性应完全满足无失真传输的条件,并能够完全抑制无用信号。理想特性可归纳为

① 在有用信号频带内,应当是常值幅频、线性相频特性;

② 在有用信号频带外,幅频立即下降到零,相频特性如何则没有要求;

③ 特性只分为通带和阻带两个频带。

- 通带:有用信号能通过滤波器的频带;
- 阻带:无用信号受滤波器抑制的频带。

理想特性如图8.7所示,图中的$\Omega_c$为通带截止频率。

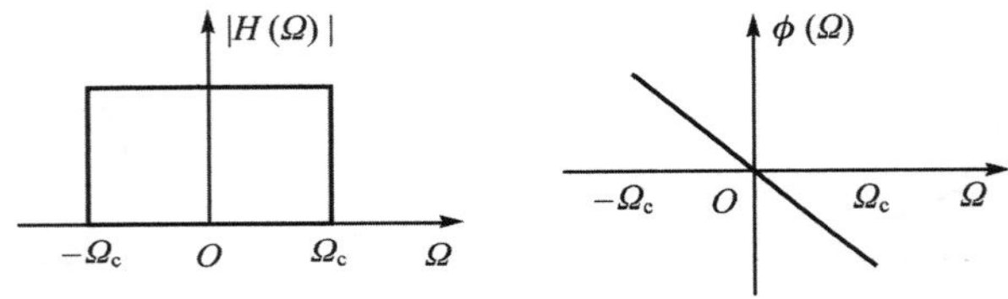


**图8.7 低通滤波器的理想特性**

根据通带和阻带位置不同,可分为4种理想滤波器的特性:低通、高通、带通、带阻,如图8.8所示。在各种情况下,通带内的相位特性均应是线性的。

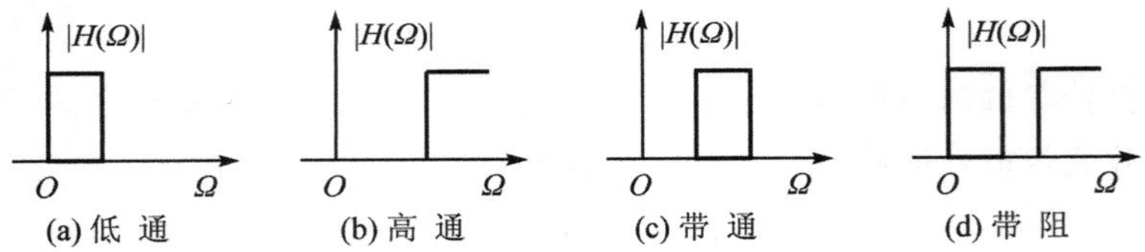


**图8.8 滤波器4种理想特性**

然而理论分析表明,一个具有理想特性的滤波器,是一个非因果系统,是物理不可实现的。下面以一个理想低通滤波器为例来说明这一点。理想低通滤波器的频率特性表示为

$$H(\Omega)=\begin{cases}K\mathrm{e}^{-\mathrm{j}\Omega t_d} & (|\Omega|\leqslant\Omega_c)\\ 0 & (|\Omega|>\Omega_c)\end{cases} \tag{8.8}$$

式中,$t_d$为延时。

下面来看理想低通滤波器的冲激响应$h(t)$。为简化起见,设$K=1$,则$h(t)$为

$$h(t)=\mathscr{F}^{-1}[H(\Omega)]=\frac{1}{2\pi}\int_{-\infty}^{\infty}\mathrm{e}^{\mathrm{j}\Omega t}\mathrm{e}^{-\mathrm{j}\Omega t_d}\mathrm{d}\Omega=$$

$$\frac{1}{2\pi}\int_{-\infty}^{\infty}\left[\cos \Omega(t-t_{\mathrm{d}})+\mathrm{j}\sin \Omega(t-t_{\mathrm{d}})\right]\mathrm{d}\Omega=$$

$$\frac{1}{\pi}\int_{0}^{\infty}\cos \Omega(t-t_{\mathrm{d}})\mathrm{d}\Omega=\frac{1}{\pi}\int_{0}^{\Omega_{\mathrm{c}}}\cos \Omega(t-t_{\mathrm{d}})\mathrm{d}\Omega=$$

$$\frac{\Omega_{\mathrm{c}}}{\pi}\frac{\sin \Omega_{\mathrm{c}}(t-t_{\mathrm{d}})}{\Omega_{\mathrm{c}}(t-t_{\mathrm{d}})} \tag{8.9}$$

画出上述时域单位冲激的输入和单位冲激响应的图形，如图 8.9 所示。

由图 8.9 可见，这种理想滤波器是不可实现的，因为它们的单位冲激响应均是非因果且是无限长的。所以，物理上可以实现的实际滤波器的特性只能是对理想特性的足够逼近，低通滤波器的实际特性如图 8.10 所示。

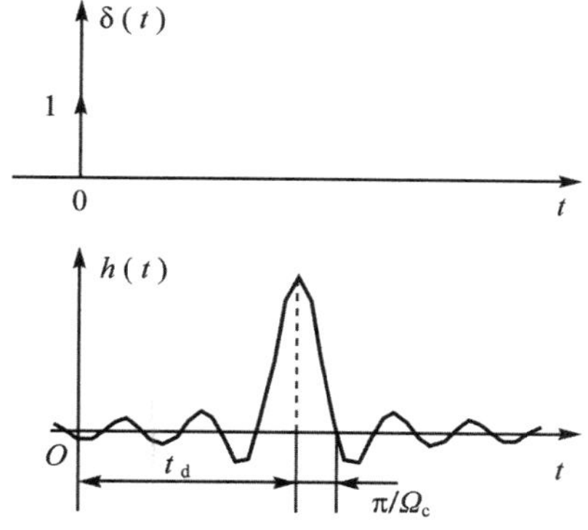


图 8.9　理想低通滤波器的冲激响应

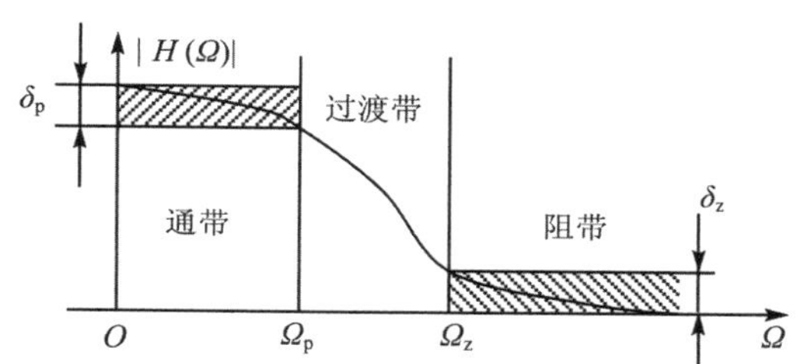


图 8.10　低通滤波器实际特性

由图 8.10 可以看出：低通滤波器的实际特性除了存在通带和阻带之外，在通带和阻带之间还设置了一个过渡带，而不是突然下降；幅频特性在通带内并不完全平直，近似于理想的常值幅频特性，与理想特性的偏差在允许的范围之内；在阻带内幅度特性也不是零值，而是衰减至所允许的偏差范围内；但对于过渡带内的幅度衰减特性一般不提要求。

图 8.10 中，$\delta_{\mathrm{p}}$ 为通带公差带；$\delta_{\mathrm{z}}$ 为阻带公差带；$\Omega_{\mathrm{p}}$ 为通带边界频率，通常定义 3 dB 带宽为通带带宽，即 $|H(\Omega)|=\frac{1}{\sqrt{2}}$ 处的频率为 $\Omega_{\mathrm{p}}$；$\Omega_{\mathrm{z}}$ 为阻带边界频率。

实际设计时，幅频特性通常以分贝（dB）值表示的谱幅度的增益 $G(\Omega)$ 或衰减 $\delta(\Omega)$ 来表示。

增益 $G(\Omega)$ 为

$$G(\Omega)=20\lg|H(\Omega)|=20\lg\left|\frac{Y(\Omega)}{X(\Omega)}\right| \tag{8.10}$$

衰减 $\delta(\Omega)$ 类似可定义为

$$\delta(\Omega)=-20\lg|H(\Omega)|=20\lg\left|\frac{X(\Omega)}{Y(\Omega)}\right| \tag{8.11}$$

图 8.10 中的 $|H(\Omega)|$ 作了归一化处理，即其最大值为 1，最小值为 0，频率趋于无穷时，$|H(\Omega)|$ 衰减至 0。

### 8.1.4 模拟滤波器的一般设计方法

模拟滤波器的设计一般包括两个方面：首先是根据设计的技术指标，即滤波器的幅频特性要求，确定滤波器的传递函数 $H(s)$；其次是设计实际网络（通常为电网络）实现这一传递函数。

幅度特性 $|H(\Omega)|$ 也可写成 $|H(\mathrm{j}\Omega)|$，而 $|H(\mathrm{j}\Omega)|$ 许多情况下不是有理函数，给设计和实现造成不便，因此，通常用幅度平方函数 $A(\Omega^2)$ 来确定传递函数 $H(s)$。所谓幅度平方函数为

$$A(\Omega^2)=|H(\mathrm{j}\Omega)|^2 \tag{8.12}$$

任意一个复数，模的平方可以表示为该复数与其共轭复数的积，即

$$|H(\mathrm{j}\Omega)|^2=H(\mathrm{j}\Omega)H^*(\mathrm{j}\Omega)$$

而对于实数多项式来说，其根只可能是实数根或共轭复数根，因此

$$H^*(\mathrm{j}\Omega)=H(-\mathrm{j}\Omega)$$

则

$$A(\Omega^2)=|H(\mathrm{j}\Omega)|^2=H(\mathrm{j}\Omega)H(-\mathrm{j}\Omega)\xrightarrow{\mathrm{j}\Omega=s}H(s)H(-s) \tag{8.13}$$

而 $H(s)$ 一般表示为具有实系数的有理函数形式，式(8.13)表明幅度平方函数 $A(\Omega^2)$ 是以 $\Omega^2$ 为变量的有理函数。显然也可以把 $A(\Omega^2)$ 表示成

$$A(\Omega^2)=A(-s^2)\big|_{s=\mathrm{j}\Omega} \tag{8.14}$$

由式(8.13)和式(8.14)可得

$$A(-s^2)=H(s)H(-s) \tag{8.15}$$

从而有

$$A(\Omega^2)\big|_{\Omega^2=-s^2}=A(-s^2)=H(s)H(-s) \tag{8.16}$$

由式(8.16)可知，当已知幅度平方函数 $A(\Omega^2)$ 时，以 $\Omega^2=-s^2$ 代入，即可得到变量 $s^2$ 的有理函数 $A(-s^2)$，然后求出其零、极点并作适当分配，分别作为 $H(s)$ 和 $H(-s)$ 的零、极点，就可以求得 $H(s)$。

后面的问题是如何分配零、极点。由 $A(-s^2)=H(s)H(-s)$ 表明，若 $H(s)$ 有一零点或极点，则 $H(-s)$ 必然有一异号但大小相等的零点或极点与其对应，因此 $A(-s^2)$ 的零、极点具有象限对称性。若 $H(s)$ 有一零点或极点在负实轴上，则 $H(-s)$ 必有一零点或极点落在正实轴上；若 $H(s)$ 有一零点或极点为 $a\pm\mathrm{j}b$（如图 8.11 中的极点 $p_2$、$p_3$ 和零点 $r_2$、$r_3$），则 $H(-s)$ 必有相应的零点或极点为 $-a\mp\mathrm{j}b$（$p'_2$、$p'_3$ 和 $r'_2$、$r'_3$），而在虚轴上的零、极点必然是二阶的（如二阶零点 $r_1(2)$、$r'_1(2)$）。上述关于 $s$ 平面上零、极点的分布状况如图 8.11 所示。图中的“×”和 $p_i$ 表示极点，“•”和 $r_j$ 表示零点，$p_i$ 和 $r_j$ 的下标 $i$、$j$ 分别表示零、极点的序号，下标相同的数字与上标符号表示相对称的一对零、极点，如 $p_1$、$p'_1$ 为一对对称极点。在 $\mathrm{j}\Omega$ 轴上零、极点处括号中的数字表示零、极点的阶次，如(2)表示二阶。

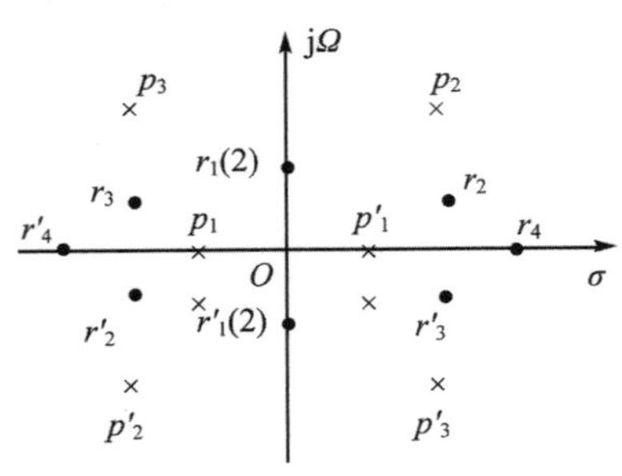

图 8.11 $H(s)$ 与 $H(-s)$ 零极点的象限对称性

如何从 $A(-s^2)$ 的零、极点分布来组合 $H(s)$ 的零、极点呢？为了使滤波器稳定，根据控制原理，其极点必须落在 $s$ 平面的左半平面，因此对于 $A(-s^2)$ 零、极点的分配，可以将所有落在左半平面的极点都属于 $H(s)$，而落在右半平面的极点都属于 $H(-s)$。而零点的选取，原则上并无这种限制，任取其中的一半零点即可，其解一般并不是唯一的。但是如果要求 $H(s)$ 是具有最小相移的传递函数，由于左半平面的零点引向虚轴 $\mathrm{j}\Omega$ 上任一点矢量的相位角(即滤波器的频率响应 $H(\mathrm{j}\Omega)$ 的相频特性情况)要比右半平面零点的小，因此零点也应全部选在左半平面，这样零点的选择也就成为唯一了。

**例 8.1**　设 $A(\Omega^2)=\dfrac{2+\Omega^2}{1+\Omega^4}$，试求 $H(s)$。

**解：**

$$A(-s^2)=A(\Omega^2)\Big|_{\Omega^2=-s^2}=\frac{2-s^2}{1+s^4}=$$

$$\frac{(\sqrt{2}-s)(\sqrt{2}+s)}{\left(s-\frac{1+\mathrm{j}}{\sqrt{2}}\right)\left(s+\frac{1+\mathrm{j}}{\sqrt{2}}\right)\left(s-\frac{1-\mathrm{j}}{\sqrt{2}}\right)\left(s+\frac{1-\mathrm{j}}{\sqrt{2}}\right)}$$

若按稳定性的要求选取极点，按最小相位条件来选取零点，则零、极点应全部选在左半平面，滤波器传递函数应为

$$H(s)=\frac{\sqrt{2}+s}{\left(s+\frac{1+\mathrm{j}}{\sqrt{2}}\right)\left(s+\frac{1-\mathrm{j}}{\sqrt{2}}\right)}$$

## 8.2　模拟滤波器的设计

前面已指出，能够物理实现的实际滤波器的幅度特性 $|H(\Omega)|$ 只能是理想特性的逼近，则实际幅度平方函数也将是对理想幅度平方函数的近似逼近函数。解决滤波器 $H(s)$ 设计的关键是要找到这种逼近函数。目前已经找到了多种逼近函数。根据所用的近似逼近函数的不同，就有相应的滤波器名称。下面介绍两种常用的滤波器，即巴特沃思滤波器和切比雪夫滤波器。

### 8.2.1　巴特沃思滤波器

巴特沃思(Butterworth)滤波器是以巴特沃思近似逼近函数作为滤波器的幅度平方函数，该函数以高阶的泰勒级数形式来逼近理想矩形特性，其幅度平方函数表示为

$$|H(\mathrm{j}\Omega)|^2=A(\Omega^2)=\frac{1}{1+\left(\frac{\Omega}{\Omega_c}\right)^{2n}} \tag{8.17}$$

式中，$n=1,2,\cdots$，为巴特沃思滤波器的阶次；$\Omega_c$ 为截止频率，$0\sim\Omega_c$ 为 3 dB 带宽，即滤波器通带宽度。当 $\Omega=\Omega_c$ 时，$|H(\Omega)|^2=1/2$，即有

$$|H(\Omega)|=\frac{1}{\sqrt{2}},\qquad \delta(\Omega_c)=-20\lg|H(\Omega)|=-20\lg\frac{1}{\sqrt{2}}=3\ \mathrm{dB}$$

巴特沃思滤波器的幅度平方函数具有下列特点：

由式(8.17)，利用二项式定理，将$|H(\Omega)|$按幂级数展开为

$$|H(\Omega)|=\left[1+\left(\frac{\Omega}{\Omega_c}\right)^{2n}\right]^{-\frac{1}{2}}=$$

$$1-\frac{1}{2}\left(\frac{\Omega}{\Omega_c}\right)^{2n}+\frac{3}{8}\left(\frac{\Omega}{\Omega_c}\right)^{4n}-\frac{5}{16}\left(\frac{\Omega}{\Omega_c}\right)^{6n}+\frac{35}{128}\left(\frac{\Omega}{\Omega_c}\right)^{8n}-\cdots$$

由上式不难看出：在$\Omega=0$处，其幅度平方函数的前$2n-1$阶的导数全部为零，所以在$\Omega=0$附近的低频范围，具有最大平坦幅度特性，因此也称为“最大平坦幅度特性滤波器”。

通带和阻带内的函数是单调下降的。

取任意阶次$n$，其带宽都相等，均通过幅度平方函数下降1/2的频率$\Omega_c$处，即3 dB点。其幅度平方函数随$\Omega$变化的曲线如图8.12(a)所示。阶次愈高，特性愈接近矩形。

传递函数$H(s)$无零点。它的极点由式(8.16)和式(8.17)，有

$$A(-s^2)=H(s)H(-s)=A(\Omega^2)\big|_{\Omega^2=-s^2}=$$

$$\frac{1}{1+\left(\frac{-s^2}{\Omega_c^2}\right)^n}=\frac{1}{1+\left(\frac{s}{j\Omega_c}\right)^{2n}} \tag{8.18}$$

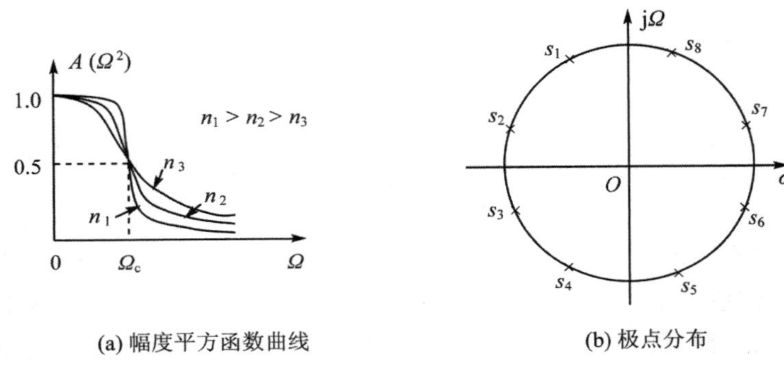


(a) 幅度平方函数曲线　　(b) 极点分布

**图8.12　巴特沃思低通滤波器幅度平方函数及其极点分布**

式(8.18)中极点可由分母的根确定，其极点应为$2n$个，即

$$\left(\frac{s}{j\Omega_c}\right)^{2n}=-1=e^{j(\pi+2k\pi)}$$

整理变换后得

$$s=j\Omega_c e^{j\frac{2k+1}{2n}\pi}$$

可以看出：巴特沃思滤波器传递函数的极点应成等角度分布在以$|s|=\Omega_c$为半径的圆周上，这个圆称为巴特沃思圆。

再将上式中的j表示成$j=e^{j\frac{\pi}{2}}$，则上式可改写为

$$s=e^{j\frac{\pi}{2}}\Omega_c e^{j\frac{2k+1}{2n}\pi}=\Omega_c e^{j\pi\left(\frac{2k+1}{2n}+\frac{1}{2}\right)}$$

若设滤波器阶次为4，即$n=4$，极点有$2n=8$个，将$k=0,1,2,\cdots,7$依次代入上式，可以得到8个极点，分别为

$$k=0,s_1=\Omega_c e^{j\frac{5}{8}\pi} \qquad k=4,s_5=\Omega_c e^{j\frac{13}{8}\pi}$$

$$k=1, s_2=\Omega_c e^{j\frac{7}{8}\pi} \qquad k=5, s_6=\Omega_c e^{j\frac{15}{8}\pi}$$

$$k=2, s_3=\Omega_c e^{j\frac{9}{8}\pi} \qquad k=6, s_7=\Omega_c e^{j\frac{1}{8}\pi}$$

$$k=3, s_4=\Omega_c e^{j\frac{11}{8}\pi} \qquad k=7, s_8=\Omega_c e^{j\frac{3}{8}\pi}$$

上述极点的分布如图 8.12(b)所示。实际滤波器应是一稳定系统，根据前述极点分布的原则，滤波器的传递函数 $H(s)$ 的极点应在 $s$ 平面的左半部，从而可以直接写出 $H(s)$ 为

$$H(s)=\frac{K}{(s-s_1)(s-s_2)(s-s_3)(s-s_4)}$$

设直流(即 $\Omega=0$)增益为 1，可由 $H(s)|_{s=j\Omega=0}=1$ 求出系数 $K$，由上式有

$$K=(-s_1)(-s_2)(-s_3)(-s_4)=\Omega_c^4$$

从而可以得到

$$H(s)=\frac{\Omega_c^4}{(s-\Omega_c e^{j\frac{5}{8}\pi})(s-\Omega_c e^{j\frac{7}{8}\pi})(s-\Omega_c e^{j\frac{9}{8}\pi})(s-\Omega_c e^{j\frac{11}{8}\pi})}=$$

$$\frac{1}{\left(\frac{s}{\Omega_c}-e^{j\frac{5}{8}\pi}\right)\left(\frac{s}{\Omega_c}-e^{j\frac{7}{8}\pi}\right)\left(\frac{s}{\Omega_c}-e^{j\frac{9}{8}\pi}\right)\left(\frac{s}{\Omega_c}-e^{j\frac{11}{8}\pi}\right)}$$

为便于工程应用，在进行滤波器设计时，不考虑频率和元件参数具体值，可以把频率变量进行归一化，通常以各频率相对截止频率 $\Omega_c$ 之比进行归一化。为此，引入归一化频率 $s'=\frac{s}{\Omega_c}$，上式可以表示成

$$H(s)=\frac{1}{(s'-e^{j\frac{5}{8}\pi})(s'-e^{j\frac{7}{8}\pi})(s'-e^{j\frac{9}{8}\pi})(s'-e^{j\frac{11}{8}\pi})}=$$

$$\frac{1}{(s')^4+2.613(s')^3+3.414(s')^2+2.613(s')+1} \tag{8.19}$$

由上式可以看出，对于归一化频率，任意 $n$ 阶巴特沃思滤波器的传递函数的极点是固定值，其归一化形式可以表示为

$$H(s)=\frac{1}{(s-s_1)(s-s_2)(s-s_3)\cdots(s-s_n)} \tag{8.20}$$

或

$$H(s)=\frac{1}{s^n+a_{n-1}s^{n-1}+\cdots+a_2s^2+a_1s+1} \tag{8.21}$$

式(8.20)和式(8.21)中的极点和分母多项式中的系数已经被前人计算好，做成了表格(见表 8.1～表 8.3)，工程设计时可直接根据滤波器的阶次查出。显然，低通巴特沃思滤波器设计问题，最终可以归结为确定滤波器的阶次。但要注意的是在查表时，所得到的是归一化频率的传递函数，即表中的 $s$ 必须在实际使用的表达式中代之以 $\frac{s}{\Omega_c}$(如完全按表进行设计，$\Omega_c$ 只能是 3 dB 截止频率)，相对归一化而言，把这种置换称为去归一化，这是滤波器设计中必须遵循的一点。

表 8.1 $n=1\sim10$ 阶巴特沃思滤波器的传递函数 $H(s)$ 的极点

| $n=1$ | $n=2$ | $n=3$ | $n=4$ | $n=5$ | $n=6$ | $n=7$ | $n=8$ | $n=9$ | $n=10$ |
|---|---|---|---|---|---|---|---|---|---|
| −1.000 000 0 | −0.707 106 8<br>±j0.707 106 8 | −1.000 000 0 | −0.382 683 4<br>±j0.923 879 5 | −1.000 000 0 | −0.258 819 0<br>±j0.965 952 8 | −1.000 000 0 | −0.195 090 3<br>±j0.980 785 3 | −1.000 000 00 | −0.156 434 5<br>±j0.987 688 3 |
| | | −0.500 000 0<br>±j0.866 025 4 | −0.923 879 5<br>±j0.382 683 4 | −0.309 017 0<br>±j0.951 056 5 | −0.707 106 8<br>±j0.707 106 8 | −0.222 520 9<br>±j0.974 927 9 | −0.555 570 2<br>±j0.831 469 6 | −0.173 648 2<br>±j0.984 807 8 | −0.453 990 5<br>±j0.891 006 5 |
| | | | | −0.809 017 0<br>±j0.587 785 2 | −0.965 925 8<br>±j0.258 819 0 | −0.623 489 8<br>±j0.781 831 5 | −0.831 469 6<br>±j0.555 570 2 | −0.500 000 0<br>±j0.866 025 9 | −0.707 106 8<br>±j0.707 106 8 |
| | | | | | | −0.900 968 9<br>±j0.433 883 7 | −0.980 785 3<br>±j0.195 090 3 | −0.766 044 4<br>±j0.692 787 6 | −0.891 006 5<br>±j0.453 990 5 |
| | | | | | | | | −0.939 692 96<br>±j0.342 020 1 | −0.987 688 3<br>±j0.156 434 5 |

表 8.2 分母多项式 $A_n(s)=s^n+a_{n-1}s^{n-1}+\cdots+a_1s+1$ 的各项系数

| $n$ | $a_1$ | $a_2$ | $a_3$ | $a_4$ | $a_5$ | $a_6$ | $a_7$ | $a_8$ | $a_9$ |
|---|---|---|---|---|---|---|---|---|---|
| 2 | 1.414 213 6 | | | | | | | | |
| 3 | 2.000 000 0 | 2.000 000 0 | | | | | | | |
| 4 | 2.613 125 9 | 3.414 213 6 | 2.613 125 9 | | | | | | |
| 5 | 3.236 068 0 | 5.236 068 0 | 5.236 068 0 | 3.236 068 0 | | | | | |
| 6 | 3.863 703 3 | 7.464 101 6 | 9.141 620 2 | 7.464 101 6 | 3.863 703 3 | | | | |
| 7 | 4.493 959 2 | 10.097 834 7 | 14.591 793 9 | 14.591 793 9 | 10.097 834 7 | 4.493 959 2 | | | |
| 8 | 5.125 830 9 | 13.137 071 2 | 21.846 151 0 | 25.688 355 9 | 21.846 151 0 | 13.137 071 2 | 5.125 830 9 | | |
| 9 | 5.758 770 5 | 16.581 718 7 | 31.163 437 5 | 41.986 385 7 | 41.986 385 7 | 31.163 437 5 | 16.581 718 7 | 5.758 770 5 | |
| 10 | 6.392 453 2 | 20.431 729 1 | 42.802 061 1 | 64.882 396 3 | 74.233 429 2 | 64.882 396 3 | 42.802 061 1 | 20.431 729 1 | 6.392 453 2 |

表 8.3 传递函数 $H(s)$ 分母多项式的因式形式

| $n$ | $B_n(s)$ |
|---|---|
| 1 | $s+1$ |
| 2 | $s^2+1.414\,2s+1$ |
| 3 | $(s+1)(s^2+s+1)$ |
| 4 | $(s^2+0.765\,4s+1)(s^2+1.847\,8s+1)$ |
| 5 | $(s+1)(s^2+0.618\,0s+1)(s^2+1.618\,0s+1)$ |
| 6 | $(s^2+0.517\,6s+1)(s^2+1.414\,2s+1)(s^2+1.931\,9s+1)$ |
| 7 | $(s+1)(s^2+0.445\,0s+1)(s^2+1.247\,0s+1)(s^2+1.601\,9s+1)$ |
| 8 | $(s^2+0.390\,2s+1)(s^2+1.111\,1s+1)(s^2+1.662\,9s+1)(s^2+1.961\,6s+1)$ |
| 9 | $(s+1)(s^2+0.347\,3s+1)(s^2+s+1)(s^2+1.532\,1s+1)(s^2+1.879\,4s+1)$ |
| 10 | $(s^2+0.312\,9s+1)(s^2+0.908\,0s+1)(s^2+1.414\,2s+1)(s^2+1.782\,0s+1)(s^2+1.975\,4s+1)$ |

**例 8.2**　试确定一低通巴特沃思滤波器的传递函数 $H(s)$。要求在通带截止频率 $f_c=2\ \text{kHz}(\Omega_c=2\pi\times2\times10^3\ \text{rad/s})$处，衰减 $\delta_c\leqslant3\ \text{dB}$，阻带始点频率 $f_z=4\ \text{kHz}(\Omega_z=2\pi\times4\times10^3\ \text{rad/s})$处，衰减 $\delta_z\geqslant15\ \text{dB}$，各项指标如图 8.13 所示。

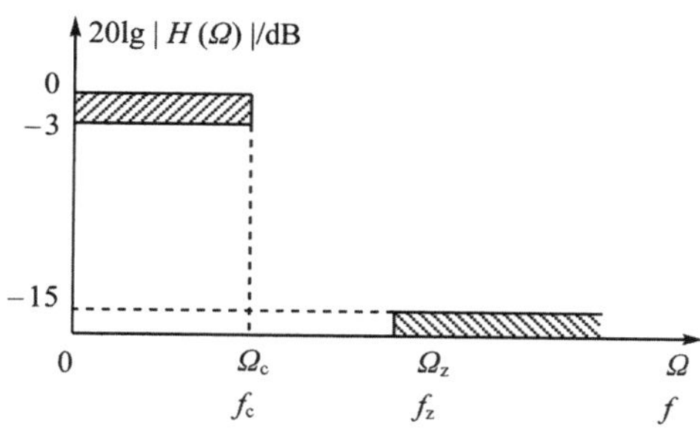


**图 8.13　例 8.2 设计指标示意图**

**解：**巴特沃思滤波器的幅度平方函数为

$$|H(\Omega)|^2=\frac{1}{1+\left(\frac{\Omega}{\Omega_c}\right)^{2n}}$$

则衰减 $\delta(\Omega)$的一般表示式为

$$\delta(\Omega)=-20\lg|H(\Omega)|=-10\lg|H(\Omega)|^2=10\lg\left[1+\left(\frac{\Omega}{\Omega_c}\right)^{2n}\right]$$

因为一般的巴特沃思滤波器设计中，通带均为 3 dB 带宽，任何阶次的滤波器设计都能满足通带要求，因此应按给定的阻带指标来确定满足技术要求的滤波器阶次，从而有

$$10\lg\left[1+\left(\frac{\Omega_z}{\Omega_c}\right)^{2n}\right]\geqslant\delta_z$$

上式变换后可得

$$n\geqslant\frac{\lg(10^{0.1\delta_z}-1)}{2\lg\frac{\Omega_z}{\Omega_c}} \tag{8.22}$$

将已知的数据代入得

$$n\geqslant\frac{\lg(10^{0.1\times15}-1)}{2\lg\frac{2\pi\times4\times10^3}{2\pi\times2\times10^3}}=2.468$$

$n$ 取整数，令 $n=3$，可用三阶巴特沃思滤波器实现指标要求，在 4 kHz 处的衰减将优于 −15 dB。由表 8.3，按 $n=3$ 可查得 $H(s)$的归一化形式，即可写出 $H(s)$的表示式为

$$H(s)=\frac{1}{\left(\frac{s}{\Omega_c}+1\right)}\times\frac{1}{\left(\frac{s}{\Omega_c}\right)^2+\left(\frac{s}{\Omega_c}\right)+1}=$$

$$\frac{\Omega_c}{s+\Omega_c}\times\frac{\Omega_c^2}{s^2+\Omega_cs+\Omega_c^2}=$$

$$\frac{4\pi\times10^3}{s+4\pi\times10^3}\times\frac{16\pi^2\times10^6}{s^2+4\pi\times10^3 s+16\pi^2\times10^6} \tag{8.23}$$

得到了滤波器的传递函数 $H(s)$后,通常可采用无源网络或有源网络来实现。在工业测控系统中,要求不太高的场合,采用 RC 无源网络居多;要求较高时,可采用有源滤波。对于本例中的三阶巴特沃思滤波器,可以用一个一阶与一个二阶有源滤波器串联实现,如图 8.14 所示。

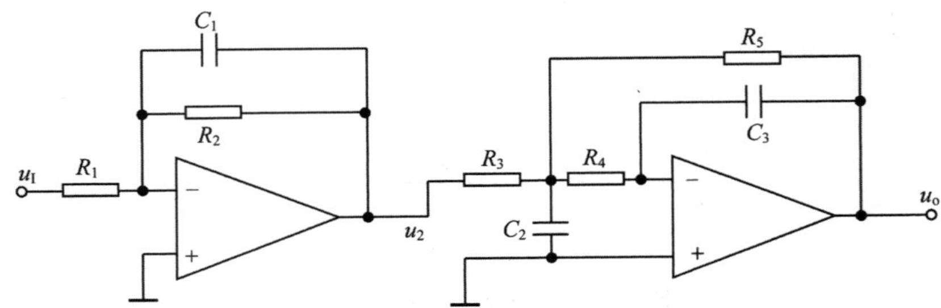


**图 8.14　有源模拟滤波器的实现**

由运算放大器电路原理可以求出两个串联环节的传递函数分别为

$$H_1(s)=-\frac{\dfrac{1}{R_1C_1}}{s+\dfrac{1}{R_2C_1}} \tag{8.24}$$

$$H_2(s)=-\frac{\dfrac{1}{R_3R_4C_2C_3}}{s^2+\dfrac{1}{C_2}\left(\dfrac{1}{R_3}+\dfrac{1}{R_4}+\dfrac{1}{R_5}\right)s+\dfrac{1}{R_4R_5C_2C_3}} \tag{8.25}$$

将式(8.24)、式(8.25)与式(8.23)作对比,可以写出如下方程组:

$$\left.\begin{aligned}\frac{1}{R_1C_1}&=4\pi\times10^3\\ \frac{1}{R_2C_1}&=4\pi\times10^3\end{aligned}\right\} \tag{8.26}$$

$$\left.\begin{aligned}\frac{1}{R_3R_4C_2C_3}&=16\pi^2\times10^6\\ \frac{1}{C_2}\left(\frac{1}{R_3}+\frac{1}{R_4}+\frac{1}{R_5}\right)&=4\pi\times10^3\\ \frac{1}{R_4R_5C_2C_3}&=16\pi^2\times10^6\end{aligned}\right\} \tag{8.27}$$

在解上述方程组时,可以先按标准系列值选定一些电容,然后求解出电阻值。有关进一步的电路实现详细内容,请参看有关模拟滤波器或者有源滤波器设计的参考文献。

例 8.2 是通带截止频率处的衰减要求为 3 dB 的情况。实际应用中,有时对通带的要求高一些。下面给出一个衰减要求为 1 dB 时的设计例子。

**例 8.3**　设计一低通巴特沃思滤波器的传递函数。要求通带边界频率 $f_p=100$ Hz($\Omega_p=2\pi\times100$ rad/s),幅度衰减 $\delta_p\leqslant1$ dB;阻带始点频率 $f_z=150$ Hz($\Omega_z=2\pi\times150$ rad/s),幅度衰减 $\delta_z\geqslant15$ dB。

**解**：由于通带边界频率处衰减不为 3 dB，因此不能像例 8.2 那样，只考虑阻带要求，要同时根据通带和阻带的衰减要求，联立方程求解 $\Omega_c$ 和 $n$。由已知的设计指标要求有

$$\begin{cases} 10\lg\left[1+\left(\dfrac{\Omega_p}{\Omega_c}\right)^{2n}\right] \leqslant \delta_p \\ 10\lg\left[1+\left(\dfrac{\Omega_z}{\Omega_c}\right)^{2n}\right] \geqslant \delta_z \end{cases}$$

对上述不等式方程组，先按等式求解 $\Omega_c$ 和 $n$ 的极限值为

$$n=\frac{\lg\dfrac{10^{0.1\delta_z}-1}{10^{0.1\delta_p}-1}}{2\lg\left(\dfrac{\Omega_z}{\Omega_p}\right)} \tag{8.28}$$

$$\lg\Omega_c=\lg\Omega_p-\frac{1}{2n}\lg(10^{0.1\delta_p}-1) \tag{8.29}$$

代入已知数据可得

$$n=\frac{\lg\dfrac{10^{1.5}-1}{10^{0.1}-1}}{2\lg\left(\dfrac{150\times 2\pi}{100\times 2\pi}\right)}=6.45$$

$$\lg\Omega_c=\lg 2\pi\times 100-\frac{\lg(10^{0.1}-1)}{2\times 6.45}$$

$$\Omega_c=700$$

取 $n=7$，$\Omega_c=700$，通过查表 8.3 并代入归一化频率，最后可得符合要求的巴特沃思滤波器的传递函数为(数据 $\Omega_c=700$ 未具体代入)

$$H(s)=\Omega_c^7/(s^7+4.493\,9\Omega_c s^6+10.09\Omega_c^2 s^5+14.59\Omega_c^3 s^4+$$
$$14.59\Omega_c^4 s^3+10.09\Omega_c^5 s^2+4.493\,9\Omega_c^6 s+\Omega_c^7)$$

在 MATLAB 工具箱中，提供了设计巴特沃思和切比雪夫低通模拟滤波器的函数。下面介绍调用格式：

① 巴特沃思模拟滤波器设计函数：[Z,P,K]=buttap(N)。N 为巴特沃思滤波器的阶次，Z、P 和 K 分别为滤波器的零点、极点和增益。

② 切比雪夫Ⅰ型模拟滤波器设计函数：[Z,P,K]=cheb1ap(N,$R_p$)。N 为巴特沃思滤波器的阶次；$R_p$ 为通带波纹(dB)；Z、P 和 K 分别为滤波器的零点、极点和增益。

③ 切比雪夫Ⅱ型模拟滤波器设计函数：[Z,P,K]=cheb2ap(N,$R_s$)。N 为巴特沃思滤波器的阶次；$R_s$ 为阻带波纹(dB)；Z、P 和 K 分别为滤波器的零点、极点和增益。

**例 8.4**　试用 MATLAB 语言绘制巴特沃思低通模拟滤波器的平方幅频曲线，滤波器的阶次分别为 2,5,10,20。

**解**：上述 4 种阶次的平方幅频响应的 MATLAB 程序如下所示，绘出的曲线如图 8.15 所示。曲线所对应的阶数，图中未标明，但由上述可知，阶次越高，应越逼近矩形，读者不难自己作出判断。

```
%例 8.4 的 MATLAB 程序
n=0:0.01:2;
```

```
for i=1:4
    switch i
    case 1
        N=2;
    case 2
        N=5;
    case 3
        N=10;
    case 4
        N=20;
end
[z,p,k]=buttap(N);                %巴特沃思滤波器原型设计函数,n:阶次;
                                  %z,p,k: 滤波器零点、极点和增益
[b,a]=zp2tf(z,p,k);               %零、极点增益转换为传递函数
[H,w]=freqs(b,a,n);               %模拟滤波器频率响应函数
magH2=(abs(H)).^2;                %幅度平方函数
hold on
plot(w,magH2);
axis([0 2 0 1]);
end
xlabel('w/wc');
ylabel('|H(jw)|^2');
grid
```

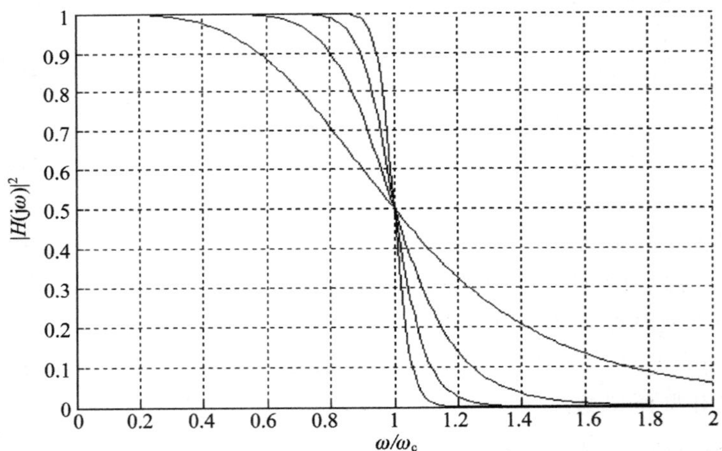


**图 8.15 不同阶次的巴特沃思低通模拟滤波器的平方幅频曲线**

## 8.2.2 切比雪夫滤波器

### 1. 切比雪夫(Chebyshev)多项式

巴特沃思滤波器在通带内具有平坦的幅度特性,并在零频率附近有最佳的幅度逼近,随着频率 $\Omega$ 的增加而单调下降,但 $n$ 较小时,阻带幅频特性下降较慢,与理想特性相差较远。若要

阻带特性下降迅速，则需增加滤波器的阶次，相应滤波器所用元件数增多，电子线路趋于复杂，而切比雪夫滤波器阻带衰减特性比巴特沃思滤波器下降要快。其幅度特性在通带（或阻带）内具有等波纹的形状，这种等波纹特性是由于采用切比雪夫多项式来逼近理想特性而形成的，故称为切比雪夫滤波器。

切比雪夫多项式的定义为

$$C_n(x)=\cos[n(\arccos x)] \qquad (|x|\leqslant 1) \tag{8.30}$$

式(8.30)可通过“三项递推公式”转换成多项式。令

$$\phi=\arccos x$$

则

$$x=\cos\phi$$

有

$$C_n(x)=\cos n\phi$$

由三角恒等式得

$$\cos(n+1)\phi=\cos n\phi\cos\phi-\sin n\phi\sin\phi=$$

$$\cos n\phi\cos\phi+\frac{1}{2}\cos(n+1)\phi-\frac{1}{2}\cos(n-1)\phi$$

对上式进行整理后，表示为

$$\cos(n+1)\phi=2\cos n\phi\cos\phi-\cos(n-1)\phi$$

最后可得

$$C_{n+1}(x)=2xC_n(x)-C_{n-1}(x) \tag{8.31}$$

式(8.31)即为“三项递推公式”，由式(8.30)，有 $C_0(x)=1$，$C_1(x)=x$，再利用式(8.31)可求任意阶次的切比雪夫多项式。现列出 1～10 阶的切比雪夫多项式，参见表 8.4，其 1～5 阶曲线如图 8.16 所示。

**表 8.4　1～10 阶切比雪夫多项式**

| $n$ | $C_n(x)$ |
|---|---|
| 1 | $x$ |
| 2 | $2x^2-1$ |
| 3 | $4x^3-3x$ |
| 4 | $8x^4-8x^2+1$ |
| 5 | $16x^5-20x^3+5x$ |
| 6 | $32x^6-48x^4+18x^2-1$ |
| 7 | $64x^7-112x^5+56x^3-7x$ |
| 8 | $128x^8-256x^6+160x^4-32x^2+1$ |
| 9 | $256x^9-576x^7+432x^5-120x^3+9x$ |
| 10 | $512x^{10}-1\,280x^8+1\,120x^6-400x^4+50x^2-1$ |

由表 8.4、图 8.16 可以看出切比雪夫多项式有以下特点：

当 $n$ 为偶数时，$C_n(x)$为偶次式；当 $n$ 为奇数时，$C_n(x)$为奇次式。

当 $x$ 在 $-1\leqslant x\leqslant 1$ 范围内变化时，多项式值在 $+1\sim-1$ 间变化，呈等起伏波动特性。$x=1$ 时，$C_n(x)=1$；$x=0$ 时，若 $n$ 为奇数，$C_n(x)=0$；若 $n$ 为偶数，$C_n(x)=1$ 或 $-1$。

当$|x|>1$ 时，$C_n(x)$的值随 $|x|$ 增大而迅速增大，$n$ 越大，其增长越快。因此，对于

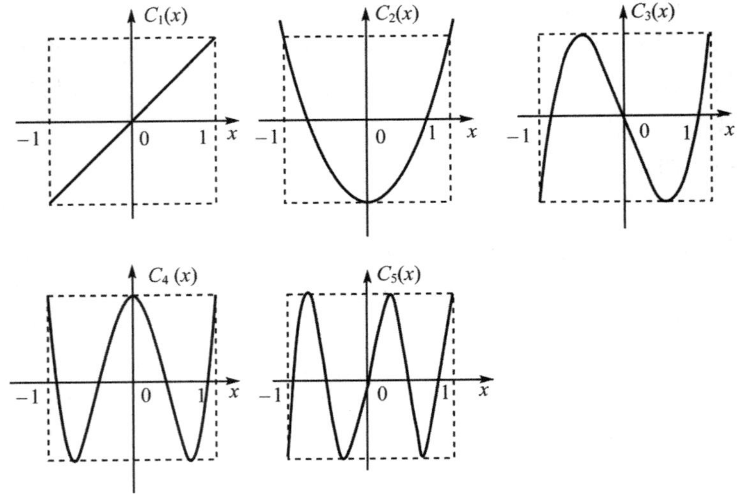


**图 8.16　1～5 阶切比雪夫多项式曲线**

$|x|>1$ 的情况，则应用下式表示切比雪夫多项式。

$$C_n(x)=\cosh(n\operatorname{arcosh}x)\qquad (|x|>1) \tag{8.32}$$

实际上，如果把式(8.31)和式(8.32)理解为复变函数，则两式是等价的。由复变函数理论有

$$\cosh z=\cos jz$$

令

$$\cosh z=\cos jz=x$$

则

$$\arccos x=jz$$

$$\operatorname{arcosh} x=z$$

所以

$$\arccos x=j\operatorname{arcosh} x$$

$$C_n(x)=\cos(n\arccos x)=\cos(jn\operatorname{arcosh} x)=\cosh(n\operatorname{arcosh} x)$$

当 $x>1$ 时，按上式计算；当 $x<-1$ 时，可根据切比雪夫多项式的对称性来求。

**2. 切比雪夫滤波器的幅度平方函数**

切比雪夫滤波器也是一种全极型滤波器，相比巴特沃思滤波器，在通带内有更为均匀的特性，是所有全极型滤波器中过渡带最窄的滤波器。切比雪夫滤波器可分为Ⅰ型和Ⅱ型两种，它们的差异只是前者通带内具有等波纹起伏特性，而后者是阻带内有起伏特性，通带内是单调下降、平滑的，设计的方法是一样的。下面只介绍Ⅰ型切比雪夫滤波器。Ⅰ型低通切比雪夫滤波器 $N$ 阶幅度平方函数为

$$|H(\Omega)|^2=A(\Omega^2)=\frac{1}{1+\varepsilon^2C_n^2\left(\dfrac{\Omega}{\Omega_c}\right)} \tag{8.33}$$

式中，$C_n\left(\dfrac{\Omega}{\Omega_c}\right)$为切比雪夫多项式，$n=1,2,\cdots$，为正整数，为滤波器阶次。

$\Omega_c$ 为通带截止角频率，这里是指被通带波纹所限制的最高频率。设 $\Omega=\Omega_c$，即 $\Omega/\Omega_c=1$，则 $C_n(1)=1$，由式(8.33)有

$$|H(\Omega)|_{\Omega=\Omega_c}=\frac{1}{\sqrt{1+\varepsilon^2}} \tag{8.34}$$

因而，$\Omega_c$ 不一定是幅频特性下降 3 dB 的频率。

$\varepsilon$ 为一小于 1 的正数，表示通带内幅度波动的程度，$\varepsilon$ 越小，通带波动越小。因此，切比雪夫滤波器幅度平方函数不仅与阶次有关，而且与 $\varepsilon$ 也有关。

为了直观、形象地了解不同阶次幅度平方函数的特点，下面举一个例子，利用 MATLAB 程序绘制出几个不同阶次的幅度平方函数。

**例 8.5** 绘制出阶次分别为 2,4,6,8 的切比雪夫模拟低通滤波器的平方幅频曲线。

**解：** 写出其 MATLAB 程序如下。

```
%绘制切比雪夫低通滤波器幅度平方函数的 MATLAB 程序
n=0:0.01:2;
for i=1:4
   switch i
   case 1
      N=2;
   case 2
      N=4;
   case 3
      N=6;
   case 4
      N=8;
   end
Rp=1;                                   %滤波器通带波纹系数
[z,p,k]=cheb1ap(N,Rp);                  %设计切比雪夫模拟低通滤波器原型函数
                                        %z、p、k 分别为滤波器的零点、极点和增益
[b,a]=zp2tf(z,p,k);                     %零点、极点和增益转换为传递函数
[H,w]=freqs(b,a,n);                     %模拟滤波器的频率响应
magH2=(abs(H)).^2;                      %幅度平方函数
%Output
posplot=['22',num2str(i)];              %定义字符串变量
subplot(posplot)
plot(w,magH2,'k');
ylabel('|H(jw)^2');
title(['N=',num2str(N)]);
grid
end
```

其幅度平方函数的曲线如图 8.17 所示。

由图 8.17 可以看出，切比雪夫滤波器在通带内具有等波纹起伏特性，而在阻带内单调下降。阶次越高，特性越接近矩形。

由式(8.33)可知，该类滤波器没有零点，一旦阶次确定，极点位置可这样求出(只求左半平面的极点)：设式(8.33)的分母等于零，并以 $s=\mathrm{j}\Omega$ 代入后，有

$$1+\varepsilon^2 C_n^2\left(\frac{s}{\mathrm{j}\Omega_c}\right)=0$$

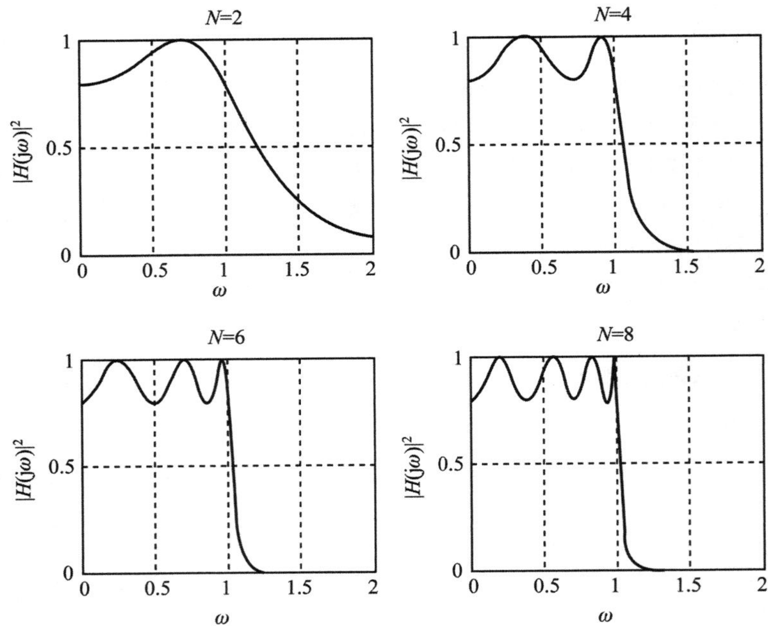


**图 8.17 不同阶次的切比雪夫低通滤波器的平方幅频曲线**

解上述方程(需要了解方程求解的详细过程,可参看应启珩等编著、清华大学出版社出版的《离散时间信号分析和处理》一书),可得系统函数极点的位置为

$$s_k=\sigma_k+\mathrm{j}\Omega_k=\pm\Omega_c\sin\left(\frac{2k-1}{2n}\pi\right)\sinh\left(\frac{1}{n}\operatorname{arsinh}\frac{1}{\varepsilon}\right)+$$

$$\mathrm{j}\Omega_c\cos\left(\frac{2k-1}{2n}\pi\right)\cosh\left(\frac{1}{n}\operatorname{arsinh}\frac{1}{\varepsilon}\right)\qquad(k=1,2,\cdots,2n)\tag{8.35}$$

由式(8.35)可得极点的位置在 $s$ 平面上的分布为

$$\frac{\sigma_k^2}{\Omega_c^2\sinh^2\left(\frac{1}{n}\operatorname{arsinh}\frac{1}{\varepsilon}\right)}+\frac{\Omega_k^2}{\Omega_c^2\cosh^2\left(\frac{1}{n}\operatorname{arsinh}\frac{1}{\varepsilon}\right)}=\frac{\sigma_k^2}{a^2}+\frac{\Omega_k^2}{b^2}=1\tag{8.36}$$

上式是一个在 $s$ 平面上的椭圆方程,其短轴 $a$ 和长轴 $b$ 分别位于 $s$ 平面的实轴和虚轴上,分别为

$$\left.\begin{aligned}a&=\Omega_c\sinh\left(\frac{1}{n}\operatorname{arsinh}\frac{1}{\varepsilon}\right)\\b&=\Omega_c\cosh\left(\frac{1}{n}\operatorname{arsinh}\frac{1}{\varepsilon}\right)\end{aligned}\right\}\tag{8.37}$$

所有极点分布在椭圆的圆周上。根据滤波器稳定性的要求,传递函数 $H(s)$ 应取 $s$ 左半平面的极点,即

$$\left.\begin{aligned}\sigma_k&=-\left[\Omega_c\sinh\left(\frac{1}{n}\operatorname{arsinh}\frac{1}{\varepsilon}\right)\right]\sin\left(\frac{2k-1}{2n}\pi\right)=-a\sin\left(\frac{2k-1}{2n}\pi\right)\\\Omega_k&=-\left[\Omega_c\cosh\left(\frac{1}{n}\operatorname{arsinh}\frac{1}{\varepsilon}\right)\right]\cos\left(\frac{2k-1}{2n}\pi\right)=b\cos\left(\frac{2k-1}{2n}\pi\right)\end{aligned}\right\}\tag{8.38}$$

上述求极点的方法比较繁琐，各个阶次的切比雪夫滤波器传递函数的极点及其分母的因式已制成表格，设计时可直接查阅，参见表 8.5～表 8.11。

**表 8.5　切比雪夫滤波器传递函数的极点**

**0.5 dB 波动($\varepsilon=0.349\,311\,4,\varepsilon^2=0.122\,018\,4$)**

| $n=1$ | $n=2$ | $n=3$ | $n=4$ | $n=5$ | $n=6$ | $n=7$ | $n=8$ | $n=9$ | $n=10$ |
|---|---|---|---|---|---|---|---|---|---|
| −2.862 775 2 | −0.712 812 2<br>±j1.004 042 5 | −0.626 456 5 | −0.175 353 1<br>±j1.016 252 9 | −0.362 319 6 | −0.077 650 1<br>±j1.008 460 8 | −0.256 170 0 | −0.043 620 1<br>±j1.005 002 1 | −0.198 405 3 | −0.027 899 4<br>±j1.003 273 2 |
| | | −0.313 228 2<br>±j1.021 927 5 | −0.423 339 8<br>±j0.420 945 7 | −0.111 962 9<br>±j1.011 557 4 | −0.212 144 0<br>±j0.738 244 6 | −0.057 003 2<br>±j1.006 408 5 | −0.124 219 5<br>±j0.851 999 6 | −0.034 452 7<br>±j1.004 004 | −0.080 967 2<br>±j0.905 065 8 |
| | | | | −0.293 122 7<br>±j0.625 176 8 | −0.289 794 0<br>±j0.270 216 2 | −0.159 719 4<br>±j0.807 077 0 | −0.185 907 6<br>±j0.569 287 9 | −0.099 206<br>±j0.882 906 3 | −0.126 109 4<br>±j0.718 204 3 |
| | | | | | | −0.230 801 2<br>±j0.447 893 9 | −0.219 292 9<br>±j0.199 907 3 | −0.151 987 3<br>±j0.655 317 0 | −0.158 907 2<br>±j0.461 154 1 |
| | | | | | | | | −0.186 440 0<br>±j0.348 686 9 | −0.176 149 9<br>±j0.158 902 9 |

**表 8.6　切比雪夫滤波器传递函数的极点**

**1 dB 波动($\varepsilon=0.508\,847,\varepsilon^2=0.258\,924$)**

| $n=1$ | $n=2$ | $n=3$ | $n=4$ | $n=5$ | $n=6$ | $n=7$ | $n=8$ | $n=9$ | $n=10$ |
|---|---|---|---|---|---|---|---|---|---|
| −1.9 652 267 | −0.548 867 2<br>±j0.895 128 6 | −0.494 170 6 | −0.139 536 0<br>±j0.983 379 2 | −0.289 493 3 | −0.062 181<br>±j0.993 411 5 | −0.205 414 1 | −0.035 008 2<br>±j0.996 451 3 | −0.159 330 5 | −0.022 414 4<br>±j0.997 775 5 |
| | | −0.247 085 3<br>±j0.965 998 7 | −0.336 869 7<br>±j0.407 329 0 | −0.089 458 4<br>±j0.990 107 1 | −0.169 881 7<br>±j0.727 227 5 | −0.045 708 9<br>±j0.995 283 9 | −0.099 695 0<br>±j0.844 750 6 | −0.027 667 4<br>±j0.997 229 7 | −0.101 316 6<br>±j0.714 328 4 |
| | | | | −0.234 205 0<br>±j0.611 919 8 | −0.232 062 7<br>±j0.266 183 7 | −0.128 073 6<br>±j0.798 155 7 | −0.149 204 1<br>±j0.564 444 3 | −0.079 665 2<br>±j0.876 940 | −0.065 049 3<br>±j0.900 106 3 |
| | | | | | | −0.185 071<br>±j0.442 943 0 | −0.175 998 3<br>±j0.198 206 5 | −0.122 054 2<br>±j0.650 895 4 | −0.127 666 4<br>±j0.958 627 1 |
| | | | | | | | | −0.149 721 7<br>±j0.346 334 | −0.141 519 3<br>±j0.158 032 1 |

**表 8.7　切比雪夫滤波器传递函数的极点**

**2 dB 波动($\varepsilon=0.754\,783\,1,\varepsilon^2=0.584\,893\,2$)**

| $n=1$ | $n=2$ | $n=3$ | $n=4$ | $n=5$ | $n=6$ | $n=7$ | $n=8$ | $n=9$ | $n=10$ |
|---|---|---|---|---|---|---|---|---|---|
| −1.307 560 3 | −0.401 908 2<br>±j0.689 375 0 | −0.368 910 8 | −0.104 887 2<br>±j0.957 953 0 | −0.218 308 3 | −0.046 973 2<br>±j0.981 705 2 | −0.155 295 8 | −0.026 492 4<br>±j0.989 787 0 | −0.120 629 8 | −0.016 975 8<br>±j0.993 486 8 |
| | | −0.184 455 4<br>±j0.823 077 1 | −0.253 220 2<br>±j0.396 797 1 | −0.067 461 0<br>±j0.973 455 7 | −0.128 333 2<br>±j0.718 658 1 | −0.034 556 6<br>±j0.986 612 9 | −0.075 443 9<br>±j0.839 100 9 | −0.020 947 1<br>±j0.991 947 1 | −0.076 733 2<br>±j0.711 258 0 |
| | | | | −0.176 615 1<br>±j0.601 628 7 | −0.175 306 4<br>±j0.263 047 1 | −0.096 825 3<br>±j0.791 202 9 | −0.112 909 8<br>±j0.560 669 3 | −0.060 314 9<br>±j0.872 302 6 | −0.049 265 7<br>±j0.896 237 4 |

续表 8.7

| $n=1$ | $n=2$ | $n=3$ | $n=4$ | $n=5$ | $n=6$ | $n=7$ | $n=8$ | $n=9$ | $n=10$ |
|---|---|---|---|---|---|---|---|---|---|
| | | | | | | −0.139 916 7<br>±j0.439 084 5 | −0.133 186 2<br>±j0.196 809 | −0.092 407 8<br>±j0.647 447 5 | −0.096 689 4<br>±j0.456 655 8 |
| | | | | | | | | −0.113 354 9<br>±j0.344 499 6 | −0.107 181 0<br>±j0.157 352 8 |

**表 8.8 切比雪夫滤波器传递函数的极点**

**3 dB 波动($\varepsilon=0.997\ 828, \varepsilon^2=0.995\ 262\ 3$)**

| $n=1$ | $n=2$ | $n=3$ | $n=4$ | $n=5$ | $n=6$ | $n=7$ | $n=8$ | $n=9$ | $n=10$ |
|---|---|---|---|---|---|---|---|---|---|
| −1.002 377 3 | −0.322 449 8<br>±j0.777 157 6 | −0.298 620 2 | −0.085 170 4<br>±j0.946 484 4 | −0.775 085 | −0.038 229 5<br>±j0.976 406 0 | −0.126 485 4 | −0.021 578 2<br>±j0.986 766 4 | −0.098 271 6 | −0.013 832 0<br>±j0.991 541 8 |
| | | −0.149 310 1<br>±j0.903 814 4 | −0.205 619 5<br>±j0.392 046 7 | −0.054 853 1<br>±j0.965 923 8 | −0.104 445 0<br>±j0.714 778 8 | −0.028 145 6<br>±j0.982 695 7 | −0.061 449 4<br>±j0.836 540 1 | −0.017 064 7<br>±j0.989 551 6 | −0.040 141 9<br>±j0.894 482 7 |
| | | | | −0.143 607 4<br>±j0.596 973 8 | −0.142 674 5<br>±j0.261 627 2 | −0.078 862 3<br>±j0.788 060 8 | −0.091 965 5<br>±j0.558 958 2 | −0.049 135 8<br>±j0.870 197 1 | −0.062 522 5<br>±j0.709 865 5 |
| | | | | | | −0.113 959 4<br>±j0.437 340 7 | −0.108 480 7<br>±j0.196 280 0 | −0.075 280 4<br>±j0.645 883 9 | −0.078 782 9<br>±j0.455 761 7 |
| | | | | | | | | −0.092 345 1<br>±j0.343 667 7 | −0.087 331 6<br>±j0.157 044 8 |

**表 8.9 切比雪夫滤波器传递函数分母的因式表示式(0.5 dB 波动)**

| $n$ | 传递函数的分母因式表示式 |
|---|---|
| 1 | $0.349\ 311\ 4s+1$ |
| 2 | $0.659\ 75s^2+0.940\ 33s+1$ |
| 3 | $(0.875\ 44s^2+0.548\ 31s+1)(1.596\ 62s+1)$ |
| 4 | $(0.940\ 35s^2+0.329\ 72s+1)(2.806\ 41s^2+2.375\ 65s+1)$ |
| 5 | $(0.965\ 5s^2+0.216\ 16s+1)(2.097\ 69s^2+1.229\ 52s+1)(2.765\ 4s+1)$ |
| 6 | $(0.977\ 53s^2+0.151\ 78s+1)(1.694\ 99s^2+0.719\ 02s+1)(6.370\ 96s^2+3.691\ 81s+1)$ |
| 7 | $(0.984\ 17s^2+0.112\ 18s+1)(1.477\ 41s^2+0.471\ 85s+1)(3.939\ 2s^2+1.818\ 03s+1)(3.904\ 41s+1)$ |
| 8 | $(0.988\ 23s^2+0.086\ 2s+1)(1.348\ 95s^2+0.335\ 07s+1)(2.788\ 38s^2+1.036\ 56s+1)(11.359\ 35s^2+$<br>$4.981\ 1s+1)$ |
| 9 | $(0.990\ 873s^2+0.683\ 569s+1)(1.266\ 841\ 5s^2+0.254\ 521\ 1s+1)(2.209\ 746\ 9s^2+0.707\ 84s+1)\cdot$<br>$(6.392\ 134s^2+2.385\ 02s+1)(5.040\ 187\ 9s+1)$ |
| 10 | $(0.992\ 717\ 9s^2+0.055\ 392\ 4s+1)(1.211\ 093\ 9s^2+0.196\ 117\ 7s+1)(1.880\ 380\ 7s^2+0.742\ 67s+1)\cdot$<br>$(4.203\ 188\ 8s^2+1.335\ 833\ 9s+1)(17.768\ 648s^2+6.259\ 891\ 3s+1)$ |

**表 8.10　切比雪夫滤波器传递函数分母的因式表示式(1 dB 波动)**

| $n$ | 传递函数的分母因式表示式 |
|---|---|
| 1 | $0.508\,8471s+1$ |
| 2 | $0.900\,700s^2+0.995\,67s+1$ |
| 3 | $(1.005\,82s^2+0.497\,06s+1)(2.023\,55s+1)$ |
| 4 | $(1.013\,67s^2+0.282\,89s+1)(3.579\,06s^2+2.411\,4s+1)$ |
| 5 | $(1.011\,82s^2+0.181\,02s+1)(2.329\,37s^2+1.091\,12s+1)(3.454\,23s+1)$ |
| 6 | $(1.009\,35s^2+0.125\,33s+1)(1.793\,01s^2+0.609\,21s+1)(8.018\,67s^2+3.721\,74s+1)$ |
| 7 | $(1.007\,37s^2+0.092\,1s+1)(1.530\,32s^2+0.391\,99s+1)(4.339\,3s^2+1.606\,19s+1)(4.068\,12s+1)$ |
| 8 | $(1.005\,89s^2+0.074\,3s+1)(1.382\,09s^2+0.275\,58s+1)(2.933\,75s^2+0.875\,47s+1)(14.232\,37s^2+5.009\,83s+1)$ |
| 9 | $(1.004\,790\,2s^2+0.055\,599\,8s+1)(1.289\,680\,2s^2+0.205\,485\,2s+1)(2.280\,179\,3s^2+0.556\,610\,9s+1)(7.024\,252\,6s^2+2.103\,36\,6s+1)(6.276\,262\,2s+1)$ |
| 10 | $(1.003\,957s^2+0.045\,006\,1s+1)(1.921\,118s^2+0.389\,282\,3s+1)(1.227\,863s^2+0.159\,744s+1)(4.412\,3314s^2+1.126\,613\,2s+1)(2.222\,133s^2+6.289\,949\,5s+1)$ |

**表 8.11　切比雪夫滤波器传递函数分母的因式表示式(2 dB 波动)**

| $n$ | 传递函数的分母因式表示式 |
|---|---|
| 1 | $0.764\,783\,1s+1$ |
| 2 | $1.215\,03s^2+0.976\,61s+1$ |
| 3 | $(1.126\,56s^2+0.416\,32s+1)(2.710\,82s+1)$ |
| 4 | $(1.076\,81s^2+0.225\,88s+1)(4.513\,43s^2+2.285\,67s+1)$ |
| 5 | $(1.650\,24s^2+0.141\,69s+1)(2.543\,59s^2+0.898\,43s+1)(4.580\,9s+1)$ |
| 6 | $(1.035\,25s^2+0.097\,25s+1)(1.876\,4s^2+0.481\,58s+1)(10.007\,71s^2+3.508\,66s+1)$ |
| 7 | $(1.026\,05s^2+0.070\,93s+1)(1.573\,84s^2+0.304\,85s+1)(4.708\,47s^2+1.317\,9s+1)(6.437\,81s+1)$ |
| 8 | $(1.020\,01s^2+0.050\,4s+1)(1.408\,89s^2+0.212\,57s+1)(3.057\,2s^2+0.690\,34s+1)(17.699\,4s^2+4.714\,42s+1)$ |
| 9 | $(1.015\,849\,4s^2+0.042\,558s+1)(1.307\,956\,3s^2+0.157\,778\,5s+1)(2.337\,633\,8s^2+0.432\,031\,1s+1)(7.602\,868\,7s^2+1.723\,644\,8s+1)(8.289\,825\,5s+1)$ |
| 10 | $(1.012\,859s^2+0.034\,881s+1)(1.241\,205\,1s^2+0.122\,297\,6s+1)(1.974\,424\,4s^2+0.303\,007\,8s+1)(4.589\,612\,8s^2+0.887\,533\,8s+1)(27.587\,934s^2+5.913\,809\,7s+1)$ |

**例 8.6**　设计一切比雪夫低通滤波器的传递函数 $H(s)$，要求为：通带边界频率 $f_c=2$ kHz($\Omega_c=2\pi\times2\times10^3$ rad/s)，通带波纹 $\delta_1=1$ dB；阻带始点频率 $f_z=4$ kHz($\Omega_z=4\pi\times2\times10^3$ rad/s)，在 $\Omega_z$处幅度衰减 $\delta_z>15$ dB。

**解：**通带波纹的定义 $\delta_1$ 为

$$\delta_1=20\lg\frac{|H(\Omega)|_{\max}}{|H(\Omega)|_{\min}}=10\lg\frac{|H(\Omega)|^2_{\max}}{|H(\Omega)|^2_{\min}}=10\lg\frac{[A(\Omega^2)]_{\max}}{[A(\Omega^2)]_{\min}}$$

由切比雪夫多项式可知，有

$$0 \leqslant C_n^2\left(\frac{\Omega}{\Omega_c}\right) \leqslant 1$$

则由式(8.33)，幅度平方函数的值为

$$\frac{1}{1+\varepsilon^2} \leqslant A(\Omega^2) \leqslant 1$$

将上式中的最大值和最小值分别代入 $\delta_1$，可得

$$\delta_1 = 10\lg(1+\varepsilon^2) \tag{8.39}$$

或

$$\varepsilon^2 = 10^{0.1\delta_1} - 1 \tag{8.40}$$

代入已知数据得

$$\varepsilon^2 = 10^{0.1\times 1} - 1$$

$$\varepsilon = 0.508\ 847$$

再根据 $\Omega_z$ 处的衰减指标确定阶次 $n$。

$$-20\lg|H(\Omega_z)| = -10\lg|H(\Omega_z)|^2 = -10\lg A(\Omega_z^2) \geqslant \delta_z$$

代入数据得

$$A(\Omega_z^2) \leqslant 10^{-0.1\delta_z} = 10^{-0.1\times 15} = 0.031\ 622\ 7$$

由已知 $\varepsilon^2$、$\Omega_z$、$\Omega_c$、$A(\Omega_z^2)$，代入切比雪夫幅度平方函数表达式(8.33)，即可解得阶次 $n$

$$A(\Omega_z^2) = \frac{1}{1+\varepsilon^2 C_n^2\left(\dfrac{\Omega_z}{\Omega_c}\right)} \tag{8.41}$$

式中，由于 $\dfrac{\Omega_z}{\Omega_c} > 1$，应按式(8.32)计算切比雪夫多项式，有

$$C_n\left(\frac{\Omega_z}{\Omega_c}\right) = \cosh\left[n\operatorname{arcosh}\left(\frac{\Omega_z}{\Omega_c}\right)\right] \tag{8.42}$$

根据式(8.41)可得

$$C_n\left(\frac{\Omega_z}{\Omega_c}\right) = \frac{1}{\varepsilon}\sqrt{\frac{1}{A(\Omega_z^2)} - 1} \tag{8.43}$$

由式(8.42)与式(8.43)得

$$\cosh\left[n\operatorname{arcosh}\left(\frac{\Omega_z}{\Omega_c}\right)\right] = \frac{1}{\varepsilon}\sqrt{\frac{1}{A(\Omega_z^2)} - 1}$$

整理后可得

$$n \geqslant \frac{\operatorname{arcosh}\left[\dfrac{1}{\varepsilon}\sqrt{\dfrac{1}{A(\Omega_z^2)} - 1}\right]}{\operatorname{arcosh}\left(\dfrac{\Omega_z}{\Omega_c}\right)} \tag{8.44}$$

代入已知数据得

$$n \geqslant \frac{\operatorname{arcosh}\left[\frac{1}{0.508\,847}\sqrt{\frac{1}{0.031\,622\,7}-1}\right]}{\operatorname{arcosh}\left(\frac{2\pi\times 4\times 10^3}{2\pi\times 2\times 10^3}\right)}=2.337$$

取整选 $n=3$，查表 8.10，并以归一化频率 $\frac{s}{\Omega_c}$ 代替 $s$ 得

$$H(s)=\frac{1}{1.005\,82\left(\frac{s}{\Omega_c}\right)^2+0.497\,06\left(\frac{s}{\Omega_c}\right)+1}\times\frac{1}{2.023\,55\left(\frac{s}{\Omega_c}\right)+1}$$

**例 8.7**　试用 MATLAB 程序，确定一个模拟低通滤波器的阶数 $n$ 和截止频率 $\Omega_c$。设计指标为：通带边界频率 $\Omega_c=200\pi$，阻带边界频率 $\Omega_z=300\pi$，通带波纹 $\delta_1=1$ dB，在 $\Omega_z$ 处幅度衰减 $\delta_z>18$ dB。

**解**：程序如下。

```
%设计切比雪夫模拟低通滤波器的 MATLAB 程序
wp=200 * pi;
ws=300 * pi;
Rp=1;                                    %通带波纹
Rs=16;                                   %阻带衰减
%计算滤波器阶数
ebs=sqrt(10^(Rp/10)-1);                  %波纹系数
A=10^(Rs/20);                            %A 为参变量
Wc=wp;                                   %截止频率
Wr=ws/wp;
g=sqrt(A * A-1)/ebs;                     %g 为参变量
N1=log10(g+sqrt(g * g-1))/log10(Wr+sqrt(Wr * Wr-1));    %滤波器阶数计算
N=ceil(N1);                              %N 应取整
```

运行上述程序后，可得滤波器的截止频率 $\Omega_c$ 和阶数 $N$ 为

```
Wc =


  628.3185
N =
       4
```

## 8.2.3　模拟高通、带通及带阻滤波器的设计

在 8.2.1 和 8.2.2 小节我们较为详细地讨论了巴特沃思和切比雪夫模拟低通滤波器的设计方法，并指出这两种低通滤波器的设计已有了完整的计算公式及图表。因此，高通、带通和带阻滤波器的设计应尽量地利用这些已有的资源，无需再各搞一套计算公式与图表。

目前，模拟高通、带通及带阻滤波器的设计方法都是先将要设计的滤波器的技术指标（主要是 $\Omega_p$、$\Omega_s$）通过某种频率变换的关系转换成模拟低通滤波器的技术指标，并依据这些技术指标设计出低通滤波器的传递函数，然后再依据频率变换关系变成所要设计的滤波器的传递函

数。设计流程如图8.18所示。

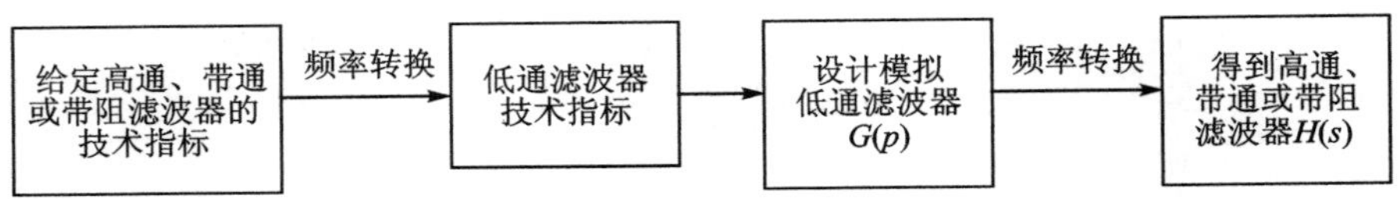


**图8.18　模拟高通、带通、带阻滤波器设计流程**

所谓“频率变换”是指：通过某种频率的映射(变换)关系，将高通、带通和带阻模拟滤波器的频率响应(例如：高通与低通的频率存在$\lambda'\eta=-1$)映射为归一化(或原型)低通滤波器的频率响应，转变为原型低通滤波器的设计，再利用映射关系将设计好的原型低通滤波器变换成所要求的高通、带通和带阻模拟滤波器，这就是频率变换。这种频率变换的方法又称为原型变换，变换得到的低通滤波器称为低通原型滤波器。可以归结为两个方面的变换：① 频率的映射；② 传递函数的转换。

为了防止符号上的混淆，我们记低通滤波器为$G(s)$、$G(\mathrm{j}\Omega)$，归一化频率为$\lambda$，$\lambda=\dfrac{\Omega}{\Omega_c}$，$p=\mathrm{j}\lambda$；记高通、带通及带阻滤波器为$H(s)$、$H(\mathrm{j}\Omega)$，归一化频率为$\eta$，$\eta=\Omega/\Omega_p$，且复值变量$q=\mathrm{j}\eta$，因此相应归一化的传递函数、频率特性分别为$H(q)$及$H(\mathrm{j}\eta)$。$\lambda$和$\eta$之间的关系$\lambda=f(\eta)$称为频率映射关系。

**1. 模拟高通滤波器的设计**

由于滤波器的幅频特性都是频率的偶函数，所以我们可分别画出低通滤波器$G(\mathrm{j}\lambda)$和高通滤波器$H(\mathrm{j}\eta)$的幅频特性曲线，分别如图8.19(a)和(b)所示。图中的$\lambda_p$、$\lambda_z$分别称为低通的归一化通带截止频率和归一化阻带截止频率。$\eta_p$、$\eta_z$分别称为高通的归一化通带截止频率和归一化阻带截止频率。由于$|G(\mathrm{j}\lambda)|$和$|H(\mathrm{j}\eta)|$都是频率的偶函数，可以将$|G(\mathrm{j}\lambda)|$右边曲线和$|H(\mathrm{j}\eta)|$曲线对应起来，低通的$\lambda$从$\infty$经过$\lambda_z$和$\lambda_p$到0时，高通的$\eta$则从0经过$\eta_z$和$\eta_p$到$\infty$，因此$\lambda$和$\eta$轴上各主要频率点的对应关系如表8.12所列，从而有

$$\lambda'\eta=-1 \quad 或 \quad \lambda\eta=1 \tag{8.45}$$

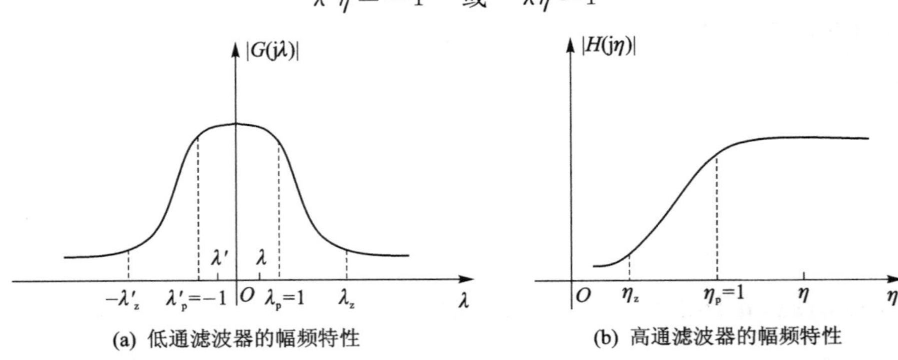


**图8.19　高通到低通的转换**

**表8.12　$\lambda$和$\eta$的对应关系**

| $\lambda$ | $\lambda'=-\lambda$ | 0 | $\lambda'_p=-1$ | $-\lambda'_z$ | $-\infty$ |
|---|---|---|---|---|---|
| $\eta$ | $\eta$ | $\infty$ | $\eta_p=1$ | $\eta_z$ | 0 |

因此，通过式(8.45)可将高通滤波器的频率 $\eta$ 转换成低通滤波器的频率 $\lambda$，通带与阻带衰减 $\delta_p$、$\delta_z$ 保持不变。这样可设计出模拟低通滤波器的传递函数 $G(p)$。由

$$q=\mathrm{j}\eta=\mathrm{j}\,\frac{1}{\lambda}=-\frac{1}{p} \tag{8.46}$$

并考虑到 $|G(\mathrm{j}\lambda)|$ 的对称性，得

$$H(q)=G(p)\Big|_{p=\frac{1}{q}}=G\left(\frac{1}{q}\right) \tag{8.47}$$

又由于

$$q=\mathrm{j}\eta=\mathrm{j}\,\frac{\Omega}{\Omega_c}=\frac{s}{\Omega_c}$$

所以，可得模拟高通滤波器的传递函数为

$$H(s)=G(p)\big|_{p=\Omega_c/s} \tag{8.48}$$

**2. 模拟带通滤波器的设计**

模拟带通滤波器共有 4 个频率参数：$\Omega_{zl}$、$\Omega_1$、$\Omega_2$、$\Omega_{zh}$。其中 $\Omega_1$、$\Omega_2$ 分别是通带的下限与上限频率，$\Omega_{zl}$ 是下阻带的上限频率，$\Omega_{zh}$ 是上阻带的下限频率。首先应对各频率参数做归一化处理。

定义 $\Omega_{BW}=\Omega_2-\Omega_1$ 为通带的带宽，并以此为参考频率对 $\Omega$ 轴上频率参数做归一化处理，即

$$\eta_{zl}=\Omega_{zl}/\Omega_{BW},\quad \eta_{zh}=\Omega_{zh}/\Omega_{BW},\quad \eta_1=\Omega_1/\Omega_{BW},\quad \eta_2=\Omega_2/\Omega_{BW}$$

再定义 $\Omega_0^2=\Omega_1\Omega_2$ 为通带的中心频率，归一化的 $\eta_0^2=\eta_1\eta_2$，其归一化的幅频特性 $|H(\mathrm{j}\eta)|$ 如图 8.20(a)所示，归一化的低通幅频特性 $|G(\mathrm{j}\lambda)|$ 如图 8.20(b)所示。由图 8.20(a)和(b)，可得出 $\eta$ 和 $\lambda$ 的一些重要对应关系，列于表 8.13 中。在 $\eta_0\sim\eta_2$ 之间找一点 $\eta$，它在 $\lambda$ 轴上对应的点应在 $0\sim\lambda_p$ 之间，由于 $\eta_2=\eta_0^2/\eta_1$，那么 $\eta$ 在 $\eta$ 轴上对应的点应是 $\eta_0^2/\eta$，而 $\lambda$ 在轴上对应的点应是 $-\lambda$。这样，又可找到 $\eta$ 与 $\lambda$ 的转换关系为

$$\frac{\eta-\eta_0^2/\eta}{\eta_2-\eta_1}=\frac{2\lambda}{2\lambda_p}$$

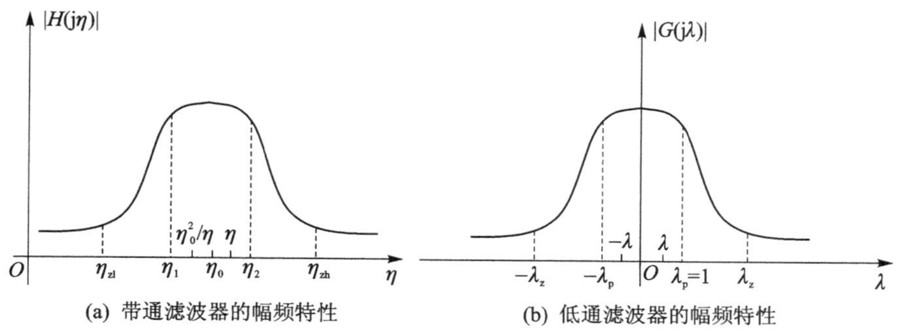


**图 8.20　带通到低通的转换**

表 8.13　λ 和 η 的对应关系

| $\lambda$ | $-\infty$ | $-\lambda_z$ | $-\lambda_p$ | 0 | $\lambda_p$ | $\lambda_z$ | $\infty$ |
|---|---|---|---|---|---|---|---|
| $\eta$ | 0 | $\eta_{zl}$ | $\eta_1$ | $\eta_0$ | $\eta_2$ | $\eta_{zh}$ | $\infty$ |

由于 $\eta_2-\eta_1=1,\lambda_p=1$,所以有

$$\lambda=\frac{\eta^2-\eta_0^2}{\eta} \tag{8.49}$$

从而实现了频率映射。我们利用所得到的低通滤波器的技术指标 $\lambda_p$、$\lambda_z$、$\delta_p$、$\delta_z$ 可设计出低通滤波器的传递函数 $G(p)$。由

$$p=\mathrm{j}\lambda=\mathrm{j}\frac{\eta^2-\eta_0^2}{\eta}=\mathrm{j}\frac{(q/\mathrm{j})^2-\eta_0^2}{(q/\mathrm{j})}=\frac{q^2+\eta_0^2}{q}=$$

$$\frac{\left(\frac{s}{\Omega_{\mathrm{BW}}}\right)^2+\frac{\Omega_1\Omega_2}{\Omega_{\mathrm{BW}}^2}}{(s/\Omega_{\mathrm{BW}})}=\frac{s^2+\Omega_1\Omega_2}{s(\Omega_2-\Omega_1)} \tag{8.50}$$

这样,所需带通滤波器的传递函数可求得

$$H(s)=G(p)\bigg|_{p=\frac{s^2+\Omega_1\Omega_2}{s(\Omega_2-\Omega_1)}} \tag{8.51}$$

注意,$N$ 阶的低通滤波器转换到带通后,阶数会变为 $2N$。

**3. 模拟带阻滤波器的设计**

模拟带阻滤波器的 4 个频率参数分别是 $\Omega_1$、$\Omega_{zl}$、$\Omega_{zh}$、$\Omega_2$。其中 $\Omega_1$、$\Omega_2$ 分别是两个通带的截止频率,$\Omega_{zl}$、$\Omega_{zh}$ 是阻带的下限、上限频率。同带通滤波器的情况一样,定义通带带宽 $\Omega_{\mathrm{BW}}=\Omega_2-\Omega_1$,阻带中心频率 $\Omega_0^2=\Omega_1\Omega_2$,并用 $\Omega_{\mathrm{BW}}$ 作为参考频率将频率归一化,得

$$\eta_1=\Omega_1/\Omega_{\mathrm{BW}},\quad \eta_2=\Omega_2/\Omega_{\mathrm{BW}},\quad \eta_{zl}=\Omega_{zl}/\Omega_{\mathrm{BW}},\quad \eta_{zh}=\Omega_{zh}/\Omega_{\mathrm{BW}},\quad \eta_0^2=\eta_1\eta_2$$

归一化频率的带阻滤波器幅频特性 $|H(\mathrm{j}\eta)|$ 如图 8.21(a)所示,低通滤波器的幅频特性 $|G(\mathrm{j}\lambda)|$ 如图 8.21(b)所示。

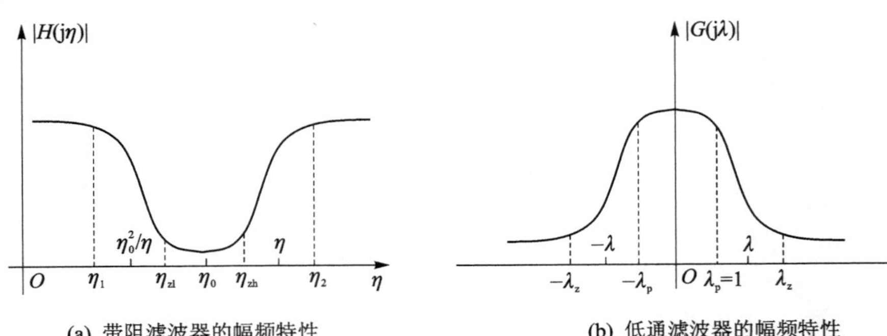


(a) 带阻滤波器的幅频特性　　(b) 低通滤波器的幅频特性

图 8.21　带阻到低通的转换

表 8.14 给出了 $\eta$ 和 $\lambda$ 的对应关系。在 $\eta_{zh}$ 和 $\eta_2$ 之间任找一点 $\eta$,$\eta$ 在 $\lambda$ 轴上对应的点应在 $-\lambda_z\sim-\lambda_p$ 之间,$\eta$ 在 $\eta$ 轴上以 $\eta_0$ 为对称的点应在 $\eta_1\sim\eta_{zl}$ 之间,该点的坐标应为 $\eta_0^2/\eta$,$-\lambda$ 在 $\lambda$ 轴上的对应点应在 $\lambda_p\sim\lambda_z$ 之间,大小为 $\lambda$。根据对称关系,有

$$\frac{\eta-\eta_0^2/\eta}{\eta_2-\eta_1}=\frac{2\lambda_p}{2\lambda}$$

**表 8.14　$\eta$ 和 $\lambda$ 的对应关系**

| $\lambda$ | $-\infty$ | $-\lambda_z$ | $-\lambda_p$ | 0 | $\lambda_p$ | $\lambda_z$ | $+\infty$ |
|---|---|---|---|---|---|---|---|
| $\eta$ | $\eta_0$ | $\eta_{zh}$ | $\eta_2$ | $+\infty$ | $\eta_1$ | $\eta_{zl}$ | $\eta_0$ |

由于 $\eta_2-\eta_1=1,\lambda_p=1$，于是有

$$\lambda=\frac{\eta}{\eta^2-\eta_0^2} \tag{8.52}$$

对照式(8.49)及式(8.50)的推导过程，很容易得到 $G(p)$ 中的 $p$ 和 $H(s)$ 中的 $s$ 之间的对应关系，即

$$p=\frac{s(\Omega_2-\Omega_1)}{s^2+\Omega_1\Omega_2} \tag{8.53}$$

因此，当依照式(8.52)完成由带阻到低通的频率转换后，可设计出低通滤波器的归一化转移函数 $G(p)$，再利用式(8.53)的变量代换，就可得到所要设计的带阻滤波器的转移函数 $H(s)$，即有

$$H(s)=G(p)\Big|_{p=\frac{s(\Omega_2-\Omega_1)}{s^2+\Omega_1\Omega_2}} \tag{8.54}$$

**4. MATLAB 编程设计**

模拟滤波器的设计是比较成熟的，设计过程的主要环节是根据滤波器技术要求，确定滤波器的阶次；对于采用频率变换设计低通原型滤波器也是这样。在 MATLAB 中，也有确定高通、带通和带阻滤波器阶次选择的函数，相关的有：

① 巴特沃思模拟滤波器的阶次选择函数 buttord，调用的格式为

$$[n,\omega_n]=\text{buttord}(\omega_p,\omega_s,R_p,R_s,'s')$$

② 切比雪夫Ⅰ型模拟滤波器选择函数 cheb1ord，调用的格式为

$$[n,\omega_n]=\text{cheb1ord}(\omega_p,\omega_s,R_p,R_s,'s')$$

③ 切比雪夫Ⅱ型模拟滤波器选择函数 cheb2ord，调用的格式为

$$[n,\omega_n]=\text{cheb2ord}(\omega_p,\omega_s,R_p,R_s,'s')$$

上述调用函数的格式中：函数返回值 n 是滤波器最小阶数；$\omega_n$ 是滤波器截止频率 $\Omega_c$（单位：$s^{-1}$）；$\omega_p$ 是通带边界频率（单位：$s^{-1}$）；$\omega_s$ 是阻带边界频率（单位：$s^{-1}$）；$R_p$ 和 $R_s$ 分别是通带和阻带衰减的分贝数；'s'表示为模拟滤波器。下面仅举两例对上述函数的调用作简单说明。

**例 8.8**　试设计一巴特沃思模拟带通滤波器。设计要求为：通带频率 2～3 kHz，两边的过渡带宽为 0.5 kHz。若通带衰减为 1 dB，则阻带衰减大于 100 dB。

**解：** 设计带通滤波器的 MATLAB 程序如下，滤波器所实现的幅频特性如图 8.22 所示。

```
%设计巴特沃思带通滤波器 MATLAB 程序


%滤波器设计指标
wp=[2000 3000]*2*pi;
```

```
ws=[1500 3500]*2*pi;
Rp=1;
Rs=100;

%计算阶数和截止频率
[N,Wn]=buttord(wp,ws,Rp,Rs,'s');                %'s'表示为模拟滤波器
Fc=Wn/(2*pi);
%计算滤波器传递函数多项式系数
[b,a]=butter(N,Wn,'s');
%画出滤波器幅频特性
w=linspace(1,4000,1000)*2*pi;                   %生成线性等间隔的向量
H=freqs(b,a,w);
magH=abs(H);
phaH=unwrap(angle(H));
plot(w/(2*pi),20*log10(magH),'k');
xlabel('频率(Hz)');
ylabel('幅度(dB)');
title('巴特沃思模拟滤波器')
grid on
```

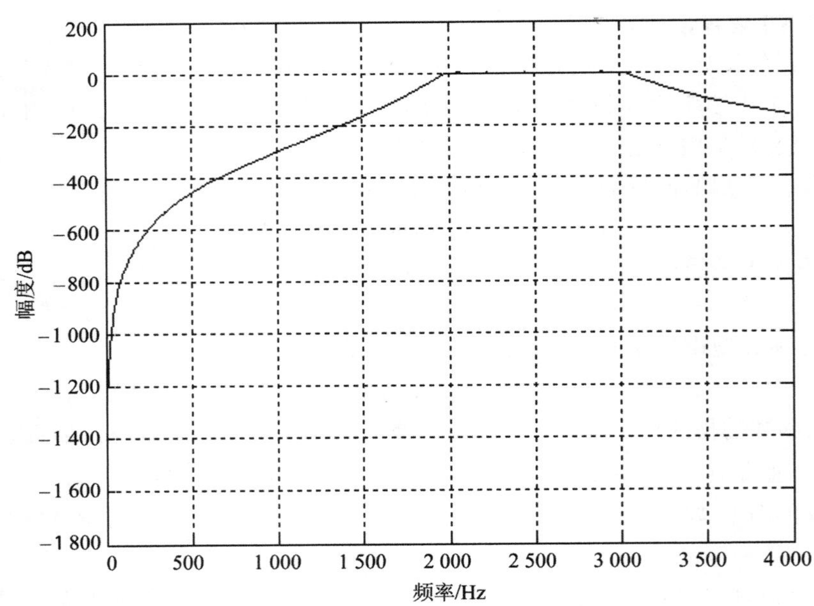


**图 8.22 巴特沃思模拟带通滤波器的幅频特性**

**例 8.9** 试设计一个切比雪夫模拟带阻滤波器。要求的指标为:阻带上、下边界频率为 2 kHz 与 3 kHz,两侧过渡带为 0.5 kHz,通带波纹为 1 dB,阻带衰减大于 60 dB。

**解:** 所设计的切比雪夫模拟带阻滤波器 MATLAB 程序如下,滤波器所实现的幅频特性如图 8.23 所示。

```
%设计切比雪夫带阻滤波器 MATLAB 程序

%滤波器设计指标
wp=[2000 3000]*2*pi;
ws=[1500 3500]*2*pi;
Rp=1;
Rs=60;

%计算阶数和截止频率
[N,Wn]=cheb1ord(wp,ws,Rp,Rs,'s');
%计算滤波器传递函数多项式系数
[b,a]=cheby1(N,Rp,Wn,'stop','s');
%画出滤波器幅频特性
w=linspace(1,4000,1000)*2*pi;            %生成线性等间隔的向量
H=freqs(b,a,w);                          %相位展开
magH=abs(H);
phaH=unwrap(angle(H));
plot(w/(2*pi),20*log10(magH),'k');
xlabel('频率(Hz)');
ylabel('幅度(dB)');
title('切比雪夫模拟滤波器')
grid on
```

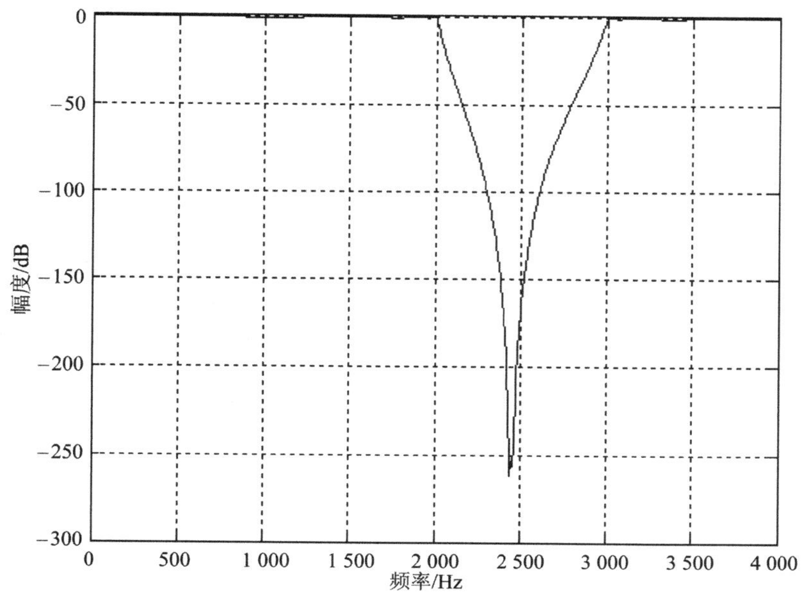


**图 8.23　切比雪夫模拟带阻滤波器幅频特性**

# 8.3 数字滤波器的基本原理

数字滤波器是数字信号处理中最重要的内容之一。数字滤波器与模拟滤波器相比,具有精度高(与系统的字长有关)、稳定性好(仅运行在0、1两种电平状态)、灵活性强、可预见性好、不要求阻抗匹配以及能实现模拟滤波器无法实现的特殊滤波功能等优点。因为数字滤波器通常是用软件来实现的,故可以进行软件仿真和预先设计测试。如果要处理的是模拟信号,则通过A/D和D/A在信号形式上进行匹配转换,同样可以使用数字滤波器对模拟信号进行滤波。数字滤波器有不同的分类方法,如果从功能上分类,可以分成低通、高通、带通和带阻等滤波器;如果从时域上对实现的单位抽样响应分类,可以分成无限冲激响应数字滤波器(Infinite Impulse Response Digital Filter,以下简称IIR数字滤波器)和有限冲激响应数字滤波器(Finite Impulse Response Digital Filter,以下简称FIR数字滤波器)。下面将着重介绍IIR数字滤波器和FIR数字滤波器的基本概念及设计方法。

数字滤波器是具有一定传输选择特性的数字信号处理装置。其输入、输出均为数字信号(离散时间信号),它的基本工作原理是利用线性时不变离散系统对系统输入信号进行加工和变换,改变输入序列的频谱或信号波形,让有用频率的信号分量通过,抑制无用的信号分量输出。下面举几个比较简单的数字滤波的例子。

① 某一输出信号是输入序列相邻两点差值的平均。设输入序列是$x(n)$,输出为$y(n)$,可表示为

$$y(n)=\frac{x(n)-x(n-1)}{2} \tag{8.55}$$

对上式进行$z$变换,并根据系统函数$H(z)$的定义和性质,有

$$H(z)=\frac{1-z^{-1}}{2}$$

其频率响应为

$$H(e^{j\omega})=\frac{1-e^{-j\omega}}{2}=je^{-j\frac{\omega}{2}}\sin\frac{\omega}{2}$$

这一系统的幅频特性如图8.24所示。由图可见,幅频特性是一正弦曲线,输入信号的高频($\omega\to\pi$)分量相对可以顺利通过,相当于一个高通滤波器。

② 一离散时间系统的输出$y(n)$是输入$x(n)$的三点移动平均值(前述的MA模型),即为

$$y(n)=\frac{1}{3}[x(n+1)+x(n)+x(n-1)] \tag{8.56}$$

对式(8.56)进行$z$变换,可得

$$H(z)=\frac{1}{3}(1+z+z^{-1})$$

则系统的频率响应为

$$H(e^{j\omega})=\frac{1}{3}(1+2\cos\omega)$$

画出幅频特性如图8.25所示。

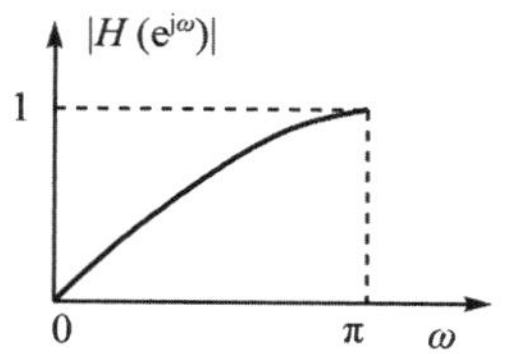


**图 8.24　式(8.55)的幅频特性**

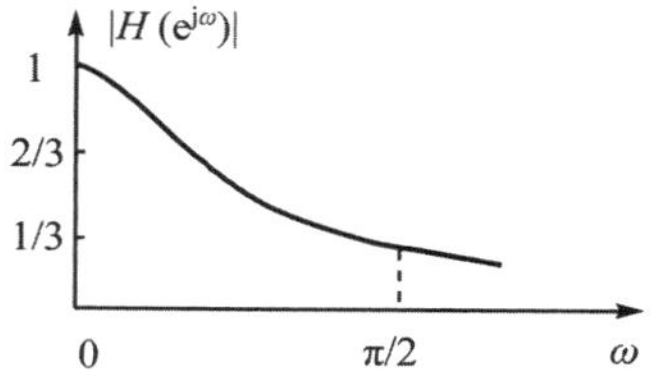


**图 8.25　式(8.56)的幅频特性**

由图 8.25 不难看出，该系统幅频响应是一余弦曲线，具有低通滤波器的特性。

数字滤波器也可以对连续时间信号进行处理，但是连续信号要通过 A/D 进行离散化，经数字滤波后，可再经 D/A 转换得到所需要的连续信号。上述过程可用图 8.26 所示的原理框图表示。

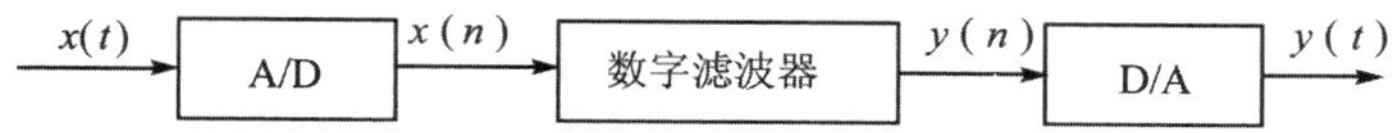


**图 8.26　处理连续信号的数字滤波器原理框图**

数字滤波器是一离散时间系统，可以用差分方程、单位抽样响应 $h(n)$、系统函数 $H(z)$或频率响应 $H(e^{j\omega})$来描述。

按照离散系统的时域特性，数字滤波器可分为无限冲激响应(IIR)和有限冲激响应(FIR)数字滤波器两类。前者是指其单位抽样响应 $h(n)$为无限长序列，后者的 $h(n)$则是有限长序列。由前述，离散系统可表示为 $N$ 阶差分方程

$$y(n)+\sum_{k=1}^{N}b_k y(n-k)=\sum_{r=0}^{M}a_r x(n-r) \tag{8.57}$$

其系统函数可表示为

$$H(z)=\frac{Y(z)}{X(z)}=\frac{\sum\limits_{r=0}^{M}a_r z^{-r}}{1+\sum\limits_{k=1}^{N}b_k z^{-k}} \tag{8.58}$$

当 $b_k$ 全为 0 时，$H(z)$为多项式，即

$$H(z)=\sum_{r=0}^{M}a_r z^{-r}=a_0+a_1 z^{-1}+a_2 z^{-2}+\cdots+a_M z^{-M} \tag{8.59}$$

所以，单位抽样响应 $h(n)$应为

$$h(n)=a_0\delta(n)+a_1\delta(n-1)+a_2\delta(n-2)+\cdots+a_M\delta(n-M) \tag{8.60}$$

则 $h(n)$有 $M+1$ 项，为有限长，即 FIR 数字滤波器，根据式(8.59)，式(8.60)也可写成一般差分方程的形式，即

$$y(n)=a_0 x(n)+a_1 x(n-1)+a_2 x(n-2)+\cdots+a_M x(n-M) \tag{8.61}$$

式(8.61)表明：FIR 数字滤波器的输出通常只与现时刻的输入以及过去时刻的输入有关，而与过去的输出没有直接的关系，可用“非递归型”(无反馈回路)结构实现。

而当式(8.57)中 $b_k$ 不全为 0 时，说明需要将延时的输出序列反馈回来，所以在此种情况下，系统都带有反馈回路。这种带有反馈回路的结构称为“递归型”结构，$H(z)$是有理分式，且 $h(n)$为无限长，即称为 IIR 数字滤波器。

下面来看两个例子,并引入递归和非递归结构的概念。

**例 8.10** 已知一数字滤波器用差分方程表示为

$$y(n)+b_1y(n-1)=a_0x(n)$$

若 $b_1=-1, a_0=0.5$,试求其单位抽样响应 $h(n)$。

**解**:对差分方程进行 $z$ 变换,整理后得系统函数为

$$H(z)=\frac{Y(z)}{X(z)}=\frac{a_0}{1+b_1z^{-1}}=\frac{0.5}{1-z^{-1}}=$$
$$a_0(1+z^{-1}+z^{-2}+\cdots)=$$
$$0.5(1+z^{-1}+z^{-2}+\cdots) \qquad |z|>1$$

从而有

$$h(n)=\mathscr{Z}^{-1}[H(z)]=a_0[\delta(n)+\delta(n-1)+\cdots]=$$
$$a_0u(n)=0.5u(n)$$

显然,$h(n)$有无限多个非零项,为一右边无限长序列,是一 IIR 数字滤波器。从其差分方程可以看出:这种滤波器的输出不仅与现时刻的输入以及过去时刻的输入有关,而且与过去的输出也直接有关,通常用递归型结构(有反馈)实现。

**例 8.11** 一数字滤波器的差分方程为

$$y(n)=x(n)+0.5x(n-1)$$

试求其单位抽样响应 $h(n)$。

**解**:由差分方程可得

$$H(z)=\frac{Y(z)}{X(z)}=1+0.5z^{-1}$$

对上式反变换后可得单位抽样响应 $h(n)$为

$$h(n)=\mathscr{Z}^{-1}[H(z)]=\delta(n)+0.5\delta(n-1)$$

显然,$h(n)$为一有限长序列,是 FIR 系统。

由前述举例可知,例 8.10 是一种递归滤波器,例 8.11 是一种非递归滤波器,其系统结构图分别如图 8.27(a)、(b)所示。两者结构上的主要区别是:递归结构有反馈支路,非递归结构则没有。

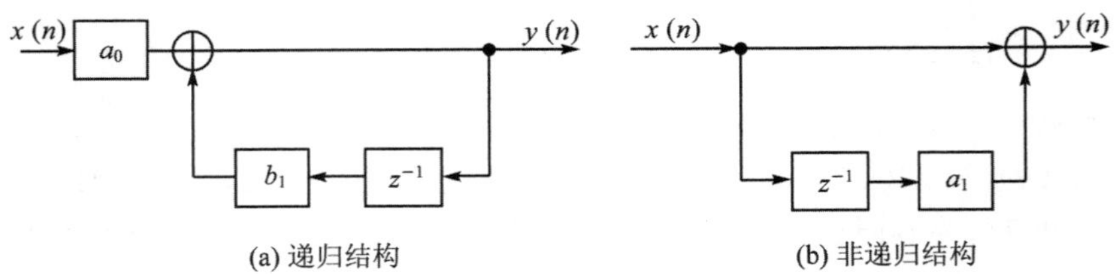


(a) 递归结构　　(b) 非递归结构

**图 8.27 递归与非递归结构的数字滤波器框图**

一般来说,IIR 系统只能采用"递归型"结构,而 FIR 系统一般采用非"递归型"结构。但是,采用极、零点抵消的方法,FIR 系统也可采用"递归型"结构。

数字滤波器根据幅频响应的特性也可分为低通、高通、带通、带阻等类型,图 8.28 为一数字低通滤波器的技术指标要求的示例,图中的虚线是一满足给定技术指标要求的系统幅频特性。在通带内,频响的幅度逼近 1,允许误差为 $\delta_p$;阻带幅度逼近 0,允许误差为 $\delta_z$。在通带截

止频率 $\omega_c$ 和阻带始点频率 $\omega_z$ 之间为过渡带。

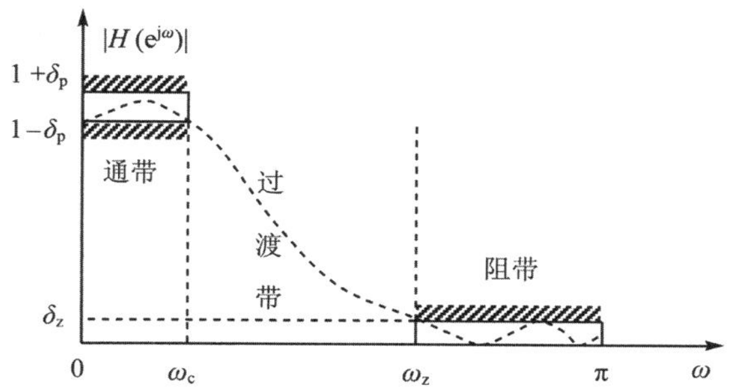


**图 8.28　数字低通滤波器技术指标的给定**

设计一个数字滤波器，实质上就是寻找一组系数 $\{a_r, b_k\}$，使其性能满足预定的技术要求，然后再设计一个具体的网络结构去实现它。显然，它与模拟滤波器的设计方法是完全一致的，只不过模拟滤波器的设计是在 $s$ 平面上用数字逼近方法去寻找所需特性的 $H(s)$，而数字滤波器的设计则是在 $z$ 平面上寻找合适的 $H(z)$。一般来讲，数字滤波器的设计大致包括以下几个步骤：

① 根据任务需要，确定数字滤波器的性能指标，如通带截止频率 $\omega_c$、阻带截止频率 $\omega_z$、通带起伏 $\varepsilon$ 等。此外还必须确定采样周期 $T$ 或采样频率 $f_s$。

② 确定数字滤波器的系统函数 $H(z)$ 或单位冲激响应 $h(n)$，使其频率特性满足技术指标要求。

③ 用一个有限精度的运算去实现 $H(z)$ 或 $h(n)$，包括选择合理的网络结构、恰当的有效字长，以及有效数字的处理方法等。

④ 确定工程实现方法，用实际数字系统（通用计算机软件或专用数字滤波器硬件）实现 $H(z)$ 或 $h(n)$。

一般来讲，IIR 和 FIR 数字滤波器的设计思路和方法还有所不同，总体上说，设计 IIR 滤波器是通过对模拟滤波器的模仿来满足滤波幅频特性的要求；而设计 FIR 滤波器则是直接对理想数字滤波器的单位抽样响应 $h_d(n)$ 逼近，以同时保证信号传输中幅度和相位的高保真要求。

## 8.4　IIR 数字滤波器设计

IIR 数字滤波器的特点是 $h(n)$ 为无限长序列。设计的基本思路是借助模拟滤波器的系统函数求出相应的数字滤波器的系统函数，简言之，就是根据给定的技术指标的要求，将满足该技术指标的模拟滤波器的系统函数 $H_a(s)$ 变换成所需的数字滤波器系统函数 $H(z)$。为了使数字滤波器保持模拟滤波器的特性，这种由复变量 $s$ 到复变量 $z$ 之间的映射关系必须满足两个基本条件：

① $s$ 平面的虚轴 $\mathrm{j}\Omega$ 必须映射到 $z$ 平面的单位圆上。

② 为了保持滤波器的稳定性，必须要求 $s$ 左半平面映射到 $z$ 平面的单位圆内部。

IIR 数字滤波器的这种模仿式间接设计方法也有多种，如冲激响应不变法、阶跃响应不变法、双线性变换法及微分映射法等,其中最常用的是冲激响应不变法和双线性变换法。

## 8.4.1 冲激响应不变法

### 1. 基本原理

冲激响应不变法,是使数字滤波器的单位抽样响应 $h(n)$ 与一个模拟滤波器单位冲激响应 $h_a(t)$ 的抽样值相等,即所谓“冲激响应不变”,表示为

$$h(n)=h_a(t)\mid_{t=nT}=h_a(nT) \tag{8.62}$$

式中,$T$ 为抽样周期,如图8.29所示。

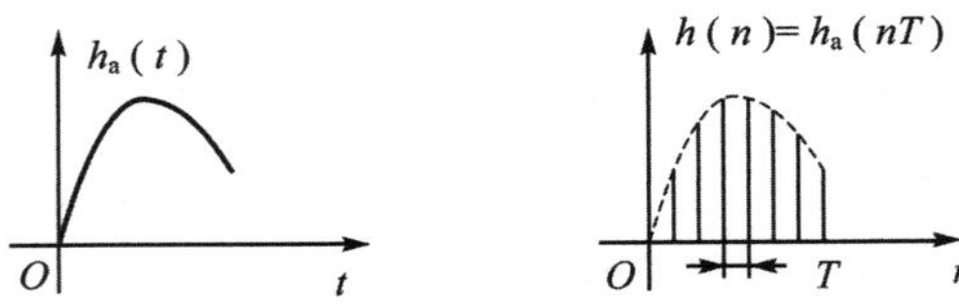


图8.29 冲激响应不变法原理

由前述可知:冲激抽样信号的拉氏变换是模拟信号拉氏变换的周期延拓,即

$$H_s(s)=\frac{1}{T}\sum_{m=-\infty}^{\infty}H_a\left(s-\mathrm{j}\frac{2\pi}{T}m\right)$$

当 $z=\mathrm{e}^{sT}$ 时,冲激抽样信号的拉氏变换即为序列的 $z$ 变换,为

$$H(z)=H_s(s)\mid_{z=\mathrm{e}^{sT}}=\left[\frac{1}{T}\sum_{m=-\infty}^{\infty}H_a\left(s-\mathrm{j}\frac{2\pi}{T}m\right)\right]\Bigg|_{z=\mathrm{e}^{sT}} \tag{8.63}$$

将 $s=\mathrm{j}\Omega$,$z=\mathrm{e}^{sT}=\mathrm{e}^{\mathrm{j}\Omega T}$,$\omega=\Omega T$ 代入式(8.63),可得离散时间信号的频率响应

$$H(\mathrm{e}^{\mathrm{j}\omega})=\left[\frac{1}{T}\sum_{m=-\infty}^{\infty}H_a\left(\mathrm{j}\Omega-\mathrm{j}\frac{2\pi}{T}m\right)\right]\Bigg|_{\omega=\Omega T} \tag{8.64}$$

上式说明:数字滤波器的频率响应是模拟滤波器频响的周期延拓,频率变量存在 $\omega=\Omega T$ 的线性映射关系。

根据抽样定理,只有当模拟滤波器的频响是带限的并限于折叠频率内时,即存在

$$H_a(\mathrm{j}\Omega)=0,\qquad |\Omega|\geqslant\frac{\Omega_s}{2}=\frac{\pi}{T}$$

才有下式成立,即

$$H(\mathrm{e}^{\mathrm{j}\omega})\mid_{\omega=\Omega T}=\frac{1}{T}H_a(\mathrm{j}\Omega),\qquad |\Omega|\leqslant\frac{\pi}{T} \tag{8.65}$$

或

$$H(\mathrm{e}^{\mathrm{j}\omega})=\frac{1}{T}H_a\left(\mathrm{j}\frac{\omega}{T}\right),\qquad |\omega|\leqslant\pi$$

但是,实际模拟滤波器频响不可能是严格带限的,这就不可避免地发生频谱混叠现象,则数字滤波器与模拟滤波器之间的频响就会出现失真,模拟滤波器频响在折叠频率以外衰减越大,则失真越小;反之,失真越大。

在搞清楚数字滤波器与模拟滤波器的频响模仿关系后,下面再来看看式(8.63)所反映的系统函数 $H(z)$ 与 $H_a(s)$ 之间的变换关系,由于它是一个无穷级数求和的关系式,不便实际求解。实际中,可以根据“冲激响应不变”的原理由 $H_a(s)$ 求出 $H(z)$:

$$H_a(s) \to h_a(t) \to h(n) \to H(z)$$

设模拟滤波器的传递函数 $H_a(s)$表达成部分分式的形式，即

$$H_a(s) = \sum_{i=1}^{N} \frac{A_i}{s - s_i} \tag{8.66}$$

则相应的冲激响应 $h_a(t)$是上式的拉氏反变换，即

$$h_a(t) = \sum_{i=1}^{N} A_i e^{s_i t} u(t)$$

式中，$u(t)$为单位阶跃函数。

从而数字滤波器的单位抽样响应 $h(n)$为

$$h(n) = h_a(nT) = \sum_{i=1}^{N} A_i e^{s_i nT} u(n) =$$

$$\sum_{i=1}^{N} A_i (e^{s_i T})^n u(n) \tag{8.67}$$

对 $h(n)$取 $z$ 变换，就得到数字滤波器的系统函数为

$$H(z) = \sum_{i=1}^{N} \frac{A_i}{1 - e^{s_i T} z^{-1}} \tag{8.68}$$

比较式(8.68)与式(8.66)可知，在满足冲激响应不变的条件下，$H(z)$与 $H_a(s)$之间的变换关系为：$H_a(s)$在 $s$ 平面上有一个极点 $s = s_i$，则 $H(z)$在 $z$ 平面上也有一个极点 $z_i = e^{s_i T}$ 与之对应，而 $H(z)$与 $H_a(s)$的部分分式中所有对应的系数不变。

但在应用式(8.67)时需要注意的是，由式(8.65)可知

$$H(e^{j\omega}) = \frac{1}{T} H_a\left(j\frac{\omega}{T}\right), \qquad |\omega| \leqslant \pi$$

当抽样频率很高，即 $T$ 很小时，数字滤波器可能具有过高的增益。要对式(8.67)作如下修正，即变为

$$h(n) = Th_a(nT) \tag{8.69}$$

$$H(z) = \sum_{i=1}^{N} \frac{TA_i}{1 - e^{s_i T} z^{-1}} \tag{8.70}$$

$$H(e^{j\omega}) = H_a\left(j\frac{\omega}{T}\right), \qquad |\omega| \leqslant \pi \tag{8.71}$$

**2. 稳定性与逼近程度问题**

如果模拟滤波器是稳定的，那么经变换后所得的数字滤波器也应是稳定的。因为当模拟滤波器稳定时，其 $H_a(s)$的所有极点 $s_i$应在左半平面，即 $\mathrm{Re}\, s_i < 0$，则有

$$z_i = e^{s_i T}$$

$$|z_i| = |e^{s_i T}| = e^{\mathrm{Re}\, s_i T} < 1$$

说明 $z_i$在单位圆内，从而数字滤波器必然也是稳定的。

需要注意的是：虽然极点之间存在 $z_i = e^{s_i T}$ 的映射关系，但 $H(z)$与 $H_a(s)$两者的零点之间并不存在这种映射关系，所以不能由 $H_a(s)$直接用 $z = e^{sT}$ 代入来求 $H(z)$，而是要按 $H_a(s) \to h_a(t) \to h(n) \to H(z)$的方法得到 $H(z)$。

逼近程度是指数字滤波器的频响逼近模拟滤波器频响的误差大小。冲激响应不变法的逼近程度,取决于周期延拓后的 $H(\Omega)$ 是否能逼近 $H_a(\Omega)$,显然,若周期延拓后没有频谱混叠现象,逼近程度就好;否则,逼近程度变坏。另外,数字滤波器与模拟滤波器角频率之间,必须满足 $\omega=\Omega T$ 的线性映射关系时,才能有两者频响之间的良好逼近。

**3. 用冲激响应不变法设计数字滤波器举例**

IIR 数字滤波器的设计,总的来说,是对模拟滤波器特性的模仿,具体设计过程如下:

① 指标转换,根据频率变换关系 $\omega=\Omega T$,将数字滤波器的特性指标转换为模拟原型滤波器的指标;

② 依据模拟原型滤波器的指标,设计模拟原型滤波器的传递函数 $H_a(s)$;

③ 通过 $s$ 与 $z$ 变量的变换关系 $s=f(z)$,由 $H_a(s)$ 求出 $H(z)$。

以上步骤,可用图 8.30 来表示。

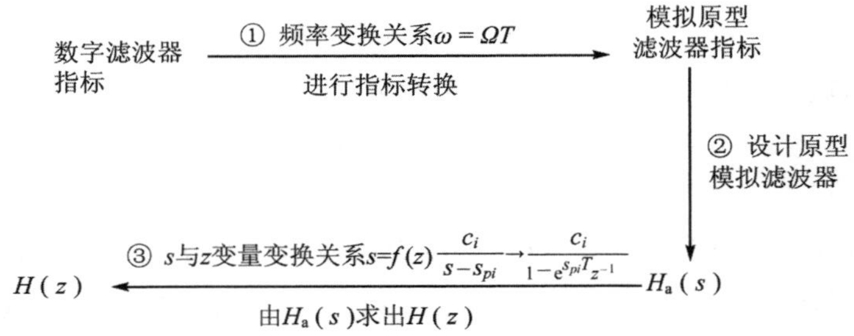


**图 8.30 IIR 数字滤波器设计步骤**

图 8.30 中的步骤②已在模拟滤波器一节中讲述。下面通过实际例子,简要介绍实现①和③的方法。

**例 8.12** 设一数字低通滤波器的数字指标的要求为

$$\delta_p \leqslant 1\ \text{dB},\quad \omega_p=0.2\pi$$
$$\delta_z \geqslant 15\ \text{dB},\quad \omega_z=0.3\pi$$
$$T=10^{-3}\ \text{s}$$

试将上述指标转换为原型模拟滤波器的技术指标。

**解:** 在进行指标转换前,先假定模拟滤波器是带限的,暂不考虑存在混叠误差(设计完成后,再来估计频谱混叠的影响),从而有

$$\begin{cases} H(e^{j\omega})=H_a(j\Omega) \quad (|\omega|\leqslant\pi) \\ \omega=\Omega T \end{cases}$$

可求得原型模拟低通滤波器通带边界频率 $\Omega_p$ 和阻带起始频率 $\Omega_z$ 为

$$\Omega_p=\frac{\omega_p}{T}=\frac{0.2\pi}{10^{-3}}=200\pi$$

$$\Omega_z=\frac{\omega_z}{T}=\frac{0.3\pi}{10^{-3}}=300\pi$$

则可以得到转换后的原型模拟低通滤波器指标为

通带边界频率 $\Omega_p=200\pi$,幅度衰减 $\delta_p\leqslant 1$ dB;

阻带始点频率 $\Omega_z=300\pi$,幅度衰减 $\delta_z\geqslant 15$ dB。

上述指标与例 8.3 中的要求完全相同，如果要进一步设计成巴特沃思滤波器，可参看例 8.3 的具体设计过程。

**例 8.13**　设一模拟滤波器的传递函数为

$$H_a(s)=\frac{s+a}{(s+a-jb)(s+a+jb)}\qquad (a、b\ 为常数)$$

试用冲激响应不变法求相应数字滤波器的 $H(z)$。

**解：** 将传递函数 $H_a(s)$ 变换为部分分式之和为

$$H_a(s)=\frac{1}{2}\frac{1}{s+a+jb}+\frac{1}{2}\frac{1}{s+a-jb}$$

进行拉氏反变换可得

$$h_a(t)=\frac{1}{2}e^{-(a+jb)t}u(t)+\frac{1}{2}e^{-(a-jb)t}u(t)$$

按冲激响应不变法有

$$h(n)=h_a(t)\mid_{t=nT}=\frac{1}{2}[e^{-(a+jb)nT}u(n)+e^{-(a-jb)nT}u(n)]$$

则 IIR 滤波器的系统函数为

$$H(z)=\sum_{n=0}^{\infty}h(n)z^{-n}=$$
$$\frac{1-(e^{-aT}\cos bT)z^{-1}}{(1-e^{-aT}e^{-jbT}z^{-1})(1-e^{-aT}e^{jbT}z^{-1})}=$$
$$\frac{z(z-e^{-aT}\cos bT)}{(z-e^{-aT}e^{-jbT})(z-e^{-aT}e^{jbT})}$$

由 $H(z)$ 与 $H_a(s)$ 的表达式可见，$H_a(s)$ 有一个零点 $s_1=-a$，一对共轭极点 $s_{p1}=-a+jb$，$s_{p2}=-a-jb$。而 $H(z)$ 则有两个零点，$z_{r1}=0$，$z_{r2}=e^{-aT}\cos bT$；两个极点，$z_{p1}=e^{-(a+jb)T}$ 和 $z_{p2}=e^{-(a-jb)T}$。对于冲激响应不变法来说，$H(z)$ 与 $H_a(s)$ 之间，极点存在 $z_i=e^{s_iT}$ 的映射关系，而零点并不存在。

**例 8.14**　用冲激响应不变法设计一巴特沃思数字滤波器，使其特性逼近一个巴特沃思低通模拟滤波器的下列技术指标，通带截止频率 $\Omega_c=2\pi\times2\times10^3$ rad/s，在 $\Omega_c$ 处衰减 $\delta_p=3$ dB，阻带始点频率 $\Omega_z=2\pi\times4\times10^3$ rad/s，在 $\Omega_z$ 处衰减 $\delta_z=15$ dB。设抽样频率为 20 kHz。

**解：** 本例中直接给出了模拟指标，对于冲激响应不变法来说，不需要进行指标的变换，即可作为数字滤波器的原型模拟滤波器指标来用。上述指标与模拟滤波器设计例题 8.2 的完全相同，已经求出满足指标的巴特沃思滤波器的阶次是 $n=3$，查表 8.1 可得模拟滤波器传递函数的因子形式为

$$H_a(s)=\frac{1}{\left(\frac{s}{\Omega_c}+1\right)\left(\frac{s}{\Omega_c}+0.5-0.866\,025\,4j\right)}\cdot\frac{1}{\frac{s}{\Omega_c}+0.5+0.866\,025\,4j}=$$
$$\frac{1}{(s+\Omega_c)[s+(0.5-j0.866\,025\,4)\Omega_c]}\cdot\frac{\Omega_c^3}{s+(0.5+j0.866\,025\,4)\Omega_c}$$

为了能应用冲激响应不变法，将上式表示成部分分式的和，即

$$H_a(s)=\sum_{i=1}^{3}\frac{c_i}{s-s_{pi}}$$

应用待定系数的求法可得

$$c_1=\Omega_c$$
$$c_2=(-0.5-\mathrm{j}0.288\ 671)\Omega_c$$
$$c_3=(-0.5+\mathrm{j}0.288\ 675\ 1)\Omega_c$$

所以,$H_a(s)$可以写成

$$H_a(s)=\frac{\Omega_c}{s+\Omega_c}+\frac{(-0.5-\mathrm{j}0.288\ 675\ 1)\Omega_c}{s+(0.5-\mathrm{j}0.866\ 025\ 4)\Omega_c}+\frac{(-0.5+\mathrm{j}0.288\ 675\ 1)\Omega_c}{s+(0.5+\mathrm{j}0.866\ 025\ 4)\Omega_c}$$

根据冲激响应不变法极点对应的变换关系

$$\frac{c_i}{s-s_{pi}}\rightarrow\frac{c_i}{1-\mathrm{e}^{s_{pi}T}z^{-1}}$$

得到数字滤波器的系统函数 $H(z)$:

$$H(z)=\frac{\Omega_c}{1-\mathrm{e}^{-\Omega_c T}z^{-1}}+\frac{(-0.5-\mathrm{j}0.288\ 675\ 1)\Omega_c}{1-\mathrm{e}^{-(0.5-\mathrm{j}0.866\ 025\ 4)\Omega_c T}z^{-1}}+\frac{(-0.5+\mathrm{j}0.288\ 675\ 1)\Omega_c}{1-\mathrm{e}^{-(0.5+\mathrm{j}0.866\ 025\ 4)\Omega_c T}z^{-1}}$$

将已知的 $\Omega_c=4\pi\times10^3$ rad/s 和 $T=\frac{1}{20\times10^3}$ s 代入上式,最后得

$$H(z)=\frac{4\pi\times10^3 z(1.333z^2-1.001z+0.306)}{(z-0.534)(z-0.73\mathrm{e}^{\mathrm{j}0.544})(z-0.73\mathrm{e}^{-\mathrm{j}0.544})}$$

上式中系统函数 $H(z)$的三个极点均在单位圆内,所以数字滤波器是稳定的。

**例 8.15** 编制一 MATLAB 程序,用冲激响应不变法设计一个巴特沃思数字滤波器,其特性逼近例 8.14 中巴特沃思模拟低通滤波器的性能指标。

**解:** 在巴特沃思数字滤波器设计过程中,主要用到下面几个 MATLAB 函数:

① [n,Wn]=buttord(Wp,Ws,Rp,Rs)或 [n,Wn]=buttord(Wp,Ws,Rp,Rs,'s')。前一个函数主要用于计算巴特沃思滤波器的阶次 n 和截止频率 Wn,后一个公式主要用于巴特沃思模拟滤波器的设计。

② [b,a]=butter(n,Wn)。可设计出截止频率为 Wn 的 n 阶低通巴特沃思滤波器,b 和 a 是滤波器系统函数表达式中的系数,即

$$H(z)=\frac{b_1+b_2z^{-1}+\cdots+b_{n+1}z^{-n}}{a_1+a_2z^{-1}+\cdots+a_{n+1}z^{-n}}$$

截止频率 Wn 是滤波器的幅度响应下降至$\frac{1}{\sqrt{2}}$处的频率,Wn 的取值范围是[0,1],其中的 1 对应$\frac{1}{2}\Omega_s$,$\Omega_s$ 为抽样频率。

③ [b,a]=butter(n,Wn,'ftype')。'ftype'表示滤波器的类型:

'high'为高通滤波器,截止频率为 Wn;

'stop'为带阻滤波器,截止频率 $\mathrm{Wn}=[\mathrm{W}_1,\mathrm{W}_2](\mathrm{W}_1<\mathrm{W}_2)$;

'ftype'缺省时,是低通和带通滤波器。对于低通滤波器,截止频率为 Wn;对于带通滤波器,截止频率 $\mathrm{Wn}=[\mathrm{W}_1,\mathrm{W}_2](\mathrm{W}_1<\mathrm{W}_2)$。

④ [z,p,k]=buttap(N)，用于 N 阶归一化（即 $\Omega_c=1$）巴特沃思原型滤波器的设计，z、p、k 分别为传递函数的零点、极点与增益。如果需要设计未归一化的滤波器，则应先对传递函数进行归一化。这个函数在前面也已作过介绍。

⑤ [bz,az]=impinvar(b,a,Fs)或[bz,az]=impinvar(b,a)。式中，b、a 为行向量表示，分别包含了模拟滤波器分子和分母多项式按 s 降幂排列的系数，bz、az 分别为数字滤波器分子和分母多项式按 z 降幂排列的系数行向量，Fs 为抽样频率，后一个函数 Fs 缺省，默认值 Fs=1 Hz。

若设计切比雪夫 Ⅰ 型低通滤波器（通带有波纹），其相应的函数（式中的 Rp 为波纹系数，其他参数意义与巴特沃思滤波器设计函数中的相同）主要有：

[b,a]=cheby1(n,Rp,Wn)；

[z,p,k]=cheby1(n,Rp,Wn)。

以下是本例中的 MATLAB 程序，图 8.31 是滤波器幅频、相频特性。

```
%例 8.15 中的 MATLAB 程序
%定义滤波器的性能指标
wp=2000*2*pi;
ws=4000*2*pi;
Rp=3;
Rs=15;
Fs=20000;
Nn=128;                              %给出滤波器的序列点数
%计算滤波器阶数和截止频率
[N,Wn]=buttord(wp,ws,Rp,Rs,'s');
%设计模拟滤波器原型
[z,p,k]=buttap(N);
[Bap,Aap]=zp2tf(z,p,k);              %将系统函数的零、极点形式变为分子、分母多项式形式
[b,a]=lp2lp(Bap,Aap,Wn);             %低通至低通模拟滤波器的变换
%冲激响应不变法实现模拟滤波器到数字滤波器的变换
[bz,az]=impinvar(b,a,Fs);
freqz(bz,az,Nn,Fs)
```

从以上讨论可以看出，冲激响应不变法使得数字滤波器的频率响应完全模仿模拟滤波器的频率响应，因此时域逼近良好，而且模拟频率与数字频率间变换是线性变换，即

$$\begin{cases} H(e^{j\omega})=\dfrac{1}{T}[H_a(\Omega)] & \left(|\Omega|<\dfrac{\pi}{T}\right) \\ \omega=\Omega T \end{cases}$$

因而一个线性相位的模拟滤波器（例如贝塞尔滤波器）可以映射为一个线性相位的数字滤波器。

冲激响应不变法的主要缺点是由于频谱的周期延拓而产生的混叠失真，所以只适合充分带限的低通和带通滤波器设计，而高通和带阻滤波器不宜采用冲激响应不变法进行设计。

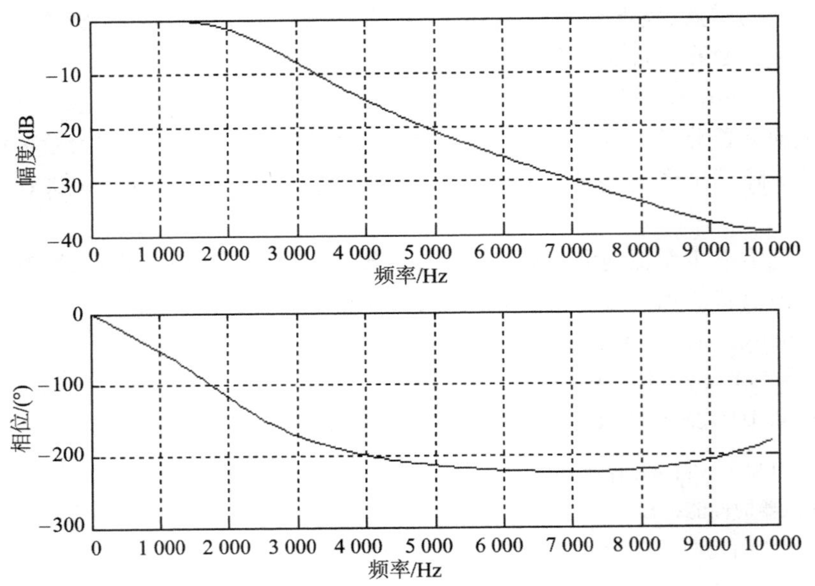


图 8.31　例 8.15 中滤波器的频率特性

## 8.4.2　双线性变换法

### 1. 基本原理

冲激响应不变法是使模拟滤波器与数字滤波器的冲激响应互相模仿，从而达到两者频响之间的互相模仿。双线性变换法的基本思路是让两种滤波器的输入、输出互相模仿，从而达到频响的互相模仿，这种模仿关系如图 8.32 所示。

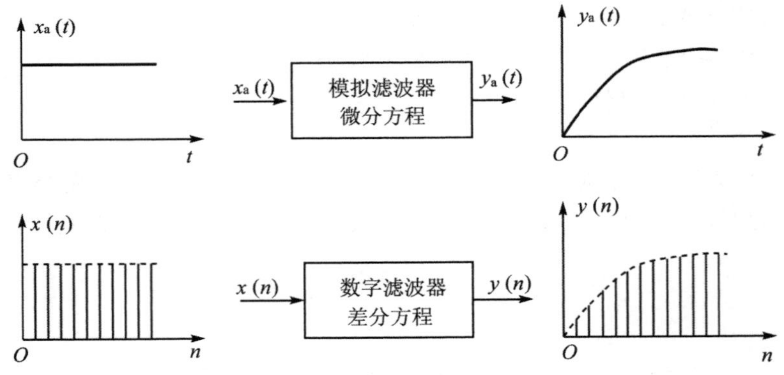


图 8.32　双线性变换法基本原理

要实现上述两者在输入、输出上的互相模仿，必须使描述数字滤波器模型的差分方程逼近描述模拟滤波器的微分方程的近似解。数值近似求解的方法很多，例如：用差分直接代替微分，但这种近似计算的方法可能导致时域、频域上产生的误差较大，在系统模仿时较少应用，而采用对微分方程进行积分运算时应用数值近似的方法（可考虑选用其中逼近误差相对较小的

梯形近似积分)。为便于理解这一近似方法,先从最简单的一阶微分方程开始,设描述模拟滤波器的微分方程为

$$C_1 y_a'(t) + C_0 y_a(t) = D_0 x_a(t) \tag{8.72}$$

式中,$y_a'(t)$是滤波器输出 $y_a(t)$的一阶导数,$x_a(t)$是模拟滤波器的输入。对上式进行拉氏变换后可得模拟滤波器的传递函数 $H_a(s)$:

$$H_a(s) = \frac{D_0}{C_1 s + C_0} \tag{8.73}$$

把 $y_a(t)$表示成 $y_a'(t)$的积分形式,则

$$y_a(t) = y_a(t_0) + \int_{t_0}^{t} y_a'(t)\,\mathrm{d}t$$

设 $t_0=(n-1)T$,$t=nT$,则上式可表示为

$$y_a(nT) = y_a[(n-1)T] + \int_{(n-1)T}^{nT} y_a'(t)\,\mathrm{d}t$$

对上式中的积分项应用梯形近似积分,有

$$y_a(nT) = y_a[(n-1)T] + \frac{T}{2}\{y_a'(nT) + y_a'[(n-1)T]\} \tag{8.74}$$

由式(8.72),有

$$y_a'(nT) = -\frac{C_0}{C_1} y_a(nT) + \frac{D_0}{C_1} x_a(nT)$$

$$y_a'[(n-1)T] = -\frac{C_0}{C_1} y_a[(n-1)T] + \frac{D_0}{C_1} x_a[(n-1)T]$$

将上述两式代入式(8.74),并用 $y(n)$、$y(n-1)$、$x(n)$、$x(n-1)$代替相应的抽样值,可得

$$y(n) - y(n-1) = \frac{T}{2}\left\{-\frac{C_0}{C_1}[y(n) + y(n-1)] + \frac{D_0}{C_1}[x(n) + x(n-1)]\right\} \tag{8.75}$$

式(8.75)即为逼近模拟滤波器微分方程的差分方程。对差分方程进行 $z$ 变换,整理后可得离散系统的系统函数 $H(z)$:

$$H(z) = \frac{Y(z)}{X(z)} = \frac{D_0}{C_1\left(\dfrac{2}{T}\dfrac{1-z^{-1}}{1+z^{-1}}\right) + C_0} \tag{8.76}$$

比较式(8.73)和式(8.76)后,可以得出

$$s = \frac{2}{T}\frac{1-z^{-1}}{1+z^{-1}} \tag{8.77}$$

式(8.77)称为“双线性变换”关系式,也可表示成

$$z = \frac{1+\dfrac{T}{2}s}{1-\dfrac{T}{2}s} \tag{8.78}$$

将 $H_a(s)$中的变量 $s$ 用式(8.77)代入,即可得到系统函数 $H(z)$,即

$$H(z) = H_a(s)\Big|_{s=\frac{2}{T}\frac{1-z^{-1}}{1+z^{-1}}} \tag{8.79}$$

上述关系只是从一阶微分方程得出的,但 $N$ 阶模拟滤波器微分方程可分解为 $N$ 个一阶

微分方程之和,因而上述导出的关系式是带普适性的。

式(8.77)和式(8.78)表示出双线性变换中 $s$ 平面与 $z$ 平面之间相互映射的关系,是一种可逆的变换关系,并且 $z$ 与 $s$ 是一一对应的。但当双线性变换要保证上述的映射关系时,映射过程中 $\omega$ 与 $\Omega$ 之间的关系就不再是线性关系,而是非线性的关系。下面来导出它们之间的关系。需要注意:这里实质上是指频率响应中频率轴 $\omega$ 与 $\Omega$ 之间的对应关系,并不是指数字频率与模拟频率两者之间的转换关系。

将 $s=\sigma+\mathrm{j}\Omega$ 代入式(8.78),得

$$z=\frac{1+\frac{T}{2}\sigma+\mathrm{j}\frac{T}{2}\Omega}{1-\frac{T}{2}\sigma-\mathrm{j}\frac{T}{2}\Omega}=|z|\mathrm{e}^{\mathrm{j}\omega} \tag{8.80}$$

此时有

$$|z|=\sqrt{\frac{\left(1+\frac{T}{2}\sigma+\mathrm{j}\frac{T}{2}\Omega\right)}{\left(1-\frac{T}{2}\sigma-\mathrm{j}\frac{T}{2}\Omega\right)}\frac{\left(1+\frac{T}{2}\sigma-\mathrm{j}\frac{T}{2}\Omega\right)}{\left(1-\frac{T}{2}\sigma+\mathrm{j}\frac{T}{2}\Omega\right)}}=\sqrt{\frac{\left(1+\frac{T}{2}\sigma\right)^2+\left(\frac{T}{2}\Omega\right)^2}{\left(1-\frac{T}{2}\sigma\right)^2+\left(\frac{T}{2}\Omega\right)^2}} \tag{8.81}$$

当 $\sigma=0$,即 $s=\mathrm{j}\Omega$ 时,$\Omega$ 沿 $s$ 平面整个虚轴变化,由式(8.81),得

$$|z|=1 \tag{8.82}$$

显然,双线性变换将 $s$ 平面的虚轴唯一地映射到 $z$ 平面的单位圆上,再将 $s=\mathrm{j}\Omega$ 代入式(8.78),得

$$z=\frac{1+\mathrm{j}\frac{T}{2}\Omega}{1-\mathrm{j}\frac{T}{2}\Omega}=\frac{\exp\left(\mathrm{j}\arctan\frac{T\Omega}{2}\right)}{\exp\left(-\mathrm{j}\arctan\frac{T\Omega}{2}\right)}=$$

$$\exp\left(\mathrm{j}2\arctan\frac{T\Omega}{2}\right)=\mathrm{e}^{\left(\mathrm{j}2\arctan\frac{T\Omega}{2}\right)} \tag{8.83}$$

比较式(8.80)与式(8.83),有

$$\omega=2\arctan\frac{\Omega T}{2} \tag{8.84}$$

或

$$\Omega=\frac{2}{T}\tan\frac{\omega}{2} \tag{8.85}$$

显然,当 $s$ 在 $s$ 平面的虚轴上变化时,相应的 $z$ 正好在 $z$ 平面的单位圆上变,即模拟滤波器的频响 $H_a(\mathrm{j}\Omega)$ 正好与数字滤波器的频响 $H(\mathrm{e}^{\mathrm{j}\omega})$ 相对应;但由式(8.84)或式(8.85)可知,数字角频率 $\omega$ 与模拟角频率 $\Omega$ 之间的变换关系是非线性的。

**2. 稳定性与逼近程度**

稳定性问题仍可归结为 $s$ 平面的左半平面是否映射在 $z$ 平面的单位圆内部,需要判别:当 $H(s)$ 的极点 $s=\sigma+\mathrm{j}\Omega$,$\sigma<0$ 时,即极点位于 $s$ 平面的左半平面时,$z$ 是否位于 $z$ 平面单位圆内部。由

$$z=\frac{1+\frac{T}{2}s}{1-\frac{T}{2}s}=\frac{1+\frac{T}{2}(\sigma+\mathrm{j}\Omega)}{1-\frac{T}{2}(\sigma+\mathrm{j}\Omega)}$$

有

$$|z|=\frac{\sqrt{\left(1+\frac{T}{2}\sigma\right)^2+\left(\frac{T}{2}\Omega\right)^2}}{\sqrt{\left(1-\frac{T}{2}\sigma\right)^2+\left(\frac{T}{2}\Omega\right)^2}}<1$$

当 $\sigma<0$ 时，上式为 $|z|<1$，极点在单位圆内，滤波器是稳定的。

由此可见，对于双线性变换法，只要模拟滤波器 $H_a(s)$ 稳定，则通过双线性变换得到的数字滤波器 $H(z)$ 也是稳定的。

式(8.87)表明，$s$ 平面上的 $\Omega$ 与 $z$ 平面的 $\omega$ 成非线性正切关系，如图 8.33 所示。在 $\omega=0$ 附近，两者接近线性关系；当 $\omega$ 增加时，$\Omega$ 增加得越来越快；当 $\omega$ 趋近 $\pi$ 时，$\Omega$ 趋近于$\infty$。正是因为这种非线性关系，使得数字滤波器与模拟滤波器的频率特性的形状发生畸变，称为“非线性畸变”，相当于模拟滤波器的频率特性原来分布在 $\Omega=+\infty\sim-\infty$ 频率范围内，变换为数字滤波器时，则被压缩在 $\omega=+\pi\sim-\pi$ 的频带内了。

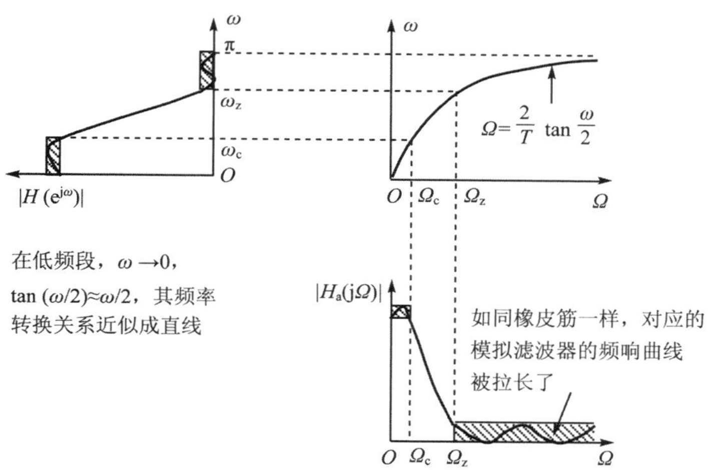


**图 8.33　双线性变换中数字与模拟滤波器的频响关系**

$\Omega$ 与 $\omega$ 之间的非线性关系影响了数字滤波器频响对模拟滤波器频响的逼真模仿，这种非线性影响的实质问题是：如果 $\Omega$ 的刻度是均匀的，则映射到 $z$ 平面的 $\omega$ 的刻度是不均匀的，而是随 $\omega$ 增加越来越密。但是如果模拟滤波器的频响具有片段常数特性，则转换到 $z$ 平面的数字滤波器仍具有片段常数特性，主要是数字滤波器特性转折点频率值与模拟滤波器特性转折点的频率值成非线性关系。解决这一问题可以采用所谓“预畸”的方法。预畸是指由数字滤波器的临界频率求模拟原型滤波器的临界频率时，不按线性关系求，而按非线性关系，即 $\Omega=\frac{2}{T}\tan\frac{\omega}{2}$ 来求，这样就保证了通过双线性变换后，使所设计的模拟截止频率正好映射在所要求的数字截止频率上，如图 8.33 中的 $\omega_c$、$\omega_z$ 与 $\Omega_c$、$\Omega_z$ 的对应关系。因此，双线性变换法适合片段常数特性滤波器的设计。实际应用中,一般设计滤波器通带和阻带均要求是片段常数,因此双线性变换法得到了广泛的应用。

双线性变换法克服了冲激响应不变法存在的频谱混叠问题,其幅度逼近程度好,且可应用于高通、带阻等各种滤波器的设计。设计的运算由于 $s$ 与 $z$ 之间有比较简单的代数关系,运算比较简单。由于存在频率轴的非线性畸变,可以通过预畸来解决。因此在 IIR 数字滤波器设计中,采用双线性变换法居多,当强调滤波器的瞬态时域响应时,可以采用冲激响应不变法。

**3. 双线性变换法设计数字滤波器举例**

**例 8.16** 用双线性变换法设计一个巴特沃思数字滤波器,技术指标与例 8.14 相同。

**解:** 双线性变换设计数字滤波器的步骤基本上与冲激响应不变法相同。

(1) 指标转换

在本例中,给出了模拟滤波器指标,数字角频率 $\omega$ 与模拟角频率 $\Omega$ 的转换为 $\omega=\Omega T$。

用双线性变换法设计数字滤波器,指标的转换分两步:先由给出的模拟指标转换为数字指标,然后再由数字指标转换为原型模拟滤波器指标(包括通带截止频率 $\Omega_c$ 和阻带始点频率 $\Omega_z$,相应的原型滤波器指标分别用 $\lambda_c$ 和 $\lambda_z$ 表示),这时 $\omega$ 与原型低通滤波器 $\lambda_c$、$\lambda_z$ 之间的转换为

$$\lambda_c=\frac{2}{T}\tan\left(\frac{\omega_c}{2}\right)=\frac{2}{T}\tan\left(\frac{\Omega_c T}{2}\right)=$$

$$\frac{2}{\dfrac{1}{20\times10^3}}\tan\left(\frac{2\pi\times2\times10^3\times\dfrac{1}{20\times10^3}}{2}\right)=$$

$$2.07\times10^3\times2\pi$$

$$\lambda_z=\frac{2}{T}\tan\left(\frac{\omega_z}{2}\right)=\frac{2}{T}\tan\left(\frac{\Omega_z T}{2}\right)=$$

$$\frac{2}{\dfrac{1}{20\times10^3}}\tan\left(\frac{4\pi\times2\times10^3\times\dfrac{1}{20\times10^3}}{2}\right)=$$

$$4.62\times10^3\times2\pi$$

(2) 根据模拟原型滤波器指标设计 $H_a(s)$

根据设计巴特沃思模拟滤波器的计算公式,由阻带求出所需阶次 $n$。

$$n\geqslant\frac{\lg\left(10^{0.1\delta_z}-1\right)}{2\lg\dfrac{\lambda_z}{\lambda_c}}=\frac{\lg\left(10^{0.1\times15}-1\right)}{2\lg\dfrac{4.62}{2.07}}=2.12$$

取 $n=3$,查前述设计巴特沃思模拟滤波器的表 8.3,可查得其传递函数为

$$H_a(s)=\frac{1}{\left(\dfrac{s}{\lambda_c}\right)^3+2\left(\dfrac{s}{\lambda_c}\right)^2+2\left(\dfrac{s}{\lambda_c}\right)+1}$$

(3) 由双线性变换中 $s$ 与 $z$ 的变换关系求 $H(z)$

$$H(z)=H_a(s)\Big|_{s=\frac{2}{T}\frac{1-z^{-1}}{1+z^{-1}}}=$$

$$1\Big/\left[\left(\cot\frac{\Omega_c T}{2}\cdot\frac{1-z^{-1}}{1+z^{-1}}\right)^3+2\left(\cot\frac{\Omega_c T}{2}\cdot\frac{1-z^{-1}}{1+z^{-1}}\right)^2+2\left(\cot\frac{\Omega_c T}{2}\cdot\frac{1-z^{-1}}{1+z^{-1}}\right)+1\right]$$

式中，分母运算用到了

$$s=\frac{2}{T}\frac{1-z^{-1}}{1+z^{-1}}$$

$$\frac{s}{\lambda_c}=\frac{\dfrac{2}{T}\dfrac{1-z^{-1}}{1+z^{-1}}}{\dfrac{2}{T}\tan\left(\dfrac{\omega_c}{2}\right)}=\frac{\dfrac{2}{T}\dfrac{1-z^{-1}}{1+z^{-1}}}{\dfrac{2}{T}\tan\left(\dfrac{\Omega_c T}{2}\right)}=\cot\left(\frac{\Omega_c T}{2}\right)\frac{1-z^{-1}}{1+z^{-1}}$$

$$\cot\frac{\Omega_c T}{2}=\cot\frac{2\pi\times 2\times 10^3\times\dfrac{1}{20\times 10^3}}{2}=\cot(0.1\pi)=3.077\,683\,5$$

将上述结果代入 $H(z)$，整理后可得

$$H(z)=\frac{(1+z)^3}{55.251\,98z^3-97.245\,79z^2+58.957\,18z-15.363\,36}$$

**例 8.17**　试用双线性变换法，设计一个巴特沃思数字滤波器，给出数字指标，其数字指标为

$$\delta_p\leqslant 3\text{ dB},\qquad \omega_p=0.2\pi$$
$$\delta_z\geqslant 15\text{ dB},\qquad \omega_z=0.3\pi$$
$$T=10^{-3}\text{ s}$$

**解：** 设计步骤同例 8.16，即指标转换，设计模拟原型的 $H_a(s)$，进行双线性变换求出 $H(z)$。与例 8.16 不同的是本例直接给出数字指标，可以直接由 $\lambda=\dfrac{2}{T}\tan\left(\dfrac{\omega}{2}\right)$ 的关系，求出模拟原型滤波器的指标为

$$\lambda_p=\frac{2}{10^{-3}}\tan\frac{0.2\pi}{2}=649.839\,4$$

$$\lambda_z=\frac{2}{10^{-3}}\tan\frac{0.3\pi}{2}=1\,019.050\,9$$

$$\delta_p=-20\lg|H(j\Omega_p)|\leqslant 3\text{ dB}$$
$$\delta_z=-20\lg|H(j\Omega_z)|\geqslant 15\text{ dB}$$

有了上述模拟原型指标，即可按上例的后续步骤(2)、(3)确定 $H(z)$。

**例 8.18**　用双线性变换法，设计一切比雪夫数字滤波器，技术指标如例 8.17。

**解：**

(1) 指标转换

$$\lambda_p=\frac{2}{T}\tan\frac{\omega_p}{2}=2\times 10^3\tan 0.1\pi$$

$$\lambda_z=\frac{2}{T}\tan\frac{\omega_z}{2}=2\times 10^3\tan 0.15\pi$$

$$\delta_p=-20\lg|H(j\lambda_p)|\leqslant 3\text{ dB}$$
$$\delta_z=-20\lg|H(j\lambda_z)|\geqslant 15\text{ dB}$$

(2) 按模拟原型指标求 $H_a(s)$

$$\varepsilon=\sqrt{10^{0.1\delta_p}-1}=\sqrt{10^{0.1\times 1}-1}=0.508\ 85$$

$$A(\Omega_z^2)=A(\lambda_z^2)=10^{-0.1\delta_z}=10^{-0.1\times 15}=0.031\ 622\ 7$$

$$n=\frac{\operatorname{arcosh}\left[\frac{1}{\varepsilon}\sqrt{\frac{1}{A(\lambda_z^2)}-1}\right]}{\operatorname{arcosh}\left(\frac{\lambda_z}{\lambda_p}\right)}=$$

$$\frac{\operatorname{arcosh}\left(\frac{1}{0.51}\sqrt{\frac{1}{0.031\ 622\ 7}-1}\right)}{\operatorname{arcosh}\left[\frac{2\times 10^3\tan(0.15\pi)}{2\times 10^3\tan(0.1\pi)}\right]}=3.01$$

取 $n=4$,查设计切比雪夫模拟滤波器的表 8.10,得

$$H_a(s)=\frac{1}{\left[1.013\ 67\left(\frac{s}{\lambda_p}\right)^2+0.282\ 89\left(\frac{s}{\lambda_p}\right)+1\right]}\cdot\frac{1}{\left[3.579\ 06\left(\frac{s}{\lambda_p}\right)^2+2.411\ 4\left(\frac{s}{\lambda_p}\right)+1\right]}$$

(3) 代入双线性变换法关系式求 $H(z)$

$$H(z)=\frac{0.001\ 836(1+z^{-1})^4}{1-1.499\ 6z^{-1}+0.848\ 2z^{-2}}\cdot\frac{1}{1-1.554\ 8z^{-1}+0.649\ 3z^{-2}}$$

应用 MATLAB 语言编程,也可以通过双线性变换法,实现模拟滤波器 $H_a(s)$至数字滤波器 $H(z)$的变换。对于采用零、极点增益形式表示的模拟滤波器模型,实现双线性变换数字滤波器的函数调用格式为

$$[\mathrm{z_d},\mathrm{p_d},\mathrm{k_d}]=\mathrm{bilinear}(\mathrm{z},\mathrm{p},\mathrm{k},\mathrm{F_s})$$

$$[\mathrm{z_d},\mathrm{p_d},\mathrm{k_d}]=\mathrm{bilinear}(\mathrm{z},\mathrm{p},\mathrm{k},\mathrm{F_s},\mathrm{F_p})$$

式中,$\mathrm{z_d}$、$\mathrm{p_d}$、$\mathrm{k_d}$ 分别表示数字滤波器零、极点和增益;$\mathrm{F_s}$ 为采样频率,单位为 Hz;$\mathrm{F_p}$ 为预畸变频率,单位为 Hz,函数选择项;z、p、k 为模拟滤波器零、极点和增益。

若模拟滤波器使用以下的传递函数形式表示,即

$$\frac{\mathrm{num(s)}}{\mathrm{den(s)}}=\frac{\mathrm{num(1)s^{nn}}+\cdots+\mathrm{num(nn)s}+\mathrm{num(nn+1)}}{\mathrm{den(1)s^{nd}}+\cdots+\mathrm{den(nd)s}+\mathrm{den(nd+1)}}$$

式中,num 和 den 分别表示模拟滤波器传递函数分子、分母多项式系数向量,则实现数字滤波器的函数调用格式为

$$[\mathrm{numd},\mathrm{dend}]=\mathrm{bilinear}(\mathrm{num}\ ,\mathrm{den},\mathrm{F_s})$$

$$[\mathrm{numd},\mathrm{dend}]=\mathrm{bilinear}(\mathrm{num}\ ,\mathrm{den},\mathrm{F_s},\mathrm{F_p})$$

式中,numd 和 dend 分别表示数字滤波器传递函数分子、分母多项式系数向量;$\mathrm{F_s}$、$\mathrm{F_p}$ 的意义同上。

**例 8.19** 用双线性变换法设计一个巴特沃思数字低通滤波器。其性能指标为:通带频率范围在 $0\leqslant\omega\leqslant 0.2\pi$ 内,波纹小于 3 dB;在 $0.3\pi\leqslant\omega\leqslant\pi$ 的阻带内,幅度衰减 $\delta_z\geqslant 15$ dB,并设抽样周期 $T=0.001$ s。

**解:** 双线性变换法设计巴特沃思数字低通滤波器的 MATLAB 程序如下。

```
%例 8.19 双线性变换法设计数字低通滤波器 MATLAB 程序

%给定滤波器指标
wp=0.2*pi;
ws=0.3*pi;
Rp=3;
Rs=15;
Ts=0.001;
Nn=128;
%数字频率模拟频率非线性变换
Wp=(2/Ts)*tan(wp/2);
Ws=(2/Ts)*tan(ws/2);
%计算滤波器阶次和截止频率
[N,Wn]=buttord(Wp,Ws,Rp,Rs,'s');
%设计模拟原型
[z,p,k]=buttap(N);
[Bap,Aap]=zp2tf(z,p,k);
[b,a]=lp2lp(Bap,Aap,Wn);
%双线性变换法设计数字滤波器
[bz,az]=bilinear(b,a,1/Ts);
freqz(bz,az,Nn,1/Ts)
```

设计的主要结果为

```
N =
     4
Wn =
  664.4163
bz =
    0.0052    0.0207    0.0311    0.0207    0.0052
az =
    1.0000   -2.3358    2.2608   -1.0229    0.1807
```

所设计的数字滤波器频响如图 8.34 所示。

需要说明的是：当设计模拟低通原型滤波器时，需要进行归一化，即 $s'=\frac{s}{\Omega_c}$，从而有

$$H(s)=H(s')=H\left(\frac{s}{\Omega_c}\right)=H\left[\frac{s}{\frac{2}{T}\tan\left(\frac{\omega_c}{2}\right)}\right]$$

进行双线性变换时，再有

$$H(z)=H(s)\Big|_{s=\frac{2}{T}\frac{1-z^{-1}}{1+z^{-1}}}=H\left[\frac{\frac{2}{T}\frac{1-z^{-1}}{1+z^{-1}}}{\frac{2}{T}\tan\left(\frac{\omega_c}{2}\right)}\right]=H\left[\frac{\frac{1-z^{-1}}{1+z^{-1}}}{\tan\left(\frac{\omega_c}{2}\right)}\right]$$

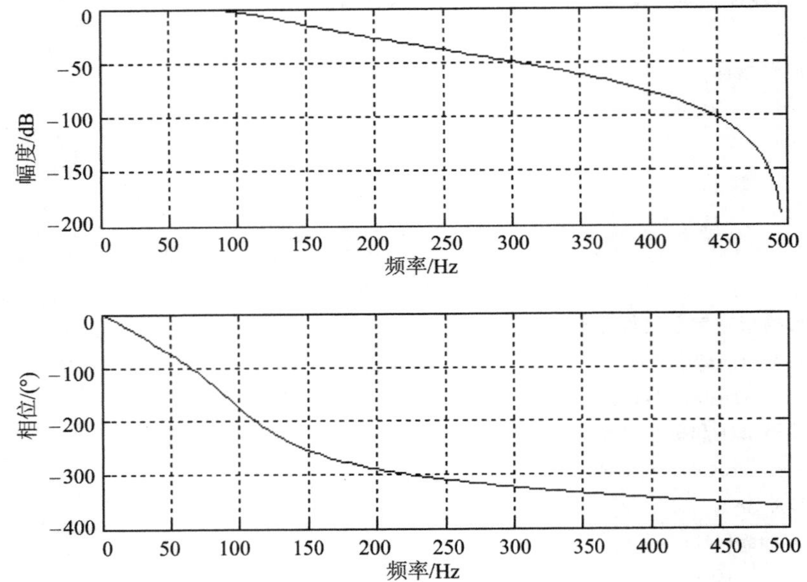


**图 8.34　例 8.19 的数字滤波器频响曲线**

式中,$2/T$ 被约去,因此在设计时,可以采取

$$\Omega=\tan\left(\frac{\omega}{2}\right) \tag{8.86}$$

$$s=\frac{1-z^{-1}}{1+z^{-1}} \tag{8.87}$$

$$H(z)=H(s)\Big|_{s=\frac{1-z^{-1}}{1+z^{-1}}} \tag{8.88}$$

### 8.4.3　其他类型(高通、带通、带阻)IIR 数字滤波器设计

**1. 设计原理**

若要设计高通、带通、带阻等其他类型的 IIR 数字滤波器,可以有两种方法来实现。一种方法是先设计一个模拟低通原型滤波器,然后通过模拟滤波器的频率变换,转换成模拟高通、带通、带阻等模拟滤波器,再转换成相应类型的数字滤波器。这种方法的频率变换在连续域内进行。另外一种方法是先设计一个模拟低通原型滤波器,然后得到数字低通滤波器,再经过频率变换,转换成其他类型的数字滤波器。这种方法的频率变换在离散域进行。两种方法的示意图分别如图 8.35(a)、(b)所示。需要注意的是,由于考虑到频谱混叠的问题,在图 8.35(a)中,第二次的变换只能采用双线性变换。下面介绍第一种方法。

(1) 数字高通滤波器

首先由模拟低通原型的 $H_L(p)$,经过 $p=1/s$ 的频率变换,转换成模拟高通 $H_H(s)$,然后再用双线性变换关系转换成 $H(z)$。这一过程可表示成

$$H_L(p)\xrightarrow{p=\frac{1}{s}}H_H(s)\xrightarrow{s=\frac{1-z^{-1}}{1+z^{-1}}}H(z)$$

上述转换过程也可合并,直接由 $H_L(p)$ 求得数字高通滤波器的系统函数 $H(z)$ 为

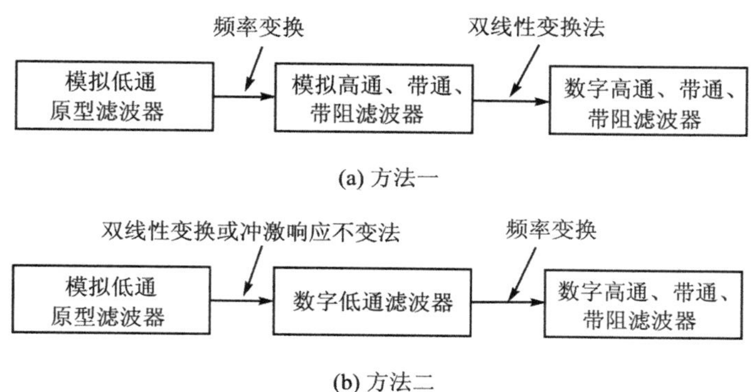


**图 8.35　数字高通、带通、带阻滤波器的设计方法**

$$H(z)=H_{\mathrm{L}}(p)\Big|_{p=\frac{1+z^{-1}}{1-z^{-1}}} \tag{8.89}$$

只要保证模拟低通原型滤波器是稳定的，上述变换结果也是稳定的，则最后所得的数字滤波器也是稳定的。

当 $z=\mathrm{e}^{\mathrm{j}\omega}$（$z$ 平面单位圆）时，应用欧拉公式和三角函数恒等变换，可得

$$p=\frac{1+\mathrm{e}^{-\mathrm{j}\omega}}{1-\mathrm{e}^{-\mathrm{j}\omega}}=\frac{\mathrm{e}^{-\frac{\mathrm{j}\omega}{2}}(\mathrm{e}^{\frac{\mathrm{j}\omega}{2}}+\mathrm{e}^{-\frac{\mathrm{j}\omega}{2}})}{\mathrm{e}^{-\frac{\mathrm{j}\omega}{2}}(\mathrm{e}^{\frac{\mathrm{j}\omega}{2}}-\mathrm{e}^{-\frac{\mathrm{j}\omega}{2}})}=-\mathrm{j}\frac{\cos\frac{\omega}{2}}{\sin\frac{\omega}{2}}=-\mathrm{j}\cot\frac{\omega}{2}=\mathrm{j}\Omega$$

由上式，可以看出

$$\Omega=-\cot\frac{\omega}{2} \tag{8.90}$$

或

$$|\Omega|=\cot\frac{\omega}{2}$$

由式(8.90)可知，模拟低通原型滤波器与数字高通滤波器之间存在下述对应关系：

$$\Omega=0,\qquad \omega=\pm\pi$$

$$\Omega=\pm\infty,\qquad \omega=0$$

表明模拟低通的频率响应正好映射为数字高通的频率响应。

模拟低通原型滤波器与数字高通滤波器幅频特性之间的转换关系如图 8.36 所示。

(2) 数字带通滤波器

仍设模拟低通原型滤波器传递函数的自变量为 $p$，模拟带通滤波器传递函数的自变量为 $s$，参照式(8.50)，将通带上、下边带的边界频率表示为 $\Omega_1$、$\Omega_2$，可得

$$p=\frac{s^2+\Omega_1\Omega_2}{s(\Omega_2-\Omega_1)} \tag{8.91}$$

并有

$$s=\frac{1-z^{-1}}{1+z^{-1}} \tag{8.92}$$

将式(8.91)中的 $\Omega_1$、$\Omega_2$ 分别用式(8.86)即 $\Omega=\tan\frac{\omega}{2}$ 表示，进行恒等变换和整理，由模拟低通

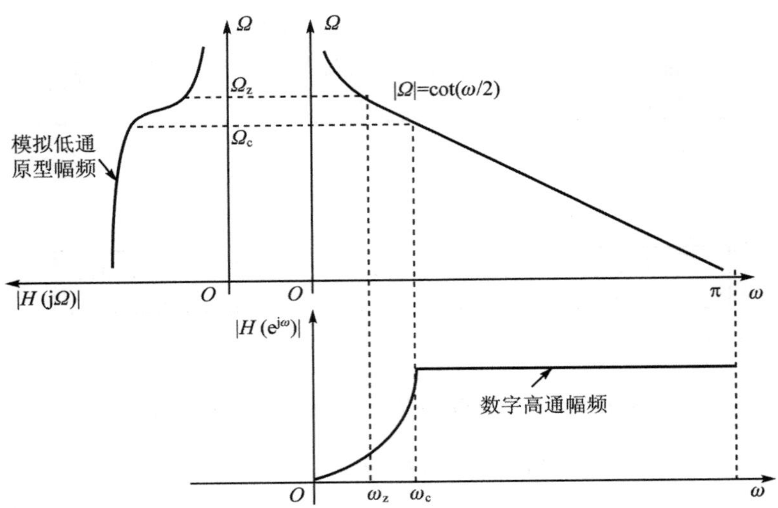


**图 8.36 模拟低通原型与数字高通滤波器幅频特性之间的转换**

原型 $H_L(p)$求解数字带通滤波器的变换关系为

$$p=\frac{z^2-2z\cos\omega_0+1}{z^2-1} \tag{8.93}$$

式中,$\omega_0$ 为数字带通滤波器的中心频率。需要注意的是,上述关系是 $p$ 与 $z$ 间的变换,有时习惯上低通原型滤波器的 $H_L(p)$用 $H_a(s)$表示,但概念上要注意两者的区分。

当把 $z=e^{j\omega}$($z$ 平面单位圆)代入式(8.93)时,可以得到

$$\Omega=\frac{\cos\omega-\cos\omega_0}{\sin\omega} \tag{8.94}$$

由式(8.94)可见

$$\left.\begin{array}{ll}\Omega=0, & \omega=\omega_0\\ \Omega=\pm\infty, & \omega=\pi,0\end{array}\right\} \tag{8.95}$$

显然,模拟带通的频响正好映射为数字带通的频响。

但在设计带通滤波器时,其数字指标一般只给出通带上、下边带的边界频率 $\omega_1$、$\omega_2$ 作为设计要求,这就需要由 $\omega_1$、$\omega_2$ 换算成设计变换需要的中心频率 $\omega_0$ 以及模拟低通的截止频率 $\Omega_c$,为此,由式(8.94),有

$$\Omega_1=\frac{\cos\omega_1-\cos\omega_0}{\sin\omega_1},\qquad \Omega_2=\frac{\cos\omega_2-\cos\omega_0}{\sin\omega_2} \tag{8.96}$$

上两式中,$\Omega_1$、$\Omega_2$ 为模拟低通原型的截止频率(频响特性用正负频率双边表示),则

$$\Omega_c=\Omega_1=-\Omega_2$$

由以上各式最后可求得中心频率 $\omega_0$、模拟低通的截止频率 $\Omega_c$分别为

$$\cos\omega_0=\frac{\sin(\omega_1+\omega_2)}{\sin\omega_1+\sin\omega_2} \tag{8.97}$$

$$\Omega_c=\frac{\cos\omega_0-\cos\omega_1}{\sin\omega_1} \tag{8.98}$$

模拟低通原型转换为数字带通的幅频特性如图 8.37 所示。

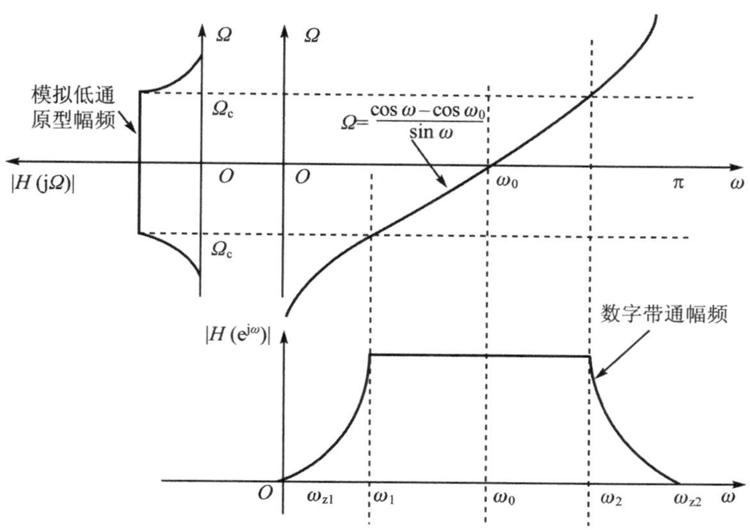


图 8.37　模拟低通原型转换为数字带通的幅频特性

(3) 数字带阻滤波器

只需将带通滤波器的频率变换关系加以倒置即可得到数字带阻滤波器的变换关系，即

$$p = \frac{z^2 - 1}{z^2 - 2z\cos\omega_0 + 1} \tag{8.99}$$

$$\Omega = \frac{\sin\omega}{\cos\omega - \cos\omega_0} \tag{8.100}$$

其他的计算方法与带通滤波器类似，不再赘述。

**2. 设计举例**

**例 8.20**　设计一个三阶切比雪夫数字高通滤波器。其通带截止频率 $f_c > 2.5$ kHz，通带波纹 $\delta = 1$ dB，抽样周期 $T = 100\ \mu s$。

**解：**

(1) 指标转换

数字域通带始点频率为

$$\omega_c = 2\pi f_c T = 2\pi \times 2.5 \times 10^3 \times 100 \times 10^{-6}\ \text{rad/s} = 0.5\ \pi\text{rad/s}$$

模拟低通原型的截止频率，由式(8.90)为

$$\Omega_c = \cot\frac{\omega_c}{2} = \cot\frac{0.5\ \pi}{2}\ \text{rad/s} = 1\ \text{rad/s}$$

(2) 求 $H_a(s)$

由通带波纹 $\delta = 1$ dB，阶次 $n = 3$，查表 8.10，整理后并代入 $\Omega_c = 1$，可得

$$H_a(s) = \frac{0.491\ 3}{\left(\frac{s}{\Omega_c}\right)^3 + 0.988\ 3\left(\frac{s}{\Omega_c}\right)^2 + 1.238\left(\frac{s}{\Omega_c}\right) + 0.491\ 3} = \frac{0.491\ 3}{s^3 + 0.988\ 3s^2 + 1.238s + 0.491\ 3}$$

(3) 求 $H(z)$

$$H(z)=H_a(s)\Big|_{s=\frac{1+z^{-1}}{1-z^{-1}}}=$$

$$\frac{0.1321(1-3z^{-1}+3z^{-2}-z^{-3})}{1+0.3432z^{-1}+0.6043z^{-2}+0.2041z^{-3}}$$

**例 8.21** 试设计一个三阶巴特沃思数字带通滤波器，其上下边带的 3 dB 截止频率分别为 $f_1=12.5$ kHz，$f_2=37.5$ kHz，抽样周期 $T=10\ \mu$s。

**解：**

(1) 指标转换

$$\omega_1=2\pi f_1 T=2\pi\times 12.5\times 10^3\times 10\times 10^{-6}\ \text{rad/s}=0.25\pi\ \text{rad/s}$$

$$\omega_2=2\pi f_2 T=2\pi\times 37.5\times 10^3\times 10\times 10^{-6}\ \text{rad/s}=0.75\pi\ \text{rad/s}$$

代入式(8.97)，求得中心频率为

$$\cos\omega_0=\frac{\sin(0.25\pi+0.75\pi)}{\sin 0.25\pi+\sin 0.75\pi}=0$$

$$\omega_0=0.5\ \pi\text{rad/s}$$

由式(8.98)，可求得模拟低通的截止频率 $\Omega_c$ 为

$$\Omega_c=\frac{\cos 0.5\pi-\cos 0.75\pi}{\sin 0.75\pi}\ \text{rad/s}=1\ \text{rad/s}$$

(2) 求 $H_a(s)$

由阶次 $n=3$ 以及 $\Omega_c=1$，查表整理后可得

$$H_a(s)=\frac{1}{s^3+2s^2+2s+1}$$

(3) 求 $H(z)$

由于 $\cos\omega_0=0$，则

$$H(z)=H_a(s)\Big|_{s=\frac{z^2-2z\cos\omega_0+1}{z^2-1}}=$$

$$\frac{1-3z^{-2}+3z^{-4}-z^{-6}}{2(3-z^{-4})}$$

**例 8.22** 用 MATLAB 编程设计一切比雪夫数字带通滤波器。其通带为 2～3 kHz，过渡带宽为 0.5 kHz，通带波纹小于 1 dB，阻带衰减 20 dB，抽样频率 Fs =10 000 Hz。

**解：** 设计该滤波器的 MATLAB 程序如下。

```
%例 8.22 中切比雪夫数字带通滤波器设计 MATLAB 程序
%给出滤波器设计要求
Fs=10000;
wp=[2000 3000]*2/Fs;
ws=[1500 3500]*2/Fs;
Rp=1;
Rs=20;
Nn=128;
%计算模拟原型的阶次和截止频率
```

```
[N,Wn]=cheb1ord(wp,ws,Rp,Rs);
[b,a]=cheby1(N,Rp,Wn);
%得到频响特性
freqz(b,a,Nn,Fs)
```

滤波器的频响特性如图 8.38 所示。

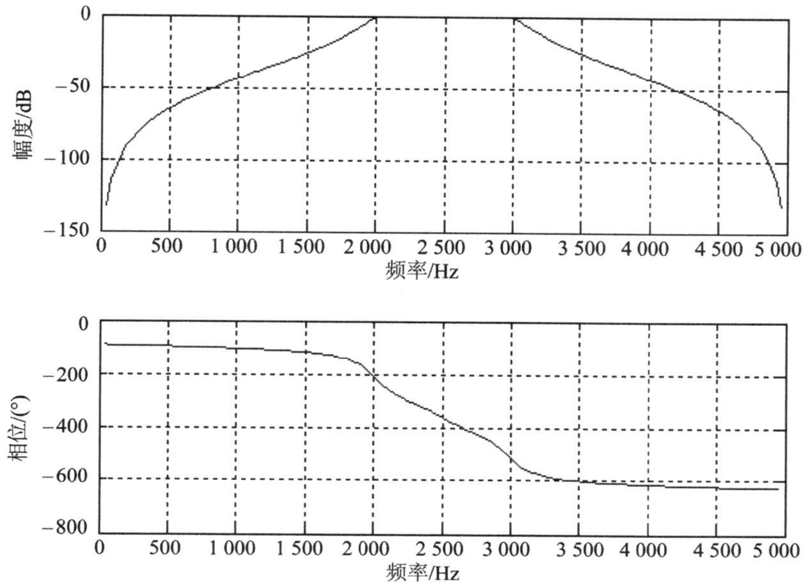


**图 8.38　例 8.22 切比雪夫数字带通滤波器频率响应**

**例 8.23**　设计一巴特沃思数字高通滤波器，通带边界频率为 2 kHz，阻带边界频率为 1.5 kHz，通带波纹小于 1 dB，阻带衰减大于 20 dB，抽样频率为 5 kHz。

**解**：设计这一滤波器的 MATLAB 程序如下。

```
%例 8.23 中设计巴特沃思数字高通滤波器 MATLAB 程序

%给定滤波器设计指标
Fs=5000;
wp=2000 * 2/Fs;
ws=1500 * 2/Fs;
Rp=1;
Rs=20;
Nn=128;
%计算滤波器阶次和截止频率
[N,Wn]=buttord(wp,ws,Rp,Rs);
%设计数字滤波器
[b,a]=butter(N,Wn,'high');
%数字滤波器频响特性
freqz(b,a,Nn,Fs)
```

这一滤波器的频响特性如图 8.39 所示。

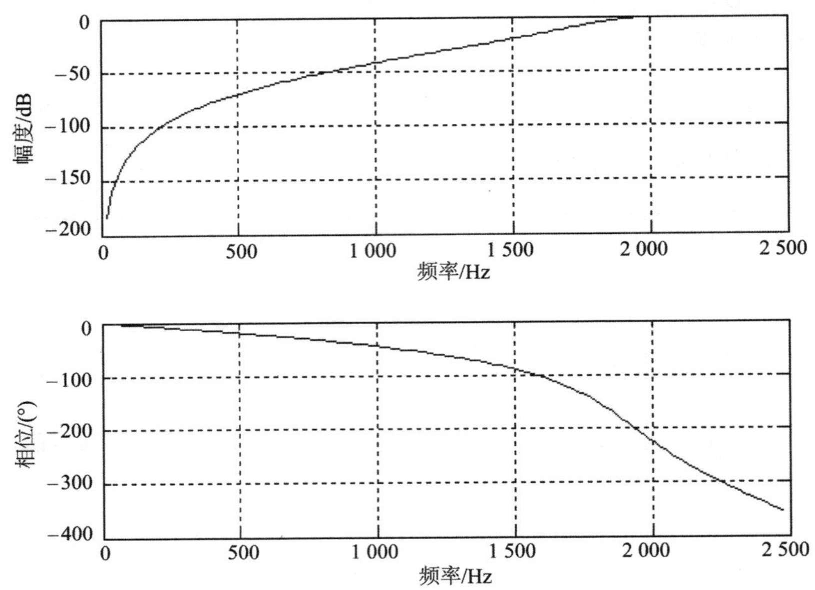


**图 8.39　例 8.23 巴特沃思高通数字滤波器频率响应**

# 8.5　FIR 数字滤波器设计

前面讨论的 IIR 数字滤波器设计,由于继承了模拟滤波器的设计成果,设计方法相对简便,但其设计只保证幅度响应,难以兼顾相位特性,所设计的相频特性往往为非线性的。为了得到线性相位特性,对 IIR 滤波器必须另外增加相位校正网络,这会使滤波器设计变得复杂,成本也高。而有限冲激响应 FIR 滤波器,在满足一定的对称条件下,很容易获得线性相位特性。另外,FIR 滤波器单位抽样响应是有限长的(也可以是无限长的 $h(n)$ 通过加窗而得到的有限长单位抽样序列),其系统函数只有零点,没有极点,因而它总是稳定的,这对于要求高保真度的信号处理(如数据处理、语音处理、图像处理和自适应信号处理等)有很重要的意义,获得了广泛应用。恒稳定和线性相位特性是 FIR 滤波器的突出优点。

FIR 滤波器的设计与 IIR 滤波器的设计有很大不同,FIR 滤波器是直接设计,其设计任务是选择有限长度的 $h(n)$,使频率特性 $H(e^{j\omega})$ 满足技术要求。本节主要讨论 FIR 数字滤波器的系统特点及两种常用的设计方法:窗口法及频率抽样法。

## 8.5.1　FIR 数字滤波器的基本特征

**1. 稳定的卷积滤波器**

在 8.3 节中曾经指出:FIR 数字滤波器的单位抽样响应 $h(n)$ 是有限长的,若设其长度为 $N$ 点并且是因果序列,即

$$\begin{cases} h(n) \neq 0 & (n = 0,1,2,\cdots,N-1) \\ h(n) = 0 & (\text{其他}) \end{cases}$$

则相应的系统函数为

$$H(z)=\sum_{n=0}^{N-1}h(n)z^{-n} \tag{8.101}$$

上式是 $z^{-1}$ 的 $N-1$ 阶多项式，可见系统函数 $H(z)$ 有 $N-1$ 个零点，同时在原点上有 $N-1$ 个重极点，并且在除 $z=0$ 以外的整个 $z$ 平面上收敛，显然一定包括单位圆，极点在单位圆内，因此这种系统永远是稳定的。由式(8.101)，可以写出 FIR 系统的差分方程为

$$y(n)=h(0)x(n)+h(1)x(n-1)+\cdots+h(N-1)x(n-N+1) \tag{8.102}$$

式(8.102)又可表示为

$$y(n)=\sum_{m=0}^{N-1}h(m)x(n-m)=h(n)*x(n) \tag{8.103}$$

由式(8.102)可以看出：FIR 数字滤波器的输出只取决于现时刻的输入与有限个过去的输入，不存在过去输出的反馈，可采用非递归结构实现。由式(8.103)可知，这一系统的基本参数间是一线性卷积关系，又可把 FIR 滤波器称为卷积滤波器，由于 $h(n)$ 是一有限长序列，故可以利用 FFT 进行快速卷积来加速运算并实现。

由系统函数定义以及式(8.101)，可直接得到 FIR 数字滤波器的频响为

$$H(e^{j\omega})=\sum_{n=0}^{N-1}h(n)e^{-jn\omega} \tag{8.104}$$

**2. 线性相位特性**

一个数字系统(数字滤波器)如图 8.40 所示。

与模拟滤波器类似，在理想情况下，数字滤波器所传输的信号，如果不存在失真，应如图 8.41 所示。

这就意味着，输入、输出之间应满足：

① 对应的输出序列 $y(n)$ 对输入序列 $x(n)$ 成比例放大($k$ 倍)；

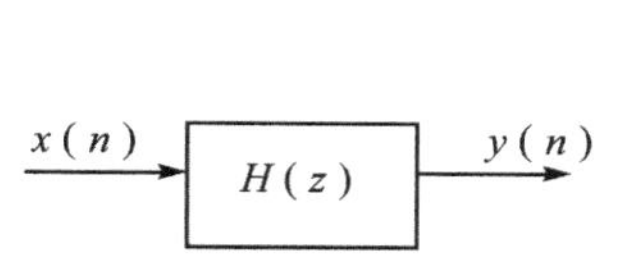


**图 8.40　数字滤波器框图**

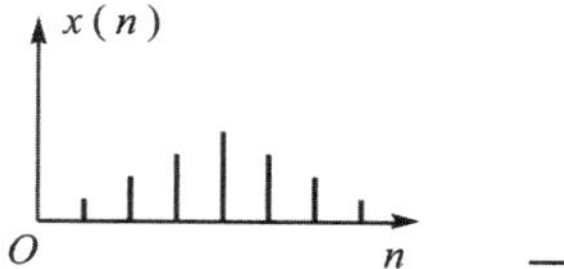


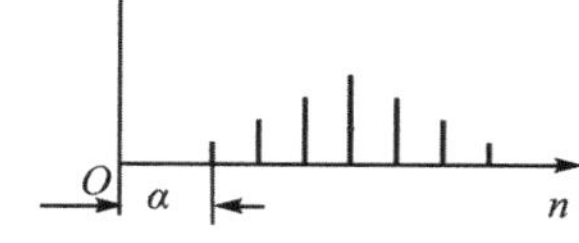


**图 8.41　离散信号的无失真传输**

② 输出与输入之间在时间上允许有一定的延迟 $\alpha$。

上述两点称为离散系统(数字滤波器)无失真传输的时域条件，可表示为

$$y(n)=kx(n-\alpha) \tag{8.105}$$

对式(8.105)作 $z$ 变换，可得

$$H(z)=\frac{Y(z)}{X(z)}=kz^{-\alpha} \tag{8.106}$$

相应的频率响应为

$$H(e^{j\omega})=|H(e^{j\omega})|e^{j\phi(\omega)}=ke^{-j\alpha\omega} \tag{8.107}$$

由式(8.107)可得数字滤波器无失真传输的条件为

$$|H(e^{j\omega})|=k \tag{8.108}$$

$$\phi(\omega)=-\alpha\omega \tag{8.109}$$

式(8.108)和式(8.109)表明,信号通过数字滤波器无失真传输的频域条件是:数字滤波器在有用信号的频带内,应具有常值的幅频响应和线性相位特性。

FIR数字滤波器在满足一定条件时,能够保证在逼近常值幅频特性的同时,还能获得严格的线性相位特性,不发生相位失真。下面来导出满足线性相位的条件。

**3. 获得线性相位的条件**

(1) 偶对称

FIR数字滤波器具有严格线性相位的充分必要条件是

$$h(n)=h(N-1-n)\quad (0\leqslant n\leqslant N-1) \tag{8.110}$$

式(8.110)也称为偶对称条件,要求 $h(n)$ 必须是以 $n=(N-1)/2$ 为偶对称中心,FIR滤波器才具有线性相位。序列"偶对称"的概念如图8.42所示。

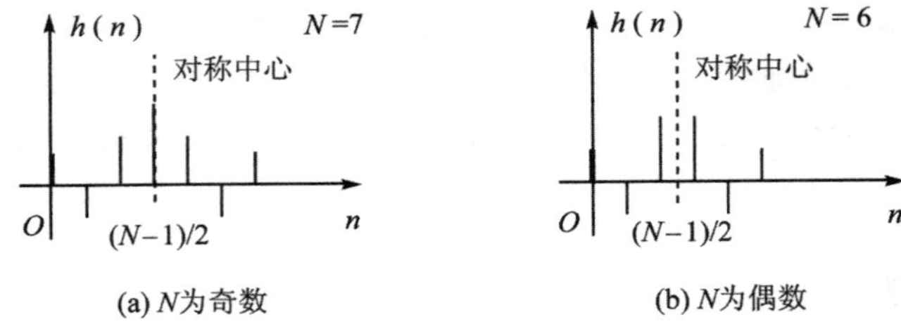


**图8.42　以 $n=(N-1)/2$ 为中心的偶对称**

图8.42(a)、(b)分别是 $N$ 为奇数、偶数点序列的偶对称及对称中心的示例。

虽然同样是偶对称条件,但因为 $N$ 可取偶数和奇数,得到的结果有所差异,要分两种情况加以讨论。

① 当 $N$ 为奇数时,利用偶对称条件可得

$$\begin{aligned}H(e^{j\omega})=&\sum_{n=0}^{N-1}h(n)e^{-j\omega n}=\\&\sum_{n=0}^{\frac{N-1}{2}-1}h(n)e^{-j\omega n}+h\left(\frac{N-1}{2}\right)e^{-j\omega\frac{N-1}{2}}+\sum_{n=\frac{N-1}{2}+1}^{N-1}h(n)e^{-j\omega n}=\\&\sum_{n=0}^{\frac{N-1}{2}-1}h(n)e^{-j\omega n}+h\left(\frac{N-1}{2}\right)e^{-j\omega\frac{N-1}{2}}+\sum_{n=0}^{\frac{N-1}{2}-1}h(N-1-n)e^{-j\omega(N-1-n)}\end{aligned}$$

整理后可推得

$$\begin{aligned}H(e^{j\omega})=&h\left(\frac{N-1}{2}\right)e^{-j\omega\frac{N-1}{2}}+\sum_{n=0}^{\frac{N-1}{2}-1}h(n)\left[e^{-j\omega n}+e^{-j\omega(N-1-n)}\right]=\\&e^{-j\omega\frac{N-1}{2}}\left\{h\left(\frac{N-1}{2}\right)+\sum_{n=0}^{\frac{N-1}{2}-1}h(n)\left[e^{j\omega\left(\frac{N-1}{2}-n\right)}+e^{-j\omega\left(\frac{N-1}{2}-n\right)}\right]\right\}=\\&e^{-j\omega\frac{N-1}{2}}\left\{h\left(\frac{N-1}{2}\right)+\left[\sum_{n=0}^{\frac{N-1}{2}-1}2h(n)\cos\left(\frac{N-1}{2}-n\right)\omega\right]\right\}\end{aligned} \tag{8.111}$$

令 $m=\frac{N-1}{2}-n$，从而也有 $n=\frac{N-1}{2}-m$。

式(8.111)可表示为

$$H(\mathrm{e}^{\mathrm{j}\omega})=\mathrm{e}^{-\mathrm{j}\omega\frac{N-1}{2}}\left[h\left(\frac{N-1}{2}\right)+\sum_{m=1}^{\frac{N-1}{2}}2h\left(\frac{N-1}{2}-m\right)\cos m\omega\right]$$

再把上式右端求和部分的变量名 $m$ 改换回 $n$ 表示，则

$$H(\mathrm{e}^{\mathrm{j}\omega})=\mathrm{e}^{-\mathrm{j}\omega\frac{N-1}{2}}\left[h\left(\frac{N-1}{2}\right)+\sum_{n=1}^{\frac{N-1}{2}}2h\left(\frac{N-1}{2}-n\right)\cos n\omega\right]$$

令

$$a(n)=\begin{cases}h\left(\frac{N-1}{2}\right) & (n=0)\\ 2h\left(\frac{N-1}{2}-n\right) & \left(n=1,2,\cdots,\frac{N-1}{2}\right)\end{cases} \tag{8.112}$$

则式(8.112)可写成简洁的形式

$$H(\mathrm{e}^{\mathrm{j}\omega})=\mathrm{e}^{-\mathrm{j}\omega\frac{N-1}{2}}\sum_{n=0}^{\frac{N-1}{2}}a(n)\cos n\omega \tag{8.113}$$

若把 $H(\mathrm{e}^{\mathrm{j}\omega})$ 表示为

$$H(\mathrm{e}^{\mathrm{j}\omega})=H(\omega)\mathrm{e}^{\mathrm{j}\phi(\omega)}$$

则幅度特性 $H(\omega)$ 为

$$H(\omega)=\sum_{n=0}^{\frac{N-1}{2}}a(n)\cos n\omega \tag{8.114}$$

相频特性 $\phi(\omega)$ 为

$$\phi(\omega)=-\frac{N-1}{2}\omega \tag{8.115}$$

由式(8.115)可知，$\phi(\omega)$ 是严格线性的，如图 8.43 所示。将式(8.107)、式(8.109)和式(8.115)进行比较，可以看出，滤波器输出有 $(N-1)/2$ 个抽样周期的时延，等于 $h(n)$ 长度的一半。在保持线性相位的同时，由式(8.114)可以看出：$H(\omega)$ 对 $\omega=0$、$\pi$、$2\pi$ 等频率点，具有偶对称特性，随着 $a(n)$ 或 $h(n)$ 取值不同，幅度特性 $H(\omega)$ 可逼近各种类型通带的幅频特性。这里 $H(\omega)$ 之所以未取绝对值，是因为它是一个可正、可负的实函数。图 8.44 是逼近低通幅度特性的例子。

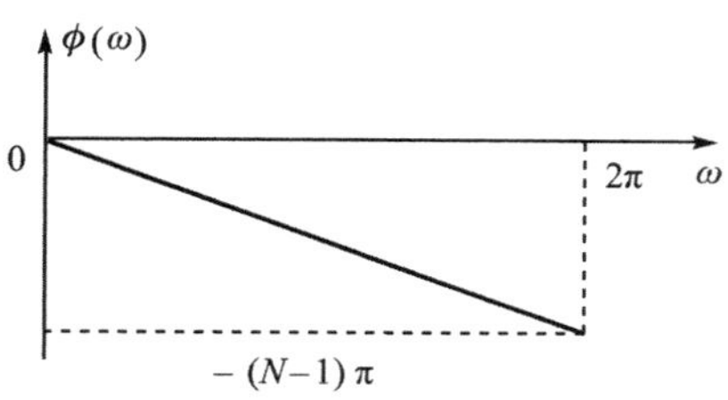


**图 8.43　FIR 滤波器的线性相位特性**

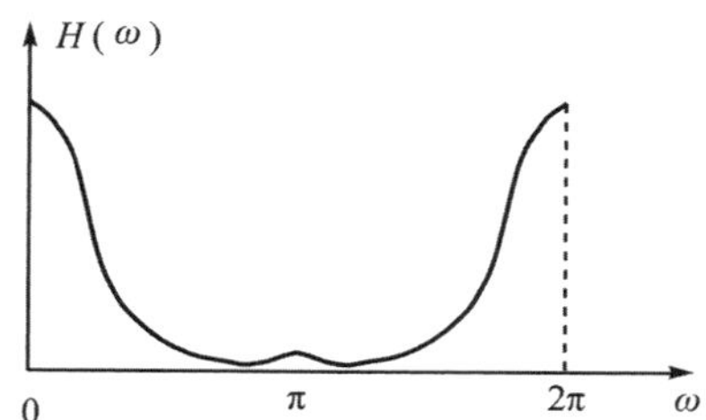


**图 8.44　*h*(*n*)为偶对称，*N* 为奇数时 FIR 滤波器幅度特性**

② 当 $N$ 为偶数时，利用偶对称条件可得

$$H(\mathrm{e}^{\mathrm{j}\omega})=\sum_{n=0}^{N-1}h(n)\mathrm{e}^{-\mathrm{j}\omega n}=\sum_{n=0}^{\frac{N}{2}-1}h(n)\mathrm{e}^{-\mathrm{j}\omega n}+\sum_{n=\frac{N}{2}}^{N-1}h(n)\mathrm{e}^{-\mathrm{j}\omega n}=$$

$$\sum_{n=0}^{\frac{N}{2}-1}h(n)\mathrm{e}^{-\mathrm{j}\omega n}+\sum_{n=0}^{\frac{N}{2}-1}h(N-1-n)\mathrm{e}^{-\mathrm{j}\omega(N-1-n)}$$

上式与 $N$ 为奇数时的 $H(\mathrm{e}^{\mathrm{j}\omega})$ 的区别是，式中没有 $h\left(\frac{N-1}{2}\right)$ 一项。进一步利用偶对称条件，有

$$H(\mathrm{e}^{\mathrm{j}\omega})=\sum_{n=0}^{\frac{N}{2}-1}h(n)\mathrm{e}^{-\mathrm{j}\omega n}+\sum_{n=0}^{\frac{N}{2}-1}h(n)\mathrm{e}^{-\mathrm{j}\omega(N-1-n)}=$$

$$\sum_{n=0}^{\frac{N}{2}-1}h(n)[\mathrm{e}^{-\mathrm{j}\omega n}+\mathrm{e}^{-\mathrm{j}\omega(N-1-n)}]=$$

$$\mathrm{e}^{-\mathrm{j}\omega\frac{N-1}{2}}\sum_{n=0}^{\frac{N}{2}-1}h(n)\left[\mathrm{e}^{\mathrm{j}\omega\left(\frac{N-1}{2}-n\right)}+\mathrm{e}^{-\mathrm{j}\omega\left(\frac{N-1}{2}-n\right)}\right]=$$

$$\mathrm{e}^{-\mathrm{j}\omega\frac{N-1}{2}}\left[\sum_{n=0}^{\frac{N}{2}-1}2h(n)\cos\left(\frac{N-1}{2}-n\right)\omega\right]$$

令 $m=\frac{N}{2}-n$，即有 $n=\frac{N}{2}-m$，可得

$$H(\mathrm{e}^{\mathrm{j}\omega})=\mathrm{e}^{-\mathrm{j}\omega\frac{N-1}{2}}\left[\sum_{m=1}^{\frac{N}{2}}2h\left(\frac{N}{2}-m\right)\cos\left(m-\frac{1}{2}\right)\omega\right]$$

将变量 $m$ 仍换成 $n$，可得

$$H(\mathrm{e}^{\mathrm{j}\omega})=\mathrm{e}^{-\mathrm{j}\omega\frac{N-1}{2}}\left[\sum_{n=1}^{\frac{N}{2}}2h\left(\frac{N}{2}-n\right)\cos\left(n-\frac{1}{2}\right)\omega\right] \tag{8.116}$$

令

$$b(n)=2h\left(\frac{N}{2}-n\right)\qquad\left(n=1,2,\cdots,\frac{N}{2}\right) \tag{8.117}$$

则

$$H(\mathrm{e}^{\mathrm{j}\omega})=\mathrm{e}^{-\mathrm{j}\omega\frac{N-1}{2}}\left[\sum_{n=1}^{\frac{N}{2}}b(n)\cos\left(n-\frac{1}{2}\right)\omega\right]$$

若

$$H(\mathrm{e}^{\mathrm{j}\omega})=H(\omega)\mathrm{e}^{\mathrm{j}\phi(\omega)}$$

则有

$$H(\omega)=\sum_{n=1}^{\frac{N}{2}}b(n)\cos\left(n-\frac{1}{2}\right)\omega \tag{8.118}$$

和

$$\phi(\omega)=-\omega\frac{N-1}{2} \tag{8.119}$$

由式(8.119)可知，这种情况仍然保持严格的线性相位特性，但由于 $N$ 为偶数，相位常数$\frac{N-1}{2}$已经不是整数。而由式(8.118)可知，幅频特性在 $\omega=\pi$ 时，$H(\omega)=0$，并且 $H(\omega)$对 $\omega=\pi$ 呈奇对称，如图 8.45 所示。这表明，这种特性的 FIR 滤波器不能实现在 $\omega=\pi$ 处不为零的高通、带阻等类型的数字滤波器。

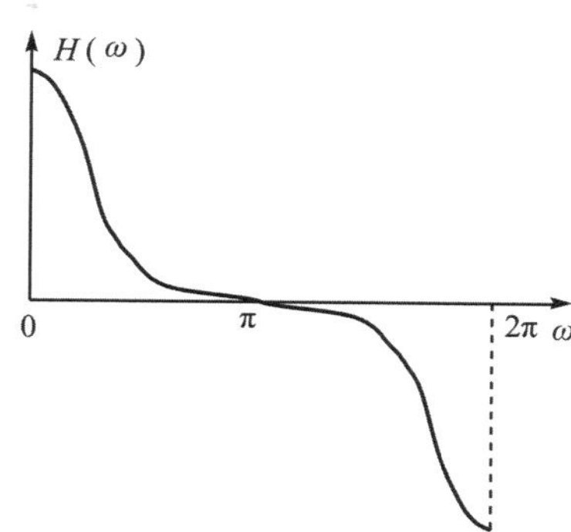


**图 8.45　$h(n)$为偶对称、$N$ 为偶数时 FIR 滤波器幅度特性**

(2) 奇对称

下面来讨论奇对称的两种情况，即

$$h(n)=-h(N-1-n) \tag{8.120}$$

$h(n)$奇对称，$N$ 为奇、偶数的示例如图 8.46 所示。

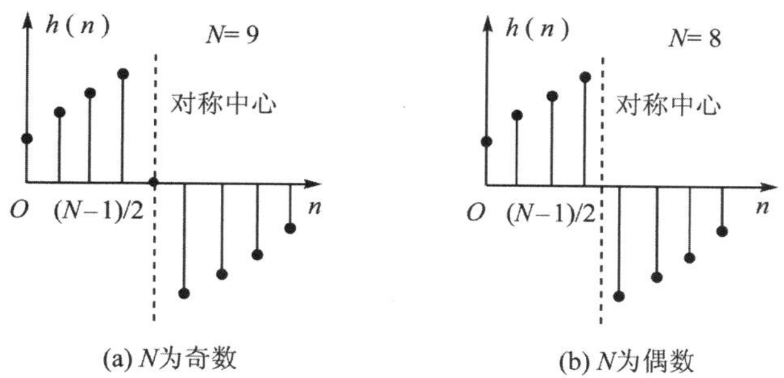


**图 8.46　$N$ 为奇、偶数时的奇对称 $h(n)$**

① $N$ 为奇数时，其频率特性与偶对称时相类似，对应 $h\left(\frac{N-1}{2}\right)=0$，由式(8.110)与式(8.120)比较可以看出，仅仅 $h(n)$相差一个正负号，用上述类似的方法可以推得

$$H(e^{j\omega}) = e^{j\left(\frac{\pi}{2}-\frac{N-1}{2}\omega\right)} \sum_{n=0}^{\frac{N-1}{2}} c(n)\sin(n\omega) \tag{8.121}$$

式(8.121)中

$$c(n) = 2h\left(\frac{N-1}{2} - n\right) \qquad \left(n = 1, 2, \cdots, \frac{N-1}{2}\right) \tag{8.122}$$

将式(8.121)表示为

$$H(e^{j\omega}) = H(\omega)e^{j\phi(\omega)}$$

从而可得幅频特性为

$$H(\omega) = \sum_{n=0}^{\frac{N-1}{2}} c(n)\sin n\omega \tag{8.123}$$

相频特性为

$$\phi(\omega) = -\frac{N-1}{2}\omega + \frac{\pi}{2} \tag{8.124}$$

式(8.124)表明：这种FIR滤波器具有$\pi/2$的初始相移，输入信号所有频率分量通过该滤波器都将产生$\pi/2$的相移，然后再作滤波。严格来说，它并不具有线性相位特性，但满足群(所有的信号分量)时延为常数，即

$$\frac{d\phi(\omega)}{d\omega} = -\frac{N-1}{2} \tag{8.125}$$

仍可认为是线性相位，称为第二类线性相位滤波器。其幅、相频特性如图8.47所示。

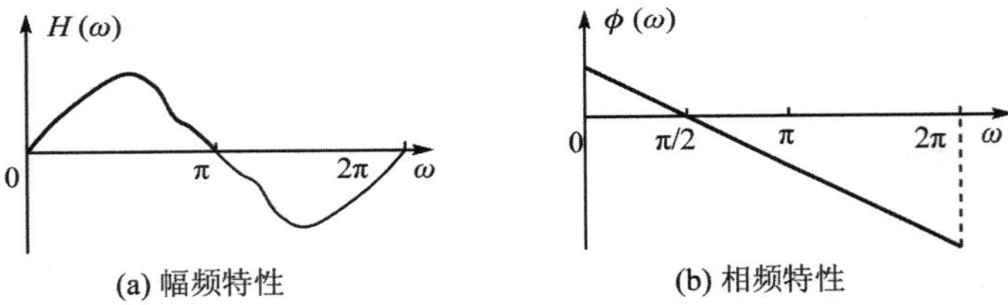


**图8.47　$h(n)$为奇对称、$N$为奇数时的幅、相频特性**

根据上述分析结果和图8.47所示的幅频特性，可以看出：这种FIR滤波器不可能实现低通、高通与带阻滤波特性。

② $N$为偶数时，可得

$$H(e^{j\omega}) = e^{j\left(\frac{\pi}{2}-\frac{N-1}{2}\omega\right)} \sum_{n=1}^{\frac{N}{2}} d(n)\sin\left(n - \frac{1}{2}\right)\omega \tag{8.126}$$

式中

$$d(n) = 2h\left(\frac{N}{2} - n\right) \qquad \left(n = 1, 2, \cdots, \frac{N}{2}\right) \tag{8.127}$$

从而这种滤波器的幅频特性为

$$H(\omega) = \sum_{n=1}^{\frac{N}{2}} d(n)\sin\left(n - \frac{1}{2}\right)\omega \tag{8.128}$$

相频特性与 $N$ 为奇数时相同，为

$$\varphi(\omega)=-\frac{N-1}{2}\omega+\frac{\pi}{2} \tag{8.129}$$

其幅频特性如图 8.48 所示。

由上述对奇对称、$N$ 为偶数的 FIR 滤波器幅频特性的分析和图 8.48 的表示，可以看出，这种滤波器无法实现低通和带阻滤波。

综上所述，当设计一般应用的 FIR 数字滤波器时，选取偶对称、$N$ 为奇数的单位抽样响应序列 $h(n)$ 较好。

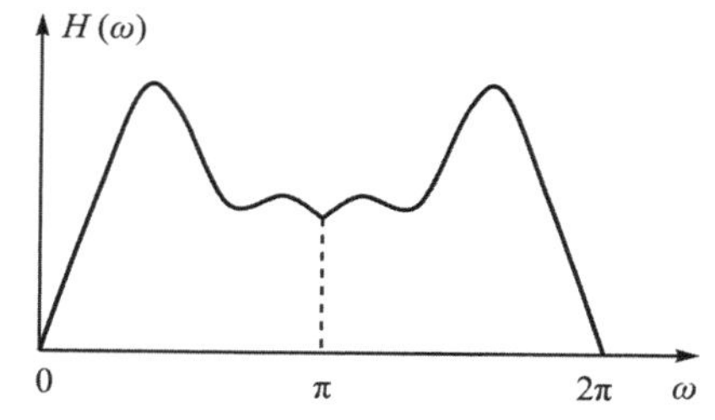


**图 8.48　奇对称、N 为偶数的 FIR 滤波器幅频特性**

## 8.5.2　窗口法设计 FIR 数字滤波器

常用的 FIR 数字滤波器设计方法有窗口法、频率抽样法和最佳等波动滤波器等。下面对窗口法作简要介绍。

设计 FIR 滤波器就是根据要求的频率响应 $H_d(e^{j\omega})$ 找到一离散时间系统，其单位抽样响应 $h(n)$ 为有限长的序列，使该系统的频率响应 $H(e^{j\omega})$ 尽量逼近 $H_d(e^{j\omega})$，使两个频率响应的均方误差 $\varepsilon^2$ 在允许的范围 $\varepsilon_0^2$ 内，表示为

$$\varepsilon^2=\frac{1}{2\pi}\int_{-\pi}^{\pi}\left|H_d(e^{j\omega})-H(e^{j\omega})\right|^2 d\omega \leqslant \varepsilon_0^2 \tag{8.130}$$

设 $H_d(e^{j\omega})$ 的单位抽样响应为 $h_d(n)$，则 $H_d(e^{j\omega})$ 与 $h_d(n)$ 是一对离散傅里叶变换对，表示为

$$\left.\begin{aligned} H_d(e^{j\omega}) &= \sum_{n=-\infty}^{\infty} h_d(n)e^{-jn\omega} \\ h_d(n) &= \frac{1}{2\pi}\int_{-\pi}^{\pi} H_d(e^{j\omega})e^{jn\omega}d\omega \end{aligned}\right\} \tag{8.131}$$

从而，由 $h_d(n)$ 可求出系统的系统函数 $H_d(z)$ 为

$$H_d(z)=\sum_{n=-\infty}^{\infty}h_d(n)z^{-n}$$

似乎 FIR 滤波器的设计问题已经解决，但是，由 $H_d(e^{j\omega})$ 求得的 $h_d(n)$ 可能是一无限长的序列，而且是非因果的，因而这样的 $H_d(z)$ 如果用于模拟信号的滤波，物理上不能实现。例如一个截止频率为 $\omega_c$ 的 FIR 理想低通滤波器，低通的延时为 $\alpha$，则

$$H_d(e^{j\omega})=\left|H_d(e^{j\omega})\right|e^{j\phi(\omega)}=\begin{cases} e^{-j\alpha\omega} & (|\omega|\leqslant\omega_c) \\ 0 & (\omega_c<|\omega|\leqslant\pi) \end{cases} \tag{8.132}$$

相应的 $h_d(n)$ 为

$$h_d(n)=\frac{1}{2\pi}\int_{-\omega_c}^{\omega_c}e^{-j\alpha\omega}e^{jn\omega}d\omega=\frac{\sin[\omega_c(n-\alpha)]}{\pi(n-\alpha)} \tag{8.133}$$

显然式(8.133)中的 $h_d(n)$ 是无限长序列，如图 8.49(a)、(a′)所示。

为了设计这一 FIR 低通滤波器，并使系统是因果的，实际的频率响应特性尽可能逼近理想频响特性，可以采用窗口法。窗口法的基本思想是把无限长的冲激响应序列 $h_d(n)$ 截短为

$[0,N-1]$范围内的有限长序列$h(n)$，这可以通过矩形窗($w(n)=R_N(n)$)来截断，表示为

$$h(n)=h_d(n)w(n)=h_d(n)R_N(n) \tag{8.134}$$

$$w(n)=R_N(n)=\begin{cases}1 & (0\leqslant n\leqslant N-1)\\ 0 & (n<0,n>N-1)\end{cases} \tag{8.135}$$

$h(n)$、$h_d(n)$、$w(n)$三者的关系，可以参见图8.49(a)、(b)、(c)，需要注意的是离散时间系统的频率响应特性是周期的，图中只画出$[-\pi,\pi]$频率范围内的特性。根据线性相位的特性要求，取偶对称、$N$为奇数的单位抽样序列$h(n)$，时延$\alpha$为

$$\alpha=\frac{N-1}{2}$$

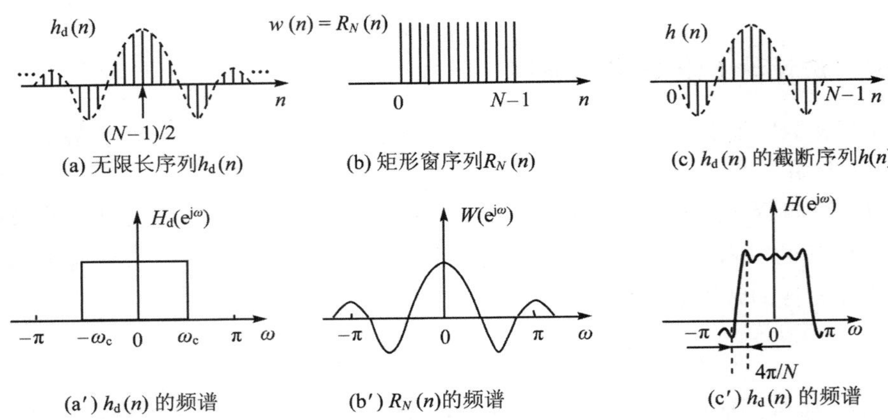


**图8.49 窗口法对FIR理想低通滤波器的逼近**

由前述，要求的理想低通滤波器频率特性$H_d(e^{j\omega})$如图8.49(a′)所示，则由式(8.133)可知，由矩形窗函数逼近后的FIR低通滤波器频率响应，是窗函数$w(n)$的傅里叶变换$W(e^{j\omega})$与$H_d(e^{j\omega})$的卷积积分，即

$$H(e^{j\omega})=\frac{1}{2\pi}H_d(e^{j\omega})*W(e^{j\omega})=\frac{1}{2\pi}\int_{-\pi}^{\pi}H_d(e^{j\lambda})W[e^{j(\omega-\lambda)}]d\lambda \tag{8.136}$$

式中

$$W(e^{j\omega})=\sum_{n=0}^{N-1}w(n)e^{-j\omega n}=\sum_{n=0}^{N-1}R_N(n)e^{-j\omega n}=$$

$$e^{-j\frac{N-1}{2}\omega}\frac{\sin\left(\frac{\omega N}{2}\right)}{\sin\left(\frac{\omega}{2}\right)} \tag{8.137}$$

这一结果示于图8.49(b′)，由于$W(e^{j\omega})$与$H_d(e^{j\omega})$的卷积积分比较复杂，不再解析求解，卷积的示意结果如图8.49(c′)所示。

从图8.49(a′)与(c′)可以看出：时域的加窗处理对滤波器的频率特性产生了影响，表现为

① 理想的通带与阻带边界变成了一个过渡带，过渡带肩峰之间的宽度为$4\pi/N$。

② 零增益的理想滤波器阻带变成了呈衰减振荡的“旁瓣”，这是前面所讲到的“吉伯斯现象”。增加窗函数的宽度$N$，可以减少过渡带的宽度，但无论$N$值多大，阻带的过冲幅度总是

理想通带幅度的 9 %左右，相当于阻带衰减维持在约－21 dB。如果要改善这一性能，不采用“矩形窗”函数，可以改变为其他类型的窗函数。其他窗函数，参见表 8.15（表中的 $A$ 是一个与窗函数有关的常数）。

**表 8.15　窗函数主要参数**

| 窗函数 | 常数 $A$ | 主瓣宽度 | 第一旁瓣相对主瓣衰减/dB | 所构成低通滤波器阻带最小衰减/dB |
|---|---|---|---|---|
| 矩形窗 | 0.9 | $4\pi/N$ | －13 | 21 |
| 汉宁窗 | 3.1 | $8\pi/N$ | －31 | 44 |
| 哈明窗 | 3.3 | $8\pi/N$ | －41 | 53 |
| 布莱克曼窗 | 5.5 | $12\pi/N$ | －57 | 74 |
| 三角窗 | 2.1 | $8\pi/N$ | －25 | 25 |

除表 8.15 中所列的窗函数外，实际还有其他的窗函数可用，例如切比雪夫窗、凯塞窗等，需要时可参看相关的书籍。

窗口法设计 FIR 数字滤波器过程有以下几个基本步骤：

① 计算 $h_{\mathrm{d}}(n)$。

$$h_{\mathrm{d}}(n)=\frac{1}{2\pi}\int_{-\pi}^{\pi}H_{\mathrm{d}}(\mathrm{e}^{\mathrm{j}\omega})\mathrm{e}^{\mathrm{j}\omega n}\mathrm{d}\omega$$

若 $H_{\mathrm{d}}(\mathrm{e}^{\mathrm{j}\omega})$ 函数表达式比较复杂，不便于直接求解积分，则可以对 $H_{\mathrm{d}}(\mathrm{e}^{\mathrm{j}\omega})$ 进行 $M$ 点频域抽样，求出上述积分的数值近似解 $h_{\mathrm{dp}}(n)$，它正好是 $M$ 点 $H_{\mathrm{d}}(k)$ 的离散傅里叶反变换，即

$$h_{\mathrm{dp}}(n)=\frac{1}{M}\sum_{k=0}^{M-1}H_{\mathrm{d}}(\mathrm{e}^{\mathrm{j}\frac{2\pi}{M}k})\mathrm{e}^{\mathrm{j}\frac{2\pi}{M}kn}=\mathrm{IDFT}[H_{\mathrm{d}}(k)] \tag{8.138}$$

根据频率抽样的理论，由频率抽样所求得的 $h_{\mathrm{dp}}(n)$ 是原序列 $h_{\mathrm{d}}(n)$ 的周期延拓，则

$$h_{\mathrm{dp}}(n)=\sum_{r=-\infty}^{\infty}h_{\mathrm{d}}(n+rM),\qquad r:(-\infty,\infty) \tag{8.139}$$

若 $M\gg n\,(n=0,1,2,\cdots,N-1)$，在窗口内，就有 $h_{\mathrm{dp}}(n)$ 有效地逼近 $h_{\mathrm{d}}(n)$。

② 选窗函数及窗口长度 $N$。

根据给定的阻带衰减要求，确定窗口类型，然后根据相应的过渡带宽度 $\Delta\omega$ 确定 $N$，即

$$\Delta\omega=A\,\frac{2\pi}{N}$$

从而有

$$N=\frac{2\pi A}{\Delta\omega} \tag{8.140}$$

式中，$A$ 是一个与窗函数形状有关的常数，参见表 8.15。

③ 截短 $h_{\mathrm{dp}}(n)$ 得 $h(n)$。

$$h(n)=h_{\mathrm{dp}}(n)w(n)$$

④ 由 $h(n)$ 求滤波器的 $H(z)$，再求得 $H(\mathrm{e}^{\mathrm{j}\omega})$，或直接求得 $H(\mathrm{e}^{\mathrm{j}\omega})$。

**例 8.24**　试用窗口法设计一近似理想矩形频率特性的线性相位 FIR 低通滤波器。其频

率特性为

$$H_d(e^{j\omega})=\begin{cases}e^{-j\omega\alpha} & (|\omega|\leqslant\omega_c=0.5\pi)\\ 0 & (\omega_c<|\omega|<\pi)\end{cases}$$

要求在阻带内衰减不小于 20 dB,过渡带带宽 $\Delta\omega=0.035\ 3\pi$。

**解**:① 计算 $h_d(n)$。

$$h_d(n)=\frac{1}{2\pi}\int_{-\pi}^{\pi}H_d(e^{j\omega})e^{j\omega n}d\omega=\frac{1}{2\pi}\int_{-\pi}^{\pi}e^{-j\omega\alpha}e^{j\omega n}d\omega=\frac{\sin[\omega_c(n-\alpha)]}{\pi(n-\alpha)}$$

上式表明,$h_d(n)$是以 $\alpha$ 为中心的偶对称无限长序列。为得到要求的线性相位,取

$$\alpha=\frac{N-1}{2}$$

则

$$h_d(n)=\frac{\sin\left[\omega_c\left(n-\frac{N-1}{2}\right)\right]}{\pi\left(n-\frac{N-1}{2}\right)}$$

② 根据阻带衰减要求选窗函数及窗口长度 $N$。

选矩形窗,由表 8.15,查得

$$\Delta\omega=0.9\,\frac{2\pi}{N}$$

从而可求得窗口长度为

$$N=\frac{0.9\times2\pi}{0.035\ 3\pi}=51$$

③ 截短求 $h(n)$。

$$h(n)=h_d(n)R_N(n)=\frac{\sin\left[\omega_c\left(n-\frac{N-1}{2}\right)\right]}{\pi\left(n-\frac{N-1}{2}\right)}\qquad(n=0,1,\cdots,50)$$

④ 由 $h(n)$求得 $H(e^{j\omega})$。

由已知数据 $N=51,\omega_c=0.5\pi$ ,可得

$$H(e^{j\omega})=\left\{\sum_{m=0}^{\frac{N-1}{2}-1}\frac{2\sin\left[\omega_c\left(m-\frac{N-1}{2}\right)\right]}{\pi\left(m-\frac{N-1}{2}\right)}\times\cos\left[\omega\left(m-\frac{N-1}{2}\right)\right]+\frac{\omega_c}{\pi}\right\}e^{-j\omega\frac{N-1}{2}}=\left\{\sum_{m=0}^{24}\frac{2\sin[0.5\pi(m-25)]\cos[\omega(m-25)]}{\pi(m-25)}+0.5\right\}e^{-j25\omega}$$

根据上式,可以画出其频率响应特性。这里用 MATLAB 画出了其幅、相频曲线,如图 8.50 所示。

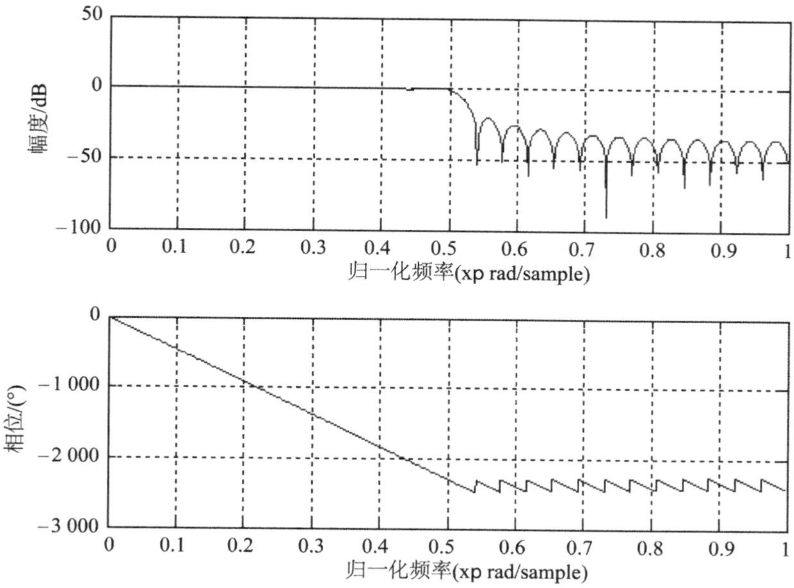


**图 8.50　例 8.24 中 FIR 低通滤波器幅频、相频特性**

MATLAB 中提供了许多设计 FIR 滤波器的函数。下面只介绍应用窗函数设计线性相位 FIR 数字滤波器，并具有标准低通、高通、带通、带阻等标准类型，所用函数为 fir1 类。函数调用格式为

```
b = fir1(n,Wn)
b = fir1(n,Wn,'ftype')
b = fir1(n,Wn,window)
b = fir1(n,Wn,'ftype',window)
```

式中　n——FIR 滤波器的阶数，对于高通、带阻滤波器，取为偶数。

$W_n$——滤波器截止频率，范围为 0～1，1 对应数字频率 π。对于带通、带阻滤波器，$W_n=[W_1,W_2]$，且 $W_1<W_2$。

'ftype'——滤波器类型：缺省时为低通或带通滤波器，'high'为高通滤波器，'stop'为带阻滤波器。

window——窗函数，列向量，其长度为 $n+1$。缺省时，自动取 Hamming（哈明）窗。MATLAB 提供的窗函数有 boxcar（矩形窗）、Hanning（汉宁窗、升余弦窗）、Bartlett（巴特利特窗）、Blackman（布莱克曼窗）、Kaiser（凯塞窗）、Chebyshev（切比雪夫窗）等。

b 为 FIR 滤波器系数向量，长度为 $n+1$。FIR 滤波器具有下列形式：

$$b(z)=b_1+b_2z^{-1}+\cdots+b_{n+1}z^{-n}$$

用函数 fir1 设计的 FIR 滤波器的群延迟为 $n/2$。

**例 8.25**　试用 MATLAB 函数，确定一个 50 阶 FIR 带通滤波器的频率特性，通带频率为 $0.28\leqslant\omega\leqslant0.58$。

可以编制出如下的 MATLAB 程序。

```
%应用窗口法设计 FIR 滤波器

%滤波器设计要求
wn=[0.28 0.58];
N=50;
%使用 FIR1 类函数计算并求出滤波器特性
b=fir1(2*N,wn);
freqz(b,1,512)
```

相应的滤波器频率特性如图 8.51 所示。

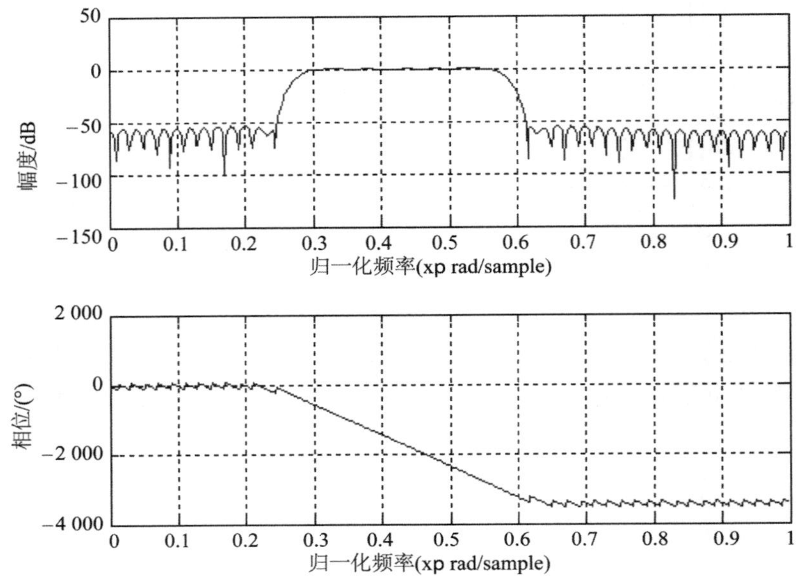


**图 8.51　例 8.25 的 FIR 滤波器幅、相频特性**

窗口法设计 FIR 滤波器的主要优点是可以通过简单计算,求得滤波器单位抽样响应,比较简便,但通带、阻带边界频率较难控制,依赖于窗函数的选择及窗口长度,是一种非优化设计方法,并且当频响复杂时,一般只能采取数值近似计算,会使求解复杂化。

### 8.5.3　频率抽样法

窗口法是从时域的角度对理想数字滤波器的 $h_d(n)$ 进行逼近,当然也可以从频域的角度对理想数字滤波器的频率响应 $H_d(e^{j\omega})$ 进行逼近,即所谓的"频率抽样法",这种方法基于频率抽样原理。为此,先介绍一下频率抽样原理。

**1. 频率抽样原理**

(1) 有限长序列频谱的抽样

我们已经知道:$N$ 点有限长序列 $x(n)$ 的 DFT 即 $X(k)$ 就是其频谱的 $N$ 个等间隔抽样值。$X(k)$ 经 IDFT 可以恢复 $x(n)$。既然 $x(n)$ 可以由 $X(k)$ 变换得出,并且 $X(z)$ 是 $x(n)$ 的 $z$ 变换,频谱 $X(e^{j\omega})$ 是 $x(n)$ 对应的傅里叶变换,那么 $X(z)$、$X(e^{j\omega})$ 也应当能用这 $N$ 个频谱抽

样值 $X(k)$来表示，可得到所谓的 $X(z)$、$X(\mathrm{e}^{\mathrm{j}\omega})$的内插表达式，由

$$X(z)=\sum_{n=0}^{N-1}x(n)z^{-n},\qquad X(k)=\mathrm{DFT}[x(n)]$$

$$x(n)=\mathrm{IDFT}[X(k)]=\frac{1}{N}\sum_{k=0}^{N-1}X(k)W_N^{-kn}$$

从而有

$$\begin{aligned}X(z)=&\sum_{n=0}^{N-1}\left[\frac{1}{N}\sum_{k=0}^{N-1}X(k)W_N^{-kn}\right]z^{-n}=\\&\frac{1}{N}\sum_{k=0}^{N-1}X(k)\left[\sum_{n=0}^{N-1}W_N^{-kn}z^{-n}\right]=\\&\frac{1}{N}\sum_{k=0}^{N-1}X(k)\frac{1-W_N^{-kN}z^{-N}}{1-W_N^{-k}z^{-1}}\overset{(W_N^{-kN}=1)}{=\!=\!=\!=}\\&\frac{1-z^{-N}}{N}\sum_{k=0}^{N-1}\frac{X(k)}{1-W_N^{-k}z^{-1}}\end{aligned}\tag{8.141}$$

或

$$X(z)=\sum_{k=0}^{N-1}X(k)C_k(z)\tag{8.142}$$

$$C_k(z)=\frac{1}{N}\frac{1-z^{-N}}{1-W_N^{-k}z^{-1}}\tag{8.143}$$

上式即为 $X(z)$用其单位圆上 $N$ 个抽样值 $X(k)$来表示的内插公式。$C_k(z)$ 称为内插函数。令式(8.143)的分子等于零，有

$$z=\mathrm{e}^{\mathrm{j}\frac{2\pi}{N}r}\qquad(r=0,1,\cdots,N-1)$$

表明有 $N$ 个零点。再令其分母为零，则有

$$z=W_N^{-k}=\mathrm{e}^{\mathrm{j}\frac{2\pi}{N}k}$$

表示内插函数只有一个极点，并和第 $k$ 个零点抵消。因此内插函数 $C_k(z)$ 仅在本身的抽样点 $\mathrm{e}^{\mathrm{j}\frac{2\pi}{N}k}$ 处不为零，其他 $N-1$ 个抽样点 $i(i\neq k)$都是零点，即有 $N-1$ 个零点，同时在原点 $z=0$ 处有 $N-1$ 阶极点。

(2) $X(\mathrm{e}^{\mathrm{j}\omega})$的内插表达式

$X(\mathrm{e}^{\mathrm{j}\omega})$是单位圆上的 $z$ 变换，则由式(8.142)、式(8.143)可得 $X(\mathrm{e}^{\mathrm{j}\omega})$的内插表达式为

$$X(\mathrm{e}^{\mathrm{j}\omega})=\sum_{k=0}^{N-1}X(k)C_k(\mathrm{e}^{\mathrm{j}\omega})\tag{8.144}$$

$$C_k(\mathrm{e}^{\mathrm{j}\omega})=\frac{1}{N}\frac{1-\mathrm{e}^{-\mathrm{j}N\omega}}{1-\mathrm{e}^{-\mathrm{j}\left(\omega-k\frac{2\pi}{N}\right)}}\tag{8.145}$$

式(8.145)还可以写为

$$C_k(\mathrm{e}^{\mathrm{j}\omega})=\frac{1}{N}\frac{\sin\left(\frac{\omega N}{2}\right)}{\sin\left[\frac{1}{2}\left(\omega-\frac{2\pi}{N}k\right)\right]}\mathrm{e}^{-\mathrm{j}\left[\left(\frac{N-1}{2}\omega+\frac{k\pi}{N}\right)\right]}\tag{8.146}$$

当 $k=0$ 时

$$C_0(\mathrm{e}^{\mathrm{j}\omega})=C(\omega)=\frac{1}{N}\frac{\sin\frac{N}{2}\omega}{\sin\frac{\omega}{2}}\mathrm{e}^{-\mathrm{j}\left(\frac{N-1}{2}\right)\omega} \tag{8.147}$$

则由式(8.146)和式(8.147),有

$$C_k(\mathrm{e}^{\mathrm{j}\omega})=C_k(\omega)=C\left(\omega-k\frac{2\pi}{N}\right) \tag{8.148}$$

由式(8.144)得

$$X(\mathrm{e}^{\mathrm{j}\omega})=\sum_{k=0}^{N-1}X(k)C\left(\omega-\frac{2\pi}{N}k\right) \tag{8.149}$$

$C(\omega)$称为频谱的内插函数,由式(8.147)可以看出:内插函数在 $\omega=0$(称为本抽样点)处函数值为 1。

由式(8.145),有

$$C\left(k\frac{2\pi}{N}\right)=\begin{cases}1 & (k=0)\\ 0 & (k=1,2,\cdots,N-1)\end{cases} \tag{8.150}$$

把 $C_k(\omega)=0$ 的各 $k$ 点称为抽样点。

式(8.149)表明:整个频谱 $X(\mathrm{e}^{\mathrm{j}\omega})$是 $N$ 个 $C_k(\omega)$乘上相应加权值之和。显然,每个抽样点上,有

$$X(\mathrm{e}^{\mathrm{j}\omega})=X(k) \tag{8.151}$$

这是因为除本抽样点外,其余抽样点的内插函数都为零值。而在各抽样点之间的 $X(\mathrm{e}^{\mathrm{j}\omega})$的值,由各抽样值的内插函数叠加而成。

上述分析表明:对于一个 $N$ 点有限长序列 $x(n)$,其 $z$ 变换 $X(z)$、频谱 $X(\mathrm{e}^{\mathrm{j}\omega})$既可以用 $N$ 个时域序列值给出,也可以在频域上,通过 $X(k)$来确定。重新列出以下各式:

$$X(z)=\sum_{n=0}^{N-1}x(n)z^{-n} \tag{8.152}$$

$$X(z)=\sum_{k=0}^{N-1}X(k)C_k(z) \tag{8.153}$$

$$X(\mathrm{e}^{\mathrm{j}\omega})=\sum_{n=0}^{N-1}x(n)\mathrm{e}^{-\mathrm{j}n\omega} \tag{8.154}$$

$$X(\mathrm{e}^{\mathrm{j}\omega})=\sum_{k=0}^{N-1}X(k)C\left(\omega-k\frac{2\pi}{N}\right) \tag{8.155}$$

式(8.152)是 $z$ 变换定义式,可以看成 $z$ 的负幂级数(即罗朗级数),$x(n)$是级数的系数。而式(8.153)表明,$X(z)$也可在频域上按 $C_k(z)$展开, $X(k)$是系数。式(8.154)说明,有限长序列 $x(n)$的频谱可以展成傅里叶级数,$x(n)$是级数的系数。式(8.155)则表明,频谱 $X(\mathrm{e}^{\mathrm{j}\omega})$可以展成 $N$ 个内插函数 $C_k(\omega)$的级数,其系数为频谱抽样值 $X(k)$。

对于任意长序列(包括无限长序列),通过插值公式得到的 $z$ 变换和频谱,只能是一种近似,近似的程度与原任意长序列的点数以及在频域上频率的抽样点数有关,这里不再作进一步讨论了,读者可自行研究。

**2. 频率抽样法**

根据序列傅里叶变换与离散傅里叶变换的关系，一个任意长的序列，对它的频率特性进行 $N$ 等分间隔抽样，利用离散傅里叶反变换，可以得到一个 $N$ 点的有限长序列。这个有限长序列是原序列以 $N$ 为周期的周期序列的主值序列，因而它的频率特性也将逼近原序列所对应的频率特性。

因此，对于一个理想频响 $H_d(e^{j\omega})$，其对应的单位抽样响应是 $h_d(n)$，如果对 $H_d(e^{j\omega})$ 在单位圆作 $N$ 等分间隔抽样，得到 $N$ 个频率抽样值 $H(k)$，由 $H(k)$ 经 IDFT 得到 $N$ 点的有限长序列 $h(n)$，则

$$h(n)=\left[\sum_{r=-\infty}^{\infty}h_d(n+rN)\right]R_N(n) \tag{8.156}$$

式(8.156)中 $R_N(n)$ 是 $N$ 点矩形序列。$h(n)$ 是 $h_d(n)$ 的主值序列，因此，由 $h(n)$ 求得的频响 $H(e^{j\omega})$ 逼近 $H_d(e^{j\omega})$，这就是频率抽样法的基本过程，从而频率抽样法设计的基本步骤可归纳为

$$H_d(e^{j\omega})\xrightarrow{\text{抽样}}H(k)\xrightarrow{\text{IDFT}}h(n)\xrightarrow{z\text{变换}}H(z)\xrightarrow{z=e^{j\omega}}H(e^{j\omega})$$

（由 $H(k)$ 至 $H(z)$：利用内插公式）

对 $H_d(e^{j\omega})$ 抽样所得 $H(k)$ 表示为

$$H(k)=H_d(e^{j\frac{2\pi}{N}k})\qquad (k=0,1,\cdots,N-1) \tag{8.157}$$

由 $H(k)$ 至 $h(n)$ 再至 $H(z)$ 的过程可用 $H(k)$ 直接求 $H(z)$ 的内插公式求出，即

$$H(z)=\frac{1-z^{-N}}{N}\sum_{k=0}^{N-1}\frac{H(k)}{1-e^{j\frac{2\pi}{N}k}z^{-1}} \tag{8.158}$$

当需要设计线性相位滤波器时，频率抽样值 $H(k)$ 的幅度、相位必须满足在 8.5.1 小节所讨论过的条件。当 $h(n)$ 为实数且偶对称时，$H(e^{j\omega})=H(\omega)e^{j\phi(\omega)}$ 必须满足下列条件：

$$\phi(\omega)=-\frac{N-1}{2}\omega \tag{8.159}$$

根据用窗口法获得线性相位条件一节的讨论结果可知：对于 $N$ 为奇数，$H(\omega)$ 具有偶对称性，有

$$H(\omega)=H(2\pi-\omega) \tag{8.160}$$

对于 $N$ 为偶数，$H(\omega)$ 应具有奇对称性，有

$$H(\omega)=-H(2\pi-\omega) \tag{8.161}$$

对 $H(\omega)$ 和 $\phi(\omega)$ 进行抽样，并设

$$H(k)=H_k e^{j\phi_k} \tag{8.162}$$

注意：上式中的 $H(k)$ 是 $H_d(e^{j\omega})$ 的抽样值。有

$$\phi_k=\phi(\omega)\Big|_{\omega=\frac{2\pi}{N}k}=-\frac{N-1}{2}\frac{2\pi}{N}k=-k\pi\left(1-\frac{1}{N}\right) \tag{8.163}$$

而当 $N$ 为奇数时，有

$$H_k=H(\omega)\Big|_{\omega=\frac{2\pi}{N}k}=H(2\pi-\omega)\Big|_{\omega=\frac{2\pi}{N}k}=$$

$$H(\omega)\Big|_{\omega=\frac{2\pi}{N}(N-k)}=H_{N-k} \tag{8.164}$$

当 $N$ 为偶数时，有

$$H_k=-H_{N-k} \tag{8.165}$$

由式(8.158)，代入 $z=e^{j\omega}$，可得实际频响为

$$H(e^{j\omega})=\frac{1-e^{-j\omega N}}{N}\sum_{k=0}^{N-1}\frac{H(k)}{1-e^{j\frac{2\pi}{N}k}e^{-j\omega}} \tag{8.166}$$

根据频率抽样理论中的频响内插公式，$H(e^{j\omega})$还可表示为

$$H(e^{j\omega})=\sum_{k=0}^{N-1}H(k)C\left(\omega-\frac{2\pi}{N}k\right) \tag{8.167}$$

$$C(\omega)=\frac{1}{N}\frac{\sin\left(N\dfrac{\omega}{2}\right)}{\sin\left(\dfrac{\omega}{2}\right)}e^{-j\omega\frac{N-1}{2}} \tag{8.168}$$

由式(8.167)、式(8.168)可知，在相应每一个抽样频率 $\omega=(2\pi/N)k(k=0,1,2,\cdots,N-1)$处，频响严格等于各抽样值 $H(k)$。这表明：由频率抽样法设计得到的 $H(e^{j\omega})$在每一个抽样点上，严格与理想频响 $H_d(e^{j\omega})$一致；在抽样点之间的频响，则是由各抽样点的内插函数延伸叠加形成的。抽样点之间的理想特性变化越平缓，则内插值越接近理想值；相反，抽样点间理想特性变化越激烈，则内插值与理想值的误差就越大，因而在不连续点附近将会出现肩峰与起伏。这与窗口法中的情况类似。

由上述可知，根据频率抽样法，为逼近所需要的频率响应，先要在 $z$ 平面单位圆上对所需的频响采样，然后求出通过频域取样点的内插频率响应。对于频响足够平滑的滤波器，内插误差一般较小。与窗口法比较，两者设计方法都比较简单，但窗口法不能设计与通常频响不相同的滤波器，如多带通滤波器；另外，不能独立控制通、阻带边界频率与波动，它们只与窗函数和窗口长度有关。但频率抽样法则可通过样点的选取，对频响产生直接影响，还可以进一步利用优化的方法获得良好的过渡带特性，实际上是对窗口法的一种改进，并且频率抽样法还可以利用 FFT 算法；同时，硬件实现也相对简单，实际中得到广泛应用。也要看到，随着优化窗的出现，窗口法的特性也在不断改善，特别是加窗技术是用数字方法进行数据处理所不可缺少的，窗口法也是一种实用的方法。但两种方法还都没有控制转折点频率的简单方法，虽然它们的相频特性为线性，但幅频特性不如 IIR 滤波器好，并且没有 IIR 滤波器那样易于实现。

**例 8.26** 设计一线性相位 FIR 低通滤波器，若给定 $h(n)$的长度 $N=15$，幅度频响的抽样值为

$$H(k)=H_d(e^{j\frac{2\pi}{N}k})=\begin{cases}1 & (k=0,1,2,3,12,13,14)\\ 0 & (k=4,5,6,7,8,9,10,11)\end{cases}$$

幅频特性如图 8.52 所示。试求单位冲激响应 $h(n)$及幅频特性$|H(e^{j\omega})|$。

**解**：若求得 $h(n)$，则 FIR 滤波器频响可表示为

$$H(e^{j\omega})=\sum_{n=0}^{N-1}h(n)e^{-j\omega n}=\sum_{n=0}^{14}h(n)e^{-j\omega n}=$$

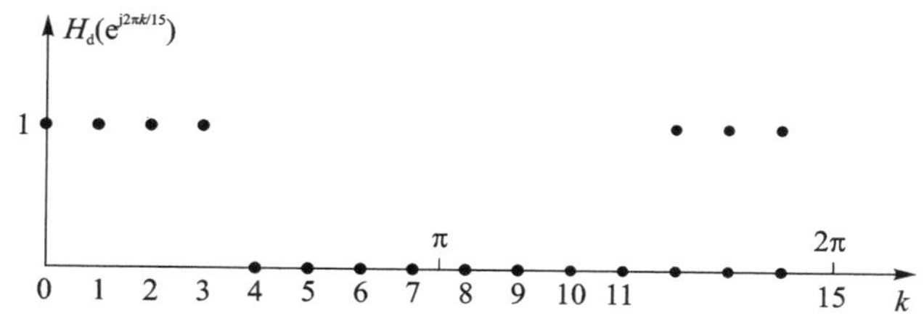


**图 8.52　例 8.26 中的给定幅频特性 $H_d(e^{j\omega})$**

$$h(0)+h(1)e^{-j\omega}+h(2)e^{-j2\omega}+\cdots+h(7)e^{-j7\omega}+\cdots+h(13)e^{-j13\omega}+h(14)e^{-j14\omega}$$

根据线性相位条件，当 $N$ 为奇数，有

$$h(n)=h(N-1-n)$$

从而有

$$h(0)=h(14),h(1)=h(13),\cdots,h(6)=h(8),h(7)$$

则

$$\begin{aligned}H(e^{j\omega})=&h(0)(1+e^{-j14\omega})+h(1)(e^{-j\omega}+e^{-j13\omega})+\cdots+h(7)e^{-j7\omega}=\\&h(0)e^{-j7\omega}(e^{j7\omega}+e^{-j7\omega})+h(1)e^{-j7\omega}(e^{j6\omega}+e^{-j6\omega})+\cdots+h(7)e^{-j7\omega}=\\&e^{-j7\omega}[2h(0)\cos 7\omega+2h(1)\cos 6\omega+\cdots+h(7)]\end{aligned}$$

在抽样点处应有

$$H_k=H\left(e^{j\frac{2\pi}{15}k}\right)$$

从而有

$$\left.\begin{aligned}&k=0,\omega=0,2h(0)+2h(1)+\cdots+2h(6)+h(7)=1\\&k=1,\omega=\frac{2\pi}{15},2h(0)\cos\frac{14\pi}{15}+2h(1)\cos\frac{12\pi}{15}+\cdots+2h(6)\cos\frac{2\pi}{15}+h(7)=1\\&\ \vdots\qquad\quad\ \vdots\\&k=7,\omega=\frac{14\pi}{15},2h(0)\cos\frac{98\pi}{15}+2h(1)\cos\frac{84\pi}{15}+\cdots+2h(6)\cos\frac{14\pi}{15}+h(7)=0\end{aligned}\right\}$$

解上述方程组，最后可得 $h(n)$ 为

$$h(0)=h(14)=0.049\,82,h(1)=h(13)=0.041\,20,h(2)=h(12)=0.066\,66$$
$$h(3)=h(11)=-0.036\,49,\ h(4)=h(10)=-0.178\,7,h(5)=h(9)=0.034\,08$$
$$h(6)=h(8)=0.318\,9,h(7)=0.466\,6$$

利用 MATLAB，画出了所设计的 FIR 滤波器幅频特性，如图 8.53 所示。

下面给出一个用 MATLAB 语言，应用频率抽样法设计 FIR 数字滤波器的例子，供参考。

**例 8.27**　一低通滤波器，其通带和阻带的技术指标分别是

$$\omega_p=0.2\pi\ \text{rad/s},\qquad R_p=0.25\ \text{dB}$$
$$\omega_z=0.3\pi\ \text{rad/s},\qquad R_z=50\ \text{dB}$$

试用频率抽样法设计一 FIR 具有线性相位的滤波器，取 $N=20$。

**解：** 由　$H(k)=H_d\left(e^{j\frac{2\pi}{N}k}\right)=H_d\left(e^{j\frac{2\pi}{20}k}\right)\qquad(k=0,1,2,\cdots,19)$

频率抽样间隔为 $2\pi/20=0.1\pi$。当 $k=2$ 时，正好是在通带边界频率 $\omega_p$ 处有一个频率抽样点，

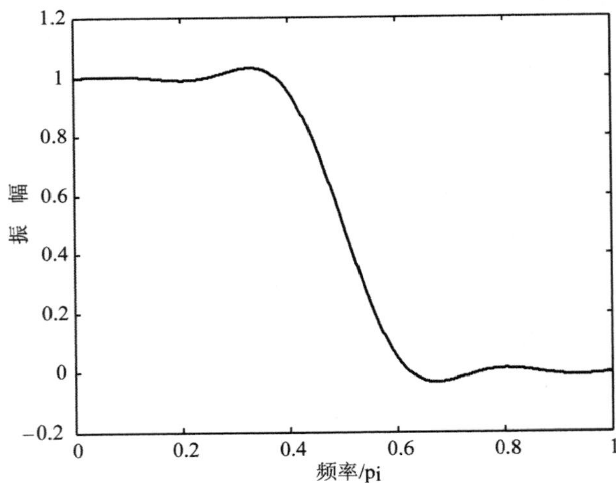


图 8.53　FIR 滤波器幅频特性

则在通带 $0 \leqslant \omega \leqslant \omega_p$ 内有 3 个抽样点，即

$$\omega_p = 0.2\pi = \frac{2\pi}{20} \cdot 2 \text{ rad/s}$$

下一个抽样点为 $k=3$，是阻带上边界频率 $\omega_z$，阻带与通带间无过渡带，即

$$\omega_z = 0.3\pi = \frac{2\pi}{20} \cdot 3 \text{ rad/s}$$

因而阻带 $\omega_z \leqslant \omega \leqslant \pi$ rad/s 上共有 7 个抽样点，从而由式(8.157)有

$$H(k) = [1,1,1,\underbrace{0,\cdots,0}_{15个0},-1,-1]$$

由 $N=20$，相位常数 $\alpha=(N-1)/2=(20-1)/2=9.5$，其相位可表示为

$$\phi_k = -9.5\frac{2\pi}{20}k = -0.95\pi k \quad (0 \leqslant k \leqslant 19)$$

根据式(8.162)得到 $H(k)$，利用离散傅里叶变换，求得 $h(n)$，并由频响内插公式，最后可得 FIR 滤波器的频响 $H(e^{j\omega})$。其 MATLAB 程序如下，相应的单位抽样响应 $h(n)$、频响特性 $H(e^{j\omega})$(分别用相对幅度和 dB 表示)如图 8.54 所示。图中的单位 pi 即为 π rad/s。

```
%例 8.27 中设计 FIR 滤波器 MATLAB 程序
N=20;alpha=(N-1)/2;l=0:N-1;wl=(2*pi/N)*l;
Hrs=[1,1,1,zeros(1,15),1,1];
Hdr=[1,1,0,0];wdl=[0,0.25,0.25,1];
k1=0:floor((N-1)/2);k2=floor((N-1)/2)+1:N-1;
angH=[-alpha*(2*pi)/N*k1,alpha*(2*pi)/N*(N-k2)];
H=Hrs.*exp(j*angH);
h=real(ifft(H,N));
[db,mag,pha,grd,w]=freqz_m(h,1);
[Hr,ww,a,L]=Hr_Type2(h);
subplot(1,1,1)
```

```
subplot(2,2,1);plot(wl(1:11)/pi,Hrs(1:11),'o',wdl,Hdr);
axis([0,1,-0.1,1.1]);title('频率样本: N=20')
xlabel('频率(单位:pi)');ylabel('Hr(k)')
set(gca,'XTickMode','manual','XTick',[0,0.2,0.3,1])
set(gca,'YTickMode','manual','YTick',[0,1]);grid
subplot(2,2,2);stem(l,h);axis([-1,N,-0.1,0.3])
title('单位抽样响应');ylabel('h(n)');text(N+1,-0.1,'n')
subplot(2,2,3);plot(ww/pi,Hr,wl(1:11)/pi,Hrs(1:11),'o');
axis([0,1,-0.2,1.2]);title('振幅响应')
xlabel('频率(单位:pi)');ylabel('Hr(w)')
set(gca,'XTickMode','manual','XTick',[0,0.2,0.3,1])
set(gca,'YTickMode','manual','YTick',[0,1]);grid
subplot(2,2,4);plot(w/pi,db);axis([0,1,-200,10]);grid
title('幅度响应');xlabel('频率(单位:pi)');
ylabel('分贝数');
set(gca,'XTickMode','Manual','XTick',[0;0.2;0.3;1]);
set(gca,'YTickMode','Manual','YTick',[-16;0]);
set(gca,'YTickLabelMode','manual','YTickLabels',['16';' 0'])
```

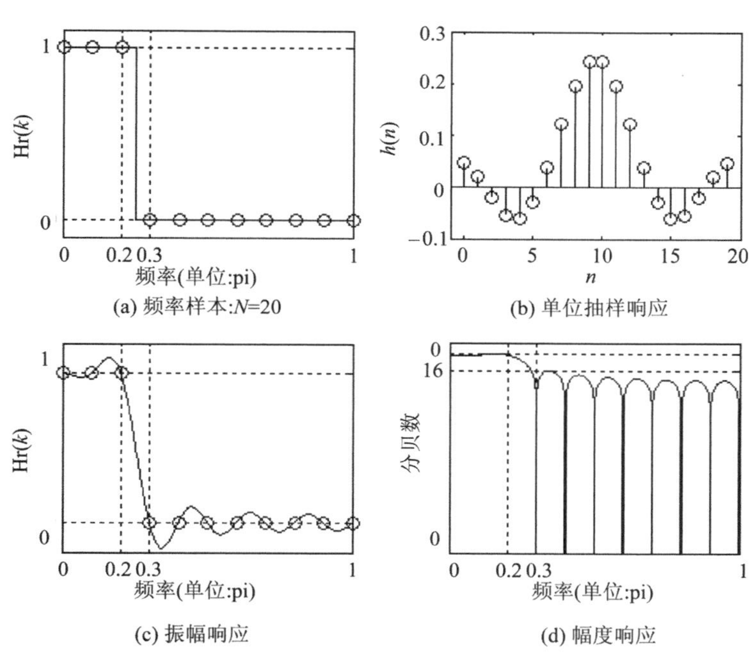


**图 8.54　例 8.27 频率抽样法所设计滤波器的特性**

上面程序中的 freqz_m 和 Hr_Type2 为扩展函数，不在 MATLAB 所带的工具箱内，需要另行编制。函数 freqz_m 为

```
function [db,mag,pha,grd,w]=freqz_m(b,a)
% -----------------------------------
```

```
% [db,mag,pha,grd,w]=freqz_m(b,a);
% db：0～π 区间内的相对振幅(dB)
% mag：0～π 区间内的绝对振幅
% pha：0～π 区间内的相移
% grd：0～π 区间内的群延迟
% w：0～π 区间内的 501 个抽样点频率
% b：系统函数 H(z)中分子多项式系数(对 FIR b=h)
% a：系统函数 H(z)中分母多项式系数(对 FIR：a=[1])
%
[H,w]=freqz(b,a,1000,'whole');
H=(H(1:1:501))';w=(w(1:1:501))';
mag=abs(H);
db=20*log10((mag+eps)/max(mag));
pha=angle(H);
grd=grpdelay(b,a,w);
```

扩展函数 Hr_Type2 的 MATLAB 程序为

```
function [Hr,w,b,L]=Hr_Type2(h)
% ------------------------------------------------------
% [Hr,w,b,L]=Hr_Type2(h)
% Hr:频响振幅
% w：0～π 区间内计算 Hr 的频率点
% b：低通滤波器的系数
% L：Hr 的阶次
% h：低通滤波器的单位抽样响应
%
M=length(h);
L=M/2;
b=2*[h(L:-1:1)];
n=[1:1:L];n=n-0.5;
w=[0:1:500]'*pi/500;
Hr=cos(w*n)*b';
```

一般将函数 freqz_m 与 Hr_Type2 另行存放在 MATLAB 的子目录 work 文件夹内。

用窗口法和频率抽样法设计线性相位 FIR 滤波器比较简单，但均存在明显的问题。例如，从上述两个例子中幅频特性可以看出：在通带的边界出现过冲，阻带存在波动，设计的结果，阻带实际衰减只有十五六个分贝，特性不好，主要原因是由通带到阻带间得到的抽样值由 1 突变到 0，没有逐渐衰减的过渡带。若抽样点之间的特性变化越剧烈，则内插值与理想值的误差越大，因而在不连续点附近就会出现肩峰与起伏。所以，为了改善特性，直观上看，应当增大长度 $N$，增加一个可控制的过渡带，能按照特性要求，较精确地确定通带和阻带的边界频率值，这就是所谓滤波器设计的优化，需要用线性规划的理论和相应的技术来解决。读者如果需要深入了解，可参看有关参考书。

# 8.6　数字滤波器的实现

根据给定的技术指标，设计出数字滤波器的系统函数 $H(z)$后，接着就要解决把 $H(z)$变为具体的数字系统，即所谓的“数字滤波器的实现”问题。但是，实现问题是相当复杂的，需要工程技术人员不仅熟悉信号处理的理论和方法，而且还要掌握计算机编程知识以及各种通用与专用数字硬件，包括各种微处理器、PC 硬件等基础知识与相关技术。这些内容十分广泛，不可能在有限的篇幅内全面加以讨论。下面将就实现问题中某些基本的方面作简要介绍。这些方面主要有：软件实现与硬件实现；数字滤波器的结构；有限字长对数字滤波器实现的影响等。对这些方面有初步的了解，可以为进一步的学习和研究奠定相应的基础。

## 8.6.1　软件实现与硬件实现

数字滤波器对信号处理的过程，实际上就是将输入序列通过一定的运算转变为输出序列的过程，运算的规则是由设计时确定的差分方程所规定的。数字滤波器的系统函数一般表示为

$$H(z)=\frac{\sum_{r=0}^{M}a_r z^{-r}}{1-\sum_{k=1}^{N}b_k z^{-k}}$$

其所对应的差分方程为

$$y(n)=\sum_{r=0}^{M}a_r x(n-r)+\sum_{k=1}^{N}b_k y(n-k)$$

由上述差分方程不难看出，可以用任何一台数字系统(例如通用计算机)来实现上述运算，即系统需要完成对当前时刻与过去时刻输入数据 $x(n)$、$x(n-r)$的采集和存取，过去时刻输出数据 $y(n-k)$的存取，方程系数 $a_r$、$b_k$ 的存取。上述一系列数据的延时、相乘、相加等运算，所得的运算结果就是系统每一时刻的输出。若上述数据的采集、存储、延时、运算由硬件来实现，则称为数字滤波器的硬件实现。目前硬件实现的典型处理器是数字信号处理器(DSP)。如果利用通用计算机编程来实现，则称之为数字滤波器的软件实现。不难看出，实际上软件实现并不是不要硬件，而是利用了计算机的通用硬件资源；所谓的硬件实现也不是只需要硬件，只是指大量的运算，例如乘法等，为了加快处理速度，采用硬件实现，滤波的大量算法也是编程实现的。但为了便于叙述，下面仍沿用硬件实现、软件实现的说法。

**1. 软件实现**

软件实现的过程首先是建立数学模型，其次是选择适当的算法，然后进行软件的编制，关键是算法的选择。

以一个二阶 IIR 数字滤波器为例来介绍软件实现的过程。设其系统函数为

$$H(z)=\frac{a_0+a_1 z^{-1}+a_2 z^{-2}}{1-b_1 z^{-1}-b_2 z^{-2}}$$

相应的差分方程为

$$y(n)=a_0x(n)+a_1x(n-1)+a_2x(n-2)+ \\ b_1y(n-1)+b_2y(n-2)$$

根据这一差分方程可以画出程序框图,然后可以在各种通用机上使用汇编语言或各种高级语言编制程序,实现滤波。

软件实现的主要特点是设计简单,灵活性好,只需改变程序,即可完成不同的信号处理任务。主要缺点是有些运算,特别是滤波中常用的乘法运算,通用机一般都采用编制移位相加算法的程序模块实现,耗费时间长,成了高速信号实时处理的主要障碍;同时,通用机的资源配置以广泛适用性为主要目的,这与大多数信号处理要求的有限运算功能不大协调,往往会造成资源的浪费。

所以,软件实现一般应用于不要求进行高速实时处理的场合,例如某些处理过程复杂、运算量大,而又允许离线进行信号处理的任务,以及对信号处理系统进行模拟研究的情况。另外,在一些过程测试与控制的系统中,若运行速度要求不高,数字滤波只是其中的局部任务,则这时数字滤波的实现只需编制一段软件程序,插入总的控制程序中执行即可。

为了克服软件实现的不足,或者针对那些不适合软件实现的场合,尤其是要求高速实时信号处理时,可以采用硬件实现的方案。

**2. 硬件实现**

前面指出:实现实时数字信号技术所应用的硬件包括数字信号处理器(DSP)、通用处理器 GPP(General Popurse Prosessor)、微控制器 MCU(Micro Control Unit)三种。这三者中,GPP 大量用于计算机;MCU 适用于以控制为主的数字信号处理过程;DSP 适用于高性能、重复性、数值运算密集型的实时处理,具体应用原理可参看第 1 章图 1.8 及相关叙述。国际上第一个单片 DSP 芯片是 1978 年 AMI 公司的 S2811;1979 年 Intel 公司发布的可编程器件 2920 是 DSP 芯片的主要里程碑。上述两种芯片还不具有实时信号处理应当有的单周期乘法器,1980 年 NEC 公司推出的干PD7720 是第一个具有乘法器的 DSP 芯片。而最成功、在世界上最有影响、最大的 DSP 芯片供应商是美国德州仪器公司 TI(Texas Instruments)。该公司自 1982 年成功推出 DSP 芯片 TMS32010 及其系列产品之后,相继推出了 TMS32020、TMS320C25/C26/C28、TMS320C30/C31/C32、TMS320C40/C44、TMS320C5X/C54X 以及 TMS320C62X/C67X。近几年该公司着重推出三个系列:C2000 系列(包括 C24、F206 等)、C5000 系列(包括 C54、C55 等)、C6000 系列(包括 C62、C67、C64 等)。该公司的产品占全世界 DSP 市场份额的 40%以上,另外飞思卡尔(原 Motorola 公司半导体部)、美国模拟器件公司 AD(Analog Devices)都拥有自己特色的 DSP 芯片,这三家公司分享了大部分的国际市场。

DSP 之所以得到广泛应用,简言之,主要是这样一个微型单芯片结构具有高速运算能力,特别适用于信号的实时处理。典型的信号处理包括:滤波、卷积、相关、放大、调理与变换。这些处理,一般都要涉及大量的数学运算,特别是大量数据的乘、加法计算,针对实时数字信号处理,DSP 在处理器结构、指令系统、指令流程等方面有自己的结构特点,主要包括:

① DSP 普遍采用了数据总线和程序总线分离的哈佛结构及改进的哈佛结构,属于并行结构,其主要特点是将程序和数据存储在不同的存储空间中,即程序存储器和数据存储器是两个相互独立的存储器,每个存储器独立编址、独立访问,与两个存储器相对应,芯片中设置了程序总线和数据总线两条总线,使数据吞吐量大大提高。而传统处理器的冯·诺依曼结构则是将

指令、数据、地址存储在同一存储器中，统一编址，依靠指令计数器提供的地址来区分是指令、数据还是地址，取指令和取数据访问的是同一个存储器，数据吞吐率低。在哈佛结构中，指令和数据分别存储在两个存储器的空间，因此，取指令和执行能够完全重叠运行。为了进一步提高运行速度和灵活性，DSP 芯片对基本哈佛结构作了改进，一是允许数据存放在程序存储器中，并被算术运算指令直接使用，增强了芯片的灵活性；二是指令存储在高速缓冲器(Cache)中，当执行存储在 Cache 中的指令时，不必到存储器中进行读取，进一步提高了效率。

② 与哈佛结构相协调，DSP 大多采用流水线技术，即每条指令都由片内多个功能单元分别独立地完成取值、译码、取数、执行等多个步骤，从而在不提高时钟频率的条件下减少了每条指令执行的时间，增强了信号处理的能力。

③ 片内有多条总线可以同时进行取指令和多个数据存取操作，并有辅助寄存器用于寻址，它们可以在寻址访问前或访问后自动修改内容，以指向下一个要访问的地址。

④ 针对滤波、相关、矩阵运算等需要大量的乘法累加运算的需要，DSP 大都设有独立的乘法器和加法器，使得在同一时钟周期内可以完成相乘、累加运算，甚至可以同时完成乘、加、减运算，大大加快了 FFT 的蝶形运算过程。

⑤ 许多 DSP 带有 DMA 通道控制器以及串行通信口等，配合片内多总线结构，数据块传送速度大大提高。

⑥ 配有中断处理器和定时控制器，便于构成一个小型系统。

⑦ 具有软、硬件等待功能，能够与各种存储器接口。

由于 DSP 芯片的上述特点，再加上电路集成的优化设计，使芯片指令周期大大缩短，从而使 DSP 芯片在实时信号处理的硬件实现中得到了广泛应用。DSP 在信号处理中的应用目前有大量的参考书，有关 DSP 芯片更进一步的技术内容，可参看有关的书刊和其他资料。

除 DSP 之外的一些处理器，例如高性能单片机、FPGA、ARM 等也在信号处理系统中得到应用。

### 8.6.2　数字滤波器的结构

数字滤波器的实现就是首先根据给定技术指标设计出滤波器的系统函数，再选择一定的运算结构将它转变为具体的数字系统。运算结构的选择是很重要的，因为同一个系统函数或差分方程可以采用不同的结构来实现，而结构的不同又会影响系统的精度、稳定性、速度、所用运算单元的多少等许多重要性能指标。一旦运算结构确定，就能够用软件或硬件来实现这一结构。

不论多么复杂的数字滤波器运算结构图，其所包含的基本运算单元只有三种：延时单元、加法器、乘法器，数字滤波器就是由这三种基本运算单元按照一定的算法步骤连接起来，构成一定的数字网络来实现对输入信号的滤波运算的。

方框图或者信号流图是表达运算结构的常用方法，后者更为简捷，图 8.55 是三种基本运算单元的信号流图表示，图 8.56 表示了一个一阶数字滤波器的信号流图。

图 8.56 所表示的系统函数以及差分方程分别为

$$H(z)=\frac{a_0}{1-b_1z^{-1}}$$

$$y(n)=a_0x(n)+b_1y(n-1)$$

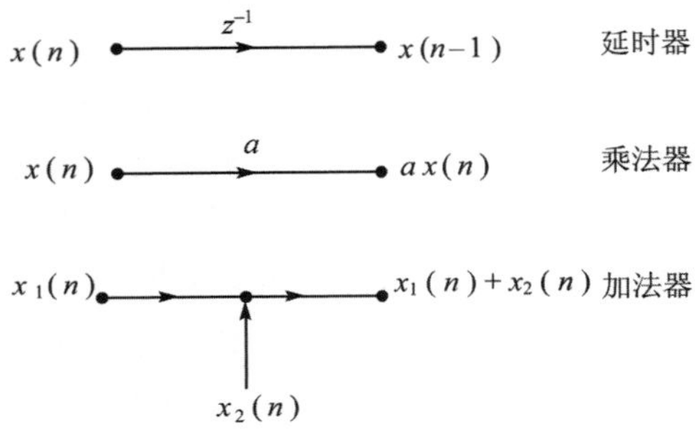

图 8.55　信号流图中的基本运算单元符号表示

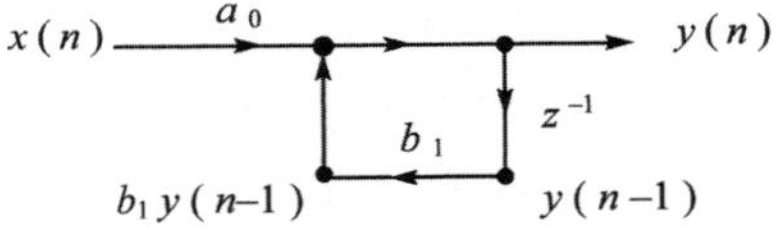


图 8.56　一阶数字滤波器信号流图

下面分别讨论 IIR 和 FIR 数字滤波器的结构。

**1. IIR 数字滤波器的结构**

由上述可知，IIR 滤波器的单位抽样响应 $h(n)$为无限长序列，通常采用递归结构，即结构上存在反馈回路。实现 IIR 滤波器有三种结构：直接型、级联型和并联型。

(1) 直接型结构

图 8.57 称为直接Ⅰ型结构，其信号流图是根据滤波器的差分方程直接画出的。IIR 数字滤波器的系统函数为

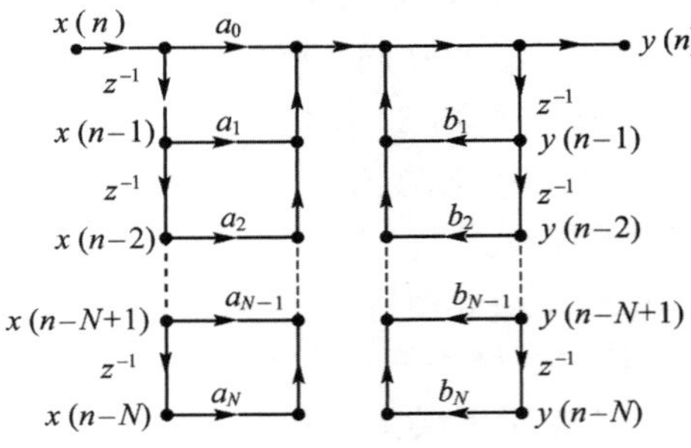


图 8.57　直接Ⅰ型滤波器结构

$$H(z)=\frac{\sum_{r=0}^{M}a_r z^{-r}}{1-\sum_{k=1}^{N}b_k z^{-k}}$$

差分方程为

$$y(n)=\sum_{r=0}^{M}a_r x(n-r)+\sum_{k=1}^{N}b_k y(n-k)$$

显然图 8.57 是按上述差分方程直接画出的。在图中，假设 $M=N$，若 $M\neq N$，则视 $M$、$N$ 的情况，其支路数目会有所不同。

系统函数 $H(z)$可以看成是由两个子系统级联而成的，即

$$H(z)=H_2(z)H_1(z)=\frac{1}{1-\sum_{k=1}^{N}b_k z^{-k}}\cdot\sum_{r=0}^{M}a_r z^{-r}\tag{8.169}$$

从而有

$$Y(z)=H_2(z)H_1(z)X(z)$$

令

$$W(z)=H_1(z)X(z)=\left(\sum_{r=0}^{M}a_r z^{-r}\right)X(z)$$

则

$$Y(z)=H_2(z)W(z)=\left[\frac{1}{1-\sum_{k=1}^{N}b_k z^{-k}}\right]W(z)$$

由上述两式，进行反变换可求得对应两个子系统的差分方程为

$$\left.\begin{aligned}w(n)&=\sum_{r=0}^{m}a_r x(n-r)\\ y(n)&=w(n)+\sum_{k=1}^{N}b_k y(n-k)\end{aligned}\right\}\tag{8.170}$$

由上述差分方程可见：图 8.57 的左半部分流图正好对应子系统的 $H_1(z)$，而右半部分流图正好对应子系统的 $H_2(z)$，由于线性系统输出、输入与子系统的级联次序无关，不妨将系统的级联次序颠倒一下，即

$$H(z)=H_1(z)H_2(z)$$

$$Y(z)=H_1(z)W(z)=\left(\sum_{r=0}^{M}a_r z^{-r}\right)W(z)$$

$$W(z)=H_2(z)X(z)=\left[\frac{1}{1-\sum_{k=1}^{N}b_k z^{-k}}\right]X(z)$$

对应的差分方程为

$$\left.\begin{aligned}y(n)&=\sum_{r=0}^{M}a_r w(n-r)\\ w(n)&=x(n)+\sum_{k=1}^{N}b_k w(n-k)\end{aligned}\right\}\tag{8.171}$$

由上述差分方程可画出结构信号流图，如图 8.58 所示。

由图 8.58 可见，两行传输比为 $z^{-1}$ 的延时链有同样的输入 $w(n)$，可以并作一行，可以改画成图 8.59，这种结构称为直接Ⅱ型。

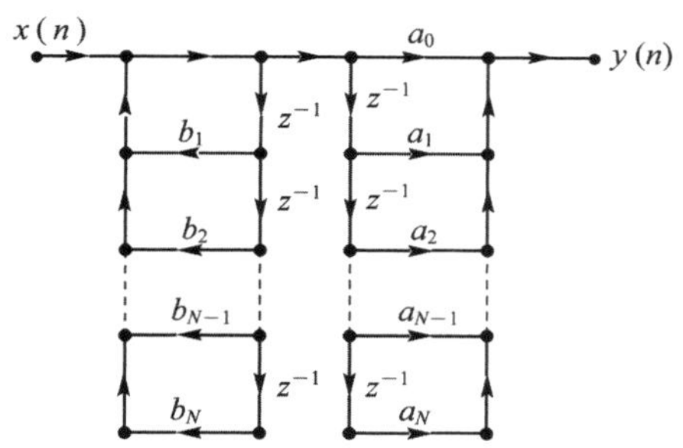

图 8.58　级联次序颠倒后直接型滤波器结构

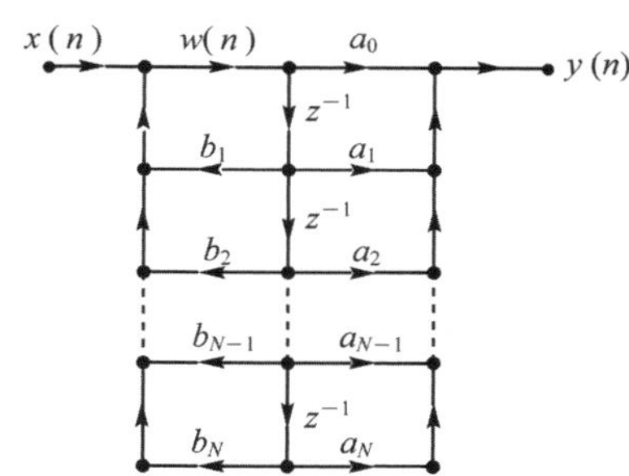


图 8.59　直接Ⅱ型结构的信号流图

将图 8.58 与图 8.59 进行比较，不难看出：直接Ⅱ型比直接Ⅰ型结构，延时单元可以节省一半，软件实现可节省存储单元，硬件可节省延时器，经济性要好。

直接型结构实现 $H(z)$ 比较简便，但是，由于滤波器差分方程系数 $a_r$、$b_k$ 的变化，将使系统所有零、极点同时变动,势必引起滤波器频率响应的改变,因此这种结构调整不便,而且在数字实现时,$a_r$、$b_k$ 不可避免地会有量化误差,同样会造成零、极点发生改变,导致频响产生误差,甚至可能出现不稳定现象。所以,直接型结构多用于一、二阶滤波器,高阶滤波器结构一般采用分解为低阶的级联结构或并联结构来实现。

(2) 级联型结构

将滤波器的系统函数 $H(z)$ 进行因式分解,由于 $H(z)$ 的系数都是实数,分解整理后可用实系数二阶因子形式表示 $H(z)$,即

$$H(z)=A\prod_{i=1}^{k}\frac{1+\alpha_{1i}z^{-1}+\alpha_{2i}z^{-2}}{1-\beta_{1i}z^{-1}-\beta_{2i}z^{-2}} \tag{8.172}$$

这样滤波器可以用 $k$ 个二阶网络级联构成,这些二阶网络也称为滤波器的二阶基本节。若每个二阶基本节直接用Ⅱ型结构来实现,则其整个结构图如图 8.60 所示。

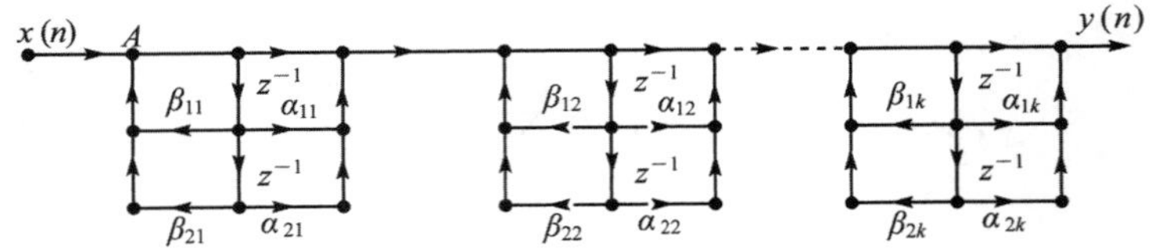


**图 8.60 数字滤波器级联型结构信号流图**

由级联型结构图可见,它的每一个基本节都只关系到滤波器的一对极点和一对零点,调整第 $i$ 个子滤波器的系数,仅仅单独调整了第 $i$ 对零、极点,而不影响其他零、极点,并且频响对于系数量化误差的敏感程度也降低了。式(8.172)中分子、分母的任一因子均可配成一个二阶基本节,其级联次序可以任意改变,对于有限字长运算来说,有可能通过改变级联次序,获得较为理想的运算精度。所以,级联型结构有较大的灵活性,适用于高阶滤波器的设计。

(3) 并联型结构

若将滤波器的系统函数 $H(z)$ 展成部分分式形式,一般情况下,可以得到一阶和二阶系统的并联组合,即

$$H(z)=\sum_{i=0}^{M-N}f_i z^{-i}+\sum_{i=1}^{L}\frac{\gamma_{0i}+\gamma_{1i}z^{-1}}{1-\beta_{1i}z^{-1}-\beta_{2i}z^{-2}} \tag{8.173}$$

若 $M=N$,$L=2$,则其并联结构的信号流图如图 8.61 所示。

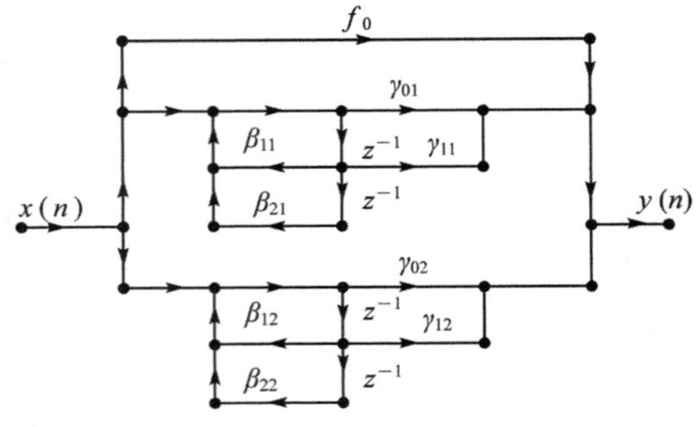


**图 8.61 滤波器并联型结构信号流图**

并联型结构和级联结构一样,可以单独调整极点位置,但是不能像级联型那样直接控制零

点，而在运算误差方面，并联型各基本节的误差互不影响，比级联型的误差要小一些。

**2. FIR 滤波器的结构**

(1) 直接型

FIR 滤波器的 $h(n)$ 是一有限长序列，其系统函数一般为

$$H(z)=\sum_{n=0}^{N-1}h(n)z^{-n} \tag{8.174}$$

其差分方程为

$$y(n)=\sum_{i=0}^{N-1}h(i)x(n-i) \tag{8.175}$$

由上式直接画出滤波器结构的信号流图如图 8.62 所示，称之为直接型。上式也是卷积的表示式，所以 FIR 直接型又称卷积型结构，由于它具有横向延时链，也可称为横向型结构。

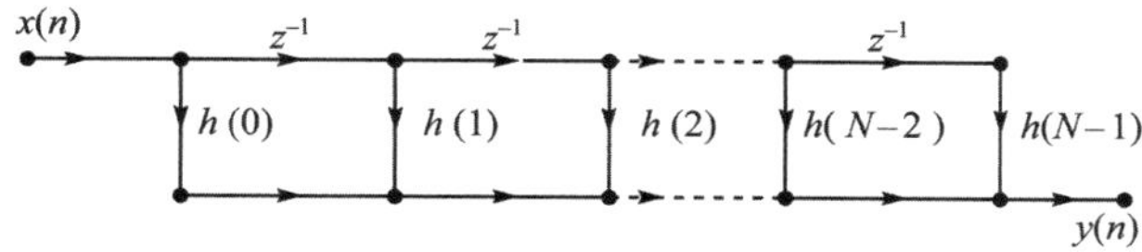


**图 8.62　FIR 滤波器直接型结构的信号流图**

(2) 级联型

若将 $H(z)$ 分解为二阶实系数因子形式，即

$$H(z)=\sum_{n=0}^{M}h(n)z^{-n}=\prod_{i=1}^{M}(\beta_{0i}+\beta_{1i}z^{-1}+\beta_{2i}z^{-2}) \tag{8.176}$$

则可得二阶级联型结构的信号流图，如图 8.63 所示。

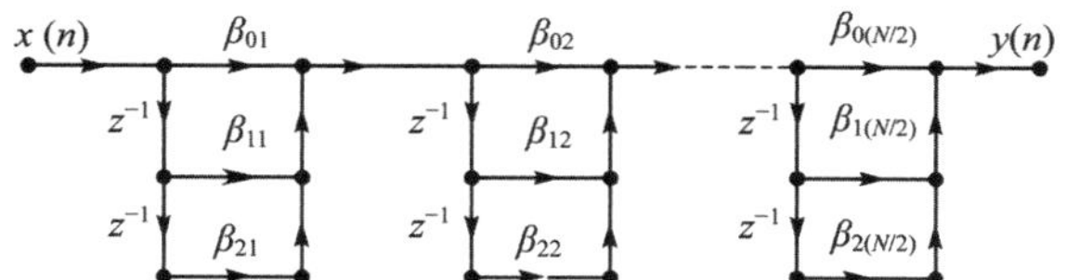


**图 8.63　FIR 滤波器级联型结构信号流图**

这种结构每一基本节控制一对零点，适用于需要控制零点的场合；但其相应滤波器方程的系数增多，乘法运算次数增加，因此需要的存储器较多，运算时间比直接型多。

(3) 线性相位型

由前述，线性相位 FIR 滤波器结构满足下列偶对称条件：

$$h(n)=h(N-1-n)$$

当 $N$ 为偶数时

$$H(z)=\sum_{n=0}^{\frac{N}{2}-1}h(n)[z^{-n}+z^{-(N-1-n)}]$$

当 $N$ 为奇数时

$$H(z)=\sum_{n=0}^{\frac{N-1}{2}-1}h(n)[z^{-n}+z^{-(N-1-n)}]+h\left(\frac{N-1}{2}\right)z^{-\frac{N-1}{2}}$$

这种结构形式的结构信号流图如图 8.64 所示，其乘法次数比直接型节省了一半左右。

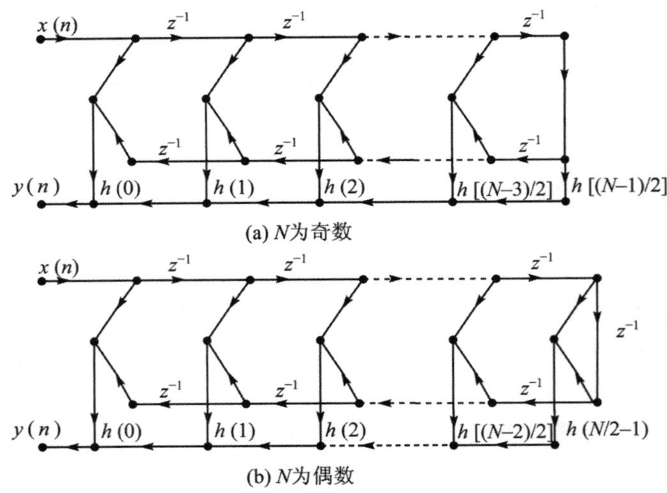


**图 8.64　FIR 滤波器线性相位型结构信号流图**

(4) 频率抽样型

由式(8.158)可知，这种类型 FIR 滤波器的系统函数为

$$H(z)=\frac{1-z^{-N}}{N}\sum_{k=0}^{N-1}\frac{H(k)}{1-\mathrm{e}^{\mathrm{j}\frac{2\pi}{N}k}z^{-1}}$$

可以看出，系统由两个子系统级联构成，一个子系统是 $1-z^{-N}$，为一有限单位抽样响应系统。另一个子系统是

$$\sum_{k=0}^{N-1}\frac{H(k)}{1-\mathrm{e}^{\mathrm{j}\frac{2\pi}{N}k}z^{-1}}$$

它由 $N$ 个一阶系统并联而成，这些一阶系统的单位抽样响应是无限长序列。整个系统结构的信号流图如图 8.65 所示。图中设

$$W_N^{-k}=\mathrm{e}^{\mathrm{j}\frac{2\pi}{N}k}$$

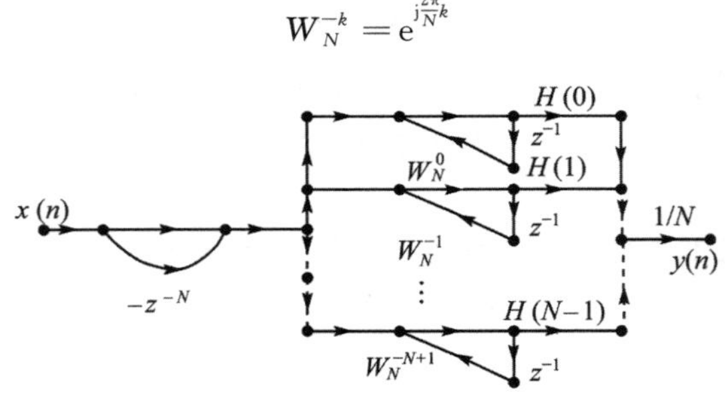


**图 8.65　FIR 滤波器频率抽样型结构信号流图**

由系统函数表达式可知，子系统 $1-z^{-N}$ 的零点在 $z=\mathrm{e}^{\mathrm{j}\frac{2\pi}{N}k}$，而另一个子系统的极点正好也是在 $z=\mathrm{e}^{\mathrm{j}\frac{2\pi}{N}k}$，它们准确地位于单位圆上，并与子系统 $1-z^{-N}$ 的零点互相抵消。

在实际中，极点位于单位圆上会给系统稳定带来问题，因为系数稍有误差，极点就可能进

入单位圆外，造成系统不稳定。这一点通过在半径为 $r$($r$ 略小于 1)的圆上，对 $H(z)$进行抽样，即可避免这种情况的出现。这时，$H(z)$可表示为

$$H(z)=(1-r^N z^{-N})\frac{1}{N}\sum_{k=0}^{N-1}\frac{H_r(k)}{1-rW_N^{-k}z^{-1}} \tag{8.177}$$

式中

$$H_r(k)=H(rW_N^{-k}) \tag{8.178}$$

但由于 $r\approx 1$，从而

$$H_r(k)\approx H(k) \tag{8.179}$$

则式(8.177)可近似为

$$H(z)\approx(1-r^N z^{-N})\frac{1}{N}\sum_{k=0}^{N-1}\frac{H(k)}{1-rW_N^{-k}z^{-1}} \tag{8.180}$$

由式(8.180)可见，这时系统的零、极点都在单位圆内，避免了系统可能出现的不稳定现象。

上面讨论了描述 IIR 和 FIR 数字滤波器的各种结构，为了实现这些结构，需要对系统函数或差分方程的多项式进行运算，求出结构图中的滤波系数，MATLAB 就是一个十分有力的工具。下面举两个具体例子。

**例 8.28**　有一滤波器的系统函数为

$$H(z)=\frac{1-3z^{-1}+11z^{-2}-27z^{-3}+18z^{-4}}{16+12z^{-1}+2z^{-2}-4z^{-3}-z^{-4}}$$

求出直接形式结构，转换成级联和并联形式，并表示出三种形式的单位抽样响应。

**解**：设计程序如下。

```
% 例 8.28 求解三种结构形式及转换的滤波系数 MATLAB 程序
%
b=[1,-3,11,-27,18];a=[16,12,2,-4,-1];
[b0,B,A]=dir2cas(b,a);
[C,B1,A1]=dir2par(b,a);
N=24;n=1:N+1;
format long;delta=impseq(0,0,N);
h1=filter(b,a,delta);
h2=casfiltr(b0,B,A,delta);
h3=parfiltr(C,B1,A1,delta);
figure(1)
subplot(3,1,1)
plot(n,h1)
title('直接型')
subplot(3,1,2)
plot(n,h2)
title('级联型')
subplot(3,1,3)
plot(n,h3)
title('并联型')
```

图8.66中,由上至下分别为直接型、级联型和并联型的单位抽样响应。显然,响应曲线是一致的。

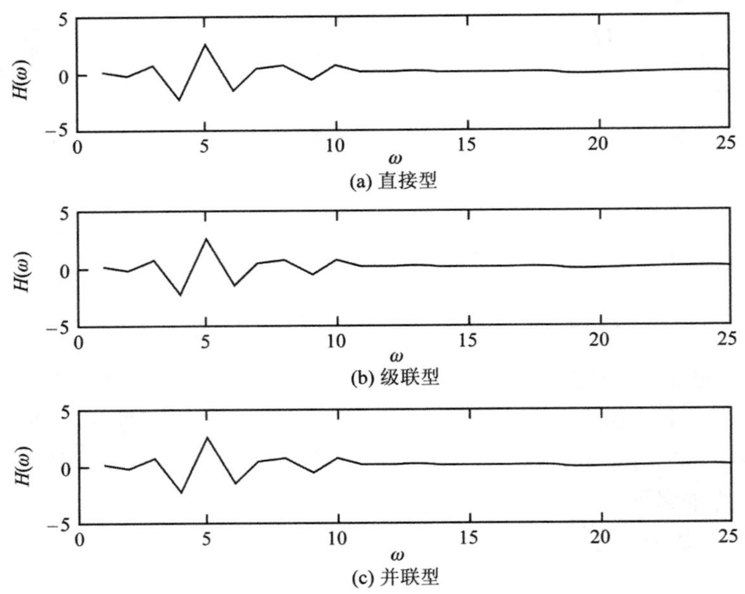

(a) 直接型

(b) 级联型

(c) 并联型

**图8.66 直接型、级联型和并联型的单位抽样响应**

上面的程序中用到了另行编制的扩展函数 dir2cas(直接到级联结构形式的转换)、dir2par(直接到并联结构形式的转换)、casfiltr(IIR 和 FIR 滤波器的级联实现)、parfiltr(IIR 滤波器的并联形式实现)、impseq(产生单位抽样序列)和 cplxcomp(比较两个数组)。它们分别为

```
function[b0,B,A]=dir2cas(b,a)
%将直接型结构变成级联型结构,求系统函数的系数
%b0 为常数;B、A 分别为级联型系统函数的分子、分母
%b、a 分别为直接型系统函数的分子、分母

%计算增益系数 b0
b0=b(1);b=b/b0;
a0=a(1);a=a/a0;
b0=b0/a0;

%补零,使 b 和 a 等长
M=length(b);N=length(a);
if  N>M
     b=[b,zeros(1,N-M)];
elseif M>N
     a=[a,zeros(1,M-N)];N=M;
else
     NM=0;
end
```

```
%计算多项式的根
K=floor(N/2);B=zeros(K,3);A=zeros(K,3);
if K*2==N
  b=[b 0];
  a=[a,0];
end

%用函数 cplxpair 把根以共轭复根对的次序排列,并用 poly 函数转换成二阶多项式
broots=cplxpair(roots(b));
aroots=cplxpair(roots(a));
for i=1:2:2*K
     Brow=broots(i:1:i+1,:);
     Brow=real(poly(Brow));
     B(fix((i+1)/2),:)=Brow;
     Arow =aroots(i:1:i+1,:);
     Arow=real(poly(Arow));
     A(fix((i+1)/2),:)=Arow;
end

function [C,B,A]=dir2par(b,a)
% 直接型到并联型的转换
% -------------------------------------
% C=当 length(b) >= length(a)时的多项式部分
% B=包含各系数 bk 的实系数矩阵
% A=包含各 ar 系数的实系数矩阵
% b=直接型的分子多项式系数
% a=直接型的分母多项式系数
%

M=length(b);N=length(a);

[r1,p1,C]=residuez(b,a);
p=cplxpair(p1,10000000*eps);
I=cplxcomp(p1,p);
r=r1(I);

K=floor(N/2);B=zeros(K,2);A=zeros(K,3);
if K*2 == N;%N even,order of A(z) odd,one factor is first order
     for i=1:2:N-2
          Brow=r(i:1:i+1,:);
          Arow=p(i:1:i+1,:);
          [Brow,Arow]=residuez(Brow,Arow,[]);
```

```
            B(fix((i+1)/2),:)=real(Brow);
            A(fix((i+1)/2),:)=real(Arow);
        end
        [Brow,Arow]=residuez(r(N-1),p(N-1),[]);
        B(K,:)=[real(Brow) 0];A(K,:)=[real(Arow) 0];
else
        for i=1:2:N-1
            Brow=r(i:1:i+1,:);
            Arow=p(i:1:i+1,:);
            [Brow,Arow]=residuez(Brow,Arow,[]);
            B(fix((i+1)/2),:)=real(Brow);
            A(fix((i+1)/2),:)=real(Arow);
        end
end


function y=casfiltr(b0,B,A,x)
% IIR
% ---------------------------------------------
% y=casfiltr(b0,B,A,x);
% y=输出序列
% b0=级联型的增益系数
% B=包含各系数 bk 的实系数矩阵
% A=包含各 ar 系数的实系数矩阵
% x=输入序列
%
[K,L]=size(B);
N=length(x);
w=zeros(K+1,N);
w(1,:)=x;
for i=1:1:K
    w(i+1,:)=filter(B(i,:),A(i,:),w(i,:));
end
y=b0 * w(K+1,:);

function y=parfiltr(C,B,A,x)
%   IIR 滤波器的并联型实现
% ----------------------------------------
% [y]=parfiltr(C,B,A,x);
% y=输出序列
% C=当 M >= N 时(FIR)的多项式部分
% B=包含各 bk 系数的实系数矩阵
% A=包含各 ar 系数的实系数矩阵
```

```
% x=输入序列
%
[K,L]=size(B);
N=length(x);
w=zeros(K+1,N);
w(1,:)=filter(C,1,x);
for i=1:1:K
    w(i+1,:)=filter(B(i,:),A(i,:),x);
end
y=sum(w);

function [x,n]=impseq(n0,n1,n2)
%产生单位抽样序列
n=[n1:n2];x=[(n-n0)==0];

function I=cplxcomp(p1,p2)
%比较两个包含同样标量元素,但可能有不同下标的复数对,返回其数组下标
%这一函数必须用在 cplxpair 函数之后,以便对频率极点矢量及其响应的留数矢量重新排序

p2=cplxpair(p1);
I=[];
for j=1:1:length(p2)
    for i=1:1:length(p1)
        if(abs((p1(i))-p2(j))<0.0001)
            I=[I,i];
        end
    end
end
I=I';
```

上述扩展函数一般应保存至已安装的 MATLAB 子目录 work 文件夹中。

**例 8.29**　一 FIR 滤波器的系统函数为

$$H(z)=1+\frac{170}{16}z^{-4}+z^{-8}$$

试确定其直接、线性相位和级联型结构。

**解:** ① 直接型结构的差分方程为

$$y(n)=x(n)+16.0625x(n-4)+x(n-8)$$

② 线性相位结构的差分方程为

$$y(n)=[x(n)+x(n-8)]+16.0625x(n-4)$$

③ 级联型结构的滤波系数可用下述 MATLAB 程序求解。

```
% 例 8.29 中计算 FIR 滤波器级联型结构的 MATLAB 程序
```

```
b=[1,0,0,0,16+1/16,0,0,0,1];
[b0,B,A]=dir2cas(b,1);
```

计算结果为

```
b0 =

    1

B =

    1.000000000000000    2.828427124746191    4.000000000000000
    1.000000000000000    0.707106781186546    0.250000000000000
    1.000000000000000   -0.707106781186547    0.250000000000000
    1.000000000000000   -2.828427124746193    4.000000000000002

A =

    1    0    0
    1    0    0
    1    0    0
    1    0    0
```

根据上述数据,可画出三种结构的信号流图,如图 8.67 所示。

图 8.61 中级联型结构中数据有效数字的位数与计算结果均有取舍。

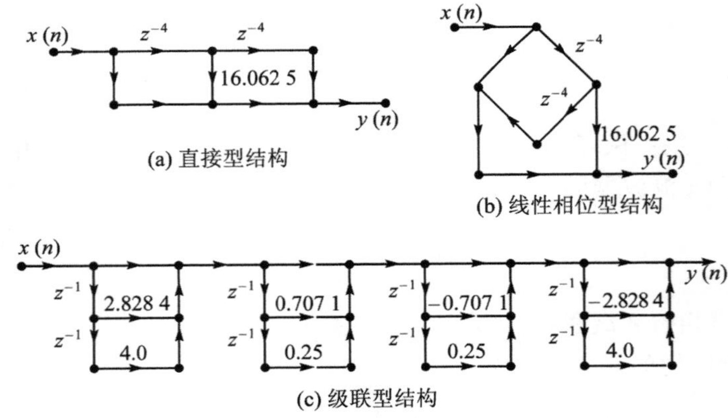

(a) 直接型结构

(b) 线性相位型结构

(c) 级联型结构

**图 8.67　例 8.29 中的 FIR 滤波器三种结构形式**

### 8.6.3　有限字长对数字滤波器实现的影响

数字滤波器作为一个数字系统,其中,输入、输出序列值,滤波器差分方程的系数(滤波系

数)以及运算过程中的结果，都是用有限字长的二进制数码来表示的。根据所用的器件和软、硬件情况的不同，常用的字长有 8 位、12 位、16 位、32 位等，选择字长越短，则实现的滤波器特性偏离预期的特性误差越大，甚至会引起滤波器不稳定，不能工作。有限字长对滤波器实现的影响主要来自三个方面：

① A/D 变换的量化误差；

② 滤波系数量化误差；

③ 数字运算过程中的计算误差。

其中，以运算过程中引起的误差对特性的影响较大，在以前，由于软、硬件技术性能的影响，有限字长的影响在滤波器实现时必须很好地加以考虑；但随着超大规模集成电路技术的发展，高速、高精度的器件迅速不断地更新换代，有限字长的影响将会越来越小，这里不再作进一步的讨论。

### 8.6.4　数字滤波器类型选择原则

前面讨论了 IIR 和 FIR 数字滤波器的设计和实现的基本问题。下面对这两类滤波器的主要特点进行比较，作为选用的考虑依据。

① 从频响特性看。IIR 数字滤波器的设计方法，充分利用了模拟滤波器的经验和成果，模仿其频响特性，设计简单，但其一般限于频段为常值的频响特性，如低通、高通、带通、带阻等滤波器，其相位特性在设计时并不考虑，通常是非线性的。而 FIR 数字滤波器则在保证幅频特性满足技术要求的同时，还能获得严格的线性相位特性，同时应用窗函数法及其他算法都能够逼近更加任意的频响特性，性能优越，适应范围广。

② 结构的影响。IIR 滤波器设计时，必须采用递归结构，极点必须在单位圆之内，否则系统将不稳定。另外在这种结构中，由于运算过程中对序列值的舍入处理，前面所说的有限字长对滤波器性能的影响较大。相反，FIR 滤波器主要采用非递归结构，系统函数是 $z^{-1}$ 的多项式，从而系统函数的所有极点总在单位圆内，始终是稳定的。此外，FIR 滤波器可以采用快速的傅里叶变换算法，在相同阶数的条件下，运算速度可以快得多。

③ 在满足相同技术指标的要求下，若不考虑相位的非线性问题，IIR 数字滤波器传递函数的极点可位于单位圆内的任何地方，因此所需的阶次低，则运算次数少，存储单元少；需要的硬件设备少，运算速度快，经济性好。FIR 滤波器传递函数的极点固定在原点，只能用较高的阶次达到高的选择性；所要求的阶次可以比 IIR 滤波器高 5～10 倍，其结果是成本较高，信号延时也较大。如果按相同的选择性和相同的线性要求，IIR 滤波器就必须加全通网络进行相位校正，同样要大大增加滤波器的阶数和复杂性。

④ 设计工作量。IIR 滤波器设计方便，有现成的计算公式和数据表格可查，在滤波器的技术指标与设计参数之间有计算公式可循。而 FIR 滤波器则没有现成公式可循，为了满足预定的技术要求，大多数设计方法都要用迭代法，计算量大。

由上述比较，不难看出，两类滤波器各有千秋，在实际应用时，应根据对滤波性能的要求，综合考虑，做出合理的选择。例如从使用要求上看，在对相位要求不敏感的场合，如语音通信等，选用 IIR 较为合适，这样可以充分发挥其经济、高效的特点；而对于图像信号处理、数据传输等以波形携带信息的系统，则对线性相位要求较高，采用 FIR 滤波器较好。

# 本章小结

本章旨在通过对滤波器理论的讨论及对滤波器进行分析和设计方法的介绍,体现信号分析与处理技术在实际工程中的应用。本章主要介绍了模拟滤波器和数字滤波器的概念、分类、设计与实现,使读者掌握几种典型滤波器的设计实现的技术。

① 系统传递函数在滤波器设计中有重要的作用,按滤波器的频率特性(主要是幅频特性)分类,主要有低通、高通、带通、带阻等滤波器,低通滤波器的设计方法是最基本的。

② 模拟滤波器设计的目标是根据给定的技术指标找到合适的传递函数,其关键是找到近似逼近函数作为滤波器的幅度平方函数,然后确定其参数。本章重点介绍了巴特沃思低通滤波器和切比雪夫低通滤波器。

③ 数字滤波器根据系统冲激响应的时间特性,分为无限冲激响应(IIR)滤波器和有限冲激响应(FIR)滤波器,前者可以通过脉冲响应不变法或双线性变换法通过模仿模拟滤波器的频响转化而得,而后者主要通过窗函数法或频率抽样法直接设计。有限冲激响应(FIR)滤波器能够实现线性相位,可以做到无相位失真。

④ 数字滤波器的运算结构选择很重要,运算结构的不同会影响滤波系统的精度、误差、稳定性、经济性及运算速度等许多性能。

# 思考与练习题

**8.1** 已知滤波器幅度平方函数为

$$A(\Omega^2)=\frac{1}{\Omega^4+\Omega^2+1}$$

求传递函数 $H(s)$。

**8.2** 利用教材中的表格,确定二阶巴特沃思低通滤波器的传递函数,设其 3 dB 截止频率为 5 kHz。

**8.3** 利用教材中的表格,确定二阶切比雪夫低通滤波器的传递函数,其通带波纹为 1 dB,截止频率为 $\Omega_c=1$ rad/s。

**8.4** 巴特沃思和切比雪夫低通滤波器要求满足下列条件:

(1) 从直流到 10 kHz,巴特沃思滤波器的最大衰减为 3 dB,切比雪夫滤波器的最大衰减为 1 dB 以内;

(2) 当频率 $f\geqslant 20$ kHz 时,衰减$\geqslant$20 dB。

求满足上述要求滤波器的最小阶次。

**8.5** 设计一巴特沃思低通滤波器的传递函数。要求满足以下指标:通带截止频率 $\Omega_c=12\times 10^3\times\pi$ rad/s 处衰减 $\delta_c\leqslant 3$ dB,阻带始点频率 $\Omega_z=24\times 10^3\pi$ rad/s 处衰减 $\delta_z\geqslant 25$ dB。

**8.6** 设计一切比雪夫低通滤波器的传递函数。要求满足以下指标:

(1) 通带截止频率 $f_c=3$ kHz,最大波动 $\delta_p\leqslant 0.5$ dB;

(2) 阻带始点频率 $f_z=12$ kHz 处衰减 $\delta_z\geqslant 50$ dB。

**8.7** 设计一带通滤波器的传递函数，要求满足下列指标：

(1) 通带带宽 $B=200$ Hz，中心频率 $f_0=1\ 000$ Hz，通带内最大衰减 $=2$ dB；

(2) 阻带的上边界频率 $f_{zBL}=800$ Hz，下边界频率 $f_{zBH}=1\ 240$ Hz，衰减 $\delta_z\geqslant15$ dB。

**8.8** 确定一高通滤波器的传递函数，要求：

(1) 按巴特沃思滤波器进行频率的转换，通带范围：$1\ \text{MHz}\leqslant f<\infty$，最大衰减 $\delta_p\leqslant 1$ dB；

(2) 当 $0\leqslant f<500$ kHz 时，阻带衰减 $\delta_z\geqslant20$ dB。

**8.9** 试用 MATLAB 编程，实现题 8.5～题 8.9 的要求，并绘出相应的幅频特性曲线图。

**8.10** 设正弦信号 $x=\sin(80\pi t)$ 叠加了回声，回声的幅度为原信号幅度的 1/2，回声比原信号延迟了 0.2 s，并设信号在前 0.2 s 没有回声的影响。试用 MATLAB 语言编程，对这一信号进行倒谱分析。

**8.11** 为什么 IIR 滤波器的设计不能实现线性相位，而 FIR 滤波器能够实现？

**8.12** 试比较 IIR 滤波器设计中采用冲激响应不变法和双线性变换法的优缺点。

**8.13** 比较 FIR 滤波器设计时，采用窗口法和频率抽样法各自的特点。

**8.14** 用冲激响应不变法将以下模拟系统的传递函数 $H_a(s)$ 转换为数字系统的系统函数 $H(z)$（式中的 $T_s$ 为抽样周期）。

(1) $H_a(s)=\dfrac{3}{(s+1)(s+2)}$，$T_s=0.1$ s；

(2) $H_a(s)=\dfrac{1}{s^2+s+1}$，$T_s=2$ s；

(3) $H_a(s)=\dfrac{1}{2s^2+3s+1}$，$T_s=2$ s；

(4) $H_a(s)=\dfrac{s+a}{(s+a)^2+b^2}$，$T_s=T$。

**8.15** 用双线性变换法重做上题中的(1)～(3)。

**8.16** (1) 用双线性变换法把 $H_a(s)=\dfrac{s}{s+a}(a>0)$ 变换成数字滤波器的系统函数 $H(z)$，设抽样周期 $T_s=2$ s，并求数字滤波器的单位抽样响应 $h(n)$。

(2) 对于(1)中所给的 $H_a(s)$，能否用冲激响应不变法来转换成数字滤波器的 $H(z)$？为什么？

**8.17** 用冲激响应不变法设计数字巴特沃思低通滤波器，要求通带内频率低于 $0.2\pi$ rad/s 时，最大误差允许在 1 dB 内，频率在 $0.3\pi\sim\pi$ rad/s 之间的阻带衰减不低于 10 dB，抽样周期为 1 ms。

**8.18** 用双线性变换法重做上题。

**8.19** 用双线性变换法设计一个二阶巴特沃思数字低通滤波器。设采样频率 $f_s=1$ kHz，截止频率 $f_c=0.1$ kHz。

**8.20** 用双线性变换法设计一个巴特沃思数字高通滤波器。要求通带截止频率 $\omega_p=0.8\pi$ rad/s，通带衰减不大于 3 dB，阻带截止频率 $\omega_c=0.5\pi$ rad/s，阻带衰减不小于 18 dB。

**8.21** 用双线性变换法设计一个三阶巴特沃思数字带通滤波器。设采样频率 $f_s=0.5$ kHz，

上、下边界截止频率分别为 $f_1=30\ \text{Hz}$ 和 $f_2=150\ \text{Hz}$。

**8.22** 用矩形窗设计一线性相位的带通FIR滤波器:

$$H_d(e^{j\omega})=\begin{cases}e^{-j\omega\alpha} & (\omega_c\leqslant|\omega|\leqslant\omega_c+B)\\ 0 & (|\omega|\leqslant\omega_c,\quad \omega_c+B<|\omega|\leqslant\pi\ \text{rad/s})\end{cases}$$

计算 $N$ 分别为奇数、偶数时的 $h(n)$。

**8.23** 设滤波器差分方程为

$$y(n)-\frac{4}{3}y(n-1)+\frac{1}{8}y(n-2)=x(n)+\frac{1}{3}x(n-1)$$

画出用直接Ⅰ型、直接Ⅱ型、一阶级联型、并联型的结构实现流图。

**8.24** 分别用直接型、级联型和并联型实现 $H(z)=\dfrac{3z^3-3.5z^2+2.5z}{(z^2-z+1)(z-0.5)}$ 的传递函数,并画出流图。

# 第 9 章　随机信号分析基础

**基本内容：**

- 随机信号时、频域分析描述
- 线性系统对随机信号的响应
- 信号的估计与相关检测

上述各章比较详细地讨论了确定性信号的分析和处理方面的问题。本章将对随机信号的有关问题作简要介绍，主要介绍随机信号的时、频域描述与分析，以及相关分析与检测，为读者深入学习现代信号的分析与处理技术打下基础。

## 9.1　随机信号及其在时域的数字特征

### 9.1.1　随机信号

在本书概论中曾指出，随机信号是在相同试验条件下，不能重复出现的信号，这种信号随时间的变化不存在任何确定的规律，不可能准确预知未来的值。显然，它与确定性信号是两类性质完全不同的信号，对随机信号描述、分析和处理的方法也不同于确定性信号。但随机信号在客观实际中普遍存在，它的产生有两种情况：一是随机变化的过程，如天气的变化、地震的发生等，需要用随机信号来描述；二是在确定性信号中混有噪声，噪声就是一种极为常见的随机信号，是对确定性信号的“污染”，在测试和控制系统中相当常见。例如：电子器件和系统中的温度漂移、测试信号中的干扰或噪声、测试数据中的随机误差、运动体或机械传动中的随机因素影响引起的振动等，都可以用随机信号来表示。这些信号的主要特点是：在观测的时间区间内，可以用时间变量 $t$（或时刻 $n$）的随机函数（序列）描述，它的数值事前无法准确地预测，重复观测时不会完全重复出现。

随机信号与随机现象密切关联，在数学上通常抽象为随机变量和随机过程等概念。数学上定义：随机试验（观测）的结果称为随机事件，包括基本随机事件与复合随机事件。随机事件的全体称为样本空间，能够将样本空间里的随机事件与实数逐一对应起来的变量称为随机变量；带有参数 $t$ 的随机变量称为随机过程，记为 $X(t)$，如果参数 $t$ 不断变化，就形成了一系列随机变量，所以随机过程就是随机变量的集合。通常把参数为时间的随机过程，称为随机信号（含随机时间序列），因此随机信号是随机变量的时间过程，如果时间的取值是连续的，则称为连续随机信号；仅在离散时间点上给出定义的为离散时间随机信号，即随机序列。

如果支配随机过程的统计规律不随时间而改变，则为平稳随机过程，否则是非平稳的。若一个随机过程在固定时刻的所有样本的统计特征与单一样本在长时间内的统计特征一致，则称为各态历经（或各态遍历、或遍历性）的随机过程，否则是非各态历经的。理论上可以证明：各态历经的随机过程从总体各样本中所能获得的信息，并不比从单个样本获得的信息多，因此在实际应用中，只要对其中的任一个样本进行分析计算，就可以得知随机过程的统计特征了，这类过程便于研究，同时具有普遍性。在实际应用中，大多数工程问题的平稳随机过程都具有各态历经性，各态历经平稳随机信号的分析与处理方法也是本章重点介绍的内容。

与确定性信号相比，随机信号一般有 3 个主要特点：

① 随机信号的任何一个实现，都只是随机信号总体中的一个样本，任何一个样本都不能代表该随机信号。

② 在任一时间点上随机信号各样本的值都是一个随时间而变化的随机变量，随机信号是随机变量的时间过程，因此随机信号的描述与随机变量类似，需要用概率函数和集平均这样的数字特征值来描述。若是各态历经的随机信号，集平均可以用一个样本的时间平均来代替。

③ 平稳随机信号在时间上是无始无终的，其能量是无限的，傅里叶变换并不存在，因此平稳随机信号不能用通常的频谱来表示。对随机信号一般不能采用频率选择滤波方法进行处理，而需要用基于最小估计理论的广义滤波来实现。另外，由于随机信号的能量是无限的，功率是有限的，所以需要用功率谱来描述随机信号的频域特性。

由于随机信号的上述特点，故随机信号的表示方式与确定性信号不同，通常采用时域和频域上的 4 种统计函数来描述其基本特点：① 概率密度函数和概率分布函数；② 平均函数（包括数学期望、方差和均方值）；③ 相关函数和协方差函数；④ 功率谱密度函数。前 3 个函数在时域上描述，最后一个函数在频域上描述。其中①主要反映随机信号的幅度在时域中较为完整的统计特性，②、③关注随机信号随时间的统计平均特性。根据时间取值是连续和离散的不同，分为连续时间随机信号（连续随机信号）和离散时间随机信号（或简称随机序列），分别表示为$X(t)$和 $X(n)$。由于这些概念已经在有关先修课程中讲过，但主要涉及的是连续随机变量，故这里更关心的是反映随机过程（多个甚至是无穷多个随机变量的集合）的用信号来描述的统计特性和规律，并由连续随机信号推广到随机序列。

## 9.1.2 连续随机信号的数字特征

### 1. 概率密度函数和概率分布函数

随机信号的“无规律性”给信号分析与处理带来了难度，但随机信号其实也是有规律可循的，规律性是通过大量样本统计后，在概率统计的基础上表现出来。描述它的基本数学工具之一就是概率密度函数和概率分布函数。

先从随机变量入手进行分析。一幅值为 $x$ 的随机变量 $X(t)$，表示其瞬时值落在 $x$ 值附近极小的 $\Delta x$ 范围内的平均概率，简称概率密度。若对某一个随机变量 $X(t)$进行观察，$T$ 为观察时间，$T_x$ 为 $T$ 时间内 $X(t)$落在$(x,x+\Delta x)$区间内的总时间，则其幅值落在$(x,x+\Delta x)$区间内的平均概率可以用 $T_x/T$ 反映。当 $T\to\infty$时，平均概率的极限即为 $X(t)$落在 $x$ 值的概率，表示为

$$P[x < X(t) \leqslant x+\Delta x] = \lim_{T\to\infty}\frac{T_x}{T} \tag{9.1}$$

而随机变量 $X(t)$的概率密度定义为下式，它反映了信号幅值落在某一极小范围（$\Delta x\to 0$）内的概率，即

$$p(x) = \lim_{\Delta x\to 0}\frac{P[x < X(t) \leqslant x+\Delta x]}{\Delta x} = \lim_{\Delta x\to 0}\frac{1}{\Delta x}\left(\lim_{T\to\infty}\frac{T_x}{T}\right) \tag{9.2}$$

概率分布是随机变量的瞬时值小于或等于某指定值的概率，表示为

$$F(x)=P[X(t)\leqslant x]=\int_{-\infty}^{x}p(\xi)\mathrm{d}\xi \tag{9.3}$$

显然有 $0\leqslant F(x)\leqslant 1$。若 $a\leqslant b$，则 $F(a)\leqslant F(b)$，并有

$$\frac{\mathrm{d}F(x)}{\mathrm{d}x}=p(x) \tag{9.4}$$

由上述可知，随机信号应采用相应的统计函数来描述。对于连续随机时间信号，概率密度及其分布函数是从幅度域描述随机信号的统计规律。不少随机变量服从或近似服从正态分布，并且大量独立随机分量（不管这些分量服从何种分布）的叠加近似服从正态分布，正态分布是最常用的一种分布，其概率密度函数和概率分布函数分别为

$$\left.\begin{aligned}p(x)&=\frac{1}{\sigma_x\sqrt{2\pi}}\exp\left[-\frac{(x-m_x)^2}{2\sigma_x^2}\right]^2\\F(x)&=\frac{1}{\sigma_x\sqrt{2\pi}}\int_{-\infty}^{x}\exp\left[-\frac{(\xi-m_x)^2}{2\sigma_x^2}\right]^2\mathrm{d}\xi\end{aligned}\right\} \tag{9.5}$$

式(9.5)是针对一个随机信号的某一时刻而言的，所以称为一维的概率密度和一维概率分布函数。

**2. 随机信号在时域的数字特征**

随机信号从理论上说，可以利用上述概率统计函数给出完整的描述，但在工程实际中要确定概率函数有相当的难度，需要通过大量的实验统计，得到的也只是近似表达式，使用起来也不十分方便；同时，实际应用往往并不需要对随机过程有完整全面的了解，只要能够对随机过程的基本特征，例如对随机过程的中心和信号分布情况有所了解和掌握，并计算和分析，就能达到实际应用要求。因此，反映随机过程的所谓“数字特征”就具有十分重要的意义。主要的数字特征包括：数学期望、均方值、方差、自相关函数与自协方差函数、互相关函数与互协方差函数等。

(1) 时域平均函数

时域平均函数包括数学期望、均方值和方差，与方差相关的是方差的平方根（或者称标准差）。

**1) 数学期望**

对于一般连续随机信号 $X(t)$ 的集平均即数学期望 $\mathrm{E}[X(t)]$ 为

$$\mathrm{E}[X(t)]=m_X(t)=\int_{-\infty}^{\infty}x(t)p[x(t),t]\mathrm{d}x \tag{9.6}$$

对于平稳随机信号，由于一维概率密度函数与时间无关，因此有

$$m_X=\mathrm{E}[X(t)]=\int_{-\infty}^{\infty}xp(x)\mathrm{d}x \tag{9.7}$$

数学期望 $\mathrm{E}[X(t)]$ 也称为随机信号的均值，描述了随机信号中的静态分量，即不随时间变化的分量。描述随时间变化的量有方差和均方值。数学期望也称一阶原点矩。“矩”的概念在数字特征中具有更普遍性的意义。

**2) 均方值（二阶原点矩）**

均方值反映了 $X(t)$ 相对零值波动的度量，可以作为随机信号平均功率的表征。随机信号均方值一般表示为

$$m_{X^2}(t)=\mathrm{E}[X^2(t)]=\int_{-\infty}^{\infty}x(t)^2 p[x(t),t]\mathrm{d}x \tag{9.8}$$

平稳随机信号的均方值是一个与时间无关的常数，表示为

$$m_{X^2}=\mathrm{E}[X^2(t)]=\int_{-\infty}^{\infty}x^2 p(x)\mathrm{d}x \tag{9.9}$$

方差(二阶中心矩)表示为

$$\mathrm{D}[X(t)]=\sigma_X^2(t)=\mathrm{E}\{[X(t)-m_X(t)]^2\}=\int_{-\infty}^{\infty}[x(t)-m_X(t)]^2 p[x(t),t]\mathrm{d}x \tag{9.10}$$

方差是 $X(t)$ 相对于均值波动情况的度量，$[X(t)-m_x(t)]$ 表示的是随机变量与其均值的偏差，即误差，因此方差可理解为误差平方的统计平均值(有时称为“均方差”)。

由式(9.10)可推得，三个数字特征量，即均值、方差、均方值之间存在如下关系：

$$\sigma_X^2(t)=m_{X^2}(t)-m_X^2(t) \tag{9.11}$$

即方差等于信号的均方值减去均值的平方。

对于平稳随机信号，有

$$\sigma_X^2=m_{X^2}-m_X^2 \tag{9.12}$$

方差的平方根 $\sigma_X(t)$、$\sigma_X$ 通常称为均方根值或标准差，为

$$\sigma_X(t)=\sqrt{\sigma_X^2(t)}=\sqrt{\mathrm{D}[X(t)]} \tag{9.13}$$

(2) 自相关函数、自协方差函数与自相关系数

**1) 自相关函数(二阶混合原点矩)**

数学期望与方差只是描述随机信号在各个时刻的统计特性，并不反映不同时刻信号数值之间的联系，例如 $X(t)$ 的过去、当前与未来的数值之间，或者两个随机信号 $X(t)$、$Y(t)$ 的数值之间的内在关联程度，有些信号的数学期望和方差基本相同，但随时间的变化规律却存在相当大的差异，有的随机过程各样本间随时间变化缓慢，在不同时刻取值关系密切，相关性强；有的随机过程各样本间随时间变化迅速，不同时刻间的取值没有什么关联，相关性弱。这种关联程度可以用自相关函数来表征。

自相关函数用于表征一个随机过程本身在 $t_1$、$t_2$ 两个不同时刻瞬时值之间的关联程度。把自相关函数定义为

$$R_{XX}(t_1,t_2)=\mathrm{E}[X(t_1)X(t_2)]=\int_{-\infty}^{\infty}\int_{-\infty}^{\infty}x_1x_2p_2(x_1,x_2)\mathrm{d}x_1\mathrm{d}x_2 \tag{9.14}$$

当 $t_1=t_2=t$ 时，有 $x_1=x_2=x$，则

$$R_{XX}(t)=\mathrm{E}[X(t)X(t)]=\mathrm{E}[X^2(t)]=m_{X^2}=\int_{-\infty}^{\infty}x^2p(x)\mathrm{d}x \tag{9.15}$$

说明：$X(t)$ 的均方值是自相关函数在 $t_1=t_2$ 时的特例。

对于平稳随机信号，由于二维概率密度函数只与时间间隔 $\tau(\tau=t_2-t_1)$ 有关，所以其自相关函数为

$$R_{XX}(t_1,t_2)=\mathrm{E}[X(t_1)X(t_2)]=\int_{-\infty}^{\infty}\int_{-\infty}^{\infty}x_1x_2p(x_1,x_2;\tau)\mathrm{d}x_1\mathrm{d}x_2=R_{XX}(\tau) \tag{9.16}$$

**2）自协方差函数（二阶混合中心矩）**

自协方差函数用来描述随机信号 $X(t)$ 本身在任意两个 $t_1$、$t_2$ 时刻幅值变化的互相依赖的程度，定义为

$$C_{XX}(t_1,t_2)=\mathrm{E}\{[X(t_1)-m_X(t_1)][X(t_2)-m_X(t)]\}=R_{XX}(t_1,t_2)-m_X(t_1)m_X(t_2) \tag{9.17}$$

当 $m_X(t_1)=m_X(t_2)=0$ 时，式(9.17)变为

$$C_{XX}(t_1,t_2)=R_{XX}(t_1,t_2)$$

表明自协方差函数与自相关函数存在密切的内在联系，它们所描述的随机信号特性是一致的。

当 $t_1=t_2=t$ 时，由式(9.17)可得

$$C_{XX}(t,t)=\mathrm{E}\{[X(t)-m_X(t)]^2\}=\mathrm{D}[X(t)]=\sigma_X^2(t) \tag{9.18}$$

或

$$\sigma_X^2(t)=C_{XX}(t,t)=R_{XX}(t,t)-m_X^2(t)=\mathrm{E}[X^2(t)]-m_X^2(t) \tag{9.19}$$

由式(9.18)和式(9.19)可见：如果已知数学期望与自相关函数，就可以求得方差、自协方差和均方值等，因此，数学期望和自相关函数是随机信号中两个最基本、最重要的数字特征。

对于平稳随机信号的自协方差函数，表示为

$$C_{XX}(t_1,t_2)=C_{XX}(\tau)=R_{XX}(\tau)-m_X^2 \tag{9.20}$$

由式(9.20)可知，平稳随机信号的自协方差函数是 $\tau$ 的函数，可以通过自相关函数与数学期望求得。

当 $\tau=0$ 时，有

$$C_{XX}(0)=R_{XX}(0)-m_X^2=\sigma_X^2 \tag{9.21}$$

式(9.21)表明：$R_{XX}(0)=\mathrm{E}[X^2(t)]$。

**3）自相关系数**

为进一步描述 $X(t_1)$ 和 $X(t_2)$ 之间线性相关的程度，给出自相关系数的定义为

$$\rho_{XX}(t_1,t_2)=\frac{C_{XX}(t_1,t_2)}{\sigma_X(t_1)\sigma_X(t_2)}=\frac{R_{XX}(t_1,t_2)-m_X(t_1)m_X(t_2)}{\sigma_X(t_1)\sigma_X(t_2)} \tag{9.22}$$

由式(9.22)可知：

若 $C_{XX}(t_1,t_2)=0$，则 $\rho_{XX}(t_1,t_2)=0$，表明 $X(t_1)$ 和 $X(t_2)$ 之间线性不相关，即 $t_1$、$t_2$ 时刻所有样本函数的取值 $X(t_1)$、$X(t_2)$ 之间不存在线性依赖关系。

若 $R_{XX}(t_1,t_2)=0$，$m_X(t_1)m_X(t_2)\neq 0$，则 $\rho_{XX}(t_1,t_2)\neq 0$，表明 $X(t_1)$ 和 $X(t_2)$ 之间仍然存在一定的线性依赖关系。

只有当 $m_X(t_1)m_X(t_2)=0$，并使 $R_{XX}(t_1,t_2)=C_{XX}(t_1,t_2)=0$ 时，才表明 $X(t_1)$ 和 $X(t_2)$ 之间线性不相关。

**4）互相关函数（二阶混合原点矩）**

自相关函数与自协方差函数用于描述一个随机信号本身时间过程的统计特征，互相关函数是为了表征两个随机信号 $X(t)$、$Y(t)$ 之间的关联性而定义的数字特征。

信号 $X(t)$、$Y(t)$ 在 $t_1$、$t_2$ 时刻，$X(t_1)$ 和 $Y(t_2)$ 之间的关联程度，类似自相关函数。定义 $X(t)$、$Y(t)$ 的互相关函数为

$$R_{XY}(t_1,t_2)=\mathrm{E}[X(t_1)Y(t_2)]=\int_{-\infty}^{\infty}\int_{-\infty}^{\infty}xyp_2(x,y)\mathrm{d}x\mathrm{d}y \tag{9.23}$$

式中,$p_2(x,y)$为两个随机信号 $X(t)$、$Y(t)$的二维联合概率密度函数。

**5) 互协方差函数(二阶混合中心矩)**

互协方差函数定义为

$$C_{XY}(t_1,t_2)=\mathrm{E}\{[X(t_1)-m_X(t)][Y(t_2)-m_Y(t)]\}=R_{XY}(t_1,t_2)-m_X(t_1)m_Y(t_2) \tag{9.24}$$

当两个随机信号 $X(t)$、$Y(t)$在 $t_1$、$t_2$ 不同时刻的概率密度函数,存在

$$p_2(x,y)=p(x)p(y) \tag{9.25}$$

时,则认为 $X(t)$、$Y(t)$对 $t_1$、$t_2$ 时刻(或所选择的所有时刻)统计独立,有

$$R_{XY}(t_1,t_2)=\mathrm{E}[X(t_1)]\mathrm{E}[Y(t_2)]=m_X(t_1)m_Y(t_2) \tag{9.26}$$

从而由式(9.24)得

$$C_{XY}(t_1,t_2)=0 \tag{9.27}$$

这表明:两个随机信号 $X(t)$、$Y(t)$之间互不相关;或者说,两个随机信号如果互为独立,则它们之间必定互不相关。但反之则不一定,即如果两个随机信号 $X(t)$、$Y(t)$之间互不相关,$C_{XY}(t_1,t_2)=0$,则一般情况下(正态分布的随机过程除外)并不一定互为统计独立。

若两个随机过程 $X(t)$、$Y(t)$对任意两个时刻 $t_1$、$t_2$ 都满足

$$R_{XY}(t_1,t_2)=0 \tag{9.28}$$

或

$$C_{XY}(t_1,t_2)=-m_X(t_1)m_Y(t_2) \tag{9.29}$$

则表示两个随机过程(信号)是正交的。

对于平稳随机信号,其互相关函数和互协方差函数分别表示为

$$R_{XY}(t_1,t_2)=\mathrm{E}[X(t_1)Y(t_2)]=\int_{-\infty}^{\infty}\int_{-\infty}^{\infty}xyp_2(x,y;\tau)\mathrm{d}x\mathrm{d}y=R_{XY}(\tau) \tag{9.30}$$

$$C_{XY}(t_1,t_2)=R_{XY}(\tau)-m_Xm_Y=C_{XY}(\tau) \tag{9.31}$$

**6) 互相关系数**

互相关系数与自相关系数相仿,定义为

$$\rho_{XY}(t_1,t_2)=\frac{C_{XY}(t_1,t_2)}{\sigma_X(t_1)\sigma_Y(t_2)}=\frac{R_{XY}(t_1,t_2)-m_X(t_1)m_Y(t_2)}{\sigma_X(t_1)\sigma_Y(t_2)} \tag{9.32}$$

有$|\rho_{XY}(t_1,t_2)|\leqslant 1$。由式(9.32)可知,若 $\rho_{XY}(t_1,t_2)=0$,则表明 $X(t)$、$Y(t)$之间互不相关;若 $\rho_{XY}(t_1,t_2)\neq 0$,则表明 $X(t)$、$Y(t)$之间相互存在一定的依赖关系。

### 9.1.3 各态历经连续随机信号的数字特征

由前述,对各态历经随机信号的任意一个样本函数,取时间平均,就能够从概率意义上逼近过程的总集平均。数学期望和相关函数是随机信号最重要的数字特征,先给出各态历经随

机信号这两个数字特征的性质(需要注意,下面的计算表达式是按一个样本来表示的,积分变量均是 $t$,相应字符的下标用小写字母,如 $R_{xx}$):

① 各态历经随机信号 $X(t)$ 的时间均值以概率 1 等于其集合平均,即

$$\overline{X(t)} = \mathrm{E}[X(t)] = m_x = \lim_{T\to\infty} \frac{1}{2T}\int_{-T}^{T} x(t)\mathrm{d}t \tag{9.33}$$

式中,$x(t)$ 是 $X(t)$ 的任一样本函数。在 $X(t)$ 的顶部加符号"——",写成 $\overline{X(t)}$ 是表示时间平均之意,以下类似的表示也是这样的意思。所谓"以概率 1 相等"是指:重复观测无限多次,相等的概率为 1。这表明:各态历经随机信号具有均值的各态历经性。

② 各态历经随机信号 $X(t)$ 的时间相关函数(包括自相关和互相关函数)以概率 1 等于其任意一个样本自相关(互相关)函数的时间平均,即

$$\overline{X(t)X(t+\tau)} = \mathrm{E}[X(t)X(t+\tau)] = R_{xx}(\tau) = \lim_{T\to\infty} \frac{1}{2T}\int_{-T}^{T} x(t)x(t+\tau)\mathrm{d}t \tag{9.34}$$

$$\overline{X(t)Y(t+\tau)} = \mathrm{E}[X(t)Y(t+\tau)] = R_{xy}(\tau) = \lim_{T\to\infty} \frac{1}{2T}\int_{-T}^{T} x(t)y(t+\tau)\mathrm{d}t \tag{9.35}$$

这表明:自相关(互相关)函数具有各态历经性。

当 $\tau=0$ 时,由式(9.9)不难看出:均方值也具有各态历经性。

需要指出,各态历经信号必须是平稳信号,但平稳信号不一定全都具有各态历经性,平稳性只是各态历经性的必要条件,并不充分。下面直接给出各态历经随机信号的充分必要条件。

① 平稳随机信号 $X(t)$ 的时间均值具有各态历经性的充分必要条件是

$$\lim_{T\to\infty} \int_{-T}^{T} \left(1-\frac{\tau}{2T}\right)[R_{xx}(\tau) - m_x^2]\mathrm{d}x = 0 \tag{9.36}$$

由式(9.36)可以得出

$$\lim_{T\to\infty} R_{xx}(\tau) = m_x^2 \tag{9.37}$$

从而有

$$\mathrm{D}[\overline{X}(t)] = 0 \tag{9.38}$$

② 平稳随机信号 $X(t)$ 的自相关(互相关)函数具有各态历经性的充分必要条件是

$$\lim_{T\to\infty} \frac{1}{T}\int_{-T}^{T} \left(1-\frac{\tau_1}{2T}\right)[B(\tau_1) - R_{xx}^2(\tau)]\mathrm{d}\tau_1 = 0 \tag{9.39}$$

式中
$$B(\tau_1) = \mathrm{E}[X(t+\tau+\tau_1)X(t+\tau_1)X(t+\tau)X(t)]$$

互相关函数具有各态历经性的充分必要条件是

$$\lim_{T\to\infty} \frac{1}{T}\int_{-T}^{T} \left(1-\frac{\tau_1}{2T}\right)[B_{xy}(\tau_1) - R_{xy}^2(\tau)]\mathrm{d}\tau_1 = 0 \tag{9.40}$$

式中
$$B_{xy}(\tau_1) = \mathrm{E}[X(t+\tau+\tau_1)X(t+\tau_1)Y(t+\tau)Y(t)]$$

③ 对正态(高斯分布)平稳随机信号 $X(t)$,若均值为零,自相关函数 $R_{xx}(\tau)$ 连续,则它具有各态历经性的充分条件是

$$\int_{-\infty}^{\infty} |R_{xx}(\tau)|\,\mathrm{d}\tau < \infty \tag{9.41}$$

### 9.1.4 离散随机信号的数字特征

时间变量为离散的随机信号,即为随机序列。最常见的随机序列由连续时间随机信号通过均匀采样得到,若 $X(t)$ 表示是由 $X(t_1),X(t_2),\cdots,X(t_n)$ 构成的连续时间随机信号,则 $X(n)(n=1,2,3,\cdots,N)$ 表示相应的随机序列。描述 $X(n)$ 的数字特征类似于连续时间的随机信号,只是把连续时间随机信号 $X(t)$ 中连续时间的变量 $t$ 变成了整数变量 $n$。

若随机序列的均值为一常数,自相关函数只与时间差 $m=n_2-n_1$ 有关,而且它的均方值有界,则称为平稳随机序列。

一个平稳随机序列,如果各种时间平均(足够长的时间内)以概率1收敛于相应的集平均,则称为各态遍历性随机序列。

对于一个随机序列 $x(n)$ 的情况,如果序列 $x(n)$ 在幅值上是量化了的,设量化单位为 $Q$,$N_i$ 是幅值落在 $x_{i-1}\sim x_i(i=1,2,3,\cdots,N)$ 之间的序列点数,$N$ 是被观察序列的总长度,则概率密度函数为

$$p_i=\frac{1}{Q}P[x_{i-1}<x\leqslant x_i]=\frac{1}{Q}\lim_{N\to\infty}\frac{N_i}{N} \tag{9.42}$$

在信号处理中,常用无因次数表示概率密度,则

$$p_i=P[x_{i-1}<x\leqslant x_i]=\lim_{N\to\infty}\frac{N_i}{N} \tag{9.43}$$

$X(n)$ 的 $n$ 维概率分布函数为

$$F_X(x_1,x_2,\cdots,x_N;n_1,n_2,\cdots n_N)=P[X_{n_1}\leqslant x_1,X_{n_2}\leqslant x_2,\cdots,X_{n_N}\leqslant x_N] \tag{9.44}$$

$X(n)$ 的 $n$ 维概率密度函数为

$$p_X(x_1,x_2,\cdots,x_N;n_1,n_2,\cdots,n_N)=\frac{\partial^N F_X(x_1,x_2,\cdots,x_N;n_1,n_2,\cdots,n_N)}{\partial x_1\partial x_2\cdots\partial x_N} \tag{9.45}$$

而 $X(n)$ 的一维概率分布函数为

$$F_X(x_1,n_1)=P\{X_{n_1}\leqslant x_1\} \tag{9.46}$$

则 $X(n)$ 的一维概率密度函数为

$$p_X(x_1,n_1)=\frac{\partial F_X(x_1,n_1)}{\partial x_1} \tag{9.47}$$

需要说明的是:虽然信号是随机序列,但它们的概率分布和概率密度函数是连续函数,因此表达式仍采用偏微分形式。下面求数字特征的表达式中,有的也采用了积分的表达式(积分变量是 $x$)。如果是求时间的平均,由于时间变量是离散的,就不能采取连续函数的运算方法,具体情况请读者自己分析体会。

下面分别给出随机序列相应的数字特征。

(1) 数学期望

一般随机序列的数学期望为

$$m_X(n)=\mathrm{E}[X(n)]=\int_{-\infty}^{\infty}x_n p(x_n;n)\mathrm{d}x_n \tag{9.48}$$

对于平稳随机序列,由于一维概率密度函数和时间无关,因此有

$$m_X=\mathrm{E}[X(n)]=\int_{-\infty}^{\infty}x_n p(x_n)\mathrm{d}x_n \tag{9.49}$$

对于各态历经性随机序列为

$$m_x = \overline{X(n)} = \lim_{N\to\infty} \frac{1}{2N+1} \sum_{n=-N}^{N} x(n) \tag{9.50}$$

(2) 自相关函数和自协方差函数

对于一般离散时间序列，自相关函数为

$$R_{XX}(n_1,n_2) = \mathrm{E}[X(n_1)X(n_2)] = \int_{-\infty}^{\infty}\int_{-\infty}^{\infty} x_1 x_2 p_2(x_1,x_2;n_1,n_2)\mathrm{d}x_1\mathrm{d}x_2 \tag{9.51}$$

自协方差函数为

$$C_{XX}(n_1,n_2) = \mathrm{E}\{[X(n_1,n_2) - m_x(n_1)][X(n_1,n_2) - m_X(n_2)]\} = R_{XX}(n_1,n_2) - m_X(n_1)m_X(n_2) \tag{9.52}$$

对于平稳随机序列，自相关函数只与时间差 $m$ 有关，为

$$R_{XX}(n_1,n_2) = R_{XX}(m) = \int_{-\infty}^{\infty}\int_{-\infty}^{\infty} x_1 x_2 p(x_1,x_2)\mathrm{d}x_1\mathrm{d}x_2 \tag{9.53}$$

自协方差函数也只与时间差 $m$ 有关，为

$$C_{XX}(m) = \mathrm{E}\{[X(n) - m_X][X(n+m) - m_X]\} = R_{XX}(m) - m_X^2 \tag{9.54}$$

对于各态历经性随机序列，自相关函数为

$$R_{xx}(m) = \overline{X(n)X(n+m)} = \lim_{N\to\infty} \frac{1}{2N+1} \sum_{n=-N}^{N} x(n)x(n+m) \tag{9.55}$$

自协方差函数为

$$C_{xx}(m) = \mathrm{E}\{[X(n) - m_x][X(n+m) - m_x]\} = \overline{[X(n) - m_x][X(n+m) - m_x]} = \lim_{N\to\infty} \frac{1}{2N+1} \sum_{n=-N}^{N} [x(n) - m_x][x(n+m) - m_x] = R_{xx}(0) - m_x^2 = \sigma_x^2 \tag{9.56}$$

(3) 互相关函数和互协方差函数

两个随机序列 $X(n)$ 和 $Y(n)$ 的互相关函数为

$$R_{XY}(n_1,n_2) = \mathrm{E}[X(n_1)Y(n_2)] = \int_{-\infty}^{\infty}\int_{-\infty}^{\infty} xy p_{XY}(x_1,y_1;n_1,n_2)\mathrm{d}x\mathrm{d}y \tag{9.57}$$

若 $X(n)$ 和 $Y(n)$ 在任意两个离散时刻 $n_1$、$n_2$ 均存在

$$R_{XY}(n_1,n_2) = 0 \tag{9.58}$$

则称 $X(n)$ 和 $Y(n)$ 互为正交序列。

两个随机序列 $X(n)$ 和 $Y(n)$ 的互协方差函数为

$$C_{XY}(m) = \mathrm{E}\{[X(n_1) - m_X(n_1)][X(n+m) - m_X(n_2)]\} = R_{XY}(n_1,n_2) - m_X(n_1)m_Y(n_2) \tag{9.59}$$

若 $X(n)$ 和 $Y(n)$ 在任意两个离散时刻 $n_1$、$n_2$ 均存在

$$C_{XY}(n_1,n_2) = 0 \tag{9.60}$$

或者

$$\mathrm{E}[X(n_1)Y(n_2)] = \mathrm{E}[X(n_1)]\mathrm{E}[Y(n_2)] \tag{9.61}$$

则称 $X(n)$ 和 $Y(n)$ 互为不相关。

两个平稳随机序列 $X(n)$ 和 $Y(n)$ 的互相关函数为

$$R_{XY}(m)=\mathrm{E}[X(n)Y(n+m)]=\int_{-\infty}^{\infty}\int_{-\infty}^{\infty}xyp_{XY}(x_1,y_1)\mathrm{d}x\mathrm{d}y \tag{9.62}$$

两个平稳随机序列 $X(n)$ 和 $Y(n)$ 的互协方差函数为

$$C_{XY}(m)=\mathrm{E}\{[X(n)-m_X][X(n+m)-m_X]\}=R_{XY}(m)-m_Xm_Y \tag{9.63}$$

各态历经随机序列的互相关函数为

$$R_{xy}(m)=\overline{X(n)Y(n+m)}=\lim_{N\to\infty}\frac{1}{2N+1}\sum_{n=-N}^{N}x(n)y(n+m) \tag{9.64}$$

其互协方差函数为

$$C_{xy}(m)=\mathrm{E}\{[x(n)-m_x][y(n+m)-m_y]\}=R_{xy}(m)-m_xm_y \tag{9.65}$$

(4) 方　差

对于一般随机序列,其方差为

$$\sigma_X^2(n)=\mathrm{D}[X(n)]=\mathrm{E}\{[X(n)-m_X(n)]^2\}=\mathrm{E}\{[X(n)]^2-[m_X(n)]^2\} \tag{9.66}$$

式(9.66)中的 $\mathrm{E}[X(n)]^2$ 称离散随机序列的均方值,常用以表征随机信号的功率,表示为

$$\mathrm{E}[X^2(n)]=m_{X^2}(n)=\int_{-\infty}^{\infty}x^2p_X(x;n)\mathrm{d}x \tag{9.67}$$

并且存在下列关系:

$$\sigma_X^2(n)=m_{X^2}(n)-m_X^2(n) \tag{9.68}$$

对于平稳随机序列,其方差为

$$\mathrm{D}[X(n)]=\sigma_X^2=C_{XX}(0)=R_{XX}(0)-m_X^2=m_{X^2}-m_X^2 \tag{9.69}$$

并应有

$$\mathrm{E}[X^2(n)]<\infty \tag{9.70}$$

对于各态历经随机序列的方差表示为

$$\mathrm{D}[X(n)]=\sigma_X^2=\sigma_x^2=\lim_{N\to\infty}\frac{1}{2N+1}\sum_{n=-N}^{N}[x(n)-m_x]^2 \tag{9.71}$$

(5) 平稳离散随机序列的自相关系数和互相关系数

与平稳连续随机信号类似,为了反映在两个不同时刻,平稳随机序列本身或者两个不同随机序列之间,信号幅值起伏变化的线性相关联程度,分别用自相关系数和互相关系数来表征,自相关系数表示为

$$\rho_{XX}(t_1,t_2)=\frac{C_{XX}(m)}{C_{XX}(0)}=\frac{R_{XX}(m)-m_X^2}{\sigma_X^2} \tag{9.72}$$

互相关系数表示为

$$\rho_{XY}(m)=\frac{C_{XY}(m)}{\sqrt{C_{XX}(0)C_{YY}(0)}}=\frac{R_{XX}(m)-m_Xm_Y}{\sigma_X\sigma_Y} \tag{9.73}$$

相关系数所反映的信号关系,与连续随机信号相同,请读者自行分析。

# 9.2　随机信号的频域描述

以上讨论了随机信号时域上的分析，下面就随机信号在频域上的特性进行讨论。

## 9.2.1　连续时间随机信号的功率谱分析

由于随机信号不满足狄里赫利条件，傅里叶变换不存在，不可能在频域上采用一般频谱的概念对随机信号进行分析处理。考虑到随机信号是一种功率信号，它的功率谱密度即单位频带上信号功率的大小，是频率的函数，因此可以应用功率谱密度描述信号功率相对频率的分布情况，来分析描述随机信号在频域上的统计特性。

若随机信号为平稳随机信号，则

$$R_{xx}(t,t+\tau)=R_{xx}(\tau) \tag{9.74}$$

从而

$$\lim_{T\to\infty}\frac{1}{2T}\int_{-T}^{T}R_{xx}(t,t+\tau)\mathrm{d}t=\lim_{T\to\infty}\frac{1}{2T}\int_{-T}^{T}R_{xx}(\tau)\mathrm{d}t=R_{xx}(\tau) \tag{9.75}$$

如果 $R_{xx}(\tau)$ 绝对可积，则存在傅里叶变换，有

$$p_x(\Omega)=\int_{-\infty}^{\infty}R_{xx}(\tau)\mathrm{e}^{-\mathrm{j}\Omega\tau}\mathrm{d}\tau \tag{9.76}$$

根据傅里叶变换的唯一性，$p_x(\Omega)$ 的傅里叶反变换为

$$R_{xx}(\tau)=\frac{1}{2\pi}\int_{-\infty}^{\infty}p_x(\Omega)\mathrm{e}^{\mathrm{j}\Omega\tau}\mathrm{d}\Omega \tag{9.77}$$

式(9.76)、式(9.77)称为维纳-辛钦定理。定理表明：平稳随机信号的自相关函数与功率谱密度是一傅里叶变换对，它是分析随机信号的重要公式，描述了平稳随机信号时、频域统计规律之间的内在联系。式(9.74)中，$p_x(\Omega)$ 是对称分布在正负频率轴上的，称为“双边功率谱”，因为与自相关函数有关，故称为自功率谱。

由于 $R_{xx}(\tau)$ 是实偶函数，由欧拉公式，有

$$R_{xx}(\tau)\mathrm{e}^{-\mathrm{j}\Omega\tau}=2R_{xx}(\tau)\cos\Omega\tau+2\mathrm{j}R_{xx}(\tau)\sin\Omega\tau \tag{9.78}$$

式中，$R_{xx}(\tau)\cos\Omega\tau$ 是偶函数，而 $R_{xx}(\tau)\sin\Omega\tau$ 是奇函数，则式(7.115)可另表示为

$$p_x(\Omega)=\int_{-\infty}^{\infty}R_{xx}(\tau)\mathrm{e}^{-\mathrm{j}\Omega\tau}\mathrm{d}\tau=2\int_{0}^{\infty}R_{xx}(\tau)\cos\Omega\tau\mathrm{d}\tau \tag{9.79}$$

显然，功率谱具有非负和偶对称的性质，即有

$$p_x(\Omega)\geqslant 0 \qquad 和 \qquad p_x(\Omega)=p_x(-\Omega)$$

$\tau=0$，平稳随机信号自相关函数的值等于均方值，即

$$R_{xx}(\tau)\Big|_{\tau=0}=R_{xx}(0)=\mathrm{E}[X(t)^2]=m_{x^2} \tag{9.80}$$

对式(9.77)，代入 $\Omega=2\pi f$，式(9.77)就变为

$$m_{x^2}=\int_{0}^{\infty}2p_x(f)\mathrm{d}f \tag{9.81}$$

设 $g_x(f)=2p_x(f)$，代入式(9.81)，有

$$m_{x^2}=\int_{0}^{\infty}g_x(f)\mathrm{d}f \tag{9.82}$$

由式(9.82)也不难理解,式中的 $g_x(f)$ 也表示功率谱密度,它是随机信号在正频率轴上的功率分布状况,相对于式(9.76)中"双边功率谱",这里称为"单边功率谱密度"或"单边自功率谱",可表示为

$$g_x(f)=\begin{cases}2p_x(f) & (f\geqslant 0)\\ 0 & (f<0)\end{cases} \tag{9.83}$$

由式(9.77),类似的理解,可得自相关函数的单边变换:

$$R_{xx}(\tau)=\frac{1}{\pi}\int_0^{\infty}p_x(\Omega)\cos\Omega\tau\mathrm{d}\tau \tag{9.84}$$

若 $\tau=0$,则由式(9.77),有

$$R_{xx}(0)=\frac{1}{2\pi}\int_{-\infty}^{\infty}p_x(\Omega)\mathrm{d}\Omega=p_x(\Omega) \tag{9.85}$$

这表明:平稳随机信号自相关函数在原点的值等于信号的平均功率。

两个随机信号频域特性的相互关系可用互功率谱密度来描述,与自相关函数相似,同样可推得联合平稳随机信号 $X(t)$ 与 $Y(t)$ 的互功率谱密度(或互功率谱或互谱)。互相关函数和互谱之间也是一傅里叶变换对,为

$$p_{xy}(\Omega)=\int_{-\infty}^{\infty}R_{xy}(\tau)\mathrm{e}^{-\mathrm{j}\Omega\tau}\mathrm{d}\tau \tag{9.86}$$

$$R_{xy}(\tau)=\frac{1}{2\pi}\int_{-\infty}^{\infty}p_{xy}(\Omega)\mathrm{e}^{\mathrm{j}\Omega\tau}\mathrm{d}\Omega \tag{9.87}$$

同样,$p_{xy}(\Omega)$ 为双边互功率谱密度。单边互功率谱密度 $g_{xy}(\Omega)$ 定义为

$$g_{xy}(\Omega)=\begin{cases}2p_{xy}(\Omega) & (\Omega\geqslant 0)\\ 0 & (\Omega<0)\end{cases} \tag{9.88}$$

由于互相关函数 $R_{xy}(\tau)$ 不一定是偶函数,也不一定是奇函数,所以互功率谱密度具有复数形式,表示为

$$p_{xy}(\Omega)=c_{xy}(\Omega)-\mathrm{j}q_{xy}(\Omega) \tag{9.89}$$

式中

$$c_{xy}(\Omega)=\int_{-\infty}^{\infty}R_{xy}(\tau)\cos\Omega\tau\mathrm{d}\tau \tag{9.90}$$

$$q_{xy}(\Omega)=\int_{-\infty}^{\infty}R_{xy}(\tau)\sin\Omega\tau\mathrm{d}\tau \tag{9.91}$$

$c_{xy}(\Omega)$ 称为共谱密度函数,是偶函数;$q_{xy}(\Omega)$ 称为重谱密度函数,是奇函数,有

$$\begin{aligned}p_{xy}(-\Omega)&=c_{xy}(-\Omega)-\mathrm{j}q_{xy}(-\Omega)=\\&c_{xy}(\Omega)+\mathrm{j}q_{xy}(\Omega)=\\&p_{xy}^{*}(\Omega)\end{aligned} \tag{9.92}$$

并且可求得

$$p_{yx}(\Omega)=p_{xy}^{*}(\Omega)=c_{xy}(\Omega)+\mathrm{j}q_{xy}(\Omega) \tag{9.93}$$

从而推得由互功率谱求共谱和重谱密度函数的方法,为

$$\left.\begin{aligned}c_{xy}(\Omega)&=\frac{1}{2}[p_{yx}(\Omega)+p_{xy}(\Omega)]\\ q_{xy}(\Omega)&=\frac{1}{2\mathrm{j}}[p_{yx}(\Omega)-p_{xy}(\Omega)]\end{aligned}\right\} \tag{9.94}$$

另外，还能证明，自功率谱与互功率谱间有如下关系：

$$p_x(\Omega)p_y(\Omega) \geqslant |p_{xy}(\Omega)|^2 \tag{9.95}$$

式(9.89)～式(9.95)对单边功率谱都适用。

### 9.2.2 随机序列的功率谱分析

式(9.76)和式(9.77)所表示的维纳-辛钦定理不仅适用于连续随机信号，同样也适用于随机序列，即对于平稳的随机序列，其功率谱密度 $p_x(\omega)$ 和序列的自相关函数 $R_{xx}(m)$ 是一对序列的傅里叶变换对。

设 $X(n)$ 表示具有零均值的平稳离散时间随机序列，其自相关函数表示为

$$R_{xx}(m) = \mathrm{E}[X(n)X(n+m)] \tag{9.96}$$

当 $R_{xx}(m)$ 绝对可和时，平稳随机序列的维纳-辛钦定理成立，表示为

$$p_x(\omega) = \sum_{m=-\infty}^{\infty} R_{xx}(m)\mathrm{e}^{-\mathrm{j}\omega m} \tag{9.97}$$

式(9.97)为序列傅里叶变换。相应的序列傅里叶反变换为

$$R_{xx}(m) = \frac{1}{2\pi}\int_0^{2\pi} p_x(\omega)\mathrm{e}^{\mathrm{j}\omega m}\,\mathrm{d}\omega \tag{9.98}$$

当 $m=0$ 时，由式(9.96)和式(9.98)，可得

$$\mathrm{E}[X^2(n)] = R_{xx}(0) = \frac{1}{2\pi}\int_0^{2\pi} p_x(\omega)\,\mathrm{d}\omega \tag{9.99}$$

还可以把式(9.97)和式(9.98)转换为 $z$ 变换对来分析处理，即式(9.97)写为 $z$ 变换的形式：

$$P_x(z) = \sum_{m=-\infty}^{\infty} R_{xx}(m)z^{-m} \tag{9.100}$$

由 $z$ 反变换的围线积分公式，有

$$R_{xx}(m) = \frac{1}{2\pi\mathrm{j}}\oint_C P_x(z)z^{m-1}\,\mathrm{d}z \tag{9.101}$$

由于自相关函数的偶对称性质，$R_{xx}(m)=R_{xx}(-m)$，故由式(9.101)立即得出

$$P_x(z) = P_x\left(\frac{1}{z}\right) \tag{9.102}$$

平稳随机序列 $X(n)$ 可以由平稳随机信号 $X(t)$ 的任一样本函数 $x(t)$ 抽样得到，同确定性的信号类似，要从 $X(n)$ 恢复 $X(t)$ 也要满足平稳随机信号的抽样定理。设连续平稳随机信号 $X(t)$ 的功率谱 $p_x(\Omega)$ 为有限带宽，最高频率为 $f_\mathrm{m}(\Omega_\mathrm{m})$，可以证明，若均匀采样，其采样间隔满足 $T<\frac{1}{2}f_\mathrm{m}$，能够从 $X(n)$ 恢复 $X(t)$，则

$$X(t) = \sum_{n=-\infty}^{\infty} X(n)\frac{\sin \Omega_\mathrm{m}(t-nT)}{\Omega_\mathrm{m}(t-nT)} \tag{9.103}$$

与确定性信号相仿，设 $X(t)$ 的功率谱为 $p_\mathrm{a}(\Omega)$，由 $X(t)$ 抽样获得的 $X(n)$ 的功率谱 $p_x(\omega)$ 是 $p_\mathrm{a}(\Omega)$ 的周期延拓，若抽样周期为 $T_\mathrm{s}(\Omega_\mathrm{s})$，延拓的周期为 $\Omega_\mathrm{s}$，则

$$p_x(\omega) = \frac{1}{T_\mathrm{s}}\sum_{n=-\infty}^{\infty} p_\mathrm{a}(\Omega + n\Omega_\mathrm{s}) \tag{9.104}$$

由式(9.104)可以得出:若对 $X(t)$ 抽样并满足抽样定理,则 $p_x(\omega)$ 保留了原 $X(t)$ 的功率谱 $p_a(\Omega)$ 的全部信息,可以恢复连续随机信号 $X(t)$。

**例 9.1** 设随机相位的连续余弦信号

$$x(t)=A\cos(\Omega_0 t+\theta)$$

式中,$A$、$\Omega_0$ 为常数,$\theta$ 是在$(0,2\pi)$上均匀分布的随机变量,其概率密度为

$$x(\theta)=\begin{cases}\dfrac{1}{2\pi} & (0<\theta<2\pi)\\ 0 & (\text{其他})\end{cases}$$

试求其自相关函数 $R_{xx}(\tau)$。

**解:** 由自相关函数定义,有

$$\begin{aligned}R_{xx}(\tau)&=\mathrm{E}[x(t)x(t+\tau)]=\mathrm{E}\{A\cos[\Omega_0(t+\tau)+\theta]A\cos(\Omega_0 t+\theta)\}=\\&\frac{A^2}{2}\mathrm{E}[\cos\Omega_0\tau+\cos(2\Omega_0 t+\Omega_0\tau+2\theta)]=\\&\frac{A^2}{2}\left[\cos\Omega_0\tau+\int_0^{2\pi}\cos(2\Omega_0 t+\Omega_0\tau+2\theta)\frac{1}{2\pi}\mathrm{d}\theta\right]=\\&\frac{A^2}{2}\cos\Omega_0\tau\end{aligned}$$

由上述计算结果可见,周期函数的自相关函数也是周期函数,且具有相同的周期。

**例 9.2** 求例 9.1 中随机相位的余弦信号的功率谱密度。

**解:** 由功率谱定义,可得

$$\begin{aligned}p_x(\Omega)&=\int_{-\infty}^{\infty}R_{xx}(\tau)\mathrm{e}^{-\mathrm{j}\Omega\tau}\mathrm{d}\tau=\int_{-\infty}^{\infty}\frac{A^2}{2}\cos\Omega_0\tau\mathrm{e}^{-\mathrm{j}\Omega\tau}\mathrm{d}\tau=\\&\frac{A^2}{2}\int_{-\infty}^{\infty}\frac{1}{2}(\mathrm{e}^{\mathrm{j}\Omega_0\tau}+\mathrm{e}^{-\mathrm{j}\Omega_0\tau})\mathrm{e}^{-\mathrm{j}\Omega\tau}\mathrm{d}\tau=\\&\frac{A^2}{4}\left[\int_{-\infty}^{\infty}\mathrm{e}^{-\mathrm{j}(\Omega-\Omega_0)\tau}\mathrm{d}\tau+\int_{-\infty}^{\infty}\mathrm{e}^{-\mathrm{j}(\Omega+\Omega_0)\tau}\mathrm{d}\tau\right]=\\&\frac{\pi}{2}A^2[\delta(\Omega-\Omega_0)+\delta(\Omega+\Omega_0)]\end{aligned}$$

可见,其功率谱为两个冲激函数。

**例 9.3** 设一均值为零的平稳随机信号 $n(t)$,而功率谱密度为非零常数,即

$$p_{\mathrm{wn}}(\Omega)=\frac{1}{2}N_0\qquad(-\infty<\Omega<\infty)$$

试求其自相关函数。

**解:**

$$\begin{aligned}R_{\mathrm{nn}}(\tau)&=\frac{1}{2\pi}\int_{-\infty}^{\infty}p_{\mathrm{wn}}(\Omega)\mathrm{e}^{-\mathrm{j}\Omega\tau}\mathrm{d}\Omega=\\&\frac{N_0}{4\pi}\int_{-\infty}^{\infty}\mathrm{e}^{-\mathrm{j}\Omega\tau}\mathrm{d}\Omega=\\&\frac{1}{2}N_0\delta(\tau)\end{aligned}$$

结果表明：这一随机信号的自相关函数 $R_{nn}(\tau)$ 为一冲激函数，除 $\tau=0$ 外，$\tau\neq 0$ 时，$R_{xx}(\tau)$ 都等于零，表示 $n(t)$ 在 $t_1$、$t_2$ 时($t_1$、$t_2$ 之间不管多接近，只要不等于 0)，$n(t_1)$ 与 $n(t_2)$ 是不相关的，说明这一随机信号随时间变化极快，功率谱与频率无关并均匀分布在无限宽的频率范围 $(-\infty,\infty)$。通常把具有这样统计特性的随机信号称为"白噪声"，这是基于它所具有如此之宽的频谱，类似于白光具有很宽的光谱。由于其均方值为

$$\mathrm{E}[X^2(t)]=R_{nn}(0)\to\infty$$

实际上是不可能得到这种理想白噪声的，但在实际应用中又非常有用，故在比所研究的系统带宽要宽得多的频率范围内，若信号的功率谱接近均匀分布的噪声，则可近似认为是白噪声，例如电阻的热噪声、器件的散粒噪声等可以认为是白噪声。如果随机信号的带宽只在一有限频率范围内均匀分布，在此频率范围外的频率处功率谱为零，则称"带限白噪声"；所谓"高斯白噪声"是指：其功率密度的分布为正态分布，功率谱呈均匀分布。除白噪声外，其他噪声均称"有色噪声"。

对带限白噪声进行抽样，可得离散时间白噪声。可以证明，当满足抽样定理时，由于 $R_{xx}(\tau)|_{\tau=nT_s}=0$，各采样值互不相关，因此带限白噪声可以用噪声序列唯一表示。这时，自相关函数按零均平稳随机序列的性质，有

$$C_{xx}(m)=R_{xx}(m)-m_x^2=R_{xx}(m) \tag{9.105}$$

则

$$C_{xx}(0)=R_{xx}(0)=\mathrm{E}[X^2(n)]=\sigma_x^2 \tag{9.106}$$

并且

$$C_{xx}(0)=\mathrm{E}\{[X(n)-m_x]^2\}=\mathrm{E}[X^2(n)]=\sigma_x^2 \tag{9.107}$$

从而有离散时间白噪声的自相关函数与功率谱，可分别表示为

$$R_{xx}(m)=\sigma_x^2\delta(m) \tag{9.108}$$

$$p_x(\omega)=\sigma_x^2 \tag{9.109}$$

这表明：当带限白噪声序列方差等于 1 时，白噪声序列相当于确定性序列中的单位抽样序列 $\delta(n)$，所以，它是最基本的平稳随机序列。

下面介绍一种应用相关函数的特性从背景噪声中提取周期信号的方法。

由上述例子可知，一个周期信号，其相关函数也是周期的，而白噪声的自相关函数是非周期的，记为 $R_{nn}(\tau)=k\delta(\tau)$，即当 $\tau\neq 0$ 时，$R_{nn}(\tau)=0$。信号是由周期信号 $p(t)$ 和白噪声 $n(t)$ 所构成，为

$$x(t)=p(t)+n(t) \tag{9.110}$$

并且如果信号 $p(t)$ 和白噪声 $n(t)$ 相互统计独立，则有

$$R_{xx}(\tau)=R_{pp}(\tau)+R_{nn}(\tau)=R_{pp}(\tau)+k\delta(\tau) \tag{9.111}$$

当 $\tau\neq 0$ 时，有

$$R_{xx}(\tau)=R_{pp}(\tau) \tag{9.112}$$

所以，通过测算 $R_{xx}(\tau)$，就能确定周期信号 $p(t)$ 是否存在。

如果噪声不是白噪声，功率谱为有限带宽，若设其自相关函数为

$$R_{nn}(\tau)=\frac{\Omega_0}{2}\mathrm{e}^{-|\Omega_0\tau|} \tag{9.113}$$

则对 $R_{nn}(\tau)$ 作傅里叶变换，可得有色噪声的功率谱为

$$p_n(\Omega)=\frac{1}{1+\frac{\Omega^2}{\Omega_0^2}} \tag{9.114}$$

有色噪声的功率谱和自相关函数如图9.1所示。

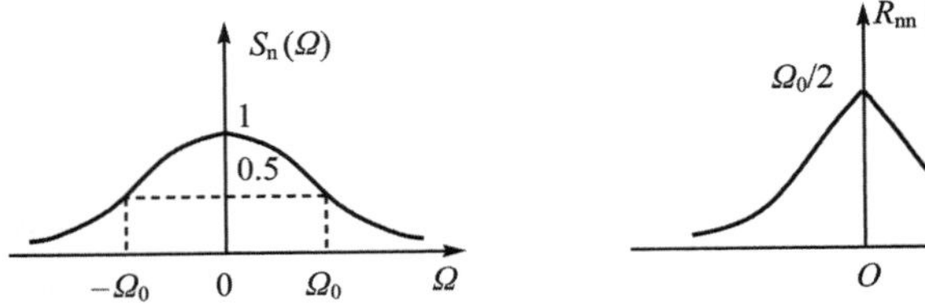


**图9.1 有色噪声的功率谱和自相关函数**

若信号 $p(t)=A\sin(\Omega t+\theta)$ 是随机相位正弦波,则其自相关函数为

$$R_{pp}(\tau)=\frac{1}{2}A^2\cos\Omega\tau$$

若信号 $p(t)$ 和有色噪声 $n(t)$ 相互统计独立,则

$$R_{xx}(\tau)=R_{pp}(\tau)+R_{nn}(\tau)=$$

$$\frac{1}{2}A^2\cos\Omega\tau+\frac{1}{2}\Omega_0\mathrm{e}^{-|\Omega_0\tau|} \tag{9.115}$$

上式运算所得的自相关函数如图9.2所示。由图9.2和式(9.115)可知,当 $\tau$ 增加到足够大时,信号 $x(t)$ 的自相关函数基本上只取决于周期信号 $p(t)$ 的自相关函数,可以利用这一结果的特征判断周期信号是否存在。

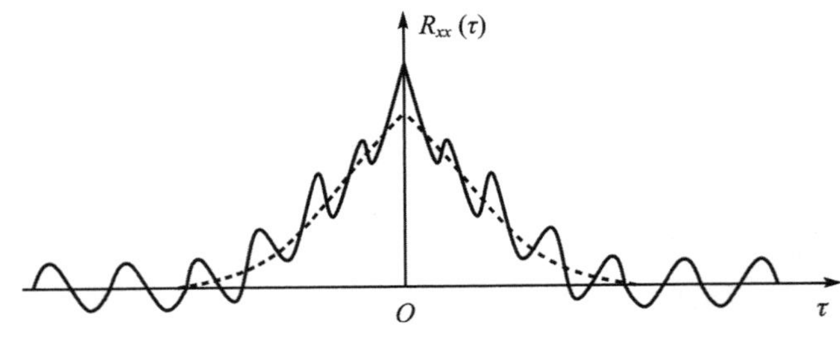


**图9.2 从有色噪声中提取周期信号**

**例9.4** 已知随机信号 $Z(t)$ 为

$$Z(t)=aX(t)+bY(t)$$

式中,$a$、$b$ 为实常数,$X(t)$ 和 $Y(t)$ 为各自平稳且联合平稳。试求互谱 $p_{XZ}(\Omega)$ 和 $p_{YZ}(\Omega)$。

**解**:先求互相关函数 $R_{XZ}(\tau)$。

$$R_{XZ}(t,t+\tau)=\mathrm{E}[X(t)Z(t+\tau)]=$$

$$\mathrm{E}\{X(t)[aX(t+\tau)y(t+\tau)]\}=$$

$$aR_{XX}(\tau)+bR_{XY}(\tau)=$$

$$R_{XZ}(\tau)$$

$R_{YZ}(\tau)$ 为

$$R_{YZ}(t,t+\tau)=\mathrm{E}[Y(t)Z(t+\tau)]=$$

$$\mathrm{E}\{Y(t)[aX(t+\tau)y(t+\tau)]\}=$$
$$aR_{YX}(\tau)+bR_{YY}(\tau)=$$
$$R_{YZ}(\tau)$$

根据互谱和互相关函数的关系，对 $R_{XZ}(\tau)$、$R_{YZ}(\tau)$进行傅里叶变换，就得到互谱：

$$p_{XZ}(\Omega)=ap_X(\Omega)+bp_{XY}(\Omega)$$
$$p_{YZ}(\Omega)=ap_{YX}(\Omega)+bp_Y(\Omega)$$

**例 9.5**　求随机相位正弦序列

$$X(n)=A_0\sin(\omega_0 n+\theta)$$

的均值及其自相关函数。式中，$A_0$、$\omega_0$ 为常数，$\theta$ 为一随机变量，在 $0\sim 2\pi$ 范围内成均匀分布，表示为

$$f(\theta)=\begin{cases}\dfrac{1}{2\pi} & (0\leqslant\theta\leqslant 2\pi)\\ 0 & (\text{其他})\end{cases}$$

**解：** 由于 $\theta$ 的取值是随机的，对应 $\theta$ 的一个取值，可得一个正弦序列的样本，故由均值及其自相关函数的定义，可得到

$$m_x(n)=\mathrm{E}[A_0\sin(\omega_0 n+\theta)]=A_0\mathrm{E}[\sin(\omega_0 n+\theta)]+A_0\mathrm{E}[\cos\omega_0 n\sin\theta)=$$
$$A_0\sin\omega_0 n\cdot\int_0^{2\pi}\cos\theta\cdot(1/2\pi)\mathrm{d}\theta+A_0\cos\omega_0 n\cdot\int_0^{2\pi}\sin\theta\cdot(1/2\pi)\mathrm{d}\theta=0$$

$$R_{xx}(n,n+m)=\mathrm{E}[X(n)X(n+m)]=\mathrm{E}[A_0^2\sin(\omega_0 n+\theta)\sin(\omega_0 n+\omega_0 m+\theta)]=$$
$$A_0^2\mathrm{E}\{\sin(\omega_0 n+\theta)[\sin(\omega_0 n+\theta)\cos\omega_0 m+\cos(\omega_0 n+\theta)\sin\omega_0 m]\}=$$
$$A_0^2\cos\omega_0 m\cdot\mathrm{E}[\sin^2(\omega_0 n+\theta)]+A_0^2\sin\omega_0 m\cdot\mathrm{E}[\sin(\omega_0 n+\theta)\cos(\omega_0 n+\theta)]=$$
$$\frac{A_0^2}{2}\cos\omega_0 m-\frac{A_0^2}{2}\cos\omega_0 m\int_0^{2\pi}\cos 2(\omega_0 n+\theta)(1/2\pi)\mathrm{d}\theta+$$
$$\frac{A_0^2}{2}\sin\omega_0 m\int_0^{2\pi}\sin 2(\omega_0 n+\theta)(1/2\pi)\mathrm{d}\theta=$$
$$\frac{A_0^2}{2}\cos\omega_0 m$$

### 9.2.3　功率谱估计

在实际的随机信号时域分析中，只能在有限的时间内得到有限个结果，即有限个样本，近似地估计总体的分布情况。另外，有的时候，不一定需要知道随机信号的总体分布，而只要知道其数字特征，如均值、方差、均方值、相关函数、功率谱等比较精确的情况即估计值就够了。用有限个样本的估计值来推断总体或有关参数的真值，就是前面讲的所谓估计的问题。均值、方差、自相关函数的估计已在前面讨论过了，本节主要讨论在频域中功率谱的估计。

功率谱是在频域中描述平稳随机信号各频率分量功率分布情况的基本特征量。由于功率谱与相关函数之间是一对傅里叶变换，经典功率谱估计都依据 DFT，并采用 FFT 算法，故称之为非参数方法。间接使用有限数据先估计相关函数，进而求出功率谱的估计，称为自相关法。在介绍自相关法前，先给出各态历经随机序列的自相关函数估计表达式

$$\hat{R}_{xx}(m)=\frac{1}{2N+1}\sum_{n=-N}^{N}x(n)x(n+m)$$

式中,$n$ 变化区间为$[-N,N]$。若 $n$ 变化区间为$[0,N]$,其估计也可表示为

$$\hat{R}_{xx}(m)=\frac{1}{N}\sum_{n=0}^{N-1}x(n)x(n+m),\qquad m=0,\pm1,\pm2,\cdots,\pm(N-1) \tag{9.116}$$

式中,为满足自相关函数存在的要求,应有 $n+m\leqslant N-1$,从而 $n$ 的变化上限只能是

$$n=N-|m|-1 \tag{9.117}$$

因此式(9.116)应写成

$$\hat{R}_{xx}(m)=\frac{1}{N}\sum_{n=0}^{N-|m|-1}x(n)x(n+m) \tag{9.118}$$

所以,式(9.118)中累加的总项数不是 $N$,而是 $N-|m|$。自相关函数估计的均值为

$$\begin{aligned}\mathrm{E}[\hat{R}_{xx}(m)]=&\frac{1}{N}\sum_{n=0}^{N-|m|-1}x(n)x(n+m)=\\&\frac{N-|m|}{N}R_{xx}(m)=\\&\left(1-\frac{|m|}{N}\right)R_{xx}(m)\end{aligned} \tag{9.119}$$

式(9.119)表明:自相关函数的估计是有偏估计,$|m|$增加,估计的偏差也随之增加。为了保证自相关估计的精度,时间间隔$|m|$值不宜取过大。

自相关法首先通过快速卷积估计自相关函数,即

$$\hat{R}_{xx}(m)=\frac{1}{N}\sum_{n=0}^{N-|m|-1}x(n)x(n+m) \tag{9.120}$$

然后利用功率谱与相关函数之间的傅里叶变换对的关系,可得

$$\hat{p}_x(\mathrm{e}^{\mathrm{j}\omega})=\sum_{m=-(N-1)}^{N-1}\hat{R}_{xx}(m)\mathrm{e}^{-\mathrm{j}n\omega} \tag{9.121}$$

将式(9.121)中的频率 $\omega$ 离散化,最后得出功率谱的估计

$$\hat{p}_x(\mathrm{e}^{\mathrm{j}\omega})\Big|_{\omega_k=\frac{2\pi}{N}k}=\hat{p}_x(k)=\sum_{m=-(N-1)}^{N-1}\hat{R}_{xx}(m)\mathrm{e}^{-\mathrm{j}\frac{2\pi}{N}km} \tag{9.122}$$

上述整个过程都可使用 FFT 算法来实现。

如果利用下列自相关函数的性质

$$R_{xx}(m)=R_{xx}(-m)=x(n)*x(-n) \tag{9.123}$$

以及应用傅里叶变换的频域卷积性质,则有

$$\mathscr{F}[R_{xx}(m)]=X(\mathrm{e}^{\mathrm{j}\omega})X^*(\mathrm{e}^{\mathrm{j}\omega})=|X(\mathrm{e}^{\mathrm{j}\omega})|^2 \tag{9.124}$$

依据相关函数与功率谱之间傅里叶变换的关系,直接由序列 $x(n)$的 FFT 来实现功率谱的估计,称为直接法或周期图法,即

$$\hat{p}_x(\mathrm{e}^{\mathrm{j}\omega})=\mathscr{F}[R_{xx}(m)]=(1/N)\mathscr{F}[x(n)*x(-n)]=(1/N)|X(\mathrm{e}^{\mathrm{j}\omega})|^2 \tag{9.125}$$

而

$$X(\mathrm{e}^{\mathrm{j}\omega})=\sum_{n=0}^{N-1}x(n)\mathrm{e}^{-\mathrm{j}n\omega} \tag{9.126}$$

所以

$$\hat{p}_x(k)=\frac{1}{N}|X(k)|^2\qquad(k=0,1,2,\cdots,N-1) \tag{9.127}$$

$$X(k)=\sum_{n=0}^{N-1}x(n)\mathrm{e}^{-\mathrm{j}\frac{2\pi}{N}kn} \tag{9.128}$$

由上述不难看出，周期图法是先用 FFT 求出随机离散信号 $N$ 点的 DFT，再计算幅频特性的平方，然后除以 $N$，即得出该随机信号的功率谱估计。由于这种估计方法是在把 $R_{xx}(\tau)$ 离散化的同时，使其功率谱周期化了，从而称为“周期图法”。利用周期图法进行的谱估计，是有偏估计，并且由于卷积的运算过程会导致功率谱在真实值的尖峰附近产生泄漏，相对地平滑了尖峰值，造成谱估计的失真。另外，这种估计法，当 $k\to\infty$ 时，功率谱估计的方差并不为零，所以不是一致性估计，并且功率谱估计在 $\omega$ 等于 $2\pi/N$ 整数倍的各数字频率点互不相关，其谱估计的波动比较显著，特别是 $N$ 越大、$2\pi/N$ 越小时，波动越明显。但如果 $N$ 取得太小，又会造成分辨力的下降，为此，人们又提出了许多所谓的“改进周期图法”(例如分段、加窗平均周期图法等)以及更进一步的现代谱估计方法，即参数估计的方法等。有关这些方法的内容请参看其他参考书。

**例 9.6**　若信号为

$$x(t)=\sin(2\pi f_1 t)+2\sin(2\pi f_2 t)+w(t)$$

式中，$f_1=50$ Hz，$f_2=100$ Hz，$w(t)$为白噪声(用 MATLAB 中的函数产生)。设采样频率 $f_s=2\ 000$ Hz，试用周期图法并应用 MATLAB 编程计算，在数据长度分别为 $N_1=256$ 和 $N_2=1\ 024$ 两种情况下，上述信号的功率谱。

**解**：编程的思路是，先用 FFT 求出随机离散信号 $N$ 点的 DFT，再计算幅频特性的平方，然后除以 $N$，即得出该随机信号的功率谱估计。

其 MATLAB 程序如下：

```
% 例 9.6 中周期图法计算信号功率谱的 MATLAB 程序
clf
Fs=2000;
%情况 1：数据长度 N1=256
N1=256;
N1fft=256;
n1=0:N1-1;
t1=n1/Fs;
f1=50;
f2=100;
xn1=sin(2*pi*f1*t1)+2*sin(2*pi*f2*t1)+randn(1,N1);
Pxx1=10*log10(abs(fft(xn1,N1fft).^2)/N1);
f1=(0:length(Pxx1)-1)*Fs/length(Pxx1);
subplot(2,1,1)
plot(f1,Pxx1)
ylabel('功率谱(dB)');
title('数据长度 N1=256')
grid
%情况 2:数据长度 N2=1024
N2=1024;
N2fft=1024;
```

```
n2=0:N2-1;
t2=n2/Fs;
f1=50;
f2=100;
xn2=sin(2*pi*f1*t2)+2*sin(2*pi*f2*t2)+randn(1,N2);
Pxx2=10*log10(abs(fft(xn2,N2fft).^2)/N2);
f2=(0:length(Pxx2)-1)*Fs/length(Pxx2);
subplot(2,1,2)
plot(f2,Pxx2)
xlabel('频率(Hz)');
ylabel('功率谱(dB)');
title('数据长度 N2=1024')
```

程序运行后所得的功率谱如图 9.3 所示。

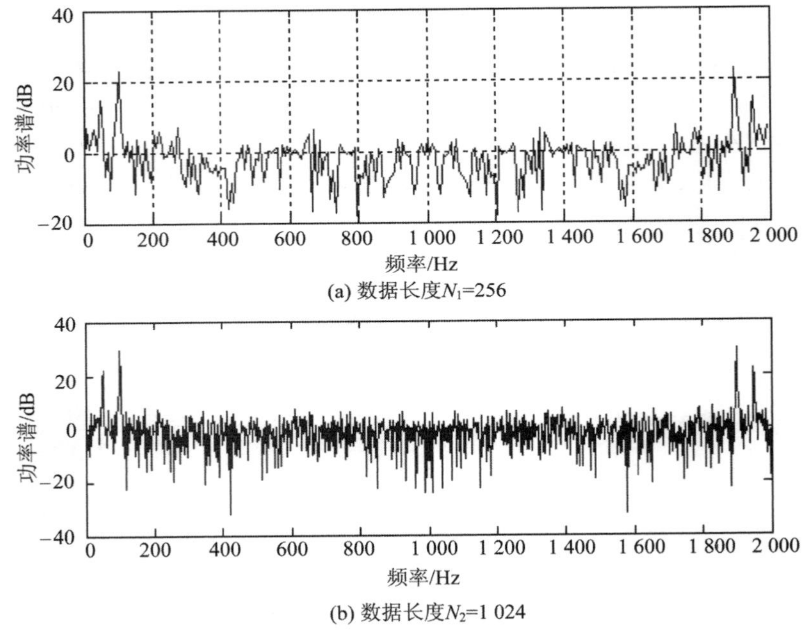


**图 9.3 例 9.6 中信号的周期图法估计的功率谱**

由图 9.3(b)可以看出,在频率为 50 Hz、120 Hz 处出现了两个峰值,表明信号中含有这两个频率的周期成分。但同时也可以看到,功率谱密度都在较大范围内波动,而且没有因为数据长度增加而有所改进。

## 9.3 平稳随机信号通过线性系统的响应分析

在测试与控制系统中,当随机信号输入系统时,常常会遇到进行系统响应的分析以及对相应的随机信号进行处理等方面的问题。对于确定性输入信号,可以明确地(例如解析的方法)给出确定的响应和特性。而随机信号则不同,它通过系统后,输出仍然是随机信号,因而只能

根据输入随机信号的统计特征和系统的性质，来确定输出的统计特征。有不同类型的随机信号和系统，本节仅限于平稳随机信号和线性非移变系统，讨论当输入是平稳随机信号 $X(t)$ 时，输出进入平稳状态后，响应 $Y(t)$ 的均值、相关函数、自功率谱以及输出与输入之间的互相关函数和互功率谱等。

### 9.3.1　连续平稳随机信号通过线性非时变连续系统

**1. 时域分析**

已知一线性非移变系统，单位冲激响应为 $h(t)$，则

$$Y(t)=X(t)*h(t)=\int_{-\infty}^{\infty}h(\tau)X(t-\tau)\mathrm{d}\tau \tag{9.129}$$

(1) 输出 $Y(t)$ 的均值

设输入随机信号的均值为 $m_x(t)$，则输出 $Y(t)$ 的均值 $m_y(t)$ 为

$$\begin{aligned}m_y(t)=\mathrm{E}[Y(t)]=\mathrm{E}\left[\int_{-\infty}^{\infty}h(\tau)X(t-\tau)\mathrm{d}\tau\right]=\\ \int_{-\infty}^{\infty}h(\tau)\mathrm{E}[X(t-\tau)]\mathrm{d}\tau=\\ \int_{-\infty}^{\infty}h(\tau)m_x(t-\tau)\mathrm{d}\tau=\\ h(t)*m_x(t)\end{aligned} \tag{9.130}$$

由于 $X(t)$ 是平稳的随机信号，故有 $m_x(t)=m_x(t-\tau)=m_x$，是常数，输出的均值为

$$m_y(t)=m_x\int_{-\infty}^{\infty}h(\tau)\mathrm{d}\tau \tag{9.131}$$

考虑到 $H(\Omega)$ 与 $h(t)$ 是一对傅里叶变换，从而有

$$H(\Omega)\,\big|_{\Omega=0}=\left[\int_{-\infty}^{\infty}h(\tau)\mathrm{e}^{-\mathrm{j}\Omega\tau}\mathrm{d}\tau\right]\Big|_{\Omega=0}=\int_{-\infty}^{\infty}h(\tau)\mathrm{d}\tau=H(0) \tag{9.132}$$

$H(0)$ 是一与 $t$ 无关的常数，所以输出均值 $m_y$ 也是与 $t$ 无关的常数，即

$$m_y=m_y(t)=m_x\int_{-\infty}^{\infty}h(\tau)\mathrm{d}\tau=m_xH(0) \tag{9.133}$$

(2) 输出 $Y(t)$ 的自相关函数

根据自相关函数的定义，有

$$\begin{aligned}R_{yy}(t,t+\tau)=\mathrm{E}[Y(t)Y(t+\tau)]=\\ \mathrm{E}\left[\int_{-\infty}^{\infty}h(\tau_1)X(t-\tau_1)\mathrm{d}\tau_1\int_{-\infty}^{\infty}h(\tau_2)X(t+\tau-t_2)\mathrm{d}\tau_2\right]=\\ \int_{-\infty}^{\infty}\int_{-\infty}^{\infty}h(\tau_1)h(\tau_2)\mathrm{E}[X(t-\tau_1)X(t+\tau-\tau_2)\mathrm{d}\tau_1\mathrm{d}\tau_2=\\ \int_{-\infty}^{\infty}\int_{-\infty}^{\infty}h(\tau_1)h(\tau_2)R_{xx}(t-\tau_1,t+\tau-\tau_2)\mathrm{d}\tau_1\mathrm{d}\tau_2=\\ h(t)*h(t+\tau)*R_{xx}(t,t+\tau)\end{aligned} \tag{9.134}$$

由于 $X(t)$ 是平稳的随机信号，故应有 $R_{xx}(t-\tau_1,t+\tau-\tau_2)=R_{xx}(\tau-\tau_2+\tau_1)$，则式(9.134)可写为

$$R_{yy}(\tau)=\int_{-\infty}^{\infty}\int_{-\infty}^{\infty}h(\tau_1)h(\tau_2)R_{xx}(t-\tau_1,t+\tau-\tau_2)\mathrm{d}\tau_1\mathrm{d}\tau_2=$$

$$\int_{-\infty}^{\infty}\int_{-\infty}^{\infty}h(\tau_1)h(\tau_2)R_{xx}(\tau+\tau_2-\tau_1)\mathrm{d}\tau_1\mathrm{d}\tau_2=$$

$$h(\tau)*h(-\tau)*R_{xx}(\tau) \tag{9.135}$$

式(9.135)表明,系统输出的自相关函数与时间的起点 $t$ 无关,并且如果输入是平稳随机信号,输出也是平稳随机信号。

若当 $\tau=0$,可由式(9.135)求得输出 $Y(t)$ 的均方值(信号的平均功率)为

$$R_{yy}(0)=\mathrm{E}[Y^2(t)]=$$

$$\int_{-\infty}^{\infty}\int_{-\infty}^{\infty}h(\tau_1)h(\tau_2)R_{xx}(\tau_2-\tau_1)\mathrm{d}\tau_1\mathrm{d}\tau_2 \tag{9.136}$$

并有

$$\sigma_y^2=R_{yy}(0)-(m_y)^2=R_{yy}(0)-m_y^2 \tag{9.137}$$

(3) 输入与输出之间的互相关函数

由互相关函数的定义,有

$$R_{xy}(t,t+\tau)=\mathrm{E}[X(t)Y(t+\tau)]=$$

$$\mathrm{E}\left[X(t)\int_{-\infty}^{\infty}h(\tau_1)X(t+\tau-\tau_1)\mathrm{d}\tau_1\right]=$$

$$\int_{-\infty}^{\infty}h(\tau_1)\mathrm{E}[X(t)X(t+\tau-\tau_1)]\mathrm{d}\tau_1=$$

$$\int_{-\infty}^{\infty}h(\tau_1)R_{xx}(t,t+\tau-\tau_1)\mathrm{d}\tau_1=$$

$$h(\tau)*R_{xx}(t,t+\tau) \tag{9.138}$$

若 $X(t)$ 是平稳的随机信号,则 $R_{xx}(t,t+\tau)=R_{xx}(\tau)$,有

$$R_{xy}(\tau)=\int_{-\infty}^{\infty}h(\tau_1)R_{xx}(\tau-\tau_1)\mathrm{d}\tau_1=h(\tau)*R_{xx}(\tau) \tag{9.139}$$

同理,可求得

$$R_{yx}(t,t+\tau)=\mathrm{E}[Y(t)X(t+\tau)]$$

$$R_{yx}(\tau)=\int_{-\infty}^{\infty}h(\tau_1)R_{xx}(\tau+\tau_1)\mathrm{d}\tau_1=$$

$$h(-\tau)*R_{xx}(\tau) \tag{9.140}$$

**2. 频域分析**

(1) 输出的功率谱(自功率谱)

当系统的输入、输出都是平稳随机信号时,可以通过维纳-辛钦定理,实现傅里叶变换分析。由维纳-辛钦定理,有

$$p_x(\Omega)=\int_{-\infty}^{\infty}R_{xx}(\tau)\mathrm{e}^{-\mathrm{j}\Omega\tau}\mathrm{d}\tau$$

相应地

$$p_y(\Omega)=\int_{-\infty}^{\infty}R_{yy}(\tau)\mathrm{e}^{-\mathrm{j}\Omega\tau}\mathrm{d}\tau$$

将式(9.135)中的 $R_{yy}(\tau)$ 代入上式,可得

$$p_y(\Omega)=\int_{-\infty}^{\infty}\left[\int_{-\infty}^{\infty}\int_{-\infty}^{\infty}h(\tau_1)h(\tau_2)R_{xx}(t+\tau_1-\tau_2)\mathrm{d}\tau_1\mathrm{d}\tau_2\right]\mathrm{e}^{-\mathrm{j}\Omega\tau}\mathrm{d}\tau=$$

$$\int_{-\infty}^{\infty} h(\tau_1)\int_{-\infty}^{\infty} h(\tau_2)\int_{-\infty}^{\infty} R_{xx}(t+\tau_1-\tau_2)\mathrm{e}^{-\mathrm{j}\Omega\tau}\mathrm{d}\tau\mathrm{d}\tau_1\mathrm{d}\tau_2 \tag{9.141}$$

引入 $k=\tau+\tau_1-\tau_2$，则 $-\tau=\tau_1-\tau_2-k$，将其代入式(9.141)，有

$$\begin{aligned}p_y(\Omega)=&\int_{-\infty}^{\infty} h(\tau_1)\int_{-\infty}^{\infty} h(\tau_2)\int_{-\infty}^{\infty} R_{xx}(t+\tau_1-\tau_2)\mathrm{e}^{\mathrm{j}\Omega(-\tau)}\mathrm{d}\tau\mathrm{d}\tau_1\mathrm{d}\tau_2=\\&\int_{-\infty}^{\infty} h(\tau_1)\int_{-\infty}^{\infty} h(\tau_2)\int_{-\infty}^{\infty} R_{xx}(t+\tau_1-\tau_2)\mathrm{e}^{\mathrm{j}\Omega(\tau_1-\tau_2-k)}\mathrm{d}\tau\mathrm{d}\tau_1\mathrm{d}\tau_2=\\&\int_{-\infty}^{\infty} h(\tau_1)\mathrm{e}^{\mathrm{j}\Omega\tau_1}\mathrm{d}\tau_1\int_{-\infty}^{\infty} h(\tau_2)\mathrm{e}^{-\mathrm{j}\Omega\tau_2}\mathrm{d}\tau_2\int_{-\infty}^{\infty} R_{xx}(t+\tau_1-\tau_2)\mathrm{e}^{-\mathrm{j}\Omega k}\mathrm{d}k=\\&H^*(\Omega)\cdot H(\Omega)\cdot p_x(\Omega)=\\&|H(\Omega)|^2 p_x(\Omega)\end{aligned} \tag{9.142}$$

由式(9.142)可知，系统输出的功率谱等于输入的自功率谱与系统频率响应幅频函数平方的乘积，可以由系统的幅频特性 $|H(\Omega)|$ 与输入的功率谱 $p_x(\Omega)$ 来求出输出的功率谱 $p_y(\Omega)$，也可以通过输入、输出的自功率谱来得出系统的幅频特性，即

$$|H(\Omega)|=\sqrt{p_y(\Omega)}/\sqrt{p_x(\Omega)} \tag{9.143}$$

(2) 系统输入与输出间的互功率谱(互谱)

对式(9.139)、式(9.140)分别取傅里叶变换，利用傅里叶变换的时域卷积性质，即可得到互功率谱的表达式为

$$p_{xy}(\Omega)=p_x(\Omega)H(\Omega) \tag{9.144}$$

$$p_{yx}(\Omega)=p_x(\Omega)H(-\Omega) \tag{9.145}$$

由式(9.144)可求得系统的频率响应 $H(\Omega)$(不仅包括了幅频也包括相频特性)为

$$H(\Omega)=p_{xy}(\Omega)/p_x(\Omega) \tag{9.146}$$

**例 9.7**　已知白噪声的功率谱 $p_N(\Omega)=N_0/2$，$N_0$ 为正的实常数，$\Omega:(-\infty,\infty)$，求白噪声通过理想低通滤波器后的噪声功率谱、自相关函数以及输出的噪声功率。理想低通滤波器的截止频率为 $\Omega_c$。

**解：**根据模拟低通滤波器无失真传输的条件，在 $|\Omega|\leqslant\Omega_c$ 的范围内，其频率响应应满足常值幅频和线性相频，即

$$H(\Omega)=K\mathrm{e}^{-\mathrm{j}\Omega t_d}$$

式中，$K$ 为常数，则

$$|H(\Omega)|^2=K^2,\qquad |\Omega|\leqslant\Omega_c$$

可得输出功率谱为

$$p_y(\Omega)=|H(\Omega)|^2 p_N(\Omega)=K^2N_0/2$$

由维纳-辛钦公式，输出的自相关函数为

$$\begin{aligned}R_{yy}(\tau)=&\frac{1}{2\pi}\int_{-\infty}^{\infty} p_y(\Omega)\mathrm{e}^{\mathrm{j}\Omega\tau}\mathrm{d}\Omega=\frac{K^2N_0}{4\pi}\int_{-\Omega_c}^{\Omega_c}\mathrm{e}^{\mathrm{j}\Omega\tau}\mathrm{d}\Omega=\\&\frac{K^2N_0\Omega_c}{2\pi}\frac{\sin\Omega_c\tau}{\Omega_c\tau}\end{aligned}$$

输出的噪声功率为

$$p_N=R_{yy}(0)=\frac{K^2N_0\Omega_c}{2\pi}$$

## 9.3.2 相关辨识

### 1. 相关辨识的基本原理

相关辨识是指:利用相关的方法求出系统的单位冲激响应 $h(t)$、$h(n)$ 或者其系统函数。由上所述,线性非移变系统中输入、输出的互相关函数为

$$R_{xy}(\tau)=R_x(\tau)*h(\tau)$$

若知道 $R_{xy}(\tau)$ 与 $R_x(\tau)$,就可由上式求解出系统的单位冲激响应 $h(\tau)$,但这是一个解卷积的问题,是卷积的逆运算,记为“$\frac{1}{*}$”,即表示为

$$h(\tau)=R_{xy}(\tau)\,\frac{1}{*}R_x(\tau) \tag{9.147}$$

式(9.147)属于时域上的解卷积问题。可以变换到频域,利用功率谱的关系进行求解,即

$$H(\Omega)=\frac{p_{xy}(\Omega)}{p_x(\Omega)} \tag{9.148}$$

用上式求出 $H(\Omega)$ 后,再进行傅里叶反变换,即可求得 $h(t)$,进而求出系统传递函数 $H(s)$。也可以认为这是一种基于功率谱估计的系统辨识,在实际应用中,可以用功率谱密度的估计来实现。式(9.148)可以表示为

$$\hat{H}(\Omega)=\frac{\hat{p}_{xy}(\Omega)}{\hat{p}_x(\Omega)} \tag{9.149}$$

在 MATLAB 中,信号处理工具箱中函数 tfe 可以实现基于功率谱估计的系统辨识。设系统传递函数用字符 Txy 表示,其引用格式为

Txy=tfe(x,y,nfft,Fs,window,noverlap,‘dflag’)

函数 tfe 括号中的参数与函数 cohere 中的相同,可参看前面的说明。需要说明的是,tfe 求出的结果表示通常采用形象的非参数形式(例如转换的频率响应曲线)表示。下面来看一个例子。

**例 9.8** 用功率谱估计的方法估计一个 FIR 滤波器的频率响应,并与所设计的响应要求进行比较。

**解**:编写的 MATLAB 程序如下,结果如图 9.4 所示。

```
%基于功率谱估计的系统辨识


%产生输入信号
N=1024;
nFFT=256;
window=hanning(256);
noverlap=128;
dflag='none';
Fs=1000;
n=0:N-1;
t=n/Fs;
randn('state',0);
```

```
xn=sin(2*pi*50*t)+randn(1,N);

%构建系统:一个滤波器特性
h=ones(1,10)/10;

%计算系统输出
yn=filter(h,1,xn);

%进行系统函数估计
[Txy,f]=tfe(xn,yn,nFFT,Fs,window,noverlap,dflag);

%计算系统频率响应
H=freqz(h,1,f,Fs);

%比较响应结果
subplot(2,1,1);
plot(f,abs(H));
xlabel('频率(Hz)');
ylabel('幅度');
title('频率响应');
axis([0 500 0 1]);
grid
subplot(2,1,2);
plot(f,abs(Txy));
xlabel('频率(Hz)');
ylabel('幅度');
title('频率响应');
axis([0 500 0 1])
grid
```

**2. 采用白噪声输入来辨识系统函数**

若用白噪声作为输入系统的信号，则白噪声的自相关函数为

$$R_{nn}(\tau)=\sigma_n^2\delta(\tau) \tag{9.150}$$

将式(9.150)代入式(9.139)，有

$$R_{ny}(\tau)=h(\tau)*R_{nn}(\tau)=h(\tau)*\sigma_n^2\delta(\tau)=\sigma^2 h(\tau) \tag{9.151}$$

式(9.150)表明，当输入信号为白噪声时，输入、输出间的互相关函数与系统的冲激响应仅相差比例系数 $\sigma_n^2$。对上式进行傅里叶变换，在频域上有

$$H(\Omega)=\frac{p_{ny}(\Omega)}{\sigma_n^2} \tag{9.152}$$

另外，用白噪声作输入信号，还可进行在线辨识，即系统在正常运行状态下，在原有输入信号 $s(t)$ 上叠加白噪声 $n(t)$，则系统的输入

$$x(t)=s(t)+n(t)$$

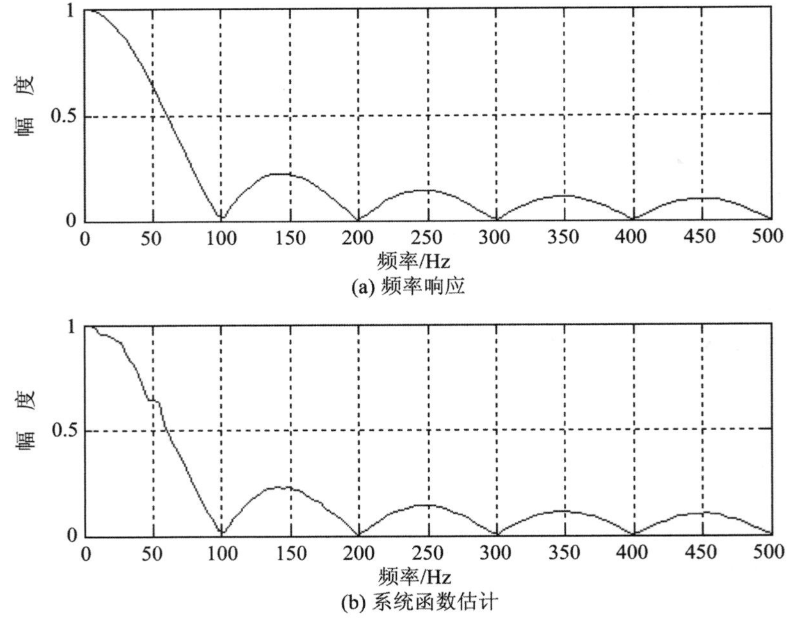

(a) 频率响应

(b) 系统函数估计

**图9.4 基于功率谱的系统辨识的实例**

相应的总响应为

$$y(t)=y_s(t)+y_n(t)$$

式中，$y_s(t)$、$y_n(t)$分别对应$s(t)$、$n(t)$的响应，则$y(t)$与$n(t)$之间的互功率谱密度为

$$p_{ny}(\Omega)=p_{ny_s}(\Omega)+p_{ny_n}(\Omega) \tag{9.153}$$

式中，$p_{ny_s}$，$p_{ny_n}$分别为$n(t)$与$y_s(t)$以及$n(t)$与$y_n(t)$之间的互功率谱密度。一般$s(t)$与$n(t)$互相统计独立，即

$$R_{ns}(\tau)=0$$

$$p_{ny_s}=0$$

将上式代入(9.153)，并根据式(9.144)可得

$$p_{ny}(\Omega)=H(\Omega)p_n(\Omega)=p_{ny_n}(\Omega)$$

故有

$$H(\Omega)=\frac{p_{ny_n}(\Omega)}{\sigma_n^2} \tag{9.154}$$

式(9.154)表明：测量计算所得的$H(\Omega)$只与$p_{ny_n}(\Omega)$及输入的白噪声强度$\sigma_n^2$有关，而与系统正常运行的输入$s(t)$、输出$y_s(t)$等无关。加入系统的白噪声强度是很小的量级，不会影响系统正常运行，因此可以进行在线辨识，即使混入其他噪声，只要与白噪声不相关，就不会影响系统辨识的结果，因此有一定抗干扰的能力。

MATLAB信号处理工具箱提供了计算随机信号自相关和互相关函数的函数xcorr，其调用格式为

```
c = xcorr(x,y)
c = xcorr(x,y,'option')
```

$$c = \text{xcorr}(x, y, \text{maxlags}, \text{'option'})$$

$$[c, \text{lags}] = \text{xcorr}(x, y, \text{maxlags}, \text{'option'})$$

式中，x、y 为两个独立的随机信号序列，长度均为 $N$；c 为 x、y 的互相关函数估计；option 选择项缺省时，函数按一定方式进行非归一化相关。

option 可作如下选择：

① 'bised'，计算有偏互相关函数估计；

② 'unbiased'，计算无偏互相关函数估计；

③ 'coeff'，序列归一化，使零延迟的自相关函数为 1；

④ 'none'，缺省情况。

maxlags 为 x 和 y 间的最大延迟，若该项缺省，则函数 c 返回值长度是 $2N-1$；若不为默认值，则函数 c 返回值长度是 2 maxlags+1。

XCORR 也可用于求解随机信号序列 x(n)的自相关函数，调用格式为

$$c = \text{xcorr}(x)$$

$$c = \text{xcorr}(x, \text{maxlags})$$

**例 9.9**　试分别求出含白噪声干扰的正弦信号与白噪声的自相关函数，并将结果进行比较。

**解**：针对要求所编写的 MATLAB 程序如下。

```
% example 9.9 MATLAB Program
N=1000;
n=0:N-1;
Fs=500;
t=n/Fs;
Lag=100;                                        %相关信号的最大延迟量
x1=sin(2*pi*10*t)+0.6*randn(1,length(t));      %含白噪声的正弦信号 x1
[c,lags]=xcorr(x1,Lag,'unbiased');              %无偏自相关函数的计算
subplot(2,2,1)                                  %画出 x1 曲线
plot(t,x1);
xlabel('t');ylabel('x1(t)');
title('含白噪声的正弦信号 x1');
grid
subplot(2,2,2);                                 %画 x1 自相关曲线
plot(lags/Fs,c);
xlabel('t');ylabel('Rxx1(t)');
title('x1 的自相关函数');
grid
x2=randn(1,length(t));                          %发生白噪声 x2
[c,lags]=xcorr(x2,Lag,'unbiased');              %白噪声 x2 的无偏自相关函数
subplot(2,2,3)                                  %画 x2 曲线
plot(t,x2);
xlabel('t');ylabel('x2(t)');
title('白噪声 x2');
```

```
grid
subplot(2,2,4)                                    %画 x2 自相关曲线
plot(lags/Fs,c)
xlabel('t');ylabel('Rxx2(t)');
title('x2 的自相关曲线');
grid
```

图 9.5 绘出了含白噪声干扰的正弦信号与白噪声的自相关函数的结果。

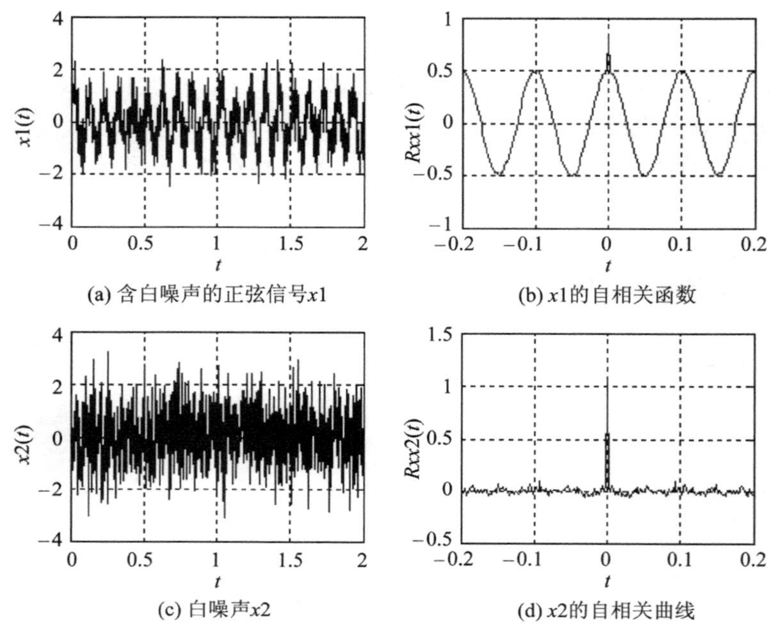


**图 9.5　含白噪声干扰的正弦信号与白噪声的自相关函数**

由图 9.5 的曲线可以看出:同时具有周期性和白噪声干扰的信号,其自相关函数不但在 $\tau=0$ 时具有最大值,而且在 $\tau$ 较大时自相关函数仍有明显的周期性,它的频率和原周期信号的周期相同;而无周期性的白噪声,自相关函数在 $\tau=0$ 时也具有最大值,但当 $\tau$ 稍大时迅速衰减至零附近,利用自相关函数的这一特性可以识别随机信号中是否含有周期成分和它的频率。

**例 9.10**　系统输入一个白噪声,得到一有色噪声,试辨识系统的传递函数。

**解:**

```
%采用白噪声输入,进行系统辨识

h=fir1(30,0.2,boxcar(31));
x=randn(16384,1);
y=filter(h,1,x);
tfe(x,y,1024,[],[],512)
```

图 9.6 为系统函数的估计。

需要指出,当用相关辨识方法来解算系统函数时,应当同时对相干系数进行计算,若相干

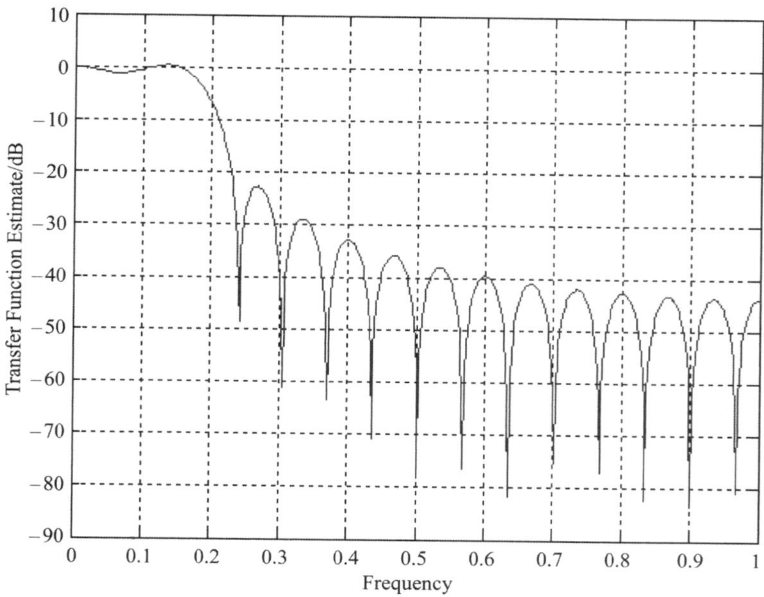


**图 9.6　采用白噪声输入对系统函数的估计**

系数接近于 1，则结果较为可信；若相干系数接近于 0，则所得的系统函数可信度较差。

## 本章小结

① 与确定信号相比，随机信号采用随机过程描述，因此，随机信号的性质和分析方法与随机过程是一致的，随机信号的描述、分析和处理都建立在概率统计的基础上。

② 随机信号一般可以分为 4 种主要类型：离散随机序列、连续随机序列、连续型随机过程、离散型随机过程，以概率分布函数和概率密度函数来描述。

③ 平稳随机信号具有良好的统计性质，测试系统和实际工程中的许多信号可以假定为平稳信号；各态遍历性随机信号可以用一个样本的时间统计量替代全部样本的集统计量，降低了采样难度，给随机信号分析带来了方便。

④ 数学期望、方差、相关函数是随机信号时域的主要数字特征量，而表示随机信号平均功率关于频率分布的功率谱（密度函数）是其频域的主要特征量。

## 思考与练习题

**9.1**　随机信号与确定性信号在分析方法上以及分别通过线性系统进行分析时，有什么共同点和不同点？

**9.2**　分析白噪声所具有的特点。

**9.3**　为什么功率密度谱只适用于平稳随机信号的分析？

**9.4**　随机信号 $X(t)=A_0\cos(\Omega_0 t+\theta)$，其中，$A_0$、$\Omega_0$ 为常数，$\theta$ 为 $[0,2\pi]$ 区间上均匀分布的随机变量。求随机信号 $X(t)$ 的均值、均方差、方差、自相关函数及自协方差函数。

**9.5** 已知一平稳随机信号的自相关函数为 $R_{xx}(\tau)=25+\dfrac{4}{1+6\tau^2}$，求其数学期望、均方值及方差。

**9.6** 一RC电路，如题图9.1所示，若输入白噪声，其功率谱密度为 $N_0/2$，求输出的功率谱密度和自相关函数。

**9.7** 一RC电路，如题图9.2所示，若输入白噪声 $N(t)=s_0\delta(t)$，求输出的均值、均方差和自相关函数。

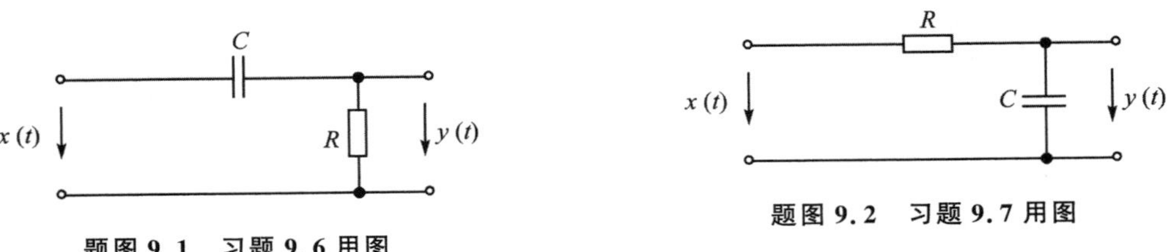


题图9.1 习题9.6用图　　题图9.2 习题9.7用图

**9.8** 抽样信号 $y(n)$ 是经A/D变换所得到的，A/D量化后的信号为 $x(n)$，二者有舍入误差 $e(n)$。$e(n)$ 在 $[-\Delta/2,\Delta/2]$ 内是均匀等概率分布的。设各抽样值间互不相关，并与 $x(n)$ 独立无关，若 $x(n)$ 是均值为0、方差为 $\sigma_x^2$ 的平稳白噪声信号，试求 $e(n)$ 的均值、方差和自相关函数。

**9.9** 设 $e(n)$ 为白噪声序列，$s(n)$ 是一个与 $e(n)$ 不相关的序列。证明序列 $y(n)=e(n)s(n)$ 是白色的，即 $\mathrm{E}[y(n)y(n+m)]=A\delta(m)$。

**9.10** 设 $x(n)$ 是一个平稳白噪声过程，其均值为零，方差是 $\sigma_x^2$，并设一线性非移变系统的冲激响应为 $h(n)$，输入 $x(n)$ 时的输出为 $y(n)$。证明：

(1) $\mathrm{E}[x(n)y(n)]=h(0)\delta_x^2$；

(2) $\sigma_y^2=\sigma_x^2\sum\limits_{n=-\infty}^{\infty}h^2(n)$。

**9.11** 已知平稳随机序列 $X(n)=a^n u(n)$，$-a<a<1$，求 $X(n)$ 的自相关函数。

**9.12** 有一周期信号为

$$x=2\sin(2\pi ft)+w(t)$$

式中，$f=20$ Hz，$w(t)$ 是白噪声。若采样频率 $f_s=1$ kHz，试用MATLAB编程，分别计算 $x$ 与白噪声 $w(t)$ 的自相关函数，并对结果进行比较。

# 第 10 章　现代信号处理技术

**基本内容：**

- 短时傅里叶变换
- 小波变换
- 希尔伯特变换
- 维纳滤波
- 卡尔曼滤波
- 自适应滤波
- 压缩感知

随着自动化测试与控制技术的发展，一些现代信号处理的理论和技术，例如信号的时-频域分析、小波变换、信号的分形理论及微弱信号检测与估计、动态特性测试、动力学测试、粒子滤波等得到越来越广泛的应用，这方面的内容极其丰富，发展非常迅速，所涉及的基础、方法和原理已超出以傅里叶变换为主的“三个变换”（傅氏变换、拉氏变换和 $z$ 变换），但上述理论、方法和相关技术不可能一一都涉及。下面从应用的角度，针对检测、测试、控制系统中已经得到实际应用的信号处理新技术中基本原理和方法的基础知识（主要是信号“三个变换”以外目前常用的变换方法在信号分析中的应用），以及广义滤波技术两个方面作简要介绍，为进一步的学习奠定相应的基础知识。

## 10.1　同态滤波与倒频谱分析

一个离散系统，如果已知系统的输入 $x(n)$ 和单位抽样响应 $h(n)$，求解输出 $y(n)$，通常称为系统的分析。其数学的运算过程是卷积运算，表示为

$$y(n)=x(n)*h(n)=\sum_{m=0}^{n}x(m)h(n-m) \tag{10.1}$$

如果已知 $h(n)$ 和输出 $y(n)$，求解 $x(n)$，为信号的恢复；而如果已知 $x(n)$ 和输出 $y(n)$，求解 $h(n)$，则属于系统辨识。无论未知的是 $x(n)$ 还是 $h(n)$，数学上都需要解卷积。这两类问题都属于求解逆卷积的问题，也称为反卷积或卷积的反演。例如，某些测量仪器近似有线性系统特性，由仪器系统的特性 $h(n)$ 和测得的输出 $y(n)$，通过解卷积运算可以求得待测的输入信号 $x(n)$，例如血压计。在地震信号处理、地质勘探或石油探测等技术领域，通常是向探测目标发射信号 $x(n)$，接收、测定反射信号 $y(n)$，进行解卷积运算，获得被测地下结构层的 $h(n)$，就可以判断出相应地层的物理特性。

对于离散时间系统的逆卷积，则可以通过时域和变换域的计算来实现；而对连续时间系统，在时域上解析表达出逆卷积积分比较困难，但是可以用下面所讲到的同态滤波变换方法实现解卷积，现分别予以介绍。

### 10.1.1 时域逆卷积

在时域上解卷积,通常有3种方法。

**1. 多项式除法**

离散系统的传递函数 $H(z)$,由前述,有 $H(z)=Y(z)/X(z)$,而 $H(z)$、$Y(z)$ 和 $X(z)$ 均为 $z^{-1}$ 的多项式,因此逆卷积可以通过多项式除法实现,然后通过 $z$ 反变换,得到相应的时域表达式,各项的系数不变,按照 $z^{-1}$ 的幂次,表示成相应的移位序列。下面来看一个例子。

**例 10.1** 已知序列 $x(n)u(n)=\{2,5,0,4\}$,$y(n)u(n)=\{8,22,11,31,4,12\}$,求序列 $h(n)$。

**解:** 将序列 $x(n)$ 和 $y(n)$ 看作多项式,按降幂来排列,分别表示为

$$x(m)=2m^3+5m^2+0m+4$$

$$y(m)=8m^5+22m^4+11m^3+31m^2+4m+12$$

通过除法,$h(m)=y(m)/x(m)$,求得 $h(m)$。

$$\begin{array}{r}
4m^2+m+3\qquad\qquad\qquad\qquad\quad \\
2m^3+5m^2+0m+4\,\overline{)\,8m^5+22m^4+11m^3+31m^2+4m+12} \\
\underline{8m^5+20m^4+0m^3+16m^2}\qquad\qquad\quad \\
2m^4+11m^3+15m^2+4m+12 \\
\underline{2m^4+5m^3+0m^2+4m}\qquad\;\; \\
6m^3+15m^2+0m+12 \\
\underline{6m^3+15m^2+0m+12} \\
0
\end{array}$$

多项式 $h(m)=4m^2+m+3$,也可表示为 $h(n)=\{4,1,3\}$,或写为

$$h(n)=4\,x(n)+x(n-1)+3\,x(n-2)$$

**2. 矩阵求逆卷积**

将式(10.1)改写为矩阵形式,即

$$\begin{bmatrix} y(0) \\ y(1) \\ y(2) \\ \vdots \\ y(n) \end{bmatrix}=\begin{bmatrix} h(0) & 0 & 0 & \cdots & 0 \\ h(1) & h(0) & 0 & \cdots & 0 \\ h(2) & h(1) & h(0) & \cdots & 0 \\ \vdots & \vdots & \vdots & & \vdots \\ h(n) & h(n-1) & h(n-2) & \cdots & h(0) \end{bmatrix}\begin{bmatrix} x(0) \\ x(1) \\ x(2) \\ \vdots \\ x(n) \end{bmatrix} \tag{10.2}$$

对上述矩阵逐一反求,可得出各 $x(n)$ 值分别为

$$x(0)=y(0)/h(0)$$

$$x(1)=[y(1)-x(0)h(1)]/h(0)$$

$$x(2)=[y(2)-x(0)h(2)-x(1)h(1)]/h(0)$$

$$\vdots$$

根据上述规律递推,则

$$x(n)=\frac{y(n)-\sum_{m=0}^{n-1}x(m)h(n-m)}{h(0)} \tag{10.3}$$

上式是给定 $h(n)$和 $y(n)$来求解 $x(n)$的计算表达式，式中要用到 $n-1$ 位以前的全部 $x(n)$值。同理，可给定 $x(n)$和 $y(n)$，来求出 $h(n)$的计算表达式，即

$$h(n)=\frac{y(n)-\sum_{m=0}^{n-1}h(m)x(n-m)}{x(0)} \tag{10.4}$$

式中，要用到 $n-1$ 位以前的全部 $h(n)$值。

**3. 递归求逆卷积**

计算式(10.3)在 $n=0$ 值，得到递归初始值 $h(0)$：

$$y(0)=x(0)h(0)$$

则

$$h(0)=y(0)/x(0)$$

再把离散卷积中的 $h(n)$分离出来(即 $n=m$)，有

$$y(n)=\sum_{m=0}^{n}h(m)x(n-m)=$$

$$h(n)x(0)+\sum_{m=0}^{n-1}h(m)x(n-m) \tag{10.5}$$

由式(10.5)可得 $h(n)$在 $n>0$ 的值为

$$h(n)=\frac{y(n)-\sum_{m=0}^{n-1}h(m)x(n-m)}{x(0)} \tag{10.6}$$

同样可得

$$x(n)=\frac{y(n)-\sum_{m=0}^{n-1}x(m)h(n-m)}{h(0)} \tag{10.7}$$

式(10.6)、式(10.7)与式(10.4)、式(10.3)完全相同。

**例 10.2**　用递归法求例 10.1 中两个序列所对应的 $h(n)$。

**解：** $h(0)=y(0)/x(0)=8/2=4$

$$h(1)=\frac{y(1)-\sum_{m=0}^{0}h(m)x(1-m)}{x(0)}=\frac{y(1)-h(0)x(1)}{x(0)}=\frac{22-4\times 5}{2}=1$$

$$h(2)=\frac{y(2)-\sum_{m=0}^{1}h(m)x(2-m)}{x(0)}=\frac{y(2)-h(0)x(2)-h(1)x(1)}{x(0)}=$$

$$\frac{11-4\times 0-1\times 5}{2}=3$$

从而有 $h(n)=\{4,1,3\}$，与多项式除法中所得相同。

**4. 用 MATLAB 函数 dconv 求解**

函数[q,r]=deconv(b,a)用做逆卷积求解,也称长除法。b 为一多项式,作为被除数;多项式 a 是一除数,返回商为 q,余数为 r,它是前面所讲到的卷积运算 conv()的逆运算。它实际可以看成是上述多项式除法的 MATLAB 实现。例如,如果有两个序列(或由差分方程系数组成的向量,例如设 a=x(n),b=h(n),c=y(n))

$$a=[1\ 2\ 3]$$
$$b=[4\ 5\ 6]$$

则

```
c=conv(a,b)
c=
    4    13    28    27    18
```

并有

```
[q,r]=deconv(yn,hn)
q=
    4    5    6
r=
    0    0    0    0    0
```

所得的商 q 即为系统的 h(n)。但是,如果用 conv()对两个序列 x(n)和 h(n)进行卷积,它并不需要给定序列号 n,也不返回结果 y(n)的序列号,deconv()也如此。因此,为使解卷积的结果清晰易读,可以对 deconv()函数作些修改补充,使结果同时输出对应的序列号。对此有兴趣的读者,可参看电子工业出版社出版、梁虹等编著的《信号与系统分析及 MATLAB 实现》一书。

### 10.1.2 基于同态系统的逆卷积

为搞清楚用同态系统(或称同态滤波)实现解卷积的问题,先要引出同态系统的概念。

**1. 加性信号的时、频域的分离**

实际遇到的各种混杂信号(例如混杂有噪声的信号),有 3 种基本表示形式。

① 加性:连续信号,$x(t)=x_1(t)+x_2(t)$;离散信号,$x(n)=x_1(n)+x_2(n)$。

② 乘性:连续信号,$x(t)=x_1(t)\cdot x_2(t)$;离散信号,$x(n)=x_1(n)\cdot x_2(n)$。

③ 卷积性:连续信号,$x(t)=x_1(t)*x_2(t)$;离散信号,$x(n)=x_1(n)*x_2(n)$。

复杂信号是以上 3 种运算形式的复合形式。

对于加性信号 $x(t)$,所谓"加性"指可叠加性,即线性,可以采用线性系统(线性滤波器)进行处理,很容易把信号 $x(t)$的两个分量 $x_1(t)$和 $x_2(t)$分离开来,例如通过滤波。$x(t)$滤波的结果等于分量分别滤波的结果之和,表示为

$$\tilde{x}(t)=\tilde{x}_1(t)+\tilde{x}_2(t) \tag{10.8}$$

式中,字母上方的符号"～"表示相应信号滤波的结果。

在实际测试中,有一种噪声 $n(t)$,称加性噪声,若被这种噪声污染的信号为 $x(t)$,设其有用信号为 $s(t)$,即 $x(t)=s(t)+n(t)$,则很容易通过线性滤波器来抑制噪声,增强有用信号,实现信号和噪声的分离。有两种实现分离的方式:时域分离和频域分离。

(1) 时域分离

设信号 $s(t)$有 $m+1$ 个非零分量,表示为

$$s(t)=(s_0,s_1,\cdots,s_m,0,\cdots) \tag{10.9}$$

噪声 $n(t)$的分量与 $s(t)$不交叠,表示为

$$n(t)=(0,\cdots,0,n_{m+1},n_{m+2},\cdots) \tag{10.10}$$

加性混杂信号 $x(t)$表示为

$$x(t)=s(t)+n(t)=(s_0,s_1,\cdots,s_m,n_{m+1},n_{m+2},\cdots) \tag{10.11}$$

显然,有用信号 $s(t)$与噪声 $n(t)$在时域上有明显区别,可以设计一个线性(滤波)系统$h(t)$,即

$$h(t)=(h_0,h_1,\cdots,h_m,\cdots)=\begin{cases}1 & (0\leqslant t\leqslant m)\\ 0 & (t>m)\end{cases} \tag{10.12}$$

实现

$$h(t)\cdot x(t)=h(t)[s(t)+n(t)]=h(t)s(t)+h(t)n(t)=s(t) \tag{10.13}$$

为了能最有效地分离信号和噪声,所设计的线性系统使 $\tilde{s}(t)\approx s(t)$,$n(t)\approx 0$,$\tilde{s}(t)$与 $s(t)$越近似越好。

上面的叙述是针对连续时间信号的,离散信号与此类似。

有些情况下,如果在时域上做不到,可以考虑在频域上来分离。

(2) 频域分离

设信号 $s(t)$有 $m+1$ 个非零分量,表示为

$$s(t)=(s_0,s_1,\cdots,s_m,\cdots) \tag{10.14}$$

而噪声 $n(t)$的分量与 $s(t)$相交叠,表示为

$$n(t)=(n_0,n_1,n_2,\cdots,n_m,\cdots) \tag{10.15}$$

加性混杂信号 $x(t)$表示为

$$x(t)=s(t)+n(t)=(s_0+n_0,s_1+n_1,\cdots,s_m+n_m,\cdots) \tag{10.16}$$

这样的加性信号,不可能实现时域分离,可以考虑在频域上实现分离。$n(t)$与 $s(t)$的傅里叶变换分别为

$$S(\Omega)=\int_{-\infty}^{\infty}s(t)\mathrm{e}^{-\mathrm{j}\Omega t}\mathrm{d}t$$

$$N(\Omega)=\int_{-\infty}^{\infty}n(t)\mathrm{e}^{-\mathrm{j}\Omega t}\mathrm{d}t$$

根据傅里叶变换的线性特性,$X(\Omega)=S(\Omega)+N(\Omega)$,如果当$|\Omega|>|\Omega_0|$时,$S(\Omega)=0$;而当$|\Omega|\leqslant|\Omega_0|$时,$N(\Omega)=0$,则可以设计一个频率选择滤波器 $H(\Omega)$:

$$H(\Omega)=\begin{cases}1 & (|\Omega|\leqslant\Omega_0)\\ 0 & (|\Omega|>\Omega_0)\end{cases}$$

从而有

$$H(\Omega)X(\Omega)=H(\Omega)[S(\Omega)+N(\Omega)]=H(\Omega)S(\Omega)+H(\Omega)N(\Omega)=S(\Omega) \tag{10.17}$$

这就是说,当$|\Omega|\leqslant|\Omega_0|$时,使得 $\tilde{S}(\Omega)\approx S(\Omega)$,$N(\Omega)\approx 0$,抑制了 $N(\Omega)$,相应地增强了 $S(\Omega)$,提高了信噪比,并由 $S(\Omega)=H(\Omega)\cdot N(\Omega)$,根据傅里叶变换的时域卷积特性可得 $s(t)=h(t)*x(t)$。这样通过卷积,实现了加性信号在频域上的分离。

**2. 乘性信号的同态系统**

对于乘性信号,就无法采用上述方法实现信号分量的分离。因为这些混杂信号是非线性的。所谓“非线性”,就是不满足线性的叠加原理,例如,对数系统(log 或 ln)即是非线性系统,若输入(下面按离散时间信号来叙述)$x(n)=x_1(n)+x_2(n)$,有

$$y_1(n)=\log[x_1(n)]$$
$$y_2(n)=\log[x_2(n)]$$

而

$$y(n)=\log[x(n)]=\log[x_1(n)+x_2(n)]\neq y_1(n)+y_2(n) \tag{10.18}$$

显然可见,对数系统不是线性系统,而是非线性系统。但是,若 $x(n)=x_1(n)\cdot x_2(n)$,则采用对数系统进行处理可得

$$\tilde{y}(n)=\log[x_1(n)\cdot x_2(n)]=\log[x_1(n)]+\log[x_2(n)]=\tilde{x}_1(n)+\tilde{x}_2(n) \tag{10.19}$$

式(10.19)表明,对数系统能够将两个乘性的输入信号分离为两个相加的对数信号输出,或者说,对数系统对相乘的两个输入具有广义的叠加性质,系统的运算服从广义叠加原理,称为广义线性系统。广义线性系统的变换,属于抽象代数,是指线性向量空间意义下的同态变换,因此称“同态系统(homomorphic system)”。

指数系统 $y(n)=\mathrm{e}^{x(n)}$ 也是同态系统。若输入为 $x(n)=x_1(n)+x_2(n)$,并有

$$y_1(n)=\mathrm{e}^{x_1(n)}$$
$$y_2(n)=\mathrm{e}^{x_2(n)}$$

则系统的输出为

$$y(n)=\mathrm{e}^{x(n)}=\mathrm{e}^{x_1(n)+x_2(n)}=\mathrm{e}^{x_1(n)}\cdot\mathrm{e}^{x_2(n)}=y_1(n)\cdot y_2(n)\neq y_1(n)+y_2(n)$$

表明指数系统不存在叠加性,不是线性系统,但也是广义线性系统或同态系统。采取如式(10.19)的运算方法(当然不是采取 log 而是采取 ln 运算),就有

$$\tilde{y}(n)=\ln[y(n)]=\ln[y_1(n)\cdot y_2(n)]=\ln[y_1(n)]+\ln[y_2(n)]=\tilde{y}_1(n)+\tilde{y}_2(n) \tag{10.20}$$

因此,同态系统具有可分离性,信号通过同态系统,对于信号的不同分量提供了分别进行处理的可能性,在实际问题中有很好的应用效果。

**3. 基于同态系统的解卷积**

对于 $x(n)=x_1(n)*x_2(n)$,可用同态系统实现解卷积,过程中需要用到 $z$ 变换的性质和对数计算,其原理如图 10.1 所示。

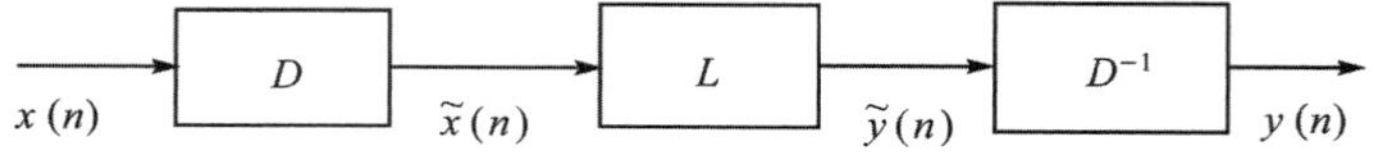


**图 10.1 应用同态系统进行解卷积的原理**

图 10.1 中,$D$ 运算表示:对 $x(n)$ 取 $z$ 变换、取对数和 $z$ 反变换,得到包含 $x_1(n)$ 和 $x_2(n)$ 信息的相加形式。其变换过程如下:

由

$$x(n)=x_1(n)*x_2(n)$$

根据 $z$ 变换时域卷积性质可得

$$X(z)=X_1(z)X_2(z) \tag{10.21}$$

取对数

$$\ln[X(z)]=\ln[X_1(z)]+\ln[X_2(z)]$$

进行 $z$ 反变换得

$$\mathscr{Z}^{-1}\{\ln[X(z)]\}=\tilde{x}_1(n)+\tilde{x}_2(n)=\tilde{x}(n) \tag{10.22}$$

(1) $L$ 运算

$L$ 表示线性滤波,将两个相加分量分离,提取所需的信号,例如 $\tilde{x}_2(n)$,将分离的 $\tilde{x}_1(n)+\tilde{x}_2(n)=\tilde{x}(n)$做 $L$ 运算,使 $\tilde{x}_1(n)\approx 0$,得到

$$\tilde{y}(n)=\tilde{x}(n)=\tilde{x}_2(n) \tag{10.23}$$

(2) $D^{-1}$ 运算

它进行 $z$ 变换、取反对数和 $z$ 反变换,相当于 $D$ 过程的逆运算,实现从 $x(n)$中分离出 $x_2(n)$或 $x_1(n)$,完成解卷积。其运算过程表示为

$$\mathscr{Z}[\tilde{x}_2(n)]=\tilde{X}_2(z) \quad 或 \quad \mathscr{Z}[\tilde{y}(n)]=\tilde{Y}(z) \tag{10.24}$$

取反对数后得

$$\exp[\tilde{X}_2(z)]=X_2(z) \quad 或 \quad \exp[\tilde{Y}(z)]\,Y(z) \tag{10.25}$$

再进行 $z$ 反变换得

$$\mathscr{Z}^{-1}[X_2(z)]=x_2(n) \quad 或 \quad \mathscr{Z}^{-1}[Y(z)]=y(n) \tag{10.26}$$

最后得到

$$y(n)=x_2(n) \tag{10.27}$$

用类似的过程,滤除 $x_2(n)$可以得到 $x_1(n)$,从而应用同态滤波实现了解卷积。上面只就离散信号同态滤波解卷积作了介绍;连续时间信号也可以用类似的方法实现解卷积,不过其中的运算就不能采用 $z$ 变换和 $z$ 反变换,相应地应改用傅氏变换或拉氏变换。

### 10.1.3　信号的倒谱分析

与上述同态滤波解卷积相联系的一个重要概念,就是“倒谱”,也称为“倒频谱”。倒谱分析是一种非线性信号处理技术,可用于分析频谱上周期性出现的频谱分量,分离和提取在密集泛频信号(谐频分量的统称,即所有信号中基频的整数倍分量)中的周期成分,对谐波、边频带和语音的分析都十分有效,主要应用于语音、图像、地震、声纳等信号的处理以及故障的诊断和预报等领域。

若信号 $x(n)$的 $z$ 变换为 $X(z)$,$\tilde{X}(z)=\ln X(z)$,$\ln X(z)$收敛,则定义

$$\mathscr{Z}^{-1}[\tilde{X}(z)]=\tilde{x}(n)=\frac{1}{2\pi j}\oint_c \tilde{X}(z)z^{n-1}\mathrm{d}z=\frac{1}{2\pi}\int_{-\pi}^{\pi}\tilde{X}(e^{j\omega})e^{j\omega n}\mathrm{d}\omega \tag{10.28}$$

为信号 $x(n)$的复倒谱。由式(10.28)可知,倒谱 $\tilde{x}(n)$是由 $\tilde{X}(e^{j\omega})$得到的,不会丢失相位信息,通过反变换和同态滤波处理,可以不失真地恢复时域信号 $x(n)$,但根据频谱的性质,一般信号的相位会出现多值性问题,因此,定义 $\tilde{X}(e^{j\omega})$的幅值 $c(n)$为信号 $x(n)$的实倒谱。实倒谱 $c(n)$与 $\tilde{X}(e^{j\omega})$的相位无关,计算比复倒谱简便,但是 $x(n)$不能由 $c(n)$恢复。$c(n)$表示为

$$c(n)=\frac{1}{2\pi}\int_{-\pi}^{\pi}\ln|X(e^{j\omega})|e^{j\omega n}\mathrm{d}\omega \tag{10.29}$$

显然有

$$c(n)=\mathscr{Z}^{-1}[\ln|X(z)|] \tag{10.30}$$

由 $z$ 变换的性质,倒谱与复倒谱有下述关系:

$$c(n)=[\tilde{x}(n)(n)+\tilde{x}(n)(-n)]/2 \tag{10.31}$$

由式(10.29)可以看出:$c(n)$ 是 $\ln X(e^{j\omega})$ 的傅里叶反变换,实际上具有时间的量纲,因而,倒谱也称时谱,与通常频域上的频谱不一样。

应用中,除复倒谱外,还有一种功率倒谱的定义,它们的定义实质上是完全一致的,但可以换另一个角度来认识倒谱。下面以连续时间信号为例来定义功率倒谱。

信号 $x(t)$ 经傅里叶变换为 $X(\Omega)$ 或自功率谱密度函数 $p_x(\Omega)$,$p_x(\Omega)$ 是偶函数(参看第9章),则倒谱函数 $c_x(\tau)$ 为

$$c_x(\tau)=\mathscr{F}^{-1}[\ln|X(\Omega)^2|]^2=\mathscr{F}^{-1}[\ln p_x(\Omega)]^2 \tag{10.32}$$

由于自功率谱是偶函数,则其对数是实偶函数,从而傅里叶正、反变换相等,有

$$c_x(\tau)=\mathscr{F}[\ln p_x(\Omega)]^2 \tag{10.33}$$

式(10.32)与式(10.33)是等价的。由这两式可以看出:倒谱实际上是信号傅里叶变换取对数的傅里叶再变换,对功率谱取对数,可以使信号的能量更加集中。$\tau$ 值大的称为高倒频率,表示在频谱图上的快速波动和谐频密集;相反,$\tau$ 值小的称为低倒频率,表示在频谱图上的缓慢波动和谐频离散程度大。

工程中常用式(10.32)与式(10.33)的平方根形式来描述,称幅值倒谱,不考虑 $p_x(\Omega)$ 的物理意义,它们与式(10.29)是一致的,即

$$c(\tau)=\sqrt{c_x(\tau)}=\mathscr{F}^{-1}[\ln p_x(\Omega)]\cdot\mathscr{F}[\ln p_x(\Omega)] \tag{10.34}$$

信号 $x(t)$ 的自相关函数 $R_{xx}(\tau)$ 为

$$R_{xx}(\tau)=\mathscr{F}^{-1}[p_x(\Omega)] \tag{10.35}$$

比较式(10.34)与式(10.35),结果表明:倒谱与自相关函数十分类似,区别仅在于,倒谱是对功率谱作对数变换后再进行傅里叶变换,而自相关函数是直接对功率谱进行线性的傅里叶反变换得到的。在一些信号处理的场合,用倒谱更为有效,因为倒谱在作对数转换时,给低幅值分量以较高的加权,有助于判别谱的周期性,并能比较精确地测出频率间隔,特别对某些信号的回波滤波处理后(例如地震波的传输、回声的处理、声纳检测等)的检测,用自相关检测几乎不可能;而功率谱的对数对这种滤波的带宽不敏感,在倒谱上可以显示出对应回波的延时峰。下面来看一个例子。

**例 10.3** 设正弦信号 $x=\sin(60\pi t)$ 叠加了回声,回声的幅度为原信号幅度的1/2,回声比原信号延迟了0.5 s,并设信号在前0.5 s没有回声的影响。试用MATLAB语言编程,对这一信号进行倒谱分析。

**解:** 进行倒谱分析的MATLAB程序为

```
t=0:0.01:2.10;                              %抽样频率为100 Hz
s1=sin(2*pi*30*t);                          %产生频率为30 Hz的正弦信号
s2=s1+0.5*[zeros(1,50) s1(1:161)];          %加上回声,其幅度是原信号的一半
                                            %时域上延迟50个抽样周期,即0.5 s
c=cceps(s2);                                %用函数cceps求出倒谱
subplot(121),plot(t,s2)                     %画出倒谱图
```

```
xlabel('\fontsize {14} t')
ylabel('\fontsize {14}\fontname {courier}   信号+噪声的幅值')
subplot(122),plot(t,c)
xlabel('\fontsize {14} t')
ylabel('\fontsize {14} \fontname {courier} 倒谱')
```

倒谱图如图 10.2 所示。

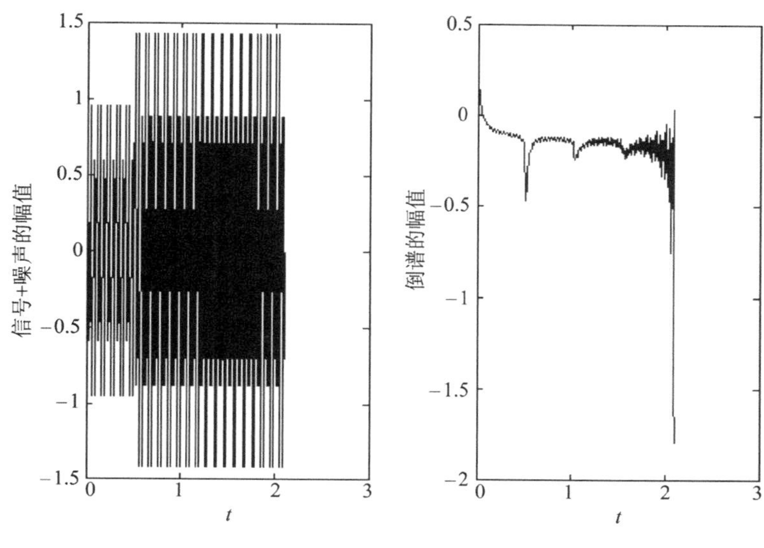


**图 10.2　信号的复倒谱图**

由图 10.2 可以非常清楚地看出：信号的倒谱在延迟为 0.5 s 的地方出现尖峰，正好是回声相对原信号的延迟时间，因此，倒谱分析在这种场合是很有效的。

例 10.3 的 MATLAB 程序中，调用了函数 cceps，它可以完成式(10.29)的功能，实现对信号的复倒谱变换进行估计，返回值为一个和原来信号同样长度的序列。如果只想求倒谱(实倒谱)，实现式(10.29)的功能，可以调用 MATLAB 中的函数 rceps，但由前面的分析可知，式(10.29)只用到了信号傅里叶变换的幅度值分量，没有信号的相位分量，因此从倒谱序列中重建原信号是不可能的。

## 10.2　短时傅里叶变换及时-频域分析

傅里叶变换是以复指数函数为核的正交变换，是分析线性非移变系统以及平稳信号稳态特性的基本方法，它深刻地反映出信号时域、频域间的内在联系。但它是一种全局的变换，所进行的变换，要么是在纯时域，要么是在纯频域。信号在时域的局部变化会引起整个频谱的改变，用傅里叶变换获取信号完整的频谱时，需要时域的全部信息，要获得信息的频谱，理论上需要无限长的时间，不仅需要过去而且需要未来时间的信号状况。如果一个声频信号受到一个冲激信号的干扰，则其频谱将无限展宽，其频谱为信号总体包含的所有基波、谐波分量。对这样的频谱进行分析，理论上可以确认冲激信号的存在，但无法确定冲激发生的准确时间。傅里叶变换的分析方法不具备时间定位或将时域局部化的能力，不能有效地提供暂态信号的时间特性。而在许多的实际应用中,大部分信号包含了非稳态分量,包括信号的偏移、趋势、突变、起始和终止的情况等,它们都反映了信号的重要特征。人们希望了解信号在任意时刻所包含的各种频率分量,即信号的频域特性随时间的变化,例如系统动态特性的测量。在音乐信号中,人们关心的是音符随演奏时刻、语音信号的音节随时间的变化,即获得一段短时间内信号频率随时间变化的规律,这是属于时变信号的分析问题,即要获得任意一短时间段(或瞬间)的频域信息或某一频率段所对应的时间信息。这是傅里叶变换的方法不可能实现的。为此,人们希望找到一种方法,能把时域和频域相结合,同时描述信号的时频域联合特征,这就是所谓的时-频域分析方法。"短时傅里叶变换"就是其中广泛应用的一种。其基本思想是,利用一个适当宽度的窗函数,把信号划分为许多的小段,从中提取一小段信号进行傅里叶分析,得到这一小段的局部频谱,若使窗函数沿时间轴不断移动,就可以逐段进行傅里叶分析,得到不同时间段的频谱。这称为短时傅里叶变换 STFT(Short Time Fourier Transform),或叫窗口傅里叶变换 WFT(Windowed Fourier Transform)。它的实际意义是,每次分析大致观察一小段信号的频谱情况,直至找到一个适当的位置,仅仅关注并详细分析这一小段的信号情况。

对于信号 $x(t)$,时间窗函数为 $w(t)$,$\tau$ 为窗函数的窗口时间位置,则短时傅里叶变换定义为

$$X(\tau,\Omega)=\int_{-\infty}^{\infty}x(t)w(t-\tau)\mathrm{e}^{-\mathrm{j}\Omega t}\,\mathrm{d}t \tag{10.36}$$

或

$$X(\tau,\Omega)=\int_{-\infty}^{\infty}x(t+\tau)w(t)\mathrm{e}^{-\mathrm{j}\Omega t}\,\mathrm{d}t \tag{10.37}$$

上述两式中,$X(\tau,\Omega)$称时频函数,是二元函数,反映时变信号 $x(t)$在 $t$ 时刻、频率为 $\Omega$ 分量的频谱相对含量。

应用上述定义式进行 STFT 时,窗函数的选择是十分重要的,主要是窗口的宽度和形状的选择。将非平稳信号近似平稳信号分析,即从提高时间分辨率的角度考虑,由于频率分辨率会因窗口宽度加大而下降,因此窗口宽度越窄越好,这一点完全可以从前面连续信号的数字谱分析一节得到启发。在那里,加窗是为了信号在时、频域的有限化;而在这里,窗口是随时间而不断移动的,但在一个分析的短时间段里,STFT 与傅里叶变换两者的结果是一致的。除窗口宽度外,影响 STFT 的还有窗口的形状。窗口的形状随加窗而形成的频谱上主瓣和旁瓣的状况而变化,故分辨相邻两个频率分量的能力与主瓣宽度和旁瓣的幅度有关。

就窗口而言,频域窗的情况与时域窗相类似,但需要进行短时傅里叶反变换,即

$$x(t)w(t-\tau)=\frac{1}{2\pi}\int_{-\infty}^{\infty}X(\tau,\Omega)\mathrm{e}^{\mathrm{j}\Omega t}\,\mathrm{d}\Omega \tag{10.38}$$

或

$$x(t+\tau)w(t)=\frac{1}{2\pi}\int_{-\infty}^{\infty}X(\tau,\Omega)\mathrm{e}^{\mathrm{j}\Omega t}\,\mathrm{d}\Omega \tag{10.39}$$

由以上的分析可知:时域的窗口越窄,对信号的时间定位能力越强,即时间分辨率越高;而频域的窗口越窄,则对信号的频率定位能力越强,即频率分辨率越高。通常用能量密度 $w^2(t)$和能谱密度 $\hat{w}^2(\Omega)$的二阶矩 $D_t$ 和 $D_\Omega$,分别表征窗口 $w(t)$和 $\hat{w}(\Omega)$的有效宽度,用来度量时间分辨率和频率分辨率。它们也称为均方根宽度,并分别定义为

$$D_t = \left(\frac{1}{E}\int_{-\infty}^{\infty} t^2 \mid w(t) \mid^2 \mathrm{d}t\right)^{\frac{1}{2}} \tag{10.40}$$

$$D_\Omega = \left(\frac{1}{E}\int_{-\infty}^{\infty} t^2 \mid \hat{w}(\Omega) \mid^2 \mathrm{d}\Omega\right)^{\frac{1}{2}} \tag{10.41}$$

式中,$E$ 为窗函数的能量。根据帕色伐尔(Parsval)定理,有

$$E = \int_{-\infty}^{\infty} \mid w(t) \mid^2 \mathrm{d}t = \frac{1}{2\pi}\int_{-\infty}^{\infty} \mid w(\Omega) \mid^2 \mathrm{d}\Omega \tag{10.42}$$

对于时域中的两个冲激信号,只有当它们的间隔大于 $D_t$ 时,才能用时间窗将它们区分开;对于两个正弦信号,只有当它们的频率差大于 $D_\Omega$ 时,才能用频域窗将它们的谱线区分开,即 $D_t$ 和 $D_\Omega$ 值越小,相应的时间分辨率和频率分辨率越高。

可以证明:$w(t)$和 $\hat{w}(\Omega)$不能同时任意变窄。对于给定窗函数的短时傅里叶变换,时间分辨率与频率分辨率的乘积是恒定值,只能以降低一个分辨率的代价换取另一个分辨率的提高,两个分辨率不可能同时提高。实际上,这也是"测不准原理"的一种反映和体现。

序列 $x(n)$的短时傅里叶变换定义为

$$X_n(n, \mathrm{e}^{\mathrm{j}\omega}) = X_n(k) = \sum_{m=0}^{N-1} x(n+m)w(m)\mathrm{e}^{-\mathrm{j}\frac{2\pi}{N}km} \tag{10.43}$$

式中,$w(m)$为窗序列,$X_n(n, \mathrm{e}^{\mathrm{j}\omega})$为序列信号的时频函数。上式也可以看作对式(10.37)的离散化处理的结果。

相应的短时傅里叶反变换为

$$x(n+m)w(m) = \frac{1}{N}\sum_{k=0}^{N-1} X_n(n, \mathrm{e}^{\mathrm{j}\omega})\mathrm{e}^{\mathrm{j}\frac{2\pi}{N}km} \tag{10.44}$$

从而

$$x(n+m) = \frac{1}{Nw(m)}\sum_{k=0}^{N-1} X_n(n, \mathrm{e}^{\mathrm{j}\omega})\mathrm{e}^{\mathrm{j}\frac{2\pi}{N}km} \tag{10.45}$$

显然,可以利用 FFT 计算短时傅里叶变换,也可以直接调用 MATLAB 中的函数 specgram 计算 STFT,画出其二维图形。下面看一个例子。

**例 10.4**　试用 MATLAB 的函数编程对正弦调频信号

$$x(n) = 2\sin(10\pi \times 10^{-5} \times n^2)$$

进行 STFT 分析。该信号的频率不是常数,随时间 $n$ 呈线性增大,即 $10\times\pi\times10^{-5}\times n$。

**解**:设计的程序如下。

```
%%例 10.4,利用 FFT 对信号进行 STFT 分析
A=2;w0=10 * pi * 0.00001;                    %产生一个被分析的信号
M=20000;
n=0:M-1;
x=A * sin(n.^2 * w0);

%%进行短时傅里叶变换
L=200;
P=L/2;
N=256;
```

```
Fs=10000;

%%汉宁窗的窗口长度L,做FFT运算
w=0.5*(1-cos(2*pi*(0:L-1)/(L-1)));
Q=fix((M-P)/(L-P));
for  q=0:Q-1
        x0=x(q*(L-P)+1:q*(L-P)+L).*w;
        X(q+1,:)=fft(x0,N);
end
tn=((0:Q-1)*(L-P))/Fs;
fk=(0:N/2)*Fs/N;
zhX=X';

%画出相应的三维时-频图
figure(1);mesh(tn,fk,abs(zhX((1:N/2+1),:)))
xlabel('时间(s)');ylabel('频率(Hz)')
title('短时傅里叶变换--- STFT')

%画出相应的二维时-频图
figure(2);
imagesc(tn,fk,20*log10(abs(zhX((1:N/2+1),:))+eps));
axis xy;
colormap(jet)
xlabel('时间(s)');ylabel('频率(Hz)');
title('短时傅里叶变换--- STFT')
```

信号的短时傅里叶变换如图10.3所示。

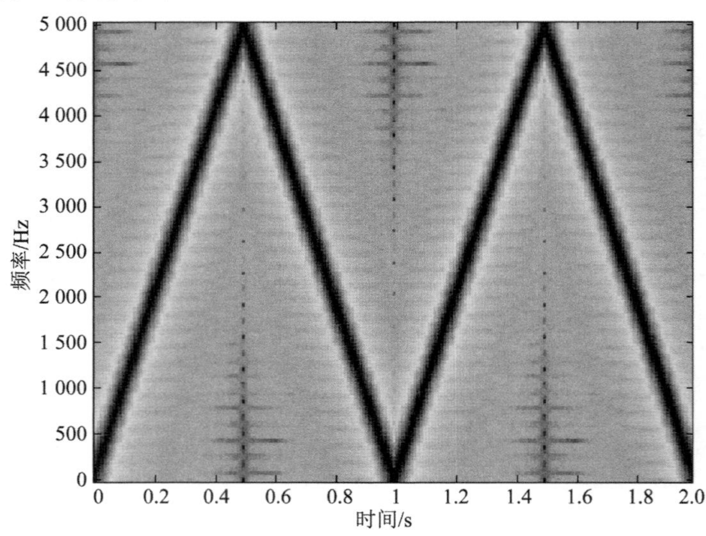


(a) 进行STFT获得的正弦调频信号二维时频图

**图10.3 信号的短时傅里叶变换**

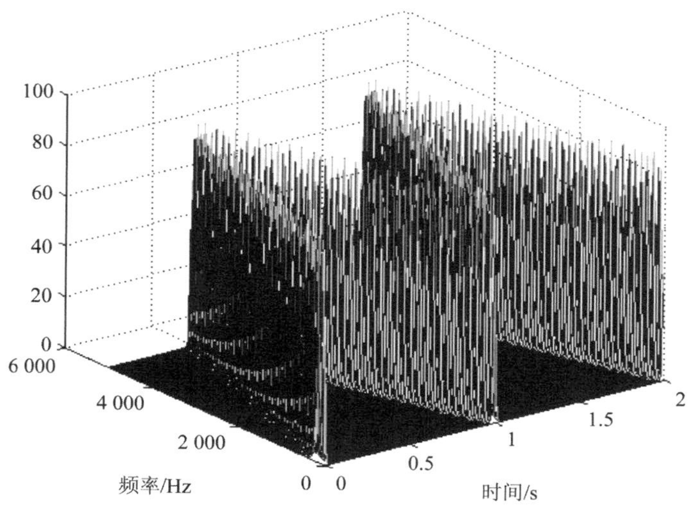


(b) 进行STFT获得的正弦调频信号三维时频图

**图 10.3　信号的短时傅里叶变换(续)**

由图 10.3 不难看出,信号的频率随时间线性变化。

# 10.3　小波变换基础及小波分析

短时傅里叶变换通过加窗口函数,改变窗口的位置,而不能改变窗口的形状,来逼近非平稳信号,它实质上是一种只有固定的单一分辨率的时频分析,并且时间分辨率和频率分辨率不可能同时提高。对于一般实际的非平稳信号,波形的变化时而激烈,时而平缓,变化激烈时的波形表明其主频为高频,需要高的时间分辨率;平缓变化时的波形,主频是低频,应有较高的频率分辨率。显然,由于短时傅里叶变换自身固有的缺点,不适用于这类信号分析的要求。

小波分析(或多分辨率分析)的方法是一种时、频域窗口可根据频率改变而改变的分析方法,即采用不同的分辨率来分析信号中的不同频率分量,克服了短时傅里叶变换的弱点。小波分析是通过伸缩或平移等运算处理,对信号进行多尺度分析,实现时间和频率的局部变换,有效地从信号中提取信息。一般来说,凡是可以使用传统傅里叶分析的信号,都可以应用小波分析,并具有新的特点,因此,它是一种现代信号处理技术。下面分别从连续小波分析、离散小波变换和多分辨率分析三方面进行介绍。

## 10.3.1　连续小波分析

### 1. 连续小波函数

小波(wavelet)是指小区域的波。其定义为:设 $\psi(t)$ 为一平方可积函数,即其能量有限,它属于平方可积的信号空间 $\psi(t)\in L^2(R)$,若其傅里叶变换 $\Psi(\Omega)$ 满足下列条件:

$$C_\Psi=\int_{-\infty}^{\infty}\frac{|\Psi(\Omega)|^2}{|\Omega|}\mathrm{d}\Omega<\infty \tag{10.46}$$

式中

$$\Psi(\Omega)=\int_{-\infty}^{\infty}\psi(t)\mathrm{e}^{-\mathrm{j}\Omega t}\mathrm{d}t \tag{10.47}$$

则称平方可积函数 $\psi(t)$ 为基本小波或小波母函数。式(10.46)称小波函数的可容许条件(恒分辨率条件)。由该式可知：由于 $C_\psi$ 是有限值，表示在 $\Omega\to0$ 时，$\Psi(\Omega)$ 是连续可积的；又由于 $\Omega$ 在被积函数的分母上，因此 $\Psi(0)$ 必须等于零，才能保证积分有意义，即

$$\Psi(0)=\int_{-\infty}^{\infty}\psi(t)\mathrm{d}t=0 \tag{10.48}$$

式(10.48)表明，$\psi(t)$ 是一个幅度迅速衰减的波，或者是快速振动且其平均值为零的曲线。

由小波定义，小波函数具有两个明显的特点：

① 小。小波函数在时域具有紧支集或近似紧支集。所谓“紧支集”是指函数定义域是有限的，由于小波函数为小区域的波，小波由此得名。

② 波动性。小波函数必满足式(10.48)，可断定其直流分量为零。由此可以判定小波必然具有正负交替的波动性。

小波函数是由一个母小波函数经过平移与长度伸缩得到的。小波母函数 $\psi(t)$ 进行伸缩和平移的过程为：设时间轴的尺度伸缩参数为 $a$，平移参数为 $b$，引入归一化因子 $a^{-1/2}$(它的引入是为了使不同尺度的小波保持相等的能量)，经伸缩和平移后，得到

$$\psi_{a,b}(t)=a^{-1/2}\psi\left(\frac{t-b}{a}\right)\qquad(a>0,a\in L^2(R),b\in L^2(R)) \tag{10.49}$$

$\psi_{a,b}(t)$ 是小波母函数 $\psi(t)$ 经伸缩和平移后得到的一连续小波函数系列，称小波基函数，简称为小波。

**2. 连续小波变换**

设任一连续信号 $f(t)\in L^2(R)$，则其小波变换定义为信号和小波基函数的内积：

$$W_f(a,b)=\langle f(t),\psi_{a,b}(t)\rangle=a^{-\frac{1}{2}}\int_{-\infty}^{\infty}f(t)\psi^*\left(\frac{t-b}{a}\right)\mathrm{d}t \tag{10.50}$$

由式(10.49)，式(10.50)可表示为

$$W_f(a,b)=\langle f,\psi_{a,b}\rangle=\int_{-\infty}^{\infty}f(t)\psi_{a,b}^*(t)\mathrm{d}t \tag{10.51}$$

式中，$\psi_{a,b}(t)$ 等函数上标“ * ”表示取复数共轭。

设 $\hat{f}(\Omega)$、$\hat{\Psi}(a\Omega)$ 表示 $f(t)$、$\psi(t)$ 的傅里叶变换。根据 Parseval 定理，与式(10.50)等效的频域表示为

$$W_f(a,b)=\langle f(t),\psi_{a,b}(t)\rangle=\frac{1}{2\pi}a^{\frac{1}{2}}\int_{-\infty}^{\infty}\hat{f}(\Omega)\mathrm{e}^{\mathrm{j}b\Omega}\hat{\psi}^*(a\Omega)\mathrm{d}\Omega \tag{10.52}$$

为了对上述关于小波变换的概念有一个直观、形象的印象，取 $\psi_{a,b}(t)=\mathrm{e}^{\mathrm{j}\Omega t}$，则其小波变换为

$$W_f(a,b)=\int_{-\infty}^{\infty}f(t)\frac{1}{\sqrt{a}}\mathrm{e}^{-\mathrm{j}\Omega\frac{t-b}{a}}\mathrm{d}t=\frac{1}{\sqrt{a}}F\left(\frac{\Omega}{a}\right)\mathrm{e}^{-\mathrm{j}\Omega b/a} \tag{10.53}$$

式中，$F\left(\frac{\Omega}{a}\right)$ 是信号 $f(t)$ 的傅里叶变换。不难从上述具体表达式的结果，分析出小波变换的参数 $a$ 对信号分析中频率分辨率的影响及作用。数学上的内积可以表示两个函数的相似程度，因此 $W_f(a,b)$ 表示 $f(t)$ 与 $\psi_{a,b}(t)$ 的相似程度。当 $a>1$ 时，表示用伸展了的 $\psi(t)$ 波形去

观察整个 $f(t)$；相反，若 $0<a<1$，则表示用压缩了的 $\psi(t)$ 波形去观察 $f(t)$ 的局部。随着尺度因子 $a$ 从大到小的连续变化（$0<a<\infty$），$f(t)$ 的小波变换可以观察到从整体到细节的全部信息。有人认为，小波变换相当于一个“变焦镜头”，可以实现“望远镜”和“显微镜”的作用，$a$ 起“变焦旋钮”的作用。在信号分析中有许多空间都属于内积空间，这个空间是一个赋予内积结构的线性空间。两个向量的点积就是两个向量的内积，可以表征信号的大小（信号谱的模或幅度），相当于描述空间两点之间距离特性参数的“范数”。

不难看出，小波分析的突出优点是能够分析信号的局部特征，利用小波分析可以准确地分析出信号在什么时刻发生畸变；可以检测出其他分析方法被忽略的信号特性，例如信号的趋势、信号的高阶不连续点和信号的自相似特性等；还可以以很小的失真度实现信号的压缩与消噪等。

与短时傅里叶变换相类似，从已知信号 $f(t)$ 的小波变换 $W_f(a,b)$ 可以恢复原信号，称为小波反变换或重构，表示为（注意应有 $a>0$）

$$
\begin{aligned}
f(t) &= \frac{1}{C_\psi}\int_{-\infty}^{\infty}\int_{-\infty}^{\infty}\frac{1}{a^2}W_f(a,b)\psi_{a,b}(t)\,\mathrm{d}a\,\mathrm{d}b = \\
&\quad \frac{1}{C_\psi}\int_{0}^{\infty}\frac{\mathrm{d}a}{a^2}\int_{-\infty}^{\infty}W_f(a,b)\psi_{a,b}(t)\,\mathrm{d}b
\end{aligned}
\tag{10.54}
$$

**3. 连续小波变换与窗口**

由 $\psi(t)$ 得到的 $\psi_{a,b}(t)$ 在小波变换中，对被分析的信号起观测窗的作用，相当于窗口傅里叶变换中的窗函数。设 $\psi(t)$ 的中心为 $t'$，窗口半径为 $\Delta_\psi$；$\psi_{a,b}(t)$ 窗口的中心为 $b+at'$，窗口半径为 $a\Delta_\psi$，则式(10.50)进行的小波变换，给出了信号 $f(t)$ 在时间窗口 $[b+at'-a\Delta_\psi, b+at'+a\Delta_\psi]$ 内的局部信息。

由式(10.52)，有

$$
W_f(a,b)=\langle f(t),\psi_{a,b}(t)\rangle=\frac{1}{2\pi}a^{\frac{1}{2}}\int_{-\infty}^{\infty}\hat{f}(\Omega)\mathrm{e}^{\mathrm{j}b\Omega}\hat{\psi}^*(a\Omega)\,\mathrm{d}\Omega
$$

假设 $\hat{\psi}(\Omega)$ 的中心为 $\Omega'$，频率窗的窗口半径为 $\Delta_{\hat{\psi}}$，则 $W_f(a,b)$ 给出了信号 $f(t)$ 在频率窗口 $\left[\frac{1}{a}(\Omega'-\Delta_{\hat{\psi}}), \frac{1}{a}(\Omega'+\Delta_{\hat{\psi}})\right]$ 的局部信息，从而连续小波变换的时间、频率窗口为

$$
[b+at'-a\Delta_\psi, b+at'+a\Delta_\psi]\times\left[\frac{1}{a}(\Omega'-\Delta_{\hat{\psi}}), \frac{1}{a}(\Omega'+\Delta_{\hat{\psi}})\right] \tag{10.55}
$$

由式(10.55)可知，当 $a$ 较小时，时间窗较窄（相应频率窗较宽），相当于对较高频率作细节分析；而当 $a$ 较大时，时间窗增宽（频率窗较窄），时间轴上可考察的范围大，相当于对较低频率作分析，充分反映了小波变换的特点。

**4. 小波变换与滤波**

设在尺度 $a$ 上的小波基函数为

$$
\psi_a(t)=\frac{1}{\sqrt{a}}\psi\left(\frac{t}{a}\right) \tag{10.56}
$$

相应的反褶共轭函数为

$$
\breve{\psi}_a(t)=\psi_a^*(-t)=\frac{1}{\sqrt{a}}\psi^*\left(-\frac{t}{a}\right) \tag{10.57}
$$

对应式(10.51)，反褶共轭函数的小波变换可表示为

$$W_f(a,b)=\int_{-\infty}^{\infty} f(t)\breve{\psi}_a(b-t)\mathrm{d}t = f(b) * \breve{\psi}_a(b) \tag{10.58}$$

式(10.58)表示对于固定的尺度 $a$,信号 $f(t)$的小波变换 $W_f(a,b)$等于 $f(t)$与 $\breve{\psi}_a(t)$的卷积,式中的 $b$ 表示小波函数沿坐标轴的平移位置,下式中 $b$ 的意义与此相同。另外从滤波器的传输特性角度理解,小波变换积分表达式中的被积函数的意义,相当于是对信号 $f(t)$用一系列线性滤波器进行滤波后的输出,每一个不同的尺度 $a$ 值确定了相应不同的带通滤波器,积分则表示小波变换是所有滤波器输出之和。

根据式(10.54)可进一步推得,滤波器输出的所有分量可以重构原信号 $f(t)$,表示为

$$f(t)=\frac{1}{C_{\hat{\psi}}}\int_{-\infty}^{\infty}\int_{-\infty}^{\infty}\frac{1}{a^2}[f(b) * \breve{\psi}_a(b)]\cdot\psi_a(b-t)\mathrm{d}b\,\mathrm{d}a = \frac{1}{C_{\breve{\psi}}}\int_{-\infty}^{\infty}[f(b) * \hat{\psi}_a(b) * \breve{\psi}_a(b)]\mathrm{d}a \tag{10.59}$$

**5. 小波变换的基本性质**

一般意义上来说,小波分析是傅里叶变换分析方法的拓展。以一维变换为例,傅里叶变换的指数形式的表达式为 $F(\Omega)=\int_{-\infty}^{\infty} f(t)\mathrm{e}^{-\mathrm{j}\Omega t}\mathrm{d}t$ ,通过傅里叶变换将信号分解为一系列正交的正弦、余弦函数(或复指数函数)集,具有唯一性。这些正弦、余弦波在时间上没有限制,从 $-\infty\sim\infty$,而且可以认为实际上是在求 $f(t)$对于函数 $\mathrm{e}^{-\mathrm{j}\Omega t}$ 的投影值,其变换的结果为傅里叶系数,系数再乘以 $\mathrm{e}^{\mathrm{j}\Omega t}$ 并叠加,就得到了原信号。而小波分析如式(10.50)、式(10.52)所示,是求 $f(t)$在各个小波函数上的投影值,是将信号分解成一系列小波函数的叠加,但小波的变化一般趋向不规则、不对称,这些小波函数是由一个母小波函数经过平移与长度伸缩得到的。显然,用不规则的小波来逼近变化剧烈信号的效果要比光滑的正弦波好,因此信号局部的尖锐变化宜采用小波函数,但小波函数不具有唯一性,选择合适的小波函数是小波变换实际应用的一个难点。

可以证明(在此不证),小波变换具有以下的重要性质:

① 可叠加性。一个多分量之和的信号,其小波变换,等于各个分量的小波变换之和。

② 平移不变性。如果 $f(t)$的小波变换为 $W_f(a,b)$,则 $f(t-\tau)$的小波变换为 $W_f(a,b-\tau)$。

③ 尺度共变性。如果 $f(t)$的小波变换为 $W_f(a,b)$,则 $f(ct)$的小波变换为

$$\frac{1}{\sqrt{c}}W_f(ca,b) \qquad (c>0) \tag{10.60}$$

④ 自相似性。对应不同的尺度参数 $a$ 和不同的平移参数 $b$,它们的连续小波变换之间是互相似的。

⑤ 冗余性。连续小波变换中存在内在信息的冗余度,即存在许多的重构公式,用小波系数来重构 $f(t)$。对于这个性质,参看下面的论述。

## 10.3.2 离散小波变换

**1. 连续小波变换的冗余与再生核**

由式(10.52)小波反变换公式可以认为,$f(t)$可由其小波变换为 $W_f(a,b)$并精确地反演(重构),或者可以看成 $f(t)$按“基”$\psi_{a,b}(t)$的分解,系数就是 $f(t)$的小波变换 $W_f(a,b)$。实质

上，连续小波变换是由一维信号 $f(t)$ 等距地映射到二维的小波空间，即 $W_f(a,b)$ 组成的集合，表明连续小波变换存在内在信息的冗余度，即存在许多的重构公式，用小波系数重构 $f(t)$。换言之，连续小波变换与其小波反变换之间不是一一对应的关系，"基"$\psi_{a,b}(t)$ 中的参数 $a$、$b$ 是连续变化的，$\psi_{a,b}(t)$ 之间并不是线性无关的，它们当中肯定存在"冗余"，导致 $W_f(a,b)$ 之间有相关性。现作如下说明：

若 $a=a_1$，$b=b_1$，有

$$\begin{aligned}W_f(a_1,b_1)=&\int_{-\infty}^{\infty} f(t)\psi^*_{(a_1,b_1)}(t)\mathrm{d}t=\\&\int_{-\infty}^{\infty}\frac{1}{C_\psi}\left[\int_0^{\infty}\int_{-\infty}^{\infty}W_f(a,b)\psi_{a,b}(t)\cdot\frac{1}{a^2}\mathrm{d}b\,\mathrm{d}a\right]\psi^*_{a_1,b_1}(t)\mathrm{d}t=\\&\frac{1}{C_\psi}\int_0^{\infty}\int_{-\infty}^{\infty}\frac{1}{a^2}W_f(a,b)\left[\int_{-\infty}^{\infty}\psi_{a,b}(t)\cdot\psi^*_{a_1,b_1}(t)\mathrm{d}t\right]\mathrm{d}b\,\mathrm{d}a=\\&\int_0^{\infty}\int_{-\infty}^{\infty}\frac{1}{a^2}W_f(a,b)K_\psi(a,a_1,b,b_1)\mathrm{d}b\,\mathrm{d}a\end{aligned}\tag{10.61}$$

式中

$$K_\psi(a,a_1,b,b_1)=\frac{1}{C_\psi}\int_{-\infty}^{\infty}\psi_{a,b}(t)\psi^*_{a_1,b_1}(t)\mathrm{d}t\tag{10.62}$$

式(10.61)表明，$(a_1,b_1)$ 处的小波变换 $W_f(a_1,b_1)$ 可以由半平面 $0<a<+\infty$，$-\infty<b<+\infty$ 上的点 $(a,b)$ 处的小波变换 $W_f(a,b)$ 表示，系数为 $K_\psi(a,a_1,b,b_1)$，称为小波变换的再生核。若 $\psi_{a,b}(t)$ 与其中的 $\psi_{a_1,b_1}(t)$ 正交时，则式(10.62)中的 $K_\psi(a,a_1,b,b_1)=0$，此时 $(a,b)$ 处的小波变换 $W_f(a,b)$ 对 $W_f(a_1,b_1)$ 没有贡献，而那些使 $\psi_{a,b}(t)$ 与 $\psi_{a_1,b_1}(t)$ 不正交的 $(a,b)$ 处小波变换 $W_f(a,b)$ 就会对 $W_f(a_1,b_1)$ 作出贡献。因此，要使各点小波变换之间不相关，就要在函数族 $\{\psi_{a,b}(t)\}$ 中寻找相互正交的小波基函数。小波变换与傅里叶变换方法相似，都是积分变换，但是，傅里叶变换在参数离散化后，可以得到按"正交基"(三角函数或复指数函数正交函数集)展开的傅里叶级数。而小波变换中的小波基函数具有连续变化的参数 $(a,b)$，$\psi_{a,b}(t)$ 与 $\psi_{a_1,b_1}(t)$ 之间并不是都正交，冗余的数据量比较大，这是小波变换的缺点；但另一方面，可以利用其冗余量大的特点，实现去噪和恢复数据，可以利用小波系数的一个子集，而避免使用噪声影响大的系数来重构原信号，恢复数据，这又是小波变换的特色和优点。为了能够找到相互正交的小波基函数，减少信息冗余，需要引入离散小波变换。

**2. 离散小波变换**

连续小波进行离散化，是对小波 $\psi_{a,b}(t)$ 和连续小波变换 $W_f(a,b)$ 中的连续尺度参数 $a$、连续平移参数 $b$ 进行离散化，并不是对时间变量 $t$ 进行离散化，这是小波变换离散化的特点。

先看尺度参数 $a$ 的离散化，通常的做法是取 $a=a_0^j$ $(j=0,\pm1,\pm2,\cdots,)$ 代入式(10.49)，得相应的小波函数为 $a_0^{-\frac{j}{2}}\psi(a_0^{-j}(t-b))$。对于 $j$ 的绝对值很大的负整数，即 $a\ll1$，小波沿时间轴被高度压缩，而沿频率轴大大展宽；反之，对于 $a\gg1$，小波在时间轴和频率轴上压缩展宽的情况正好相反。

再看位移参数 $b$ 的离散化，先考虑 $j=0$ 时的情况。这时，小波函数为 $\psi(t-b)$，就它而言，应存在一个适当的位移量 $b_0$，使得 $\psi(t-kb_0)$ $(k=0,\pm1,\cdots)$，可以覆盖全部时间轴而不会丢失信息。对于其他 $j$ 的小波函数 $a_0^{-\frac{j}{2}}\psi(a_0^{-j}(t-b))$ 来讲，它在时间轴上的宽度是 $\psi(t)$ 的 $a_0^j$

倍,因此,在时间轴上的位移量也应是 $\psi(t)$ 位移量 $b_0$ 的 $a_0^j$ 倍。所以,当尺度参数取 $a=a_0^j$ $(j=0,\pm1,\pm2,\cdots)$ 时,位移参数 $b$ 应取 $b=a^jb_0$。$a_0$、$b_0$ 称采样速率,离散化后且不丢失信息的小波函数为

$$a_0^{-\frac{j}{2}}\psi(a_0^{-j}(t-ka^jb_0))=a_0^{-\frac{j}{2}}\psi(a_0^{-j}t-kb_0) \tag{10.63}$$

调整时间轴使 $kb_0$ 为整数(归一化)$k$,则离散化后的小波函数为

$$\psi_{j,k}(t)=a_0^{-\frac{j}{2}}\psi(a_0^{-j}t-k) \tag{10.64}$$

以式(10.64)表示的小波函数 $\psi_{j,k}(t)$ 为"基"而进行的小波变换是离散小波变换,从而有以下明确的定义。

设 $\psi(t)\in L^2(R)$,$a_0>0$ 并且为常数,$\psi_{j,k}(t)=a_0^{-\frac{j}{2}}\psi(a_0^{-j}t-k)$,则 $f(t)$ 的离散小波变换(系数)为

$$W_f(j,k)=\int_{-\infty}^{\infty}f(t)\psi_{j,k}^*(t)\mathrm{d}t \tag{10.65}$$

理论上可以证明:离散后的小波基函数 $\psi_{j,k}(t)$ 只要满足小波框架一定的条件,如同傅里叶级数一样,任意函数 $f(t)$ 都可以以 $\psi_{j,k}(t)$ 为"基"表示出来。小波框架中"框架"这个概念是1952年,由 Duffin 和 Schaeffer 在研究非调和傅里叶级数时引入的,这里不作深入讨论,可以认为是函数空间"基"的一个推广,如果"基"由小波函数构成,则称为"小波框架"。

现引出框架的定义如下:

设 $\{\varphi_k\}_{k\in Z}\subset L^2(R)$($k\in Z$ 表示 $k$ 取整数值),若对所有的 $f(t)\in L^2(R)$,存在与 $f(t)$ 无关的常数并有 $0<A\leqslant B<\infty$,使下式成立,即

$$A\|f\|^2\leqslant\sum_{k\in Z}|\langle f,\varphi_k\rangle|^2\leqslant B\|f\|^2 \tag{10.66}$$

则称函数序列 $\{\varphi_k\}_{k\in Z}$ 是 $L^2(R)$ 空间的一组框架,$A$、$B$ 分别称框架的上、下界,$A=B$ 时称为紧框架。

可以证明:若紧框架 $\{\varphi_k\}_{k\in Z}$,有 $A=B=1$,并且 $J$ 是 $Z$ 的一个子集,对于所有的 $j\in J$,范数 $\|\varphi_j\|=1$,则该框架构成能量有限信号空间的一组标准正交基,这时 $f(t)$ 的重构可表示为

$$f(t)=\sum_{j=-\infty}^{\infty}\sum_{k=-\infty}^{\infty}W_f(j,k)\psi_{j,k}(t) \tag{10.67}$$

一般情况下,小波框架 $\{\varphi_{j,k}(t)\}$ 并不正交,甚至还可能线性相关,则 $f(t)$ 的重构就涉及到了二进小波和对偶小波的概念。

**3. 二进小波**

若存在两个正常数 $A$ 和 $B$($0<A\leqslant B<\infty$),并且

$$A\leqslant\sum_{j=-\infty}^{\infty}|\hat{\psi}(2^{-j}\Omega)|^2\leqslant B \tag{10.68}$$

则称函数 $\psi(t)\in L^2(R)$ 为二进小波,式(10.68)为稳定性条件;如果 $A=B$,则称为最稳定条件。二进小波可表示为

$$\psi_{j,k}(t)=2^{\frac{j}{2}}\psi(2^jt-k) \tag{10.69}$$

式中,$j$、$k$ 为整数,$j$ 为伸缩因子,$k$ 为平移因子。

二进小波是通过对基本小波 $\psi(t)$ 的二进伸缩和二进平移，即取 $a_0=1/2$、$b_0=1$ 构成二进制小波基函数 $\psi_{j,k}(t)$，如果基函数集 $\{\psi_{j,k}(t)\}$ 满足

$$\langle\psi_{j,k},\psi_{s,t}\rangle=\begin{cases}1 & (j=s \text{ 和 } k=t)\\ 0 & (\text{其他})\end{cases} \tag{10.70}$$

时，则函数 $\psi(t)$ 是正交小波。

如果 $f(t)$ 和基本小波只在[0,1]区间上取非零值，则二进小波构成了 $L^2(R)$ 中的正交归一基。正交归一基函数集能够用单一的索引 $n$ 来确定，即

$$\psi_n(t)=2^{j/2}\psi(2^j t-k) \tag{10.71}$$

式中，$j$、$k$ 是 $n$ 的函数，且

$$n=2^j+k \qquad (j=0,1,\cdots;\quad k=0,1,\cdots,2^j-1) \tag{10.72}$$

式(10.72)表明，对于任意 $n$、$j$ 是满足 $2^j\leqslant n$ 的最大整数，$k=n-2^j$。

信号 $f(t)$ 的二进小波变换为

$$W_n(j,k)=\langle f(t),\psi_n(t)\rangle=\frac{1}{2^j}\int_{-\infty}^{\infty}f(t)\psi^*(2^j t-k)\mathrm{d}t \tag{10.73}$$

式(10.73)表明，二进小波介于连续小波和离散小波之间，二进小波只对尺度参数进行了离散化，而对时间域上的平移量保持连续变化，仍具有连续小波变换的尺度共变性，在奇异性检测和图像处理方面有重要应用。

可以证明(这里不作证明)：任意函数 $f(t)\in L^2(R)$ 可以写为下列级数展开的形式：

$$f(t)=\sum_{j=-\infty}^{\infty}\sum_{k=-\infty}^{\infty}C_{j,k}\psi_{j,k}(t) \tag{10.74}$$

式中，级数的系数 $C_{j,k}$ 由下列内积给出

$$C_{j,k}=\langle f(t),\psi_{j,k}(t)\rangle=2^{j/2}\int_{-\infty}^{\infty}f(t)\psi^*(2^j t-k)\mathrm{d}t \tag{10.75}$$

**4. 对偶小波**

如果小波 $\psi(t)$ 满足稳定性条件的式(10.68)，函数 $\tilde{\psi}(t)$ 的傅里叶变换 $\hat{\tilde{\psi}}(\Omega)$ 由下式给出，即

$$\hat{\tilde{\psi}}(\Omega)=\frac{\hat{\psi}^*(\Omega)}{\sum_{j=-\infty}^{\infty}|\hat{\psi}(2^j\Omega)|^2} \tag{10.76}$$

则称 $\tilde{\psi}(t)$ 为小波 $\psi(t)$ 的对偶小波。

需要指出：一个小波的对偶小波并不是唯一的。

一般情况下，小波框架 $\psi_{j,k}(t)$ 并不正交(即使是紧框架)，甚至还可能线性相关，这时离散小波变换，任意函数重构与 $\psi_{j,k}(t)$ 的对偶小波 $\tilde{\psi}_{j,k}(t)$ 有关，即

$$f(t)=\sum_{j=-\infty}^{\infty}\sum_{k=-\infty}^{\infty}W_f(j,k)\tilde{\psi}_{j,k}(t) \tag{10.77}$$

式中，$\tilde{\psi}_{j,k}(t)$ 是 $\tilde{\psi}(t)$ 的对偶小波，是 $\tilde{\psi}(t)$ 伸缩平移的结果，表示为

$$\tilde{\psi}_{j,k}(t)=a_0^{-\frac{j}{2}}\tilde{\psi}(a_0^{-j}t-k) \tag{10.78}$$

**5. 正交小波**

数学逼近理论认为,对于“基”的选择,比较好的方法是只需要用较少数目,或者说是无冗余的向量线性组合,就可以精确地重构信号,这是最经济的算法。因此正交小波基正是适应了信号处理的这一要求。但同时需要指出的是,在实际应用中,紧支集的正交小波一定是不对称或者是反对称的,从而使小波变换造成相位的失真,而采用所谓的“双正交小波”。双正交小波既是紧支集,又是对称的,可以避免小波变换产生相位的失真。这里只简要地介绍一下正交小波变换,有关“双正交小波”的问题,读者可参看有关参考书。

所谓正交小波,可定义为:设 $\psi(t)$是一个可容许小波,属于平方可积的函数空间 $L^2(R)$,表示为 $\psi(t)\in L^2(R)$,若

$$\psi_{j,k}(t)=2^{-\frac{j}{2}}\psi(2^{-j}t-k) \tag{10.79}$$

构成标准的正交基,$j,k$ 为整数,则 $\psi(t)$为正交小波。$\psi_{j,k}(t)$是正交小波函数,称相应的离散小波变换 $W_f(j,k)=\langle f(t),\psi_{j,k}(t)\rangle$为正交小波变换,它是无冗余的变换。一种简单和典型的正交小波是 Haar 小波,其小波母函数 $h(t)$为

$$h(t)=\begin{cases}1 & \left(0\leqslant t\leqslant \dfrac{1}{2}\right)\\ -1 & \left(\dfrac{1}{2}\leqslant t\leqslant 1\right)\\ 0 & (\text{其他})\end{cases} \tag{10.80}$$

在频域的表达式为

$$H(\omega)=\frac{1-2\mathrm{e}^{-\frac{\mathrm{i}\omega}{2}}+\mathrm{e}^{-\mathrm{i}\omega}}{\mathrm{i}\omega} \tag{10.81}$$

若对于式(10.80),有

$$h_{j,k}(t)=2^{-\frac{j}{2}}h(2^{-j}t-k) \tag{10.82}$$

可得

$$h_{j,k}(t)=\begin{cases}2^{-\frac{j}{2}} & (2^jk\leqslant t<(2k+1)2^{j-1})\\ -2^{-\frac{j}{2}} & ((2k+1)2^{j-1}\leqslant t\leqslant (k+1)2^{j-1})\\ 0 & (\text{其他})\end{cases} \tag{10.83}$$

很容易验证,$h_{j,k}(t)$的集合构成了 $L^2(R)$的标准正交基,从而与 $h_{j,k}(t)$对应的离散小波变换 $W_f(j,k)$包含了 $f(t)$的所有信息而又无冗余,即 $W_f(j,k)$不能用其余的 $W_f(m,n)$,$(m,n)\neq(j,k)$表示出。重构公式

$$f(t)=\sum_{j=-\infty}^{\infty}\sum_{k=-\infty}^{\infty}W_f(j,k)h_{j,k}(t) \tag{10.84}$$

中的系数是唯一确定的。

这一小波函数在频域的衰减速度不理想,仅与 $1/\omega$ 有关,不能满足对基的光滑性要求,频域的局部性也不大好。另有一些正交小波,如 Littlewood - Paley 小波、Shannon 小波等,性能有所改进,但目的是一致的,这里不再作深入的讨论。

### 10.3.3 多分辨率分析

1985 年，法国数学家 Meyer 用紧框架理论构造出时频域局部性能都好的 Meyer 小波，构成函数空间 $L^2(R)$ 的标准化正交基。在此基础上，1988 年，S. Mallat 提出了多分辨率分析 MRA(Multi - Resolutions Analysis)的概念，从函数分析的角度给出了正交小波的数学解释，在空间上说明了小波的多分辨率特性，将以前所有正交小波基的构造方法统一起来，给出了正交小波的构造方法，同时，给出了正交小波变换的快速算法(即 Mallat 算法，其地位与传统傅里叶变换中 FFT 的快速算法类似)，使小波变换的应用真正变为现实。所谓“多分辨率分析”，就是要构造一组函数空间，每组空间的构成都有一个统一的形式，而所有空间的闭包逼近 $L^2(R)$。每个空间中，所有的函数都构成该空间的标准化正交基，而所有函数空间闭包中的函数则构成 $L^2(R)$ 的标准化正交基。如果对信号在这类空间上进行分解，就可以得到相互正交的时频特性。多分辨率分解的最终目的，是寻求构造一个频率上高度逼近 $L^2(R)$ 空间的正交小波基，这些频率分辨率不同的正交小波基相当于带宽各自不同的带通滤波器。为了更好地理解多分辨率分析的方法，先对所谓近似和细节进行说明。

**1. 近似和细节**

小波分析的数学基础是建立在集合论上的泛函分析中的，因此，任意信号可以看作是某个特定集合中的一个元素，这个特定集合包含同一类型的所有信号，被称为信号集。它同时可看作是一个特定的空间，称为信号空间，如平方可积的信号空间 $L^2(R)$。

对于某些信号，低频的成分比较重要，常常包含着信号的特征，而高频成分给出的是信号的细节或差别。举例来说，如果考虑只有两个元素的信号序列 $\{x_1, x_2\}$，这两个元素的值在一定情况下，可以用它们的平均值 $a$ 和偏差 $d$ 来表征：

$$a=(x_1+x_2)/2$$

$$d=(x_1-x_2)/2$$

可以通过 $x_1=a+d$、$x_2=a-d$，恢复信号值 $\{x_1, x_2\}$，如上述单纯把序列 $\{x_1, x_2\}$ 用序列 $\{a, d\}$ 来代替，没有什么特殊的意义，这样的变换，信息既没有损失，也没有增加。但是，如果 $x_1$ 和 $x_2$ 非常接近，即 $d$ 很小，则其影响可以忽略，$\{x_1, x_2\}$ 近似地用 $\{a\}$ 表述，其效果相当于对序列 $\{x_1, x_2\}$ 的数据量进行压缩，重构的信号为 $\{a, a\}$，重构信号与原信号的误差表示为 $\{x_1-a, x_2-a\}=\{|d|, |d|\}$，误差很小。

再考虑 4 个元素的信号序列 $\{x_1, x_2, x_3, x_4\}$，平均值为

$$a_{1,0}=(x_1+x_2)/2, \qquad a_{1,1}=(x_3+x_4)/2$$

偏差分别为

$$d_{1,0}=(x_1-x_2)/2, \qquad d_{1,1}=(x_3-x_4)/2$$

类似可以将信号序列 $\{x_1, x_2, x_3, x_4\}$ 转换为 $\{a_{1,0}, a_{1,1}, d_{1,0}, d_{1,1}\}$，若 $d_{1,0}$ 和 $d_{1,1}$ 很小，则将信号压缩成 $\{a_{1,0}, a_{1,1}\}$。类推，可进一步压缩信号序列：

$$a_{0,0}=(a_{1,0}+a_{1,1})/2, \qquad d_{0,0}=(a_{1,0}-a_{1,1})/2$$

若 $d_{0,0}$ 非常小，原信号 $\{x_1, x_2, x_3, x_4\}$ 可以压缩为 $\{a_{0,0}\}$ 来代替，这是原信号的“粗糙”近似；而 $\{a_{1,0}, a_{1,1}\}$ 是高一级分辨率的压缩信号，可以用 $\{a_{0,0}, d_{0,0}\}$ 来代替，则 $\{x_1, x_2, x_3, x_4\}$ 可以通过 $\{a_{1,0}, a_{1,1}, d_{1,0}, d_{1,1}\}$ 来代替。

**2. 一维信号的多分辨率分析**

设信号 $f(n)$的采样(或叫抽取)频率满足抽样定理,其数字频带限制在$[-\pi,\pi]$之间,让信号通过一个理想数字低通滤波器 $L(\omega)$和一个高通数字滤波器 $H(\omega)$,只考虑频带的正频率部分,则信号频带被分解成低频部分$[0,\pi/2]$和高频部分$[\pi/2,\pi]$,低频部分表示信号在上述中的近似值,为信号的平均值部分;高频部分表示信号的细节,相当于上述信号的误差值部分。对每次分解的低频部分再反复分解下去,由于是重复迭代,理论上可以无限连续地分解下去。实际上,分解的极限可进行到细节部分只包含单个样本为止,把这样的反复分解,叫做对原信号的多分辨率分析或者叫做小波包分析。反复对近似信号做小波分解,可以得到不同层次的近似和细节,就可以将原信号分解为一系列近似信号和细节信号的相加。进行逆向处理,可以实现信号的合成,恢复原信号。图 10.4 和 10.5 是这种小波分解和小波合成双通道滤波器组,图 10.6 是连续进行分解的流程图。

在图 10.4~图 10.6 中,[↓2]表示下采样(每两个样本点中取 1 个),[↑2]表示上采样(每相邻两个样本点之间插入零值),$f(n)$为原信号,$f_{10}(n)$是第一次分解后的低频部分,$f_{11}(n)$为第一次分解后的高频部分,$f_{k0}(n)$、$f_{k1}(n)$则分别为对第 $k-1$ 次分解后的低频部分进行第 $k$ 次分解后的低频、高频部分,下标 $k+1$ 的情况依次类推。

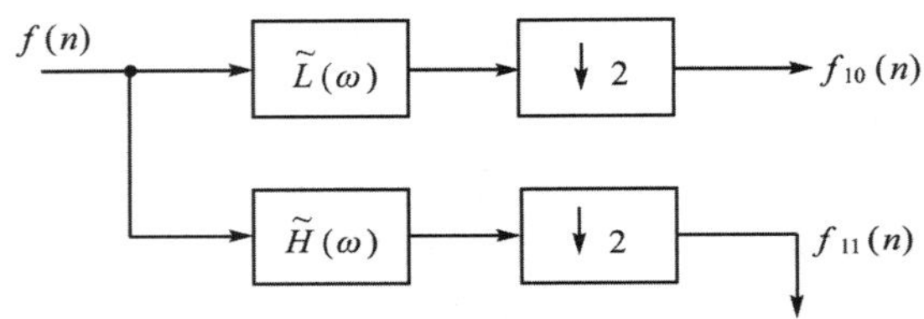


**图 10.4　Mallat 分解基本单元**

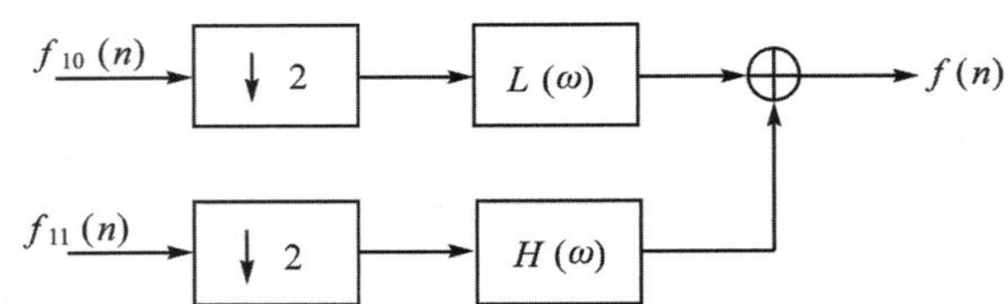


**图 10.5　Mallat 合成基本单元**

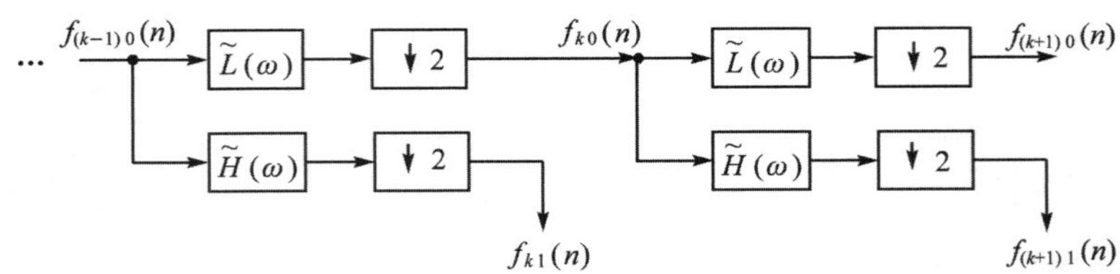


**图 10.6　反复连续地进行小波分解流程**

显然,多分辨率分析的关键技术是低通滤波器 $L(\omega)$、高通数字滤波器 $H(\omega)$的确定,可以证明,它们的单位冲激响应之间存在下列关系:

$$h_{\mathrm{H}}(n)=(-1)^{1-n}h_{\mathrm{L}}(1-n) \tag{10.85}$$

图 10.6 中的 $\widetilde{L}(\omega)$ 和 $\widetilde{H}(\omega)$ 分别称为 $L(\omega)$ 和 $H(\omega)$ 的“镜像滤波器”，它们的单位冲激响应则满足下列关系：

$$\left.\begin{array}{l}\widetilde{h}_{\mathrm{L}}(n)=h_{\mathrm{L}}(-n)\\ \widetilde{h}_{\mathrm{H}}(n)=h_{\mathrm{H}}(-n)\end{array}\right\} \tag{10.86}$$

当小波基函数 $\psi(t)$ 给定后，低通滤波器 $L(\omega)$ 的单位冲激响应即由下式确定，即

$$h_{\mathrm{L}}(n)=\int_{-\infty}^{\infty}\frac{1}{2}\psi\left(\frac{t}{2}\right)\psi^{*}(t-n)\mathrm{d}t \tag{10.87}$$

因此，一旦小波基函数 $\psi(t)$ 确定，4 个滤波器即可随之确定。

有关多分辨率分析在信号的分解和重构方面的应用参看例 10.5。

MRA 与 Mallat 算法密切相关，并且 Mallat 算法在小波分析中有重要地位。算法的基本思想是：与正交尺度函数（见下面的尺度函数的说明）和小波基函数 $\psi(t)$ 相联系的低通滤波器 $L(\omega)$ 和高通数字滤波器 $H(\omega)$，正好构成一对共轭镜像正交滤波器组，应用这一塔式多分辨率的共轭镜像滤波器组的分解和组合，实现正交小波变换的递推快速算法。对这一算法，这里不打算作进一步讨论，但如果有了多分辨率分析的概念，对于掌握 Mallat 算法是很有帮助的。

小波分析克服了傅里叶分析的弱点，在科学和工程技术领域中得到了广泛应用，仅就信号分析和处理的信息技术领域，如对语音信号的处理，图像的处理和识别，信号的识别和故障诊断，计算机视觉，数据的压缩，信号检测中的信噪分离和弱信号的提取，医学仪器，电子地图与卫星导航定位，地质勘探等而言，就表现出了越来越强大的生命力。

**3. 小波变换用的软件工具箱**

在 MATLAB 平台上，集成有小波分析的工具箱 Wavelet Toolbox。它提供了丰富的工具箱函数，主要包括：常用的小波基函数，连续小波变换及其应用，离散小波变换及其应用，小波包变换，信号和图像的多分辨率分解，基于小波的信号去噪，基于小波信号的压缩。工具箱同时提供了一个可视化的小波分析工具，是一个很好的小波算法研究以及工程设计、仿真和应用开发环境，特别适合于信号和图像分析、综合、去噪、压缩等方面的应用。

由上所述，在小波分析中正是小波（基函数）的作用，克服了短时傅里叶变换固定分辨率的不足，对小波基函数的要求是持续时间短、幅度迅速衰减，因此它的构造需要一定的方法。最常用的小波基函数是基于尺度函数构造的，因此先讨论一下“尺度函数”的问题。

在多分辨率分析中应用正交小波分析时，尺度函数与小波一样，同样起着重要的作用。尺度函数通常用 $\varphi(t)$ 表示（区别于小波 $\psi(t)$）。所谓尺度函数要满足下列要求：

① 尺度函数是一个平均函数，即 $\int_{-\infty}^{\infty}\varphi(t)\mathrm{d}t=1$。它可以与满足 $\int_{-\infty}^{\infty}\psi(t)\mathrm{d}t=0$ 的小波相比较，相应地，$\hat{\Phi}(\Omega)$ 具有低通滤波的特性，$\hat{\Psi}(\Omega)$ 则具有带通滤波特性。

② 尺度函数是范数为 1 的规范化函数，即 $\|\varphi(t)\|=1$。

③ 尺度函数对所有小波都是正交的，即 $\int_{-\infty}^{\infty}\varphi_{m,n}(t)\psi_{m',n'}(t)\mathrm{d}t=0$。

④ 任意固定尺度平移的尺度函数都是正交的，但对伸缩的尺度函数则不正交，即 $\int_{-\infty}^{\infty}\varphi_{m,n}(t)\varphi_{m,n'}(t)\mathrm{d}t=0$。

⑤ 某一尺度上的尺度函数可以从自身在下一尺度的线性组合得出，即

$$\varphi(t)=\sqrt{2}\sum_{n\in z}h_n\varphi(2t-n) \tag{10.88}$$

式中，$h_n$ 是尺度参数。上式称为双尺度差分方程。相应的傅里叶变换为

$$\hat{\Phi}(\Omega)=\sum_{n\in Z}\frac{h_n}{\sqrt{2}}\hat{\Phi}\left(\frac{\Omega}{2}\right)\mathrm{e}^{-\mathrm{j}\Omega n/2}=H\left(\frac{\Omega}{2}\right)\hat{\Phi}\left(\frac{\Omega}{2}\right) \tag{10.89}$$

式中

$$H\left(\frac{\Omega}{2}\right)=\sum_{n\in Z}\frac{h_n}{\sqrt{2}}\mathrm{e}^{-\mathrm{j}\Omega n/2} \tag{10.90}$$

⑥ 尺度函数 $\varphi(t)$ 与小波 $\psi(t)$ 是互相关联的，$\psi(t)$ 可以表示为

$$\psi(t)=\sqrt{2}\sum_{n\in Z}g_n\varphi(2t-n) \tag{10.91}$$

式中，$\sqrt{2}$ 是归一化因子，$g_n$ 是由尺度系数 $h_n$ 导出的系数，相应的傅里叶变换为

$$\hat{\Psi}(\Omega)=\sum_{n\in Z}\frac{g_n}{\sqrt{2}}\hat{\Phi}\left(\frac{\Omega}{2}\right)\mathrm{e}^{-\mathrm{j}\Omega n/2}=G\left(\frac{\Omega}{2}\right)\hat{\Phi}\left(\frac{\Omega}{2}\right) \tag{10.92}$$

式中

$$G\left(\frac{\Omega}{2}\right)=\sum_{n\in Z}\frac{g_n}{\sqrt{2}}\mathrm{e}^{-\mathrm{j}\Omega n/2} \tag{10.93}$$

式(10.91)表明：小波可以由尺度函数伸缩和平移的线性组合得到。这是构造正交小波的重要途径，是多分辨率分析方法对小波变换的重要贡献。当然，对构造小波来说，它并不是唯一的途径，下面可以看到，有的小波并不是从尺度函数得到的；反过来，却可以从小波获得尺度函数。

下面简要介绍常用小波和尺度函数。

① 双正交样条小波 biorNr.Nd。它是具有线性相位的小波，Nr、Nd 是指重构滤波器和分解滤波器的阶数。图 10.7 中的 Nr=Nd=4，即 bior4.4 小波。图中的 psi 指重构和分解小波函数，phi 指尺度函数。

② cmorl 小波(或 Morlet 小波)。它是一个没有尺度函数的小波基，是最常用的复值小波，其母小波函数表达式为

$$\psi(t)=\pi^{-1/4}(\mathrm{e}^{-\mathrm{j}\Omega_0 t}-\mathrm{e}^{-\Omega_0^2/2})\mathrm{e}^{-t^2/2} \tag{10.94}$$

其傅里叶变换为

$$\hat{\Psi}(\Omega)=\pi^{-1/4}\left[\mathrm{e}^{-(\Omega-\Omega_0)^2/2}-\mathrm{e}^{-\Omega_0^2/2}\mathrm{e}^{-\Omega^2/2}\right] \tag{10.95}$$

当 $\Omega_0\geqslant 5$ 时，$\mathrm{e}^{-\Omega_0^2/2}\approx 0$，式(10.94)近似为

$$\psi(t)=\pi^{-1/4}\mathrm{e}^{-\mathrm{j}\Omega_0 t}\mathrm{e}^{-t^2/2} \tag{10.96}$$

相应的傅里叶变换为

$$\hat{\psi}(\Omega)=\pi^{-1/4}\mathrm{e}^{-(\Omega-\Omega_0)^2/2} \tag{10.97}$$

这一小波的实部和虚部、模和相角的形状如图 10.8 所示。

③ 紧支集双正交小波 dbN。它是最常用的小波基函数，N 为阶数。图 10.9 是 db4 的尺度和小波基函数的形状。

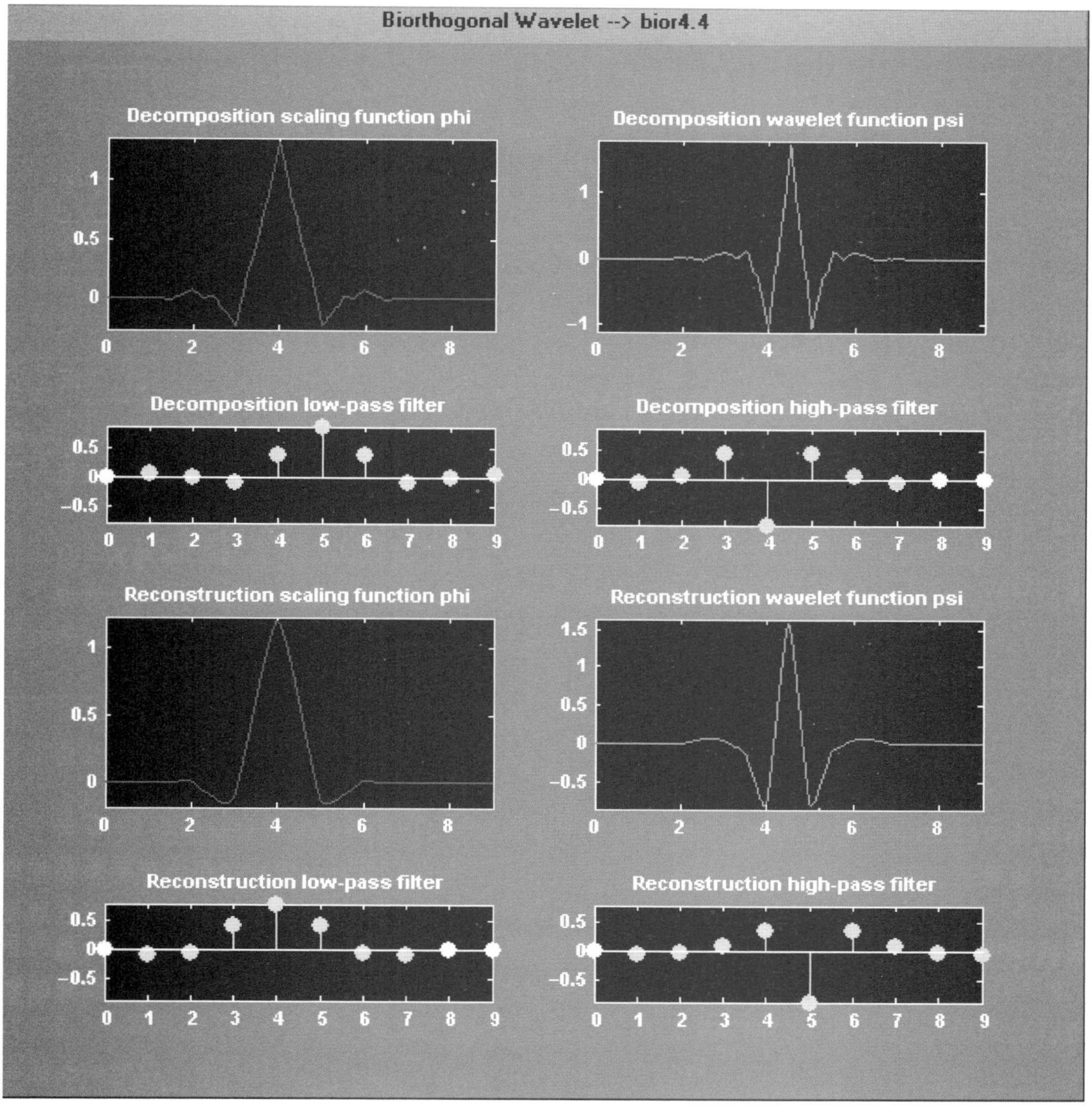

图 10.7　bior4.4 分解和重构小波基函数

④ 墨西哥草帽小波 mexh。普遍形式的 mexh 小波是高斯函数的二阶导数。它没有尺度函数，其小波函数是

$$\psi(t)=\frac{2}{\sqrt{3}}\pi^{-1/4}(1-t^2)e^{-t^2/2} \tag{10.98}$$

小波形状如图 10.10 所示，因其剖面状如墨西哥草帽而得名。

⑤ Meyer 小波。它是法国数学家用紧框架理论构造的小波，是频率带限函数，其傅里叶变换是光滑的，在时域有迅速渐近衰减的特性，从而在时、频域都具有良好的局部性。它的尺度函数和小波基函数形状如图 10.11 所示。

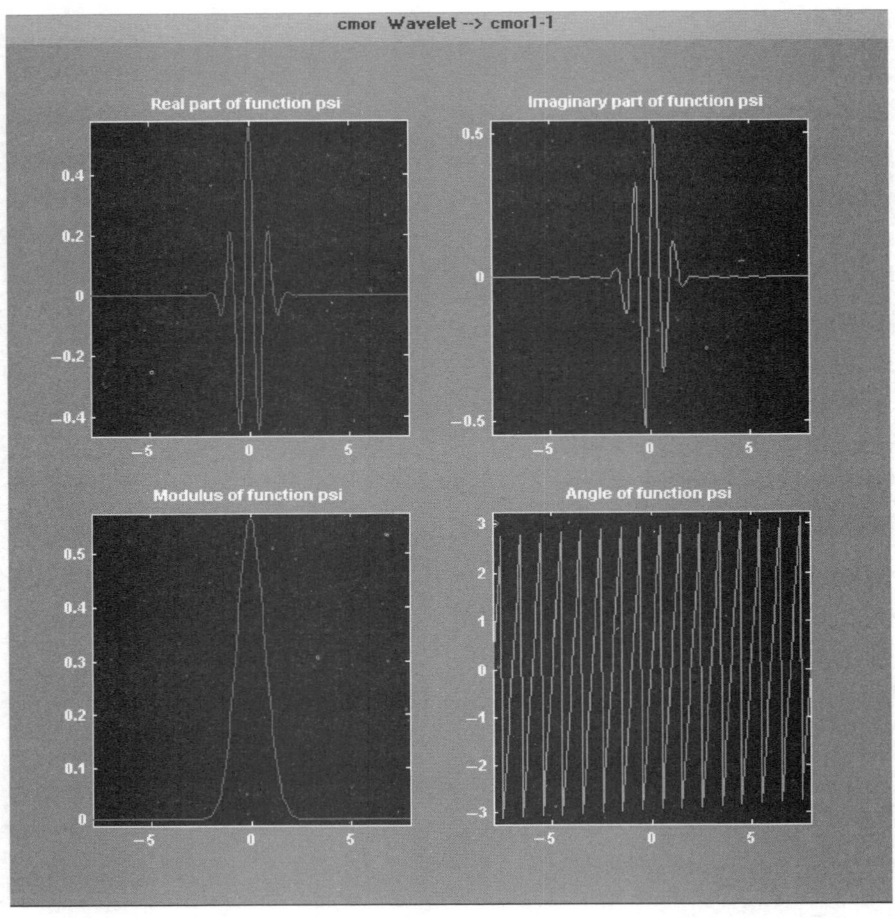


图 10.8 cmorl 小波基函数

下面看一个例子,说明小波变换将信号分解为近似值和细节分量,以及通过小波函数计算重构滤波器。使用信号的近似值分量,重构信号的算法用 MATLAB 实现。

**例 10.5** 试分别用小波 db2、db4 将 Kronecker 函数(在 MATLAB 中为函数 kron())分解为近似值和细节分量。

**解**:分解的程序如下,相应的近似和细节分量如图 10.12 所示。

```
%例 10.5 用 db4、db2 小波分解信号
randn('seed',531316785);            %产生随机信号
s=2+kron(ones(1,8),[1-1])+((1:16).^2)/32+0.2*randn(1,16);
                                    %产生原信号
[ca1,cd1]=dwt(s,'db4');             %对信号 s 用小波 db4 分解为近似值和细节
subplot(311);plot(s);
title('原信号');
subplot(323);plot(ca1);
title('用 db4 分解的近似值');
```

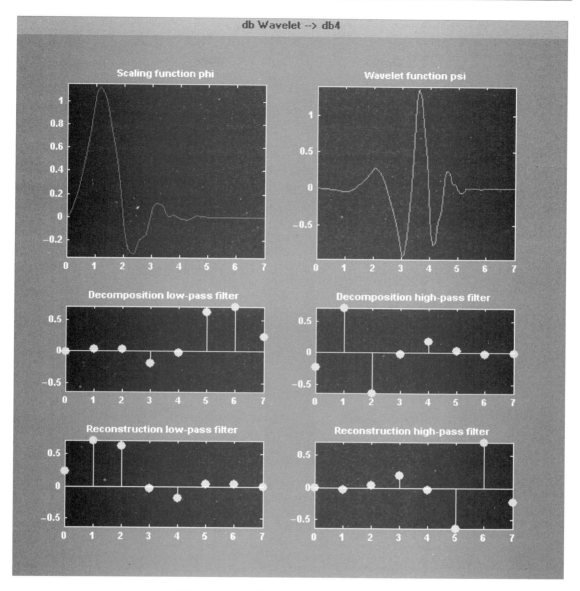

图 10.9　db4 的尺度和小波基函数的形状

```
subplot(324);plot(cd1);
title('用 db4 的细节');
[ca2,cd2]=dwt(s,'db2');              %对信号 s 用小波 db4 分解为近似值和细节
subplot(325);plot(ca2);
title('用 db2 分解的近似值')
subplot(326);plot(cd2)
title('用 db2 的细节')
%例 10.5 用 db4、db2 小波分解信号
randn('seed',531316785);             %产生随机信号
s=2+kron(ones(1,8),[1-1])+((1:16).^2)/32+0.2*randn(1,16);
```

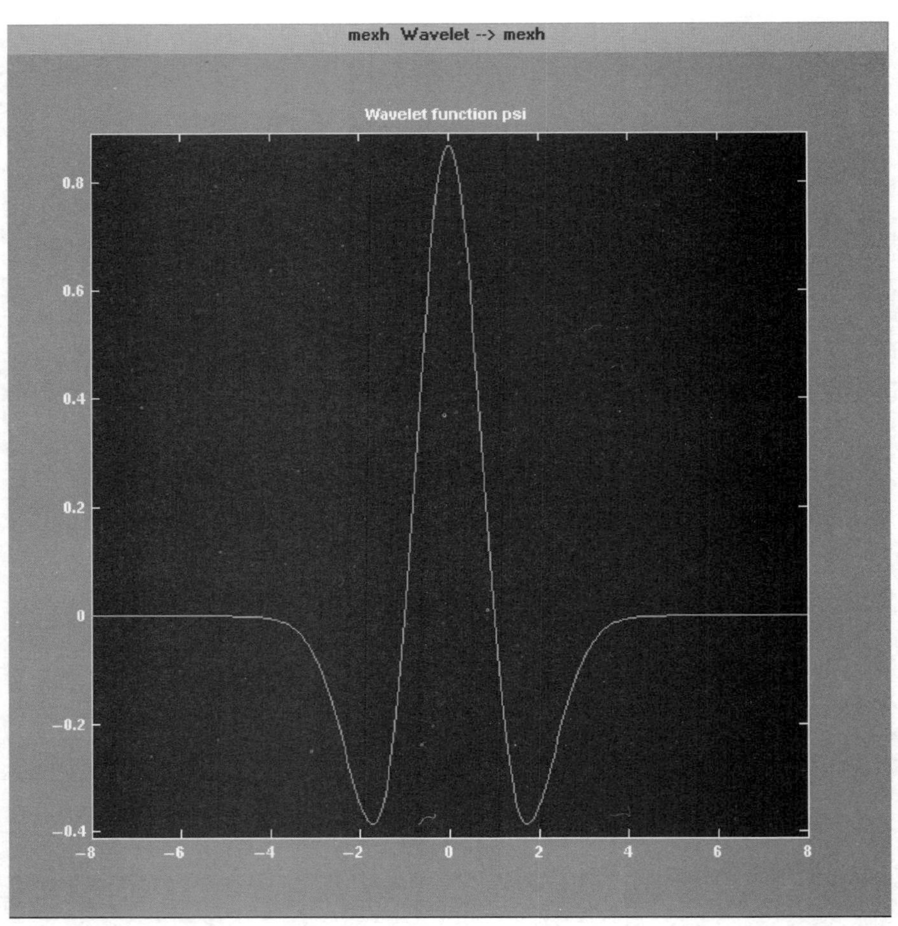


**图 10.10 墨西哥草帽小波基函数**

```
                                        %产生原信号
[ca1,cd1]=dwt(s,'db4');                 %对信号 s 用小波 db4 分解为近似值和细节
subplot(311);plot(s);
title('原信号');
subplot(323);plot(ca1);
title('用 db4 分解的近似值');
subplot(324);plot(cd1);
title('用 db4 的细节');
[ca2,cd2]=dwt(s,'db2');                 %对信号 s 用小波 db4 分解为近似值和细节
subplot(325);plot(ca2);
title('用 db2 分解的近似值')
subplot(326);plot(cd2)
title('用 db2 的细节')
```

程序中,主要使用了一个 MATLAB 所带的函数 dwt,其格式一般为

[cA ,cD]=dwt (X ,'wname' )

表示使用指定的小波基函数'wname'对信号 X 进行分解,cA、cD 分别是近似、细节分量。

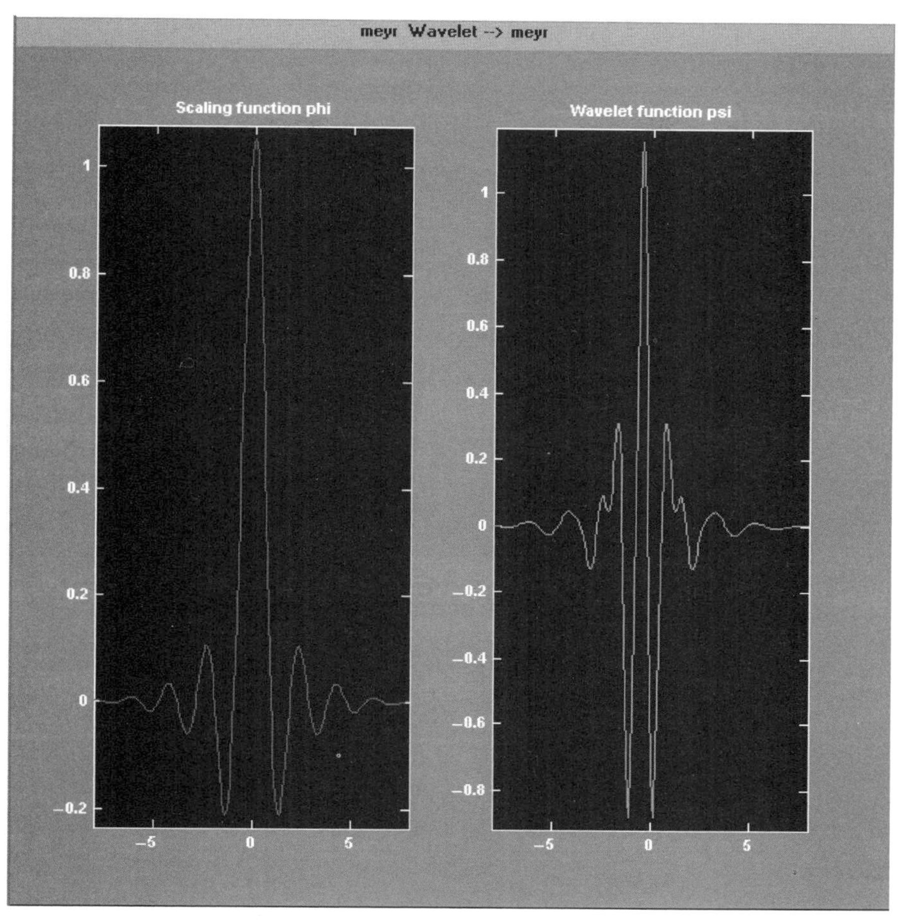


图 10.11　Meyer 尺度函数和小波基函数的形状

另外一种格式是

[cA ,cD]=dwt (X ,Lo_D ,Hi_D)

表示使用指定的滤波器组 Lo_D、Hi_D 对信号进行分解。

**例 10.6**　利用重构滤波器将上述所得的近似和细节分量重构为原信号。

**解**：重构的程序如下，由近似和细节分量重构的信号如图 10.13 所示。

```
%例 10.6 用 db2 由近似值和细节分量重构原信号
%产生原信号，将信号分解为近似值和细节分量
randn('seed',531316785);
s=2+kron(ones(1,8),[1 -1])+((1:16).^2)/32+0.2 * randn(1,16);
[ca1,cd1]=dwt(s,'db2');
subplot(221);plot(ca1);
title('用 db2 分解的近似值');
subplot(222);plot(cd1);
title('用 db2 的细节分量');

%由近似值和细节分量重构原信号
```

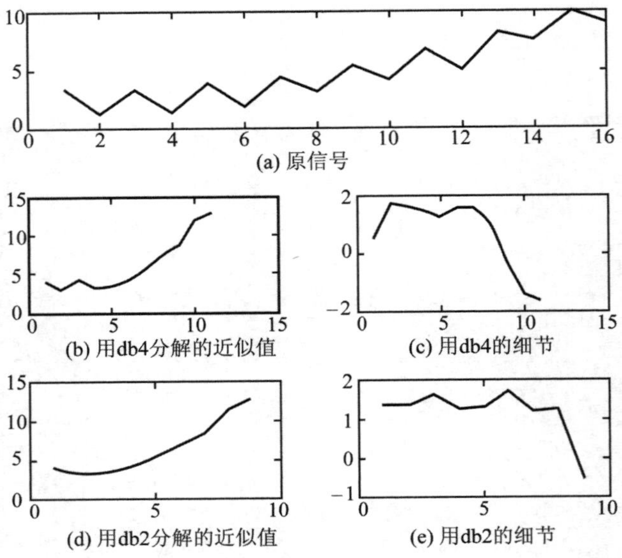


**图 10.12 例 10.5 用小波 db2、db4 分解信号为近似值和细节分量**

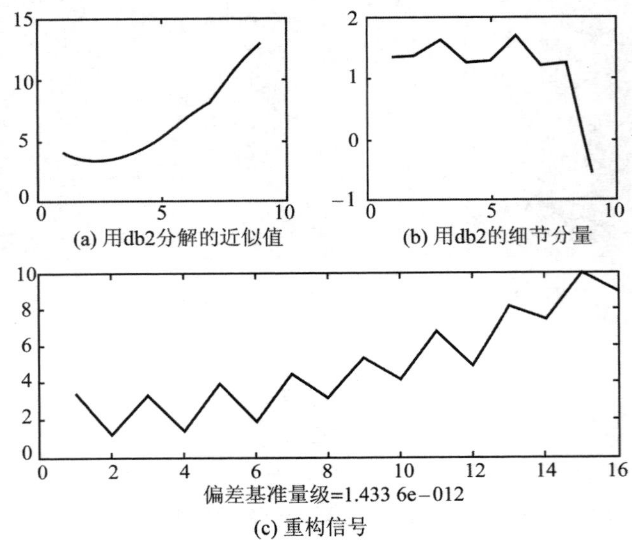


**图 10.13 用小波反变换重构原信号**

```
[Lo_R,Hi_R]=wfilters('db2','r');        %用 db2 小波计算重构滤波器组
ss=idwt(ca1,cd1,Lo_R,Hi_R);             %一维离散小波反变换
err=norm(s-ss);                         %重构信号与原信号偏差
subplot(212);plot(ss);
title('重构信号');
xlabel(['偏差基准量级=',num2str(err)])
```

程序中主要使用了小波反变换函数 idwt,一般格式为

X=idwt(cA,cD,'wname'):由近似分量 cA 和细节分量 cD,选定小波'wname',经小波

反变换重构原信号 X。

X=idwt(cA,cD,Lo_R,Hi_R)：由近似分量 cA 和细节分量 cD,指定重构滤波器 Lo_R 和 Hi_R,经小波反变换重构原信号 X。

X=idwt(cA,cD,Lo_R,Hi_R,L)和 X=idwt(cA,cD,'wname',L)：与上述格式的区别只是指定返回信号 X 中心附近的 L 个点。

信号去噪和信号压缩是小波变换中的两个重要应用。使用小波分解可以将原信号分解为一系列近似和细节分量,信号的噪声集中表现在细节分量上,通过使用一定的阈值来处理细节分量,再经小波重构后即可获得去噪后的平滑信号。小波压缩与小波去噪原理上基本相同,主要区别在于阈值的选择不同。下面举例说明用软阈值的算法实现小波去噪的应用。

**例 10.7**　对有噪信号采用 4 种不同的阈值算法,实现信号的去噪。

**解**：去噪的程序如下,原信号、有噪信号和小波去噪后的信号如图 10.14 所示。

```
%例 10.7 的 4 种软阈值小波去噪算法 MATLAB 编程实现
snr=3;                                        %信噪比
init=2055615866;                              %使用种子 init 生成随机噪声
[xref,x]=wnoise(3,11,snr,init);               %产生有噪信号的函数
lev=5;                                        %小波分解的层数
xd=wden(x,'heursure','s','one',lev,'sym8');   %一维信号小波去噪函数
                                              %指定'heursure'算法选取阈值
subplot(321),plot(xref),axis([1 2048 -10 10]);
title('原信号');
subplot(322),plot(x),axis([1 2048 -10 10]);
title('有噪信号信噪比=3');
subplot(323),plot(xd),axis([1 2048 -10 10]);
title('去噪信号 - heursure');
xd=wden(x,'rigrsure','s','one',lev,'sym8');   %指定'rigrsure'算法选取阈值
subplot(324),plot(xd),axis([1 2048 -10 10]);
title('去噪信号-rigrsure');
xd=wden(x,'sqtwolog','s','sln',lev,'sym8');   %指定'sqtwolog'算法选取阈值
subplot(325),plot(xd),axis([1 2048 -10 10]);
title('去噪信号 - sqtwolog');
xd=wden(x,'minimaxi','s','sln',lev,'sym8');   %指定'minimaxi'算法选取阈值
subplot(326),plot(xd),axis([1 2048 -10 10]);
title('去噪信号 - Minimax');
```

程序中主要使用了 MATLAB 中一维信号的小波去噪函数 wden。一般格式为

[XD,CXD,LXD]=wden(X,TPTR,SORH,SCAL,N,'wname')

执行上述函数后,返回经去噪处理后的信号 XD,以及小波分解结构[CXD,LXD]。

X 为有噪信号。

TPTR 指定了阈值选取的算法,分别有

① 'rigrsure',使用基于 Stein 无偏风险估计理论的自适应阈值的选取算法；

② 'sqtwolog',选择 sqrt(2 * log(length(X)))作为阈值；

③ 'heursure',综合使用'rigrsure'和'sqtwolog'两种方案来选取阈值；

④ 'minimaxi',用极小、极大准则选择阈值。

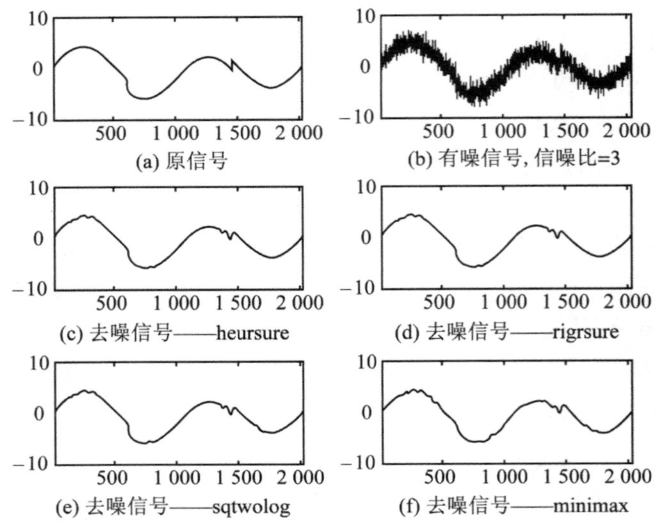


**图 10.14　小波去噪**

SORH 为阈值使用方式：'SORH'='s'，为软阈值；'SORH'='h'，为硬阈值。

SCAL 规定了阈值处理，随噪声水平的变化，其可选值有

① 'one'，不随噪声水平而变化；

② 'sln'，根据第一层小波分解的噪声水平估计进行调整；

③ 'sln'，根据每一层小波分解的噪声水平估计进行调整，适用于有色噪声。

'wname'为小波基函数的名称。

需要指出，小波变换在信号时频分析中具有重要的应用价值，而前面所介绍的“分数傅里叶变换”在这一方面也具有独特的优势，正在得到广泛的重视和实际应用。

## 10.4　希尔伯特变换

希尔伯特变换是信号分析处理的重要工具之一，以著名数学家戴维·希尔伯特(David Hilbert)来命名，通常也表示为 Hilbert 变换。它可以用于构造解析信号，使信号只有正频率分量，从而降低信号的抽样频率。可实现的实际应用系统必须是因果系统，由于因果性的限制，系统函数的实部与虚部或者模与幅角之间就会具有某种相互制约的关系，这种关系为“希尔伯特变换关系”。可以证明：由于希尔伯特变换关系，因果系统的系统函数实部由已知的虚部唯一确定。利用希尔伯特变换可以求得一个实信号所对应的解析复信号，还可以实现信号的 90°相移，可用来求信号的包络谱、瞬时频率，在锁相环鉴相器中可用于求相位误差等。

**1. 连续信号的希尔伯特变换**

对于一给定的连续时间信号 $x(t)$，希尔伯特变换定义为

$$\hat{x}(t)=\mathscr{H}[x(t)]=x(t)*h(t)=\int_{-\infty}^{\infty}x(\tau)\cdot h(t-\tau)\mathrm{d}\tau=\frac{1}{\pi}\int_{-\infty}^{\infty}\frac{x(\tau)}{t-\tau}\mathrm{d}\tau=$$

$$\frac{1}{\pi}\int_{-\infty}^{\infty}\frac{x(t-\tau)}{\tau}\mathrm{d}\tau=x(t)*\frac{1}{\pi t} \tag{10.99}$$

上述定义式中$\mathscr{H}[x(t)]$的$\mathscr{H}$表示对$x(t)$进行希尔伯特变换。上式可以理解为一个希尔伯特变换器(系统)，$\hat{x}(t)$是输入$x(t)$、单位冲激响应$h(t)=\dfrac{1}{\pi t}$的希尔伯特变换器的输出，画成系统框图，如图 10.15 所示。

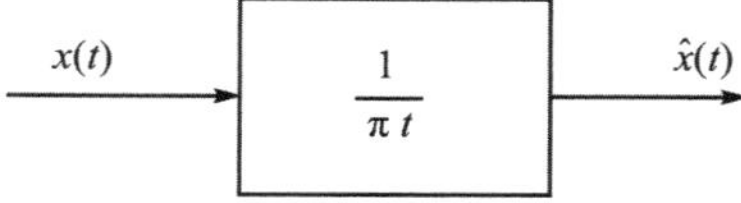


图 10.15　希尔伯特变换器的框图

由第 3 章例 3.6 中的式(3.63)可知，$h(t)=\dfrac{1}{\pi t}$的傅里叶变换是符号函数$-\mathrm{j}\cdot\mathrm{sgn}(\Omega)$，$\mathrm{j}\cdot\mathrm{sgn}(\Omega)$就是系统的频率响应，表示为

$$H(\mathrm{j}\Omega)=-\mathrm{j}\cdot\mathrm{sgn}(\Omega)=\begin{cases}-\mathrm{j} & (\Omega>0)\\ \mathrm{j} & (\Omega<0)\end{cases}\tag{10.100}$$

频率响应可表示为幅频、相频的形式：$H(\mathrm{j}\Omega)=|H(\mathrm{j}\Omega)|\mathrm{e}^{\mathrm{j}\phi(\Omega)}$，并有

$$|H(\mathrm{j}\Omega)|=1$$

$$\phi(\Omega)=\begin{cases}-\pi/2 & (\Omega>0)\\ \pi/2 & (\Omega<0)\end{cases}\tag{10.101}$$

上述幅频、相频特性曲线如图 10.16 所示。

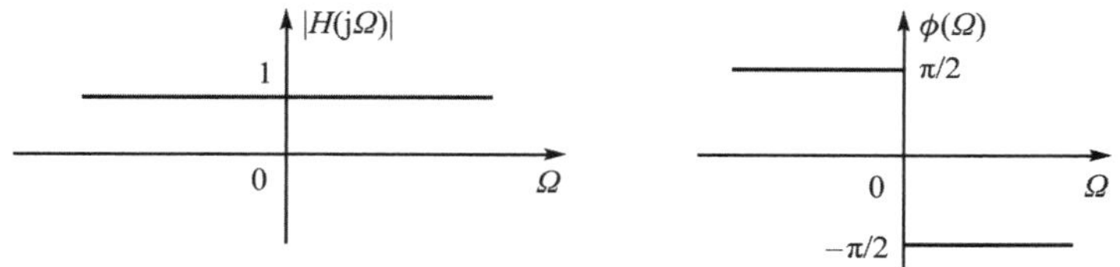


图 10.16　希尔伯特变换器的频率响应

由式(10.101)和图 10.16 不难看出，希尔伯特变换器是幅频特性为 1 的全通滤波器，信号$x(t)$通过希尔伯特变换器后，负频率分量有$+\pi/2$相移，正频率成分有$-\pi/2$相移。

根据式(10.99)和式(10.100)，有

$$\hat{X}(\mathrm{j}\Omega)=X(\mathrm{j}\Omega)H(\mathrm{j}\Omega)=X(\mathrm{j}\Omega)[-\mathrm{j}\,\mathrm{sgn}(\Omega)]=\mathrm{j}X(\mathrm{j}\Omega)\mathrm{sgn}(-\Omega)\tag{10.102}$$

由式(10.102)移项，考虑到$\mathrm{sgn}(\Omega)$的特点，可得

$$X(\mathrm{j}\Omega)=-\mathrm{j}\,\mathrm{sgn}(-\Omega)\hat{X}(\mathrm{j}\Omega)\tag{10.103}$$

则由式(10.103)，可得希尔伯特逆变换定义式为

$$x(t)=-\frac{1}{\pi t}*\hat{x}(t)=-\frac{1}{\pi}\int_{-\infty}^{\infty}\frac{\hat{x}(\tau)}{t-\tau}\mathrm{d}\tau\tag{10.104}$$

式(10.99)和式(10.100)构成希尔伯特变换对。

设$\hat{x}(t)$是$x(t)$的希尔伯特变换，定义信号

$$z(t)=x(t)+\mathrm{j}\hat{x}(t)\tag{10.105}$$

为$x(t)$的解析信号(analytic signal)。对式(8.199)两边进行傅里叶变换，有

$$Z(\mathrm{j}\Omega)=X(\mathrm{j}\Omega)+\mathrm{j}\hat{X}(\mathrm{j}\Omega)=X(\mathrm{j}\Omega)+\mathrm{j}H(\mathrm{j}\Omega)X(\mathrm{j}\Omega)\tag{10.106}$$

根据式(10.100)和式(10.106)，有

$$Z(\mathrm{j}\Omega)=\begin{cases}2X(\mathrm{j}\,\Omega) & (\Omega>0)\\ 0 & (\Omega<0)\end{cases}\tag{10.107}$$

因而,由希尔伯特变换构成的解析信号 $z(t)$ 只含有正频率分量,并且是原信号 $x(t)$ 正频率分量的2倍,频带缩小了1/2。图10.17示出了信号 $x(t)$、$\hat{x}(t)$ 和 $z(t)$ 的 $X(\mathrm{j}\Omega)$、$\hat{X}(\mathrm{j}\Omega)$(图中用 $|HX(\mathrm{j}\Omega)|$ 表示)和 $Z(\mathrm{j}\Omega)$ 的幅谱部分。

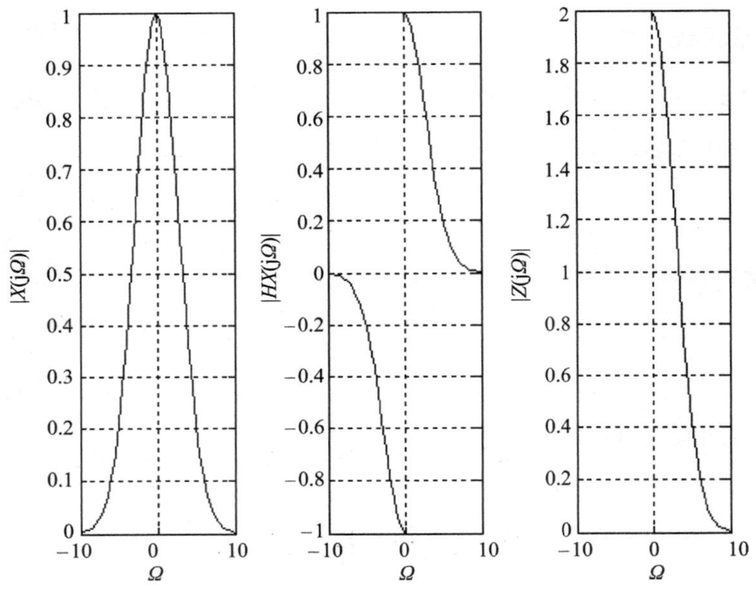


**图10.17 解析信号的幅度频谱**

由图10.17和式(10.107)可知,信号 $x(t)$ 是最高频率为 $\Omega_m$ 的带限信号,为了使 $x(t)$ 的抽样信号 $x(n)$ 不失真地恢复信号 $x(t)$,抽样频率 $\Omega_s$ 必须满足抽样定理:$\Omega_s > 2\Omega_m$。当 $x(t)$ 构成解析信号 $z(t)$ 后,最高频率仍为 $\Omega_m$,但由于不存在负频率成分,相当于频带缩小了1/2,从而降低信号的抽样频率。对 $z(t)$ 而言,$\Omega_s > \Omega_m$ 即可不失真地恢复原信号 $x(t)$。

**例10.8** 若 $x(t)=A\sin(\Omega_0 t)$,求出它的希尔伯特变换及其构成的解析信号。

**解**:由式(3.75)有

$$X(\mathrm{j}\Omega)=\mathrm{j}\pi A\delta(\Omega+\Omega_0)-\mathrm{j}\pi A\delta(\Omega-\Omega_0)$$

则

$$\begin{aligned}\hat{X}(\mathrm{j}\Omega)= &-\pi A\delta(\Omega+\Omega_0)-\pi A\delta(\Omega-\Omega_0)= \\ &-\pi A[\delta(\Omega+\Omega_0)+\delta(\Omega-\Omega_0)]\end{aligned}$$

由式(3.74)可知,$x(t)$ 的希尔伯特变换为

$$\hat{x}(t)=-A\cos(\Omega_0 t)$$

由式(10.106),有

$$Z(\mathrm{j}\Omega)=X(\mathrm{j}\Omega)+\mathrm{j}\hat{X}(\mathrm{j}\Omega)=-2\mathrm{j}\pi A\delta(\Omega-\Omega_0)$$

由式(3.71),可得

$$z(t)=-\mathrm{j}A\mathrm{e}^{\mathrm{j}\Omega_0 t}$$

可以用类似的方法推得 $x(t)=A\cos(\Omega_0 t)$ 的希尔伯特变换为 $\hat{x}(t)=A\sin(\Omega_0 t)$,解析信号为 $z(t)=A\mathrm{e}^{\mathrm{j}\Omega_0 t}$。由此可以判定:正、余弦函数构成了希尔伯特变换对。

MATLAB提供了函数hilbert计算信号的希尔伯特变换,函数的格式是

$$y=\text{hilbert}(x)$$

式中，x 是原信号，函数作用的结果返回一个相同定义区间范围的复数 y（解析信号），y 的实部是原信号 x，虚部是信号 x 的希尔伯特变换，信号 x 与希尔伯特变换之间有 90°的相移。下面是一个应用的例子，求正弦信号的希尔伯特变换。

**例 10.9** 用 MATLAB 中的函数 hilbert，计算信号 $x(t)=\sin(2\pi ft)$ 的希尔伯特变换，设 $f=50$ Hz。

**解**：MATLAB 的程序如下。

```
t = 0:1/1023:1;
x = sin(2 * pi * 50 * t);
y = hilbert(x);
plot(t(1:50),real(y(1:50))),hold on
plot(t(1:50),imag(y(1:50)),':'),hold off
xlabel('t')
ylabel('x(t),z(t)')
```

图 10.18 中分别用实线和虚线表示了正弦信号 $x(t)$ 及其希尔伯特变换的结果——解析信号 $z(t)$。

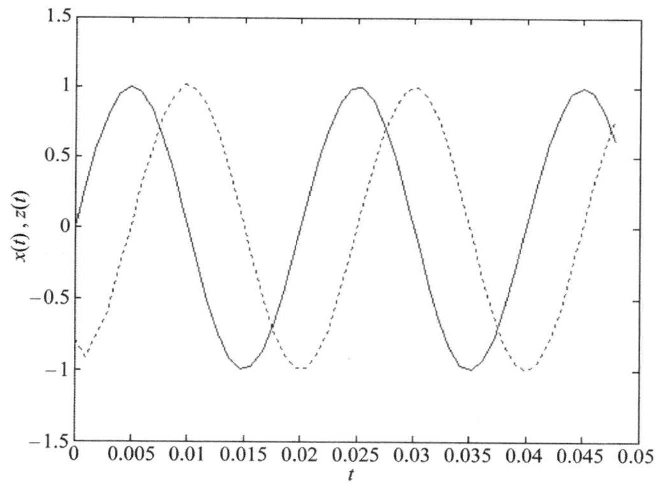


**图 10.18 信号 $x(t)$ 与解析信号 $z(t)$**

**2. 离散信号的希尔伯特变换**

可采用类似于连续信号的希尔伯特变换的方法，定义离散信号 $x(n)$ 的希尔伯特变换 $\hat{x}(n)$。设离散希尔伯特变换器的单位抽样响应为 $h(n)$，相应的频率响应 $H(e^{j\omega})$ 为

$$H(e^{j\omega})=\begin{cases}-j & (0\leqslant\omega<\pi)\\ j & (-\pi\leqslant\omega<0)\end{cases}\tag{10.108}$$

对上式表示的 $H(e^{j\omega})$ 进行傅里叶反变换，可得 $h(n)$ 为

$$h(n)=\frac{1}{2\pi}\int_{-\pi}^{\pi}H(e^{j\omega})e^{j\omega n}d\omega=$$

$$\frac{1}{2\pi}\int_{-\pi}^{\pi}\mathrm{j}e^{\mathrm{j}\omega n}\mathrm{d}\omega-\frac{1}{2\pi}\int_{0}^{\pi}\mathrm{j}e^{\mathrm{j}\omega n}\mathrm{d}\omega$$

求解上述积分,得

$$h(n)=\frac{1-(-1)^n}{n\pi}=\begin{cases}0 & (n\ 为偶数)\\ \dfrac{2}{n\pi} & (n\ 为奇数)\end{cases} \tag{10.109}$$

则定义信号 $x(n)$的希尔伯特变换对为

$$\hat{x}(n)=x(n)*h(n)=\frac{2}{\pi}\sum_{m=-\infty}^{\infty}\frac{x(n-2m-1)}{2m+1} \tag{10.110}$$

$$\hat{X}(e^{\mathrm{j}\omega})=X(e^{\mathrm{j}\omega})H(e^{\mathrm{j}\omega})=\begin{cases}-\mathrm{j}X(e^{\mathrm{j}\omega}) & (0<\omega<\pi)\\ \mathrm{j}X(e^{\mathrm{j}\omega}) & (-\pi<\omega<0)\end{cases} \tag{10.111}$$

即可进一步写出离散解析信号 $z(n)$为

$$z(n)=x(n)+\mathrm{j}\hat{x}(n) \tag{10.112}$$

由上述可以看出,希尔伯特变换与傅里叶变换一个显著的不同在于:傅里叶变换过程是在时域和频域两个域之间进行,而希尔伯特变换只在同一个域(时域)进行变换。

**3. 希尔伯特变换的性质**

希尔伯特变换主要有以下 3 个性质:

① 信号 $x(t)$或 $x(n)$通过希尔伯特变换器后,信号频谱的幅度不发生变化。这是由于希尔伯特变换器是全通滤波器,对信号幅谱不产生影响。如连续信号,由式(10.103),有

$$|X(\mathrm{j}\Omega)|=|-\mathrm{j}\,\mathrm{sgn}(-\Omega)\hat{X}(\mathrm{j}\Omega)|=|\hat{X}(\mathrm{j}\Omega)|$$

② $x(t)$与 $\hat{x}(t)$间,或者 $x(n)$与 $\hat{x}(t)$间是相互正交的。

③ 若 $x(t)$、$x_1(t)$、$x_2(t)$的希尔伯特变换分别是 $\hat{x}(t)$、$\hat{x}_1(t)$、$\hat{x}_2(t)$,并有

$$x(t)=x_1(t)*x_2(t)$$

则

$$\hat{x}(t)=\hat{x}_1(t)*x_2(t)=x_1(t)*\hat{x}_2(t) \tag{10.113}$$

对离散信号,有类似的性质。若 $x(n)$、$x_1(n)$、$x_2(n)$的希尔伯特变换分别是 $\hat{x}(n)$、$\hat{x}_1(n)$、$\hat{x}_2(n)$,并有 $x(n)=x_1(n)*x_2(n)$,则

$$\hat{x}(n)=\hat{x}_1(n)*x_2(n)=x_1(n)*\hat{x}_2(n) \tag{10.114}$$

**4. 应　用**

下面应用希尔伯特变换研究实因果信号傅里叶变换的实部与虚部、幅度与相位间的关系。

在滤波器的有关章节中,曾经指出,可工程实现的实际系统中的信号都是因果信号。下面通过应用希尔伯特变换来说明:由于因果性的限制,因果信号傅里叶变换的实部与虚部、或者对数幅度与相位之间具有一定的相互制约的关系。

首先看连续信号。若 $x(t)$为因果信号,应表示为

$$x(t)u(t)$$

由傅里叶变换频域卷积定理,则 $x(t)$的傅里叶变换为

$$X(\mathrm{j}\Omega)=\mathscr{F}[x(t)]=\frac{1}{2\pi}\{\mathscr{F}[x(t)]*\mathscr{F}[u(t)]\} \tag{10.115}$$

$X(\mathrm{j}\Omega)$可以表示为实部 $\mathrm{Re}\,\Omega$ 与虚部 $\mathrm{jIm}\,\Omega$ 的和,即

$$X(\mathrm{j}\Omega)=\mathrm{Re}\,\Omega+\mathrm{jIm}\,\Omega \tag{10.116}$$

从而有

$$\begin{aligned}\mathrm{Re}\,\Omega+\mathrm{j}\,\mathrm{Im}\,\Omega=&\frac{1}{2\pi}\left\{[\mathrm{Re}\,\Omega+\mathrm{j}\,\mathrm{Im}\,\Omega]*\left[\pi\delta(\Omega)+\frac{1}{\mathrm{j}\Omega}\right]\right\}=\\&\frac{1}{2\pi}\left[\mathrm{Re}\,\Omega*\pi\delta(\Omega)+\mathrm{Im}\,\Omega*\frac{1}{\Omega}\right]+\frac{\mathrm{j}}{2\pi}\left[\mathrm{Im}\,\Omega*\pi\delta(\Omega)-\mathrm{Re}\,\Omega*\frac{1}{\Omega}\right]=\\&\frac{1}{2\pi}\left[\mathrm{Re}\,\Omega+\frac{1}{\pi}\int_{-\infty}^{\infty}\frac{\mathrm{Im}\,\lambda}{\Omega-\lambda}\mathrm{d}\lambda\right]+\frac{\mathrm{j}}{2}\left[\mathrm{Im}\,\Omega-\frac{1}{\pi}\int_{-\infty}^{\infty}\frac{\mathrm{Re}\,\lambda}{\Omega-\lambda}\mathrm{d}\lambda\right]\end{aligned} \tag{10.117}$$

由式(10.117)两边实部、虚部比较，解得

$$\mathrm{Re}\,\Omega=\frac{1}{\pi}\int_{-\infty}^{\infty}\frac{\mathrm{Im}\,\lambda}{\Omega-\lambda}\mathrm{d}\lambda \tag{10.118}$$

$$\mathrm{Im}\,\Omega=-\frac{1}{\pi}\int_{-\infty}^{\infty}\frac{\mathrm{Re}\,\lambda}{\Omega-\lambda}\mathrm{d}\lambda \tag{10.119}$$

对照希尔伯特定义式(10.99)和式(10.104)可知，式(10.118)与式(10.119)构成希尔伯特变换对。它表明了因果信号傅里叶变换 $X(\mathrm{j}\Omega)$的一个重要特性：实部 $\mathrm{Re}\,\Omega$ 为已知的虚部 $\mathrm{jIm}\,\Omega$ 唯一确定；反过来，虚部 $\mathrm{jIm}\,\Omega$ 亦为已知的实部 $\mathrm{Re}\,\Omega$ 唯一确定。这种关系也适用于因果系统的系统函数。因果信号这种傅里叶变换实部与虚部的相互依赖关系同时表明：如果已知虚部(或实部)，再任意指定实部(或虚部)，就无法保证信号或系统的因果性。

上述方法和思路还可以进一步推广，得到信号对数幅度谱与相位谱之间的约束关系。若将 $X(\mathrm{j}\Omega)$表示为

$$X(\mathrm{j}\Omega)=|X(\mathrm{j}\Omega)|\,\mathrm{e}^{\mathrm{j}\phi(\Omega)} \tag{10.120}$$

上式两边取自然对数，得

$$\ln X(\mathrm{j}\Omega)=\ln|X(\mathrm{j}\Omega)|+\mathrm{j}\ln\phi(\Omega) \tag{10.121}$$

可以证明，$\ln|X\mathrm{j}(\Omega)|$与 $\phi(\Omega)$之间存在一定的约束关系，有

$$\ln|X(\mathrm{j}\Omega)|=\frac{1}{\pi}\int_{-\infty}^{\infty}\frac{\phi(\lambda)}{\Omega-\lambda}\mathrm{d}\lambda \tag{10.122}$$

$$\phi(\Omega)=-\frac{1}{\pi}\int_{-\infty}^{\infty}\frac{\ln|X(\Omega)|}{\Omega-\lambda}\mathrm{d}\Omega \tag{10.123}$$

$\ln|X(\mathrm{j}\Omega)|$与 $\phi(\Omega)$存在约束关系，构成一个希尔伯特变换对。这种约束关系表明，对于实因果信号，若给定 $\ln|X(\mathrm{j}\Omega)|$，则 $\phi(\Omega)$被唯一确定，它们构成一个最小相移函数。所谓“最小相移函数”是指：信号拉氏变换的零点仅仅位于 $s$ 平面的左半平面。

对离散信号来说，通过应用希尔伯特变换，可以得出结论：信号傅里叶变换的实部与虚部、幅度与相位间的关系与连续信号类似。这里不再细述，下面直接引出其结果。

若离散实因果信号 $x(n)$的傅里叶变换 $X(\mathrm{e}^{\mathrm{j}\omega})$存在，表示为实部和虚部的形式

$$X(\mathrm{e}^{\mathrm{j}\omega})=X_{\mathrm{Re}}(\mathrm{e}^{\mathrm{j}\omega})+\mathrm{j}X_{\mathrm{Im}}(\mathrm{e}^{\mathrm{j}\omega}) \tag{10.124}$$

则采用连续信号的推导方法，可得 $X(\mathrm{e}^{\mathrm{j}\omega})$实部和虚部的希尔伯特变换对，即

$$X_{\mathrm{Re}}(\mathrm{e}^{\mathrm{j}\omega})=\frac{1}{2\pi}\int_{-\pi}^{\pi}X_{\mathrm{Im}}(\mathrm{e}^{\mathrm{j}\theta})\cot\left(\frac{\omega-\theta}{2}\right)\mathrm{d}\theta+x(0) \tag{10.125}$$

$$X_{\mathrm{Im}}(\mathrm{e}^{\mathrm{j}\omega})=-\frac{1}{2\pi}\int_{-\pi}^{\pi}X_{\mathrm{Re}}(\mathrm{e}^{\mathrm{j}\theta})\cot\left(\frac{\omega-\theta}{2}\right)\mathrm{d}\theta \tag{10.126}$$

$$x(0)=\frac{1}{2\pi}\int_{-\pi}^{\pi}X_{\mathrm{Re}}(\mathrm{e}^{\mathrm{j}\theta})\mathrm{d}\theta \tag{10.127}$$

式(10.125)和式(10.126)表明,离散实因果信号 $x(n)$ 的傅里叶变换 $X(\mathrm{e}^{\mathrm{j}\omega})$ 的实部和虚部构成一希尔伯特变换对。

若将 $X(\mathrm{e}^{\mathrm{j}\omega})$ 表示为幅谱和相谱的形式,有

$$X(\mathrm{e}^{\mathrm{j}\omega})=|X(\mathrm{e}^{\mathrm{j}\omega})|\mathrm{e}^{\mathrm{j}\phi(\omega)} \tag{10.128}$$

而

$$\phi(\omega)=\arg[X(\mathrm{e}^{\mathrm{j}\omega})]=\arctan[X_{\mathrm{Im}}(\mathrm{e}^{\mathrm{j}\omega})/X_{\mathrm{Re}}(\mathrm{e}^{\mathrm{j}\omega})] \tag{10.129}$$

可以推得

$$\arg[X\mathrm{e}^{\mathrm{j}\omega}]=-\frac{1}{2\pi}\int_{-\pi}^{\pi}\ln|X(\mathrm{e}^{\mathrm{j}\theta})|\cot\left(\frac{\omega-\theta}{2}\right)\mathrm{d}\theta \tag{10.130}$$

$$\ln|X(\mathrm{e}^{\mathrm{j}\omega})|=\frac{1}{2\pi}\int_{-\pi}^{\pi}\arg[X(\mathrm{e}^{\mathrm{j}\theta})]\cot\left(\frac{\omega-\theta}{2}\right)\mathrm{d}\theta+\breve{x}(0) \tag{10.131}$$

$$\breve{x}(0)=\frac{1}{2\pi}\int_{-\pi}^{\pi}\ln|X(\mathrm{e}^{\mathrm{j}\theta})|\mathrm{d}\omega \tag{10.132}$$

式(10.130)和式(10.131)表明,离散实因果信号的对数幅度谱与相位谱之间也存在希尔伯特变换的制约关系。需要指出:为了满足上述变换关系,信号 $x(n)$ 的 $z$ 变换 $X(z)$ 的极点和零点都必须在单位圆内,因而也是"最小相移信号"。

**5. 希尔伯特-黄变换**

享誉国际学术界及工程界的著名学者和科学家、台湾的黄锷院士,曾在美国航空航天总署(NASA)工作了30多年。他于2003年发表了独创的信号处理方法——希尔伯特-黄变换HHT(Hilbert-Huang Transformation),这一变换可应用于海浪分析、应力波谱分析、地震波谱分析以及各种非稳态信号的分析。HHT的发明被认为是"NASA史上最重要的应用数学发现之一",它可广泛应用于科学、医学、公共卫生、财经、军事等领域,结果精确,得到国际学术界的肯定。与其他数学变换运算(如傅里叶变换)不同,希尔伯特-黄变换是一种应用在数据上的算法,而非理论工具。

下面对HHT作简要介绍,需要进一步了解的读者,可参看相关文献。

HHT的主要思想是将需要分析的信号(资料或数据等),利用所谓的"经验模态分解EMD(Empirical Mode Decomposition)"方法,分解为有限个不同尺度的本征模态函数IMFs(Intrinsic Mode Functions),每个本征模态函数序列都是单组分的,相当于序列的每一点只有一个瞬时频率,无其他频率组分的叠加。瞬时频率是通过对IMF进行希尔伯特变换得到,同时求得振幅,最后求得振幅-频率-时间的三维谱分布。任何一个信号(数据),满足下列两个条件即可称为本征模态函数:

① 局部极大值(local maxima)以及局部极小值(local minima)的数目之和必须与过零点(zero crossing)的数目相等或最多只能差1。

② 在任何时间点,局部极大值所定义的上包络线(upper envelope)与局部极小值所定义的下包络线的平均值为零。

因此,一个函数若属于IMF,则表示其波形局部对称于零平均值,可以直接使用希尔伯特变换,求得有意义的瞬时频率。

设信号为 $x(t)$,如图10.19所示。$x(t)$ 的上下包络线分别为 $u(t)$ 和 $v(t)$,则上下包络

线的平均曲线为 $m(t)$ 表示为

$$m(t)=\frac{u(t)+v(t)}{2} \tag{10.133}$$

这一处理过程，参见图 10.20。

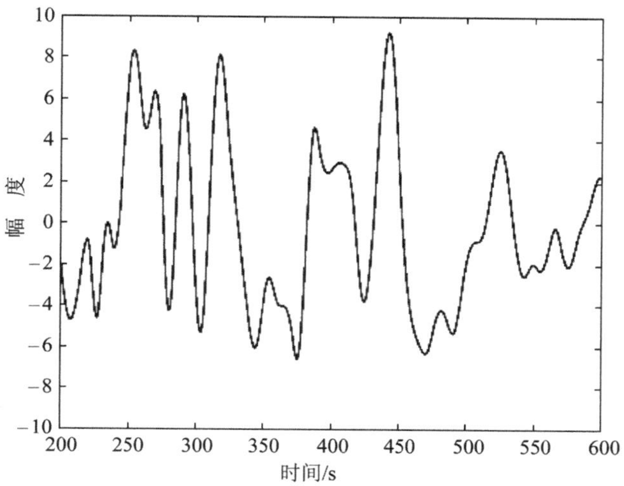


**图 10.19　信号 $x(t)$**

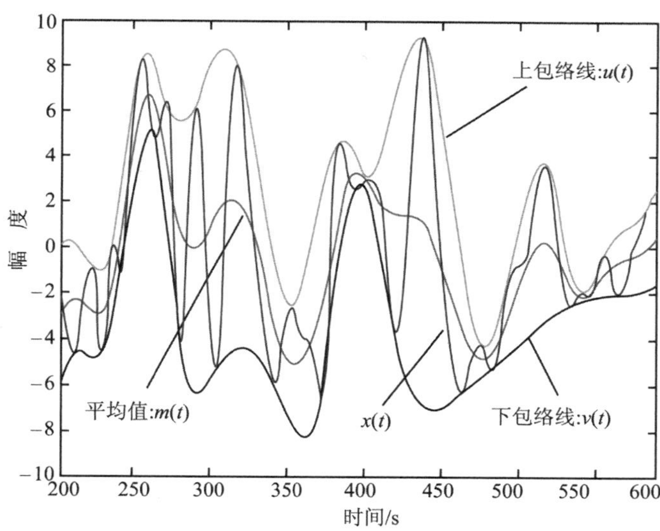


**图 10.20　EMD 第一次分解：$u(t)$、$v(t)$和 $m(t)$关系示意**

$x(t)$与 $m(t)$相减得到的差值 $h_1(t)$为

$$h_1(t)=x(t)-m(t) \tag{10.134}$$

$h_1(t)$和 $x(t)$的关系如图 10.21 所示。

但是，往往由于包络线样条产生“过冲”或“俯冲”的现象，而产生新的极值并影响原来极值的位置与大小，因此，分解得到的 $h_1(t)$并没有完全满足 IMF 条件。将得到的 $h_1(t)$视作新的 $x(t)$，再求上下包络线 $u_1(t)$和 $v_1(t)$，重复以上过程，参见图 10.22，有

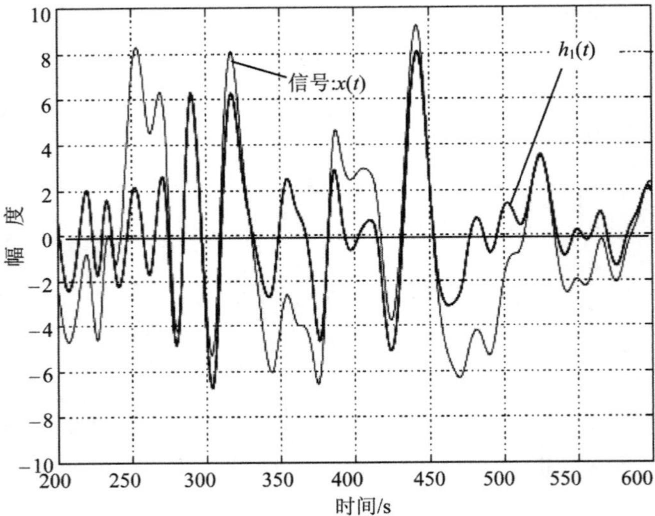


图 10.21　$h_1(t)$和 $x(t)$

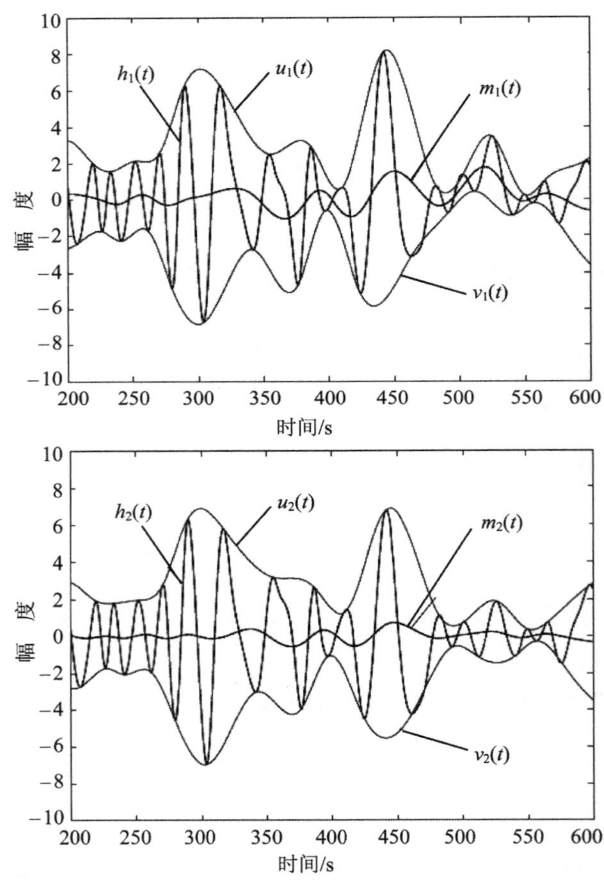


图 10.22　重复操作,获得 $h_2(t)$

$$m_1(t)=\frac{u_1(t)+v_1(t)}{2} \tag{10.135}$$

$$h_2(t)=x_1(t)-m_1(t) \tag{10.136}$$

继续重复以上操作，即

$$m_n(t)=\frac{u_n(t)+v_n(t)}{2} \tag{10.137}$$

$$h_n(t)=x_{n-1}(t)-m_{n-1}(t) \tag{10.138}$$

直到 $h_2(t)$满足 IMF 条件，EMD 分解得到第 1 个 IMF $c_1(t)$及剩余部分 $r_1(t)$，记为

$$c_1(t)=h_n(t) \tag{10.139}$$

$$r_1(t)=x(t)-c_1(t) \tag{10.140}$$

经 EMD 多次分解，达到 IMF 条件的第一个 $c_1(t)$，如图 10.23 所示。

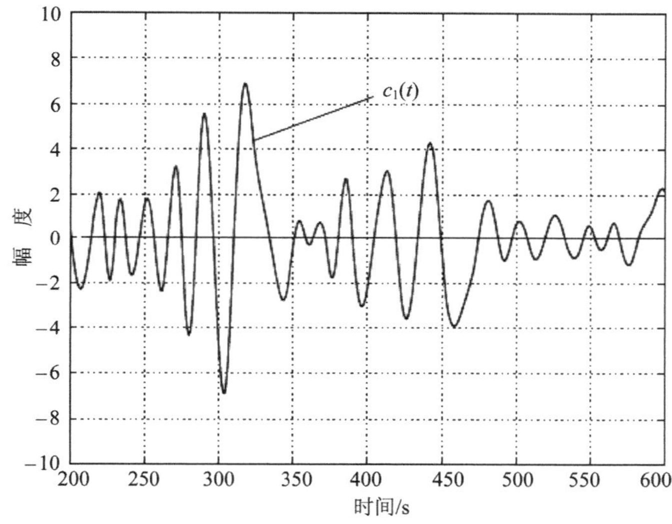


**图 10.23　经 EMD 分解，达到 IMF 条件的第一个 $c_1(t)$**

然而，过多地重复上述处理过程，会导致基本模式分量变成纯粹的频率调制信号，而幅度变成恒定量。为了使基本模式分量保存足够反映物理实际的幅度与频率调制，必须确定一个筛选过程停止的准则，这一准则可以通过限制两个连续处理结果之间的标准差 SD 的大小来实现。一般取 SD 值为 0.2～0.3。SD 表达式如下：

$$\mathrm{SD}=\sum_{t=0}^{T}\frac{|h_n(t)-h_{n-1}(t)|^2}{h_n^2(t)} \tag{10.141}$$

对信号的剩余部分 $r_1(t)$继续进行 EMD 分解，直到所得的剩余部分为单一信号或其值小于设定值时，分解完成。最终得到所有的 IMF 及残余量：

$$\left.\begin{array}{l} r_2(t)=r_1(t)-c_2(t) \\ r_3(t)=r_2(t)-c_3(t) \\ \vdots \\ r_n(t)=r_{n-1}(t)-c_n(t) \end{array}\right\} \tag{10.142}$$

而原始信号 $x(t)$是所有的 IMF 及残余量之和,即 $x(t)$分解为

$$x(t)=\sum_{i=1}^{n}c_i(t)+r_n \tag{10.143}$$

然后,对于每一个 IMF 作希尔伯特变换得

$$\hat{c}_i(t)=\mathscr{H}[c_i(t)]=\frac{1}{\pi}\int_{-\infty}^{\infty}\frac{c_i(\tau)}{t-\tau}\mathrm{d}\tau \tag{10.144}$$

并构造解析信号

$$z_i(t)=c_i(t)+\mathrm{j}\hat{c}_i(t)=|z_i(t)|\ \mathrm{e}^{\mathrm{j}\phi_i(t)} \tag{10.145}$$

由式(10.145),解析信号 $z_i(t)$的幅度函数$|z_i(t)|$为

$$|z_i(t)|=\sqrt{c_i^2(t)+\hat{c}_i^2(t)} \tag{10.146}$$

$z_i(t)$的相位函数 $\phi_i(t)$为

$$\phi_i(t)=\arctan\frac{\hat{c}_i(t)}{c_i(t)} \tag{10.147}$$

每一个 IMF 分量的瞬时频率定义为

$$f_i(t)=\frac{1}{2\pi}\frac{\mathrm{d}\phi_i(t)}{\mathrm{d}t} \tag{10.148}$$

并有

$$\omega_i(t)=\frac{\mathrm{d}\phi_i(t)}{\mathrm{d}t} \tag{10.149}$$

式中,$\omega_i$ 是相应 IMF 的角频率(角速率)。

所有的 IMF 作希尔伯特变换后,忽略残余函数 $r$ 的部分,并取实部,可以得到以下的结果:

$$x(t)=\mathrm{Re}\sum_{i=1}^{N}|z(t)|\ \mathrm{e}^{\mathrm{j}\phi_i(t)}=\mathrm{Re}\sum_{i=1}^{N}|z(t)|\ \mathrm{e}^{\mathrm{j}\int\omega_i(t)\mathrm{d}t} \tag{10.150}$$

式(10.150)称为“希尔伯特幅度谱”,表示为

$$H(\omega,t)=\mathrm{Re}\sum_{i=1}^{N}|z(t)|\ \mathrm{e}^{\mathrm{j}\int\omega_i(t)\mathrm{d}t} \tag{10.151}$$

进一步可定义边际谱,为

$$h(\omega)=\int_{-\infty}^{\infty}H(\omega,t)\mathrm{d}t \tag{10.152}$$

由上述得到了信号的瞬时频率和幅值,从而可得到相应信号的时频图、时频谱和边际谱,所有这些方法构成了希尔伯特-黄变换。

## 10.5 最优线性滤波

本节将要介绍的滤波技术,与第 8 章的模拟和数字滤波的作用相同,也是一种抑制有用信号中不需要的噪声或干扰,提取出有用信号的技术。但是,前面所讲的滤波有两个明显的特点:一是有用信号通常是确定性信号,噪声是随机的;二是待处理的有用信号和噪声有一个基本前提,即输入滤波器的信号和噪声应处在不同的频带,才有好的滤波效果,因此称为“频率选择滤波器”,或者称为“狭义滤波”。由于这种滤波器应用的时间相对较早,也有人称为“经典滤

波器”。下面要讨论的可以认为是广义滤波，或“最佳滤波”，也称为“现代滤波”，是对被噪声污染的信号进行某种处理，使信号与噪声“最佳”地分开，将整个有用信号的波形从噪声中分离出来。这里的最佳是指“均方误差最小”意义下的最佳，是从统计的意义上来处理滤波问题。也就是说，不仅把噪声，也把要处理的有用信号作为随机信号来对待，这与“从噪声中提取确定性信号”有所不同。本节主要简要介绍维纳滤波、卡尔曼滤波和自适应滤波的基本原理。

### 10.5.1　维纳滤波

第二次世界大战期间，美国科学家维纳从事了设计高炮射击装置的研究，其基本目标就是给高射炮的射击控制系统配备一种相当于射程表的机械装置，它可以自动地使高射炮获得对飞机的必要提前量，以便使炮弹能比较精确地击中飞机。因此维纳所要解决的问题，一是飞行曲线的预测理论，二是实现这个理论的装置。

1942 年 2 月，维纳首先给出了从时间序列的过去数据推知未来的维纳滤波公式，根据飞机过去一系列的位置及速度的数据来预测其未来位置、方向及速度，维纳称其为时间序列的外推问题。他指出，最优预测问题的解决取决于要加以预测的时间序列的统计性质。他应用多年来概率论研究的成果，设计了一种统计模型，给出使成功的概率达到最大的精确含义，建立了在最小均方误差准则下将时间序列外推进行预测的维纳滤波理论。

维纳的这项工作为设计自动防空控制炮火等方面的预测问题提供了理论依据，并为评价一个通信和控制系统加工信息的效率和质量，从理论上开辟了一条途径，这对自动化技术科学有重要的影响。维纳在解决问题的过程中引进统计因素并使用了自相关和互相关函数，事实证明这是极其重要的。维纳滤波模型在 20 世纪 50 年代，被推广到仅在有限时间区间内进行观测的平稳过程以及某些特殊的外平稳过程，其应用范围也扩充到更多的领域，至今它仍是处理各种动态数据(如气象、水文、地震、勘探等)及预测未来的有力工具之一。

维纳滤波器的基本思路是：设滤波器的输入为含噪声的随机信号，期望的输出与实际输出之间的差值为偏差，即误差，由于是随机信号，衡量这个偏差，即滤波效果，应当使用数字特征——均方误差。均方误差越小，噪声滤除效果就越好。为使均方误差最小，关键是从“维纳-霍夫方程”中求出单位冲激(抽样)响应。维纳-霍夫方程指出：最佳维纳滤波器的冲激响应，完全由输入自相关函数以及输入与期望输出的互相关函数所决定。若用 $R_{xx}$ 表示输入自相关函数，$R_{sx}$ 表示输入与期望输出的互相关函数，$h(t)$表示维纳滤波器的冲激响应，则连续因果信号的维纳-霍夫方程为

$$R_{sx}(t-\xi)=\int_{0}^{\infty}h(t-\tau)R_{xx}(\tau-\xi)\mathrm{d}\tau\qquad(0\leqslant\xi<\infty)\tag{10.153}$$

若 $h(n)$为维纳滤波器的单位抽样响应，则离散因果信号的维纳-霍夫方程为

$$R_{sx}(m)=\sum_{n=0}^{\infty}h(n)R_{xx}(m-n)\qquad(0\leqslant m<\infty)\tag{10.154}$$

下面以离散信号为例，分析维纳滤波器的基本原理。

设所观测或接收到的信号 $x(k)$由信号 $s(k)$与噪声 $n(k)$叠加组成(通常把这样的噪声 $n(k)$称为“加法噪声”)。二者的自相关和互相关函数为已知，现在要找到一个单位抽样响应 $h(k)$的线性非移变系统作滤波器，并设 $h(k)$为有限长序列，使输出信号 $\hat{s}(k)$在均方误差最小意义下近似等于 $s(k)$，或者说 $\hat{s}(k)$是 $s(k)$的估计，如图 10.24 所示。

由图10.24,滤波器输入为

$$x(k)=s(k)+n(k) \qquad (k=0,1,2,\cdots,N) \tag{10.155}$$

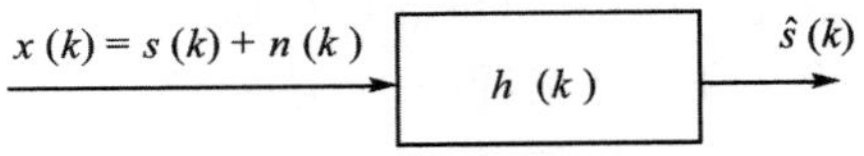

$x(k)=s(k)+n(k)$ → $h(k)$ → $\hat{s}(k)$

图 10.24 维纳滤波原理框图

输出信号为

$$\hat{s}(k)=\sum_{m=0}^{q-1}h(m)x(k-m) \tag{10.156}$$

式中,$N\gg q$。

设 $s(k)$ 与 $\hat{s}(k)$ 的误差为

$$e(k)=s(k)-\hat{s}(k) \tag{10.157}$$

所谓均方误差最小,即

$$\sigma_s^2(k)=\mathrm{E}[e^2(k)]=\min \tag{10.158}$$

式(10.156)表示:期望输出 $s(k)$ 的估计 $\hat{s}(k)$ 是由当前和过去观测数据 $x(k)$, $x(k-1)$,…, $x(k-q)$ 所确定的,这种在时域上由信号的历史数据推断当前信号的情况,即由当前和过去的观测值来估计当前信号的 $\hat{s}(k)$,称为滤波;用过去的观测值来估计当前或将来的信号 $s(k)$, $s(k+1)$, $s(k+2)$,…, $s(k+N)$,则称为预测或外推;而用过去的观测值来估计过去的信号 $s(k-1)$, $s(k-2)$,…, $s(k-N)$,则称为平滑或内插。对于滤波,若 $s(k)$ 与 $\hat{s}(k)$ 间的均方误差最小,即满足式(10.158),则表明系统抑制了噪声,$\hat{s}(k)$ 是 $s(k)$ 的最佳逼近,称为维纳滤波,其估计算法是一种线性运算,因此,也称为最佳线性滤波。

由式(10.156)、式(10.157)和式(10.158)可知,均方误差为

$$\mathrm{E}[e^2(k)]=\mathrm{E}\left\{\left[s(k)-\sum_{m=0}^{q-1}h(m)x(k-m)\right]^2\right\} \tag{10.159}$$

为使均方误差最小,将式(10.159)对各 $h(m)(m=0,1,2,\cdots,q-1)$ 求偏导,令其结果为零,有

$$2\mathrm{E}\left\{\left[s(k)-\sum_{m=0}^{q-1}h(m)x(k-m)\right]x(k-j)\right\}=0 \qquad (j=0,1,2,\cdots,q-1) \tag{10.160}$$

注意式(10.160)通过偏导结果为零求得极值后,$h(m)\to h_{\mathrm{opt}}(m)$,经整理可得

$$\mathrm{E}[s(k)x(n-j)]=\sum_{m=0}^{q-1}h_{\mathrm{opt}}(m)\mathrm{E}[x(k-m)x(k-j)]=0 \qquad (j=0,1,2,\cdots,q-1) \tag{10.161}$$

式(10.161)也是互相关函数 $R_{xs}$ 的定义式,写为

$$R_{xs}(j)=\sum_{m=0}^{q-1}h_{\mathrm{opt}}(m)R_{xx}(j-m) \tag{10.162}$$

式(10.162)就是离散的维纳-霍夫方程。从这一方程得到的单位抽样响应 $h_{\mathrm{opt}}(m)$,使信号估计的均方误差最小,将式(10.162)代入式(10.159),经整理化简后可得

$$(\sigma_s^2(k))_{\min}=\mathrm{E}[e^2(k)]_{\min}=R_{ss}(0)-\sum_{m=0}^{q-1}h_{\mathrm{opt}}(m)R_{xs}(m) \tag{10.163}$$

将式(10.162)再写成向量形式,为

$$\boldsymbol{R}_{xx}\boldsymbol{H}=\boldsymbol{R}_{xs} \tag{10.164}$$

或

$$\begin{bmatrix} R_{xx}(0) & R_{xx}(1) & \cdots & R_{xx}(q-1) \\ R_{xx}(1) & R_{xx}(0) & \cdots & R_{xx}(q-2) \\ \vdots & \vdots & & \vdots \\ R_{xx}(q-1) & R_{xx}(q-2) & \cdots & R_{xx}(0) \end{bmatrix} \begin{bmatrix} h(0) \\ h(1) \\ \vdots \\ h(q-1) \end{bmatrix} = \begin{bmatrix} R_{xs}(0) \\ R_{xs}(1) \\ \vdots \\ R_{xs}(q-1) \end{bmatrix} \tag{10.165}$$

式(10.163)为离散时间的维纳-霍夫方程的矩阵形式,或正规方程。

引入 $\boldsymbol{H}=[\,h(0)\quad h(1)\quad h(2)\quad\cdots\quad h(q-1)]^{\mathrm{T}}$,T 表示矩阵的转置形式,是需要求解的滤波器系数,物理意义上可看成滤波器的单位抽样响应;

$\boldsymbol{R}_{xs}=[\,R_{xs}(0)\quad R_{xs}(1)\quad R_{xs}(2)\quad\cdots\quad R_{xs}(q-1)]^{\mathrm{T}}$ 是 $s(k)$与输入的观测值 $x(k)$的互相关函数;

$\boldsymbol{R}_{xx}$ 是观测值的自相关矩阵,表示为

$$\boldsymbol{R}_{xx}=\begin{bmatrix} R_{xx}(0) & R_{xx}(1) & \cdots & R_{xx}(q-1) \\ R_{xx}(1) & R_{xx}(0) & \cdots & R_{xx}(q-1) \\ \vdots & \vdots & & \vdots \\ R_{xx}(q-1) & R_{xx}(q-2) & \cdots & R_{xx}(0) \end{bmatrix} \tag{10.166}$$

若 $\boldsymbol{R}_{xx}$ 是非奇异的,则可得

$$\boldsymbol{H}=(\boldsymbol{R}_{xx})^{-1}\boldsymbol{R}_{xs} \tag{10.167}$$

从而实现均方误差最小,根据式(10.163)误差为

$$(\sigma_s^2(x))_{\min}=R_{ss}(0)-\sum_{m=0}^{q-1}h(m)R_{xs}(j-m) \tag{10.168}$$

若信号 $s(k)$与噪声 $n(k)$互不相关,则

$$R_{sn}(m)=R_{ns}(m)=0 \tag{10.169}$$

则有

$$R_{xs}(m)=R_{ss}(m) \tag{10.170}$$

$$R_{xx}(m)=R_{ss}(m)+R_{nn}(m) \tag{10.171}$$

从而式(10.163)和式(10.168)可分别表示为

$$R_{ss}(j)=\sum_{m=0}^{q-1}h_{\mathrm{opt}}(m)[R_{ss}(j-m)+R_{nn}(j-m)]\qquad(j=0,1,2,\cdots,q-1) \tag{10.172}$$

$$(\sigma_s^2(x))_{\min}=R_{ss}(0)-\sum_{m=0}^{q-1}h_{\mathrm{opt}}(m)R_{ss}(m) \tag{10.173}$$

经维纳滤波后,$\hat{s}(k)$最佳逼近 $s(k)$,噪声受到抑制被削弱。显然,这是均方误差最小意义下的近似。设计维纳滤波器的过程,就是寻求在最小均方误差下滤波器的单位抽样响应或系统函数的表达式,其实质就是解维纳-霍夫方程。应当说,解这个方程的工作量是不小的,人们为此提出了许多好的解法。下面介绍一种用波德(Bode)和香农提出的“白化”方法,求解维纳-霍夫方程,以得到系统函数。

随机信号 $s(n)$可以看成是由一白噪声 $w_1(n)$激励一个物理可实现的系统或模型的响应,如图 10.25 所示,其中 $h_s(n)$表示系统的单位抽样响应。系统实际信号 $x(n)$是 $s(n)$与噪声 $w_1(n)$的叠加。图 10.26 给出信号 $x(n)$的模型,这种模型也称为“观测模型”,$x(n)$也相应称

为“观测信号”。把上述两个模型合并,可以得到维纳滤波器系统中的信号模型,如图 10.27 所示,它的单位抽样响应用 $h_x(n)$表示,相应的系统函数为 $H_s(z)=S(z)/W_1(z)$。

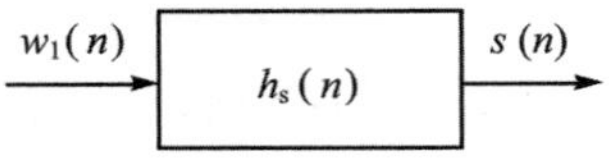

$w_1(n)$ → $h_s(n)$ → $s(n)$

**图 10.25　白噪声 $w_1(n)$激励系统产生随机信号 $s(n)$的模型**

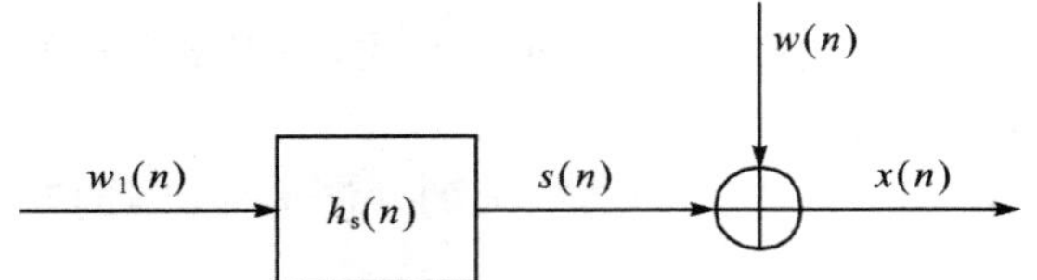


**图 10.26　系统实际信号 $x(n)$模型**

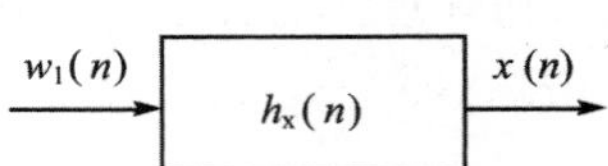


**图 10.27　维纳滤波器系统中的信号模型**

由 9.2.2 小节随机序列的功率谱分析的式(9.106)可知,离散白噪声 $w_1(n)$的自相关函数为 $R_{w_1w_1}(m)=\sigma_{w_1}^2\delta(m)$,则其 $z$ 变换为 $\sigma_{w_1}^2$。需要注意的是,$w_1(n)$与 $w(n)$是互不相关的。图 10.24 中系统响应 $s(n)$的自相关函数 $R_{ss}(m)$,根据卷积的定义和性质,为

$$\begin{aligned}R_{ss}(m)=\mathrm{E}[s(n)s(n+m)]=\mathrm{E}[h_s(n)*s(n)\cdot h_s(n)*s(n+m)]=\\ \mathrm{E}\Big[\sum_{k=-\infty}^{\infty}h_s(k)w_1(n-k)\cdot\sum_{r=-\infty}^{\infty}h_s(r)w_1(n+m-r)\Big]=\\ \sum_{k=-\infty}^{\infty}h_s(k)\sum_{r=-\infty}^{\infty}h_s(r)R_{w_1w_1}(m+k-r)\overset{l=r-k}{=\!=\!=}\\ \sum_{k=-\infty}^{\infty}h_s(k)\sum_{l=-\infty}^{\infty}h_s(k+l)R_{w_1w_1}(m-l)=\\ \sum_{l=-\infty}^{\infty}R_{w_1w_1}(m-l)\sum_{k=-\infty}^{\infty}h_s(k)h_s(k+l)\end{aligned}\tag{10.174}$$

令 $f(l)=\sum\limits_{l=-\infty}^{\infty}h_s(k)h_s(k+l)=h_s(l)*h_s(-l)$,并代入式(10.174),可得

$$\begin{aligned}R_{ss}(m)=\sum_{l=-\infty}^{\infty}R_{w_1w_1}(m-l)\sum_{k=-\infty}^{\infty}h_s(k)h_s(k+l)=\\ \sum_{l=-\infty}^{\infty}R_{w_1w_1}(m-l)f(l)=R_{w_1w_1}(m)*f(m)=\\ R_{w_1w_1}(m)*h_s(m)*h_s(-m)\end{aligned}\tag{10.175}$$

对式(10.175)进行 $z$ 变换,可以得到系统函数 $H_s(z)$与 $s(n)$自相关函数 $z$ 变换 $R_{ss}(z)$之间的关系为

$$R_{ss}(z)=\sigma_{w_1}^2H_s(z)H_s(z^{-1})\tag{10.176}$$

用与上述类似的过程,可得到图 10.27 中 $x(n)$自相关函数 $z$ 变换 $R_{xx}(z)$与系统函数 $H_x(z)$间的关系为

$$R_{xx}(z)=\sigma_{w_1}^2H_x(z)H_x(z^{-1})\tag{10.177}$$

由图 10.27,根据卷积的定义和性质,还可以得到单位抽样响应 $h_x(n)$与 $x(n)$和 $s(n)$的互相关函数 $R_{xs}(m)$之间的关系为

$$R_{xs}(m)=\mathrm{E}[x(n)s(n+m)]=\mathrm{E}\left[\sum_{k=-\infty}^{\infty}h_{\mathrm{x}}(k)w_1(n-k)\cdot s(n+m)\right]=$$
$$\sum_{k=-\infty}^{\infty}h_{\mathrm{x}}(k)R_{w_1s}(m+k)=$$
$$R_{w_1s}(m)*h_{\mathrm{x}}(-m) \tag{10.178}$$

对式(10.178)进行 $z$ 变换,可得

$$R_{xs}(z)=R_{w_1s}(z)H_{\mathrm{x}}(z^{-1}) \tag{10.179}$$

若已知观测信号的自相关函数,求出它的 $z$ 变换,得到其 $z$ 变换的成对零点、极点,取在单位圆内的那一半零点、极点构成 $H_{\mathrm{x}}(z)$,另外取单位圆外的另一半零、极点构成 $H_{\mathrm{x}}(z^{-1})$,从而保证了系统函数为 $H_{\mathrm{x}}(z)$的系统是因果的,并且是最小相位系统。

由图 10.27 可以得到

$$W_1(z)=\frac{1}{H_{\mathrm{x}}(z)}X(z) \tag{10.180}$$

这样,就可以根据式(10.180),对 $x(n)$进行“白化”。构成的白化系统以 $x(n)$为输入,以 $w_1(n)$为输出,系统函数为 $1/H_{\mathrm{x}}(z)$。

有了上述基础,就可以求出使输出信号 $\hat{s}(n)$在均方误差最小意义下近似等于 $s(n)$的最佳系统函数 $H_{\mathrm{opt}}(z)$。为分析方便,重画维纳滤波器的系统模型,如图 10.28(a)所示(除字符表示外,与图 10.24 相同),并将其分为两个串联连接的滤波器分模型,系统函数分别为 $1/H_{\mathrm{x}}(z)$和 $H_{\hat{s}}(z)$,如图 10.28(b)所示。

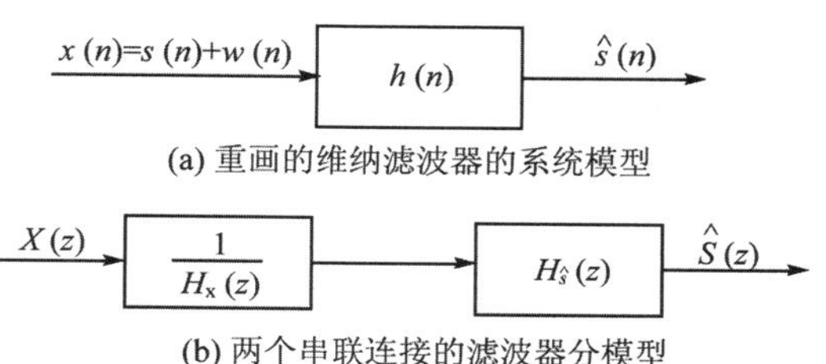


**图 10.28　维纳滤波器系统模型**

根据上述模型,利用“白化法”求解最佳 $H_{\mathrm{opt}}(z)$的步骤如下:

① 求出观测信号 $x(n)$的自相关函数 $R_{xx}(m)$及其 $z$ 变换 $R_{xx}(z)$;

② 应用式(10.177),即 $R_{xx}(z)=\sigma_{w_1}^2H_{\mathrm{x}}(z)H_{\mathrm{x}}(z^{-1})$,由零、极点分布,求出最小相位系统的 $H_{\mathrm{x}}(z)$;

③ 根据均方误差最小的原则,解得因果系统的 $H_{\hat{s}}(z)$;

④ 由 $H_{\mathrm{x}}(z)$和 $H_{\hat{s}}(z)$,得到最终的维纳滤波器系统的 $H_{\mathrm{opt}}(z)$为

$$H_{\mathrm{opt}}(z)=\frac{H_{\hat{s}}(z)}{H_{\mathrm{x}}(z)}$$

上述步骤中,$H_{\mathrm{x}}(z)$可由自相关函数的 $z$ 变换 $R_{xx}(z)$的零、极点分布求出。因此,维纳滤波器系统的 $H_{\mathrm{opt}}(z)$求解的关键是:如何根据均方误差最小的原则,解得因果系统的 $H_{\hat{s}}(z)$。由于系统为 $H_{\hat{s}}(z)$的激励源是白噪声,故求解过程相对简单一些。下面来进一步分析这一问题。需要指出一点:由于激励源为白噪声,为了分析的一般性,信号采用了一般的右边序列(即所谓的“有头无尾”的序列),而不是前面所采用的右边有限长序列,得出的结果更具有一般性。

由图 10.28,有

$$\hat{s}(n)=\sum_{m=0}^{\infty}h_{\hat{s}}(m)w_1(n-m) \tag{10.181}$$

均方误差为

$$
\begin{aligned}
\mathrm{E}[e^2(n)]&=\mathrm{E}\left\{\left[s(n)-\sum_{m=0}^{\infty}h_{\hat{s}}(m)w_1(n-m)\right]^2\right\}=\\
&\mathrm{E}\left[s^2(n)-2s(n)\sum_{m=0}^{\infty}h_{\hat{s}}(m)w_1(n-m)+\sum_{m=0}^{\infty}\sum_{r=0}^{\infty}h_{\hat{s}}(m)w_1(n-m)h_{\hat{s}}(r)w_1(n-r)\right]=\\
&R_{ss}(0)-2\sum_{m=0}^{\infty}h_{\hat{s}}(m)R_{w_1s}(m)+\sum_{m=0}^{\infty}h_{\hat{s}}(m)\left[\sum_{r=0}^{\infty}h_{\hat{s}}(r)R_{w_1w_1}(m-r)\right]
\end{aligned}
$$

将 $R_{w_1w_1}(m)=\sigma_{w_1}^2\delta(m)$ 代入上式,并对相关项进行配平方,整理后可得

$$
\begin{aligned}
\mathrm{E}[e^2(n)]&=R_{ss}(0)-2\sum_{m=0}^{\infty}h_{\hat{s}}(m)R_{w_1s}(m)+\sigma_{w_1}^2\sum_{m=0}^{\infty}h_{\hat{s}}^2(m)=\\
&R_{ss}(0)+\sum_{m=0}^{\infty}\left[\sigma_{w_1}h_{\hat{s}}(m)-\frac{R_{w_1s}(m)}{\sigma_{w_1}}\right]^2-\frac{1}{\sigma_{w_1}^2}\sum_{m=0}^{\infty}R_{w_1s}^2(m)
\end{aligned}
\tag{10.182}
$$

式(10.182)是均方误差的构成情况,要使均方误差最小,就是让式(10.182)三项中的第二项(中间项)最小(等于0),即

$$\sigma_{w_1}h_{\hat{s}}(m)-\frac{R_{w_1s}(m)}{\sigma_{w_1}}=0$$

对上式移项整理后,得

$$h_{\hat{s}}(m)=h_{\text{opt}}(m)=\frac{R_{w_1s}(m)}{\sigma_{w_1}^2}\qquad(m\geqslant 0)\tag{10.183}$$

对式(10.183)进行 $z$ 变换(单边),可得

$$H_{\text{opt}}(z)=\frac{H_{\hat{s}\text{opt}}(z)}{H_x(z)}=\frac{R_{w_1s}(z)}{\sigma_{w_1}^2H_x(z)}\tag{10.184}$$

由式(10.179),可得到与互相关函数 $z$ 变换 $R_{xs}(z)$ 的关系式为

$$
\begin{aligned}
H_{\text{opt}}(z)&=\frac{H_{\hat{s}\text{opt}}(z)}{H_x(z)}=\frac{R_{w_1s}(z)}{\sigma_{w_1}^2H_x(z)}=\\
&\frac{R_{xs}(z)/H_x(z^{-1})}{\sigma_{w_1}^2H_x(z)}
\end{aligned}
\tag{10.185}
$$

上式中的 $z$ 变换,均为单边 $z$ 变换。进一步可求出维纳滤波器的最小均方误差为

$$\mathrm{E}[e^2(n)]_{\min}=R_{ss}(0)-\frac{1}{\sigma_{w_1}^2}\sum_{m=0}^{\infty}R_{w_1s}^2(m)=R_{ss}(0)-\frac{1}{\sigma_{w_1}^2}\sum_{m=-\infty}^{\infty}R_{w_1s}^2(m)\varepsilon(m)\tag{10.186}$$

式(10.186)也可以用相应的 $z$ 变换来表示,但需要应用 $z$ 变换中的 Parsval 定理(参见式(7.46)),如果 $x(n)$ 是实序列,重写式(7.46)为

$$\sum_{n=-\infty}^{\infty}x^2(n)=\frac{1}{2\pi\mathrm{j}}\oint_C X(z)X(z^{-1})\frac{\mathrm{d}z}{z}$$

应用上式,则式(10.186)在 $z$ 域中可表示为

$$\mathrm{E}[e^2(n)]_{\min}=\frac{1}{2\pi\mathrm{j}}\oint_C[R_{ss}(z)-H_{\text{opt}}(z)R_{xs}(z^{-1})\frac{\mathrm{d}z}{z}\tag{10.187}$$

式中,围线 $C$ 可以取单位圆。

## 10.5.2　卡尔曼滤波

卡尔曼滤波以它的发明者鲁道夫·E·卡尔曼(Rudolf E. Kalman)命名，这一理论源于他的博士论文和1960年发表的论文 *A New Approach to Linear Filtering and Prediction Problems*(《线性滤波与预测问题的新方法》)。对于一个复杂的动态对象(例如飞行器、原子反应堆、人造卫星等)，要搞清楚它们实际所处的状态，就要用它们的各种系统参数(如高度、温度、角度、速度等)的变化情况来描述。但是检测这些物理量会受到许多限制，不一定全过程全部都检测到，而且检测对象在各种外界和内部干扰作用影响下，测得的数据必然受到各种噪声和干扰的影响。卡尔曼滤波就是对所测得的有限而混有噪声的数据进行处理、分析，即滤波，精确并实时地估计出对象当时存在状态的一种计算方法。卡尔曼在NASA埃姆斯研究中心访问时，就发现他的这一方法对于解决阿波罗计划的轨道预测很有用，斯坦利·施密特(Stanley Schmidt)首先实现了卡尔曼滤波器，后来阿波罗飞船的导航电脑使用了这种滤波器。

卡尔曼滤波与维纳滤波一样，都是解决线性滤波问题的方法，并且都是以均方误差最小为准则的，在信号平稳条件下两者的稳态结果是一致的。但是，维纳滤波原理上有明显的不足，它是根据全部过去观测值和当前观测值来估计信号的当前值，实时处理不太适用，其解的形式是系统的传递函数或单位抽样响应。卡尔曼滤波是用当前一个估计值和最近的一个观测值来估计信号的当前值，它的解形式是状态变量值。维纳滤波只适用于平稳随机过程，卡尔曼滤波是用状态方程和递推方法进行估计的，因而，卡尔曼滤波对信号的平稳性和非移变性并无要求。设计维纳滤波器时，要求已知信号与噪声的相关函数；设计卡尔曼滤波器时，则要求已知状态方程和量测方程。

卡尔曼滤波器的工作过程包括两个阶段：预测与更新。在预测阶段，滤波器使用上一状态的估计，作出对当前状态的估计。在更新阶段，滤波器利用对当前状态的观测值优化在预测阶段获得的预测值，以获得一个更精确的新估计值。这里将以一种比较简单的实例，对单个信号波形进行卡尔曼滤波，来介绍卡尔曼滤波的基本原理。

在讨论卡尔曼滤波原理之前，先明确两个概念：状态方程和观测(量测)方程。

如在维纳滤波一节的图10.25中，一随机信号 $s(n)$ 是一白噪声序列 $w_1(n)$ 激励一个系统后产生的响应，激励与响应之间可以用卷积关系表示，也可以表示为差分方程，如

$$s(n)=a_1s(n-1)+a_2s(n-2)+\cdots+a_M(n-M)+ b_0w_1(n)+b_1w_1(n-1)+\cdots+b_Nw_N(n-N) \tag{10.188}$$

为说明问题简便，所研究的滤波器是一阶因果系统，表示为

$$s(n)=as(n-1)+w(n-1) \tag{10.189}$$

上述模型也可以用一个递归结构的框图表示，如图10.29所示。

上述模型也可以视作一个AR模型。在第7章7.5节离散系统的 $z$ 域分析中讨论系统函数与差分方程关系时指出：对于AR模型，这种系统如无确定的输入，系统输出只受到噪声(白噪声)或干扰的影响，那么系统在任意时刻的输出只与系统历史上各时刻的输出和现时刻的噪声有关，而与历史上各时刻的噪声无关。这是一种标量形式表示的系统模型。而在卡尔曼滤波

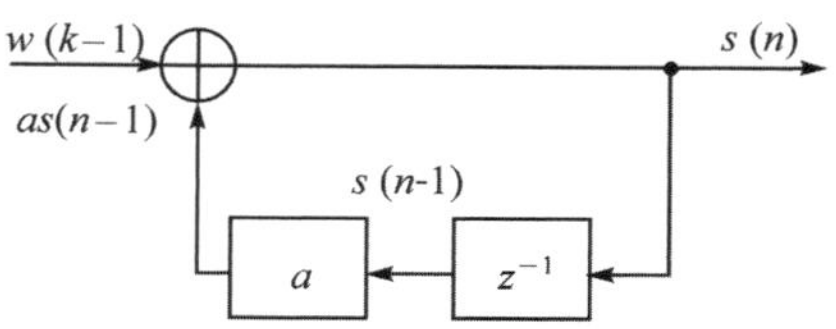


**图 10.29　一阶滤波器系统框图**

器中,信号通常为状态变量,并用向量的形式表示,如 $s(n)$ 表示为 $\boldsymbol{S}(k)$,$\boldsymbol{S}(k)$ 表征系统响应在时刻 $k$ 的状态;类似地,$k-1$ 时刻的状态用 $\boldsymbol{S}(k-1)$ 表示。激励信号相应地表示为 $\boldsymbol{W}_1(k)$,$\boldsymbol{W}_1(k-1)$,…,方程的系数用矩阵 $\boldsymbol{A}(k)$(有人称为增益矩阵)表示,由前面的分析可知,矩阵 $\boldsymbol{A}(k)$是单位抽样响应 $h_s(n)$的状态矩阵,也称传递矩阵,这是因为 $h_s(n)$的 $z$ 变换为$\boldsymbol{A}(z)$,即传递(系统)函数矩阵 $\boldsymbol{H}_s(z)$。因而可以得到系统的状态方程为

$$\boldsymbol{S}(k)=\boldsymbol{A}(k)\boldsymbol{S}(k-1)+\boldsymbol{W}_1(k-1) \tag{10.190}$$

当表示为状态方程后,从递推的角度理解,式(8.293)有更深的含义:时刻 $k$ 的状态 $\boldsymbol{S}(k)$ 可以由它前一时刻即 $k-1$ 时刻的状态 $\boldsymbol{S}(k-1)$求得,可以认为 $k-1$ 时刻以前的状态都已保留在状态 $\boldsymbol{S}(k-1)$中了。由此可以进一步理解:卡尔曼滤波不像维纳滤波那样,是根据全部过去观测值和当前观测值来估计信号的当前值,而可以用当前一个估计值和最近的一个观测值来估计信号当前值的可实现性。

卡尔曼滤波是依据系统的观测(量测)信号 $x(n)$的数据对系统的运动进行估计的,因此除了状态方程之外,还需要观测(量测)方程。由图 8.46 可知,观测数据 $x(n)$与信号 $s(n)$和白噪声之间的关系为 $x(n)=s(n)+w(n)$。假定 $w(n)$是均值为零的高斯噪声,在卡尔曼滤波中,也相应地表示成向量形式:$\boldsymbol{X}(k)$表示观测信号向量,$\boldsymbol{W}(k)$表示观测时产生的误差向量,则状态向量 $\boldsymbol{S}(k)$与观测信号向量 $\boldsymbol{X}(k)$间的关系表示为

$$\boldsymbol{X}(k)=\boldsymbol{S}(k)+\boldsymbol{W}(k) \tag{10.191}$$

式(10.191)即为滤波系统的一维观测(量测)方程。可以看出:卡尔曼滤波与维纳滤波的一维信号模型是一致的。将上述一维信号模型扩展至多维观测方程,表示为

$$\boldsymbol{X}(k)=\boldsymbol{C}(k)\boldsymbol{S}(k)+\boldsymbol{W}(k) \tag{10.192}$$

式中,$\boldsymbol{C}(k)$称为观测(量测)矩阵。它的引入是由于 $\boldsymbol{X}(k)$的维数不一定等于 $\boldsymbol{S}(k)$的维数,在观测中不一定能够观测到所需要的全部状态参数。例如:若 $\boldsymbol{X}(k)$是 $m\times1$ 的列矩阵,$\boldsymbol{S}(k)$是 $n\times1$ 的列矩阵,$\boldsymbol{C}(k)$则是 $m\times n$ 的矩阵,$\boldsymbol{W}(k)$是 $m\times1$ 的列矩阵。

根据状态方程和观测方程,就可以得到卡尔曼滤波器信号原理模型的框图,如图 10.30 所示。

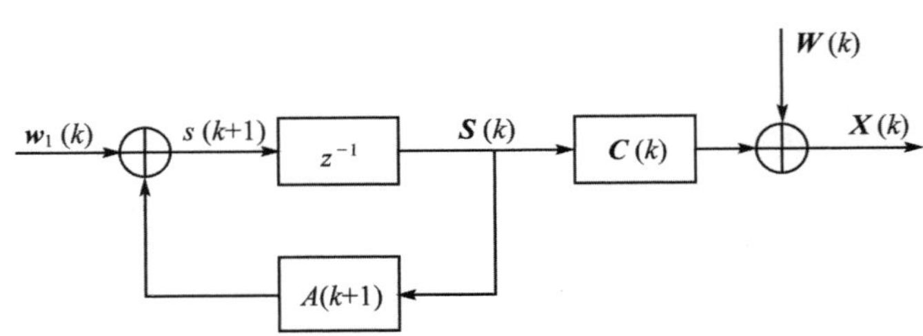


**图 10.30　卡尔曼滤波器信号原理模型框图**

有了信号模型以及状态和观测方程后,还要找到最小均方误差条件下,信号 $\boldsymbol{S}(k)$的估计值$\hat{\boldsymbol{S}}(k)$。

现将状态方程和观测方程重新列出:

$$\left.\begin{aligned}\boldsymbol{S}(k)&=\boldsymbol{A}(k)\boldsymbol{S}(k-1)+\boldsymbol{W}_1(k-1)\\ \boldsymbol{X}(k)&=\boldsymbol{C}(k)\boldsymbol{S}(k)+\boldsymbol{W}(k)\end{aligned}\right\} \tag{10.193}$$

上述两个方程中,$\boldsymbol{X}(k)$是观测到的数据,是已知的;$\boldsymbol{C}(k)$表示的信号维数一般也应是已知的;

传递矩阵 $\boldsymbol{A}(k)$ 与系统函数根据自相关函数或系统函数可以求出；而信号上一时刻的估计值 $\hat{\boldsymbol{S}}(k-1)$ 假定也已经知道。显然，只要知道 $\boldsymbol{W}(k)$ 和 $\boldsymbol{W}_1(k-1)$，就可以求出 $\boldsymbol{S}(k)$ 或 $\hat{\boldsymbol{S}}(k)$。假设暂不考虑噪声向量 $\boldsymbol{W}(k)$ 和 $\boldsymbol{W}_1(k-1)$，由上述两个方程求得的 $\hat{\boldsymbol{S}}(k)$ 和 $\hat{\boldsymbol{X}}(k)$ 先用 $\hat{\boldsymbol{S}}'(k)$ 和 $\hat{\boldsymbol{X}}'(k)$ 表示，得到

$$\hat{\boldsymbol{S}}'(k)=\boldsymbol{A}(k)\hat{\boldsymbol{S}}(k-1) \tag{10.194}$$

$$\hat{\boldsymbol{X}}'(k)=\boldsymbol{C}(k)\hat{\boldsymbol{S}}'(k)=\boldsymbol{C}(k)\boldsymbol{A}(k)\hat{\boldsymbol{S}}(k-1) \tag{10.195}$$

由于忽略了噪声向量 $\boldsymbol{W}(k)$ 和 $\boldsymbol{W}_1(k-1)$ 的影响，所以上面计算得到的 $\hat{\boldsymbol{X}}'(k)$ 与观测数据 $\boldsymbol{X}(k)$ 之间必然产生误差。其差值用向量 $\tilde{\boldsymbol{X}}(k)$ 表示，被称为新息(innovation)，即

$$\tilde{\boldsymbol{X}}(k)=\boldsymbol{X}(k)-\hat{\boldsymbol{X}}'(k) \tag{10.196}$$

$\hat{\boldsymbol{X}}'(k)$ 是没有考虑 $\boldsymbol{W}(k)$ 和 $\boldsymbol{W}_1(k-1)$ 的影响而得到的。这就表明：新息 $\tilde{\boldsymbol{X}}(k)$ 里已经包含了 $\boldsymbol{W}(k)$ 和 $\boldsymbol{W}_1(k)$ 的信息量，因此，可以用 $\tilde{\boldsymbol{X}}(k)$ 乘以一个修正矩阵 $\boldsymbol{H}(k)$，用这两个矩阵的乘积取代式(10.190)中的 $\boldsymbol{W}_1(k-1)$，计算出 $\boldsymbol{S}(k)$ 的估计 $\hat{\boldsymbol{S}}(k)$：

$$\begin{aligned}\hat{\boldsymbol{S}}(k)&=\boldsymbol{A}(k)\hat{\boldsymbol{S}}(k-1)+\boldsymbol{H}(k)\tilde{\boldsymbol{X}}(k)=\\&\boldsymbol{A}(k)\hat{\boldsymbol{S}}(K-1)+\boldsymbol{H}(k)[\boldsymbol{X}(k)-\boldsymbol{C}(k)\boldsymbol{A}(k)\hat{\boldsymbol{S}}(k-1)]\end{aligned} \tag{10.197}$$

根据状态方程式(10.190)、观测方程式(10.192)(或式(10.191))以及式(10.194)～式(10.197)，得出卡尔曼滤波器对 $\boldsymbol{S}(k)$ 进行估计的递推模型，如图 10.31 所示。模型的输入是观测信号 $\boldsymbol{X}(k)$，输出的是信号 $\boldsymbol{S}(k)$ 的估计 $\hat{\boldsymbol{S}}(k)$。

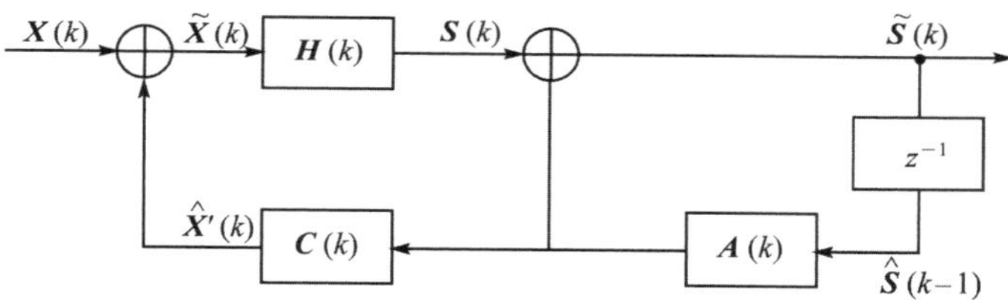


**图 10.31　对 $S(k)$ 进行估计的卡尔曼滤波器递推模型**

要最后确定 $\boldsymbol{S}(k)$ 的估计 $\hat{\boldsymbol{S}}(k)$，需要算出修正矩阵 $\boldsymbol{H}(k)$。由图 10.31，根据式(10.197)、状态方程式(10.190)和观测方程式(10.192)，有

$$\begin{aligned}\hat{\boldsymbol{S}}(k)=&\boldsymbol{A}(k)\hat{\boldsymbol{S}}(k-1)+\boldsymbol{H}(k)\tilde{\boldsymbol{X}}(k)=\\&\boldsymbol{A}(k)\hat{\boldsymbol{S}}(k-1)+\boldsymbol{H}(k)[\boldsymbol{X}(k)-\boldsymbol{C}(k)\boldsymbol{A}(k)\hat{\boldsymbol{S}}(k-1)]=\\&\boldsymbol{A}(k)\hat{\boldsymbol{S}}(k-1)+\boldsymbol{H}(k)\{\boldsymbol{C}(k)[\boldsymbol{A}(k)\hat{\boldsymbol{S}}(k-1)+\boldsymbol{W}_1(k-1)]+\\&\boldsymbol{W}(k)-\boldsymbol{C}(k)\boldsymbol{A}(k)\hat{\boldsymbol{S}}(k-1)\}=\\&\boldsymbol{A}(k)\hat{\boldsymbol{S}}(k-1)[\boldsymbol{I}-\boldsymbol{H}(k)\boldsymbol{C}(k)]+\boldsymbol{H}(k)\boldsymbol{C}(k)[\boldsymbol{A}(k)\hat{\boldsymbol{S}}(k-1)+\\&\boldsymbol{W}_1(k-1)]+\boldsymbol{H}(k)\boldsymbol{W}(k)\end{aligned} \tag{10.198}$$

根据式(10.198)，求出最小均方误差下的 $\boldsymbol{H}(k)$，再将 $\boldsymbol{H}(k)$ 代入式(10.197)，就可以得到 $\boldsymbol{S}(k)$ 的估计 $\hat{\boldsymbol{S}}(k)$，它们之间的差值为 $\tilde{\boldsymbol{S}}(k)=\boldsymbol{S}(k)-\hat{\boldsymbol{S}}(k)$，用式(10.190)和式(10.198)分别代入并整理后得

$$\begin{aligned}\tilde{\boldsymbol{S}}(k)=&\boldsymbol{S}(k)-\hat{\boldsymbol{S}}(k)=\\&[\boldsymbol{I}-\boldsymbol{H}(k)\boldsymbol{C}(k)]\{\boldsymbol{A}(k)[\boldsymbol{S}(k-1)-\hat{\boldsymbol{S}}(k-1)]+\boldsymbol{W}_1(k-1)\}-\boldsymbol{H}(k)\boldsymbol{W}(k)\end{aligned} \tag{10.199}$$

由于误差$\tilde{\boldsymbol{S}}(k)=\boldsymbol{S}(k)-\hat{\boldsymbol{S}}(k)$是向量,因而均方误差$\boldsymbol{\varepsilon}(k)$也是向量,称为"均方误差矩阵",表示为

$$\boldsymbol{\varepsilon}(k)=\mathrm{E}[\tilde{\boldsymbol{S}}(k)\tilde{\boldsymbol{S}}(k)^{\tau}] \tag{10.200}$$

式中,上标$\tau$表示矩阵的共轭转置。为便于计算,$\hat{\boldsymbol{S}}(k)$用$\hat{\boldsymbol{S}}'(k)$代替,则均方误差$\boldsymbol{\varepsilon}(k)$用$\boldsymbol{\varepsilon}'(k)$表示为

$$\boldsymbol{\varepsilon}'(k)=\mathrm{E}\{[\boldsymbol{S}(k)-\hat{\boldsymbol{S}}'(k)][\boldsymbol{S}(k)-\hat{\boldsymbol{S}}'(k)]^{\tau}\} \tag{10.201}$$

将状态方程式(10.190)和$\hat{\boldsymbol{S}}'(k)$的计算表达式(10.194)代入式(10.201),可以得到均方误差矩阵$\boldsymbol{\varepsilon}'(k)$的关系为

$$\begin{aligned}\boldsymbol{\varepsilon}'(k)=&\mathrm{E}\{[\boldsymbol{A}(k)\boldsymbol{S}(k-1)+\boldsymbol{W}_1(k-1)-\boldsymbol{A}(k)\hat{\boldsymbol{S}}(k-1)]\cdot\\&[\boldsymbol{A}(k)\boldsymbol{S}(k-1)+\boldsymbol{W}_1(k-1)-\boldsymbol{A}\ k\hat{\boldsymbol{S}}(k-1)]^{\tau}\}=\\&\boldsymbol{A}(k)\mathrm{E}\{[\boldsymbol{S}(k-1)-\hat{\boldsymbol{S}}(k-1)][\boldsymbol{S}(k-1)-\hat{\boldsymbol{S}}(k-1)]^{\tau}\}\cdot\\&\boldsymbol{A}(k)^{\tau}+\mathrm{E}[\boldsymbol{W}_1(k-1)\boldsymbol{W}_1(k-1)^{\tau}]=\\&\boldsymbol{A}(k)\boldsymbol{\varepsilon}(k-1)\boldsymbol{A}(k)^{\tau}+\boldsymbol{Q}(k-1)\end{aligned} \tag{10.202}$$

式中,$\boldsymbol{Q}(k-1)$表示噪声的一种统计特性,表示为

$$\mathrm{E}[\boldsymbol{W}(k)\boldsymbol{W}(i)^{\tau}]=\begin{cases}\boldsymbol{Q}(k) & (i=k)\\0 & (i\neq k)\end{cases} \tag{10.203}$$

上式也可以表示为

$$\mathrm{E}[\boldsymbol{W}(k)\boldsymbol{W}(i)^{\tau}]=\boldsymbol{Q}(k)\boldsymbol{\delta}(k-i) \tag{10.204}$$

若噪声是零均值的高斯白噪声,则式(10.203)或式(10.204)实际上就等于噪声的协方差函数$\mathrm{cov}[\boldsymbol{W}(k)\boldsymbol{W}(i)]=\mathrm{E}[\boldsymbol{W}(k)\boldsymbol{W}(i)^{\tau}]$。

再作进一步处理,将式(10.199)代入式(10.200),并利用下列条件:

- $\boldsymbol{W}_1(k)$与$\boldsymbol{W}(k)$都假定为零均值的高斯白噪声,且互不相关;
- $\boldsymbol{S}(k-1)$与$\boldsymbol{W}_1(k-1)$互不相关;
- $\boldsymbol{S}(k-1)$与$\boldsymbol{W}_1(k-1)$、$\boldsymbol{S}(k-1)$与$\boldsymbol{W}(k)$互不相关;
- $\mathrm{E}[\boldsymbol{W}(k)\boldsymbol{W}(i)^{\tau}]=\boldsymbol{R}(k)\boldsymbol{\delta}(k-i)$,可得

$$\begin{aligned}\boldsymbol{\varepsilon}(k)=&\mathrm{E}[\tilde{\boldsymbol{S}}(k)-\tilde{\boldsymbol{S}}(k)]^{\tau}=\\&[\boldsymbol{I}-\boldsymbol{H}(k)\boldsymbol{C}(k)][\boldsymbol{A}(k)\boldsymbol{\varepsilon}(k-1)\boldsymbol{A}(k)^{\tau}+\boldsymbol{Q}(k-1)]\cdot\\&[\boldsymbol{I}-\boldsymbol{H}(k)\boldsymbol{C}(k)]^{\tau}+\boldsymbol{H}(k)\boldsymbol{R}(k)\boldsymbol{H}(k)^{\tau}\end{aligned} \tag{10.205}$$

将式(10.205)中的相关项用式(10.202)的结果代入,可得

$$\begin{aligned}\boldsymbol{\varepsilon}(k)=&[\boldsymbol{I}-\boldsymbol{H}(k)\boldsymbol{C}(k)]\boldsymbol{\varepsilon}'(k)[\boldsymbol{I}-\boldsymbol{H}(k)\boldsymbol{C}(k)]^{\tau}+\boldsymbol{H}(k)\boldsymbol{R}(k)\boldsymbol{H}(k)^{\tau}=\\&\boldsymbol{\varepsilon}'(k)-\boldsymbol{H}(k)\boldsymbol{C}(k)\boldsymbol{\varepsilon}'(k)-\boldsymbol{\varepsilon}'(k)\boldsymbol{C}(k)^{\tau}\boldsymbol{H}(k)^{\tau}+\\&\boldsymbol{H}(k)[\boldsymbol{C}(k)\boldsymbol{\varepsilon}'(k)\boldsymbol{C}(k)^{\tau}+\boldsymbol{R}(k)]\boldsymbol{H}(k)^{\tau}\end{aligned} \tag{10.206}$$

令$\boldsymbol{C}(k)\boldsymbol{\varepsilon}'(k)\boldsymbol{C}(k)^{\tau}+\boldsymbol{R}(k)=\boldsymbol{S}\boldsymbol{S}^{\tau}$,$\boldsymbol{U}=\boldsymbol{\varepsilon}'(k)\boldsymbol{C}(k)^{\tau}$,代入式(10.206),经整理化简得

$$\begin{aligned}\boldsymbol{\varepsilon}(k)=&\boldsymbol{\varepsilon}'(k)-\boldsymbol{H}(k)\boldsymbol{U}^{\tau}-\boldsymbol{U}\boldsymbol{H}(k)^{\tau}+\boldsymbol{H}(k)\boldsymbol{S}\boldsymbol{S}^{\tau}\boldsymbol{H}(k)^{\tau}=\\&\boldsymbol{\varepsilon}'(k)-\boldsymbol{U}(\boldsymbol{S}\boldsymbol{S}^{\tau})^{-1}\boldsymbol{U}^{\tau}+[\boldsymbol{H}(k)\boldsymbol{S}-\boldsymbol{U}(\boldsymbol{S}^{\tau})^{-1}][\boldsymbol{H}(k)\boldsymbol{S}-\boldsymbol{U}(\boldsymbol{S}^{\tau})^{-1}]^{\tau}\end{aligned} \tag{10.207}$$

式中,第一项和第二项与修正矩阵$\boldsymbol{H}(k)$无关;第三项是半正定矩阵,要使得均方误差最小,应当而且必须使$\boldsymbol{H}(k)\boldsymbol{S}-\boldsymbol{U}(\boldsymbol{S}^{\tau})^{-1}=\boldsymbol{0}$,从而可以得到最小均方误差下的$\boldsymbol{H}(k)$为

$$\boldsymbol{H}(k)=\boldsymbol{\varepsilon}'(k)\boldsymbol{C}(k)^{\tau}[\boldsymbol{C}(k)\boldsymbol{\varepsilon}'(k)\boldsymbol{C}(k)^{\tau}+\boldsymbol{R}(k)]^{-1} \tag{10.208}$$

将式(10.208)代入式(10.197)，就可以得到最小均方误差下$\hat{\boldsymbol{S}}(k)$的递推公式解。

由于$[\boldsymbol{H}(k)\boldsymbol{S}-\boldsymbol{U}(\boldsymbol{S}^{\tau})^{-1}]=0$，式(10.207)的第三项为零，从而得到最小均方误差$\boldsymbol{\varepsilon}(k)$为

$$\begin{aligned}\boldsymbol{\varepsilon}(k)&=\boldsymbol{\varepsilon}'(k)-\boldsymbol{U}(\boldsymbol{S}\boldsymbol{S}^{\tau})^{-1}\boldsymbol{U}^{\tau}=\\&[\boldsymbol{I}-\boldsymbol{H}(k)\boldsymbol{C}(k)]\boldsymbol{\varepsilon}'(k)\end{aligned} \tag{10.209}$$

综合上述分析过程，卡尔曼滤波可以归纳出下面 4 个递推公式：

$$\boldsymbol{\varepsilon}'(k)=\boldsymbol{A}(k)\boldsymbol{\varepsilon}(k-1)\boldsymbol{A}(k)^{\tau}+\boldsymbol{Q}(k-1) \tag{10.210}$$

$$\boldsymbol{H}(k)=\boldsymbol{\varepsilon}'(k)\boldsymbol{C}(k)^{\tau}[\boldsymbol{C}(k)\boldsymbol{\varepsilon}'(k)\boldsymbol{C}(k)^{\tau}+\boldsymbol{R}(k)]^{-1} \tag{10.211}$$

$$\boldsymbol{\varepsilon}(k)=[\boldsymbol{I}-\boldsymbol{H}(k)\boldsymbol{C}(k)]\boldsymbol{\varepsilon}'(k) \tag{10.212}$$

$$\hat{\boldsymbol{S}}(k)=\boldsymbol{A}(k)\hat{\boldsymbol{S}}(k-1)+\boldsymbol{H}(k)[\boldsymbol{X}(k)-\boldsymbol{C}(k)\boldsymbol{A}(k)\hat{\boldsymbol{S}}(k-1)] \tag{10.213}$$

有了上面 4 个递推公式，就能够求得信号$\boldsymbol{S}(k)$的估计$\hat{\boldsymbol{S}}(k)$和均方误差$\boldsymbol{\varepsilon}(k)$。若$\boldsymbol{S}(k)$的初始状态$\boldsymbol{S}(0)$的统计特性已知，并设：

$$\hat{\boldsymbol{S}}(0)=\mathrm{E}[\boldsymbol{S}(0)],\qquad \boldsymbol{\varepsilon}(0)=\mathrm{E}\{[\boldsymbol{S}(0)-\hat{\boldsymbol{S}}(0)][\boldsymbol{S}(0)-\hat{\boldsymbol{S}}(0)]^{\tau}\}=\mathrm{var}[\boldsymbol{S}(0)]$$

其中的 var 表示方差，并且递推公式中的$\boldsymbol{A}(k)$、$\boldsymbol{Q}(k)$、$\boldsymbol{C}(k)$、$\boldsymbol{R}(k)$均已知，$\boldsymbol{X}(k)$是观测量，也已知，就可以按下列的步骤递推计算，得到$\hat{\boldsymbol{S}}(k)$和$\boldsymbol{\varepsilon}(k)$：

① 用初始条件$\boldsymbol{\varepsilon}(0)$代入式(10.210)，求得$\boldsymbol{\varepsilon}'(0)$；

② 将$\boldsymbol{\varepsilon}'(1)$代入式(10.211)，得到$\boldsymbol{H}(1)$；

③ 将$\boldsymbol{\varepsilon}'(1)$和$\boldsymbol{H}(1)$一起代入式(10.212)，得到$\varepsilon(1)$；

④ 再用初始条件$\hat{\boldsymbol{S}}(0)=\mathrm{E}[\boldsymbol{S}(0)]$和$\boldsymbol{H}(1)$，求出$\hat{\boldsymbol{S}}(1)$；

⑤ 类推重复①～④过程，得到相应的$\hat{\boldsymbol{S}}(k)$和$\boldsymbol{\varepsilon}(k)$。

上述递推运算，非常适合于计算机实现。

**例 10.10**　设卡尔曼滤波中的观测方程为$\boldsymbol{X}(k)=\boldsymbol{S}(k)+\boldsymbol{W}(k)$，已知信号的自相关函数的 $z$ 变换为$\boldsymbol{R}_{ss}(z)=\dfrac{0.36}{(1-0.8z^{-1})(1-0.8z)}$，$0.8<|z|<1.25$，噪声的自相关函数为$\boldsymbol{R}_{ww}(m)=\boldsymbol{\delta}(m)$，信号和噪声统计独立，且已知$\hat{\boldsymbol{S}}(-1)=0$，$\boldsymbol{\varepsilon}(0)=1$，设在 $k=0$ 时刻开始观测信号。

① 用卡尔曼滤波的递推公式求 $k=0,1,2,3,4,5,6,7$ 时的$\hat{\boldsymbol{S}}(k)$和$\boldsymbol{\varepsilon}(k)$。

② 求稳态时的$\hat{\boldsymbol{S}}(k)$和$\boldsymbol{\varepsilon}(k)$。

③ 按下列条件，设计一个可工程实现的维纳滤波器。已知：如图 10.26 所示，$x(n)=s(n)+w(n)$，而且信号 $s(n)$与噪声 $w(n)$统计独立，$s(n)$的自相关函数为$R_{ss}(m)=0.8^{|m|}$，$w(n)$的自相关函数为$R_{ww}(m)=\delta(m)$，求最小均方误差，并与上述卡尔曼滤波器的性能作比较。

**解**：① 求解 $k=0,1,2,3,4,5,6,7$ 时的$\hat{\boldsymbol{S}}(k)$和$\boldsymbol{\varepsilon}(k)$。

由式(10.176)可知

$$\begin{aligned}R_{ss}(z)&=\sigma_{w_1}^2H_s(z)H_s(z^{-1})=\sigma_{w_1}^2A(z)A(z^{-1})=\\&\frac{0.36z^{-1}z}{(1-0.8z^{-1})(1-0.8z)}\end{aligned}$$

式中

$$\begin{aligned}\sigma_{w_1}^2A(z)A(z^{-1})&=\sigma_{w_1}^2[A(z)A(z^{-1})]=\frac{0.36z^{-1}z}{(1-0.8z^{-1})(1-0.8z)}=\\&0.36\left[\frac{z^{-1}z}{(1-0.8z^{-1})(1-0.8z)}\right]\end{aligned}$$

可以看出

$$\sigma_{w_1}^2=0.36=\boldsymbol{Q}(k)$$

按照最小相位系统分配上式的零、极点,可以求得

$$A(z)=\frac{z^{-1}}{1-0.8z^{-1}}=\frac{S(z)}{W_1(z)}$$

进行 $z$ 反变换,得到时域上的关系式

$$s(n+1)=0.8s(n)+w_1(n)$$

则得到相应的状态变量:

$$\boldsymbol{A}(k)=0.8$$

由已知条件中的观测方程 $\boldsymbol{X}(k)=\boldsymbol{S}(k)+\boldsymbol{W}(k)$可知

$$\boldsymbol{C}(k)=1$$

由已知的 $\boldsymbol{R}_{ww}(m)=\boldsymbol{\delta}(m)$和 $\mathrm{E}[\boldsymbol{W}(k)\boldsymbol{W}(i)^{\tau}]=\boldsymbol{R}(k)\boldsymbol{\delta}(k-i)$可知

$$\boldsymbol{R}(k)=1$$

将所得到的 $\boldsymbol{Q}(k)=0.36$,$\boldsymbol{A}(k)=0.8$,$\boldsymbol{C}(k)=1$,$\boldsymbol{R}(k)=1$,分别代入式(10.210)~式(10.213),则有

$$\boldsymbol{\varepsilon}'(k)=\boldsymbol{A}(k)\boldsymbol{\varepsilon}(k-1)\boldsymbol{A}(k)^{\tau}+\boldsymbol{Q}(k-1)=0.64\boldsymbol{\varepsilon}(k-1)+0.36 \tag{a}$$

$$\boldsymbol{H}(k)=\boldsymbol{\varepsilon}'(k)\boldsymbol{C}(k)^{\tau}[\boldsymbol{C}(k)\boldsymbol{\varepsilon}'(k)\boldsymbol{C}(k)^{\tau}+\boldsymbol{R}(k)]^{-1}=\boldsymbol{\varepsilon}'(k)[\boldsymbol{\varepsilon}'(k)+1]^{-1} \tag{b}$$

$$\boldsymbol{\varepsilon}(k)=[\boldsymbol{I}-\boldsymbol{H}(k)\boldsymbol{C}(k)]\boldsymbol{\varepsilon}'(k)=[\boldsymbol{I}-\boldsymbol{H}(k)]\boldsymbol{\varepsilon}'(k) \tag{c}$$

$$\begin{aligned}\hat{\boldsymbol{S}}(k)=&\boldsymbol{A}(k)\hat{\boldsymbol{S}}(k-1)+\boldsymbol{H}(k)[\boldsymbol{X}(k)-\boldsymbol{C}(k)\boldsymbol{A}(k)\hat{\boldsymbol{S}}(k-1)]=\\&0.8\hat{\boldsymbol{S}}(K-1)+\boldsymbol{H}(k)[\boldsymbol{X}(k)-0.8\hat{\boldsymbol{S}}(k-1)]\end{aligned} \tag{d}$$

对于式(b)的求逆问题,由于是一维,可变为

$$\boldsymbol{H}(k)=\boldsymbol{\varepsilon}'(k)[\boldsymbol{\varepsilon}'(k)+1]^{-1}=\boldsymbol{\varepsilon}'(k)/[\boldsymbol{\varepsilon}'(k)+1] \tag{b'}$$

将式(a)代入式(b′)和式(c),消去 $\boldsymbol{\varepsilon}'(k)$后,再联立代入后的这两式,求解并整理后可得

$$\boldsymbol{\varepsilon}(k)=\frac{0.64\boldsymbol{\varepsilon}(k-1)+0.36}{0.64\boldsymbol{\varepsilon}(k-1)+1.36}=\boldsymbol{H}(k) \tag{e}$$

由初始条件$\hat{\boldsymbol{S}}(-1)=0$,$\varepsilon(0)=1$,从 $k=0$ 起始,对 $k=1,2,3,4,5,6,7$,利用式(d)和式(e)先后进行递推,有

$k=0$,　$\boldsymbol{\varepsilon}(0)=1.000\ 0$,　$\boldsymbol{H}(0)=1.000\ 0$,　$\hat{\boldsymbol{S}}(0)=\boldsymbol{X}(0)$

$k=1$,　$\boldsymbol{\varepsilon}(1)=0.500\ 0$,　$\boldsymbol{H}(1)=0.500\ 0$,　$\hat{\boldsymbol{S}}(1)=0.4\hat{\boldsymbol{S}}(0)+0.5\boldsymbol{X}(1)$

$k=2$,　$\boldsymbol{\varepsilon}(2)=0.404\ 8$,　$\boldsymbol{H}(2)=0.404\ 8$,　$\hat{\boldsymbol{S}}(2)=0.476\ 2\hat{\boldsymbol{S}}(1)+0.404\ 8\boldsymbol{X}(2)$

$k=3$,　$\boldsymbol{\varepsilon}(3)=0.382\ 4$,　$\boldsymbol{H}(3)=0.382\ 4$,　$\hat{\boldsymbol{S}}(3)=0.494\ 1\hat{\boldsymbol{S}}(2)+0.382\ 4\boldsymbol{X}(3)$

$k=4$,　$\boldsymbol{\varepsilon}(4)=0.376\ 8$,　$\boldsymbol{H}(4)=0.376\ 8$,　$\hat{\boldsymbol{S}}(4)=0.498\ 5\hat{\boldsymbol{S}}(3)+0.376\ 8\boldsymbol{X}(4)$

$k=5$,　$\boldsymbol{\varepsilon}(5)=0.375\ 5$,　$\boldsymbol{H}(5)=0.375\ 5$,　$\hat{\boldsymbol{S}}(5)=0.499\ 6\hat{\boldsymbol{S}}(4)+0.375\ 5\boldsymbol{X}(5)$

$k=6$,　$\boldsymbol{\varepsilon}(6)=0.375\ 1$,　$\boldsymbol{H}(6)=0.375\ 1$,　$\hat{\boldsymbol{S}}(6)=0.499\ 9\hat{\boldsymbol{S}}(5)+0.375\ 1\boldsymbol{X}(6)$

$k=7$,　$\boldsymbol{\varepsilon}(7)=0.375\ 0$,　$\boldsymbol{H}(7)=0.375\ 0$,　$\hat{\boldsymbol{S}}(7)=0.500\ 0\hat{\boldsymbol{S}}(6)+0.375\ 0\boldsymbol{X}(7)$

上面的递推过程,得到的是 $k=0,1,2,3,4,5,6,7$ 时刻的信号估计值,可以看到信号趋向稳定的趋势,但还需要判断是否已经达到稳态的情况。

② 求稳态时的$\hat{\boldsymbol{S}}(k)$和$\boldsymbol{\varepsilon}(k)$。

如果到达时刻$k-1$，在它前后的时刻均方误差相等，则表明误差不再随递推次数的增加继续下降，已经是最小均方误差，达到了稳态。经过进一步递推，可以认为

$$\boldsymbol{\varepsilon}(k)=\boldsymbol{\varepsilon}(k-1)=0.375$$

达到了稳态，稳态时的修正矩阵

$$\boldsymbol{H}(k)=0.375$$

代入式(d)，稳态时，信号的估计为

$$\hat{\boldsymbol{S}}(k)=0.5\hat{\boldsymbol{S}}(k-1)+0.375\boldsymbol{X}(k)$$

变换到$z$域，有

$$H(z)=\frac{0.375}{1-0.5z^{-1}}$$

③ 设计一个可工程实现的维纳滤波器。

由题意可知，$R_{ss}(m)=0.8^{|m|}$，$R_{ww}(m)=\delta(m)$，并有$R_{sw}(m)=0$，$R_{xs}(m)=R_{ss}(m)$。由于$w(n)$为加法噪声，则

$$R_{xx}(m)=R_{ss}(m)+R_{ww}(m)$$

对上式进行$z$变换，则

$$R_{xx}(z)=R_{ss}(z)+R_{ww}(z)$$

由于$R_{ww}(m)=\delta(m)$，因而

$$R_{ww}(z)=1$$

再求$R_{ss}(m)=0.8^{|m|}$的$z$变换。为运算方便，进行变量置换，将$m\to n$，并不改变概念的性质，即$R_{ss}(n)=a^{|n|}(a>0)$，则其$z$变换为

$$R_{ss}(z)=\sum_{n=-\infty}^{\infty}a^{|n|}z^{-n}=\sum_{n=-\infty}^{-1}a^{-n}z^{-n}+\sum_{n=0}^{\infty}a^{n}z^{-n}=$$
$$\frac{az}{1-az}+\frac{z}{z-a}=\frac{az}{1-az}+\frac{1}{1-az^{-1}}=$$
$$\frac{1-a^{2}}{(1-az)(1-az^{-1})}$$

上式的$\sum_{n=-\infty}^{-1}a^{-n}z^{-n}$为左边序列，收敛域为圆内域，$|z|<a^{-1}$；$\sum_{n=0}^{\infty}a^{n}z^{-n}$为右边序列，收敛域为圆外域，$|z|>a$；$R_{ss}(z)$的收敛域为$a<|z|<a^{-1}$。

再将$a=0.8$代入上式，可得

$$R_{xx}(z)=R_{ss}(z)+R_{ww}(z)=$$
$$\frac{0.36}{(1-0.8z)(1-0.8z^{-1})}+1=$$
$$1.6\cdot\frac{(1-0.5z^{-1})(1-0.5z)}{(1-0.8z^{-1})(1-0.8z)}\quad(0.8<|z|<1.25)$$

由式(10.177)可知，$R_{xx}(z)=\sigma_{w_1}^{2}H_{x}(z)H_{x}(z^{-1})$，得到最小相位系统以及白噪声方差为

$$R_{xx}(z)=\sigma_{w_1}^{2}H_{x}(z)H_{x}(z^{-1})=$$
$$1.6\cdot\frac{(1-0.5z^{-1})(1-0.5z)}{(1-0.8z^{-1})(1-0.8z)}=$$

$$1.6\cdot\frac{(1-0.5z^{-1})}{(1-0.8z^{-1})}\cdot\frac{(1-0.5z)}{(1-0.8z)}\quad(0.8<|z|<1.25)$$

由上式,有

$$\sigma_{w_1}^2=1.6$$

$$H_x(z)=\frac{(1-0.5z^{-1})}{(1-0.8z^{-1})}\quad(|z|>0.8)$$

$$H_x(z^{-1})=\frac{(1-0.5z)}{(1-0.8z)}\quad(|z|<1.25)$$

再由式(10.185),有

$$H_{\text{opt}}(z)=\frac{R_{xs}(z)/H_x(z^{-1})}{\sigma_{w_1}^2H_x(z)}\overset{R_{xs}(z)=R_{ss}(z)}{=\!=\!=}\frac{R_{ss}(z)/H_x(z^{-1})}{\sigma_{w_1}^2H_x(z)}=$$

$$\frac{1-0.8z^{-1}}{1.6(1-0.5z^{-1})}\left[\frac{0.36}{(1-0.8z^{-1})(1-0.5z^{-1})}\right]$$

仅对$\dfrac{0.36}{(1-0.8z^{-1})(1-0.5z^{-1})}$作 $z$ 变换,通过计算可以推得,它的收敛域为 $0.8<|z|<2$。

而

$$\mathscr{Z}^{-1}\left[\frac{0.36}{(1-0.8z^{-1})(1-0.5z^{-1})}\right]=0.6(0.8)^nu(n)+0.6(2)^nu(-n-1)$$

由于设计的是工程可实现的维纳系统,上式中只应取右边序列中的因果序列部分,即取

$$\frac{0.36}{(1-0.8z^{-1})(1-0.5z^{-1})}\to0.6\,\frac{1}{(1-0.8z^{-1})}$$

$$H_{\text{opt}}(z)=\frac{1-0.8z^{-1}}{1.6(1-0.5z^{-1})}\left(\frac{0.6}{1-0.8z^{-1}}\right)=$$

$$\frac{\frac{3}{8}}{1-0.5z^{-1}}$$

对上式取 $z$ 反变换,可得到系统的单位抽样响应:

$$h(n)=0.375(0.5)^n\quad(n\geqslant0)$$

再由式(10.188),有 $\mathrm{E}[e^2(n)]_{\min}=\dfrac{1}{2\pi\mathrm{j}}\oint_C\left[R_{ss}(z)-H_{\text{opt}}(z)R_{xs}(z^{-1})\dfrac{\mathrm{d}z}{z}\right]$,可得最小均方误差为

$$\mathrm{E}[e^2(n)]_{\min}=\frac{1}{2\pi\mathrm{j}}\oint_C=\left[R_{ss}(z)-H_{\text{opt}}(z)R_{xs}(z^{-1})\frac{\mathrm{d}z}{z}\right]=$$

$$\frac{1}{2\pi\mathrm{j}}\oint_C\left[\frac{-0.45(0.625z-0.5)}{(z-0.8)(z-1.25)(z-0.5)}\right]\mathrm{d}z$$

积分围线 $C$ 取单位圆,单位圆内有两个一阶极点:$z_{m_1}=0.8$,$z_{m_2}=0.5$,应用留数定理解上述围线积分,由式(7.52)有

$$x(n)=\frac{1}{2\pi\mathrm{j}}\oint_CX(z)z^{n-1}\mathrm{d}z=\sum_m\mathrm{Res}[X(z)z^{n-1}]\,|_{z=z_m}$$

而留数可按式(7.54)$\mathrm{Res}[X(z)z^{n-1}]_{z=z_m}=[(z-z_m)X(z)z^{n-1}]_{z=z_m}$ 求得,因此,有

$$E[e^2(n)]_{\min}=\frac{1}{2\pi j}\oint_C X(z)z^{n-1}\mathrm{d}z=\sum_m \mathrm{Res}[X(z)z^{n-1}]\mid_{z=z_m}=$$

$$\frac{-0.45(0.625\times0.8-0.5)}{(0.8-1.25)(0.8-0.5)}+\frac{-0.45(0.625\times0.5-0.5)}{(0.5-0.8)(0.5-0.125)}=$$

$$0.375$$

与上述卡尔曼滤波器的设计相比较，已知状态和要求基本相同，当系统达到稳态时，下面的结果完全相同，即

$$H_{\mathrm{opt}}(z)=\frac{\frac{3}{8}}{1-0.5z^{-1}},\quad h(n)=0.375(0.5)^n,\quad n\geqslant0,\quad E[e^2(n)]_{\min}=0.375$$

结果相同的原因是由于两者都以最小均方误差的准则为目标。当然卡尔曼滤波过渡过程的信号估计结果与维纳滤波的结果是不同的。

### 10.5.3 自适应滤波

近年来，自适应信号处理技术发展极其迅速，包括自适应噪声抵消、自适应预测、自适应增强以及自适应阵列等，它们的应用场合不同，其核心是自适应滤波。所谓自适应滤波，是以输入和输出信号的统计特性的估计为依据，仅需对当前观察的数据作处理的滤波算法。它能自动调节本身抽样响应的特性，或者说采取特定算法自动地调整滤波器系数，以适应信号变化的特性，从而达到最佳滤波特性。维纳、卡尔曼滤波器都是以预知信号和噪声的统计特征为基础，具有固定的滤波器系数。因此，仅当实际输入信号的统计特征与设计滤波器所依据的先验信息一致时，这类滤波器才是最佳的，否则，这类滤波器不能提供最佳性能。20 世纪 70 年代中期，B·维德罗等人提出自适应滤波器及其算法，发展了最佳滤波设计理论。自适应滤波和卡尔曼滤波都是维纳滤波理论的一种推广，但自适应滤波不需要关于输入信号的先验知识，只要求把调整过程看作是平稳的随机过程。自适应滤波的计算量小，特别适用于实时处理，近年来得到广泛应用，例如用于脑电图、心电图测量，噪声抵消，导航，自动控制，扩频通信及数字电话等。

**1. 自适应滤波原理**

自适应滤波器根据环境的改变，使用自适应算法来改变滤波器的参数和结构，但多数情况下，并不改变滤波器的结构。自适应滤波器的系数是通过自适应算法实现更新的时变系数，即系数能自动地适应于给定信号，以获得所期望的响应。自适应滤波器最重要的特征就在于能够在未知环境中有效工作，并能够跟踪输入信号的时变特征。

自适应滤波器可以是连续域的或是离散域的，并有线性或非线性之分，下面主要介绍离散域的线性自适应滤波器。它主要由两部分组成：系数可调的数字滤波器和用来调节或修正滤波器系数的自适应算法，如图 10.32 所示。

如图 10.32 所示，自适应滤波器有两个输入端：一个输入端的信号 $y(k)$ 含有所要提取的信号 $s(k)$，被噪声 $n(k)$ 干扰甚至被淹没，$s(k)$、$n(k)$ 二者统计独立，即

$$y(k)=s(k)+n(k)\tag{10.214}$$

另一输入端信号为 $x(k)$，它是 $y(k)$ 的一种参考，其噪声为 $n'(k)$，$s(k)$ 与 $n(k)$、$n'(k)$ 互不相关，但 $n(k)$ 与 $n'(k)$ 密切相关。$x(k)$ 被数字滤波器所处理，得到噪声 $n(k)$ 的估计值 $\hat{n}(k)$，这

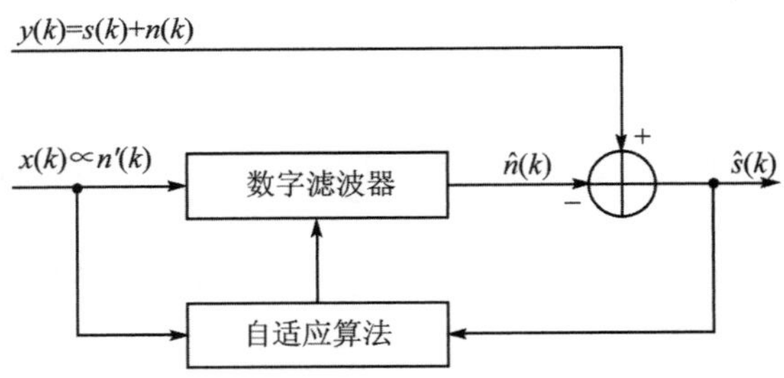


图 10.32　自适应滤波原理框图

样就可以从 $y(k)$ 中减去 $\hat{n}(k)$，得到所要提取的信号 $s(k)$ 的估计值 $\hat{s}(k)$。这一过程可表示为

$$\hat{s}(k)=y(k)-\hat{n}(k)=s(k)+n(k)-\hat{n}(k) \tag{10.215}$$

显然，自适应滤波器就是一个噪声抵消器。如果得到了对噪声的最佳估计，就能得到所要提取信号的最佳估计。而为了得到噪声的最佳估计 $\hat{n}(k)$，可以经过适当的自适应算法，例如最小均方 LMS(Least Mean Square)算法来反馈调整数字滤波器的系数，使得 $\hat{s}(k)$ 中的噪声最小。$\hat{s}(k)$ 有两种作用：一是得到信号 $s(k)$ 的最佳估计；二是用于调整滤波器系数的误差信号。

自适应滤波器中，数字滤波器可以采用 FIR 或 IIR 型的原理，多数采用 FIR 型数字滤波器，但滤波系数是可调的，即

$$\hat{n}(k)=\sum_{m=0}^{N-1}x(k-m)W_k^m \tag{10.216}$$

式中，$W_k^m$ 是可调的滤波系数，也称为权重系数；若系数用矢量表示，则应为权重矢量。自适应算法被用来调整滤波器的权重系数，然后按某种准则来判断误差信号是否达到最小。常用的准则为均方最小(LMS)、递归最小二乘估计 RLS(Recursive Least Squares)等。

以最小均方误差为准则设计的自适应滤波器的系数可以由下列维纳-霍甫夫方程解得

$$\boldsymbol{W}(n)=\boldsymbol{\Phi}_{xx}^{-1}(n)\boldsymbol{\Phi}_{sx}^{-1}(n) \tag{10.217}$$

式中，$\boldsymbol{W}(n)$ 是自适应滤波器的系数列矩阵；$\boldsymbol{\Phi}_{xx}^{-1}(n)$ 为输入信号序列 $x(n)$ 自相关矩阵的逆矩阵；$\boldsymbol{\Phi}_{sx}^{-1}(n)$ 为期望输出序列 $s(n)$ 与输入序列 $x(n)$ 的互相关列矩阵。

B・维德罗提出一种算法，能实时求出自适应滤波器系数，其结果接近维纳-霍甫夫方程，这种算法称为最小均方算法或 LMS 算法。LMS 算法是以瞬时随机梯度下降法为基础来导出系数矩阵递推公式的，所以也把 LMS 称为梯度下降法，其特点是算法简单，容易理解，易于实现，但收敛速度相对较慢。下面介绍这种算法。

**2. LMS 自适应算法**

这里介绍基本的 LMS 算法。

与维纳滤波算法相同，自适应滤波也是要求在均方误差 $\mu=\mathrm{E}[e(k)^2]$ 为最小的目标下进行求解。不同的是，维纳滤波算法需要知道过去的全部数据，对于平稳过程算出一个不变的权重系数。而 LMS 算法并不需要知道以前的采样数据，它是对当前数据逐点调整权重矢量，使得均方误差逐步降低到最小。

设观测值组成的矢量为 $\boldsymbol{X}(k)=[\,x(k)\quad x(k-1)\quad x(k-2)\quad \cdots\quad x(k-q+1)\,]^{\mathrm{T}}$，滤波器系数矢量为 $\boldsymbol{H}=[\,h(0)\quad h(1)\quad h(2)\quad \cdots\quad h(q-1)\,]^{\mathrm{T}}$，输出信号为

$$\hat{s}(k)=\sum_{m=0}^{q-1}h(m)x(k-m)=\boldsymbol{H}^{\mathrm{T}}\boldsymbol{X}(k)=\boldsymbol{X}(k)^{\mathrm{T}}\boldsymbol{H} \tag{10.218}$$

$s(k)$与 $\hat{s}(k)$的误差为

$$e_k=s(k)-\hat{s}(k)=s(k)-\boldsymbol{H}^{\mathrm{T}}\boldsymbol{X}(k) \tag{10.219}$$

$$\begin{aligned}e_k^2=&[s(k)]^2-2s(k)\boldsymbol{H}^{\mathrm{T}}\boldsymbol{X}(k)+\boldsymbol{H}^{\mathrm{T}}\boldsymbol{X}(k)\boldsymbol{H}=\\&[s(k)]^2-2s(k)\boldsymbol{X}(k)^{\mathrm{T}}\boldsymbol{H}+\boldsymbol{H}^{\mathrm{T}}\boldsymbol{X}(k)\boldsymbol{H}\end{aligned} \tag{10.220}$$

设 $\boldsymbol{X}'(k)$是 $\boldsymbol{X}(k)$的各分量的时延矢量(时延值为 $0-q-1$)，则 $\boldsymbol{X}'(k)$与 $\boldsymbol{X}(k)$的自相关矩阵 $\boldsymbol{R}$ 为

$$\boldsymbol{R}=\mathrm{E}[\boldsymbol{X}(k)\boldsymbol{X}'(k)] \tag{10.221}$$

$e_k$ 与 $\boldsymbol{X}(k)$的互相关系数矩阵 $\boldsymbol{P}$ 为($s(k)$表示成向量形式 $\boldsymbol{s}(k)$)

$$\boldsymbol{P}=\mathrm{E}[\boldsymbol{s}(k)\boldsymbol{X}(k)]^{\mathrm{T}} \tag{10.222}$$

$s(k)$的均方值为 $\sigma_s^2$，则由式(10.220)，可得均方差 $\boldsymbol{J}(\boldsymbol{H})$为

$$\boldsymbol{J}(\boldsymbol{H})=\mathrm{E}[e_k^2]=\sigma_s^2-2\boldsymbol{P}^{\mathrm{T}}\boldsymbol{H}+\boldsymbol{H}^{\mathrm{T}}\boldsymbol{R}\boldsymbol{H} \tag{10.223}$$

最佳滤波就归结为求出使 $\boldsymbol{J}(\boldsymbol{H})$最小的最佳滤波系数矩阵 $\boldsymbol{H}$ 这样一个优化问题。优化的方法有多种，为便于应用计算机求解，采用梯度下降法计算 $\boldsymbol{J}(\boldsymbol{H})$的最小值，其中的最陡下降算法比较容易理解。下面来介绍这一方法。

最陡下降算法的基本思路是使均方差 $\boldsymbol{J}(\boldsymbol{H})$沿着变化率 $\dfrac{\mathrm{d}\boldsymbol{J}(\boldsymbol{H})}{\mathrm{d}\boldsymbol{H}}$ 最大的方向，即沿最短的路径达到 $\boldsymbol{J}(\boldsymbol{H})$的最小值。用 $\boldsymbol{J}(\boldsymbol{H})$对 $\boldsymbol{H}$ 各分量的偏导数而构成的矢量 $\dfrac{\mathrm{d}\boldsymbol{J}(\boldsymbol{H})}{\mathrm{d}\boldsymbol{H}}$，称为 $\boldsymbol{J}(\boldsymbol{H})$的梯度，表示为

$$\nabla_{\boldsymbol{H}}(\boldsymbol{J}(\boldsymbol{H}))=\frac{\mathrm{d}\boldsymbol{J}(\boldsymbol{H})}{\mathrm{d}\boldsymbol{H}} \tag{10.224}$$

即

$$\frac{\mathrm{d}\boldsymbol{J}(\boldsymbol{H})}{\mathrm{d}\boldsymbol{H}}=\left[\frac{\partial \boldsymbol{J}(\boldsymbol{H})}{\partial H(0)}\quad \frac{\partial \boldsymbol{J}(\boldsymbol{H})}{\partial H(1)}\quad \cdots\quad \frac{\partial \boldsymbol{J}(\boldsymbol{H})}{\partial H(q-1)}\right] \tag{10.225}$$

梯度向量 $\nabla_{\boldsymbol{H}}(\boldsymbol{J}(\boldsymbol{H}))$的方向是 $\boldsymbol{J}(\boldsymbol{H})$增长最快的方向，如果取负号，也就是下降最快的方向，因此称为最陡下降算法或最速下降法。

初始梯度向量 $\nabla_{\boldsymbol{H}}(\boldsymbol{J}(\boldsymbol{H}_0))$中 $\boldsymbol{H}$ 的初始值 $\boldsymbol{H}_0$ 为

$$\boldsymbol{H}_0=[H_0(0)\quad H_0(1)\quad \cdots\quad H_0(q-1)]^{\mathrm{T}} \tag{10.226}$$

它可以通过猜测任意选定，然后沿 $-[\nabla_{\boldsymbol{H}}(\boldsymbol{J}(\boldsymbol{H}_0))]$的方向移动一小步，得到新的 $\boldsymbol{H}$ 值，即

$$\boldsymbol{H}_1=[H_1(0)\quad H_1(1)\quad \cdots\quad H_1(q-1)]^{\mathrm{T}} \tag{10.227}$$

为了便于分析和理解，假设 $\boldsymbol{H}$ 只有一个待求量(可用标量 $H$ 表示 $\boldsymbol{H}$)，沿梯度方向移动后 $\boldsymbol{H}$ 的变化量表示(因为确定是沿梯度方向，因此下面改用标量形式表示)为

$$H_1=H_0+\Delta H \tag{10.228}$$

对于从任意时刻 $k$ 到 $k+1$，$H$ 的变化量表示为

$$H_1(k+1)=H_0(k)+\Delta H \tag{10.229}$$

或更一般的表示为

$$H(k+1)=H(k)+\Delta H \tag{10.230}$$

按照最陡下降法，$\Delta H$ 的选择必须满足

$$J(H+\Delta H)\leqslant J(H) \tag{10.231}$$

若根据式(10.230)不断进行迭代，就可以使均方误差越来越小，最后趋于最小，即

$$J(H)_{\min}=J(H_{\text{opt}}) \tag{10.232}$$

式中，$H_{\text{opt}}$ 为最佳滤波系数。

设 $\Delta H$ 足够小，将式(10.231)按等式展开为台劳级数，并忽略二次及以上的高次项，有

$$J(H+\Delta H)=J(H)+\Delta H\,\frac{\partial J(H)}{\partial H}\leqslant J(H) \tag{10.233}$$

式中，$\Delta H$ 必须取负梯度方向，即

$$\Delta H=-\frac{\lambda}{2}\,\frac{\partial J(H)}{\partial H} \tag{10.234}$$

式中，自适应参数 $\lambda>0$，称为步长，必须足够小，从而式(10.230)可写成

$$H(k+1)=H(k)+\Delta H=H(k)-\frac{\lambda}{2}\,\frac{\partial J(H)}{\partial H} \tag{10.235}$$

并有

$$J(H+\Delta H)=J(H)-\frac{\lambda}{2}\left(\frac{\partial J(H)}{\partial H}\right)^2 \tag{10.236}$$

将上述标量表示式从理解的意义上重新表示为矢量表达式，得到最陡下降法相应的迭代公式：

$$\boldsymbol{H}_1=\boldsymbol{H}_0-\frac{\partial \boldsymbol{J}(\boldsymbol{H})}{\partial \boldsymbol{H}}=\boldsymbol{H}_0-\frac{1}{2}\lambda\nabla_{\boldsymbol{H}}(\boldsymbol{J}(\boldsymbol{H}_0)) \tag{10.237}$$

$$\boldsymbol{H}(k)=\boldsymbol{H}(k-1)-\frac{1}{2}\lambda\nabla_{\boldsymbol{H}}(\boldsymbol{J}(\boldsymbol{H}(k-1))) \tag{10.238}$$

由式(10.223)，由于此时 $\sigma_s^2\to 0$，有

$$\frac{\mathrm{d}\boldsymbol{J}(\boldsymbol{H})}{\mathrm{d}\boldsymbol{H}}=-2\boldsymbol{P}+2\boldsymbol{R}\boldsymbol{H} \tag{10.239}$$

将式(10.239)代入式(10.238)，则

$$\begin{aligned}\boldsymbol{H}(k)&=\boldsymbol{H}(k-1)+\lambda(\boldsymbol{P}-\boldsymbol{R}(\boldsymbol{H}(k-1)))=\\&(1-\lambda\boldsymbol{R})(\boldsymbol{H}(k-1))+\lambda\boldsymbol{P}\end{aligned} \tag{10.240}$$

可以证明(证明过程从略)：若步长 $\lambda$ 足够小，当 $n\to\infty$ 时，$\boldsymbol{H}(k)$ 将收敛到最佳的滤波系数矩阵 $\boldsymbol{H}_{\text{opt}}$。

但是，运用式(10.240)进行迭代运算时，每一次迭代，都需要预先精确知道相关矩阵 $\boldsymbol{R}$ 和 $\boldsymbol{P}$，这就很难实现实时运算。在实际迭代过程中，$\boldsymbol{R}$ 和 $\boldsymbol{P}$ 用它们的估计 $\hat{\boldsymbol{R}}$ 和 $\hat{\boldsymbol{P}}$ 来替代，$\hat{\boldsymbol{R}}$ 和 $\hat{\boldsymbol{P}}$ 只须使用至 $k$ 时刻的信号数据，即

$$\hat{\boldsymbol{R}}(k)=\boldsymbol{x}(k)\boldsymbol{X}^{\mathrm{T}}(k) \tag{10.241}$$

$$\hat{\boldsymbol{P}}(k)=\boldsymbol{s}(k)^{\mathrm{T}}\boldsymbol{x}(k) \tag{10.242}$$

式中，$\boldsymbol{s}(k)$ 和 $\boldsymbol{x}(k)$ 也相应分别表示为向量形式，则 $\hat{\boldsymbol{R}}$ 和 $\hat{\boldsymbol{P}}$ 的数学期望为

$$\mathrm{E}[\hat{\boldsymbol{R}}(k)]=\mathrm{E}[\boldsymbol{x}(k)\boldsymbol{X}^{\mathrm{T}}(k)]=\boldsymbol{R} \tag{10.243}$$

$$\mathrm{E}[\hat{\boldsymbol{P}}(k)]=\mathrm{E}[\boldsymbol{s}(k)^{\mathrm{T}}\boldsymbol{x}(k)]=\boldsymbol{P} \tag{10.244}$$

将式(10.243)和式(10.244)代入式(10.239),得到 $\boldsymbol{J}(H)$梯度的瞬时估计值

$$\hat{\nabla}_H(\boldsymbol{J}(\boldsymbol{H}(k))) = -2(\boldsymbol{P}-\boldsymbol{R}\cdot(\boldsymbol{H}(k))) = -2\boldsymbol{s}(k)^{\mathrm{T}}\boldsymbol{x}(k)-2\boldsymbol{x}(k)\boldsymbol{X}^{\mathrm{T}}(k)\boldsymbol{H}(k) \tag{10.245}$$

相应地,迭代公式改为

$$\boldsymbol{H}(k+1)=\boldsymbol{H}(k)-\frac{1}{2}\lambda\hat{\nabla}_H(\boldsymbol{J}(\boldsymbol{H}(k))) = \boldsymbol{H}(k)+\lambda\boldsymbol{x}(k)[\boldsymbol{s}(k)^{\mathrm{T}}-\boldsymbol{X}^{\mathrm{T}}(k)\boldsymbol{H}(k)] \tag{10.246}$$

初始值 $\boldsymbol{H}_0$ 是可以任意取的,为方便起见,不妨取为 $\boldsymbol{H}_0=\boldsymbol{0}$,这并不影响过程的随机特性。

理想信号 $\boldsymbol{s}(k)$与实际输出$\hat{\boldsymbol{s}}(k)$的误差为

$$e_k=\boldsymbol{s}(k)-\hat{\boldsymbol{s}}(k)= \boldsymbol{s}(k)-\boldsymbol{X}^{\mathrm{T}}(k)\boldsymbol{H}(k) \tag{10.247}$$

式(10.245)可表示为

$$\boldsymbol{H}(k+1)=\boldsymbol{H}(k)+\lambda\boldsymbol{x}(k)e_k \tag{10.248}$$

由上式可见,自适应滤波与维纳滤波不同,它的滤波系数 $\boldsymbol{H}(k)$随着 $k$ 的增大,不断地调整改变,以实现均方差的最小化。如果把式(10.248)写成分量(标量)形式

$$H(k+1)=H(k)+\lambda x(k)e_k \tag{10.249}$$

则由式(10.249)可以看出,每修改一个滤波因子,只需要一次乘法和加法即可,这种算法的运算量非常小。

自适应滤波器的一个简单应用实例是信号增强,可用于检测或增强淹没在宽带噪声中的窄带随机信号,如图 10.33 所示。

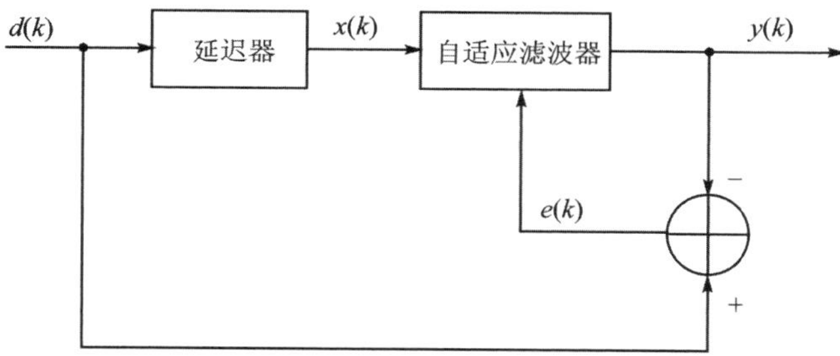


**图 10.33　窄带随机信号增强**

由图 10.33 可知,窄带信号增强器主要包括一个延迟器和一个自适应滤波器(或叫预估器)。延迟器用来滤除在输入信号中的噪声部分可能引起的相关。预估器就是一个系数可调的 FIR 滤波器,其输出为一增强的窄带信号 $y(k)$。预估器的滤波系数用 LMS 算法给出,即

$$\left.\begin{aligned} &y(k)=\sum_{j=0}^{N-1}h_k(j)x(k-j)\\ &e_k=d(k)-y(k)\\ &h_{k+1}(j+1)=h_k(j)+2\lambda\, e_k x(j) \end{aligned}\right\} \tag{10.250}$$

# 10.6 压缩感知

我们现在所处的时代是电子信息时代，也就是数字时代。现实世界的模拟化和信号处理工具的数字化决定了信号采样是模拟的物理世界通向数字的信息世界的必经之路，即信号采样是联系模拟信源和数字信息的桥梁。为了避免信号失真，在传统采样过程中，著名的香农/奈奎斯特采样定理一直处于绝对的主导地位。该定理指出，“在模拟信号到数字信号的转换过程中，当采样频率大于信号中最高频率的2倍时，采样后的数字信号能够完整地保留原始信号中的信息”。可见，信号带宽是香农/奈奎斯特采样定理对采样的本质要求。但是，数字时代的出现带来了信息量的喷涌，一方面，其直接导致用来传输信息的信号带宽不断增加，以此为基础的信号处理框架在对宽带信号如核磁共振成像、雷达遥感成像、高分辨视频等进行满足该采样率要求的操作时耗资巨大。另一方面，在实际应用中，为了降低存储、处理和传输的成本，人们常采用压缩方式来抛弃采样信号中的大量非重要数据以便用较少的比特数表示信号。所以，传统的以香农/奈奎斯特采样定理为支撑的信号获取和处理过程主要包括采样、压缩、传输和解压缩四个部分，如图10.34所示。

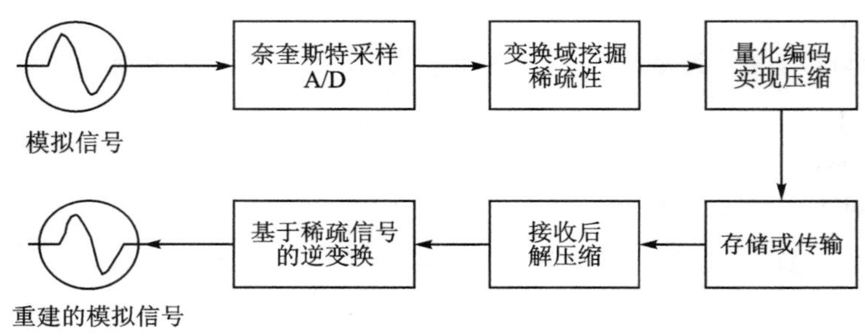


**图10.34 奈奎斯特采样规则下信号获取和处理的原理框图**

这种耗资巨大进行采样再压缩的过程浪费了大量的资源，而采样信号能够被压缩是因为信号被采样后仍具有很大的冗余度。从这个意义而言，得到以下结论：带宽不能本质地表达信号的信息，基于信号带宽的奈奎斯特采样机制是冗余的或者说是非信息的。于是很自然地引出一个问题：如果信号本身是可压缩的，那么是否可以直接获取其压缩表示(即压缩数据)，从而略去对大量无用信息的采样呢？Candès等在2006年从数学上证明了可以从部分傅里叶变换系数精确重构原始信号，为压缩传感奠定了理论基础。Emmanuel Candès、Justin Romberg、Terence Tao和Donoho在相关研究的基础上于2006年正式提出了压缩感知的概念，建立了一种新的在采样的同时实现压缩目的的压缩感知理论体系，其核心思想是：稀疏的或具有稀疏表达的有限维数的信号，可以利用远少于奈奎斯特采样数量的线性、非自适应的测量值无失真地重建出来。在该理论框架下，采样率不再取决于信号的带宽，而在很大程度上取决于两个基本准则：稀疏性和非相干性，或者稀疏性和等距约束性。图10.35给出了压缩感知采样的原理框图。

压缩感知理论主要涉及三个核心问题。① 稀疏表示：具有稀疏表示能力的过完备字典设计；② 编码测量：满足非相干性或等距约束性准则的测量矩阵设计；③ 重构算法：快速鲁棒的信号重建算法设计。在压缩感知理论中，测量矩阵的形式尤为重要，它一方面决定了信号

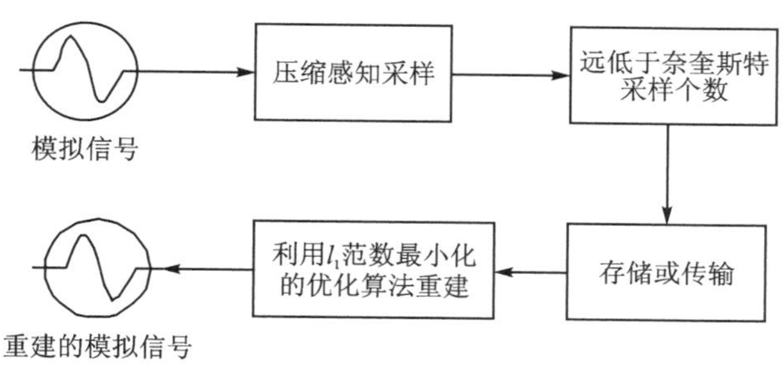


图 10.35　压缩感知采样的原理框图

重构所必需的观测数据的数量，另一方面也制约着物理实现的方式和难度。压缩感知理论把信号获取的主要压力放在了信号恢复的后端，即如何在信号随机观测后，采用优化技术高概率地恢复原信号。压缩感知理论由于能极大地降低信号获取的要求，一经提出，立即引起了广泛关注，是近年来国际上迅速兴起的热门研究方向。

### 10.6.1　稀疏信号和可压缩信号模型

信号的稀疏模型是工程中应用压缩感知理论的基础，只有利用正确有效的模型对信号进行刻画，才能够在信号重构的过程中进行准确的数学建模。

在信号与信息处理领域，信号分解和信号表达是一个根本性的问题，并且在对实际的物理系统进行研究时，首要的问题就是要实现对系统的建模。一般来说，线性系统是建模中经常采用的模型。在此类系统中，信号通常被视为一个向量空间中的向量，这样的建模一方面符合信号的自身特点，同时从数学的角度为信号分析与处理提供了工具手段。本书中我们只考虑有限维度的信号空间。

下面首先给出向量空间中范数的定义，该定义在压缩感知理论中是经常使用的。

对于向量空间 $\mathbf{R}$($n$ 维欧几里得空间)中的向量，$L_p$($p\in[1,\infty]$)范数的定义如下，

$$\|\boldsymbol{x}\|_p=\begin{cases}(\sum_{i=1}^{N}|\boldsymbol{x}_i|^p)\dfrac{1}{p}, & p\in[1,\infty)\\ \max|\boldsymbol{x}_i|, & p=\infty\end{cases}\quad(i=1,2,\cdots,N)\tag{10.251}$$

式中，$\boldsymbol{x}\in\mathbf{R}^n$。向量空间 $\mathbf{R}^n$ 中，标准内积定义如下：

$$\langle\boldsymbol{x},\boldsymbol{y}\rangle=\sum_{i=1}^{N}\boldsymbol{x}_i\boldsymbol{y}_i=\boldsymbol{x}^{\mathrm{T}}\boldsymbol{y}\tag{10.252}$$

式中，$\boldsymbol{x},\boldsymbol{y}\in\mathbf{R}^n$，$\boldsymbol{x}^{\mathrm{T}}$ 为 $\boldsymbol{x}$ 的转置。显然，向量的范数 $L_2$ 可以表示为 $\|\boldsymbol{x}\|_2=\sqrt{(\boldsymbol{x},\boldsymbol{x})}$。而在 $p<1$ 的情况下，式(10.251)定义的范数已经无法满足三角不等式，所以它本质上是拟范数。在本书中，采用表达式 $\|\boldsymbol{x}\|_0=|\mathrm{supp}(x)|$，其中 $\mathrm{supp}(\boldsymbol{x})=\{i:\boldsymbol{x}_i\neq\boldsymbol{0}\}$ 表示 $x$ 的支撑集或简称为支撑；$|\delta|$ 表示集合 $\delta$ 的基数，也就是集合 $\delta$ 中元素的个数。$\|\boldsymbol{x}\|_0$ 通常记为 $L_0$。

范数或拟范数 $L_p$ 通常随着 $p$ 的不同而具有不同的特性。如图 10.36 所示，在 $\mathbf{R}^2$ 中的单位球体即 $\{\boldsymbol{x}:\|\boldsymbol{x}\|_p=1\}$ 时，有不同的表现。图 10.36(a)表示的是 $L_1$ 范数，图(b)是 $L_2$ 范数，而图(c)表示的是 $L_\infty$ 范数，图(d)是 $L_{1/2}$ 拟范数。很明显，当 $p<1$ 时，单位球已经不再是凸集了，进而表明不再满足三角不等式。

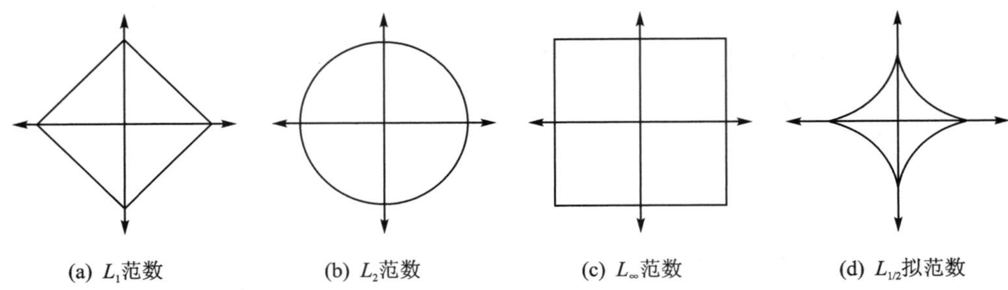


**图 10.36　各种 $p$ 值的 $L_p$ 在 $\mathbf{R}^2$ 中的单位球体即 $\{\boldsymbol{x}: \|\boldsymbol{x}\|_p=1\}$ 的表现**

通常采用范数来描述信号的强度或误差的大小。假设已知一个信号 $\boldsymbol{x}\in\mathbf{R}^2$,希望用一个在一维仿射空间 $A$ 中的点来逼近它。如果采用 $L_p$ 衡量这种逼近误差,那么任务就是找到 $\hat{\boldsymbol{x}}\in A$,且满足优化目标:$\min\limits_{\omega}\sum\limits_{i=1}^{n}(\hat{\boldsymbol{x}}_i-\boldsymbol{\omega}^{\mathrm{T}}\boldsymbol{x}_i)^2+\lambda\|\boldsymbol{\omega}\|_p^2$,参数 $\lambda>0$ 。这时,对参数 $p$ 的选择至关重要,不同的 $p$ 值将使得逼近误差具有不同的特性和表现。由于 $\boldsymbol{x}\in\mathbf{R}^2$,因此 $\boldsymbol{\omega}$ 都只有两个分量,即 $\omega_1$、$\omega_2$,将其作为两个坐标轴并绘出优化目标式中平方误差项的等值线,即优化目标式中第一项在$(\omega_1,\omega_2)$空间中取值相同点的连线,再分别绘出 $L_1$ 范数与 $L_2$ 范数的等值线,如图 10.37 所示,那么,优化目标式的解应出现在平方误差项的等值线与 $L_p$ 范数的等值线相交处。由图 10.37 可看出,平方误差项的等值线与 $L_1$ 范数等值线的交点常出现在坐标轴上,即 $\omega_1$ 或 $\omega_2$ 为 0,而平方误差项的等值线与 $L_2$ 范数等值线的交点常出现在某个象限中,即 $\omega_1$ 或 $\omega_2$ 均非 0;换言之,采用 $L_1$ 范数比 $L_2$ 范数更易于得到稀疏解。采用这个直观的例子不仅可以扩展到多维空间,同时在整个压缩感知理论的形成过程中也起着举足轻重的作用。

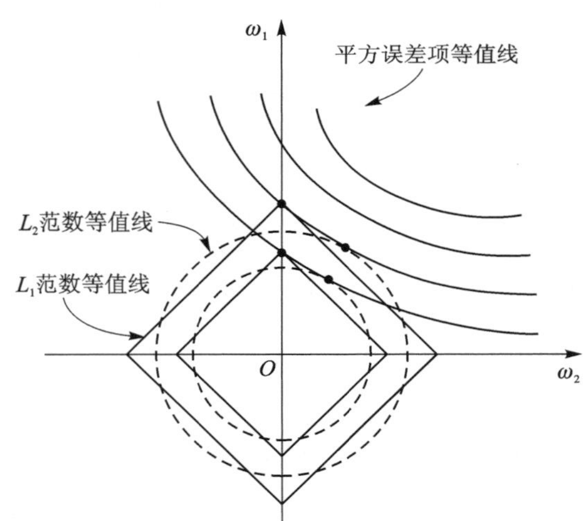


**图 10.37　采用 $L_1$ 范数比 $L_2$ 范数更易于得到稀疏解**

**定义 1:** 若集合$\{\boldsymbol{\psi}_i\}_{i=1}^n$ 中的向量线性无关,并且可以张成空间 $\mathbf{R}^n$,则集合$\{\boldsymbol{\psi}_i\}_{i=1}^n$ 称为空间 $\mathbf{R}^n$ 中的一个基。

空间 $\mathbf{R}^n$ 中的任意向量都可以利用基向量的线性组合唯一地表示。具体来说,对向量 $\boldsymbol{x}\in\mathbf{R}^N$,存在着唯一的一组系数$\{\boldsymbol{x}_i\}_{i=1}^n$ 使得下式成立:

$$x = \sum_{i=1}^{N} s_i \psi_i \tag{10.253}$$

把上式写成向量形式即为

$$x = \psi s \tag{10.254}$$

式中，$\psi$ 是一个 $n \times n$ 的矩阵系列，其列是由基向量 $\psi_i$ 所构成的，系数向量 $s$ 是 $x$ 在 $\psi$ 域的变换向量，$s_i = \langle x, \psi_i \rangle$ 或 $s = \psi_i^{\mathrm{T}} x$。

**定义 2：** $\mathbf{R}^d$ 中的集合为 $\{\varphi_i\}_{i=1}^{n}(d<n)$，对应的矩阵表示为 $\Phi \in \mathbf{R}^{d \times n}$，如果对所有的 $x \in \mathbf{R}^d$，都满足

$$A \| x \|_2^2 \leqslant | \Phi^{\mathrm{T}} x |_2^2 \leqslant B \| x \|_2^2 \tag{10.255}$$

式中，$0<A \leqslant B<\infty$，则称该集合为框架。其中，条件 $A>0$ 意味着 $\Phi$ 的行是线性无关的。若 $A$ 选为可能的最大值，$B$ 选为可能的最小值，则把它们称为最优框架界。如果 $\varphi_i(i=1,2,\cdots,n)$ 满足 $\| \varphi_i \|_2 = 1$，则称该框架是单位标准框架。

对于一些复杂信号，往往难以找到一个正交基，使得信号在该变换基上的系数只有少量的非零值。因此一种更合理的思路应该是这样的：根据信号特征自适应地选取变换基。在该思想的指引下，产生了使用冗余字典进行稀疏分解的信号分析方法，把基函数用称之为原子库的过完备的冗余函数系统来取代时，为了使信号表示时的系数能量尽量集中，原子库中的冗余函数应该尽可能地符合待表示的信号的结构特征，因此，冗余字典中的原子之间不满足正交性，但是却比正交基有着更强大的信号描述能力，能够更加有效地挖掘信号的内在特征。其构成可以没有任何限制，原子库中的元素被称为原子，相应的原子库称为字典。由于冗余字典中原子之间的冗余性，冗余字典提供了更加灵活丰富的信号表示。对一个信号来说，它在一个冗余字典中的表示是不唯一的，存在着无穷多种可能的系数向量。

用已知基或字典中少量元素的线性组合对信号进行逼近表示，若这样的表示是精确的，则称这样的信号是稀疏的。信号稀疏表示模型为高维信号只包含相对少量信息的这一事实，提供了一种数学描述模型。

**定义 3：** 对一个向量 $x \in C^N$，其支撑集是其非零元素的下标集合，可表示为

$$\mathrm{supp}(x) := \{j \in \{1,2,\cdots,N\} : x_j \neq 0\} \tag{10.256}$$

如果向量 $x \in C^N$ 中的元素最多有 $K$ 个值非零，则称 $x \in C^N$ 为 $K$-稀疏，即

$$\| x \|_0 := \mathrm{card}(\mathrm{supp}(x)) \leqslant K \tag{10.257}$$

式中，card( · )表示取集合的势。

若一个信号在变换基(或字典)中的表示系数是稀疏的，也可称这样的信号是稀疏信号。由于对不同的信号来说，对其进行表示的字典原子是不同的，因此信号的稀疏性是非线性的模型。通常来说，对两个均为 $K$-稀疏的信号，由于不能保证它们支撑集的一致性，所以这两个信号的线性组合一般不再会是 $K$-稀疏的信号。稀疏信号集合一般不能构成一个线性空间，对 $n$ 维的 $K$-稀疏信号，它是由所有$\binom{n}{K}$个标准子空间的联合所构成的。

**定义 4：** 对 $p>0$，向量 $x \in C^N$ 的基于 $L_p$ 误差的最佳 $K$ 项近似定义如下：

$$\sigma_k(x)_p := \inf\{ \| x - z \|_p, z \in C^N \} \text{ 是 } K\text{-稀疏的} \tag{10.258}$$

如果向量 $x \in C^N$ 的最佳 $K$ 项近似的误差快速衰减，则称该向量是可压缩向量。

将上述 4 个定义，总结归纳如下：

在信号处理中，如果信号是可压缩的，则人们总是倾向于获得信号更加稀疏的表示，从而

降低信号处理的复杂度。传统上人们通过非冗余的正交变换来获取信号的有效表示。例如信号分析领域最常见的傅里叶变换、短时傅里叶变换、图像和视频处理中常用的离散余弦变换、小波变换等。根据调和分析理论,维度为 $N$ 的一维离散信号 $\boldsymbol{x}$ 可以表示为 $N$ 个单位正交基的线性组合,即

$$\boldsymbol{x}=\sum_{i=1}^{N} \boldsymbol{s}_i \boldsymbol{\psi}_i=\boldsymbol{\psi s} \tag{10.259}$$

式中,$\boldsymbol{\psi}=[\boldsymbol{\psi}_1,\boldsymbol{\psi}_2,\cdots,\boldsymbol{\psi}_N]$为正交基矩阵,列向量 $\boldsymbol{\psi}_i$ 为基函数,$\boldsymbol{s}=[s_1,s_2,\cdots s_N]^{\mathrm{T}}$ 是系数向量,每个系数是信号和一个基函数的内积,即

$$s_i=\langle \boldsymbol{x},\boldsymbol{\psi}_i\rangle \tag{10.260}$$

若 $\boldsymbol{s}$ 只有 $K(K\ll N)$个系数较大,那么则称 $\boldsymbol{x}$ 是可压缩的,也称 $\boldsymbol{x}$ 是 $K$-稀疏的。

信号的稀疏性决定了信号可达到的最佳压缩效果。对于 $K$-稀疏的信号 $\boldsymbol{x}$,压缩处理中通常选择保留其前 $K$ 个较大系数,而将其他系数置零,即采用 $\boldsymbol{x}_K:=\boldsymbol{\psi s}_K$ 逼近原信号,$\boldsymbol{s}_K$ 是 $\boldsymbol{s}$ 向量中保留其中$K$ 个大系数而将其他元素置零后得到的向量。由于 $\boldsymbol{\psi}$ 为单位正交基,因此压缩误差可以表示为

$$\|\boldsymbol{x}-\boldsymbol{x}_K\|_2=\|\boldsymbol{s}-\boldsymbol{s}_K\|_2 \tag{10.261}$$

如果信号稀疏性较强,那么它在变换矩阵 $\boldsymbol{\psi}$ 上的表示系数将衰减很快,压缩误差 $\|\boldsymbol{x}-\boldsymbol{x}_K\|_2$ 就相对较小,这说明即使放弃了大多数的系数,信号质量也没有严重下降。因此可以通过了解信号本身或其在某个变换域中系数的衰减情况来理解信号的可压缩方式。

需要指出的是,在真实世界中只有少量信号是真正稀疏的信号,而大部分信号都是可压缩的。当说某个信号可压缩时,实际上是说这个信号是可以通过稀疏信号来近似表达的。同样的道理,存在于子空间中的信号可以通过几个较少的主成分来近似表达,可以通过下面的公式定量地计算原始信号 $\boldsymbol{x}$ 与稀疏表达信号 $\hat{\boldsymbol{x}}\in\boldsymbol{\Sigma}_K$ 之间的误差:

$$\sigma_k(\boldsymbol{x})_p=\min\|\boldsymbol{x}-\hat{\boldsymbol{x}}\|_p,\quad \hat{\boldsymbol{x}}\in\boldsymbol{\Sigma}_K \tag{10.262}$$

很明显,如果 $\boldsymbol{x}\in\boldsymbol{\Sigma}_K$,无论 $p$ 取何值,均有 $\sigma_k(\boldsymbol{x})_p$ 等于0,当 $\boldsymbol{x}$ 不是绝对稀疏信号时,就 $L_p$ 范数而言,采用 $K$ 个幅值最大的稀疏表达信号 $\hat{\boldsymbol{x}}$ 通常可以看成最优的近似表达。

而且,尽管很多信号自身取值都是非零的,但是在小波正交基下,信号大部分小波系数的取值都很小,只有少量的小波系数取值很大,这些大系数承载了信号的绝大部分信息。小波变换的这种稀疏性或可压缩性已被成功地用于现代图像压缩标准——JPEG 2000。这种通过稀疏变换实现压缩的方法称为变换编码。变换编码在现代数据获取系统中一直发挥着重要的作用。

### 10.6.2 感知测量与重构恢复

压缩感知关注的是如何利用信号本身所具有的稀疏性,从部分观测样本中恢复原信号。通常认为,压缩感知分为“感知测量”和“重构恢复”两个阶段。“感知测量”关注如何对原始信号进行处理以获得稀疏样本表示,这方面的内容通常涉及傅里叶变换、小波变换、字典学习及稀疏编码等,不少技术在压缩感知提出之前就已在信号处理领域进行了很多研究;“重构恢复”关注的是如何基于从少量观测数据中恢复原信号,这是压缩感知的精髓。

**1. 压缩感知中的感知测量**

对实信号 $\boldsymbol{x}\in\mathbf{R}^N$,如果它在正交变换 $\boldsymbol{\psi}$ 中是 $K$-稀疏的,用观测矩阵 $\boldsymbol{\Phi}=[\boldsymbol{\varphi}_1^{\mathrm{T}},\boldsymbol{\varphi}_2^{\mathrm{T}},\cdots,$

$\boldsymbol{\varphi}_N^{\mathrm{T}}]^{\mathrm{T}}$，其中 $\boldsymbol{\varphi}_i \in \mathbf{R}^N$ 为行向量，对信号 $\boldsymbol{x}$ 进行观测，得到观测向量 $\boldsymbol{y} \in \mathbf{R}^M$，$K<M<N$，那么观测方程可以表示为

$$\boldsymbol{y} = \boldsymbol{\Phi x} \tag{10.263}$$

目前压缩感知中的信号观测过程大部分都是非自适应性的。在压缩感知理论中对稀疏信号进行压缩观测的观测矩阵 $\boldsymbol{\Phi}$，通常采用的是随机矩阵或者部分正交矩阵。采用不同类型的观测矩阵对于观测数量、恢复质量都会产生不同的影响。最优的确定性观测矩阵设计问题目前仍然是一个开放问题，而压缩感知理论中的一个突破性创新是采用了随机矩阵作为通用的观测矩阵，这里说的“通用”指的是观测矩阵的元素是固定的，并且不会随着待观测对象的不同而发生变化。

应用压缩感知理论，对信号进行压缩观测时，观测对象可以是离散的数字信号，也可以是连续的模拟信号。对模拟信号的观测过程需要利用物理器件来实现。器件对信号的作用可以等效为一个观测矩阵。

**2. 信号的观测数量**

如式(10.263)所述，压缩感知理论所用的观测方程为 $\boldsymbol{y}=\boldsymbol{\Phi x}$，其中 $\boldsymbol{\Phi} \in \boldsymbol{C}^{M \times N}$ 称为观测矩阵。由于观测的数目 $M$ 满足关系 $M<N$，因此观测方程是一组欠定的线性方程。尽管如此，在压缩感知理论中，可以通过信号的稀疏性先验对待求解信号进行约束，从而高概率地成功恢复原信号。

利用线性观测恢复信号，需要针对两种情况进行讨论：

① 同时恢复所有的 $K$-稀疏信号 $\boldsymbol{x} \in \boldsymbol{C}^N$；

② 恢复某个给定的 $K$-稀疏信号 $\boldsymbol{x} \in \boldsymbol{C}^N$。

对这两种情况，必需的最小观测数量分别为 $2K$ 和 $K+1$。然而，再考虑到恢复的稳定性，还需要增加因子项 $\ln(N/K)$。

(1) 所有稀疏信号的恢复

对矩阵 $\boldsymbol{\Phi} \in \boldsymbol{C}^{M \times N}$ 和一个子集 $\theta \subset [N]$，使用 $\boldsymbol{\Phi}_\theta$ 表示 $\boldsymbol{\Phi}$ 的列子矩阵，其中包含了集合 $\theta$ 指定的那些列。类似地，用 $\boldsymbol{x}_\theta$ 表示空间 $\boldsymbol{C}^\theta$ 中的向量，其元素对应 $\boldsymbol{x}$ 中集合 $\theta$ 指定的那些元素，或者 $\boldsymbol{x}_\theta$ 表示空间 $\boldsymbol{C}^N$ 中的向量，并且满足以下条件：

$$(\boldsymbol{x}_\theta)_l = \begin{cases} \boldsymbol{x}_l & (l \in \theta) \\ \boldsymbol{0} & (l \notin \theta) \end{cases} \tag{10.264}$$

两种表示的含义可以通过上下文进行区分。

**定理 1**　给定矩阵 $\boldsymbol{\Phi} \in \boldsymbol{C}^{M \times N}$，以下特性是等价的：

① 每个 $K$-稀疏向量 $\boldsymbol{x} \in \boldsymbol{C}^N$ 是 $\boldsymbol{\Phi z}=\boldsymbol{\Phi x}$ 的唯一 $K$-稀疏解；也就是说，如果有 $\boldsymbol{\Phi z}=\boldsymbol{\Phi x}$，而且 $\boldsymbol{x}$ 和 $\boldsymbol{z}$ 都是 $K$-稀疏的，则有 $\boldsymbol{x}=\boldsymbol{z}$。

② 矩阵 $\boldsymbol{\Phi}$ 的零空间 $\ker\boldsymbol{\Phi}$ 中，不包含任何的 $2K$-稀疏向量(零向量除外)，即

$$\ker\boldsymbol{\Phi} \cap \{\boldsymbol{z} \in \boldsymbol{C}^N : \|\boldsymbol{z}\|_0 \leqslant 2K\} = \{\boldsymbol{0}\} \tag{10.265}$$

③ 对每个 $\mathrm{card}(\theta) \leqslant 2K$ 的集合 $\theta \subset [N]$，子矩阵 $\boldsymbol{\Phi}_\theta$ 是一个从 $\boldsymbol{C}^\theta$ 到 $\boldsymbol{C}^M$ 的单射(injective)函数。

④ 矩阵 $\boldsymbol{\Phi}$ 的每个 $2K$ 列向量集合均线性无关。

具体来说，要从观测向量 $\boldsymbol{y}=\boldsymbol{\Phi x} \in \boldsymbol{C}^M$ 中恢复每一个 $K$-稀疏向量 $\boldsymbol{x} \in \boldsymbol{C}^N$，那么需要满足特性①和②，这就意味着矩阵的秩满足 $\mathrm{rank}(\boldsymbol{\Phi}) \geqslant 2K$。又由矩阵的秩不会超过其行数，故

rank($\boldsymbol{\Phi}$)$\leqslant M$。因此,要恢复所有 $K$-稀疏向量所必需的观测数量总是满足以下条件:

$$M \geqslant 2K$$

**定理 2** 对任意整数 $N \geqslant 2K$,存在一个观测矩阵 $\boldsymbol{\Phi} \in \boldsymbol{C}^{M \times N}$,$M = 2K$,使得每一个 $K$-稀疏向量 $\boldsymbol{x} \in \boldsymbol{C}^N$ 都可以根据其观测向量 $\boldsymbol{y} = \boldsymbol{\Phi x} \in \boldsymbol{C}^M$ 求解($p_0$)问题而得以恢复。

(2) 某个稀疏信号的恢复

**定理 3** 对任意的 $N \geqslant K+1$,一个给定的 $K$-稀疏向量 $\boldsymbol{x} \in \boldsymbol{C}^N$,存在一个观测矩阵 $\boldsymbol{\Phi} \in \boldsymbol{C}^{M \times N}$,$M = K+1$,使得向量 $\boldsymbol{x}$ 可以根据其观测向量 $\boldsymbol{y} = \boldsymbol{\Phi x} \in \boldsymbol{C}^M$ 求解($p_0$)问题而得以恢复。

证明略。

**3. 压缩感知中的重构恢复**

压缩感知理论中的信号重构算法中,优化方法和贪婪算法是两类主要的方法,相关理论比较复杂,这里仅简要介绍一下基于矩阵的分析方法——受限等距性质(Restricted Isometry Properties,简称 RIP)

由观测矩阵式(10.263)和 $\boldsymbol{x}$ 的线性组合表达式(10.259)可知:

$$\boldsymbol{y} = \boldsymbol{\Phi x} = \boldsymbol{\Phi \psi s} = \boldsymbol{A s} \tag{10.266}$$

式中,$\boldsymbol{A} = \boldsymbol{\Phi \psi} \in \mathbf{R}^{n \times m}$。于是若能根据 $\boldsymbol{y}$ 恢复出 $\boldsymbol{s}$,则可以通过 $\boldsymbol{x} = \boldsymbol{\psi s}$ 恢复出信号 $\boldsymbol{x}$,对大小为 $n \times m$ ($m \ll n$)的矩阵 $\boldsymbol{A}$,有

$$(1 - \delta_K) \| \boldsymbol{s} \|_2^2 \leqslant \| \boldsymbol{A}_K \boldsymbol{s} \|_2^2 \leqslant (1 + \delta_K) \| \boldsymbol{s} \|_2^2 \tag{10.267}$$

则称矩阵 $\boldsymbol{A}$ 满足 $K$ 限定等距性或 $K$ 阶 RIP 性质,简记为 RIP-($K$,$\delta_K$)。

本质上 RIP 性质和一致不确定性原则(UUP)是一致的,满足 $K$ 阶 RIP 性质的矩阵,随机抽取其中 $K$ 列(或少于 $K$ 列),这些列之间是近似正交的。矩阵 $\boldsymbol{A}$ 的 RIP 性质是求解 $L_1$ 范数最小化问题恢复稀疏信号的充分并非必要条件,满足 RIP 性质,意味着信号恢复具有稳定性和鲁棒性。

此时可通过下面的优化问题近乎完美地从 $\boldsymbol{y}$ 中恢复出稀疏信号 $\boldsymbol{s}$,进而恢复出 $\boldsymbol{x}$:

$$\min_s \| \boldsymbol{s} \|_0 \quad \text{s. t.} \quad \boldsymbol{y} = \boldsymbol{A s} \tag{10.268}$$

该式涉及 $L_0$ 范数最小化,这是个 NP(非确定性多项式 Non-deterministic Polynomial)问题。值得庆幸的是,矩阵 $\boldsymbol{A}$ 的 RIP 性质,保证了 $L_1$ 范数最小化与 $L_0$ 范数最小化共解,于是实际上只需关注

$$\min_s \| \boldsymbol{s} \|_1 \quad \text{s. t.} \quad \boldsymbol{y} = \boldsymbol{A s} \tag{10.269}$$

这样,压缩感知的问题就可以通过 $L_1$ 范数最小化问题来求解了。

而且,多种类型的观测矩阵,例如高斯随机矩阵、随机±1 的 Rademacher 观测矩阵、伯努利随机矩阵、部分傅里叶矩阵、部分哈拉玛矩阵等都满足 RIP 的性质。

## 10.6.3 压缩感知的应用

压缩传感理论带来了信号采样理论的变革,具有广阔的应用前景,包括压缩成像、模拟信息转换、生物传感等。

**1. 基于压缩感知的单像素相机与雷达成像**

成像是一个传统的信号处理领域,图像在整个处数字信号处理领域中占有举足轻重的地位,运用压缩传感原理,美国 RICE 大学成功研制了“单像素” 压缩数码照相机。其设计原理

是首先通过光路系统将成像目标投影到一个数字微镜器件上，其反射光由透镜聚焦到单个光敏二极管上，光敏二极管两端的电压值即为一个测量值 $\boldsymbol{y}$，将此投影操作重复 $M$ 次，得到测量向量 $\boldsymbol{y}$，然后用最小全变分算法构建的数字信号处理器重构原始图像 $f$。数字微镜器件由数字电压信号控制微镜片的机械运动以实现对入射光线的调整，相当于式(10.263)的 0－1 随机测量矩阵 $\boldsymbol{\Phi}$。由于该相机直接获取的是 $M$ 次随机线性测量值，而不是获取原始信号的 $N$ $(M \ll N)$ 个像素值，故为低像素相机拍摄高质量图像提供了可能。压缩传感技术也可以应用于雷达成像领域，与传统雷达成像技术相比，压缩传感雷达成像实现了两个重要改进：在接收端省去脉冲压缩匹配滤波器；同时，由于避开了对原始信号的直接采样，降低了接收端对模/数转换器件带宽的要求，设计重点由传统的设计昂贵的接收端硬件转化为设计新颖的信号恢复算法，从而简化了雷达成像系统。

**2. 压缩感知在激光雷达中的应用**

激光雷达技术与普通摄影探测和微波雷达相比，具有很多优点：分辨率高、隐蔽性好、抗有源干扰能力强、低空探测性能好和植被穿透能力强，可以探测树下真实地形。从工作原理上讲，它与微波雷达没有根本的区别：向目标发射探测信号(激光束)，然后将接触到的从目标反射回来的信号(目标回波)与发射信号进行比较，适当处理后就可获得目标的有关信息，如目标距离、方位、高度、速度、姿态和形状等参数，从而对飞机、导弹的目标进行探测、跟踪和识别。

针对激光雷达在航空领域的长远发展趋势而言，它将克服现有技术的缺点与不足，朝着提高距离图像的空间分辨率、减轻构建地面三维模型时对数据处理的压力、增强载荷灵活性、降低重量和体积的方向发展。近期来说，取消机械扫描装置，把压缩感知理论引入激光雷达的设计是实现上述目标的捷径。压缩感知通过对稀疏性信号在其非相干域随机采样，只需远少于传统奈奎斯特定律的采样个数即可完成采样，是一种把采样和数据压缩合二为一的新式采样理论。该理论的提出，为新式激光雷达的发展奠定了理论基础。

**3. 生物传感**

生物传感中的传统 DNA 芯片能平行测量多个有机体，但是只能识别有限种类的有机体，Sheikh 等运用压缩感知和群组检测原理设计的压缩感知 DNA 芯片克服了这个缺点，压缩感知 DNA 芯片中的每个探测点都能识别一组目标，从而明显减少了所需探测点的数量。此外，基于生物体基因序列稀疏特性，Sheikh 等验证了可以通过置信传播的方法实现压缩感知 DNA 芯片中的信号重构。

压缩感知理论还应用于信号检测和分类、无线传感器网络、数据通信以及地球物理数据分析等众多领域。

最后比较一下压缩感知与常规的奈奎斯特采样理论的主要区别，如表 10.1 所列。

**表 10.1　压缩感知与经典奈奎斯特采样的对比**

| 奈奎斯特采样(20 世纪 50 年代) | 压缩感知(2005 年左右) |
| --- | --- |
| 直接采样 | 非直接采样 |
| 均匀采样 | 非均匀采样 |
| 目标信号最高频率决定采样频率 | 稀疏性决定采样个数 |
| 所采即所得 | 需要重建步骤 |

① 采样原理：常规的奈奎斯特采样是将目标信号直接与Sinc函数做内积来完成的，而压缩感知采样则是利用采样矩阵或函数与目标信号乘积的方式间接地获取采样值。

② 采样方式：常规的奈奎斯特采样方法利用目标信号中最高频率2倍以上的采样率均匀地对目标信号进行采样，而压缩感知中则采用随机非均匀的采样方式。

③ 决定因素：常规的奈奎斯特采样为了避免信号失真，采样频率应大于信号最高频率的2倍，即信号带宽是常规的奈奎斯特采样定理对采样的本质要求。而在压缩感知的框架下，目标信号的稀疏性和非相干性决定采样个数，所以压缩感知可以利用远低于传统采样理论所需的采样个数无失真地恢复原始目标信号，在理论上可以把采样和数据压缩合成一步完成。

④ 信号恢复：在常规的奈奎斯特采样框架下，信号重建是通过Sinc函数插值来完成的。由于压缩感知并没有直接对目标信号采样，因而它需要一个利用基于$L_1$范数最小化的重建步骤来恢复出原始的目标信号。

## 本章小结

① 倒频谱实际是频域信号取对数的傅里叶变换再处理，或称为“频域信号的傅里叶再变换”。对功率谱密度函数取对数的目的是使再变换以后，信号的能量更加集中。

② 为了分析和处理非平稳信号，人们对使用全局变换的傅里叶分析进行了推广乃至根本性的革命，提出并发展了系列新的信号分析理论：短时傅里叶变换、小波变换等。

③ 本章的几种滤波算法，与根据频谱特性实现信号与噪声的分离不同，是根据观测值的线性函数并以最小均方误差作为判据的，使得估计得到的随机信号特性最接近随机信号的真实特性。

④ 压缩感知理论主要涉及三个核心问题：a. 稀疏表示；b. 编码测量；c. 重构算法。它与常规的奈奎斯特采样定理对采样的本质区别是信号带宽不同，在压缩感知的框架下，目标信号的稀疏性和非相干性决定采样个数，所以压缩感知可以利用远低于传统采样理论所需的采样个数无失真地恢复原始目标信号。

## 思考与练习题

**10.1** 试比较傅里叶变换与短时傅里叶变换在信号分析中的特点。

**10.2** 已知$x(n)$与$y(n)$的短时傅里叶变换分别为$X_{\mathrm{WFT}}(n,\Omega)$与$Y_{\mathrm{WFT}}(n,\Omega)$。证明：若$y(n)=x(n-n_0)$，则$Y_{\mathrm{WFT}}(n,\Omega)=X_{\mathrm{WFT}}(n-n_0,\Omega)$。

**10.3** 简述小波分析的基本含义和特点。

**10.4** 说明连续小波离散化的特点。

**10.5** 试根据“多分辨率分析”的方法，总结出对受噪声污染的低频信号进行消噪以提高信噪比的思路。

**10.6** 与傅里叶变换相比，希尔伯特变换的特点是什么？试利用希尔伯特变换分析傅里叶变换中的约束特性。

**10.7** 简要说明应用希尔伯特-黄变换，求出时变信号瞬时频率的原理。

**10.8** 比较说明维纳滤波、卡尔曼滤波、自适应滤波和粒子滤波的基本特点和适用场合。

**10.9**　设时间窗函数为 $w(t)=\left(\frac{\alpha}{\pi}\right)^{\frac{1}{4}}\mathrm{e}^{-\frac{\alpha}{2}t^2}$，求高斯信号 $x(t)=\left(\frac{\beta}{\pi}\right)^{\frac{1}{4}}\mathrm{e}^{-\frac{\beta}{2}t^2}$ 的短时傅里叶变换。

**10.10**　有一连续正弦信号附加有噪声，表示为

$$x(t)=\sin(0.03t)+n(t)$$

设式中的 $n(t)$ 利用 MATLAB 工具箱中的函数 noissin 产生，使用小波去噪函数 wden 编程实现消噪。

**10.11**　用 MATLAB 中的函数 hilbert，计算信号 $x(t)=\sin(2\pi ft)$ 的希尔伯特变换。设 $f=60$ Hz。

**10.12**　如图 10.24 所示，$x(k)=s(k)+n(k)$（$k=0,1,2,\cdots,N$），$s(k)$ 与 $n(k)$ 统计独立，$s(k)$ 的自相关函数为 $R_{ss}(m)=0.6^{|m|}$，$n(k)$ 是方差为 1 的单位白噪声。试设计一个 $N=2$ 的维纳滤波器，求出最小均方误差。

# 附录 1 常用数学公式

| 公 式 | 解 释 |
| --- | --- |
| 若积分 $g(t)=\int_{a(t)}^{b(t)} f(t,x)\mathrm{d}x$，其中，$a(t)$ 和 $b(t)$ 在 $t$ 内可微，$f(t,x)$ 和 $\partial f(t,x)/\partial t$ 在 $t$ 和 $x$ 上连续，则有 $\frac{\mathrm{d}g(t)}{\mathrm{d}t}=\int_{a(t)}^{b(t)}\frac{\partial f(t,x)}{\partial t}\mathrm{d}x+f[b(t),t]\frac{\mathrm{d}b(t)}{\mathrm{d}t}-f[a(t),t]\frac{\mathrm{d}a(t)}{\mathrm{d}t}$ | 莱布尼兹法则 |
| 设函数 $f(x)$ 和 $g(x)$ 在 $x=a$ 处皆为零，这样 $f(x)/g(x)$ 是不确定的 0/0 形式，如果 $x$ 从一边或两边趋于 $a$ 的极限存在，那么 $\lim\limits_{x\to a}\frac{f(x)}{g(x)}=\lim\limits_{x\to a}\frac{f'(x)}{g'(x)}$。这个法则也适用于不确定的 $\infty/\infty$ | 洛必达法则 |
| $e^{ix}=\cos x+i\sin x \qquad e^{-ix}=\cos x-i\sin x$<br>$\sin x=\frac{e^{ix}-e^{-ix}}{2i} \qquad \cos x=\frac{e^{ix}+e^{-ix}}{2}$ | 欧拉公式 |
| $a_n=a_1q^{n-1} \qquad S_n=\frac{a_1(1-q^n)}{1-q} \quad (q\neq 1)$ | 等比数列 |
| $f(z)=\sum\limits_{n=-\infty}^{\infty}C_n(z-z_0)^n$，其中 $C_n=\frac{1}{2\pi i}\oint_C\frac{f(\varphi)}{(\varphi-z_0)^{n+1}}\mathrm{d}\varphi$ | 洛朗级数 |
| $\cos^2 a+\sin^2 a=1$<br>$\cos(a\pm b)=\cos a\cos b\mp\sin a\ \sin b$<br>$\sin(a\pm b)=\sin a\cos b\pm\cos a\sin b$<br>$\cos 2a=\cos^2 a-\sin^2 a$<br>$\sin 2a=2\sin a\cos a$<br>$\cos^2 a=\frac{1+\cos 2a}{2} \qquad \sin^2 a=\frac{1-\cos 2a}{2}$<br>$\cos a\cos b=\frac{\cos(a+b)+\cos(a-b)}{2} \qquad \sin a\sin b=\frac{\cos(a-b)-\cos(a+b)}{2}$<br>$\sin a\cos b=\frac{\sin(a+b)+\sin(a-b)}{2}$ | 三角恒等式 |
| $\oint\limits_C f(z)\mathrm{d}z=2\pi i\sum\limits_{k=1}^{n}\mathrm{Res}[f(z),z_k]$，其中 $z_k$ 为 $f(z)$ 在区域 $D$ 内有限个孤立奇点。<br>$z_0$ 为一级极点，$\mathrm{Res}[f(z),z_0]=\lim\limits_{z\to z_0}(z-z_0)f(z)$<br>$z_0$ 为 $m$ 级极点，$\mathrm{Res}[f(z),z_0]=\frac{1}{(m-1)!}\lim\limits_{z\to z_0}\frac{\mathrm{d}^{m-1}}{\mathrm{d}z^{m-1}}[(z-z_0)^m f(z)]$ | 留数定理 |
| $\theta=\omega T_s=2\pi f/f_s$ | 模拟角频率 $\omega$ 和数字角频率 $\theta$ 的关系 |
| $\mathrm{ch}\ z=\cosh z=(e^z+e^{-z})/2 \quad \cos z'=(e^{jz'}+e^{-jz'})/2$<br>令 $z'=jz$，$\cosh z=\cos jz$ | 双曲余弦 |

**续表**

| 公　式 | 解　释 |
| --- | --- |
| $z=\frac{2/T+S}{2/T-S}$ | 双线性变换 |
| $\operatorname{arcosh} x=\ln(x+\sqrt{x^2-1})$ | 反双曲余弦 |
| $\sum_{i=1}^{n}a_i^2\sum_{i=1}^{n}b_i^2\geqslant(\sum_{i=1}^{n}a_ib_i)^2$<br>等号成立条件：$\frac{a_1}{b_1}=\frac{a_2}{b_2}=\cdots=\frac{a_n}{b_n}$，或 $a_i,b_i,i=1,2,3,\cdots,n$ 中有一为零。<br>向量形式：$\lvert\boldsymbol{a}\rvert\cdot\lvert\boldsymbol{b}\rvert\geqslant\lvert\boldsymbol{a}\cdot\boldsymbol{b}\rvert$，$\boldsymbol{a}=(a_1,a_2)$，$\boldsymbol{b}=(b_1,b_2)$ | 柯西不等式 |

# 附录 2　单位冲激函数的性质

| 性　质 | 公　式 |
| --- | --- |
| 归一性 | $\int_{-\infty}^{\infty}\delta(t)\mathrm{d}t=1 \qquad \delta(t)=0 \quad (t\neq 0)$ |
| 筛选性 | $f(t)\delta(t-a)=f(a)\delta(t-a) \qquad f(t)\delta(t)=f(0)\delta(t)$ |
| 抽样性 | $\int_{-\infty}^{\infty}f(t)\delta(t)\mathrm{d}t=f(0) \qquad \int_{-\infty}^{\infty}f(t)\delta(t-t_0)\mathrm{d}t=f(t_0)$ |
| 奇偶性(反褶性) | $\delta(t)=\delta(-t)$ |
| 重要公式 | $\int_{-\infty}^{\infty}\mathrm{e}^{\mathrm{j}wt}\mathrm{d}w=2\pi\delta(t) \qquad \int_{-\infty}^{\infty}\mathrm{e}^{-\mathrm{j}wt}\mathrm{d}w=2\pi\delta(t)$ |
| 代数性质 | $\delta$ 和 $x$ 的分布积等于零 $x\delta(x)=0$。相反，若 $xf(x)=xg(x)$，其中 $f$ 和 $g$ 为分布，则存在常数 $c$ 使得 $f(x)=g(x)+c\delta(x)$ |
| 尺度压缩特性 | $\delta(at)=\frac{1}{\lvert a\rvert}\delta(t)$ |
| 高阶导数 | $\delta^{(n)}(at)=\frac{1}{\lvert a\rvert a^n}\delta^{(n)}(t) \quad (a\neq 0)$<br>推论：当 $n$ 为偶数时，$\delta^{(n)}(at)$ 为偶函数；当 $n$ 为奇数时，$\delta^{(n)}(at)$ 为奇函数 |
| 卷积性质 | $f(t)*\delta(t)=f(t) \qquad f(t)*\delta(t-t_0)=f(t-t_0)$ |
| 傅里叶变换 | $F[\delta(t)]=1 \qquad F^{-1}[1]=\delta(t) \qquad F[1]=2\pi\delta(\omega) \qquad F^{-1}[2\pi\delta(\omega)]=1$ |
| 拉氏变换 | $L[\delta(t)]=1 \qquad L[\delta^{(n)}(t)]=s^n \qquad L[f(t)\delta(t)]=f(0)$ |
| 积分性质 | $\int_{-\infty}^{t}\delta(\tau)\mathrm{d}\tau=u(t) \qquad \frac{\mathrm{d}}{\mathrm{d}t}u(t)=\delta(t)$ |
| 单位冲激偶的性质 | |
| 奇偶性质(奇函数) | $\delta'(-t)=-\delta'(t) \qquad \delta'(t-t_0)=-\delta'[-(t-t_0)]$ |
| 积分性质 | $\int_{-\infty}^{+\infty}\delta'(t)\mathrm{d}t=0 \qquad \int_{-\infty}^{t}\delta'(t)\mathrm{d}t=\delta(t)$ |
| 常用公式 | $\int_{-\infty}^{\infty}f(t)\delta'(t)\mathrm{d}t=-f'(0) \qquad f(t)\delta'(t)=f(0)\delta'(t)-f'(0)\delta(t)$<br>$f(t)\delta'(t-t_0)=f(t_0)\delta'(t-t_0)-f'(t_0)\delta(t-t_0)$ |

# 附录 3　卷积表

| 序　号 | $f_1(t)$ | $f_2(t)$ | $f_1(t)*f_2(t)$ |
|---|---|---|---|
| 1 | $f(t)$ | $\delta(t)$ | $f(t)$ |
| 2 | $f(t)$ | $u(t)$ | $\int_{-\infty}^{t} f(\tau)\mathrm{d}(\tau)$ |
| 3 | $f(t)$ | $\delta'(t)$ | $f'(t)$ |
| 4 | $u(t)$ | $u(t)$ | $tu(t)$ |
| 5 | $u(t)-u(t-t_1)$ | $u(t)$ | $tu(t)-(t-t_1)u(t-t_1)$ |
| 6 | $u(t)-u(t-t_1)$ | $u(t)-u(t-t_2)$ | $tu(t)-(t-t_1)u(t-t_1)-(t-t_2)u(t-t_2)+$<br>$(t-t_1-t_2)u(t-t_1-t_2)$ |
| 7 | $\mathrm{e}^{at}u(t)$ | $u(t)$ | $\frac{1}{a}(1-\mathrm{e}^{at})u(t)$ |
| 8 | $\mathrm{e}^{at}u(t)$ | $u(t)-u(t-t_1)$ | $\frac{1}{a}(1-\mathrm{e}^{at})[u(t)-u(t-t_1)]$<br>$-\frac{1}{a}(\mathrm{e}^{-a_1 t}-1)\mathrm{e}^{at}u(t-t_1)$ |
| 9 | $\mathrm{e}^{at}u(t)$ | $\mathrm{e}^{at}u(t)$ | $t\mathrm{e}^{at}u(t)$ |
| 10 | $\mathrm{e}^{a_1 t}u(t)$ | $\mathrm{e}^{a_2 t}u(t)$ | $\frac{1}{a_1-a_2}(\mathrm{e}^{a_1 t}-\mathrm{e}^{a_2 t})\quad(a_1\neq a_2)$ |
| 11 | $\mathrm{e}^{at}u(t)$ | $t^n u(t)$ | $\frac{n!}{a^{n+1}}\mathrm{e}^{at}u(t)-$<br>$\sum_{j=0}^{n}\frac{n!}{a^{j+1}(n-j)!}t^{n-j}u(t)$ |
| 12 | $t^m u(t)$ | $t^n u(t)$ | $\frac{m!\,n!}{(m+n+1)!}t^{m+n+1}u(t)$ |
| 13 | $t\mathrm{e}^{at}u(t)$ | $\mathrm{e}^{at}u(t)$ | $\frac{1}{2}t^2\mathrm{e}^{at}u(t)$ |

# 附录 4 常用周期信号的傅里叶级数

| 周期信号 $f(t)$ | | | | 傅里叶级数 $f(t)=a_0+\sum_{n=1}^{\infty}[a_n\cos(n\omega_1 t)+b_n\sin(n\omega_1 t)]$ $(n=1,2,3\cdots)$ | | | | |
|---|---|---|---|---|---|---|---|---|
| 信号名称 | 波形 | 对称性 | 冲激出现在 | $a_0$ | $a_n$ | $b_n$ | 包含的频率分量 | 谐波振幅收敛速率 |
| 一般周期信号 | f(t), $t_0$, O, $t_0+T_1$, t | | | $\frac{1}{T_1}\int_{t_0}^{t_0+T_1} f(t)\mathrm{d}t$ | $\frac{2}{T_1}\int_{t_0}^{t_0+T_1} f(t)\cdot\cos(n\omega_1 t)\mathrm{d}t$ | $\frac{2}{T_1}\int_{t_0}^{t_0+T_1} f(t)\cdot\sin(n\omega_1 t)\mathrm{d}t$ | $n\omega_1$ | |
| 周期矩形信号 | f(t), E, $-T_1$, $-\frac{\tau}{2}$, O, $\frac{\tau}{2}$, $T_1$, t | 偶函数 | $f'(t)$ | $\frac{E\tau}{T_1}$ | $\frac{2E}{n\pi}\sin\left(\frac{n\pi\tau}{T_1}\right)=\frac{E\tau\omega_1}{\pi}\mathrm{Sa}\left(\frac{n\omega_1\tau}{2}\right)$ | 0 | $0, n\omega_1$ | $\frac{1}{n}$ |

**续表**

| 周期信号 $f(t)$ | | | | 傅里叶级数 $f(t)=a_0+\sum_{n=1}^{\infty}[a_n\cos(n\omega_1 t)+b_n\sin(n\omega_1 t)]$，$n=1,2,3\cdots$ | | | | |
|---|---|---|---|---|---|---|---|---|
| 周期对称方波信号 | | 偶函数<br>奇谐函数 | $f'(t)$ | 0 | $\frac{2E}{n\pi}\sin\left(\frac{n\pi}{2}\right)$ | 0 | 基波和奇次谐波的余弦分量 | $\frac{1}{n}$ |
| | | 奇函数<br>奇谐函数 | $f'(t)$ | 0 | 0 | $\frac{2E}{n\pi}\sin^2\left(\frac{n\pi}{2}\right)$ | 基波和奇次谐波的正弦分量 | $\frac{1}{n}$ |
| 周期锯齿信号 | | 奇函数 | $f'(t)$ | 0 | 0 | $(-1)^{n+1}\frac{E}{n\pi}$ | 正弦分量 | $\frac{1}{n}$ |
| | | 去直流后为奇函数 | $f'(t)$ | $\frac{E}{2}$ | 0 | $\frac{E}{n\pi}$ | 直流和正弦分量 | $\frac{1}{n}$ |

**续表**

| 周期信号 $f(t)$ | | | | 傅里叶级数 $f(t)=a_0+\sum_{n=1}^{\infty}[a_n\cos(n\omega_1 t)+b_n\sin(n\omega_1 t)]$, $n=1,2,3\cdots$ | | | | |
|---|---|---|---|---|---|---|---|---|
| 周期三角信号 | $f(t)$, $E$, $O$, $-\frac{T_1}{2}$, $\frac{T_1}{2}$, $T_1$, $t$ | 偶函数，去直流后为奇谐函数 | $f'(t)$ | $\frac{E}{2}$ | $\frac{4E}{(n\pi)^2}\sin^2\left(\frac{n\pi}{2}\right)$ | 0 | 直流和基波、奇次谐波的余弦分量 | $\frac{1}{n^2}$ |
| | $f(t)$, $\frac{E}{2}$, $O$, $-\frac{T_1}{2}$, $-\frac{E}{2}$, $\frac{T_1}{2}$, $T_1$, $t$ | 奇函数奇谐函数 | $f'(t)$ | 0 | 0 | $\frac{4E}{(n\pi)^2}\sin^2\left(\frac{n\pi}{2}\right)$ | 基波和奇次谐波的正弦分量 | $\frac{1}{n^2}$ |
| 周期半波余弦信号 | $f(t)$, $E$, $O$, $-\frac{T_1}{4}$, $\frac{T_1}{4}$, $T_1$, $t$ | 偶函数 | | $\frac{E}{\pi}$ | $\frac{2E}{(1-n^2)\pi}\cos\left(\frac{n\pi}{2}\right)$ | 0 | 直流和基波、偶次谐波的余弦分量 | $\frac{1}{n^2}$ |
| 周期全波余弦信号 | $f(t)$, $E$, $O$, $-\frac{T_1}{2}$, $\frac{T_1}{2}$, $T_1$, $t$ | 偶函数 | | $\frac{2E}{\pi}$ | $(-1)^{n+1}\frac{4E}{(4n^2-1)\pi}$ | 0 | 直流和基波以及各次谐波的余弦分量 | $\frac{1}{n^2}$ |

# 附录5　傅里叶变换的性质及常用信号的傅里叶变换表

## 1. 傅里叶变换的性质

| 序　号 | 性　质 | $f(t)$ | $F(\Omega)$ |
|---|---|---|---|
| 1 | 线性 | $\alpha f_1(t)+\beta f_2(t)$ | $\alpha F_1(\Omega)+\beta F_2(\Omega)$ |
| 2 | 尺度比例变换 | $f(at)\quad(a\neq 0)$ | $\frac{1}{\lvert a\rvert}F\left(\frac{\Omega}{a}\right)$ |
| 3 | 对偶性 | $F(t)$ | $2\pi f(-\Omega)$ |
| 4 | 时移 | $f(t-t_0)$ | $F(\Omega)\mathrm{e}^{-\mathrm{j}\Omega t_0}$ |
| 5 | 频移 | $f(t)\mathrm{e}^{\mathrm{j}\Omega_0 t}$ | $F(\Omega-\Omega_0)$ |
| 6 | 时域微分 | $\frac{\mathrm{d}}{\mathrm{d}t}f(t)$ | $\mathrm{j}\Omega F(\Omega)$ |
| 7 | 频域微分 | $-\mathrm{j}tf(t)$ | $\frac{\mathrm{d}}{\mathrm{d}\Omega}F(\Omega)$ |
| 8 | 时域积分 | $\int_{-\infty}^{t}f(\tau)\mathrm{d}\tau$ | $\frac{F(\Omega)}{\mathrm{j}\Omega}+\pi F(0)\delta(\Omega)$ |
| 9 | 频域积分 | $\frac{f(t)}{-\mathrm{j}t}+\pi f(0)\delta(t)$ | $\int_{-\infty}^{\Omega}F(\sigma)\mathrm{d}\sigma$ |
| 10 | 时域卷积 | $f(t)*h(t)$ | $F(\Omega)H(\Omega)$ |
| 11 | 频域卷积 | $f(t)h(t)$ | $\frac{1}{2\pi}F(\Omega)*H(\Omega)$ |
| 12 | 对称性 | $f(-t)$ | $F(-\Omega)$ |
| 13 | 时域抽样 | $f(t)\sum_{n=-\infty}^{+\infty}\delta(t-nT)$ | $\frac{1}{T}\sum_{k=-\infty}^{+\infty}F\left(\Omega-k\frac{2\pi}{T}\right)$ |
| 14 | 帕斯瓦尔公式 | $\int_{-\infty}^{\infty}\lvert f(t)\rvert^2\mathrm{d}t=\frac{1}{2\pi}\int_{-\infty}^{\infty}\lvert F(\Omega)\rvert^2\mathrm{d}\Omega$ | |

## 2. 常用信号的傅里叶变换

| 序　号 | 信号名称 | 时间函数 $f(t)$ | 频谱函数 $F(\Omega)=\lvert F(\Omega)\rvert\mathrm{e}^{\mathrm{j}\varphi(\Omega)}$ |
|---|---|---|---|
| 1 | 单边指数脉冲 | $E\mathrm{e}^{-at}u(t)\quad(a>0)$ | $\frac{E}{a+\mathrm{j}\Omega}$ |
| 2 | 双边指数脉冲 | $E\mathrm{e}^{-a\lvert t\rvert}u(t)\quad(a>0)$ | $\frac{2aE}{a^2+\Omega^2}$ |

**续表**

| 序　号 | 信号名称 | 时间函数 $f(t)$ | 频谱函数 $F(\Omega)=\mid F(\Omega)\mid e^{j\varphi(\Omega)}$ |
|---|---|---|---|
| 3 | 矩形脉冲 | $\begin{cases} E & \left(\mid t\mid<\frac{\tau}{2}\right) \\ 0 & \left(\mid t\mid\geqslant\frac{\tau}{2}\right)\end{cases}$ | $E\tau\,\mathrm{Sa}\left(\frac{\Omega\tau}{2}\right)=\frac{2E}{\omega}\sin\left(\frac{\Omega\tau}{2}\right)$ |
| 4 | 钟形脉冲 | $E\cdot e^{-\left(\frac{t}{\tau}\right)^2}$ | $\sqrt{\pi}E\tau\cdot e^{-\left(\frac{\Omega\tau}{2}\right)^2}$ |
| 5 | 余弦脉冲 | $\begin{cases} E\cos\left(\frac{\pi t}{\tau}\right) & \left(\mid t\mid<\frac{\tau}{2}\right) \\ 0 & \left(\mid t\mid\geqslant\frac{\tau}{2}\right)\end{cases}$ | $\frac{2E\tau}{\pi}\cdot\frac{\cos\left(\frac{\Omega\tau}{2}\right)}{1-\left(\frac{\Omega\tau}{\pi}\right)^2}$ |
| 6 | 升余弦脉冲 | $\begin{cases} \frac{E}{2}\left[1+\cos\left(\frac{2\pi t}{\tau}\right)\right] & \left(\mid t\mid<\frac{\tau}{2}\right) \\ 0 & \left(\mid t\mid\geqslant\frac{\tau}{2}\right)\end{cases}$ | $\frac{E\tau}{2}\cdot\frac{\mathrm{Sa}\left(\frac{\Omega\tau}{2}\right)}{1-\left(\frac{\Omega\tau}{\pi}\right)^2}$ |
| 7 | 三角脉冲 | $\begin{cases} E\left[1-\frac{2\mid t\mid}{\tau}\right] & \left(\mid t\mid<\frac{\tau}{2}\right) \\ 0 & \left(\mid t\mid\geqslant\frac{\tau}{2}\right)\end{cases}$ | $\frac{E\tau}{2}\cdot\mathrm{Sa}^2\left(\frac{\Omega\tau}{4}\right)$ |
| 8 | 锯齿脉冲 | $\begin{cases} \frac{E}{a}(t+a) & (-a<t<0) \\ 0 & (\text{其他})\end{cases}$ | $\frac{E}{a\Omega^2}(1-j\Omega a-e^{j\Omega a})$ |
| 9 | 抽样脉冲 | $\mathrm{Sa}(\Omega_c t)$ | $\begin{cases} \frac{\pi}{\Omega_c} & (\mid\Omega\mid<\Omega_c) \\ 0 & (\mid\Omega\mid>\Omega_c)\end{cases}$ |
| 10 | 指数脉冲 | $te^{-at}u(t)\quad(a>0)$ | $\frac{1}{(a+j\Omega)^2}$ |
| 11 | 冲激函数 | $E\delta(t)$ | $E$ |
| 12 | 阶跃函数 | $Eu(t)$ | $\frac{E}{j\Omega}+\pi E\delta(\Omega)$ |
| 13 | 符号函数 | $E\,\mathrm{sgn}(t)$ | $\frac{2E}{j\Omega}$ |
| 14 | 直流信号 | $E$ | $2\pi E\delta(\Omega)$ |
| 15 | 冲激序列 | $\delta_T(t)=\sum_{n=-\infty}^{\infty}\delta(t-nT_1)$ | $\Omega_1\sum_{n=-\infty}^{\infty}\delta(\Omega-n\Omega_1)$ $\left(\Omega_1=\frac{2\pi}{T_1}\right)$ |
| 16 | 余弦信号 | $E(\cos\Omega_0 t)$ | $E\pi[\delta(\Omega+\Omega_0)+\delta(\Omega-\Omega_0)]$ |
| 17 | 正弦信号 | $E(\sin\Omega_0 t)$ | $j\pi E[\delta(\Omega+\Omega_0)-\delta(\Omega-\Omega_0)]$ |

续表

| 序　号 | 信号名称 | 时间函数 $f(t)$ | 频谱函数 $F(\Omega)=\lvert F(\Omega)\rvert e^{j\varphi(\Omega)}$ |
|---|---|---|---|
| 18 | 单边余弦信号 | $E(\cos\Omega_0 t)u(t)$ | $\frac{E\pi}{2}[\delta(\Omega+\Omega_0)+\delta(\Omega-\Omega_0)]+\frac{j\Omega E}{\Omega_0^2-\Omega^2}$ |
| 19 | 单边正弦信号 | $E(\sin\Omega_0 t)u(t)$ | $\frac{E\pi}{2j}[\delta(\Omega+\Omega_0)-\delta(\Omega-\Omega_0)]+\frac{\Omega_0 E}{\Omega_0^2-\Omega^2}$ |
| 20 | 复指数信号 | $Ee^{j\Omega_0 t}$ | $2\pi E\delta(\Omega-\Omega_0)$ |
| 21 | 单边减幅正弦信号 | $e^{-at}\sin(\Omega_0 t)u(t)\quad(a>0)$ | $\frac{\Omega_0}{(a+j\Omega)^2+{\Omega_0}^2}$ |
| 22 | 单边减幅余弦信号 | $e^{-at}\cos(\Omega_0 t)u(t)\quad(a>0)$ | $\frac{a+j\Omega}{(a+j\Omega)^2+{\Omega_0}^2}$ |
| 23 | 单边衰减信号 | $\frac{1}{\beta-\alpha}(e^{-\alpha t}-e^{-\beta t})u(t)$<br>$(\alpha\neq\beta)$ | $\frac{1}{(\alpha+j\Omega)(\beta+j\Omega)}$ |
| 24 | 斜变信号 | $tu(t)$ | $j\pi\delta'(\Omega)-\frac{1}{\Omega^2}$ |
| 25 | 矩形调幅信号 | $\left[u\left(t+\frac{\tau}{2}\right)-u\left(t-\frac{\tau}{2}\right)\right]\cos(\Omega_0 t)$ | $\left[\mathrm{Sa}\frac{(\Omega+\Omega_0)\tau}{2}+\mathrm{Sa}\frac{(\Omega-\Omega_0)\tau}{2}\right]\frac{\tau}{2}$ |

# 附录 6　拉普拉斯变换的性质及常见拉氏变换

**1. 拉氏变换的基本性质**

| 序　号 | 性　质 | | |
|---|---|---|---|
| 1 | 线性定理 | 齐次性 | $\mathscr{L}[af(t)]=aF(s)$ |
| | | 叠加性 | $\mathscr{L}[f_1(t)\pm f_2(t)]=F_1(s)\pm F_2(s)$ |
| 2 | 时域微分 | 一般形式 | $\mathscr{L}\left[\dfrac{\mathrm{d}f(t)}{\mathrm{d}t}\right]=sF(s)-f(0)$<br>$\mathscr{L}\left[\dfrac{\mathrm{d}^2f(t)}{\mathrm{d}t^2}\right]=s^2F(s)-sf(0)-f'(0)$<br>$\vdots$<br>$\mathscr{L}\left[\dfrac{\mathrm{d}^nf(t)}{\mathrm{d}t^n}\right]=s^nF(s)-\sum_{k=1}^{n}s^{n-k}f^{(k-1)}(0)$<br>$f^{(k-1)}(t)=\dfrac{\mathrm{d}^{k-1}f(t)}{\mathrm{d}t^{k-1}}$ |
| | | 初始条件为零时 | $\mathscr{L}\left[\dfrac{\mathrm{d}^nf(t)}{\mathrm{d}t^n}\right]=s^nF(s)$ |
| 3 | 时域积分 | 一般形式 | $\mathscr{L}\left[\int f(t)\mathrm{d}t\right]=\dfrac{F(s)}{s}+\dfrac{\left[\int f(t)\mathrm{d}t\right]_{t=0}}{s}$<br>$\mathscr{L}\left[\iint f(t)(\mathrm{d}t)^2\right]=\dfrac{F(s)}{s^2}+\dfrac{\left[\int f(t)\mathrm{d}t\right]_{t=0}}{s^2}+\dfrac{\left[\iint f(t)(\mathrm{d}t)^2\right]_{t=0}}{s}$<br>$\vdots$<br>$\mathscr{L}\left[\overbrace{\int\cdots\int}^{\text{共}n\text{个}}f(t)(\mathrm{d}t)n\right]=\dfrac{F(s)}{s^n}+\sum_{k=1}^{n}\dfrac{1}{s^{n-k+1}}\left[\overbrace{\int\cdots\int}^{\text{共}k\text{个}}f(t)(\mathrm{d}t)^n\right]_{t=0}$ |
| | | 初始条件为零时 | $\mathscr{L}\left[\overbrace{\int\cdots\int}^{\text{共}n\text{个}}f(t)(\mathrm{d}t)^n\right]=\dfrac{F(s)}{s^n}$ |
| 4 | 延迟定理(或称时域平移定理) | | $\mathscr{L}[f(t-t_0)]=\mathrm{e}^{-t_0s}F(s)$ |
| 5 | 衰减定理(或称 $s$ 域平移定理) | | $\mathscr{L}[f(t)\mathrm{e}^{-at}]=F(s+a)$ |
| 6 | 尺度变换 | | $\mathscr{L}[f(at)]=(1/a)F(s/a)$ |
| 7 | 终值定理 | | $\lim\limits_{t\to\infty}f(t)=\lim\limits_{s\to 0}sF(s)$ |
| 8 | 初值定理 | | $\lim\limits_{t\to 0^+}f(t)=\lim\limits_{s\to\infty}sF(s)$ |
| 9 | 卷积定理 | | $\mathscr{L}\left[\int_0^t f_1(t-\tau)f_2(\tau)\mathrm{d}\tau\right]=\mathscr{L}\left[\int_0^t f_1(t)f_2(t-\tau)\mathrm{d}\tau\right]=F_1(s)F_2(s)$ |
| 10 | 对 $s$ 微分 | | $\dfrac{\mathrm{d}F(s)}{\mathrm{d}s}=\mathscr{L}[-tf(t)]$ |
| 11 | 对 $s$ 积分 | | $\int_s^\infty F(s)\mathrm{d}s=\mathscr{L}\left[\dfrac{f(t)}{t}\right]$ |

## 2. 常用函数的拉氏变换

| 序　号 | 时间函数 $f(t)$　$(t>0)$ | 拉氏变换 $F(s)$ | 收敛域 |
|---|---|---|---|
| 1 | $\delta(t)$ | $1$ | 全部 $s$ |
| 2 | $\delta_T(t)=\sum\limits_{n=0}^{\infty}\delta(t-nT)$ | $\dfrac{1}{1-e^{-Ts}}$ | 全部 $s$ |
| 3 | $u(t)$ | $\dfrac{1}{s}$ | $\sigma>0$ |
| 4 | $t^n u(t)$ | $\dfrac{n!}{s^{n+1}}$ | $\sigma<-a$ |
| 5 | $\dfrac{t^n}{n!}$ | $\dfrac{1}{s^{n+1}}$ | $\sigma>0$ |
| 6 | $e^{-at}u(t)$ | $\dfrac{1}{s+a}$ | $\sigma>-a$ |
| 7 | $t^n e^{-at}u(t)$ | $\dfrac{n!}{(s+a)^{n+1}}$ | $\sigma>-a$ |
| 8 | $(\sin\omega t)u(t)$ | $\dfrac{\omega}{s^2+\omega^2}$ | $\sigma>0$ |
| 9 | $(\cos\omega t)u(t)$ | $\dfrac{s}{s^2+\omega^2}$ | $\sigma>0$ |
| 10 | $(e^{-at}\sin\omega t)u(t)$ | $\dfrac{\omega}{(s+a)^2+\omega^2}$ | $\sigma>-a$ |
| 11 | $(e^{-at}\cos\omega t)u(t)$ | $\dfrac{s+a}{(s+a)^2+\omega^2}$ | $\sigma>-a$ |

# 附录7　$z$ 变换的性质及常见 $z$ 变换

## 1. $z$ 变换的性质

| 性质类别 | 序　列 | $z$ 变换 | 收敛域 |
|---|---|---|---|
| | $x(n)$ | $X(z)$ | $R_{xn} < \lvert z \rvert < R_{xm}$ |
| | $y(n)$ | $Y(z)$ | $R_{yn} < \lvert z \rvert < R_{ym}$ |
| 线性 | $ax(n)+by(n)$ | $aX(z)+bY(z)$ | $\max(R_{xn},R_{yn}) < \lvert z \rvert < \min(R_{xm},R_{ym})$ |
| 时移 | $x(n\pm m)$ | 双边：$z^{\pm m}X(z)$ | $R_{xn} < \lvert z \rvert < R_{xm}$ |
| | $x(n+m)$ | 左移单边：$z^{m}X(z)-\sum\limits_{k=0}^{m-1}x(k)z^{m-k}$ | $R_{xn} < \lvert z \rvert < R_{xm}$ |
| | $x(n-m)$ | 右移单边：$z^{-m}X(z)+\sum\limits_{k=-m}^{-1}x(k)z^{-m-k}$ | $R_{xn} < \lvert z < R_{xm}$ |
| 频移 | $a^{n}x(n)$ | $X(z/a)$ | $R_{xn} < \lvert z/a \rvert < R_{xm}$ |
| 微分 | $nx(n)$ | $-z\dfrac{\mathrm{d}}{\mathrm{d}z}X(z)$ | $R_{xn} < \lvert z \rvert < R_{xm}$ |
| 共轭 | $x^{*}(n)$ | $X^{*}(z^{*})$ | $R_{xn} < \lvert z \rvert < R_{xm}$ |
| 时域卷积 | $x(n)*y(n)$ | $X(z)H(z)$ | $\max(R_{xn},R_{yn}) < \lvert z \rvert < \min(R_{xm},R_{ym})$ |
| $z$ 域卷积 | $x(n)\cdot y(n)$ | $\dfrac{1}{2\pi \mathrm{j}}\oint_{C}X(v)Y\left(\dfrac{z}{v}\right)\dfrac{\mathrm{d}v}{v}$ | $R_{x1}R_{y1} < \lvert z \rvert < R_{x2}R_{y2}$ |
| 帕斯瓦尔定理 | $\sum\limits_{n=-\infty}^{\infty}\lvert x(n)\rvert^{2}$ | $\dfrac{1}{2\pi \mathrm{j}}\oint_{C}X(v)X^{*}\left(\dfrac{1}{v^{*}}\right)\dfrac{\mathrm{d}v}{v}$ | |
| 初值 | $x(n)$—— 因果序列　$x(0)=\lim\limits_{z\to\infty}X(z)$ | | $\lvert z \rvert > R_{xn}$ |
| 终值 | $x(n)$—— 因果序列　$x(\infty)=\lim\limits_{z\to l}(z-1)X(z)$ | | $\lvert z \rvert \geqslant 1$ |

## 2. 常见 $z$ 变换

| 序　号 | 序列 $x(n)$ | $z$ 变换 $X(z)=\sum\limits_{n=-\infty}^{\infty}x(n)z^{-n}$ | 收敛域 |
|---|---|---|---|
| 1 | $\delta(n)$ | 1 | $\lvert z \rvert \geqslant 0$ |
| 2 | $R_{N}(n)$ | $\dfrac{1-z^{-N}}{1-z^{-1}}$ | $\lvert z \rvert > 0$ |

续表

| 序　号 | 序列 $x(n)$ | $z$ 变换 $X(z)=\sum_{n=-\infty}^{\infty}x(n)z^{-n}$ | 收敛域 |
|---|---|---|---|
| 3 | $u(n)$ | $\frac{z}{z-1}$ | $\lvert z\rvert>1$ |
| 4 | $nu(n)$ | $\frac{z}{(z-1)^2}$ | $\lvert z\rvert>1$ |
| 5 | $a^n u(n)$ | $\frac{z}{z-a}$ | $\lvert z\rvert>\lvert a\rvert$ |
| 6 | $n\,a^n u(n)$ | $\frac{az}{(z-a)^2}$ | $\lvert z\rvert>\lvert a\rvert$ |
| 7 | $(n+1)\,a^n u(n)$ | $\frac{z^2}{(z-a)^2}$ | $\lvert z\rvert>\lvert a\rvert$ |
| 8 | $a^{n-1}u(n-1)$ | $\frac{1}{z-a}$ | $\lvert z\rvert>\lvert a\rvert$ |
| 9 | $a^n u(n-1)$ | $\frac{a}{z-a}$ | $\lvert z\rvert>\lvert a\rvert$ |
| 10 | $na^{n-1}u(n)$ | $\frac{z}{(z-a)^2}$ | $\lvert z\rvert>\lvert a\rvert$ |
| 11 | $\mathrm{e}^{\mathrm{j}\omega n}u(n)$ | $\frac{z}{z-\mathrm{e}^{\mathrm{j}\omega}}$ | $\lvert z\rvert>1$ |
| 12 | $\sin(\omega n)u(n)$ | $\frac{z\sin\omega}{z^2-2z\cos\omega+1}$ | $\lvert z\rvert>1$ |
| 13 | $\cos(\omega n)u(n)$ | $\frac{z(z-\cos\omega)}{z^2-2z\cos\omega+1}$ | $\lvert z\rvert>1$ |
| 14 | $\beta^n\sin(\omega n)u(n)$ | $\frac{\beta z\sin\omega}{z^2-2\beta z\cos\omega+\beta^2}$ | $\lvert z\rvert>1$ |
| 15 | $\beta^n\cos(\omega n)u(n)$ | $\frac{z(z-\beta\cos\omega)}{z^2-2\beta z\cos\omega+\beta^2}$ | $\lvert z\rvert>1$ |
| 16 | $-a^n u(-n-1)$ | $\frac{z}{z-a}$ | $\lvert z\rvert<\lvert a\rvert$ |
| 17 | $-na^n u(-n-1)$ | $\frac{az}{(z-a)^2}$ | $\lvert z\rvert<\lvert a\rvert$ |
| 18 | $-(n+1)\,a^n u(-n-1)$ | $\frac{z^2}{(z-a)^2}$ | $\lvert z\rvert<\lvert a\rvert$ |
| 19 | $a^n u(-n-1)-na^{n-1}u(-n-1)$ | $\frac{z}{(z-a)^2}$ | $\lvert z\rvert<\lvert a\rvert$ |

# 附录 8　离散傅里叶变换的性质

| 特　性 | 时域表示 | DFT 性质 |
|---|---|---|
| | $x(n)$<br>$y(n)$ | $X(k)$<br>$Y(k)$ |
| 线性 | $ax(n)+by(n)$ | $aX(k)+bY(k)$ |
| 时移 | $x_{\mathrm{p}}(n\pm m)R_N(n)$ | $X(k)W^{\mp mk}$ |
| 频移 | $x(n)W^{\pm ln}$ | $X_{\mathrm{p}}(k\pm l)R_N(k)$ |
| 时域圆卷积 | $x(n)⊛y(n)$ | $X(k)Y(k)$ |
| 频域圆卷积 | $x(n)y(n)$ | $(1/N)\ X(k)⊛Y(k)$ |
| 奇偶性 | 设 $x(n)$ 为实数序列 | $X(k)=X^*(N-k)$<br>$\lvert X(k)\rvert=\lvert X^*(N-k)\rvert=\lvert X(N-k)\rvert$<br>$\arg[X(k)]=\arg[X^*(N-k)]=-\arg[X(N-k)]$ |
| 帕斯瓦尔定理 | $\sum_{n=0}^{N-1}\lvert x(n)\rvert^2$ | $\frac{1}{N}\sum_{k=0}^{N-1}\lvert X(k)\rvert^2$ |

# 附录 9　中英文对照表

| 中　文 | 英文全称及缩写 |
| --- | --- |
| 模拟信号 | Analog Signal |
| 数字信号 | Digital Signal |
| 采样信号 | Sampling Signal |
| 傅里叶级数 | Fourier Series |
| 傅里叶变换 | Fourier Transform |
| 傅里叶反变换 | Inverse Fourier Transform |
| 离散傅里叶变换 | Discrete Fourier Transform，DFT |
| 快速傅里叶变换 | Fast Fourier Transform，FFT |
| 拉普拉斯变换 | Laplacian Transform |
| 拉普拉斯反变换 | Inverse Laplacian Transform |
| 正交函数 | Orthogonal Function |
| 留数定理 | Residual Theorem |
| 能量信号 | Energy Signal |
| 能量谱 | Energy Spectrum |
| 功率信号 | Power Signal |
| 功率谱 | Power Spectrum |
| 随机信号 | Random Signal |
| 平稳随机过程 | Stationary Random Process |
| 各态历经性 | Ergodicity |
| 模拟滤波器 | Analog Filtering |
| 数字滤波器 | Digital Filtering |
| 窗函数 | Window Function |

# 练习题参考答案

## 第 1 章

**1.5** (1) 错误;(2) 错误;(3) 错误;(4) 错误;(5) 错误。

**1.6** (1) 连续;(2) 离散;(3) 离散、数字;(4) 离散;(5) 离散;(6) 连续。

**1.7** (1) 不是;(2) 是;(3) 是;(4) 不是。

**1.8** (1) $12\pi$;(2) 不是。

## 第 2 章

**2.2** (1) $f(-t_0)$;(2) $f(t_0)$;(3) $u\left(\frac{t_0}{2}\right)$;(4) $u(-t_0)$;(5) $e^2-2$;(6) $\frac{\pi}{6}+\frac{1}{2}$;

(7) $1-e^{-j\omega t_0}$;(8) 0 ;(9) 1 ;(10) 0 。

**2.6** (1) $\delta(t)+\delta(t-\pi)$;

(2) 当 $t<0$ 时,$f_2(t)=\int_{-\infty}^{t} f(\tau)d\tau=0$;

当 $0<t<\pi$ 时,$f_2(t)=1-\cos t$;

当 $t\geqslant\pi$ 时,$f_2(t)=2$。

**2.8** (1) $\frac{2}{\pi}$;(2) $\frac{1}{2}$;(3) 0;(4) $K$。

**2.11** (1) 线性、时不变、因果;(2) 线性、时变、非因果;(3) 非线性、时变、因果;

(4) 线性、时变、非因果。

**2.12** (1) 线性、时变、非因果、稳定;

(2) 线性、时变、非因果、稳定;

(3) 线性、时变、非因果、稳定。

**2.13** $2-e^{-t}$。

**2.14** (1) $\frac{1}{a}(1-e^{-at})u(t)$;

(2) $\cos\left[\Omega(t+1)+\frac{\pi}{4}\right]u(t+1)-\cos\left[\Omega(t-1)+\frac{\pi}{4}\right]u(t-1)$;

(3) $f_1*f_2=tu(t)-(t-2)u(t-2)-(t-1)u(t-1)+(t-3)u(t-3)$;

(4) $[1-\cos(t-1)]u(t-1)$。

**2.15** (1) $\frac{1}{2}(t+4)u(t+4)-(t+2)u(t+2)+tu(t)-(t-2)u(t-2)+\frac{1}{2}(t-4)u(t-4)$;

(2) $\frac{1}{2}(t+3)u(t+3)-\frac{3}{2}(t+1)u(t+1)+\frac{3}{2}(t-1)u(t-1)-\frac{1}{2}(t-3)u(t-3)$。

**2.16** $\frac{E^2}{4}\cos(\Omega_0\tau)$。

**2.17** $\frac{AB}{2}\cos(\Omega\tau-\theta)$。

## 第3章

**3.6** 频谱：$\frac{2E}{n\pi}[1-\cos(n\pi)]$；复频谱$\frac{E}{\mathrm{j}n\pi}[1-\cos(n\pi)]$。

**3.7** (1) $f(t)=\frac{E}{2}-\frac{4E}{\pi^2}\sum_{m=0}^{\infty}\frac{1}{(2m+1)^2}\cos(2m+1)\Omega_1 t$；

(2) 直流分量$\frac{E}{2}$，信号有效值$\frac{E}{\sqrt{3}}$；

(3) 99.6%。

**3.8** 直流分量为1 V，基波的有效值为1.39 V，二次谐波的有效值为1.32 V，三次谐波的有效值为1.21 V，带宽为$\pi\times10^5\ \mathrm{s}^{-1}$。

**3.11** (a) 只含有基波和偶次谐波的余弦分量；

(b) 只含有基波和奇次谐波的正弦分量；

(c) 只含有偶次谐波；

(d) 只含有正弦分量；

(e) 只含有直流、基波和偶次谐波的余弦分量；

(f) 只含有基波和奇次谐波。

**3.12** (a) $\frac{2\pi\tau E}{\pi^2-\tau^2\Omega^2}\cos\left(\frac{\Omega\tau}{2}\right)$； (b) $\frac{E\tau\,\mathrm{Sa}(\Omega\tau)}{1-\left(\frac{\Omega\tau}{\pi}\right)^2}$；

(c) $\frac{A\Omega_0}{\Omega_0^2-\Omega^2}(1-\mathrm{e}^{-\mathrm{j}\Omega T})$； (d) $\frac{E\tau}{2}\mathrm{Sa}^2\left(\frac{\Omega\tau}{4}\right)$。

**3.13** (1) $\frac{2}{3}\mathrm{e}^{-\mathrm{j}\frac{1}{3}\Omega}F\left(\frac{\Omega}{3}\right)$； (2) $\frac{1}{2}F(\Omega-1)+\frac{1}{2}F(\Omega+1)$；

(3) $\frac{1}{2}\mathrm{e}^{-\mathrm{j}\frac{5}{2}\Omega}F\left(\frac{\Omega}{2}\right)$； (4) $\frac{1}{2|a|}F\left(\frac{\Omega}{a}\right)\mathrm{e}^{-\mathrm{j}\frac{b}{a}\Omega}+\left[\frac{1}{\mathrm{j}2\pi|a|}F\left(\frac{\Omega}{a}\right)\mathrm{e}^{-\mathrm{j}\frac{b}{a}\Omega}\right]*\frac{1}{\Omega}$。

**3.14** (1) $\frac{\pi}{2\mathrm{j}}[\delta(\Omega-\Omega_0)-\delta(\Omega+\Omega_0)]-\frac{\Omega_0}{(\Omega^2-\Omega_0^2)}$；

(2) $\frac{\pi}{2}[\delta(\Omega+\Omega_0)+\delta(\Omega-\Omega_0)]-\frac{\mathrm{j}\Omega}{(\Omega^2-\Omega_0^2)}$。

**3.15** $\frac{\mathrm{j}\Omega+a}{(\mathrm{j}\Omega+a)^2+(\Omega_0)^2}$。

**3.16** $\frac{\tau}{2}\left\{\mathrm{Sa}\left[\frac{(\Omega+\Omega_0)\tau}{2}\right]+\mathrm{Sa}\left[\frac{(\Omega-\Omega_0)\tau}{2}\right]\right\}$。

**3.17** $\frac{A\Omega_0}{\pi}\mathrm{Sa}[(t-t_0)\Omega_0]$。

**3.18** 抽样信号表达式分别为

$4\sum_{n=-\infty}^{\infty}\cos 2\pi t e^{jn8\pi t}$；$4\sum_{n=-\infty}^{\infty}\cos 6\pi t e^{jn8\pi t}$；$4\sum_{n=-\infty}^{\infty}\cos 10\pi t e^{jn8\pi t}$；

相应的频谱分别为

$$4\pi\sum_{-\infty}^{\infty}[\delta(\Omega-2\pi-n8\pi)+\delta(\Omega+2\pi-n8\pi)]；$$

$$4\pi\sum_{-\infty}^{\infty}[\delta(\Omega-6\pi-n8\pi)+\delta(\Omega+6\pi-n8\pi)]；$$

$$4\pi\sum_{-\infty}^{\infty}[\delta(\Omega-10\pi-n8\pi)+\delta(\Omega+10\pi-n8\pi)]。$$

**3.19** $\Omega_m=\pi$。

**3.20** 最大抽样周期为11 ms，截止频率应满足 $45\text{ Hz}\leqslant f_c\leqslant 155\text{ Hz}$。

**3.21** (1) $100/\pi$，$\pi/100$；(2) $200/\pi$，$\pi/200$；(3) $100/\pi$，$\pi/100$。

**3.22** $2\Omega_s$。

**3.23** (1) $\frac{1}{2}[F(\Omega+1)+F(\Omega-1)]$；(2) $\frac{1}{3}\sum_{n=-\infty}^{\infty}\mathrm{Sa}\left(\frac{n\pi}{3}\right)F(\Omega-2n)$；(3) $\frac{1}{2\pi}\sum_{n=-\infty}^{\infty}F(\Omega-n)$。

## 第4章

**4.1** (1) $-\frac{1}{s-a}$； (2) $\frac{\pi}{2}-\arctan(s/\Omega_0)$； (3) $\frac{s+1}{(s+1)^2+\Omega_0^2}$；

(4) $aX[a(s+\alpha)]$； (5) $\frac{1}{s^2+4}$； (6) $\frac{s^2-4s+5}{(s-1)^3}$。

**4.2** (1) $\frac{1}{s}(3-4e^{-2s}+e^{-4s})$；(2) $\frac{s^2}{s^2+1}$。

**4.3** 当 $\alpha<\beta$ 时，$F(s)=\frac{1}{s-\alpha}-\frac{1}{s-\beta}$，$\alpha<\mathrm{Re}[s]<\beta$；

当 $\alpha>\beta$ 时，$F(s)$ 不存在。

**4.4** $\mathscr{L}[f(t)]=\frac{A}{s}\frac{1}{1-e^{-st_0}}\quad(\mathrm{Re}[s]>0)$。

**4.5** (1) $\ln 2$；(2) $0.5\ln 2$；(3) $12/169$；(4) $\frac{\pi}{2}$。

**4.7** (1) $\frac{1}{6}t^3$；(2) $\frac{50}{3}-10e^{-t}-\frac{5}{3}e^{-3t}$；(3) $\frac{1}{3}e^{-2t}(6\cos 3t+\sin 3t)$；

(4) 当 $0\leqslant t<2$ 时，$f(t)=t$；当 $t\geqslant 2$ 时，$f(t)=2(t-1)$。

**4.9** $a\left(t+\frac{1}{6}t^3\right)$。

**4.10** (1) $1-\left(\frac{t^2}{2}+t+1\right)e^{-t}$；

(2) $-2\sin t-\cos 2t$；

(3) $F(t)e^{-2t}\sin t+e^{-2t}[c_1\cos t+(c_2+2c_1)\sin t]$；

(4) $\frac{1}{10}e^{2t}-\frac{1}{2}+\frac{2}{5}\cos t-\frac{1}{5}\sin t$。

## 第5章

**5.4** (1) 周期序列,周期为14;(2) 非周期序列。

**5.5** (1) 线性,稳定,因果;(2) 线性系统,非稳定,因果性(分类讨论);
(3) 线性,稳定,非因果;(4) 线性,因果性(分类讨论),稳定;
(5) 非线性,因果,稳定。

**5.8** (1) $h(n)=\left(\frac{1}{4}\right)^n u(n)$,因果,稳定;

(2) $h(n)=-4^{-n}u(-n-1)=-\left(\frac{1}{4}\right)^n u(-n-1)$,非因果,非稳定。

**5.9** $y(n)=\frac{a^{n+1}-b^{n+1}}{a-b}u(n)$。

**5.10** $y(n)=\left[-2\left(\frac{1}{2}\right)^n+3\left(\frac{3}{4}\right)^n\right]u(n)$。

## 第6章

**6.10** (1) 1;　(2) $e^{-j\omega n_0}$;　(3) $1-e^{-j\omega}$;　(4) $1-e^{-j8\omega}$;

(5) $e^{-j(N-1)\omega/2}\times\frac{\sin\left(\frac{N}{2}\omega\right)}{\sin\left(\frac{1}{2}\omega\right)}$;　(6) $\frac{1}{1-ae^{-j\omega}}$。

**6.11** $x(n)=\begin{cases}\frac{-\sin n\omega_0}{n\pi} & (n\neq 0)\\ 1-\frac{\omega_0}{\pi} & (n=0)\end{cases}$。

**6.12** (1) 1;　(2) $e^{-j\frac{2\pi}{N}n_0 k}$;　(3) $\frac{1-a^N}{1-ae^{-j\frac{2\pi}{N}k}}$;　(4) $\frac{1-e^{j\omega_0 N}}{1-e^{j\left(\omega_0-\frac{2\pi}{N}k\right)}}$;

(5) $\frac{e^{-j\frac{2\pi}{N}k}[\sin\omega_0+\sin(N-1)\omega_0]-\sin N\omega_0}{1-2\cos\omega_0\cdot e^{-j\frac{2\pi}{N}k}+e^{-j\frac{4\pi}{N}k}}$;

(6) $\frac{1-\cos N\omega_0+e^{-j\frac{2\pi}{N}k}[\cos(N-1)\omega_0-\cos\omega_0]}{1-2\cos\omega_0\cdot e^{-j\frac{2\pi}{N}k}+e^{-j\frac{4\pi}{N}k}}$。

**6.13** (1) $X(z)=\frac{1-z^{-N}}{1-z^{-1}}$;(2) $X(k)=N\delta(k)$;(3) $X(e^{j\omega})=\frac{e^{-j\omega N/2}}{e^{-j\omega/2}}\cdot\frac{\sin(N\omega/2)}{\sin(\omega/2)}$。

**6.14** $X(k)=N\delta(k-N/2)$。

**6.16** (1) $\frac{1}{2}[X_p(k-m)+X_p(k+m)]R_N(k)$;(2) $\frac{1}{2j}[X_p(k-m)-X_p(k+m)]R_N(k)$。

**6.18** $Y(k)=X\left(\frac{k}{r}\right)$。

**6.19** (1) $\frac{N}{2}\sin\left(\frac{2\pi n}{N}\right)R_N(n)$;(2) $\frac{N}{2}\cos\left(\frac{2\pi n}{N}\right)R_N(n)$;(3) $-\frac{N}{2}\cos\left(\frac{2\pi n}{N}\right)R_N(n)$。

**6.21** $y(n)=\{1,2,3,3,2,1\}$。

**6.23** $x(n)=\frac{a^n}{1-a^N}R_N(n)$。

**6.26** (1) 2 048 Hz;(2) 1 Hz;(3) 分别为 413 696 次、24 576 次。

**6.27** (1) $T_1\geqslant 0.2$ s;(2) $T_s\leqslant 0.4$ ms;(3) $N\geqslant 500$ 点数 $N$ 取 2 的整数次幂,故 $N=512$,此时 $T_1=0.204\ 8$ s。

## 第 7 章

**7.3** $X(z)=1+z^{-1}-\frac{1}{3}z^{-3}\quad(0<|z|<\infty)$。

**7.4** (1) $\frac{z}{z-\frac{1}{2}}\quad\left(|z|>\left|\frac{1}{2}\right|\right)$;(2) $\frac{2z}{2z-1}\quad\left(|z|<\frac{1}{2}\right)$;(3) $\frac{1}{1-2z}\quad\left(|z|<\frac{1}{2}\right)$。

**7.5** $\frac{-1.5z}{(z-0.5)(z-2)}\quad\left(\frac{1}{2}<|z|<2\right)$。

**7.6** $\delta(n)+2\delta(n+1)-2\delta(n-2)$。

**7.7** (1) $x(n)=(-2^n+0.5^n)u(n)$。

(2) $x(n)=(2^n-0.5^n)u(-n-1)$。

(3) $x(n)=2^nu(-n-1)+0.5^nu(n)$。

**7.8** $x(n)=10(2^n-1)u(n)$。

**7.9** $x(n)=\delta(n)+0.5^nu(n)-2(-2)^nu(-n-1)$。

**7.10** $x_1(n)=\left(\frac{1}{4}\right)^nu(n),x_2(n)=\left(-\frac{1}{4}\right)^nu(n)$。

**7.11** (1) $x(n)=(2^{n+1}-1)u(n)$;(2) $x(n)=(1-2^{n+1})u(-n-2)$。

**7.12** $\frac{1-a^{n+1}}{1-a}u(n)-\frac{1-a^{n+1-N}}{1-a}u(n-N)$。

**7.13** (1) $\frac{b}{b-a}\left[a^nu(n)+b^nu(-n-1)\right]$;(2) $a^{n-2}u(n-2)$;(3) $\frac{1-a^n}{1-a}u(n)$。

**7.15** $y(n)=\left[-2\left(\frac{1}{2}\right)^n+3\left(\frac{3}{4}\right)^n\right]u(n)$。

**7.16** (1) $y(n)=\left[\frac{1}{2}-10\left(-\frac{1}{2}\right)^n+\frac{21}{2}\left(-\frac{1}{3}\right)^n\right]u(n)$;

(2) $y(n)=\left[\frac{1}{6}n+\frac{5}{36}-\frac{5}{36}(-5)^n\right]u(n)$;

(3) $y(n)=\frac{1}{9}\left[3n-4+13(-2)^n\right]u(n)$。

**7.17** $H(z)=\frac{z^2}{\left(z-\frac{1}{2}\right)\left(z-\frac{1}{4}\right)}\quad\left(|z|>\frac{1}{2}\right)$;

$h(n)=\left[2\left(\frac{1}{2}\right)^{n}-\left(\frac{1}{4}\right)^{n}\right]u(n)$。

**7.18** $H(z)=\dfrac{z-2}{z-\frac{3}{4}}\quad\left(|z|>\frac{3}{4}\right)$,该系统为因果稳定系统。

**7.19** (1) $H(z)=\dfrac{1}{3-6z^{-1}}$,$h(n)=\frac{1}{3}2^{n}u(n)$;

(2) $H(z)=1-5z^{-1}+8z^{-3}$,$h(n)=\delta(n)-5\delta(n-1)+8\delta(n-3)$;

(3) $H(z)=\dfrac{1}{1-\frac{1}{2}z^{-1}}$,$h(n)=\left(\frac{1}{2}\right)^{n}u(n)$;

(4) $H(z)=\dfrac{1-3z^{-2}}{1-5z^{-1}+6z^{-2}}$,$h(n)=-\frac{1}{2}\delta(n)-\frac{1}{2}2^{n}\varepsilon(n)+2(3^{n})u(n)$。

**7.20** (1) $y(n)-ky(n-1)=x(n)$;　　(2) 略;

(3) $H(\mathrm{e}^{\mathrm{j}\omega})=\dfrac{\mathrm{e}^{\mathrm{j}\omega}}{\mathrm{e}^{\mathrm{j}\omega}-k}$。

幅度谱:$|H(\mathrm{e}^{\mathrm{j}\omega})|=\dfrac{1}{\sqrt{1+k^{2}-2k\cos\omega}}$;

相位谱:$\phi(\omega)=-\arctan\left(\dfrac{k\sin\omega}{1-k\cos\omega}\right)$。

**7.21** $H(\mathrm{e}^{\mathrm{j}\omega})=\mathrm{e}^{-\frac{3}{2}\mathrm{j}\omega}\cos\omega\cos\dfrac{\omega}{2}$。

**7.22** (1) $H(\mathrm{e}^{\mathrm{j}\omega})=\dfrac{2\mathrm{e}^{\mathrm{j}\omega}+1}{2\mathrm{e}^{\mathrm{j}\omega}-1}$;

(2) $h(n)=\left(\frac{1}{2}\right)^{n}u(n)+\frac{1}{2}\left(\frac{1}{2}\right)^{n-1}u(n-1)$;

(3) $y(n)=\cos\left(\frac{\pi}{2}n-2\arctan\frac{1}{2}\right)$。

## 第 8 章

**8.1** $H(s)=\dfrac{1}{s^{2}+\sqrt{3}s+1}$。

**8.2** $H(s)=\dfrac{10^{8}\pi^{2}}{s^{2}+10^{4}\pi\sqrt{2}s+10^{8}\pi^{2}}$。

**8.3** $H(s)=\dfrac{1}{0.9007s^{2}+0.99567s+1}$。

**8.4** 巴特沃思滤波器为 4,切比雪夫滤波器为 3。

**8.5** $H(s)=\dfrac{\Omega_{c}^{5}}{(s^{2}+0.618\Omega_{c}s+\Omega_{c}^{2})(s^{2}+1.618\Omega_{c}s+\Omega_{c}^{2})(s+\Omega_{c})}$。

**8.6** $H(s)=\dfrac{7.2687\times10^{16}}{(s^{2}+1.6731\times10^{4}s+4.7791\times10^{8})(s^{2}+4.0394\times10^{4}s+4.7790\times10^{8})}$。

**8.7** $H(s)=\dfrac{2.641\,2\times10^{9}}{s^{6}+2.764\,6\times10^{3}s^{5}+5.005\,8\times10^{6}s^{4}+4.824\,1\times10^{9}s^{3}+1.976\,2\times10^{12}s^{2}+4.308\,8\times10^{14}s+6.152\,9\times10^{16}}$。

**8.8** $H(s)=\dfrac{s^{5}}{s^{5}+1.610\times10^{7}s^{4}+1.295\times10^{14}s^{3}+6.444\times10^{20}s^{2}+1.981\times10^{27}s+3.045\times10^{33}}$。

**8.14** (1) $H(z)=\dfrac{3(\mathrm{e}^{-0.1}-\mathrm{e}^{-0.2})z^{-1}}{(1-\mathrm{e}^{-0.1}z^{-1})(1-\mathrm{e}^{-0.2}z^{-1})}$;

(2) $H(z)=\dfrac{2\sqrt{3}}{3}\dfrac{z^{-1}\mathrm{e}^{-1}\sin\sqrt{3}}{1-2z^{-1}\mathrm{e}^{-1}\cos\sqrt{3}+\mathrm{e}^{-2}z^{-2}}$;

(3) $H(z)=\dfrac{1}{1-\mathrm{e}^{-1}z^{-1}}-\dfrac{1}{1-\mathrm{e}^{-2}z^{-1}}$;

(4) $H(z)=\dfrac{1-\mathrm{e}^{-aT}z^{-1}\cos(bT)}{1-2\mathrm{e}^{-aT}z^{-1}\cos(bT)+\mathrm{e}^{-2aT}z^{-2}}$。

**8.15** (1) $H(z)=\dfrac{3(1+2z^{-1}+z^{-2})}{462-796z^{-1}+342z^{-2}}$;

(2) $H(z)=\dfrac{1+2z^{-1}+z^{-2}}{3+z^{-2}}$;

(3) $H(z)=\dfrac{1+2z^{-1}+z^{-2}}{6-2z^{-1}}$。

**8.16** $H(z)=\dfrac{1-z^{-1}}{(1+a)-(1-a)z^{-1}}$;$h(n)=\dfrac{1}{1-a}\delta(n)-\dfrac{2a}{1-a^{2}}\left(\dfrac{1-a}{1+a}\right)^{n}u(n)$。

**8.17** 阶次 $N=5$,$H(z)=\sum\limits_{k=0}^{4}\dfrac{B_k}{1-\mathrm{e}^{0.001s_K}z^{-1}}$,$\Omega_c=\Omega_z(10^{0.1\delta_z}-1)^{\frac{1}{2n}}=756.566$。

低通原型传递函数极点:$B_k=\Omega_c A_k$,$s_k=\Omega_c p_k$。

$p_0=-0.309\,0+\mathrm{j}0.95\,1$, $p_1=-0.809\,0+\mathrm{j}0.581\,8$,$p_2=-1$,$p_3=p_1^*$,$p_4=p_0^*$。

低通原型滤波器传递函数分式系数 $A_k$ 为

$A_0=-0.138\,2+\mathrm{j}0.425\,3$, $A_1=-0.809\,1-\mathrm{j}1.113\,5$, $A_2=1.894\,7$,

$A_3=-0.809\,1+\mathrm{j}1.113\,5$, $A_4=-0.138\,2-\mathrm{j}0.425\,3$。

**8.18** $H(z)=\dfrac{0.008\,329+0.033\,31z^{-1}+0.049\,97z^{-2}+0.333\,1z^{-3}+0.832\,9z^{-4}}{1-2.087\,2z^{-1}+1.894\,8z^{-2}-0.811\,9\,z^{-3}+0.137\,5z^{-4}}$。

**8.19** $H(z)=\dfrac{0.064(1+2z^{-1}+z^{-2})}{1-1.168\,3z^{-1}+0.424\,1z^{-2}}$。

**8.20** $H(z)=\dfrac{1-2z^{-1}+z^{-2}}{14.819\,4+16.935\,8z^{-1}+6.120\,6z^{-2}}$。

**8.21** $H(z)=\dfrac{0.151\,39(1-3z^{-2}+3z^{-4}-z^{-6})}{1-1.819\,54z^{-1}+1.332\,19z^{-2}-0.819\,50z^{-3}+0.616\,73z^{-4}-0.215\,15^{-5}+0.010\,50z^{-6}}$。

**8.22** $H(z)=\dfrac{0.090\,265\,8(1-3z^{-1}+3z^{-2}-z^{-3})}{1+0.690\,556\,0z^{-1}+0.801\,890\,5z^{-2}0.389\,208\,3z^{-3}}$。

**8.23** $N$ 为奇数:$h(n)=(-1)^{n-a}\dfrac{\sin[\omega_c(n-a)]}{\pi(n-a)}$,$a=\dfrac{N-1}{2}$;

$N$ 为偶数:$h(n)=(-1)^{\left[n-\left(\frac{N-1}{2}\right)\right]}\dfrac{\sin[\omega_c(n-a)]}{\pi(n-a)}$,$a=\dfrac{N-1}{2}$。

## 第 9 章

**9.4** $m_x=0$；$\mathrm{E}[X^2(t)]=\dfrac{A_0^2}{2}=\sigma_x^2(t)$，$R_{xx}(\tau)=\dfrac{A_0^2}{2}\cos\Omega_0\tau=C_{xx}(\tau)$。

**9.5** $m_x=\pm5$；$\mathrm{E}[X^2(t)]=29$，$\sigma_x^2=4$。

**9.6** $S_Y(\Omega)=\dfrac{N_0}{2}\cdot\dfrac{(\Omega CR)^2}{1+(\Omega CR)^2}$；$R_{yy}(\tau)=\dfrac{N_0}{2}\delta(\tau)-\dfrac{N_0}{4RC}\mathrm{e}^{-|\tau|/RC}$。

**9.7** $m_y=0$；$R_{yy}(\tau)=\dfrac{s_0}{2RC}\mathrm{e}^{-\frac{1}{RC}|\tau|}$；$\mathrm{E}[Y^2(t)]=\dfrac{s_0}{2RC}$。

**9.8** $m_e=0$；$\sigma_e^2=\dfrac{\Delta^2}{12}$；$R_{ee}(m)=\sigma_e^2\delta(m)$。

**9.11** $R_{xx}(m)=\dfrac{1}{1-a^2}a^m$，$m\leqslant0$。

## 第 10 章

**10.9** $\left(\dfrac{2\sqrt{\alpha\beta}}{\alpha+\beta}\right)^{1/2}\exp\left[-\dfrac{\alpha\beta}{2(\alpha+\beta)}t^2-\dfrac{1}{2(\alpha+\beta)}\omega^2-\mathrm{j}\dfrac{\alpha}{\alpha+\beta}\omega t\right]$。

**10.12** $h(0)=0.451$，$h(1)=0.451$。

$$\mathrm{E}[e^2(k)]_{\min}=R_{ss}(0)-\sum_{m=0}^{1}h(m)R_{ss}(m)=1-h(0)-0.6h(1)=0.45。$$

# 参考文献


[1] 周浩敏. 信号处理技术基础. 北京:北京航空航天大学出版社,2001.

[2] 郑君里,应启珩,杨为. 信号与系统. 2 版. 北京:高等教育出版社,2000.

[3] 徐伯勋,白旭滨,傅孝毅. 信号处理中的数学变换和估计方法. 北京:清华大学出版社,2004.

[4] 余英林,谢胜利,蔡汉添. 信号处理新方法导论. 北京:清华大学出版社,2004.

[5] 吴湘淇. 信号、系统与信号处理. 修订本: 上册、下册. 北京:电子工业出版社,1999.

[6] Oppenheim A V, Willsky A S, Nawab S H. Signals and Systems. 2nd ed. Prentic Hall, 1999.

[7] Oppenheim A V, Willsky A S, Nawab S H. 信号与系统. 2 版. 刘树棠,译. 西安:西安交通大学出版社,2006.

[8] 胡广书. 数字信号处理——理论、算法与实现. 2 版. 北京:清华大学出版社,2003.

[9] 姜建国,曹建中,高玉明. 信号与系统分析基础. 北京:清华大学出版社,1993.

[10] 应启珩,冯一云,窦维蓓. 离散时间信号分析和处理. 北京:清华大学出版社,2001.

[11] 芮坤生,潘孟贤,丁志中. 信号分析与处理. 2 版. 北京:高等教育出版社,2003.

[12] 郑君理. 信号与系统评注. 北京:高等教育出版社,2005.

[13] 李水根,吴纪桃. 分形与小波. 北京:科学出版社,2002.

[14] Falconer Kenneth J. 分形几何——数学基础及其应用. 曾文曲,刘世耀,戴连贵,等,译. 沈阳:东北大学出版社,1991.

[15] 吴湘淇,肖熙,郝晓莉. 信号、系统与信号处理的软硬件实现. 北京:电子工业出版社,2002.

[16] 李水根,吴纪桃. 分形与小波. 北京:科学出版社,2002.

[17] 张贤达. 信号处理中的线性代数. 北京:科学出版社,1997.

[18] 张贤达. 现代信号处理. 2 版. 北京:清华大学出版社,2002.

[19] 伯晓晨,李涛,刘路,等. MATLAB 工具箱应用指南. 北京:电子工业出版社,2000.

[20] 黄忠霖,黄京. MATLAB 符号运算及其应用. 北京:国防工业出版社,2004.

[21] 吴伟陵. 信息处理与编码. 北京:人民邮电出版社,1999.

[22] 傅祖芸. 信息论——基础理论与应用. 北京:电子工业出版社,2001.

[23] 楼顺天,李博菡. 基于 MATLAB 的系统分析与设计——信号处理. 西安:西安电子科技大学出版社,1998.

[24] 邓必鑫. 信号分析基础. 北京:北京理工大学出版社,1994.

[25] 左孝凌,李为鉴,刘永才. 离散数学. 上海:上海科学技术文献出版社,1981.

[26] 王宝祥,胡航. 信号与系统习题及精解. 哈尔滨:哈尔滨工业大学出版社,1998.

[27] 胡光锐,徐昌庆,谭政华,等. 信号与系统解题指南. 北京:科学出版社,2000.

[28] 张宝俊,李帧祥,沈廷芝. 信号与系统——学习及解题指导. 北京:北京理工大学出版社,1997.

[29] 李永庆,梅文涛. 随机信号分析解题指南. 北京:北京理工大学出版社,1995.

[30] 谢红梅,赵健. 数字信号处理常见题型解析及模拟题. 西安:西北工业大学出版社,2001.

[31] 高西全,丁玉美. 数字信号处理(第二版)学习指导. 西安:西安电子科技大学出版社,2001.

[32] Hsu Hwei P. 全美经典学习指导系列——信号与系统. 骆丽,胡健,李哲英,译. 北京:科学出版社,2002.

[33] 海因斯 M H. 全美经典学习指导系列——数字信号处理. 张建华,卓力,张延华,译. 北京:科学出版社,2002.

[34] 盖云英,包革军. 复变函数与积分变换. 北京:科学出版社,2001.

[35] 邱天爽,等. 信号与系统学习辅导及典型题解. 北京:电子工业出版社,2003.

[36] 陈怀琛,吴大正,高西全. MATLAB及在电子信息课程中的应用. 北京:电子工业出版社,2003.

[37] 刘益成,孙祥娥. 数字信号处理. 北京:电子工业出版社,2004.

[38] 董长虹,等. MATLAB信号处理与应用. 北京:国防工业出版社,2005.

[39] 飞思科技产品研发中心. MATLAB 6.5辅助小波分析与应用. 北京:电子工业出版社,2003.

[40] 周浩敏,钱政. 智能传感技术与系统. 北京:北京航空航天大学出版社,2008.

[41] 邢维巍. 硅谐振微传感器频率特性测试系统的研制. 北京:北京航空航天大学,1999.

[42] 陶然,张峰,王越. 分数阶Fourier变换离散化的研究进展. 中国科学E辑,2008,38(4):481-503.

[43] Rajiv Saxena,Kulbir Singh. Fractional Fourier Transform:A novel tool for signal processing. J. Indian Inst. Sci.,Jan.-Feb. 2005,85:11-26.

[44] Almeida Luis B. The Fractional Fourier Transform and Time-Frequency Representations. IEEE Transactions on signal processing,1994,42(11).

[45] Huang Norden E. INTRODUCTION TO THE HILBERT HUANG TRANSFORM AND ITS RELATED MATHEMATICAL PROBLEMS. Goddard Institute for Data Analysis, Code 614.2, NASA/Goddard Space Flight Center,Greenbelt, USA MD 20771.

[46] 朱明武,李永新,卜雄洙. 测试信号处理与分析. 北京:北京航空航天大学出版社,2006.

[47] Miodrag Bolic. Theory and Implementation of Particle Filters. School of Information Technology and Engineering,University of Ottawa,2004.

[48] Sanjay Patil,Ryan Irwin. Introduction To Particle Filtering: Integrating Bayesian Models and State Space Representations. Intelligent Electronics Systems Human and Systems EngineeringCenter for Advanced Vehicular Systems. [2005-10-5]. www.cavs.msstate.edu/hse/ies/publications/seminars/msstate/2005/particle_filtering.

[49] Soberano Lisa A. THE MATHEMATICAL FOUNDATION OF IMAGE COMPRESSION. The University of North Carolina at Wilmington Wilmington, North Carolina,2000.

[50] 郑方,徐明星. 信号处理原理. 北京:清华大学出版社,2000.

[51] 陈祥初,石林锁. 利用三维谱图研究时变信号. 电子&电脑,1996(4).

[52] 杜鹏. 测试信号处理技术课程实践报告. 北京:北京航空航天大学自动化学院,2001.

[53] Donoho D L. Compressed sensing. IEEE Transactions on Information Theory,2006,52(4): 1289-1306.

[54] Candès E,Romberg J,Tao T. Robust uncertainty principles: exact signal reconstruction from highly incomplete frequency information. IEEE Transactions on Information Theory,2006,52(2): 489-509.

[55] Candès E. Compressive sampling//Proceedings of International Congress of Mathematicians. Madrid, Spain: European Mathematical Society Publishing House,2006: 1433-1452.

[56] Duarte M F,Davenport M A,Takhar D,et al. Single-pixel imaging via compressive sampling. IEEE Signal Processing Magazine,2008,25(2):83-91.

[57] Sheikh M A,Milenkovic O,Baraniuk R G. Designing compressive sensing DNA microarrays//Proceedings of the IEEE International Workshop on Computational Advances in Multi-Sensor Adaptive Processing. Washington D.C.,USA: IEEE,2007: 141-144.

[58] Sheikh M A,Sarvotham S,Milenkovic O,et al. DNA array decoding from nonlinear measurements by belief propagation//Proceedings of the 14th Workshop on Statistical Signal Processing. Washington D.C., USA: IEEE,2007: 215-219.

[59] Haupt J,Nowak R. Compressive sampling for signal detection//Proceedings of the IEEE International Conference on Acoustics, Speech and Signal Processing. Washington D.C., USA: IEEE, 2007:

1509-1512.

[60] 卢文祥,杜润生.机械工程测试|信息|信号分析.武汉:华中科技大学出版社,2013.

[61] Roberts Michael J.信号与系统——使用变换方法和MATLAB分析.胡剑凌,朱伟芳,等译.北京:机械工业出版社,2013.

[62] 吴京.信号分析与处理.修订版.北京:电子工业出版社,2014.

[63] 赵光宙.信号分析与处理.3版.北京:机械工业出版社,2016.

[64] 宋爱国,刘文波,王爱民.测试信号分析与处理.2版.北京:机械工业出版社,2016.

[65] Charles L, Phillips,等.信号、系统和变换.陈从颜,等译.北京:机械工业出版社,2015.